U0239165

河南区域发展丛书

河南自然条件与资源

王国强 等 编著

商务印书馆
The Commercial Press
创于1897

2016年·北京

图书在版编目（CIP）数据

河南自然条件与资源/王国强等编著.—北京：商务印书馆，2016
（河南区域发展丛书）
ISBN 978-7-100- 12538 -3

Ⅰ.①河…　Ⅱ.①王…　Ⅲ.自然环境—研究—河南②自然资源—研
究-河南　Ⅳ.①X321.261②X372.61

中国版本图书馆 CIP 数据核字（2016）第 210999 号

河南自然条件与资源

王国强 等 编著

商 务 印 书 馆 出 版
（北京王府井大街36号　邮政编码100710）
商 务 印 书 馆 发 行
北京市松源印刷有限公司印刷
ISBN 978-7-100-12538-3

2016 年 11 月第 1 版　　　开本 787×1092　1/16
2016 年 11 月北京第 1 次印刷　　印张 32 1/2　插页 9

定价：65.00 元

内 容 简 介

    本书是全面介绍河南省自然条件与自然资源的科学专著。全书分为三个部分：第一部分为第一章绪论，简单介绍了自然条件与自然资源的概念、分类及其可持续开发利用的原则与策略，并综述了河南自然条件与自然资源的基本概况和综合特征；第二部分为第二章至第十一章，按自然地理要素，分别介绍了河南的地质条件与地质遗迹资源、地貌条件、矿产资源、气候资源与气候灾害、水文与水资源、土壤资源、土地资源、植物资源、动物资源和旅游资源，并科学分析了诸自然条件与自然资源的特征特性、形成规律及其利弊作用；第三部分为第十二章综合自然分区，介绍了各自然地区的综合特征。各章的编写尽可能反映近年来的最新研究成果、最新数据和最新观点，并注意规律的揭示和特点的概括，力求成为一本能够反映当代河南发展条件与自然资源全貌的工具书。内容丰富，资料新颖，叙述通俗，图文并茂是本书的主要特色。

    本书可为从事国土资源、区域开发、农业生产等部门的管理人员，以及地理学、环境保护、区域规划、城乡规划、资源开发等科研人员和大专院校有关专业师生提供参考。

《河南自然条件与资源》撰稿人员
工作单位名称

（按姓氏笔画排序）

河南省科学院地理研究所

王令超　王国强　田　燕　马军成　孙宪章　孟庆法　杨建波

杨建锋　杨喜会　宋艳华　宋富强　翟海国　樊　鹏

河南省科学院生物研究所

张秀江

河南省国土资源厅

刘俊成　杜凤军　张克伟　张天义　张德祯　念国安

赵鸿燕　甄习春

河南省气象科学研究所

方文松　李　颖　吴　璐　徐岩岩　常　军

华北水利水电大学

王　辉　田韶英　李文忠　杨宝中　张　琳　韩丽红

郑州市数字化城市管理监督中心

王朝晖

"河南区域发展丛书"序

　　河南位于我国中东部,地处北亚热带与暖温带(南—北)、半湿润与半干旱地区(东南—西北)两大过渡带的交汇区域,同时还处于我国第二阶梯和第三阶梯的过渡地带,自然条件复杂多样,过渡特征明显;省域西、北、南三面环山,东部是广阔的黄淮海大平原,山地平原基本各半,黄河自西向东穿境而过;河南自古即为咽喉要地,被视为"中国之处而天下之枢",《尚书·禹贡》将天下分为"九州",豫州位居天下九州之中,现今河南大部分地区属九州中的豫州,有"中原"、"中州"之称。

　　河南历史悠久,文化灿烂,是我国最早有人类活动的地区之一,从夏代到北宋,先后有20个朝代建都或迁都于此,长期是全国政治、经济、文化中心,中国八大古都河南有其四(郑州、洛阳、开封、安阳);河南是中华民族传统文化的根源和主干所在,是中华民族和华夏文明的重要发祥地,中华文明的起源、文字的发明、城市的形成和国家的建立,都与河南有着密不可分的关系,在中华民族文化乃至东方文化形成发展史上有着显赫的地位。

　　长期以来,中原地区人民在与自然环境的斗争中形成了天人合一、中庸和谐的自然思想,以"道"、"理"不断约束自身的行为,调整和优化人地关系,使这个区域的农业生产始终在全国占有重要地位。中华人民共和国成立以来尤其是改革开放三十多年来,河南经济社会各方面都发生了深刻的变化,经济总量多年来位居全国第五、中部第一的位置,已从一个农业大省逐步发展成为先进制造业大省、高成长服务业大省、经济大省。

　　当今中国,经济社会发展进入新常态,"一带一路"开放发展带建设、京津冀协同发展、长江经济带建设、两横三纵空间格局成为引领全国新时期区域发展总体战略格局的总引擎,河南发展环境和条件正在发生着重大变化,经济社会发展处在重要的历史转折时期;新一轮科技革命和产业变革正在创造历史性机遇,催生智能制造、"互联网+"、分享经济等新科技、新经济、新业态,蕴含着巨大商机,国家五大发展理念的提出和大众创业万众创新的推动,有利于河南发挥后发优势。国家"一带一路"战略的实施,中原经济区、粮食核心区、郑州航空港经济综合实验区三大国家级区域战略的实施,富强、文明、平安、美丽"四个河南"建设等为河南经济社会发展带来重大机遇。但同时,新常态下,河南经济社会发展也面临诸多困难和挑战,资源、环境不堪重负,调整结构、优化发展、化解资源环境压力已成为当前河南面临的主要挑战。迎接挑战,探求创新增长机会,保持发展动力,提升资源、环境的可持续发展支撑能力,是当前河南需要认真面对的现实,更是河南各界和学者亟需思考和努力解决的科学问题。

　　已故中国科学院副院长竺可桢先生,生前曾主张要从五个方面来衡量一门学科是否成熟,即：一要有一大批高素质的专业科学家；二要有学科本身的理论体系，三要应用具有本门学科特点的方法，四要在为国民经济服务中发挥非其他学科所能替代的作用，五要有本门学科的成果资料的积累。这五个方面是相互联系的，其中成果出版发行的数量和质量显然是最具体的衡量标准。

河南省科学院地理研究所由中国科学院依据我国地理国情和区域发展态势而创建，以黄淮海平原资源调查和开发、平原农业发展和布局为重点，以区域人口、资源、环境与可持续发展及其支撑能力研究为核心的专业地理科学学术研究机构。目前形成了"区域发展与规划"、"人口资源环境与可持续发展"、"遥感与地理信息系统"三大研究领域、"区域发展宏观决策（软科学）"、"土地科学"、"农业农村"、"城市与旅游"、"生态环境保护"、"遥感与地理信息系统"六大研究方向，在土地资源利用与保护、自然资源利用与开发、中原城市群发展战略、中原经济区建设、粮食生产核心区、主体功能区、循环经济发展、城市与旅游发展、文化传承、商务中心区和特色商业区发展、国民经济五年规划、遥感与地理信息系统应用等方面取得了突出成就，为河南乃至全国经济社会发展做出了重要贡献；同时也丰富了我国地理学研究理论，为地理学学科建设做出了重要贡献，成为国内外具有重要影响力的专业地理学术研究机构，成为我国地理学科研究不可或缺的重要力量。

为了充分发挥地理学综合性、区域性的学科特点，更好地服务于河南经济社会发展，河南省科学院地理研究所汇集多年来的研究成果，通过理论与实践的总结，编辑与出版"河南区域发展丛书"，重在总结改革开放以来河南地理研究的成就，剖析经验，检讨问题，升华理论，不但能提高地理科研能力和水平，为经济社会发展发挥更大的作用，也为后人留下宝贵的财富。

该丛书内容广泛，涵盖了地理学的全部分支学科，包括自然地理、人文地理、经济地理和地理信息系统技术等，具体包括河南自然条件与资源研究、土地资源调查与评价研究、区域发展布局研究、产业发展与布局（农业、工业、旅游、第三产业等）研究、城镇研究、环境与生态研究、数字环境考古研究以及新技术应用研究等。

希望该丛书的出版，能够承接以往地理学研究的思想和成果，创新未来河南地理学研究思路，开创河南地理学科发展新局面，为河南区域经济社会发展和我国地理科学的发展做出贡献。

2016 年 3 月 30 日

前　言

　　自然条件与自然资源的数量、质量、地域组合及开发利用条件对区域发展具有重要的影响。服务经济发展，特别是服务农业现代化建设，历来是区域地理学研究的主要方向。20世纪80年代初，以时子明先生为代表的河南省科学院地理研究所的老一辈科学家，对多年的科研成果和积累的资料进行了较为系统的分析整理，编写出版了《河南自然条件与自然资源》（河南科学技术出版社1983年，以下简称"原书"）。原书在总结1949～1980年有关研究成果的基础上，较为系统地介绍了河南省地质、地貌、气候、水文、土壤、动植物等自然条件和自然资源，并对河南省自然资源的特征、形成规律、利弊作用进行了系统的分析和评价，并附有大量数据图表和照片。自1983年出版以来，深得社会好评。这部著作对于从事科研、教学、生产与管理工作者了解河南自然条件与自然资源状况，无疑是十分宝贵的资料。

　　30多年来，随着经济社会的发展和科学研究的深入，许多地理要素数据发生了较大的变化，原书内容中所引用的部分资料和数据陈旧老化，与现实情况有较大的出入，难以反映现实情况，使应用受到一定的局限，需要根据现实情况加以补充修订；同时，受编写条件的局限，原书内容不够完整，缺少土地资源、旅游资源等内容，这些资源是目前经济社会发展的重要资源，不可或缺，因而需要补充缺少的内容；还有原书已无库存，但社会需求仍然较大，尤其是刚参加工作的青年人，渴望得到一本全面介绍河南自然条件与自然资源的书籍，以解日常工作之困。适逢河南省科学院地理研究所组织编写"河南区域发展丛书"之际，组织省内有关专家重新编写了《河南自然条件与资源》。

　　目前河南正在全面实施建设中原经济区、加快中原崛起，振兴河南的总体战略。面对新机遇、新任务和新挑战，充分认识河南的自然条件与自然资源的数量、质量，深入探讨经济社会发展与自然资源之间相互联系、相互制约的规律性，对于保持经济社会可持续发展具有重要意义。

　　《河南自然条件与资源》的编写，在科学发展观指导下，继承与创新相结合，在继承原书按自然地理要素独立成章编写体例的基础上，对内容进行了重大变动。第一，对章节进行了调整。原书中地质条件与矿产资源为一章，本书改为两章；原书中地表水资源和地下水资源为两章，本书合并为一章；删除了原书"自然资源的合理利用与保护"，将把其内容分散于各章节之中。第二，对内容进行了重大修改。除新增了土地资源和旅游资源两章外，其余各章的编写尽可能反映近年来的最新研究成果、最新数据和最新观点，并注意规律的揭示和特点的概括，力求成为一本能够反映当代河南自然条件与自然资源全貌的专著。

　　本书分为三部分。第一部分为绪论，简述了自然条件与自然资源的概念、分类及其可持续开发利用的原则与策略，并综述了河南自然条件与自然资源的基本概况和综合特征；第二部分按自然地理要素，详细叙述了河南的地质条件与地质遗迹资源、地貌条件、矿产资源、气候资源与气候灾害、水文与水资源、土壤资源、土地资源、植物资源、动物资源、旅游资源；第三部分是综合自然分区，介绍了各自然地区的综合特征。

本书由王国强倡议并草拟编写大纲，由王国强、张天义、张克伟、方文松、杨宝中、杨建波、孟庆法、张秀江、翟海国九位同志集体讨论确定最后的编写大纲。具体分工为：第一章由王国强编写；第二章由张天义、赵鸿燕、杜凤军编写；第三章由王国强编写（孙宪章参与初稿修改）；第四章由张克伟、念国安、刘俊成、甄习春、张德祯编写；第五章由方文松、李颖、常军、吴璐、徐岩岩编写；第六章由杨宝中、李文忠、樊鹏、张琳、王辉、田韶英、韩丽红编写；第七章由杨建波编写；第八章由王国强（第一节、第三节）、田燕（第二节）、杨建波（第四节）编写；第九章由孟庆法编写；第十章由张秀江编写；第十一章由翟海国编写；第十二章由王国强、王朝晖编写。插图由王朝晖总体设计，杨喜会、田燕绘制。全书由王国强统稿、定稿。杨建锋、马军成、宋艳华、宋富强参加了资料调查与整理。

本书在编写过程中曾得到河南省科学院地理研究所领导的大力支持，得到河南省国土资源厅、河南省气象局、河南省气象科学研究所、华北水利水电大学、河南省水利科学研究院等单位的大力支持，特别是一些兄弟单位提供了部分参考资料，使本书的编写工作得以顺利进行。初稿完成后，分别征求了有关专家的意见，在此一并表示衷心感谢。

另外，由于本书引用资料和数据较多，有的在文中有注明出处，有的没有注明出处，在此特予说明。

全面系统地研究与介绍河南省的自然条件与自然资源，是一项复杂而又艰巨的工作，由于我们水平和资料所限，欠妥与错漏之处，敬希同仁与读者们批评指正。

作者

2014 年 8 月于郑州

目　　录

"河南区域发展丛书"序

前言

第一章　绪论 ·· 1

    第一节　基本概念 ·· 1

    第二节　自然资源特征与分类 ·· 3

    第三节　自然资源的利用与保护 ··· 5

    第四节　河南自然条件与资源概述 ·· 11

    参考文献 ··· 21

第二章　地质条件与地质遗迹资源 ·· 23

    第一节　河南地质发展史与古地理面貌 ································· 23

    第二节　河南地层与古生物 ··· 34

    第三节　地质构造与岩浆带 ··· 56

    第四节　地质遗产地资源保护与利用 ···································· 72

    参考文献 ··· 86

第三章　地貌条件 ··· 87

    第一节　河南地貌发育简史 ··· 87

    第二节　河南地貌基本格局与特征 ······································· 90

    第三节　主要地貌类型 ··· 94

    第四节　地貌分区 ··· 111

    参考文献 ··· 116

第四章　矿产资源 ·· 117

    第一节　矿产资源种类与分布 ··· 117

    第二节　能源矿产 ··· 123

    第三节　金属矿产 ··· 135

    第四节　非金属矿产 ·· 145

    第五节　水气矿产 ··· 153

第五章　气候资源与气候灾害 ·· 157

    第一节　河南气候概况 ··· 157

    第二节　气候资源 ··· 165

第三节　气候灾害 ………………………………………………………… 190

第四节　气候分区 ………………………………………………………… 209

参考文献 …………………………………………………………………… 213

第六章　水文与水资源 …………………………………………………… 214

第一节　河流水系 ………………………………………………………… 214

第二节　地表水 …………………………………………………………… 221

第三节　浅层地下水 ……………………………………………………… 238

第四节　深层地下水 ……………………………………………………… 256

第五节　水资源总量 ……………………………………………………… 264

参考文献 …………………………………………………………………… 271

第七章　土壤资源 ………………………………………………………… 272

第一节　土壤类型划分与分布 …………………………………………… 272

第二节　土壤类型及特征 ………………………………………………… 280

第三节　土壤分区 ………………………………………………………… 301

参考文献 …………………………………………………………………… 309

第八章　土地资源 ………………………………………………………… 310

第一节　土地资源类型 …………………………………………………… 310

第二节　土地利用 ………………………………………………………… 322

第三节　耕地质量 ………………………………………………………… 338

第四节　中低产田 ………………………………………………………… 357

参考文献 …………………………………………………………………… 360

第九章　植物资源 ………………………………………………………… 361

第一节　植物资源概况 …………………………………………………… 361

第二节　主要植物资源 …………………………………………………… 369

第三节　珍稀濒危植物与古树名木资源 ………………………………… 399

参考文献 …………………………………………………………………… 410

第十章　动物资源 ………………………………………………………… 411

第一节　动物资源及分类概述 …………………………………………… 411

第二节　无脊椎动物资源 ………………………………………………… 412

第三节　脊椎动物资源 …………………………………………………… 421

第四节　动物资源分区特征 ……………………………………………… 430

第五节　动物资源开发利用 ……………………………………………… 436

参考文献 …………………………………………………………………… 447

第十一章　旅游资源 ……………………………………………………… 449

第一节　旅游资源概述 …………………………………………………… 449

　第二节　旅游资源结构与分布 ·· 458

　第三节　自然旅游资源分区 ·· 474

　参考文献 ·· 492

第十二章　综合自然分区 ·· 493

　第一节　分区的依据与方法 ·· 493

　第二节　自然地区地域特征描述 ·· 496

　参考文献 ·· 503

附图 ·· 504

第一章 绪 论

第一节 基本概念

一、自然条件

自然条件是指一个地域经历上千万年的天然非人为因素改造成形的基本情况。包括地形条件、气候条件、水文条件、土壤条件、动植物资源、矿产资源、水资源、土特产品等。自然条件往往不能被人类所征服，但会影响人类的生活状况。所以人类不要一味地改造自然，要顺应自然。

杨万钟（1999）认为，自然条件又称自然环境，是自然界的一部分，指人们生产和生活所依赖的自然部分，如生物圈、岩石圈、大气圈和水圈等。自然条件可以分成两大类，一是未经人类改造利用的，与人类生活还没有直接联系的纯粹的自然，如高空大气层、南极冰川等；二是经过人们改造利用的，包含着人类劳动结晶的自然，如改造后的土壤、草原、人工运河、人工选育的动植物品种等。

二、自然资源

由于视角不同，对自然资源的理解也不同，深度和广度各异，故对自然资源的概念定义也有所不同。

《现代地理学辞典》定义自然资源（natural resources），泛指存在于自然界、能为人类利用的自然条件（自然环境要素）。联合国环境规划署（UNEP，1972）定义为"在一定的时间、地点条件下，能够产生经济价值，以提高人类当前和未来福利的自然环境因素和条件，通常包括矿物资源、土地资源、气候资源和生物资源等"。它同人类社会有密切关系，既是人类赖以生存的重要基础，又是社会生产的原料、燃料来源和生产布局的必要条件与场所。自然资源仅为相对概念，随社会生产力水平的提高与科学技术进步，部分自然条件可转换为自然资源，如随海水淡化技术的进步，在干旱地区，部分海水和咸湖水有可能成为淡水的来源。

《辞海》对自然资源的定义为"天然存在的（不包括人类加工制造的原材料）并有利用价值的自然物，如土地、矿藏、水、生物、气候、海洋等资源，是生产的原料来源和布局场所"。

《英国大百科全书》把自然资源说成是"人类可以利用的自然生成物以及生成这些成分的环境功能"。前者包括土地、水、大气、岩石、矿物及其群聚体，如森林、草地、矿产和海洋等，后者则指太阳能、生态系统的环境机能、地球物理化学机能等。

《自然资源简明词典》把自然资源理解为"在一定技术经济条件下，自然界中对人类有用的一切物质和能量"。通常包括岩石和矿产资源、土地资源、水资源、气候资源与生物资源等。自然资源是一个相对概念，随着生产力的提高和科学技术的进步，自然资源的外延和内涵将不断扩大与加深。

综上所述，自然资源是指存在于自然界，在现有生产力发展和科学技术水平下，为了满足人类的生产和生活需要而被利用的自然物质和能量。

三、农业自然资源

《自然资源简明词典》称"一切可以用来为农业生产服务的自然条件和农业生产的劳动对象均称为农业自然资源"。

黄秀文（1998）认为，农业自然资源是为从事农事活动或农业生产提供原料或能量的自然资源。农业自然资源既可能本身就是农业、林业、牧业等农业生产活动所经营的对象，如农、林、牧种质资源，为农业生产提供了多样化的物种资源；也可能仅为农作物、林木或牧草等农用生物提供一种载体和生长的环境，本身并没有物质生产的功能，如土壤或土地资源。

农业自然资源大致可分为两类：一类是作为农业经营对象的生物资源，如森林资源、作物资源、牧场和饲料资源、野生及家养动物资源、水产渔业资源和遗传种质资源等，它们都具有可更新的特征，通过生长和发育的过程，在一般情况下可周而复始地完成生物的繁衍过程，并通过生物量的积累形式，提供生物产品满足人类社会的需要。另一类是仅为农用生物提供载体或生长的环境，本身并没有物质生产功能，如土地资源、农用气候资源等，如果提高它们的质量或增加其数量，均有助于农用作物的生长发育或在总体上使生物量得以增加；否则会造成功能下降，如土地长期不合理使用，可导致地力衰退；严重的农药污染，可使环境恶化和物种的灭绝等。

四、自然条件与自然资源的联系与区别

自然资源与自然条件是两个既有不同又密切相关的概念。第一，自然条件是自然资源存在的环境基础，纯属于天然存在的（老天爷恩赐的），而自然资源泛指存在于自然界、能为人类利用的自然条件（自然环境要素）。第二，自然资源是自然条件中可被利用的部分，它包含的全部内容均属于物质范畴，并在一定的经济社会、技术条件下可被开发利用，且能增进人类福利的物质和能量。第三，自然资源是个动态的概念，随着社会经济技术的发展，人类对自然资源的认识不断加深，可开发利用的自然资源范围也会不断扩大，而自然条件的改变则很缓慢。

第二节　自然资源特征与分类

一、特征

（一）有限性

指资源的数量，任何一种自然资源都是有限的。如土地、淡水、有益矿藏等都是有限的，与人类社会不断增长的需求相矛盾，故必须强调资源的合理开发与保护。

（二）区域性

指资源分布的不平衡，任何一种自然资源在地球上的分布都是不平衡的，不论数量还是质量都有显著的地区差异，即具有区域性。每一种自然资源都有特殊的分布规律。例如，煤、石油、天然气、油页岩等矿物燃料分布在沉积岩区，特别是在沉积岩大规模分布的地区，可能有较大的蕴藏量。

（三）整体性

每个地区的自然资源要素彼此有生态上的联系，形成一个整体，触动其中一个要素，可能引起一连串的连锁反应。因此，对自然资源必须加强综合研究和开发。此外，自然资源具有从无用到有用，从单一用途到多种用途的转化过程。加强对自然资源的综合研究、综合开发，可以保护那些潜在的资源。

二、分类

（一）根据自然资源再生性能分类[①]

可将自然资源分成三类，它们在经济利用方面，各有特色。

1. 可再生的自然资源

环境资源中的太阳辐射能、风力、水力、海潮、径流、地热、温泉等连续或往复供应的资源均属此类。这类资源比较稳定，不随利用而明显减少。如能合理开发，精心保护，就能永续为人类利用。应该根据充分利用和综合开发的原则，最大限度地利用可再生资源。

---

① 杨万钟：《经济地理学导论（第四版）》，华东师范大学出版社，1999 年。

2. 可更新的自然资源

可更新的自然资源包括动物、植物资源。这类资源是能生长繁殖的有生命的有机体。它们的更新取决于自身的繁殖能力和外界的环境。应该遵循永续利用的原则，尽一切可能使它们向有利于社会的方向更新，并加以充分利用。

3. 不可再生的自然资源

包括地质资源和半地质资源。地质资源有金属矿、非金属矿、核燃料、化石燃料等。它们的成矿周期往往以数百万年计。除非从废物中回收，或者通过工程手段合成、制造，这些不可再生的自然资源随着人们的消费而逐渐减少。土壤和地下水资源的形成周期虽然较短，但是与人类消费的速度相比较而言，也是十分缓慢的，因此被称为半地质资源。对于不可再生的自然资源，应该根据节约和尽可能综合利用的原则，杜绝浪费和破坏。

（二）根据自然资源数量变化分类

1. 耗竭性自然资源

它以一定量蕴藏在一定的地点，并且随着人们的使用逐渐减少，直至最后消耗殆尽。矿藏资源就是一种典型的耗竭性自然资源。

2. 稳定性自然资源

它具有固定性和数量稳定性的特征，如土地资源。

3. 流动性自然资源，也称再生性资源

这种资源总是以一定的速率不断再生，同时又以一定的速率不断消失，如阳光、水（水域资源除外）、森林等。

流动性自然资源又可以分为两小类：一是恒定的流动性自然资源。它们在某一时点的资源总量总是保持不变，如阳光资源和水能资源等。二是变动的流动性自然资源。它们在某一时点的资源总量会由于人们的开发使用而发生变化，如森林资源和水体资源等。

（三）其他分类

根据自然资源的赋存条件及其特征可以分为地下资源和地表资源；根据其用途可分为农业资源、工业资源、旅游资源等；根据其利用方式可分为直接生活资源（天然食物、森林及草原动物和鱼类等）和劳动资料资源（矿产、森林、土地等）。自然资源还可分为有形自然资源（如土地、水体、动植物、矿产等）和无形自然资源（如光资源、热资源等）。

第三节　自然资源的利用与保护

一、　自然条件与资源对区域发展的影响[①]

（一）自然资源是区域社会经济发展的物质前提和物质基础

自然资源的数量、质量、地域组合及开发利用条件等都对区域发展产生重要的影响。首先，自然资源是区域生产力的重要组成部分。生产力是人们开发利用自然的能力，它由劳动力、劳动资料（主要是生产工具）、劳动对象等组成，其中后两部分直接或间接来自于大自然。所以，人类社会的生产活动离不开自然资源。正如恩格斯所言"自然界为劳动提供材料，劳动则把材料变成财富"。

其次，自然资源是区域生产发展的必要条件。没有必要的自然资源，绝不可能出现某种生产活动。没有煤田、油田和天然气田，采不出煤炭、石油和天然气；没有足够的热量和水分，作物就无法生长。但是，一个地区存在某种资源，并不一定就能发展某种生产活动，因为某种生产活动的发展不仅受资源条件决定，而且还受经济基础、技术条件以及市场供需条件等决定。所以自然资源是区域生产发展的必要条件，而非充分必要条件，即所谓"由此未必然，无此必不然"。

再次，随着科学进步和生产力水平的提高，自然资源的范畴也在不断地扩大，但自然资源仍是区域生产力发展的自然物质基础。由于科学技术的进步和生产力水平的提高，似乎使人感觉到当今人们对自然资源的依赖程度大大减弱，自然资源对区域生产发展中的基础作用大为降低。实际则不然，因为对自然资源开发利用的广度和深度的扩展，只说明人类可利用的自然资源的种类增多，但并未摆脱对自然资源的依赖。所以人类社会的物质生产是脱离不了自然资源的。

（二）自然资源对区域社会经济发展的影响表现

1. 自然资源的数量多寡影响区域生产发展的规模大小

如前所述，自然资源是区域生产发展的自然物质基础，某种自然资源的数量越多，利用该自然资源发展生产的规模就有可能越大。当粮食单产一定时，耕地面积越大，粮食生产的规模就可能越大。黑龙江之所以成为我国重要的商品粮基地，是因为其具有广袤的耕地资源；山西之所以成为我国最大的煤炭能源基地，是因为其具有储量居全国首位的煤炭资源。相反，某些自然资源的数量越少，对区域生产发展规模的限制也就越大，如在我国北方广大地区，水资源缺乏对区域经济发展规模以及城市发展规模就构成了限制。

[①] 崔功豪、魏清泉、陈宗兴：《区域分析与规划》，高等教育出版社，1999年。

2. 自然资源的质量及开发利用条件影响区域生产活动的经济效益

同一种资源,其质量及开发利用条件不同,则开发利用的方式不同,开发利用过程中的成本投入及劳动生产率、产品质量、市场售价等也就不同,经济效益就会存在差异。例如,由于煤质及煤炭开采条件的差异,我国山西吨煤生产的成本仅为湖南的 1/2、苏南和浙江的 1/3。中东海湾地区石油资源丰富,油质好,开采条件优越,其每桶原油的平均生产成本仅为美国油田原油生产成本的 1/20,单井日产原油与美国相比高一千多倍。我国铁矿以贫矿为主,品位仅 30%左右,采出后要经过选矿才能入炉,选出的人造富矿的成本要比天然富矿高 4~5倍。平原地区每亩耕地投入产出效率比山区耕地高出 2~3 倍。南方山区营造人工用材林,一般只需 20~25 年即可达到采伐的要求,而东北地区达到相同采伐标准则需要 50~60 年时间。棉花生产对温度和光照有一定要求,我国新疆地区光照充足,温度适宜,棉质最好,华北平原次之,成都平原和辽河平原最差。前者为光照不足所致,后者则是因为热量不足所致。可见,自然资源不但直接影响生产的经济效益,而且通过产品质量间接地影响经济效益。

3. 自然资源的地域组合影响区域产业结构

自然资源是产业发展的基础,有某种资源,就有可能发展以该种资源为主的产业部门。因此,不同种类的自然资源的组合,就有可能导致以这些自然资源为利用对象的不同产业部门的发展,即资源结构对产业结构产生了影响。例如,我国东北地区有丰富的石油、铁矿石、森林、有色金属、煤炭、耕地资源,在此基础上,形成了以石油、钢铁、森林、有色金属、机械、化工、粮食等生产为主的地区经济结构,且北部以石油、森林、煤炭、机械、粮食生产为主,南部以钢铁、有色金属、机械、化工等生产为主。因此,生产的地域分布与资源的地域分布有很大的吻合性。

二、自然资源开发利用存在的问题

我国自然资源开发利用的强度越来越大,所引起的生态环境问题也日趋恶化。一方面,20 世纪 90 年代以来,简单粗放,以高投入、高消耗、高污染和低效益(即"三高一低")为显著特征的工业化发展在推动我国经济增长的同时也加速了自然资源的浪费与环境污染。据初步估算,将我国所有污染对经济的损失汇总起来,每年污染造成的损失会占 GDP 的 7%左右[①],这一数字刚好接近我国近年来经济增长的速度。尽管我国在资源利用与保护方面下了很大功夫,但在粗放型工业化的总体形势下,治理保护却跟不上浪费,生态环境持续恶化,资源和经济可持续发展受到严重威胁。另一方面,面对我国人口的膨胀与经济高速增长对资源的需求日益增加的压力,国家尚无力量集中更多的资金进行大规模的资源与环境治理,这就很难指望在近期内跨越"发展与治理"的门槛。因此,社会经济发展与资源、环境保护的

---

① "我国自然资源开发利用的现状和对策",人民网,强国社区,2010.07.17。

两难选择，将是长期困扰我们的矛盾。资源贫乏、消耗大、浪费严重，这正是我国自然资源开发利用过程中存在问题的重要原因。

（一）资源市场价格的严重扭曲

不合理的资源定价方法导致了资源市场价格的严重扭曲，表现为自然资源无价、资源产品低价以及资源需求的过度膨胀。

自然资源的价值可归结为两个方面：一是普遍了解并认同的商品价值，体现的是物质价值；二是服务价值，即通常所说的生态价值、社会价值等，主要体现的是精神价值。第一方面的价值是可以简单计算并易于用货币来体现，而第二方面的价值则不能用简单的方法进行计算，且难以用货币的形式来体现。

传统上的认识是商品价值决定于生产该商品所耗费的社会必要劳动时间，没有投入劳动的物或者不能交易的物，本身没有价值，因而天然的自然资源和生态环境没有价值。

伴随着这一不科学的认识，在我国形成一种被扭曲的怪现象"自然资源和生态环境无价，原料低价"，从而导致了资源的无偿占有、掠夺性开发，资源损毁，生态破坏，环境恶化。特别是对那些功能性的资源（包括部分物质性资源），传统上认为是丰富的、免费的、可更新的自然要素，在利用上就不加节制，超过了这类资源在容量和数量上的可允许的限度，从而造成资源基石——生态系统功能上的整体退化；反过来，又削弱了自然资源的更新能力，使其不能持续地被人们所利用。这类资源更新并非是纯自然的过程，人们既能将利用率保持在自然更新的能力之下，又可将这种能力人为地提高到一定的水平。如果两者之间没有达到平衡，则"可更新资源"（包括环境承载力）的利用与"不可更新资源"的利用就没有什么区别，资源短缺终将来临。

（二）缺乏自然资源核算机制

我国现行的衡量国民经济增长的主要指标是国民生产总值（GDP），它包括工农业生产的全部产品和服务的价值，计算了固定资产的折旧，但却没有包括自然资源损耗价值和生态环境恶化造成的经济损失。因此，在经济指标坚挺的背后，却是资源损毁、生态破坏、环境恶化。"经济繁荣"的同时，作为支持经济持续发展重要条件的资源基础却在不断削弱。

当前国民经济核算尚存在以下几方面的缺陷：第一，自然资源的价值在国民账户中没有得到应有的反映；第二，国民经济核算仅仅记录了人造资本的消耗，却忽视自然资本的消耗；第三，对于国民经济活动过程中所引起的环境污染与退化，国民经济核算体系不仅没有将环境破坏所带来的损失从国民收入中减去，反倒将环境处理费用加入国民收入。

（三）资源管理体制分散

虽然自 20 世纪 80 年代以来，我国制定了一系列的保护自然资源和环境的法律法规，对抑制生态退化的趋势发挥了重要作用。但这些法律法规大多带有行业的倾向，在内容上存在空白、交叉重叠、矛盾冲突的地方。对于某些自然资源的保护，目前尚缺少专门的法律、法规和管理条例。特别是对于自然资源保护与开发的适宜度，从学术界到管理层，因出发点、角度和部门利益的差异，尚存在不同的看法，使得环境影响评价报告书从编制到审批都缺乏科学的、可操作的程序和依据。自然资源开发利用服从计划性指令，而不是根据自然资源的实际分布情况和生态环境状况进行运作。由于缺乏统一的协调机制，致使自然资源浪费严重，生态破坏剧烈。

（四）资源型经济结构依然突出

经济发展过分依赖于资源和能源的投入，同时伴随大量的资源浪费和污染产出，忽视资源过度开发利用与自然环境退化的关系。

自然资源的短缺和生态恶化一般是由于资源的过度开发和低效率利用造成的。经济盲目增长的同时，并没有考虑到自然资源的稀缺性和环境的价值。20 世纪 50 年代和 90 年代的增长热就是以资源的破坏为代价，为了达到经济高速增长的目的，而不惜以牺牲环境为代价。经济的高速发展固然可以使我国走向一个高度发达的工业化时代，但是盲目的经济扩张和不合理的发展模式却大大加剧了耕地、淡水、森林和矿产等的消耗，人类赖以生存和发展的环境受到了十分严重的破坏。

三、自然资源开发利用的原则

（一）坚持资源开发与节约相结合的原则

由于我国生产技术比较落后，设备陈旧，管理不善，资金短缺，资源性产品价格偏低，资源管理体制和政策又不够健全，从而导致资源利用率不高，浪费比较严重。据统计，我国能源浪费每年至少在 1 000 万吨标准煤以上，此外，水土资源的浪费也极为严重。因此，资源节约潜力很大。节约不仅有利于资源保护，而且比开发节省投资，周期短而见效快，应作为资源持续利用的重点。资源开发投资大、周期长、成本高，应作为中长期的发展重点。当然，开源与节流是互为依存的，开源是节流的前提，节流是开源的继续，要根据不同资源、不同条件确定其侧重点。

（二）经济效益与生态效益相统一的原则

自然资源的开发利用首先应讲究经济效益，没有经济效益，各项活动将丧失动力，社会经济的发展也将成为一句空话。与此同时，自然资源开发利用还应讲究生态环境效益，如果片面追求暂时的经济效益，而忽视对资源的合理利用与保护，必将损害资源与环境，破坏生态；而恶劣的生态环境反过来又会抑制经济发展。任何发展都离不开资源和环境基础的支撑，随着资源的日益枯竭与环境的日益恶化，这种支撑会变得越来越薄弱和有限。因此，经济越是高速发展，越要加强资源与环境的保护，以获得长期持久的支持能力，实现社会经济的可持续发展。

（三）对可再生资源实行合理规划、永续利用的原则

可再生资源在被开发利用后虽然能够自我再生、恢复或净化，但是其再生、恢复或净化的能力是有限的，受到各种自然因素乃至人为因素的制约。为使这类资源永续利用，对其开发利用的规模、速度等应合理规划，不能让开发利用的规模、速度等超过其再生、恢复或净化能力。

最优利用，即充分发挥自然资源的最优效益。自然资源的物理与化学属性不同，往往一物可以多用，应根据其各自特征，结合经济、生态和社会效益，宜工则工，宜农则农，宜牧则牧，宜林则林，优化自然资源的利用。

适度开发，保证可再生资源的持续利用。对可再生资源的利用，应遵循自然规律，维持其再生能力，保持生态系统的物质平衡，使之得以永续利用。

合理规划，实现整体功能效益。任何自然资源都是某一生态系统的组成部分，各类自然资源不仅有其自身独特的功能，还有系统整体的功能。这就决定了在可再生资源的开发利用中不仅应追求资源种类的合理利用，还应按照资源种类及其数量的合理组合和科学比例，根据资源整体功能安排经济结构，实现资源的整体功能效益。

注重养殖，增强可再生资源的可再生能力。按照生态规律治理生态环境，营造森林，养殖培植有利于人类社会的动植物，利用人的主观能动性增强地球的生命支持能力。

（四）对不可再生资源实行节约、限制和综合利用的原则

不可再生资源犹如一个初始量给定且只能流出不能流入的水池，随着社会的不断利用，其储量会逐渐下降，并最终趋于枯竭。因而对这类资源只能本着节约、限制与综合利用的原则。

综合利用。对于共生和伴生的不可再生资源，应采取多种方法进行采选和冶炼，尽可能全部提取各种资源。

最优利用。应充分考虑经济技术条件、资源储量和开采能力，并以充分发挥资源效益为中心，搞好资源种类和等级的替代，做到节约利用、有效利用，充分实现资源价值。

回收利用。剩余资源如残余、零散物等及使用后的废料如废渣、废气等必须回收，使资源浪费减少到最低程度，从而延长其为社会服务的年限。

增加开发。采用现代科技手段，提高勘探水平和能力。增大技术贡献率，扩大开采能力，

提高采选、冶炼技术构成，尽可能延长不可再生资源的使用"寿命"。

四、自然资源可持续开发利用策略

为了确保有限自然资源能够满足经济可持续高速发展的要求，应当依靠科技进步挖掘资源潜力，充分运用市场机制和经济手段有效配置资源，坚持走提高资源利用效率和资源节约型经济发展的道路。自然资源保护与可持续利用必须体现经济效益、社会效益和环境效益相统一的原则，使资源开发、资源保护与经济建设同步发展。

（一）强化科学技术在资源开发中的作用

加强对传统产业的改造升级，优化产业结构。初级产品的输出，一方面损失了自然界对自然资源的价值贡献；另一方面，失去了提高产品附加值的机会。而我国的资源状况恰是人均资源量少，因此，在自然资源管理系统中，提高产品技术含量，提高初级产品的深加工水平，是我们提高经济效益，提高承载力，实现可持续发展的重要而迫切的任务。

依靠科技进步开发新产品和替代品。科学技术进步既可以或多或少地减少能源和资源的消耗，增加产量，提高产品质量，又可研制新材料和材料使用技术，探寻新的勘探技术，寻找替代产品，这对解决资源危机、能源危机将起重要作用。同时，生物工程、遗传工程，对解决未来的粮食危机也将起着不可忽视的作用。

大力发展循环经济，解决发展与环境之间的矛盾。循环经济倡导一种基于不断循环利用资源的发展模式，尽量减少经济活动对自然环境的不良影响，最大限度地预防浪费，从根本上缓解资源约束矛盾和环境压力。

开展自然资源流动过程研究。所谓资源流动是指资源在人类活动作用下，资源在产业、消费链条或不同区域之间所产生的运动、转移和转化。开展我国自然资源流动研究，有助于把握我国资源合理方向，构建资源高效持续利用模式，挖掘资源潜力以及阐明资源利用过程中生态环境负面效应产生的环节和机理。

（二）完善自然资源的价格机制和补偿机制

长期以来，我国资源价格严重扭曲，导致"产品高价，原料低价，资源无价"的不合理现象。在运行机制上，没有引入价值规律进行产业经营，使资源消耗得不到补偿，又不能运用价格杠杆促使资源得到合理、节约利用。对自然资源的无偿开发和利用，造成了许多严重的后果，因此要完善自然资源核算体系。自然资源核算是指对一定时间和空间内的自然资源，在合理估价的基础上，从实物、价格和质量等方面统计、核算和测算其总量和结构变化，并反映其平衡状态的工作。

（三）引导社会形成可持续消费模式

所谓可持续消费，是指符合人的身心健康和全面发展要求、促进社会经济发展、追求人与自然和谐进步的消费观念、消费方式、消费结构和消费行为。可持续的消费方式包括节制消费、替代消费、循环和重复使用以及拒绝使用野生动物制品。

知识经济时代，新技术、新产品层出不穷，消费者复杂多变的偏好得到了满足，文化消费、信息消费越来越成为人们消费的重要内容，消费结构升级必然导致产业结构的调整，自然资源的可持续利用必然指日可待。因此，要树立资源价值观，提倡适度消费，倡导合理消费，提高人口素质，加强消费教育与导向。

（四）强化政府在资源和环境保护中的生态责任

政府的生态责任是政府在自然资源和生态环境的保护及社会的可持续发展方面所应承担的义务和职责，它是政府责任的一种延伸。政府的生态责任源自政府在处理人与自然关系时的权力垄断性，政府是唯一能够合法调动和支配全社会公共资源以应对资源危机和生态危机的组织机构。这就要求政府在可持续发展中承担更大的责任。

第四节　河南自然条件与资源概述

一、位置与政区

河南位于中国中东部、黄河中下游、华北平原的南端。远古时期，黄河中下游地区河流纵横，森林茂密，野象众多，河南又被形象地描述为人牵象之地，这就是象形字"豫"的根源，也是河南简称"豫"的由来。《尚书·禹贡》将天下分为"九州"，豫州位居天下九州之中，现今河南大部分地区属九州中的豫州，故有"中原"、"中州"之称。

河南位于北纬 31°23′～36°22′，东经 110°21′～116°39′，东接安徽、山东，北界河北、山西，西接陕西，南临湖北，呈望北向南、承东启西之势。南北和东西最大直线距离分别为 530km、580km，土地总面积约 $16.566 \times 10^4 km^2$，约占全国国土面积的 1.74%，居全国第 17 位。自南向北地跨北亚热带和暖温带，分属长江、淮河、黄河、海河四大流域，分布有大别山、桐柏山、伏牛山、太行山四大山脉及黄淮海平原和南阳盆地。

2011 年年末河南辖郑州、开封、洛阳、平顶山、安阳、鹤壁、新乡、焦作、濮阳、许昌、漯河、三门峡、南阳、商丘、信阳、周口、驻马店 17 个省辖市、济源 1 个省直管市（以下按18 个省辖市进行叙述），20 个县级市，88 个县，50 个市辖区，1 011 个镇，852 个乡，518个街道办事处，3 866 个社区居民委员会，47 347 个村民委员会。省会为郑州市。

2011 年年末全省总人口 10 489 万人，常住人口 9 388 万人，其中城镇人口 4 255 万人，城镇化率达到 40.57%。全省人口密度每平方公里 633 人。

二、在全国自然区划中的地位

（一）温度带

我国南北跨纬度广，各地接受太阳辐射热量的多少不等，各地的热量条件差异很大。根据各地≥10℃ 积温大小的不同，我国自北而南有寒温带、中温带、暖温带、亚热带、热带，以及特殊的青藏高寒区。在各温度带中，寒温带只占国土总面积的 1.2%，青藏高原的大部分为高寒气候，占国土总面积的 26.7%，其余占国土总面积的 72.1%的地区属于中温带、暖温带、亚热带、热带，因此，我国以温暖气候为主，见表 1-1。

河南跨越两大温度带，大致以伏牛山南坡和淮河干流为界，以南属北亚热带，以北属暖温带。

表 1-1　中国温度带的分布范围

温度带	主要分布地区	积温（≥10℃）	生长期（个月）	作物熟制
寒温带	黑龙江与内蒙古北部	<1 600	3	一年一熟
中温带	长城以北、内蒙古大部分、准格尔盆地	1 600～3 400	4～7	一年一熟
暖温带	长城以南、秦岭—淮河以北、塔里木盆地 （河南约 70%位于该区）	3 400～4 500	5～8	一年两熟或两年三熟为主
亚热带	秦岭—淮河以南大部分地区 （河南约 30%位于该区）	4 500～8 000	8～12	一年两熟为主
热带	台、粤、滇的南部、琼	>8 000	全年	一年两熟/三熟
青藏高寒区	青、藏、川西	<2 000	0～7	一年一熟

（二）干湿区

干湿状况是反映气候特征的标志之一，一个地方的干湿程度由降水量和蒸发量的对比关系决定，降水量大于蒸发量，该地区湿润；降水量小于蒸发量，该地区干燥。天然植被类型和农业生产等都与干湿状况关系密切。

中国年降水量分布，800mm 等降水量线在淮河—秦岭—青藏高原东南边缘一线；400mm 等降水量线在大兴安岭—张家口—兰州—拉萨—喜马拉雅山东南端一线。塔里木盆地年降水量少于 50mm，其南部边缘的一些地区降水量不足 20mm；吐鲁番盆地的托克逊平均年降水量仅 5.9mm，是中国的"旱极"。中国东南部有些地区降水量在 1 600mm 以上，台湾东部山地可达 3 000mm 以上，其东北部的火烧寮年平均降水量达 6 000mm 以上,最多的年份为 8 408mm，是中国的"雨极"。中国年降水量空间分布的规律是：从东南沿海向西北内陆递减。各地区差别很大，大致是沿海多于内陆，南方多于北方，山区多于平原，山地中暖湿空气的迎风坡多于背风坡。

中国各地干湿状况差异很大，根据降水量与蒸发量的对比关系，共划分为 4 个干湿地区：湿润区、半湿润区、半干旱区和干旱区。秦岭—淮河以南、青藏高原南部、内蒙古东北部、东北三省东部属于湿润区；东北平原、华北平原、黄土高原大部、青藏高原东南部属于半湿润区；内蒙古高原、黄土高原的一部分、青藏高原大部属于半干旱区；新疆、内蒙古高原西部、青藏高原西北部属于干旱区，见表 1-2。

根据上述指标，河南淮河以南为湿润区，包括淮河两岸平原和大别—桐柏山地丘陵区；豫东平原、南阳盆地和伏牛山东麓低山丘陵区为半湿润区，豫北平原、中部丘陵和豫西黄河两岸及伊洛河谷地为半干旱区。

表 1-2　中国干湿地区的划分

干湿地区	年降水量（mm）	干湿状况	主要分布地区	植被	土地利用
湿润区	>800	降水量>蒸发量	秦岭—淮河以南、青藏高原南部、内蒙古东北部、东北三省东部	森林	以水田为主的农业
半湿润区	400～800	降水量>蒸发量	东北平原、华北平原、黄土高原大部、青藏高原东南部	森林、草原	以旱地为主的农业
半干旱区	200～400	降水量<蒸发量	内蒙古高原、黄土高原的一部分、青藏高原大部	草原	草原牧业、灌溉农业
干旱区	<200	降水量<蒸发量	新疆、内蒙古高原西部、青藏高原西北部	荒漠	高山牧业、绿洲灌溉农业

（三）地形

中国地势西高东低，呈三级阶梯状态势。第一阶梯，青藏高原，位于昆仑山、祁连山之南，横断山以西，喜马拉雅山以北，平均海拔 4 500m 以上。第二阶梯，位于大兴安岭、太行山、巫山、雪峰山以西，包括内蒙古高原、黄土高原、云贵高原、准噶尔盆地、四川盆地、塔里木盆地，平均海拔 1 000～2 000m。第三阶梯，位于大兴安岭、太行山、巫山、雪峰山以东，包括东北平原、华北平原、长江中下游平原、辽东丘陵、山东丘陵、东南丘陵、大部分海拔在 500m 以下。

河南东部平原属于华北平原的一部分，位于我国第三阶梯的上部；西部的伏牛山脉和西北部的太行山脉则属于我国第二阶梯的东部边缘。地形具有东西向的过渡特点。

（四）综合自然区划

任美锷（2009）根据经纬度和海陆分布等地理位置的差异、地势轮廓及新构造运动和生物气候基本特征的差异等，将全国划分为东部季风区域、西北干旱区域和青藏高寒区域三大自然区域，作为一级自然区划单元；在自然区域下，根据气温划分为 14 个自然带作为二级自然区划单元，其中东部季风区按温度带划分为 9 个自然带；自然带以下，根据干湿状况、地貌特征、土壤类型、水文等方面的差异划分为 44 个自然区，作为三级自然区划单元。

河南属东部季风区的暖温带和北亚热带，其中淮河以北地区属于暖温带，形成了落叶林—棕壤、褐土景观，显示了暖温带特征；淮河以南属于北亚热带，形成了常绿、落叶阔叶林—黄棕壤景观，显示了北亚热带的特征。

三、自然条件与自然资源优劣势分析

（一）农业自然条件优势

河南自古中天下而立，名山雄峙，河流纵横，平原广阔，气候温和，雨量适中，土壤适宜种植，是我国历史上开发最早的地区之一，史称中华民族的摇篮，南宋以前曾几度成为中华民族政治经济文化活动的中心地域。

1. 自然地理位置良好

从农业自然资源的形成、发展与开发利用的地理环境基础来讲，河南所处的自然地理位置良好。

河南处于东部季风区域的中央部位，东距海洋较近，而且其东面和南面的广大地区，地貌以广阔的平原和起伏和缓的低山丘陵为主，因而有利于获得季风之惠，由海洋不断输入湿润气流，形成了温暖湿润的自然环境。特别是夏季东南季风影响显著，随着气温的升高，降水量也逐渐增加，形成雨热同季，热量和降水量均相当充沛，为生物特别是农作物的生长发育提供了较为有利的自然条件。

在二级自然区划单元中，河南处于暖温带向北亚热带过渡的地带。秦岭—淮河是我国一条重要的地理分界线，暖温带和北亚热带以此线为界，该线以北为暖温带，以南为北亚热带。从农业自然资源的地带性分析，温带、亚热带和热带的优势都是很突出的。虽然各自然地带的综合自然条件和农业自然资源各有特色，但三个地带总的自然条件是：水热组合良好，生物种类众多，有利于多种农作物、经济林草和动物的生长发育，并且自然更新能力旺盛，生产潜力巨大。河南处于暖温带南部和北亚热带北部，跨越两个综合自然条件优越的自然带。这一良好的自然地理位置，为河南丰富的农业自然资源的形成发育，奠定了相当有利的自然环境基础。

在三级自然区划单元中，河南处于众多自然区的交会地区。东部的广阔平原，是黄淮海平原区的一部分，由黄河、淮河和卫河水系（海河流域）冲积而成。其中以黄河冲积扇形平原为主体，面积约占东部平原总面积的 3/4。由于处于黄河下游的上段，黄河水量较中、下段丰富，为河南充分开发利用黄河水资源，发展引黄灌溉，提供了十分有利的条件。与此同时，东部平原地势平坦，土层深厚，土质较好，水热配合良好，耕地和种植业资源丰富，是全国重要的粮棉油和畜产品生产基地。

豫西北和豫西山地，属于华北山地区，位于其南部，是我国第二级地势大台阶东部边缘中段的一部分，与属于第三级地貌大台阶的黄淮海平原区相毗连。山势较西部山地低缓，海拔高度多在 1 500m 以下，部分山峰海拔达 2 000m 左右，相对高度多在 500～1 000m 上下，其间丘陵、盆地和宽阔河流谷地较为发育。区内土地类型多种多样，且位于暖温带南部，水热组合状况较好，生物的适宜性较广，自然环境条件与西北黄土高原区和华北山地其他地区相比，具有显著的优势。

淮河以南的豫南地区，是长江中、下游区北部的一部分，包括山地、丘陵和山前波状平原。由于地处北亚热带，相对高温多雨，各种风化作用旺盛，山地和丘陵风化堆积物覆盖广泛且深厚，为肥沃土壤的形成发育提供了十分有利的条件。同时，流水的侵蚀和堆积作用强烈，一系列宽阔的河谷平原由南向北伸展，经山地、丘陵将山前倾斜平原分割成波状起伏状态，是水田的集中分布地带。因而，多种多样且肥力较高的土地类型，加上良好的水热组合状况，使豫南成为全省农、林、牧、副、渔综合资源最丰富的地区，特别是亚热带农产品和水稻、水产品资源占有突出地位。

西南部南阳盆地属于汉江中、上游区。该盆地西、北、东三面环山，中南部为广阔坦荡的平原，面积仅次于东部平原，是省内第二大平原。这一地区地处北亚热带，水热组合状况较东部平原优越，并且土地质量也较好，是全省农业自然资源丰富的区域。

综上所述，河南位于中国东部季风区域的中央部位，跨北亚热带和暖温带两个热量充沛的自然地带，并位于四个自然区的交会地区。这种良好的自然地理位置和多种多样的自然条件，为丰富多彩的农业自然资源的形成发育，奠定了十分有利的自然环境基础。

2. 经济地理位置优越

河南不仅自然地理位置良好，经济地理位置也相当优越。首先，从农业自然资源角度来看，跨北亚热带和暖温带的地带性特点，使河南恰好处于我国南、北方两大农业经济类型区的接合部。省内南、北方农产品兼备，品种繁多，具有距离不同气候带市场最近的有利条件。即使在相同类型的产品中，亚热带产品较南方晚熟，暖温带产品较北方早熟，这就为利用应市时间差异，分别投入相同气候带市场，提供了有利的市场机会。同时，河南又处于我国中部大面积山区和平原的连接地带。山区和平原区因土地类型差异，形成不同的农业经济类型。省内两种类型兼备并相毗连，山区林果和土特产品为平原区所缺乏，而平原区的种植业产品和经济技术实力，又是山区经济建设所需要。大面积山区和平原相连接，为不同类型区的产品交换和经济联系提供了广阔的空间。其次，从全国形成的区域经济格局和未来国土资源开发方向来看，河南跨多种重点开发区或开发带。东部平原是国家农业重点开发的黄淮海平原的一部分，随着全国规模最大的黄淮海平原粮棉油和畜产品基地实力的不断加强，对加快东部平原农业的发展，将起到强有力的促进作用；西北和西部地区属于国家重点开发的能源重化工基地和原材料基地，随着这一基地的迅速发展，对农产品的需求量将大幅度增长；中部发展和中原经济区的建设，为全省农业自然资源的充分开发利用带来新的生机。最后，从市场经济发展所需的交通运输基础来看，河南地处我国中原腹心地区，铁路、公路、航空四通八达，并具有重要的枢纽作用，在全国的"中"、"通"优势十分突出。从古至今，河南一向是我国人民南来北往、西去东来的必经之地，是各族人民密切交往的通道和场所。这种优越的地理位置和方便的交通条件，使河南成为全国信息流、人流、资金流、物资流、科技流的中心，在全国具有承东启西、通南达北的重要作用。

3. 良好的自然资源组合

组成农业自然资源的气候资源、水资源、土地资源和生物资源，彼此之间是相互联系、相互制约的有机整体。由于受综合自然条件的影响，农业自然资源具有鲜明的地域特征。各种农业自然资源组合优势突出的地域，便形成良好的农业地域，例如温暖湿润、生物种类繁多且生产能力强的地域；各种农业自然资源组合缺陷显著的地域，则形成不良的农业地域，如高寒和干旱、生物种类少且生产能力低的地域。因此，一个地域的农业自然资源组合状况如何，对农业生产的发展具有重要影响。河南农业自然资源的组合状况良好，主要表现在以下几方面：

（1）光照、热量和水分资源配合良好。光照、热量和水分是农业气候资源的基本要素，对植物的生长发育、产量和品质的形成具有决定性影响。光照是植物进行光合作用的必要条件，其中光能是绿色植物通过光合作用以制造有机物的能量来源；日照时间与植物的生长发育和植物有机质的积累密切相关。热量主要来源于太阳辐射，是保证植物进行正常生理活动所必需的环境条件；降水是自然界水分的主要来源，植物生长发育所需水分的摄取，主要依赖于大气降水所形成的土壤水、地表水和地下水。光照、热量和水分不仅对植物至关重要，对动物的生长发育也有显著影响。因此，三者的配合状况在农业自然资源组合中占有特别重要的地位。

河南位于中纬度地带，光照资源丰富。首先太阳辐射较强，全省年太阳辐射量约为 $4\,400\sim4\,700\text{MJ/m}^2$ 左右。与全国其他地区相比，虽然低于青藏高原、西北以及华北北部和东北部分地区，但高于华中、华南及华东大部分地区。而且年太阳辐射量最高值出现在夏季，正值气温最高，降水量最多的季节，光、热、水同季，对植物的旺盛生长极为有利，为充分利用光能资源，提高植物的产量和质量提供了有利的自然条件。其次，日照时间较长，全年可照时数为 $4\,428.1\sim4\,432.3\text{h}$，由于受地理环境和云雾的影响，实际日照时数约 $1\,700\sim2\,300\text{h}$，相当于可照总时数的 38%～52%。实际日照时数 5 月最多，平均为 210h。河南日照时间与全国其他地区对比，与年太阳辐射量大体一致，处于适中水平。这种日照时间较长，且日照时数夏季最多的状况，对植物的生长发育，特别是植物有机质的积累是十分有利的。

由于光照较为充足，热量也较为丰富。全省年平均气温大部分地区在 13～15℃，与此相适应，无霜期约为 190～230d 左右。夏季最热，最热月为 7 月，大部分地区平均气温在 27～28℃，区域差异不大；冬季相对寒冷，最冷月为 1 月，南部（南阳盆地和淮南地区）平均气温约为 0.6~2.2℃，无"死冬"；其他地区平均气温在-2~0.6℃，其中大部地区虽有"死冬"，但时间很短，植物越冬条件良好。日平均气温稳定在 10℃ 以上的活动积温，约为 4 000~5 000℃。热量指标与全国其他地区相比，虽然不如华南、华中优越，但明显高于西北、东北和华北其他诸省。丰富的热量资源，为多种植物进行正常的生理活动，提供了可靠的环境保障条件。

河南地处我国东部季风区域，深受海洋季风的影响。全省年降水量大致在 537.3~1 294.1mm，南部为 800~1 200mm 以上，向北逐渐递减为 600mm 以下。在我国东部季风区域，属于降水量中等地区，次于南部、高于西北地区。降水量主要集中在夏季，6、7、8 三个月的降水量，约占全年降水总量的 50%~60%，形成夏季高温多雨的气候特征，这对植物生长发育极为有利。

光照、热量和降水量的良好配合，不仅形成了河南较为优越的农业气候资源，而且对其他农业自然资源的形成发育也具有重要影响。

（2）土地结构和质量良好。全省土地由山地、丘陵和平原组成。山地有海拔 1 000m 以上的中山和海拔 400~1 000m 的低山（淮南山地中山和低山的海拔高度分别为 800m 以上与 350~800m）；丘陵有相对高度 100~200m 的高丘陵和 100m 以下的低丘陵；平原有山前洪积倾斜平原和波状平原、洪积冲积缓倾斜平原、冲积扇形平原、冲积平缓平原、冲积低平缓平原等。作为我国中部的内陆省份，土地类型较为齐全。

河南平原面积所占比重之大，在全国仅次于江苏省，居第二位。这种山地、丘陵和平原土地的适当搭配，特别是平原土地所占面积比重大，加上温暖湿润的气候条件，无疑为农业生产的发展奠定了良好的土地资源基础。同时，土地资源的区域配置也相当优越，适宜林果业发展的山地，集中分布在西部和西北、东南边境地带，并且相互连接组成山地整体；东部大部地区和西南部的南阳盆地为广阔坦荡的大平原，是农耕地的集中分布区；山地和平原之间的过渡地带为连绵起伏的丘陵地，适宜林果业和种植业的综合发展。这种不同特点的土地类型相对连片集中且相互关联的组合格局，为从宏观上因地制宜，合理开发利用农用土地资源，提供了十分有利的条件。

河南土壤类型也多种多样。全省土壤有黄棕壤、棕壤、褐土、潮土、砂姜黑土、盐碱土和水稻土等。黄棕壤为北亚热带的地带性土壤，主要分布在淮河以南和南阳盆地周围的山地丘陵区，是本省亚热带林木、特别是茶树、油桐、油茶等经济林木的适应性土壤。棕壤和褐土为暖温带的地带性土壤，伏牛山以北的中山山地为棕壤，西部的黄土丘陵区和太行山、豫西山地的山前丘岗地区为褐土。棕壤是西部和西北部山地的林地土壤，褐土是黄土丘陵区、豫西山地和太行山山前丘岗地带的主要耕作土壤。其他土类为非地带性土壤，其中潮土主要分布在东部广大平原地区，是省内分布面积最大的土类。其成土母质主要是河流冲积物，按土质又可分为沙土、淤土和两合土三个土属，是省内最重要的耕作土壤。砂姜黑土主要分布在淮北平原和南阳盆地相对低洼的地区，也是面积较大的一种耕作土壤。这种土壤土质黏重，水分物理性状较差，下部常有砂姜层阻隔，但有机质含量较高，有较大的潜在肥力。水稻土是一种良好的高产土壤，分布与水资源和水利条件有关，主要分布在淮河以南的信阳市和南阳市，尤以信阳市最多。另外，黄河沿岸背河洼地和其他局部低洼地区集中分布的盐碱土区域，大部分已改种水稻，成为一种高产土壤。众多的土壤类型形成了河南较为丰富的土壤资源。

河南地貌类型均属于流水地貌系列，山地和丘陵各种地貌类型均由流水的侵蚀剥蚀作用所形成。与此同时，流水的堆积作用形成各种各样的堆积地貌类型，其中以各种堆积平原为主体。从土地资源角度来看，其形成发育与流水作用密切相关联。再从水、土的组合状况来看，全省地表径流主要产生于山地和丘陵区，而地下水则主要赋存于广阔平原、山间盆地和河谷平原。山地和丘陵的土地利用以林地为主，平原和盆地则集中种植业用地，这种水、土资源的良好组合，对农业生产的发展十分有利。

（3）生物资源丰富多彩。广义的生物资源，是指可供人类利用的所有生物，包括作物、草原、森林、鱼类、家畜、家禽，以及野生动植物等。生物资源属于可再生、可被永续性利用的资源，既是人类基本生活资料的重要来源，又是食品、轻纺等加工工业不可缺少的原料。因此，生物资源作为农业产品的直接来源，无疑是农业自然资源组合状况的集中体现。

由于河南地处北亚热带北部和暖温带南部，光照热量降水充沛，土地结构较为优越，土壤类型众多，因而所形成的生物资源丰富多彩，有不少种类在全国具有突出的优势。

首先，植物资源多种多样。河南气候和土壤呈南北过渡的地带性特点，以及垂直方向的地带性差异，且形成省内不同地带的植物交错分布。北亚热带地区有暖温带植物混生，暖温带地区又有部分亚热带植物生长，同时，两地带中不同的海拔高度上植物群落也不同。加之受人类生产活动的影响，栽培作物品种也较多，因此植物种类繁多。如栽培作物中的冬小麦、花生、芝麻；用材林中的泡桐；果木林中的苹果、大枣、柿子、板栗等等。另外，由于地处北亚热带北部，茶叶、油茶、油桐、乌桕、漆树等亚热带经济林木，在北方广大地区的优势也很突出。

其次，动物资源也很丰富。河南动物资源同样具有南北过渡的特征，在全国动物地理区划中，省内南部北亚热带地区属于华中动物区，北部暖温带地区属于华北动物区，两区沿伏牛山—淮河一线相接。在两大动物区中，由于气候、地貌、土壤、植被和水文等自然条件的区域差异，又有众多各具特色的动物亚区。南北过渡的地带性特点和复杂的区系，形成全省较为丰富的动物资源，不少种属在全国也占有突出的优势，如家畜中的南阳黄牛、泌阳驴，家禽中的固始鸡、正阳黄鸡，水产品中的黄河鲤鱼等等。

丰富多彩的生物资源，不仅在保存可贵的物种资源方面具有重要意义，同时对河南经济发展具有重要作用，其资源价值对全国都有一定的影响。

4. 明显的区域差异

自然地域分异规律是反映自然综合体地域分异的客观规律，指自然地理环境各组成成分及其相互作用形成的自然综合体之间的相互分化，及由此而产生的差异，是地理学的基本理论之一。一般认为，自然地域分异规律包括地带性规律、非地带性规律及地方性规律等方面。引起自然地域分异的因素，包括太阳能和地球内能两部分，两者互不从属，但却共同对地表自然界产生作用，相互制约，表现出矛盾统一的特征。地带性规律包括水平地带性规律和垂直地带性规律两类。水平地带性规律又可以区分为纬度地带性规律与经度地带性规律。纬度地带性决定于太阳光热因地球形状及其公转与自转运动而产生的自赤道向两极递减的规律。表现为地表自然带沿纬线东西延伸，南北更替的带状分布规律。纬度地带性在广阔平坦地区表现最为明显，而高大的山脉和海陆位置等因素的影响使地带性发生不规则的变异。

地球表面并不是所有的地理事物都具有地带性分布规律，像海陆分布、地形起伏、岩石组成等分布都没有纬度地带性规律。由于这些下垫面性质的不同，地表自然地理现象的分布产生不具备地带性规律的特点，称之为非地带性。非地带性的现象很少呈带状分布，大多呈斑块状，破坏了地带性的一般图式。河南在自然地带性因素和非地带性因素的相互影响下，形成的农业自然资源区域差异不仅显著，而且组合复杂。

地带性分异。我国一条重要的自然地理分界线秦岭—淮河线，横穿河南中南部，该线以南属于北亚热带，面积约占全省面积的 30%；以北属于暖温带，面积约占全省面积的 70%。两大自然地带形成的自然资源的性质、特点和组合状况都有显著差异。北亚热带热量和水分充沛，地带性土壤为黄棕壤和黄褐土，土质较为肥沃，水稻土分布广泛，植物资源种类繁多，农业生产条件在全省最优，农业发展潜力大。河南暖温带位于我国暖温带的最南端，光照充足，农业生产条件也较优越，不仅是以灌溉农业和旱作农业为主的种植业主体，而且是家畜家禽为主的畜牧业分布的主要区域。

地貌是非地带性的主要因素，从地貌基本形态组合的区域差异看，省域西部和西北、东南边境为山地丘陵，西南部为大型山间盆地，东部为广阔坦荡的平原。这些地貌条件的差异也引起自然地理各要素的差异。

由于受复杂的地貌、过渡性的气候以及水文、土壤等自然因素的影响，使河南土地资源在地域分布上呈现出明显的差异性。全省耕地面积的 3/4 集中分布在平原地区。东部黄淮海平原和南阳盆地中部和东南部，水热土组合条件较好，是全省耕作农业的主体，是水浇地和水田的集中分布区，开发条件优越；豫西丘陵山区和南阳盆地边缘丘冈地区，水土条件相对较差，特别是大部分地区水资源严重不足，是全省主要的旱作农业区，土地资源开发难度大，投入产出率低，适宜发展林果业；南部亚热带湿润丘陵山地则有较好的水热条件，土地开发潜力较大，具有发展亚热带林果业的优越条件。

（二）农业自然条件劣势

1. 农业水土资源空间匹配不均衡

据统计，河南多年水资源平均总量为 403.5×10^8 m^3，其中地表水资源量为 303.99×10^8 m^3，地下水资源量为 195.997×10^8 m^3，扣除降水入渗形成的河道基流排泄量 96.5×10^8 m^3，水资源总量仅占全国水资源总量的 1.43%，居全国第 19 位；人均水资源量 406 m^3，为全国人均水资源量的 1/6；耕地亩均水资源量 330 m^3，为全国耕地亩均水资源量 1 500 m^3 的 1/5，居全国第

22 位。按照国际公认的标准，人均水资源量低于 3 000 m³ 为轻度缺水，低于 2 000 m³ 为中度缺水，低于 1 000 m³ 为重度缺水，低于 500 m³ 为极度缺水。由此可以看出河南是一个极度缺水的省份。

河南不仅水资源总量少，而且空间分布存在较大的差异。地表水资源由于受气候的影响，地区分布极为不均，其分布与降水的总趋势大体一致，南部大于北部。地表水资源的地区分布与土地及人口分布组合很不平衡，加剧了水资源的供需矛盾。海河流域、黄河流域、淮河流域、长江流域的水资源量分别为 27.6×10⁸ m³、58.5×10⁸ m³、246.1×10⁸ m³、71.3×10⁸ m³，分别占全省的 6.84%、14.5%、60.99% 和 17.67%，可见河南水资源主要分布在淮河流域。河南水资源和耕地资源的空间分布存在明显的错位现象。

农业水土资源匹配程度是反映特定区域农业生产可供的水资源和耕地资源时空适宜匹配的量比关系，采用单位面积耕地可拥有的水资源量来表示，是揭示区域水资源和土地资源时空分配的均衡状况与满足程度。区域水资源与耕地资源分布的一致性与量比水平越高，其匹配度就越高，农业生产的基础条件就越优越。

根据调查研究，河南水土资源匹配系数平均为 0.15×10⁴m³/hm²，低于同期全国的平均水平（0.56×10⁴m³/hm²）。由于受到南北过渡性气候、东西地势差异性、地貌类型复杂性的影响，水土资源时空分布不均衡，降水由南向北递减，且主要集中在夏季，耕地自东向西递减，决定了水土资源匹配程度的空间差异性。位于北亚热带的淮南山地丘陵区，降水丰沛，土地资源丰富，水土资源匹配良好。其次是豫西和豫北山地，山地降水较多，而垦殖率较低，水土资源匹配也较好。太行山山前平原区、豫西黄土丘陵区、豫东平原区和南阳盆地区由于降水相对较少，而这些地区耕地资源面积大且分布集中，所以水土资源匹配程度较差。水土资源匹配极差的区域主要是豫东北低洼平原区、黄淮平原区的中部地区。

河南约 3/4 省辖市的水土资源匹配程度差。信阳市水土资源匹配较优，驻马店市、三门峡市、济源市、安阳市、鹤壁市匹配程度一般，许昌市、漯河市、濮阳市匹配程度极差。其中漯河市、许昌市水土资源匹配系数最低为 0.08×10⁴m³/hm²，与水土资源匹配系数最高的信阳市 0.34×10⁴m³/hm² 相差四倍。总体特点是南部优于北部，山地优于平原。

2. 自然灾害对农业生产影响大

河南发生频率较高且较为普遍的自然灾害主要为气候灾害和地质灾害两大类型。

（1）气候灾害。河南由于受气候和地貌过渡性的影响，降水时空分布不均，水旱灾害频繁。春旱秋涝，久旱骤涝，涝后又旱，此旱彼涝，旱涝交错，而且旱灾范围广，洪涝灾害重，为全国重灾区之一。

河南是季风较为活跃的地区之一。冬季常为极地寒冷高压气团控制，雨水稀少；夏季经常受暖湿气流影响，水汽输入充沛，天气变化剧烈，暴雨、洪水灾害都很频繁。

由于山地向平原过渡的丘陵冈地过渡带短，加之西高东低的地势，山区洪水缺乏缓冲，直泻平原，极易造成洪水灾害。且垄岗、塬地往往切割很深，地高水低，缺少蓄水保水条件，又极易形成干旱。河南的地貌对暴雨、洪水和干旱的形成，起到了推波助澜的作用。

全省河流分属长江、淮河、黄河、海河四大流域。黄河干流，由于河床长期受泥沙淤积的影响，在郑州花园口以下形成世界上著名的地上"悬河"。淮河干流，上游山洪进入平原后，河道集水面积增加，由于受堤防的限制，泄水能力自上而下呈递减状态。卫河支流洪水峰量大，与干流的泄洪能力极不相称。

从历史上看，从明朝景泰元年（公元 1450 年）起至 1949 年止的 500 年中，发生水旱灾害的年份达 493 年，几乎年年有灾，非涝即旱或旱涝兼有，其中发生大水灾和特大水灾年有 46 年，大旱灾和特大旱灾年有 43 年。从当代看，1950～1990 年，全省年年都有水灾与旱灾，多年平均的受灾面积中，水灾为 $103.2×10^4hm^2$，旱灾为 $128.6×10^4hm^2$。水灾受灾面积最大的年份是 1963 年，为 $446.1×10^4hm^2$，约占全省耕地面积的 64.3%；旱灾受灾面积最大的年份是 1988 年，为 $561.1×10^4hm^2$，约占全省耕地面积 80.9%。1975 年 8 月，河南中南部发生历史上罕见的特大暴雨洪水灾害，震惊中外。全省丰水年与枯水年的降水量相差 3～4 倍，一次大暴雨量可达常年雨量的两倍，有时阴雨连绵几十天，有时持续一百多天不下雨，常常是先涝后旱，先旱后涝，南涝北旱，旱涝交错，互为转化。

从 1950～1990 年的 41 年中，河南的水灾受灾面积、成灾面积分别占全国的 12.7% 和 17.3%，均居全国首位。河南的旱灾受灾面积、成灾面积分别占全国的 6.4% 和 10.0%，在全国各省份中均处在前列位置。

河南气候和地理条件的特殊性，形成了水旱灾害频繁交替发生的客观现实，从而决定了除水害、兴水利任务的艰巨性和长期性。

（2）地质灾害。河南的地质灾害主要有地震、水土流失、淤积、崩塌、滑坡、泥石流、塌陷等。由于受强降雨的影响，目前发生频率较高的主要是水土流失、淤积、崩塌、滑坡、泥石流，这些地质灾害主要发生在豫西黄土丘陵区和豫西北的山地丘陵地区。

河南属大陆性季风气候，冬春季节寒冷干燥多风沙，夏秋季节炎热多暴雨。降水的年、季差异比较明显，丰水年的降水量是枯水年的 3～4 倍，汛期（6～9 月）降水量占年降水量的 60% 以上，且暴雨多。暴雨成为地质灾害发生的诱导因素。

自 2004～2009 年，全省平均每年发生地质灾害 50 余起，直接经济损失 1 300 多万元。地质灾害主要发生在三门峡、洛阳、南阳、济源、新乡等地，以滑坡、崩塌、地面塌陷三种地质灾害类型为主。

参考文献

包浩生：《自然资源简明词典》，中国科学技术出版社，1993 年。

崔功豪、魏清泉、陈宗兴：《区域分析与规划》，高等教育出版社，1999 年。

国家计划委员会等：《中国 21 世纪议程》，中国环境科学出版社，1994 年。

黄秀文：《农业自然资源》，科学出版社，1998 年。

蒋国平："自然资源对区域发展的影响和开发策略"，《经济师》，2004 年第 4 期。

任美锷：《中国自然地理纲要》，商务印书馆，2009 年。

王国强、孙宪章：《河南农业自然资源》，河南教育出版社，1994 年。

杨万钟：《经济地理学导论（第四版）》，华东师范大学出版社，1999 年。

左大康：《现代地理学辞典》，商务印书馆，1990 年。

zxhm："我国自然资源开发利用的现状和对策"，http://bbs1.people.com.cn/postDetail.do?id= 1010139062010-07-17，2010 年。

第二章 地质条件与地质遗迹资源

河南地处中国大陆腹地，所处的大地构造位置特殊，其地质发展历史经历了隐生宙太古代初期古陆核增生、中晚期原始古陆块的生成、元古代超级大陆的汇聚与裂解、显生宙古生代古板块的演化与俯冲拼接、中生代陆陆碰撞造山和新生代大陆裂谷作用等地质构造发展阶段。以沉积建造为视点，可将区内沉积地层划分出"扬子板块北缘被动大陆边缘"的扬子区，"华北板块南缘活动大陆边缘"的秦岭区和"华北板块南缘"华北区三大地层单元。而区域地质构造分区则可筛分出叠加在华北陆块和扬子陆块两大构造域之上的秦祁昆造山系、东亚裂谷系和华北陆块及南缘等大地构造单元。在现行的大陆构造格架中，与大陆造山运动相关联的北西西向构造、与现代板块运动相关联的北北东向构造，控制着地层分布、岩浆活动、变质作用和内、外生矿床的形成。而挟持其中、见证初始地壳形成的太古界"安沟古陆核"、响应全球性超大陆事件的"熊耳裂谷系"、佐证全球性"雪球事件"发生的"罗圈冰碛层"、揭示古板块构造运动轨迹的"伏牛山沟—弧—盆古构造体制"、确立华北裂谷带发生与发展历史的"地幔之窗"——鹤壁超基性岩带，以及西峡恐龙蛋化石群、汝阳恐龙化石群、义马古植物群、禹州华夏古植物群、卢氏生物群和伏牛山构造花岗岩带地貌景观、太行山云台地貌景观、嵩山变质岩褶皱地貌景观等都是不可多得的地质遗产，对研究地球发展史、生物演化史以及地质遗产资源的利用等具有极高的科学价值。

第一节 河南地质发展史与古地理面貌

事件地层学，是近年来地球科学研究序列中出现的一门新分支学科。事件地层学着眼于利用地质历史上所发生的生物绝灭、火山爆发、气候异常、地磁极倒转和海平面升降变化、灾难性环境突变等重大事件的发生发展过程来描述区域地质发展史。鉴于以事件地层学的视角较年代地层学描述区域地质发展史更能反映地壳构造运动的全貌，这里以事件地层学的视点重新审视河南地质发展过程中的重大地质事件所反映的构造运动节律，梳理出隐生宙时期以太古界登封岩群、太华岩群、阜平岩群所构建的华北古陆结晶基地和桐柏山岩群、大别岩群所构建的扬子古陆结晶基底，代表着构造中国古陆地质板块初始陆壳的形成；以元古界熊耳群三岔裂谷型火山岩系、宽坪岩群大洋拉斑玄武岩、耀岭河岩群大陆拉斑玄武岩等显示华北古陆对"哥伦比亚"、"罗迪尼亚"全球性超大陆汇聚与裂解事件的响应；以华北陆块南缘增生边、扬子陆块北缘被动大陆边缘沉积建造所代表的显生宙古生代古板块构造演化和挟持在商丹板块缝合线断裂、栾川深大断裂等之间的构造岩块、岩片所揭示的中生代陆内造山运动轨迹，说明构造中国古陆地质板块已经结束了在大洋飘零的历史，开始走向统一的地质演化阶段。而由山间断陷盆地、黄淮海冲积平原所彰显的新生代陆内裂谷与地块快速隆升等构造现象的存在，说明现代板块构造体制所引发的新构造运动成为地质演化的动力源。

一、隐生宙——河南地质发展史上的重大事件

（一）太古代——初始陆壳的形成及华北克拉通的构造演化

克拉通（craton），是形成稳定的上下大陆地壳圈层并与地幔耦合的地质过程，是稳定大陆形成的重要事件，是在太古宙末的一个特定地质时期，围绕着古老陆核形成的微陆块，陆壳的不断增生形成全球规模的超级克拉通，才有了与现今相类似的洋陆格局。华北的克拉通是世界上最著名的古老陆块，记录了几乎所有的地球早期发展的重大构造事件。根据区域重力资料和岩石组合对比分析，河南北中部隶属于华北克拉通南缘的早前寒武纪基底，是由华熊地块、嵩箕地块和中条地块共同构成的。而这三个地块在早前寒武纪基底性质、构造线方向、变质程度和盖层发育程度、岩浆作用和矿产等方面均有一系列差异。位于豫西地区的华熊地块（三门峡—宝丰断裂之南，栾川断裂以北）包括了舞阳、鲁山、熊耳山、崤山、小秦岭和骊山等地出露的以太华群为主体的太古界变质地体，第一盖层为中元古界熊耳群火山岩系。嵩箕地块位于三门峡—宝丰断裂以北，西界为中条山东缘断裂，包括了嵩山、箕山等以登封群为主体的变质地体，第一盖层为嵩山群变质碎屑岩建造。中条地块位于三门峡—潼关断裂以北、中条山东缘断裂之西，包含五台群、中条群和济源林山群等早前寒武纪变质地体，盖层以西阳河群火山岩系为特征。而豫北南太行山地区隶属于华北陆块区，基地为太古界阜平群变质杂岩，第一盖层为中元古界浅海相碎屑岩建造。

河南太古宇地层主要有分布在豫西小秦岭—崤山—熊耳山的太华群，豫北太行山地区的阜平群，中部嵩箕山地的登封群和豫南桐柏—大别山地区的桐柏山群、大别群等。尤以登封群、太华群地层出露较齐全，具有系统性、完整性和典型性特征，与华北克拉通形成的耦合关系显著。太华岩群花岗—绿岩系构成华北克拉通南部复合型地体（地块），其基本组成以科马提岩、超铁镁质岩、玄武岩为主，其次为中性、中酸性、超铁镁质火山岩加少量化学沉积岩，后期花岗岩以改造型为主。表明太华复合地体结晶基底为洋壳背景，属 O 型花岗绿岩带，绿岩同位素年龄 2 801、2 841Ma（Sm-Nd），花岗岩同位素年龄 2 300Ma。

以登封群构成的嵩箕地块，绿岩带有早期青阳沟型（3 000Ma）代表原始硅镁质地壳（由科马提岩、镁铁质岩组成），晚期君召型绿岩以镁铁质和长英质为主组成双模式火山岩建造，石牌河杂岩由 TTG 岩套和闪长岩组成，隶属于岛弧或大陆裂谷背景的 C 型花岗绿岩带。地质遗迹所代表的构造热事件（地体拼贴）、环境突变（表生地质作用）等说明该区结晶基底经历了 30 多亿年的构造演化，在克拉通形成的过程中表现出"微板块"的快速聚散离合，彰显出泛威尔逊旋回（Wilson cycle）特征。

以华熊地块北部（崤山地体、骊山地体的坝源地区）和嵩箕地体发育的山间磨拉石建造

——铁铜沟组石英砾岩、石英砂岩等属典型的稳定克拉通盆地沉积为标志，说明两地块的陆壳成熟度较高，亦指示华熊地块与嵩箕地块、中条地块沿三门峡—潼关断裂拼贴、中条地块与嵩箕地块沿中条山东缘断裂拼贴，结束了三个地块彼此独立的演化史，构成统一的华北克拉通南缘的早前寒武纪基底。拼贴之后，它们被相同或相似的弱变形的地层不整合覆盖（拼贴时间的判别标志之一），华熊地块发育熊耳群，中条地块发育性质相似、时代相同的西洋河群，而西阳河群也覆盖了嵩箕地块的西缘。

表 2-1　华北克拉通南缘早前寒武纪岩石建造的划分和对比

豫北南太行 华北地块	豫北济源 中条地块	豫中 嵩箕地块	豫西 华熊复合地体	时代	亿年
覆云梦山组	覆西阳河群	西缘覆西阳河群	覆熊耳群	Pt_2^1	<18.5
		嵩山群	铁铜沟组	Pt_1^2	21.5—18.5
	银鱼沟群	安沟双模式 火山岩	水滴沟 孔达岩系	Pt_1^1	23—21.5
	林山群杂岩	君召绿岩	荡泽河绿岩	Ar_2^2	25.5—23
		石牌河杂岩	背孜绿岩	Ar_2^1	30—25.5
阜平杂岩		青阳沟绿岩		Ar_1	>30

2006 年，中国地质大学（武汉）地球科学学院郑建平教授在信阳地区发现了世界上最古老的下地壳岩石包体，通过现代测定手段确定这块岩石的初始物质来自 40 亿年前的原始地幔。由于地球深部的古老岩石较难找到，而这块稳定存在于地下 20～30km 的岩石，是在约 1.7 亿年前的火山活动中被带到地球表面来的，并记录了 36 亿年前的地球演化信息。科学家们由此推论，在早太古代 36 亿年前整个华北地区可能形成统一的块体，即原始陆壳。我国的地质科学家们在华北中部的五台山、恒山、太行山、吕梁山、泰山、燕山等广大范围内找到了古大洋的地质记录，初步证明这里保存了世界时代最古老、完整的大洋岩石圈残片，同位素测定年龄为 2 504.9＋2.2Ma。表明在 25 亿年之后的元古宇时期，原始陆壳曾发生过周期性的拼合裂解事件，古老的华北基底可划分出东、西部地块和中部碰撞带三个地质单元，在古元古代末期（1.85Ga）沿中部碰撞带拼合形成统一的结晶基底，华北克拉通与世界上其他克拉通陆块一样，记录了导致哥伦比亚超大陆拼合的 2.1～1.8Ga 全球性碰撞造山事件，预示着华北原始陆壳进入相对稳定期。

（二）元古代早期——哥伦比亚超大陆事件的耦合

地壳构造演化在进入 25 亿年后的元古代，原始泛大陆曾发生过周期性的汇聚与裂解事件，包括造山事件在内的古大陆重建成为现代地质学研究的热点。霍夫曼（Hoffman）早在 20 世纪 80 年代就强调中元古 2.0～1.8Ga 的造山作用是一次超大陆事件。罗杰斯（Roges）等在 2002

年公布了他们对古、中元古代哥伦比亚（Columbia）超大陆的重建方案，认为裂解事件则发生在 1.5～1.4Ga 期间。

哥伦比亚超大陆是乌拉诺斯 Uranus，北欧—北美（Nena）和大西洋（Atlantica）三个原始古陆块群在 1.9～1.5Ga 期间通过造山带而使它们逐步靠拢形成联而不合的超大陆。而中国华北古大陆 1.9Ga 左右的吕梁造山运动和 1.7Ga 前后的非造山裂解事件群是十分强烈的，怀尔德（Wilde）等将华北古大陆分为东、西两块。沿东部陆块西缘发育了太古宙末期的火山岛弧和岩浆弧，西部陆块则以古元古代被动陆缘沉积为主，二者之间可能为洋盆所隔。在 1.88～1.79Ga 期间，西部陆块俯冲于东部陆块之下导致了洋盆的封闭，持续的俯冲造成陆陆碰撞，形成了大规模的逆冲、高压变质作用和地壳的深熔。东西陆块之间的汇聚带大致沿恒山—五台山—太行山呈北北东向展布，被称为 te Trans-North China Orogen 造山带（中国北部造山带）。尽管地学界对华北古陆构造格架的认识有所不同，而对古元古代晚期造山运动发生的时限为 2.0～1.8Ga，即吕梁运动的观点普遍接受。

华北克拉通的北部、西部和南部发育有三个边缘裂谷盆地。在北部边缘盆地形成了东西向展布内蒙古狼山—白云鄂博裂谷系，长约 500km。西部边缘盆地保存在宁夏回族自治区贺兰山的中部地段，在早前寒武纪花岗片麻岩（K-Ar 年龄为 1 839 Ma）之上有 3 个元古宙沉积地层单元。南部边缘盆地称为豫—陕裂谷系由中元古代早期西阳河群、熊耳群三叉裂谷型火山岩系不整合于下伏的早前寒武纪变质基底之上。西阳河群和熊耳群的最大厚度为 8 000m，岩性以陆源碎屑岩和中基性—中酸性层状火山岩为主，UPSHRIMP 年龄为（1 840±28）Ma，代表该火山岩层的形成时代。同时，华北古大陆还保存了 1.7Ga 前后的一系列非造山裂解事件的地质记录，如 AGMS 组合，即斜长岩、辉长岩、纹长二长岩、正长岩和 AMCG 组合，即斜长岩、纹长二长岩、紫苏花岗岩、奥长环斑花岗岩等，这些深成侵入体组合是进行大陆之间对比的重要证据。AGMS 和 AMCG 不仅存在于华北，也赋存于北美和波罗的地盾，揭示了华北与北美和波罗的之间的相似性。据此，华北古大陆作为北美—北欧（Nena）大陆块群中的一员，是元古代早期哥伦比亚超大陆中的组成部分。

在河南北中部地区出现的覆盖于新太古界TTG岩套之上的中元古界宽坪群大洋拉斑玄武岩系、熊耳群三叉裂谷型火山岩系和覆盖其上的官道口群、汝阳群等河流相—滨海—浅海相沉积建造则与反映哥伦比亚超大陆汇聚与裂解的地质记录存在耦合关系。最新研究表明，熊耳群和宽坪岩群均形成于华北大陆南部的裂谷盆地中，二者之间的区别只是前者发育于古大陆内部，后者发育于靠近大洋的过渡壳部位，故多形成基性火山岩且具大洋拉斑玄武岩特征，属陆缘张性环境的产物。华北古大陆南缘与上述火山岩共生的中元古代花岗岩，如龙王撞岩体 Rb-Sr 法测年为 1 035Ma，其微量元素的 W（Nb）—W（Y）构造环境判别图解投影，全部落入板内花岗岩区，其化学成分特征类同于国内外典型的裂谷 A 型花岗岩，亦表明当时华北大陆南缘处于拉张裂陷构造环境。拉张作用导致了当时处于边缘裂陷槽南侧的华北南部大陆边缘部分开始推向大洋，后来逐渐发育成秦岭洋中的一个微型地块。在吕梁期，裂陷槽活动逐渐减弱，而南部呈东西向延伸的豫陕裂陷槽的火山活动逐渐减弱，进入了拗陷和充填阶段。因此，裂陷槽外华北古大陆内部沉积了官道口群、汝阳群等厚度较大的陆表海碎屑岩—碳酸盐岩。裂陷槽内自北而南充填了以厚度较大的滨—浅海相碳酸盐岩为主的栾川群和宽坪岩群复理石组合。

近年来，不少学者尝试了以板块构造理论为指导的关于 1 850～1 400Ma 期间华北古板块南缘构造格局和岩石建造性质的研究，使一些长期没有解决的问题有了突破性进展或取得了较为一致的认识。主要有：熊耳群、西阳河群、宽坪岩群是 1 850～1 400Ma 的岩石建造，时代与长城系相当；岩石建造上，宽坪岩群含大量代表古大洋的大洋拉斑玄武岩，熊耳群和西阳河群则以代表大陆裂谷的安山岩类和英安岩类为主，熊耳群与宽坪岩群的分界是栾川断裂，该断裂是 1 850～1 400Ma 相对的洋陆边界。

（三）新元古代——罗迪尼亚超大陆事件的响应

在地质发展史的研究中，关于超大陆形成和裂解一直是地质学家关心的热点问题之一，但明确提出新元古时期罗迪尼亚（Rodinia）超大陆概念则始于 20 世纪 90 年代初。Rodinia 一词源于俄语"诞生"、"始创"寓意，原作者认为诞生于显生宙诸大陆边缘（大陆架）是最早期动物形成的"摇篮"，在地质历史演化尤其是生物演化过程中具有里程碑意义。

涉及罗迪尼亚超大陆再造及中国古地块位置问题的焦点，在于新元古代早期造山事件及新元古代晚期裂谷事件的厘定。近年来的研究成果表明，相继在北秦岭发现的西峡县德河似斑状黑云母二长花岗岩（Sm-Nd 等时年龄 1 156 Ma，Rb-Sr 等时年龄 793.9±32 Ma）、牛角山花岗岩（锆石 U-Pb，959±4 Ma）及寨根花岗岩（锆石 U-Pb，821 Ma）等均具碰撞型花岗岩性质。与此相关，在商南松树沟蛇绿岩南侧及秦岭群中发现了形成于 983 Ma 的高压麻粒岩相的变质作用（该高压麻粒岩中的基性麻粒岩是榴辉岩退变产物，并具有顺时针降压的 ITD 型 PTt 轨迹）。值得重视的是大别山北段不断有新元古代花岗岩类被发现的报道，如燕子河英云闪长片麻岩（锆石 U-Pb，771±28 Ma）、岳西西部的英云闪长质片麻岩（锆石 U-Pb，768±28～798±33 Ma）、塔儿岗英云闪长片麻岩（锆石 U-Pb，958 Ma）等均具同造山期花岗岩的地球化学性质。上述地质事实表明，现今的华北陆块南缘在 1 100～800Ma 的晋宁期曾经历过具有板块碰撞性质的造山作用过程，虽遭受显生宙强烈构造活动的叠加改造甚至再造，但仍残留了晋宁期古构造作用的重要信息。因此，在新的显生宙造山带内筛分出新元古代早期造山运动的踪迹，对认识中元古代晚期—新元古代早期历史和古构造格局起着十分重要的作用。

在北秦岭地区，从秦岭群解体的商南松树沟蛇绿岩（河南部分称之为"洋淇沟超铁镁质岩"）同属中元古代晚期形成，并于 983±140 Ma 构造就位。蛇绿岩的洋壳性质代表了陕西省商南—河南西峡区间曾存在中新元古代有限扩张洋盆，并经历了晋宁期洋—陆互相作用的汇聚拼合。而新元古代的伸展事件则表现在西起陕西洛南，向东经河南栾川、方城近东西一带出露由粗面岩、碱流岩、正长斑岩、角闪云霞正长岩、碱长正长岩和辉长—辉绿岩组成的碱性杂岩带及相应的以栾川群为代表的火山—沉积建造，形成时代在 743～660Ma，属区域伸展背景产物。在区域上，以震旦系罗圈组为代表的粗碎屑沉积，可能是与该期伸展作用有关，发育在断陷带中的粗碎屑沉积不排除冰碛的可能。

对有关中国几个古地块（华北、塔里木、扬子和华夏地块等）在罗迪尼亚超大陆中的位置、新元古时期的构造历史的讨论大致可归纳如下内容：从古元古代中期1 800Ma至新元古代末，华北地块与劳伦及西伯利亚联合在一起。而格林威尔造山运动导致南美、波罗的克拉通拼贴在劳伦—西伯利亚—华北的南缘和东缘。华夏地块是中元古代中期劳伦大陆的一部分，它沿着科迪勒拉边缘发育。而其时扬子地块则位于劳伦—西伯利亚—华北克拉通和东冈瓦纳之间。在罗迪尼亚超大陆形成过程中华夏与扬子地块由于"四堡造山运动"（1 100～1 000Ma）而拼合，形成统一的华南地块。在罗迪尼亚超大陆形成以后，华南地块很快裂开（900Ma），导致新元古代早期（青白口纪）裂谷中火山—碎屑沉积作用的发生。罗迪尼亚超大陆的全面裂解出现在700Ma，此时扬子—华夏地块与它相邻克拉通分离。晚震旦世（700～544 Ma）华南地块成为古太平洋中的一个陆岛。扬子西缘和扬子与华夏之间的裂谷双双夭折。扬子西缘裂谷被晚震旦世沉积物充填，而介于扬子与华夏之间的南华裂谷直至奥陶纪才消亡。在新元古代结束时，西伯利亚和华北可能从劳伦大陆分离，并开始向东冈瓦纳漂移，因此寒武纪的西伯利亚—华北与东冈瓦纳具有相似的生物地理区系特点。

（四）震旦纪全球性"雪球事件"——罗圈组冰碛层

新元古代是地球演化历史上最重大的变革时期之一。像超大陆裂解与裂谷岩浆活动，低纬度冰川与气候突变，水岩反应与亏损重氧同位素（^{18}O）岩浆，埃迪克拉群生物繁衍与寒武纪生物大爆发等都与这个时期的地球环境变化有关。由此涉及地球在晚前寒武纪时期发生的内外圈层之间能量和物质交换、新元古代地球系统突变等一系列重大科学问题，成为近年来国际国内地球科学研究的热点和前沿。

发生在新元古代末的全球性冰期事件受到了人们广泛的关注。约瑟夫·科什文克（Joseph·Kirschvink）根据古地磁资料，霍夫曼（Hoffman）等通过对非洲纳米比亚、其他大陆的冰期前后碳酸盐岩层序的碳同位素对比，提出了"雪球地球"假说。在我国震旦纪沉积地层中，现分布在南方大陆的南沱组、分布在北方大陆的罗圈组等已确认为新元古代"雪球事件"的地质遗存，冰川活动时限约在5.9～6.5亿年之间，与挪威的瓦兰冰期、澳大利亚的斯图特冰期相对应。

根据河南境内震旦纪罗圈组正层型剖面的沉积岩相研究，可筛分出滞碛与基底融出碛—块状杂碎屑岩、飘浮冰舌水域碛—层状杂碎屑岩、冰水三角洲与水下块流滑塌堆积—含砾砂岩、冰上融出碛—透镜状角砾岩、陆上冰缘收缩裂隙充填—砂砾充填楔等，加之新月形凿口、新月形刻槽、冰阶、流线石等古溜冰面地貌遗迹，较为完整演出在5.9～6.5亿年地反之间的冰河期气候变化的过程，即先期气候主体寒冷，以大陆冰川活动为主；中期几度气候变暖形成冰河与冰湖相沉积；晚期出现大面积的海侵，并在滨海区域冰舌深入海域在水下形成冰域碛和块流碛沉积作用。

罗迪尼亚超大陆裂解机制——新元古代地幔超柱作用及其衍生的大规模岩浆活动，在启动全球性冰川、引起局部地区间冰川和终止雪球地球事件三个方面发挥着关键作用。随着罗迪尼亚超大陆在新元古代早期的聚合，地球的气候逐渐变冷，导致 760～750 Ma 期间出现的第一次斯特赦冰期。裂谷岩浆活动在新生成的大陆边缘非常活跃，岩浆侵位的热量引起冰雪消融甚至热液循环，与此相伴生的高温水岩反应可使正在侵位的岩浆岩亏损（^{18}O），而地幔超柱作用使裂谷构造带蚀变岩石能够发生大规模重熔。与此同时，不仅局部地区出现退冰川化，而且海底火山喷发和热液活动能够形成含有条带状铁建造的间冰川沉积。

导致罗迪尼亚超大陆裂解开来的全球性裂谷岩浆活动的峰期时间是 750Ma，大规模岩浆侵位不仅使地壳温度升高、火山喷发使大气中 CO_2 含量增加，而且对大陆架附近气体水合物的分解可能起到了催化作用。随着风化作用的增强，大气中 CO_2 的消耗也同步增加，这反过来又导致气候变冷。当大气中 CO_2 含量降低至临界值时，全球气温再次降低并达到冰点以下，大陆冰川开始发育，由局部地区快速发展到全球规模，形成第二次玛利诺冰期。在此之后，与冈瓦纳（Gonwana）大陆聚合有关的岩浆活动导致地壳加热，火山喷发使大气中 CO_2 含量急剧增加，冰冻地球不再消耗 CO_2，气温随之逐渐升高直至全球解冻，"雪球事件"结束。

超大陆的聚合—裂解—聚合对全球性气候的影响非常明显。新元古代超大陆聚合启动了第一次全球冰川化，新元古代超大陆裂解和地幔超柱事件有关的岩浆活动中断了第一次冰期，地幔超柱岩浆活动持续时间从 830Ma 持续到 740Ma，而在 780Ma 或 750Ma 出现高峰。第一次间冰川期间的 BIF 沉积与裂谷岩浆活动和海底热液循环密切相关，冰期前温热气候所伴随的强烈风化作用将大量的岩浆岩风化剥蚀至海水中，导致其中大陆架化学沉积物碳和锶同位素比值的显著降低。第一次全球性冰川期间出现过大规模岩浆侵位和高温热液蚀变，在裂谷构造带出现局部地壳物质再循环，这是新元古代时期地球内部和外部在能量和物质两个方面发生交换的重要界面，是生命演化和物种变异的一个重要催化剂。

二、显生宙——河南地质发展史上的重大变革

（一）古生代——古板块俯冲与拼接事件

古生代到中生代初，河南南部的伏牛山至大别山地区处于古特提斯背景下板块构造体制的控制，尚在南半球游弋的扬子板块与相对于在赤道附近飘零的华北板块活动相遇，伴随大陆边缘的俯冲碰撞，最终在甘肃天水西至陕西商南—丹凤、河南西峡—镇平—固始、安徽省梅山一线拼合。至此，构建中国大陆的主体部分南方扬子板块、北方华北板块融为一体，从而继续向北半球中纬度地区挺进，并与西伯利亚板块等一道加入欧亚大陆板块的序列。

据张国伟等（2000）研究，著名的商丹深大断裂带指示出古板块最后拼接的缝合线，在秦岭、伏牛山地区出现的洋淇沟（松树沟）超基性岩带是洋盆消减带残片，拼贴在秦岭群古老变质杂岩之上的丹凤群蛇绿岩带为昔日岛弧火山系沉积建造留下的遗迹，位于古岛弧北侧的二郎坪群蛇绿岩带指示出弧后小洋盆的构造位置，而挟持在栾川深断裂带中的陶湾群碳酸盐岩系地层则代表华北板块南缘大陆架与大陆斜坡大致分布范围。

1. 华北与杨子古板块缝合线

斜切祁连、秦岭、伏牛和桐柏—大别山脉，东西延伸达数千公里的商南—丹凤深大断裂带是一个复杂的断裂构造混杂带，包括由不同时期、不同性质、不同类型的岩层、岩块和岩片，以主干断裂为骨架组合而成，是一个具有复杂构成和长期演化历史的，具有划分性质的断层边界地质体组合带。虽然后期变形强烈，但板块俯冲—碰撞的构造现象明显、典型，是难得的板块活动遗迹，张国伟先生将其定位是华北板块和扬子板块（秦岭微板块）碰撞后形成的缝合线。在河南境内，挟持其中的西峡洋淇沟超铁镁质岩、堆晶岩，陈阳坪辉石岩、辉长岩等是卷入板块缝合线断裂带的丹凤群（Pz_1dn）蛇绿岩的组成部分。它的出现，标志着华北板块向南扩展并遭遇扬子—秦岭洋板块的俯冲直至被消减的见证。

拼贴在板块缝合线断裂南侧的所谓龟山组（Pt_2gn）变质岩系，其中混杂有规模不等的构造岩块，可识别的有秦岭—峡河群片麻岩、二郎坪群蛇绿岩、丹凤群蛇绿岩、蔡家凹大理岩以及石炭系、二叠系、早三叠系等，同位素年龄值有 Sm-Nd759Ma，1 397Ma，Rd-Sr699 Ma，1 297±75Ma，U-Pb1 410Ma，Ar-Ar401.49±3.8Ma。因测年跨度大、组合复杂，王志宏等人认为是板块俯冲带在不同地质发展阶段的混杂堆积体。

发育在龟山组混杂堆积岩带南侧的南湾组泥质板岩等已获得的同位素年龄值有 U-Pb392±325 Ma，侵入其中的老湾二长花岗岩、菜冲钾长花岗岩体同位素年龄值分别为 U-Pb247 Ma、284 Ma。结合地层中获得的孢子、虫颚、疑原类化石分析，南湾组应为扬子板块（秦岭微板块）北缘被动大陆边缘上的快速堆积体。其生成时代大致在晚古生代泥盆纪。

需要指出的是，在南湾组的南侧还发育有陆缘海盆沉积岩系—周进沟组片岩、条带状大理岩和变质基性火山凝灰岩地层。地层中发现的古生物化石有古生代三角锥刺孢子 Lophotletes、奥陶世几丁虫 Calpichichitina，获得的同位素测年数据有 Rb-Sr648±3.8 Ma 和等时线 536Ma，K-Ar455 Ma 等。地层内部层序表现出自北向南由老渐新特征，说明陆缘海盆受构造应力的影响在靠近俯冲带一侧大陆架曾出现向裂谷发展之态势，但由于地处被动大陆边缘构造环境，类似华北大陆边缘的弧前洋盆最终未能出现。

2. 华北古板块南缘活动大陆边缘秦岭古岛弧

出现于商南—丹凤深大断裂带北侧的丹凤群岛弧蛇绿岩（375～448 Ma）、俯冲型花岗岩（412～433Ma），记录了扬子板块、秦岭洋微板块相对于华北板块俯冲—碰撞的构造过程，显示了在南北向挤压的动力学背景下，古岛弧火山活动及岩浆侵位的地质特征。而构成秦岭山脉主峰的秦岭群（Ar-Pt_1gn）、峡河群（Pt_2xh）古老变质系为构造岛弧链的基底杂岩，裴放等人曾将其命名为"秦岭群岛"。

3. 华北古板块南缘活动大陆边缘二郎坪弧后盆地

出现在桐柏—大别山脉北部、伏牛山脉中部，向西延伸至秦岭、祁连山脉的下古生界二郎坪群（Pz_1er）弧后蛇绿岩带，形成于洋底拉张环境。在细碧岩、石英角斑岩、角斑岩主体的洋底火山岩序列中具有壳幔混合型特征的花岗岩西庄河、白虎岭岩体侵入，以深水大理岩为主体的大庙组和浅海相小寨组、柿树园组陆源碎屑岩等，完整地展现了弧后裂陷洋盆沉积建造的古地理环境。王乃文等于1989年在硅质岩中采获放射虫和浮游生物化石，林德超等于1990年在结晶灰岩中采获头足类、腹足类和珊瑚化石，认为属华北奥陶纪大湾阶和宝塔阶、贵州下寒武统中的代表性分子。

4. 华北板块大陆边缘陆棚—斜坡区

分布于卢氏县龙驹街、栾川县青岗坪、方城县维摩寺一线的陶湾群（Pz_1tw），原岩为浅海相泥质碳酸盐岩及钙泥质岩，局部夹中基性火山岩，部分地区下部青灰色、灰色大理岩内有滑塌构造和风暴沉积特征，指示出稳定大陆边缘陆棚—斜坡沉积建造的所在位置。根据其岩石组合特征大体可分为两个岩性段，下段为含炭质砾岩、云母片岩，上段为白云质大理岩。在细晶质白云岩透镜体中发现有属于早寒武世的小壳化石 *Parakorilithes milattus* 等，在绿片岩中获得有 Rs-Sr569±66Ma，456.27Ma，480.35Ma 和 K-Ar405Ma，406Ma 的同位素测年数值，说明淘湾群陆棚—斜坡沉积建造时代在早古生代，与弧后裂陷洋盆沉积的二郎坪群 Pz_1er 大致相当。

从上述古地理环境的恢复和沉积建造中所获取的古生化石资料、同位素测年数据可以看到，华北与杨子古板块大陆边缘构造体制的形成起始于晚元古代末、兴盛于早古生代，进入晚古生代石炭—二叠纪后随着陆陆碰撞而结束。随着具有古特提斯构造背景的古秦岭洋逐渐消减，统一的大陆板块北移逐步到达北半球中纬度位置，进入了协调一致的陆内造山过程。

（二）晚古生代至中生代——大陆造山运动与后造山过程的发现

河南境内的伏牛山脉和桐柏—大别山脉，同属于横亘中国中部的中央山系，地质界称之为"秦祁昆造山系"。张国伟、宋传中等研究发现，大规模的陆内造山运动在石炭二叠纪达到顶峰，三叠到侏罗纪开始转入后造山伸展拉张阶段并在晚白亚纪达到高潮，在新近纪仍出现一次受印度—青藏、太平洋和西伯利亚三大构造动力学系体制控制下的陆内造山活动，主要表现在原有的深大断裂构造相继复活，构造岩片、岩块间的逆冲推覆使地形急剧抬升、侏罗白垩纪构造盆地面积大规模消减，以及基性、中性和酸性火山活动的出现。

1. 主造山期推覆构造系统

在河南境内，陆陆碰撞造山所引发的逆冲推覆构造运动分为两期，其中主造山期（石炭二叠纪）的推覆构造是扬子（秦岭微板块）与华北两大板块拼合后，在板块构造系统的基础上大致沿已经形成的岩相古地理边界线逐步发育而成的深浅层次的超壳断裂、深大断裂带，进而发生自北向南的构造岩片、岩块逆冲推覆叠置及岩石变质变形，并导致造山带岩石圈地壳的大幅度加厚，构造前沿地区地形强烈隆升的高度不亚于当今的喜马拉雅山脉。基于大别山北麓有大片可与祁连山相对比的石炭系地层而秦岭、伏牛山缺失的现实，说明逆掩推覆的造山运动首先在西部地区开始，到二叠纪时期才波及东部，大别山出现的石炭系应为残留古特提海盆的历史见证。

从卢氏、南召地区残留的三叠系岩片，义马地区侏罗系地层被元古界熊耳群火山岩系所逆掩覆盖，商南、西峡一带白垩—古近系红层常作为"构造窗"出露在元古界、古生界岩层之下等现实情况，说明后期的陆内造山推覆构造应发生在新近纪，构造背景是现代板块构造体制作用下的新构造运动。后期的陆内造山除造就了秦岭、伏牛、桐柏、大别山脉的再次拔地而起外，秦岭造山带东部、大别造山带的北部被纳入东亚裂谷系构造域，随着华北裂谷带和江汉—南襄裂谷盆地的生长发育而被厚度可达千米的新生界地层所覆盖。

2. 后造山期伸展构造系统

所谓的后造山期伸展构造系统，指的是发生在石炭二叠纪期间的主造山期之后，由于岩石圈急剧增厚迫使造山带山根不断调整，岩石圈逐渐减薄过程孕育着造山带伸展拉张构造活动阶段的开始。山根调整、岩石圈减薄和山链持续的伸展拉张，重力亏空引发地幔物质隆升和花岗岩浆的侵入。基于华熊地区盆岭地貌格局的出现，小秦岭、崤山和熊耳山变质核杂岩构造的生成，说明后造山期伸展拉张作用首先在造山带的后陆、水平挤压应力相对微弱的开始，构造系统发育完整。而在构造应力比较集中的秦岭、伏牛山主峰区仅在地壳的浅表部位产生线状的山间断陷盆地，并严格受早期构造格架的控制，在平行秦岭造山带构造线方向做有规律的定向排列，显示出造山带后造山期曾经历的一次构造事件。

（三）新生代——现代板块构造体制下的推覆构造与大陆裂谷系统

中生代末期至新生代早期，伴随新构造运动的兴起陆内造山作用进入最后的强盛时期。来自印度洋板块和太平洋板块对欧亚板块的侧向挤压，几乎被后造山伸展构造抹平的中央山系再度隆升，成为分割中国大陆南北的天然分界线。华北陆块区被拉入东亚裂谷系构造域，原本稳定数亿年的"中朝准地台"出现大规模的裂陷盆地和断块山地隆升，造就了我国东部大地地貌呈阶梯状布局的新框架。

1. 中央山系的再次跃起

从河南伏牛山南北白垩纪红层盆地恐龙蛋、恐龙肢体与印迹化石的大量发现，说明秦岭至伏牛山地区是恐龙活动的主要区域。弱小的栾川盗龙和体型硕大的黄河巨龙都未有翻越海拔 3 000～2 000m、垂直落差 2 000～1 000m 的山脉能力和北秦岭变质核杂岩大规模形成的事实来看，起始于早白垩纪的后造山期伸展构造运动中央山系高度大幅度缩减。从栾川县叫河地区白垩系红色岩层出现于千米以上的山顶来看，拉张盆地有可能在局部地段南北贯通。而现今白垩—新近纪红层盆地多沿断裂带串珠状定向排列，造山带原有的构造岩片由北向南逆冲推覆在盆地之上，说明新构造运动表现在造山带内部区域性深大断裂带再次活动，使得原本的中生代盆地被分割、覆盖，变得更加线形。与此同时，大规模的推覆构造运动使得秦岭、伏牛山脉再次隆升，并在地貌营力的作用下深成相的各种花岗岩体暴露地表形成千姿百态的地貌景观，导致当今可见的分布状态。

2. 华北大平原初现端倪

因欧亚板块受到印度板块自南向北的挤压、太平洋板块由东向西的俯冲作用所产生的构造应力的影响，我国东部地区岩石圈整体主动伸展变形、拆沉减薄以及软流圈物质上涌加热引起大型裂陷盆地形成。与现今东亚至西太平洋间大陆裂谷、边缘海、沟弧体系相适应，形成了以松辽沉积盆地、华北沉积盆地为代表的裂谷带（其中包括南襄、江汉裂陷盆地）。同步构造了全球大陆裂谷系统中的重要组成部分——东亚滨太平洋地区新生代大陆裂谷系。

松辽—结雅裂谷系、华北裂谷系为中国东部大陆上最大的新生代裂谷系，包括河南东部的黄淮海平原均隶属于华北裂谷带的重要组成部分。裂谷作用还使中央造山系形成一个深度达到千米以上的巨大缺口，椭圆形的南襄裂陷盆地包括了北部南阳凹陷（7 450km^2）、邓州—泌阳断陷（3 600km^2）、南部襄枣凹陷（10 000km^2）等三个北东向为主的犁式正断层所控制半地堑状（或箕状）断陷，及新野凸起的师岗、赊旗、新野、唐河四个构造。其中，邓州—泌阳断陷是河南油田的重要储油构造，呈北东走向的唐河凸起出露了华北地区生油、储油地层的层序地层剖面，成为研究我国陆相生油盆地地层层序的唯一选区。

从上述展示的素材来看，在现代板块构造体制下以推覆构造与大陆裂谷系统为代表的新构造运动，塑造了我国东部现代大地地貌的轮廓，新构造运动所产生的活动性断裂是引发灾难性地震发生的控制性因素。有资料显示，秦岭太白山区目前抬升速率为 4mm/a，太行山和伏牛、大别山脉抬升速率也在 2mm/a 左右，历史上曾发生的华县 8.0 级大地震、1965 年发生的邢台 6.0 级强震和 2012 年周口连续发生的 4.5 级地震、2013 年发生于甘肃漳县的 6.6 级强震等，都与控制现代地形地貌沉降与隆升的活动性断裂有关。

三、河南地质发展的基本脉络

隐生宙时期是地球表面初始陆壳的形成时代，此时地壳较薄、岩浆活动剧烈，微板块、地块与地体间的聚散离合活动频繁。在河南境内，渑池—确山、小秦岭崤山—熊耳山—鲁山及南秦岭区的桐柏—大别山一带广泛发育了登封群、太华群、大别群等浅表岩系和TTG岩系，形成陆核。嵩阳运动使太古代地层褶皱抬升，古元古代在嵩山地区形成浅海相沉积嵩山群，在北秦岭区形成陆缘沉积秦岭群，在南秦岭区形成活动陆缘沉积陡岭群。中条运动使嵩山群连同登封群形成紧闭倒转褶皱，太华群形成倒转背斜，奠定了基底，形成华北陆块。南秦岭区的桐柏山群、大别群共同组成扬子板块的基底。

古元古代早期至中元古代，是"超大陆"汇聚与裂解活动的高峰期。与哥伦比亚超大陆事件相对应，华北陆块南部的三叉裂谷系开始形成，深达上地幔的陆内大裂谷发生了强烈的火山活动，形成双峰式裂谷型熊耳群火山岩，其中一支沿陆块南缘形成陆缘裂陷海沉积了宽坪群。王屋山运动使裂谷活动停止，导致局限海范围逐渐扩大，生成官道口群和汝阳群，标志着宽坪裂海和三叉裂谷系开始闭合。在晚元古代，华北陆块南缘的栾川群类复理石建造及陆内裂谷环境碱性岩带，洛峪群复理石建造和在南秦岭形成大陆裂谷环境的跃岭河群蛇绿岩系，预示着新一轮"超大陆"（罗迪尼亚）汇聚与裂解活动的开始，亦在震旦纪出现冰川活动。

地质发展历史进入古生代，扬子板块向华北板块之下俯冲，著名的商丹—西官庄—镇平—龟山—梅山板块缝合线断裂指示俯冲海沟的构造位置，作为华北板块南缘活动大陆边缘的北秦岭地区形成沟—弧—盆体系，在弧后盆地中发育二郎坪群细碧—角斑岩系建造，即二郎坪蛇绿岩系。随着华北陆块向南的叠瓦状逆冲，在栾川—确山—固始断裂带伴随有俯冲型花岗岩侵入和具有大陆架及斜坡沉积特征的陶湾群碳酸盐岩系。此时，华北陆块的中心部位成为陆表海，生成寒武—奥陶纪碳酸盐岩夹碎屑岩沉积。南秦岭为扬子海北缘，生成浅海相碳酸盐岩、碎屑岩沉积。加里东晚期，扬子与华北板块实现对接、碰撞，华北陆海抬升为陆，古秦岭洋、二郎坪弧后裂谷盆地与华北浅表海闭合缺少晚奥陶世—早石炭世沉积，北秦岭木家垭—内乡—桐柏—商城、朱阳关—夏馆—大河断裂向北反冲，伴随俯冲、碰撞型花岗岩侵入，指示出陆内造山运动的开始。

发生于中生代早期的印支运动是秦岭造山带的主造山期，伴随华北与扬子板块的对接碰撞，在北秦岭地区以商丹断裂、朱夏断裂、瓦穴子断裂和栾川断裂等为契合带，形成大规模的构造岩块、岩片自北向南的叠瓦状俯冲叠置，并伴随碰撞造山型花岗岩体侵入，中国中央山系横空出世。"文武之道、一张一弛"，中生代晚期的侏罗—白垩纪，属造山期后的"后造山阶段"。即山链开始伸展拉张，高大的山体出现拆离滑脱，并伴随有陆内火山活动（大别山北坡），中央山系的地形高度被消减，出现断陷盆地与山岭相间分布的景观特征，即所谓"盆岭地貌"。新生代早期，喜马拉雅构造旋回的发生使中央山系的陆内造山运动再次兴起，大规模的构造岩块、岩片自北向南的叠瓦状俯冲叠置，使秦岭、伏牛山、大别山脉拔地而起，曾经是恐龙生活的陆内盆地被大幅度消减，浅层次反冲由南向北传递，在华北陆块形成三门峡—鲁山推覆构造带，造成地壳缩短。

到新近纪，受现代板块构造体制的影响，河南东部地区在东亚裂谷系—华北裂谷带的作用下地壳开始下沉，接受了山麓洪积相、湖泊沼泽相及河流冲积的沉积建造，形成广袤的大平原，迎接人类时代的来到。

第二节　河南地层与古生物

一、地层分区

据全省地层发育情况及其层序关系、沉积类型和沉积建造组合、古地理和古生物群特征等基本地质因素，结合地壳运动以及与构造运动有关的岩浆活动和变质作用等方面的实际情况，河南综合地层区划可分为3个地层区（一级区）、6个地层分区（二级区）、9个地层小区（三级区），见河南综合地层分区图（附图1）。

（一）华北地层区

河南北中部地区在地质发展史上隶属于华北板块陆内构造演化区域，大地构造位置处于黑沟—栾川—确山—陈林深断裂带以北。基底地层为太古界登封群、太华群和下元古界嵩山群，盖层为中元古界汝阳群和官道口群至中生界三叠系。介于基底和盖层之间的中元古界熊耳群，在沉积建造组合上具有三叉裂谷型火山岩系的特点，在构造变形上则介于基底褶皱和盖层褶皱之间，而变质特征又与盖层地层近似。因此，可将熊耳群看作基底与盖层之间的过渡层。三叠纪以后的地层则属于山间盆地或新产生的断（拗）陷盆地的沉积物，因而应归入另一个构造发展阶段的沉积。

在华北地层区的地层层序中有四个重要的构造界面，对地层及沉积类型的划分有重要的意义。这四个界面是：登封群与嵩山群、嵩山群与熊耳群、熊耳群与汝阳群或官道口群之间的角度不整合面以及奥陶系与中石炭统之间的平行不整合面。前两个界面具有造山运动的性质，表明古板块基底的基本形成；第三个界面具有构造过渡的性质，表明古板块基底最终形成；而第四个界面则代表板块发展过程中区域性的地壳升降运动，并由此造成华北地层区缺失晚奥陶世—早石炭世的沉积，并由此转变为海陆交替相沉积和最终过渡为陆相沉积。

在华北地层区的基底地层中，登封群和太华群属地壳全面活动时期的产物，其原岩为火山岩—沉积岩组合，是河南最古老的地层；嵩山群属造陆后的沉积产物，原岩为陆源碎屑岩—碳酸盐岩组合；熊耳群过渡层属古陆边缘活动带断陷海槽的沉积产物，为中（基）性—酸性火山岩组合。在盖层沉积中，汝阳群或官道口群至中奥陶统主要为古陆块形成后的沉积，属海相碎屑岩和碳酸盐岩的复合组合；中上石炭统为海陆交替相铁铝质岩、碳酸盐及含煤碎屑岩组合；二叠系—三叠系主要为陆相含煤碎屑岩和红色陆相碎屑岩组合。侏罗系—上第三系主要为内陆盆地含煤碎屑、含膏盐—石油碎屑岩组合，局部夹火山岩。

在华北地层区内，盖层各时代地层的岩相及厚度变化稳定，层序关系基本清楚，古生物化石丰富，古生物群演化规律明显。中元古代以来的地层褶皱微弱，基本未受区域变质作用影响。新元古代至古生代时期岩浆活动极微，火山岩岩层少见。在中生代末期至新生代时期，地壳活动加剧，在边缘活动带或深断裂附近，有强烈的中酸性岩浆侵入和局部的火山活动，甚至在有些地段有基性—超基性岩浆的侵入和喷发。

（二）秦岭地层区

河南南阳、信阳北部，洛阳、三门峡南部大部分所属范围在地质历史时期为华北板块活动大陆边缘，地质构造位置处于商丹—西官庄—镇平—松扒—龟山深断裂带（板块缝合线断裂）与黑沟—栾川—确山—陈林深断裂带之间。岩石地层及古生界沉积建造特征反映出活动大陆边缘"沟—弧—盆"构造体制的基本面貌。

分布于北秦岭地层分区的奥陶系陶湾群碳酸盐岩地层属大陆架—斜坡沉积；二郎坪群蛇

绿岩、深水大理石及碎屑岩组合属裂陷海盆沉积（弧后盆地），而在信阳市罗山县凉亭及光山县塔耳岗—百步岗一带被石炭系应为古特提斯海短期入侵产物。分布于豫陕边界的刘岭群蛇绿岩系具有"岛弧蛇绿岩"性质，具有"秦岭地轴"之称的元古界秦岭群、峡河群大陆边缘的结晶基底。

在秦岭地层区内，主要为活动型沉积和次稳定型沉积组合，各时代地层具有沉积厚度大、相变快，沉积建造组合复杂、火山岩发育的特点，反映了该区长期活动和多旋回发展的性质。该区岩浆活动强烈，几乎各时代均有岩浆的侵入和喷发活动，尤其古生代和中生代的岩浆活动最剧烈，往往形成巨大的构造岩浆岩带。该区区域变质作用十分广泛，绝大多数地层均遭受不同程度的区域变质，甚至三叠系也发生了区域变质作用。

（三）扬子地层区

河南南阳、信阳南部大部分地区所分布的地层在地质历史时期为扬子板块被动大陆边缘，地质构造位置处于商丹—西官庄—镇平—松扒—龟山深断裂带（板块缝合线断裂）以南。区内最老的地层为太古界大别群、桐柏山群，其沉积类型和建造组合（或建造序列）与登封群、太华群极为相似，可能同属一个地壳旋回的产物。元古界陡岭群是原始秦岭活动带上的沉积产物。其原岩为中基性—中酸性火山岩、碎屑岩和碳酸盐的复合组合，地层强烈褶皱、岩石普遍发生中深区域变质和混合岩化。在信阳西部尖山一带，中元古界龟山组属断陷地质沉积，原岩为陆源碎屑岩、浊积复理石组合，夹碳酸岩及火山岩，地层呈线型褶皱，岩石受浅—中深变质。分布于淅川小区的上元古界毛堂群，属海槽型细碧—石英角斑岩组合，地层呈线型褶皱、岩石浅变质，其上被上震旦系陡山沱组不整合覆盖。震旦系—石炭系为碎屑岩、碳酸盐岩夹基性火山岩组合，其中有三个平行不整合面，地层呈线型褶皱，岩石局部轻微变质，其中古生物群具东南型与北方型过渡的特点。

在秦岭地层区内，中生代地层均分布在断陷盆地，其建造组合复杂，主要有含煤碎屑岩、红色磨拉石、含膏盐石油碎屑岩的复合组合，而在秦岭地层分区东段大别山前尚有火山岩—沉积碎屑岩组合。华北地层区和秦岭地层区，在地层发育、古生物面貌、沉积类型、构造变形、岩浆活动和变质作用等方面都明显不同，这是河南地质构造的特色，也是地层区划的标志。

二、隐生宙——河南主要地层单元与构造地层柱

从新太古代开始，河南不同时期的沉积建造均有发育，太古界、古元古界至新生界地层均有出露。火山岩地层主要分布于中元古界的熊耳群、中新元古界姚营寨组、新元古界耀岭河组、古生界二郎坪群、奥陶系山乊山曲组、下白垩统九店组、大营组、陈棚组、金刚台组，新近系大营组。变质地层主要分布于北秦岭地层分区和南秦岭地层分区，新太古界、古元古界、中元古界、新元古界及古生界普遍都发生了变质作用，变形程度差别较大。

（一）太古界岩石地层单元与岩性组合

处于天文期的地球尚处于混沌、无序阶段，当进入隐生宙的太古代早期，地表岩浆海开始有冷却的地块析出，并以这些地块为质点不断地增生而形成初始的陆壳，故地学界将其称之为"古陆核"。到了太古代的中晚期，陆核增生使地球表层基本固化，重力分异产生地球的圈层结构，行星撞击带来了海洋，地质构造演化向有序发展的阶段转化。但基本代表初始陆壳的太古界岩石地层多半经历了漫长的构造变动，其原始面貌已无法确认与横向对比，只能根据岩石地球化学特征和上覆地层的地质特征，大致描述其生成环境与古地理位置。

1. 华北板块大陆结晶基底岩系

（1）华北古陆结晶基底——阜平岩群。该群分布于华北地层区的林州—辉县以西的太行山麓地带，为一套中深变质岩系，其上被中元古界长城系常州沟组或串岭沟组（河南统称云梦山组）不整合覆盖。主要岩性为黑云斜长片麻岩、黑云钾长片麻岩及少量斜长角闪岩、浅粒岩、角闪片岩等。厚度大于 2 900m，未见底。原岩大部分为变质变形的深成侵入岩（片麻状花岗岩类），少部分为中酸性火山岩夹中基性火山岩。在辉县薄壁镇宝泉水库侵入阜平岩群中的片麻状奥长花岗岩中获得锆石 SHRIMP 年龄为 2 511±13Ma，在焦作云台山获得 3 200 Ma，故将其时代归中新太古代。

（2）中条古陆结晶基底——林山岩群。该岩群主要分布于济源市西北部，南侧以封门口断裂为界，北至天台山、仁岭一线，李八庄以西，奄沟以东。上被古元古代银鱼沟群或中元古代汝阳群地层不整合覆盖。主要岩性为黑云角闪片麻岩、黑云斜长片麻岩、黑云片岩、角闪片岩夹少量透镜状大理岩，局部有铜矿化，厚 507～1 569m，下未见底，变质程度达角闪岩相。原岩为中基性火山岩及少量碳酸盐岩，本岩群获 Rb-Sr 年龄为 2 523±173Ma，在沁阳"八一水库"长英质副片麻岩中获得残余锆石 SHRIMP 年龄为 2 735±16Ma，将其时代归新太古代。

（3）嵩箕古陆结晶基底——登封岩群。该群主要分布于嵩箕地层小区，为一套中深变质的片岩、片麻岩。登封君召北获石英片岩锆石 SHRIMP 年龄为 2 508±16Ma、2 531±15Ma、变质火山岩锆石 SHRIMP 年龄为 2 522±12Ma，临汝安沟石梯沟岩组变质酸性火山岩 SHRIMP 锆石 U-Pb 年龄为 2 517±12 Ma，侵入登封岩群的石牌河闪长岩锆石 SHRIMP 年龄为 2 493±7 Ma，将其时代归新太古代。根据其产状将其划分出郭家窑、常窑、石梯沟等三个岩组。

（4）华熊古陆结晶基底——太华岩群。该群分布于小秦岭—熊耳山及鲁山—舞钢地区，为一套中深变质的片岩、片麻岩。鲁山地区锆石 U-Th-Pb 年龄为 2 620Ma、2 560Ma，片麻岩获得锆石 Pb-Pb 年龄为 2 841±1.5Ma、2 825±3 Ma、2 789±5Ma、2 914±3Ma，全岩 Sm-Nd 等时线年龄 2 766±29Ma。斜长角闪岩获得全岩 Rb-Sr 年龄为 2 981Ma；水底沟岩组石墨夕线石片麻岩获得锆石 SHRIMP U-Pb 年龄为 2 250～2 310Ma，雪花沟岩组角闪斜长片麻岩获得磷灰石 U-Pb 年龄为 2 282Ma。舞钢地区磷灰石 U-Pb 年龄为 2 530Ma、Pb-Pb 年龄为 2 580Ma。小秦岭地区全岩 Rb-Sr 等时线年龄为 2 549Ma。熊耳山地区全岩 Pb-Pb 年龄为 2 675±2Ma。南召地区花岗片麻岩锆石 U-Pb 年龄为 2 486±43Ma。主体形成于 2 500～2 800Ma，归新太古代。根据岩石组合及区域分布特征，将其划分出鲁山—舞钢—叶县太华岩群和小秦岭—崤山—熊耳山太华群两部分，两者之间关系尚未确立。鲁山—舞钢—叶县地区太华岩群，可划分为荡泽河、铁山岭、水底沟和雪花沟等四个岩组。小秦岭—崤山—熊耳山地区太华岩群，可划分为闾家峪、观音堂和焕池峪三个岩组。

2. 扬子板块大陆结晶基底岩系

（1）大别古陆结晶基底——大别山岩群。该群分布于商城—新县地区，原始层序多被后期构造和岩浆活动所破坏，多以表壳岩的形式出现。主要岩性为变粒岩、浅粒岩、白云斜长片（麻）岩、石英片岩及石英岩，大理岩、白云石大理岩、石墨大理岩、硅质大理岩、含（透辉石、透闪石、方柱石及橄榄石）大理岩、透辉石岩及透闪石岩、斜长角闪岩、黑云斜长角闪片岩、黑云紫苏斜长麻粒岩、榴闪—榴辉岩等。大别山岩群是一套复杂的变质岩系，已采获的同位素年龄有：2 820Ma、2 050Ma、2 085Ma，侵入其中的片麻状花岗岩两个锆石 U-Pb 年龄为 2 290Ma 和 2 076Ma，黑云斜长片麻岩锆石 U-Th-Pb 年龄分别为 2 424Ma 和 1 215Ma，斜长角闪岩全岩 Sm-Nd 法模式年龄为 2 650±100 Ma，其等时线年龄为 1 827±161Ma。大别山岩群大约形成于新太古代，可能延至古元古代。

（2）桐柏古陆结晶基底——桐柏山岩群。该群分布于桐柏山地区，呈变质表壳岩形式产出，岩性主要为条带状斜长角闪岩、黑云斜长片麻岩、斜长角闪岩、白云石大理岩及斜长角闪片麻岩、斜长角闪片岩、磁铁石英岩、含白云母二长片麻岩、黑云斜长变粒岩、角闪黑云斜长变粒岩夹薄层磁铁白云母片麻岩等，原岩为一套碎屑岩夹碳酸盐岩及中基性火山岩建造。侵入其中的英闪质片麻岩 Sm-Nd 等时线年龄为 2 462 Ma，单颗锆石蒸发年龄为 1 950 Ma。该岩群浅粒岩和混合花岗岩中的锆石 U-Pb 上交点年龄为 2 413 Ma，据此推测该岩群形成于新太古代，可能延至古元古代。

（二）古元古界岩石地层单元与岩性组合

元古代时期的中国大陆尚未形成完整的统一体，现今的中原地区亦可明显的划分出隶属华北、嵩箕、秦岭、大别等不同的地块，它们各自有着独特的地质发展历程而无法对比。只能根据岩石组合、同位素测年和新老地层接触关系大致确定其构造环境和古地理位置。

1. 华北板块南部第一盖层

（1）中条地块——银鱼沟群。该群分布于王屋山地区，自下而上可划分为幸福园组、赤山沟组和北崖山组，为一套碎屑岩夹碳酸盐岩组合，不整合于新太古代林山岩群之上即被中元古代熊耳群不整合覆盖，K-Ar 年龄为 1 838Ma、1 983Ma，时代为古元古代。

（2）嵩箕地块——嵩山群。该群分布于登封、新密、巩义、偃师、禹州、汝州等市境内，与下伏登封岩群及上覆五佛山群马鞍山组均为不整合接触，为一套浅变质强变形岩系，属低绿片岩相。自下而上可划分为罗汉洞组、五指岭组、庙坡山组及花峪组。其中，罗汉洞组砾岩全岩 Rb-Sr 等时线年龄为 1 952 Ma，五指岭组绢云石英片岩全岩 Rb-Sr 等时线年龄为 1 799 Ma，侵入于罗汉洞组的石秤花岗岩 SHRIMP 年龄为 1 743±14Ma。综合分析，嵩山群形成于古元古代。

（3）华熊地块——铁铜沟群。该群与下伏太华杂岩为断层接触，与上覆熊耳群为不整合接触。下部为磁铁绢云石英片岩、钙质绿泥片岩夹石英岩及变质砾岩；中部为石英岩；上部为含砾角闪绿泥片岩及白云石大理岩，厚约410m。该组虽然分布范围有限、厚度不大，又分布在陕县放牛山一带又称"放牛山组"，多数人认为与陕西省境内的铁铜沟组为同一时代的产物，说明在华熊地区存在古元古代地层沉积，具有一定的地层沉积意义。有人认为可用嵩山群来取代它，但二者剖面结构有差异，又不在同一个地层小区。

2. 扬子板块北部第一盖层

（1）武当地块——陡岭岩群。该群分布与西峡县南部，主要岩性为黑云斜长片麻岩、斜长角闪片麻岩、透辉变粒岩、石墨二长片麻岩夹石墨大理岩等。原岩为一套中深变质的碎屑岩夹碳酸盐岩及中基性火山岩沉积建造。西峡县城南采集到石榴黑云斜长片麻岩中单颗粒锆石 $207Pb/206Pb$ 年龄为 1 657±22Ma；西峡县城南小阴沟一带片麻岩 Sm-Nd 等时线年龄为 1 878±256Ma，模式年龄 2 123±16Ma，斜长角闪岩 Sm-Nd 平均模式年龄 2 197±64Ma。大陡岭一带透辉变粒岩单颗粒锆石年龄 2 020±13Ma，上下限分别为 1 844±45Ma 和 2 519±4 Ma，故将其时代划归古元古代。

（2）大别古陆——红安群。该群分布于大别山南麓，在信阳罗山县、新县、商城县南部，河南与湖北交接地段有零星出露。主要岩性为黑云斜长片麻岩、斜长角闪片麻岩、白云斜长石英片岩、白云片岩、白云石大理岩、石英岩、磷灰石岩、石墨片岩等。原岩为一套大陆稳定边缘碎屑岩夹中酸性火山岩沉积，同位素测年数据在 2 002.58～1 293Ma，代表生成时代为古—中元古代，在中—新元古代发生区域变质作用。

（三）中—新元古界岩石地层单元与岩性组合

当地质发展历史进入中元古代之后，中条、嵩箕、华熊等地块融合为一体，华北板块的构建基本完成，而此时的扬子与华北板块仍然有广阔的海域相阻隔。根据河南境内中—新元古界岩石地层单元分布、地层接触关系和岩性组合特征，可大致厘定出隶属于华北板块大陆南部陆缘浅表海、大陆三岔裂谷系和扬子板块北部陆缘海等沉积建造所处的构造环境及古地理位置。

1. 华北板块大陆南部裂谷系火山——沉积建造

（1）大陆裂谷型火山岩系——熊耳群。该群分布与嵩山、熊耳山、外方山及王屋山等地，不整合覆于新太古界太华岩群或古元古界银鱼沟群之上，其上被中元古界汝阳群或高山河群不整合覆盖，主要为一套中性夹酸性火山岩系，构成两个大的喷发旋回。自下而上可划分为大古石组、许山组、鸡蛋坪组、马家河组和龙脖组。济源邵原大古石组白云母 K-Ar 年龄 1 778 Ma，舞阳银洞许山组安山岩全岩 Rb-Sr 年龄 1 675 Ma，嵩县陆浑水库许山组锆石 SHRIMP 年龄 1 987±15 Ma，鲁山县坐坡岭鸡蛋坪组流纹岩锆石 SHRIMP 年龄 1 800 Ma。嵩县陆浑水库马家河组锆石 Lp-ICPMS 年龄 1 759～1 761 Ma，舞阳塘山马家河组火山岩全岩 Rb-Sr 年龄 1 710±73 Ma，舞阳铁古坑马家河组火山碎屑岩全岩 Rb-Sr 年龄 1 780±250 Ma。同位素年龄多在 1 800～1 600 Ma，时代归中元古代长城纪。

（2）大洋裂谷型火山岩系——宽坪岩群。该群分布于卢氏县西安岭、南召县云阳、桐柏县回龙一带，主要由大洋拉斑玄武岩系变质而成的钠长阳起片岩（变绿片岩）类、云母石英片岩类、大理岩类组成。划分为广东坪岩组、四岔口岩组、谢湾岩组，区域上获得的同位素年龄较多，多集中在 800～1 800Ma，时代归中—新元古代。

（3）陆表海裂陷槽碎屑岩建造——高山河群。该群分布于灵宝、卢氏、栾川地区，角度不整合于熊耳群之上，被官道口群平行不整合覆盖。下部为含砾石英砂岩、石英砂岩夹红色黏土岩及安山岩；中部为泥岩夹薄层石英砂岩；上部为石英砂岩夹泥岩；顶部为白云岩，厚 222～258m。绢云母板岩中 Rb-Sr 年龄 1 985Ma，侵入其中的小河岩体 1 463Ma，时代归中元古代蓟县纪。

（4）陆表海裂陷槽碳酸盐岩建造——官道口群。该群分布于陕西省洛南，河南卢氏、栾川及方城等地。与下伏高山河群、熊耳群平行不整合接触，与上覆栾川群整合或平行不整合接触。自下而上包括龙家园组、巡检司组、杜关组、冯家湾组、白术沟组。为一套碳酸盐组合，以白云岩为主，其中夹有大量的燧石条带、条纹及团块，含丰富的叠层石。厚 480～1 500m。在白术沟组含炭板岩中获得 Rb-Sr 902Ma 年龄时代归中元古代蓟县纪。

（5）陆表海裂陷槽复理石建造——栾川群。分布于栾川地区，向东在南召、方城、确山、桐柏、商城等地，向西在卢氏、洛南地区断续分布。与下伏官道口群平行不整合接触，其上被下古生界三岔口组平行不整合覆盖。自下而上包括三川组、南泥湖组、煤窑沟组、大红口组、鱼库组。为一套浅变质碎屑岩—碳酸盐岩建造，以含炭质和石煤层为主要特征，厚 680～3 100m。侵入于栾川群煤窑沟组的橄榄辉长岩 K-Ar 全岩年龄 723Ma。在大红口组获得 Rb-Sr 等时线年龄值 660±27Ma，Sm-Nd 年龄值 682±60Ma，时代归新元古代。

2. 华北板块大陆陆缘浅表海沉积建造

（1）浅表海陆源碎屑岩建造——汝阳群。该群分布于林县、辉县、济源、渑池、宜阳、汝阳、汝州、鲁山、叶县、方城、舞钢、西平、泌阳、确山等地，与下伏熊耳群角度不整合接触，与上覆洛峪群平行不整合接触，划分为小沟背组、云梦山组、白草坪组、北大尖组，岩性以石英砂岩、长石石英砂岩、页岩为主夹少量火山岩及白云岩，厚度 800～1 800 m。在云梦山组下部火山岩全岩 Rb-Sr 等时线年龄为 1 283Ma，白草坪组泥岩 Rb-Sr 等时线年龄为

1 200Ma，北大尖组海绿石 K-Ar 同位素年龄 1 224Ma、1 256Ma、1 172Ma、1 161Ma、1 140Ma、1 145Ma，时代归中元古代蓟县纪。

（2）浅表海陆源碎屑岩—碳酸盐岩建造——洛峪群。该群分布于渑池、宜阳、汝阳、汝州、鲁山、叶县、方城、舞钢、西平、泌阳、确山等地，与下伏汝阳群平行不整合接触，被上覆震旦系黄连垛组平行不整合覆盖。划分为崔庄组、三教堂组和洛峪口组，为一套碎屑岩—碳酸盐岩建造，岩性以页岩、石英砂岩、白云岩为主，厚 289～633m。崔庄组海绿石 K-Ar 年龄值 1 013 Ma，1 150 Ma，1 171 Ma，Rb-Sr 等时线年龄值 1 125 Ma，三教堂组海绿石 K-Ar 年龄值 1 025Ma，1 070Ma，1 090Ma，1 092Ma，1 101Ma，1 124 Ma，时代归新元古代。

（3）陆相碎屑岩建造——五佛山群。该群分布于伊川、偃师、登封、巩义、汝州、禹州等地，与下伏的嵩山群为角度不整合接触，岩性以砾岩、石英砂岩、粉砂质页岩、页岩为主，自下而上划分为兵马沟组、马鞍山组、峡门外组、葡萄峪组、骆驼畔组、何家寨组和红岭组，总厚约 415m。海绿石 K-Ar 同位素年龄 1 180Ma，时代归新元古代。

3. 华北板块南缘离散地块火山——沉积岩系

（1）秦岭洋岛弧链基底——秦岭岩群。该群主要分布于西峡县、内乡县、桐柏县和信阳地区。为一套中深变质岩系，下部为片岩夹麻粒岩及大理岩等，中部为含石墨大理岩夹片岩及石英岩，上部为片岩夹大理岩等。西峡蛇尾斜长角闪岩 Sm-Nd 等时线年龄为 1 987Ma，黑云斜长片麻岩单颗锆石 Pb-Pb 年龄为 2 172Ma，一致曲线上交点年龄为 2 226Ma；西峡秦口北黑云斜长片麻岩锆石 Pb-Pb 年龄为 2 165Ma；桐柏县松扒北郭庄岩组黑云斜片麻岩中的石英碎屑岩锆石 U-Pb 年龄为 2 500Ma。郭庄岩组 Rb-Sr 年龄为 1 106Ma，石槽沟岩组 U-Pb 年龄为 1 022Ma，Rb-Sr 年龄为 1 222±174Ma。其形成时限大约在 2 000Ma 左右，属古元古代。

（2）秦岭洋岛弧链基底第一盖层——峡河岩群。该群分布于西峡县龙泉坪、界牌、过箭崖一带，主要由碎屑岩—碳酸盐岩—火山岩低级变质的结晶片岩及大理岩系所组成，划分为寨根岩组和界牌岩组。在寨根岩组中获 Sm-Nd 1605±76 Ma 的年龄值，在界牌岩组中 6 个钙质片岩的 Rb-Sr 等时线年龄值为 973±34 Ma，时代为中—新元古代。

（3）龟山岩组。该组分布于西峡西官庄、内乡鱼贯、镇平丘南、桐柏吴家湾和信阳龟山、光山前张湾、商城观庙、鲇鱼山等地。下部以云母石英片岩为主夹角闪片岩和石英岩，中部为角闪片岩夹绿色片岩，上部为绢云石英片岩、变质砂岩及板岩。

龟山岩组所获得的同位素年龄跨度比较大，如信阳南付家湾斜长角闪片岩 Sm-Nd 年龄 759Ma、罗山旱泥冲斜长角闪片岩 Rb-Sr 年龄 699Ma、罗山县板树坡斜长角闪片岩 Rb-Sr 年龄 1297 Ma、光山五岳水库含石榴白云石英片岩锆石 U-Pb 年龄 1 410Ma，杨志坚等人还曾在该套地层中发现属于二叠纪古生物化石。有人根据该岩组拼贴在板块缝合线断裂带之上，测年数值和化石资料跨越晚古生代至中—新元古代，提出板块俯冲带的"混杂堆积"岩系。

4. 扬子板块被动大陆边缘离散地块火山——沉积岩系

（1）陡岭地块结晶基地第一盖层——姚营寨组。分布于淅川县荆紫关、菩萨堂、毛堂、西峡县庞家营及内乡县田关、姚营寨一带，下部为砾岩、长石砂岩、含砾长石砂岩及绢云千枚岩；上部为凝灰岩、长石砂岩及含石墨绢云片岩，厚度 595～2 479m。侵入该组石英闪长岩中 K-Ar 年龄 796Ma，陨县张家院武当岩群变酸性凝灰岩中获得锆石 U-Pb 一致曲线上交点年龄 842±191Ma，丹江口蝎子崖变石英角斑岩中获得锆石 U-Pb 一致曲线上交点年龄 1 304Ma，陨县茶店变石英角斑岩锆石 U-Pb 年龄 690Ma，时代归中—新元古代。

（2）桐柏地块结晶基地西部第一盖层——浒湾岩组。分布于罗山县定远—新县浒湾一带，下部主要为白云石英片岩，以普遍含石墨为其特征，上部主要为白云斜长片岩，厚 1 549～3 547m，发现有丰富的微古植物化石，其中除个别见于南方震旦系外，大部分见于华北的蓟县系和青白口系。在定远地区浒湾岩组中发现了早古生代腕足类、海百合茎以及有孔虫等化石。锆石 U-Th-Pb 年龄为 688～761Ma，时代归新元古代，可能延至早古生代。

（3）桐柏地块结晶基地东部第一盖层——歪头山组。分布于桐柏歪头山、郭老庄、固县镇及湖北八卦炉一带，下部岩性为细粒浅粒岩、二云变粒岩夹白云绢云石英片岩及角闪片岩，中部为大理岩，上部为黑云变粒岩、浅粒岩夹透镜状石英岩、大理岩、炭质硅化角砾岩、炭质绢云石英片岩、斜长角闪片岩等，厚度大于 1 101.7m。在桐柏破山上部炭质片岩中采到藻类 *Polyporata obsolete*，几丁虫 *Taeniatum* sp.，时代归新元古界，可能延至早古生代。

（四）震旦系岩石地层单元与岩性组合

震旦纪属于新元古代最后一个纪，由于该时期地球经历了非凡的地质事件——"雪球事件"和此后出现的"生物大爆发事件"，因此把它单独列出。此时的中国古陆尚未拼接，沉积建造仍显示出华北和扬子（华南）两大区块独立发展。其中，"雪球事件"在华南保留了海相冰碛层沉积（冰碛层出露在毗邻河南的武当山—神农架地区），华北则表现为陆相冰川活动。

1. 华北板块大陆南缘震旦系陆相沉积建造

（1）黄连垛组。分布于鲁山县下汤、叶县常村、方城小顶山、泌阳县大邓庄等地，平行不整合于洛峪群洛峪口组之上。下部为砾岩、砂砾岩、薄层石英砂岩，上部为硅质团块或条带白云岩，厚 294～457m。39Ar / 40Ar 年龄值 914.2 Ma，时代归新元古代。

（2）董家组。分布于鲁山、叶县、方城、舞阳、泌阳、遂平、西平等县境内，与下伏黄连垛组平行不整合接触，与罗圈组平行不整合接触。底部为砾岩、含砾粗砂岩，下部为长石石英砂岩，中部为石英砂岩、粉砂岩、页岩，上部为细晶白云岩、粉晶白云岩，厚 110～472m。董家组中 4 个海绿石 K-Ar 年龄分别为 617 Ma、667 Ma、668 Ma、674 Ma，海绿石 Rb-Sr 年龄 727 Ma（关保德等，1988）。

（3）罗圈组。分布于灵宝、卢氏、宜阳、汝州、平顶山、鲁山、遂平、泌阳、确山等地，平行不整合于洛峪群以及董家组之上，与上覆东坡组为整合过渡关系。岩性为一套冰碛泥砂质砾岩、泥钙质砾岩、含砾砂岩夹砂岩、页岩及纹泥状泥质白云岩，厚 20～250m。

（4）东坡组。分布于灵宝、卢氏、汝州、平顶山、鲁山、叶县、遂平、确山等县市，上被寒武统辛集组平行不整合覆盖。主要岩性为灰绿、紫红色粉砂质页岩、页岩夹少量海绿石砂岩。砂岩中的海绿石获 Rb-Sr 年龄 503Ma、炭质页岩中获 Rb-Sr 年龄 527±23Ma，时代归震旦纪，不排除延至寒武纪。

2. 扬子板块大陆北缘震旦系海相沉积建造

（1）陡山沱组。分布于淅川县脑子寨—陈家营、石槽沟—荆紫关候山一带和丹江以南石庙、岗上及李家沟等地。与下伏耀岭河组或武当岩群角度不整合接触，与封子山片麻状花岗闪长岩（747 Ma）沉积不整合接触。主要岩性为土黄色钙质砂岩、变质长石石英砂岩、泥岩及白云岩、微晶灰岩，下部砂砾岩、长石石英砂岩，厚 10～100m。

（2）灯影组。分布于淅川青龙山、陈家营及内乡孤山一带，下与陡山沱组整合接触，其上与寒武系平行不整合覆盖，下部为白云质大理岩，中部为白云岩夹含磷白云岩等，上部为蜂窝状硅质白云岩、白云岩等，厚 222～399m。

（3）南沱组。出露在毗邻河南的武当山—神农架地区，以海相冰碛砾岩沉积建造而著称于世，因河南境内为出露，故在此简略。

三、显生宙——河南主要沉积建造与古生物化石组合

（一）古生界地层剖面与古生物面貌

古生代时期，河南自西峡、桐柏、固始以北的广大地区已完全融入华北板块大陆构造体系，地层划分和沉积建造特征、古生物面貌基本可与华北地区相对比，发育有寒武系、奥陶系、石炭系及二叠系等地层。不同的是，由于扬子与华北板块的俯冲拼接，在卢氏、栾川、确山、息县、潢川以南的大陆边缘沟弧盆构造体制的控制下，形成区别于陆内沉积建造的奥陶系、泥盆系等大陆斜坡碳酸盐岩和弧后盆地海底火山岩沉积建造。与此同时，扬子板块被动大陆边缘，亦出现边缘海盆沉积区寒武系、奥陶系、志留系、泥盆系、石炭系及二叠系沉积建造。

1. 华北陆块南部地区古生界

出露于河南北中部地区的古生界地层处于华北陆块的南部边缘，在寒武纪时期较早地接受了陆缘碎屑和海相碳酸盐岩建造，较华北地区多出寒武系底部辛集组和朱砂洞组两套地层单位。其中，外方山地区的辛集组含磷砂砾岩层与震旦系东坡组呈平行不整合接触关系，在嵩箕地区则为厚层状砾岩呈角度不整合覆盖于元古界嵩山群之上又称"关口砾岩"，而在太行山地区辛集组和朱砂洞组两套地层缺失。关于二叠系，近年来在原划归石炭系的太原组地层中发现归属二叠纪的古生物化石，故将太原组层位上移至早二叠系。故现今河南华北地层区古生界可划分出以下地层单位。

辛集组。其下与东坡组平行不整合接触，主要岩性含磷砂砾岩、磷质含海绿石石英砂岩，紫红色砂岩，厚 20～78m，含三叶虫 *Hsuaspis* 带，小壳动物 *Parakorilthes-Sterotheca drepanoida-Auriculaspira adunca-Pojetaita runnegari-Xinjispira simplex* 组合带，时代为早寒武世沧浪铺阶。

朱砂洞组。下部为泥晶灰岩、条纹状灰岩、含燧石灰岩、白云质灰岩和膏熔角砾岩，上部以豹皮状灰岩为主，少量砂屑—鲕粒灰岩、藻凝块灰岩，厚 32～50m。含三叶虫 *Redlichia chinensis* 带，时代为早寒武世沧浪铺阶。

馒头组。下部为褐黄色、紫红色薄层泥灰岩、泥晶灰岩、泥晶白云岩夹紫色页岩，上部以暗紫色含云母页岩、粉砂岩为主夹灰岩及薄层砂岩，含三叶虫 *Redlichia nobilis* 带，*Yaojiayuella* 带，*Shantungaspis* 带，*Hsuchuangia-Ruichengella* 带，*Ruichengaspis* 带，*Pajetia jinnanensis* 带，*Sunaspis-Sunaspidella* 带，*Metagraulos* 带，*Inouyops* 带，*Poriagraulos* 带，时代为早—中寒武世。

张夏组。主要岩性为深灰色厚—巨厚层鲕粒灰岩、中层泥质条带灰岩、灰岩，厚 150～247m。含三叶虫 *Megagraulos-Inouyops-Poriagranlos* 带，*Bailiella-Lioparia* 带，*Crepicephalina-Megagraulos* 带，*Taitzuia-Poshania* 带，时代为中寒武统中—晚期。

崮山组。底部为灰黄色薄板状泥质白云岩，向上为鲕粒白云质灰岩、鲕粒白云岩、含硅质团块白云岩，厚 42～75m。含三叶虫 *Blackwelderia* 带，*Drepanura* 带，时代为晚寒武世。

炒米店组。下部为灰黄色薄板状泥质白云岩，向上为鲕粒白云岩、叠层石白云岩，厚 40～80m。含三叶虫 *Chuangia* 带，*Changshania* 带，*Ptychaspis-Tsinania*，时代为晚寒武世。

三山子组。底部为灰黄色薄板状泥质白云岩，向上为细晶白云岩，含燧石条带细晶白云岩，厚 55～120m。含三叶虫 *Mictosaukia* 带，牙形石 *Acodus oneotensis*，*Paraserratognathus*，时代为晚寒武世—早奥陶世。

马家沟组。该组为厚层状石灰岩、白云质灰岩，含头足类 *Stereoplasimoceras*，*Pseudoseptatum* 带和 *Tofangoceras* 带，牙形石 *Polycaulodus yuxianeusis-Scolopodus sunanensis* 带，*Scolopodus flexilis* 带，*Tangshanodus tangshanensis* 带，*Pleochtodina fragilis* 带，*Acontiodus streblus-Aurlobodus gongxianensis* 带，*Plestodina-Onychodonta* 带，*Aurilobodlus serratus*、*Tas-noqnathus areyi* 带，*Tas-nognathus sishuiensis-Erismdus typus* 带，时代为中—晚奥陶世。

本溪组。底部为杂色泥岩或铁矿层（山西式铁矿），中部为铝土矿夹泥岩，上部为泥岩夹砂岩、粉砂岩及灰岩透镜体，顶部为炭质泥岩，厚 5～50m。含蜓类 *Fusulina-Fusulinella* 组合带，牙形石 *Streptognathodus cancellosus* 延限带，植物 *Paripteris gigantean-Linopteris brongniartii-Conchophyllum richthefeni* 组合带，时代为晚石炭世，是河南铝土矿、耐火黏土、硫铁矿、赤铁矿主要层位。

太原组。下部为生物屑灰岩夹泥岩、粉砂质泥岩及煤线，中部为石英砂岩、粉砂岩、泥岩，上部为生物屑灰岩夹泥岩，顶部为硅质岩，厚 12～79m。含蜓类 *Pseudoschwagerina* spp. 带，牙形石 *Streptognathodus elongates-S. gracilis-S. wabaunsensis* 共存延限带，*Sweetognathus whitei-Diplognathodus expansus* 带。

　　山西组。下部为泥岩、粉砂岩夹煤层（二煤段），中部为灰白色砂岩（大占砂岩）与泥岩互层，上部为灰、灰黄色泥岩、粉砂质泥岩夹砂岩、紫斑泥岩及煤线等，厚 35～106m。含植物 *Emplectopteris triangularis-Empectopteridium alatum-Cathaysiopteris whitei* 组合带，时代为早二叠世晚期。山西组是河南主要可采煤层。

　　下石盒子组。底部主要为黄绿色含砾中粗粒含海绿石长石石英砂岩（砂锅窑砂岩），下部为粉砂岩、泥岩夹岩屑砂岩及煤层（三煤段），中部为灰黄色紫斑泥岩、泥岩夹岩屑砂岩及煤层（四煤段），上部为灰黄色泥岩夹粉砂岩、岩屑砂岩及煤层（五煤段）。三煤段在禹州、平顶山、确山、永城可采，四煤段在登封以南可采，五煤段在荥巩、禹州、平顶山、永夏一带含可采煤层。

　　上石盒子组。底部为灰白色厚层含砾粗粒长石石英砂岩（田家沟砂岩），向上主要为灰黄、褐黄色泥岩夹中细粒长石砂岩及煤层，厚 92～303m。含植物 *Glgangtopteris nicotianefolia-Lobatannulariamultifblia-Psygmophyllum multipartitum* 组合带和 *Pseeudorhipidopsis brevicaulis-Rhipidopsis-Fascipteridium ellipticum* 组合带，时代为中二叠世。

　　平顶山组。主要为灰白色厚层含砾中—粗粒长石石英砂岩，局部夹粉砂岩及泥岩，厚 30～200m，含丰富的孢粉化石，时代为晚二叠世。

　　孙家沟组。下部为暗红色泥岩、粉砂岩夹细粒长石石英砂岩，中部为灰绿色长石石英砂岩夹少量紫红色泥岩，上部为暗紫红色泥岩、钙质泥岩夹灰绿色长石砂岩、钙质粉砂岩及薄层灰岩，厚 157～292m。植物化石 *Ull-nnia bronnii-Pseudovolitia* cf. *libeana* 组合带，时代为晚二叠世晚期。

2. 华北陆块南缘增生边北秦岭地区古生界

　　出露于伏牛山地区的古生界地层，由于地处华北地块南缘濒海地区，其构造环境和沉积建造特征与华北地区包括南部截然不同。其中，分布于伏牛山北坡的陶湾群碳酸盐岩建造属于大陆架至大陆斜坡沉积物，分布于伏牛山南坡的二郎坪群属于弧后盆地海底火山活动产物，其生成时代大致在早古生代的寒武纪至早奥陶世。该套地层东延至桐柏地区可与二郎坪群相对比称作粉笔沟组和大河组，在大别山区统称歪头山组。

　　陶湾群，分布在卢氏、栾川地区，与下伏栾川群呈平行不整合接触，自下而上划分为三岔口组、风脉庙组和秋木沟组。陕西洛南三岔口组和风脉庙组中发现有几丁虫、虫颚、疑源类等化石，时代确定为寒武纪至早奥陶世。

　　二郎坪群，分布于西峡—南召、桐柏—信阳一带，划分为大庙组、火神庙组、小寨组和抱树坪组。大庙组产放射虫，时代为寒武纪。在南召县青山灰岩，产头足类、腹足类、珊瑚，时代为中—上奥陶统。

3. 华北陆块南缘大别山区古生界

　　在大别山北坡，出露有一套与华北和杨子型古生界地层不同的浅变质沉积岩系，并以含煤建造为特征，自下而上可划分出花园墙组、杨山组、道人冲组、胡油坊组和杨小庄组、双石头组，时代介于晚泥盆世—晚石炭世。其间赋存的古生物化石群可与我国西部的祁连山地区相对比，多数人认为该套地层为特提斯海沉积建造在秦岭—大别造山带内的残留部分。

花园墙组含孢粉 *Cyclogranitrileres-Aneurospora-Retispora* 组合。时代为晚泥盆世—早石炭世早期。杨山组含植物 *Cathaysiodendron gushiensis-Lepidodendron aolungpylukense* 组合带时代为早石炭世。道人冲组含蜓类 *Pseudostaffella*，双壳类 *Parallelodon*，*Edmondia*，*Myalinella*，*Seleni-ylina*，*Septimyalina*，*SchizodusDunbarella*，*Astartella*，*Palaeoneilo*，*Posidoniella*，介形类 *Hollinella*，*Binodella*，时代为晚石炭世。胡油坊组含植物 *Neuropteris gigantea*，*N. kaipingensis*，时代为晚石炭世晚期。杨小庄组含植物化石 *Neuropteris sp.*，时代为晚石炭世。双石头组含植物 *Calamites sp.*，*Sphenopteris sp.*，时代归晚石炭世晚期。

（二）扬子板块北缘古生界地层及古生物面貌

古生代早期，扬子板块大陆与秦岭洋微板块在完成拼接、向北漂移的过程中逐渐与华北板块相遇，扬子板块的俯冲作用形成以海沟混杂堆积和陆缘海沉积建造，包括西峡—大别山小区的南湾组、周进沟组、蔡家洼组和定远组等地层单位和淅川小区寒武系、奥陶—泥盆系、志留—石炭系地层单元。由于陆内造山运动，海沟区域的混杂岩系多呈构造岩片出现，陆缘海沉积岩层业已褶皱变形。

1. 扬子板块北缘被动大陆边缘南秦岭—北大别地区古生界

南秦岭—北大别地区古生界地层出露于商丹—松扒—龟梅断裂以南、木家垭—桐柏—商城断裂以北的狭长地带。其中，呈构造岩片拼贴在元古界陡岭群之上的西峡周进沟组为一套浅海相浅变质碎屑岩系，桐柏蔡家凹大理岩岩组挟持在松扒断裂和大河断裂之间（有人曾经将其与元古界秦岭群雁翎沟组相对比），主要分布在大别山北坡的南湾组复理石岩系亦受桐柏—商城断裂和龟梅断裂南侧的韧性剪切带控制，出露于桐柏—商城断裂南侧的定远组为一套变火山岩系，共同构成了扬子板块北缘被动大陆边缘的陆棚区沉积建造。

周进沟组。分布在西峡县新庙、周进沟、红槽沟一带，主要为二云（白云）石英片岩、钙质二云片岩、大理岩、变质粉砂岩夹石英岩、浅粒岩等，片褶厚 240～1 132m，含腕足类碎片和海绵骨针，角闪石 K-Ar 年龄为 455Ma，时代归早古生代。

蔡家凹组。岩性为大理岩夹斜长角闪片岩、白云质大理岩、含石墨大理岩，厚216～1 115m，含高肌虫 *Tongbaiella xijjiensis*，*Xiangzheella henanensis*，*Mononotella* cf. *chuanshanensis* 及小壳化石 *Contheca* sp.，时代归早古生代。

南湾组。下部为黑云斜长片岩、黑云斜长变粒岩和绿帘黑云斜长片岩，夹绿帘斜长片岩、二云斜长变粒岩等，中部为绢云斜长片岩、黑云绢云斜长片岩、绢云片岩，夹绢云斜长片岩、黑云（二云）斜长片岩、变粒岩等，上部为绿泥石英片岩夹绢云片岩、斜长变粒岩，厚540～7 032m，含孢子 *Retsotrileres*，*Apicuiretusispora*，黑云母、白云母 K-Ar 年龄为 260 Ma、263 Ma，时代归晚古生代。

定远组。分布于桐柏鸿仪河—肖家庙一带及信阳狮河港、罗山定远店、新县苏河、八里畈、光山夏店、商城县詹家湾等地。主要为角闪片岩、钠长片岩、绢云石英片岩，厚 466～472m，含孢子 *Lophotristes*、*Acanthotriletes* cf. *impolitus*，Rb-Sr 年龄为 391±13 Ma 和 408±13 Ma，侵入定远组辉长岩 Sm-Nd 年龄 261±8Ma，时代归晚古生代。

2. 扬子板块北缘被动大陆边缘海盆淅川地区古生界

分布于淅川县陡岭山脉南部、丹江两岸的古生界地层，在河南境内是一套独立的系统，自寒武纪初开始至晚石炭世结束，出露有硅质岩、白云岩、泥灰岩、板岩、砂岩、砾岩和玄武岩、凝灰岩等，并含有丰富的古生物化石群，代表了扬子板块北缘被动大陆边缘海盆沉积建造的基本特征。

（1）寒武系。淅川地区寒武系地层出露齐全，自北而南可划分出北部下寒武统水沟口组、中寒武统岳家坪组和上寒武统石瓮子组，南部下寒武统杨家堡组和岩屋沟组、中寒武统冯家凹组和习家店组、上寒武统秀子沟组。

水沟口组含三叶虫 *Hubeidicus-Sinodiscus* 带，*Ichangia-Neocobboldia* 带，*Redlichia hupehensis-Megapalaeolenus* 带，时代为早寒武世筇竹寺期—沧浪铺期。岳家坪组三叶虫 *Kumningaspis-Chittidilla* 组合带，时代为中寒武统。杨家堡组含三叶虫 *Arthricocephalus*，时代为早寒武世。岩屋沟组含三叶虫 *Chericnroides arsticus*，*Porachangaspis haopingensis*，时代为早寒武世。冯家凹组含三叶虫 *Paraperiom-Poulsenia* 带，*Mufushania-Holocephaclina* 带，时代为中寒武世。习家店组含三叶虫 *Triplagnostus gibbus posterus-Doryagnostus incertus* 带，*Aspidagnostus primitivus-A. orientalis* 带，*Linguagnostus kjerulfi-Diplagnostus qinlingensis* 带，*Xichuania-Eoshengia dongqinlingia* 带，时代为中寒武世。秀子沟组含三叶虫 *Bergenonites-nsuyia* 带，*Chuangiella* 带，时代为晚寒武世，含牙形石 *Acodus oneotensis-Chosonodina herfurthi* 带，时代为晚寒武世—早奥陶世。

（2）奥陶—志留系。淅川地区奥陶系划分为下奥陶统白龙庙组和牛尾巴山组、中奥陶统岞曲组、上奥陶统蛮子营组，志留系仅有下志留统张湾组。

白龙庙组含牙形石 *Scolopodus barbatnns* 带，时代为早奥陶世。牛尾巴山组含牙形石 *Serratognathus diversus* 带，时代为早奥陶世。岞曲组含牙形石 *Serratognathus diversrs*，时代为中奥陶世。蛮子营组含牙形石 *Oulodus-Aphelognathus ulrich*i 带，*Aphelognathus neixiangensis-Yaoxianognathus yaoxianensis* 带，*Oulodus robustus* 带，*Aphelognathus grandis* 带，*Aphelognathus divergens* 带，*A. zuoquensis-Belodina stonei* 带，时代为晚奥陶世。张湾组含笔石 *Coronograptus leei* 带，*Demirastrites triangularis* 带，*D. convolutus* 带，*Monograptus sedgwickii* 带，时代为早志留世龙马溪阶。

（3）泥盆—石炭系。淅川地区泥盆系划分为中泥盆统白山沟组、上泥盆统王观沟组和葫芦山组，石炭系划分为下石炭统下集组和梁沟组、上石炭统三关垭组和周营组。

白山沟组含双壳类 *Cypricardinia* sp.，时代归中泥盆世。王观沟组含腕足类 *Desqua-tia xinhuaensis*，*Atrypa shetienchiaoensis*，*Cyrtospirifer pellizzariformis*，珊瑚 *Penckiella-Donia* 带，时代为晚泥盆世。葫芦山组含腕足类 *Yunnanella-Yunnanellina* 带，植物 *Subleipidodendron mirabile-Lepidodendropsis hirmeri* 组合带，时代为晚泥盆世。下集组含珊瑚 *Beichuanophyllum-Siphonophyllia* 组合带，时代归早石炭世早期。梁沟组含珊瑚 *Yuanophyllum-Kueichouphyllum* 组合带，时代为早石炭世晚期。三关垭组含蜓类 *Eostaffella postomosquensis-E. pseudostuvei* 组合带，*Verella spicata-Pseudostaffella antiquaposterior* 组合带，*Pseudostaffella quanwangtouensis* 延限带，*Profusulinella rhomboides* 延限带，*Neostaffella sphaeroides-Fusulina triangular mini-*组合带，*Fusulinella purchra* 延限带，时代为晚石炭世。周营组含腕足类 *Dictyoclostus*，*-rginifera*，菊石 *Mi-goniatites*，双壳类 *Edmondia* 等，时代为晚石炭世。

（三）中生界沉积建造与古生物面貌

进入中生代，分割古中国大陆南北的秦岭洋已被消减，扬子与华北板块大陆基本拼合完整，河南乃至整个中国东部地区开始统一、协调发展的地质演化时期。在此期间，造山带内部尚存与特提斯有关的三叠纪湖盆沉积，在造山带北部出现侏罗纪煤系地层并保存以"古银杏"为代表的"义马植物群"。白垩纪是造山带的伸展拉张阶段，除伴随大面积的红色建造外，还出现较大规模的中酸性、酸性火山喷发活动。

1. 华北地层区豫西地层分区

（1）嵩箕地区三叠系。由下而上下三叠统刘家沟组和尚沟组、中二叠统二马营组和延长群油房庄组、上三叠统延长群椿树腰组和谭庄组。

刘家沟组产脊椎动物化石 *Dycinodon* sp.，孢粉 *Pteruchipollenites reticorpus*，*Taeniaesporites* sp.，*Pinusporiteslatilus*，*Triadispora fissilis* 等，时代为早三叠世。尚沟组含植物 *Pleuromeia-Neuropteridium* 组合，时代为早三叠世。二马营组含植物 *Voltzia-Aipteris waziwanensis* 组合，轮藻 *Stenochayra-Stellatochara* 组合，时代为中三叠世。油房庄组含植物 *Neocalamites carretei-N. carcinoides* 组合，时代为中三叠世。椿树腰组含双壳类 *Shaanxiconcha-Unio* 组合，植物 *Bermoullia-Danaeopsis fecunda* 组合，时代为晚三叠世。谭庄组含植物 *Bermoullia-Danaeopsis fecunda* 组合，孢粉 *Punctatisporites-Apiculosporites- Chordosporites* 组合。

（2）崤熊地区侏罗系。主要分布在义马盆地、济源盆地，可划分出下—中侏罗统义马组、下侏罗统鞍腰组和中侏罗统马凹组。

义马组是河南重要含煤层位。岩性主要为灰、灰黑、浅灰色黏土岩、煤层、粉砂岩、长石石英砂岩，厚 120～125m。含双壳类 *Unio-rgarifera* 组合，植物 *Coniopteris-Phoenicopsis* 组合，时代为早—中侏罗世。鞍腰组含植物 *Podozamites lanceolatus*，*Coniopteris* sp.，*Equisetites* sp.等，时代为早侏罗世。马凹组含双壳类 *Eolamprotula eremeri-Psilunio globitrignlaris* 组合，介形类 *Darwinula sarutimenensis-Timirasevia-ckerrowi* 组合，时代为中侏罗世。

（3）豫西地区白垩系。主要为济源盆地的下白垩统韩庄组、三门峡盆地的下白垩统枣窳组和上白垩统南朝组、洛阳盆地的下白垩统大营组、九店组、陈宅沟组和下—上白垩统蟒川组、上白垩统东孟村组、潭头盆地的秋扒组等。

韩庄组与下伏马凹组不整合接触，下部为砖红色砾岩，中部为紫红色黏土岩，上部为砖红色长石石英细砂岩，厚约21m。枣窳组主要为灰绿色泥岩夹砾岩，含介形类 *Cypridea acclinia*，*Cypridea* sp.，*C. vulgates*，*Ziziphocypris costata*，*Darwinula leguminella*，*Eucypris infantilis*，*E. subcuneata* 等，时代为早白垩世。南朝组含恐龙蛋 *Elongatoolithus-croolithus* 组合，时代为晚白垩世。大营组下部为杂色粉砂岩、泥岩夹砾岩及泥晶灰岩，中部为安山岩、玄武安山岩夹火山角砾岩，上部为安山质火山角砾岩夹安山岩及粉砂质泥岩，厚约1 110m。辉石安山岩全岩 K-Ar 年龄值为 122.5 Ma、黑云粗安岩的黑云母单矿物 K-Ar 年龄为 144.32 Ma，时代为早白垩世。九店组主要为紫红、灰白色晶屑岩屑凝灰岩、晶屑凝灰岩夹砾岩，厚 1 727～1 806m。锆石 SHRIMP U-Pb 测年样品，年龄分别为 133±1 Ma、130±2 Ma 和 130±1 Ma，时代为早白垩世。陈宅沟组主要为红色砾岩、砂砾岩夹砂质泥岩、砂岩，厚185～1 300m。含双壳类 *Sphaerium* cf. *scaldianllm*，*Eupera* cf. *sinensis* 等，时代归早白垩世。蟒川组岩性为红色泥岩夹砂岩、砾岩及泥灰岩，厚 393～1 217m。含恐龙 *Huanghetitan ruyangensis*，*Ruyangosaurus giganteus*，*Xianshanosaurus shijiagouensis*，*Zhongyuansaurus luoyangensis*，*Luoyanggia liudianensis*，介形类 *Ziziphocypris costata*，*Cypridea unicostata*，*C. concina*，，*Candona shangshuiensis*，*C. aurita*，*Candoniella* sp.，*Darwinula leguminella*，*D. contracta*，*Eucypris infantilis*，*E.debillis* 等，时代为早白垩世。东孟村组含恐龙 Sauropoda，Carnosauria，时代为晚白垩世。秋扒组含恐龙 *Tyrannosaurus luanchuanensis*，*Luanchuanraptor henanensis*，*Qiupalong henanensis*，时代为晚白垩世。

2. 北秦岭地层分区

（1）伏牛山地区三叠系。主要为南召地层小区的上三叠统太山庙组、太子山组和卢氏县五里川盆地的五里川组。

太山庙组厚约408m，含植物 *Bermoullia-Danaeopsis fecunda* 组合，时代为晚三叠世。太子山组主要为灰褐色、灰紫色、浅黄色长石砂岩、石英砂岩夹灰黄色粉砂岩及砂质泥岩，厚680.60m，含植物 *Danaeospsis fecunda*，*Neocalamites* sp.，*Equisetis* sp.，*Neocalamites* sp.，时代为晚三叠世。五里川组厚约 868m，含植物化石 *Neocalamites carcinoides*，*N. carrerei*，*Bernoullia zeilleri*，*Todites shensiensis*，*Glossophyllu shensiensis*，*Danaeopsis fecunda*，*D.* cf. *plane*，*Asterotheca szeiana*，*Thenntedia crigida*，*Cladophlebis gigantea*，*Ctenophyllum* sp.，*Desmiophylum* sp.，*Podazamites* sp.，*Cycodocrpidium* sp.，*Conites* sp.，*Ginkgoies* sp.等，时代为晚三叠世。

（2）大别山地区侏罗系。主要为大别山北麓的中侏罗统朱集组和上侏罗统段集组，二者为整合接触。

朱集组底部为红色砾岩，不整合于石炭系之上，下部为灰、灰黄色长石砂岩、岩屑砂岩，上部为红色砂岩、粉砂岩夹砾岩，厚 2 200m。段集组主要为紫红色砾岩与砂岩互层，夹少量泥岩，厚约 790m。含孢粉 *Cyathidites minor*，*Camptotriletes* sp.，*Osmundacidites* sp.，*Lycopodiumsporites* sp.，*Sphagnumsporites* sp.，*Neoggerothiopsidozonaletes* sp.，*Pagiophyllumpollenites* sp.，*Psophosphaera* sp.，*Alisporites* sp.，*Piceites* sp.，*Podocarpidites* sp.，*Abietinepollenites* sp.，*Pinuspollenites* sp.等，时代为晚侏罗世。

（3）伏牛—大别山地区白垩系。主要为五里川盆地的上白垩统朱阳关组、南召盆地的下白垩统南召组和马市坪组及上白垩统鹰咀山组、南阳盆地的下白垩统白湾组及西峡盆地白垩统高沟组和马家村组、寺沟组，大别山北麓的下白垩统金刚台组和陈棚组及上白垩统周家湾组。

朱阳关组含恐龙蛋 *Elongatoolithus andrewsi*，*Mocroolithus yaotunensis*，*Paraspheroolithus shizuiwanensis*，*Ovaloolithus sangpingensis*，*Youngoolithus xianguanensis*，时代为晚白垩世。南召组含叶肢介 *Yanjiestheria* cf. *simplex*，*Y.*cf. *chekingensis*，昆虫类 *Ephemeropsis trisetalis*，*Archaeogomphus* sp.，时代为早白垩世。马市坪组含介形类 *Cypridea-shipingensis*，*C. nanzhaoensis*，*C.* cf. *cavernosa*，*Ziziphocypris si-kovi*，*Eucypris infantilis*，*E. debilis*，双壳类 *Sphaerium anderssoni*，*S. pujiangense*，*S. jeholense*，*S.selenginense*，*Nakamuranaia elongate*，腹足类 *Lioplacodes* aff. *chinokyi*，*Viviparus* sp. 等，时代为早白垩世。鹰咀山组含恐龙蛋 *Dendroolithus* sp.，时代为晚白垩世。白湾组含孢粉 *Classopollis-PodocarpiditesvSchizaeisporites-Cicatricosisporites* 组合，时代为早白垩世。高沟组的恐龙蛋主要有-*croelongatoolithus xixiaensis*，*Pris-toolithus gebiensis*，*Faveoloolithus* sp.，*Youngoolithus xiaguanensis*，*Dictyoolithus neixiangensis*，*D. hongpoensis*，*Dendroolithus zhaoyingensis*，*D. dendriticus*，*Placoolithus* cf. *taohensis*，*Paraspheroolithus* cf. *irenensis* 等，时代为晚白垩世早期。马家村组含恐龙蛋 *Paraspheroolithus* sp.，*P. irenensis*，*P.* cf. *irenensis*，*Faveoloolithus* sp.，*Dendroolithus* sp.，*D. sanlimiaoensis*，*Ovaloolithus chinkangkouensis*，*Placoolithus taohensis*，*Dictyoolithus hongpoensis*，及少量-*croelongatoolithus xixiaensis* 等，时代为晚白垩世。寺沟组含恐龙蛋 *Flongatolithus-Mucrolithus* 组合，时代为晚白垩世。金刚台组全岩 K-Ar 同位素年龄为 132-，时代为早白垩世陈棚组含叶肢介 *Eosestheria* aff. *middendorfii*，*E.* cf. *jingangshanensis*，*E. xiaotianensis*，昆虫 *Mesolygaeus laiyangensis*，古植物 *Piceoxylon -nchuricum* 等，时代为早白垩世。周家湾组含恐龙蛋 *Elongatoolithus andrewsi*，*E. elongatus*，*Dendroolithus* sp.等，时代为晚白垩世。

（四）新生界沉积建造与古生物面貌

河南境内新生界地层分布主要受东亚裂谷系构造控制，在古近纪和新近纪开始出现山间断陷湖盆，在形成巨厚层状的泥沙质、泥钙沉积的同时，保存了较大数量的哺乳类动物化石。在国内较有影响的有卢氏动物群和李官桥生物群等。新近纪末期，随着造山带伏牛山翻花状推覆构造的兴起和华北裂谷带边界断裂的持续加深，在外方山北麓出现较大范围的玄武岩岩浆的喷流，在太行山东麓出现超基性岩浆活动。第四纪，来自黄土高原的黄土堆积活动深入到内地，在小秦岭、崤山、熊耳山、外方山至嵩箕山地边缘形成较小规模的黄土台地。而此时的黄河已经东西贯通，黄河携带的泥沙开始在华北裂谷带内淀积，迫使裂谷内的湖泊沼泽退却，黄淮海平原开始出现在地平线上。

1. 太行山东麓

太行山东麓发育有新近系彰武组、鹤壁组、潞王坟组和庞村组。

彰武组底部为砾岩，下部和中部为砂质泥岩，泥岩与砂岩、粉砂岩互层，上部为泥岩、砂质泥岩夹粉砂质泥灰岩，厚 30～70m。含哺乳类 *Percrocuta hebeiensis*，*Sansanosmilus palmidens*，*-crotherium* cf. *brevirostris*，*Dicerorhinus cixiaensis*，*Plesiaceratherium gracile*，*Stephanoce-s* sp.，*Dicraceros* sp.，*Palaeomeryx* sp.，*Sinomioceros jiulongkouensis* 等，时代为中新世。鹤壁组岩性为砾岩、含砾砂岩、砂岩、粉砂岩与泥岩、砂质泥岩及粉砂质泥灰岩、泥灰岩不等厚互层，厚 200～1 300m。含哺乳类 Khinocerotidae，腹足类 *Cathaica fascoda*，时代为晚中新世到上新世。潞王坟组主要为灰岩、泥质灰岩夹红色泥岩、钙质粉砂岩、砂岩，出露厚度为 5～27m，含哺乳类 *Hipparion der-torhinum*，*H. platyodus*，*Chilotherium* sp.，时代为中新世到上新世。庞村组主要为橄榄玄武岩夹火山角砾岩、火山集块岩及浮岩，夹薄层泥岩、泥灰岩，厚约 310m。含古脊椎 *Hyaena* sp. *Cervavitus* sp. *Samotherivm* sp.，腹足类 *Bubiminopsis* sp. *Pupilla* sp. *Opeas* sp. *Platypetasus onderssoni* 等，玄武岩同位素年龄 10.3Ma，时代为晚中新世到上新世。

2. 济源盆地

济源盆地出露地层主要为古近系，自下而上划分为聂庄组、余庄组、泽峪组、南姚组。

聂庄组岩性为褐红色砾岩、砂砾岩、含砾长石砂岩、中细粒长石石英砂岩与棕红色泥岩、砂质泥岩互层，含啮齿类 *Yuomys cavioides*，奇蹄类 *Sianodon chiyuanensis*，*S. sinensis*，*Lushiamynodon obesus* 等，腹足类 *Valvata*（*Cincinna*）*applanata*，介形类 *Darwinula* sp. *Cyprino ignea*，时代为中始新世。余庄组岩性为紫红、淡红、棕黄色中细粒长石石英砂岩、泥质粉砂岩与紫红色泥岩、粉砂质泥岩互层，夹砾岩、砂砾岩透镜体。含腹足类 *Planorbis* cf. *pseudoammonius*，介形类 *Candoniella albicans*，*C. suzini*，*Paracandona elplectela*，*Darwinula stevensoni*，*Sinodarwinula* sp.，*Eucypris* sp.，轮藻 *Obtusochara jiangliangensis-Gyrogona qianjiangica* 组合，时代为中始新世。泽峪组岩性为灰白、灰黄、褐灰色中细粒、中粗粒长石石英砂岩、泥质粉砂岩与棕红、棕褐色泥岩互层，夹薄层砂砾岩，含爬行类 *Kansuchelys tsiyuanensis*，介形类 *Candoniella albicans*，*C. suzini*，*Ilyocypris* cf. *gibba*，*Eucypris* sp. *yprinotus* sp.等，轮藻 *Shandongochara recta-Nemegtichara concina* 组合，时代为晚始新世。南姚组主要为红色泥岩与杂色粉砂岩、泥质粉砂岩互层，夹少量细砂岩，含介形类 *Eucypris* sp. *Candona* sp. *Limnocythere* sp. *Candoniella albicans*，轮藻 *Shandongochara recta-Nemegtichara concina* 组合，时代为晚始新世。

3. 三门峡盆地

三门峡盆地主要有古近系的门里组、坡底组、小安组、刘林河组，新近系的保德组、静乐组、棉凹村组。

门里组下部为砾岩、砂砾岩和砖红色砂质泥岩，中部和上部为紫红、灰绿色砂质泥岩、泥岩，含膏泥岩与含砾砂岩互层，夹薄层泥灰岩和泥质白云岩，厚 50～260m，含介形类 *Cristocypridea amoena*, *Mongolocypris* sp., *Eucypris stagnalis*, *E. illoformis*, *E. longa*, *Cyprinotus* sp.，时代为古新世—始新世。坡底组下部为红色砾岩、砂砾岩与含砾砂岩、砂岩互层，上部为杂色砂质泥岩、泥岩夹泥晶白云岩，厚约 160m，含介形类 *Cyprinotus* sp., *C. novellus*, *C.* cf. *speciosus*, *Eucypris* sp., *Darwinula* sp. 等，时代归始新世中、晚期。小安组底部为砾岩，下部为杂色泥岩夹砂岩和泥灰岩，上部为杂色泥岩夹灰砂岩、泥晶白云岩、泥灰岩和炭质泥岩，厚 147～500m，含介形类 *Cyprinotus* cf. *quzaricus*, *C.* aff. *for-lis*, *C.* cf. *speciosus*, *Candona* aff. *combibo*, *Limnocythere elongate*, *Pseudoeucypris* sp., *Cypris docaryi*, *Eucypris* sp., *Shantungcypris* cf. *linquensis* 等，时代为晚始新世至早渐新世。刘林河组主要为色砾岩、砂砾岩与含砾砂岩、砂岩、砂质泥岩、泥岩互层，厚 500～780m，含双壳类 *Sphaerium* cf. *oborensa*，介形类 *Ilyocypris aspera*, *I. -nasensis*, *I. cornae*, *I.* aff. *biplicata*, *Candona* sp., *Cypria* sp., *Eucypris* sp., *Limnocythere* sp., 轮藻-*edlerisphaera chinensis*，孢粉 *Pinus*, *Brachyphyllum*, *Sciatopitys*, *Cryptomeria*, *Cupressus*, *Ephedra*, *Juniperus*, *Salix*, *Pterocarya*, *Quercus*, *Castanipsis*, *-gnolia*, *Trollius*, *Pteris*, *Sphagham*, *Sphagnum* 等，时代为渐新世。

保德组岩性主要为红色、棕黄色黏土、亚黏土，含星散或层状钙质结核或夹泥灰岩层，厚 10～70m，含三趾马 *Hipparion richofeni*, *Chleuadtochoerus stehlini*, *Gazella gaudryi*, *Ictitherium galldryi*, *Teralophodon exoletus*，*Chilotherium gracile* 等，古地磁年龄为 10～5.3 Ma，时代归晚中新世。静乐组主要为深红、紫红色黏土，局部夹棕红色黏土，厚 7～20m，含哺乳动物 *Hipparion houfenense*, *Antilospira licenti*, *Gazella blacki*, *Nyctereutes sinensis*, *Chardinomys louisi* 等，时代归上新世。棉凹村组下部为棕黄色砾岩、砂砾石层夹棕红色含砾亚黏土，含砾亚砂土，上部以棕红色含砾亚黏土，含砾亚砂土为主，棕黄色砾岩和砂砾石层次之，古地磁年龄距今 3.2～2.4 Ma，时代为上新世。

4. 卢氏盆地

卢氏盆地古近系由下而上为张家村组、卢氏组和大峪组，新近系为雪家沟组。

张家村组主要为红色、灰绿色砾岩、砂砾岩、砂岩、粉砂岩与红色泥岩、砂质泥岩互层，厚 100～1 650m，含哺乳类 *Uintatherium insperatus*, *Lophialetes* sp. *Hyrachyus* sp., *Teleolophus* sp.，孢粉 *Multicellaesporites*, *Cyathidites minor*, *Pterisisporites*, *Pinuspollenites divulgatus*, *Taxodiaceaepolleniteselongatus*, *CupressdceaepollenitesBetulaepollenitesclaripites*, *Faguspollenites Alnipollenites*, *Quercoidutes claripites Carpinipites*, *Aceripollenites*, *Rhoipites uillensis*, *Rutaceoipollis*, *Corsinipollenites* 等，时代为早—中始新世。卢氏组下部为灰绿色泥岩与白云

岩互层，上部为泥岩与泥灰岩互层，厚 200～500m，含脊椎类 *Platypeltis subcircularis*，*Tinosaurus lushiensis*，*Lushius qinlinensis*，*Tsinlingomys youngi*，*Paratriisodon henanensis*，*P. gigus*，*Honanodon hebetis*，*H. -crodontus*，*Lohoodon lushiensis*，*Lushiamynodon menchiapuensis*，*Sianodon henanensis*，*Gobiohyus orientalis*，*G.robustus* 等，时代为中—晚始新世。大峪组一段下部为砾岩与泥岩互层，中上部为砾岩与砂岩、泥质粉砂岩互层，二段中下部为砂岩、泥质粉砂岩与钙质结核富集层互层，上部为泥质粉砂岩、钙质粉砂岩与泥灰岩、灰岩互层，厚300～800m，含孢粉 *Betulaepollenites* sp.，*Juglanspollenites* sp.，*Quercuidites* sp.，*Tiliapollenitus* sp.，*Pinospollenites* sp.，*Cycadopites* sp.，*Artemisia* sp.，*Chenopodipollis* sp.，*Multicellaepsorites* sp.，*Cyathidites* sp 等，时代为渐新世。雪家沟组下部为褐红色砾岩，上部为棕红色砂质黏土岩夹透镜状砂砾岩，厚 50～80m，含哺乳类 *Hipparion richthofeni*，*H. der-torhinum*，*H. platyodus*，*Chilotherium* sp.，*Chleuastochoerus* sp.，*Gazella* cf. *gandryi*，*G.* cf. *sinensis*，*Palaeotragus* sp.，*Cervavitus novorossiae*，*Muntiacus* cf. *laoustris*，*Ictitherium* sp.等，时代为中新世。

5. 潭头盆地

潭头盆地古近系主要为高峪沟组和潭头组。

高峪沟组岩性为红色砾岩与含砾砂岩、长石砂岩、粉砂岩互层，夹粉砂质泥岩，厚 400～550m，含哺乳类 *Be-lambda* sp.，Mesonichidae，Pastoraledontidae，Peusdictopidaed，腹足类 *Parhydrobia xiaohegouensis-Physa yuanchuensis* 组合，介形类 *Metacypris-Cypris* 组合，时代为早—古新世。

潭头组下部为泥岩，中、上部为泥岩与泥晶灰岩互层，夹多层灰黑色油页岩。厚度 100～500m，含哺乳类 Prodinoceratinae 和 Archaeolanbdidae，爬行类 *Sinoharianus sichuanensis*，腹足类 *Aplexa delicate*，*Parhydrobia* cf. *xiaohegouensis*，*Planorbarius goupouensis*，双壳类 *Sphaerrium rvicolum*，*S. clessin*，介形类 *Candona convexa-Cypris sinensis-Eucypris illoformis* 组合，时代为始新世。

6. 洛阳—汝州盆地

洛阳—汝州盆地主要有古近系石台街组，新近系有洛阳组和内埠组。

石台街组主要岩性为砂质泥岩、砂质页岩与砂岩、砾岩互层，厚 500～1 000m，含哺乳类 *Amynodon* sp.，时代为晚始新世到渐新世。洛阳组主要为砾岩、砂砾岩、泥质砂岩、粉砂岩与砂质泥岩、泥灰岩互层，厚 20～160m，含脊椎动物 *Listriodon* cf. *lockharti*，*L. xinanensis*，时代为中新世。内埠组下部为辉石橄榄玄武岩，中部为砂质泥岩、砂砾岩及火山碎屑岩，上部为辉石橄榄玄武岩和玄武质凝灰岩，厚 10～118m，玄武岩 K-Ar 年龄分别为 10 Ma 和 7.9 Ma，时代归晚中新世。

7. 南阳—李官桥盆地

南阳—李官桥盆地主要有古近系大仓房组、核桃园组、廖庄组及新近系凤凰镇组。

大仓房组主要为红褐色泥岩、粉砂岩夹砂砾岩、泥灰岩，含膏泥岩、钙泥质石膏岩和薄层石膏，厚 600～1 200m，含脊椎类 *Sinohadrianus sichuanensis*，*Euryodon minimus*，*Lophialetes* sp.，*Coryphodon* sp.，Sciurayidae，Mesonychiadae，腹足类 *Valvata fragilis*，*Hippeutis huminosa*，*Sinoplanorbis sinensis*，*Gyraubus yuanch uensis*，介形类 *Condoniella albicans*，*C. suzini*，*Metacypris* sp.，时代为中始新世。核桃园组下部为泥灰岩夹泥岩，上部为泥岩为主夹泥灰岩，厚 100～1 000m，含脊椎类 *Brevidensilacerta xichuanensis*，*Sinohadrianus sichuanensis*，*Strenulagus shipigouensis*，*Lushilagus danjianensis*，*Miacis lushiensis*，*Chungchiania sichuanensis*，*Deperetella sichuanensis*，*Teleolophus* cf. *medius*，*T. danjiangensis*，*Lophialetes expeditus*，*Breviodon minutus*，*Schlosseria hetaoyuanensis*，*Proleana parva*，*Eodendrogale parvum*，含介形类 *Cyprinotus*（*Heterocypris*）*altilis-C.*（*H.*）*jiangheensis* 组合，*Cyprinotus xiaozhuangensis-C.*（*Heterocypris*）*jiangheensis* 组合，含轮藻 *Croftiella-Stephanochara-Obtusochara* 组合，*Charites producta-Croftiella pirisormis* 组合，含孢粉 *Taxodiacepollenites* 组合，*Meliaceoidites-Rutaceoipollis-Ephedripites* 组合，时代为晚始新世—早渐新世。廖庄组主要岩性为泥岩与砂岩、砾岩互层，厚 80～926m，含介形类 *Cyprinotus*（*Cyprinotus*）*xiaozhuangensis-C.*（*Heterocypris*）*jingheensis* 组合，轮藻 *Charites producta-Crofiella piriformis* 组合，孢粉 *Meliaceoidites-Rotaceoipollis-Ephedripites-Pterisisporites* 组合，时代为早渐新世。凤凰镇组下部为泥岩和砾岩、含砾砂岩，上部为泥岩、砂岩和泥灰岩，厚十几米至几十米，含脊椎类 *Gazella gaudryi*，鱼类 *Barbus brevicephalus*，介形类 *Candoniella albicans*，*C. suzini*，*Eucypris longa*，*Limnocythere* sp. *Cypris* sp.，时代为新近纪。

8. 桐柏—吴城盆地

桐柏—吴城盆地主要有古近系毛家坡组、李士沟组、五里墩组、大张庄组和新近系尹庄组。

毛家坡组下部以砾岩、砂砾岩为主，上部以含砾砂岩、砂岩和砂质泥岩为主，厚 100～350m，含哺乳类 *Deperetella* sp.*Sinohadrianus* sp.，时代为始新世。李士沟组岩性为黄绿色砂岩、砂砾岩夹砂质泥岩、页岩，厚 295～580m，含丰富的脊椎动物 *Yuomys elegance*，*Hyaenodon* sp.，*Hyracodon* sp.，*Lushiamynodon wuchengensis*，*Sianodon* sp. *Amynodon mongolinensis*，*Forstercoperia* sp.，*Deperetella* sp.，*Berviodon* sp.，*Deperetella* sp.，*Eomoropus* sp.，含介形类 *Cyprois zhanggangensis*，*C. qianjiangensis*，*Cyprinotus capacious*，*C.* cf. *for-lis*，*C.* aff. *Gregarious*，*Eucypris stagnalis*，*E.* aff. *Wutuensis*，*Cypris sinuata* 等，时代为始新世。五里墩组主要为灰绿、灰黄色粉砂岩、粉砂质泥岩、泥岩夹细砂岩、油页岩和泥灰岩，厚 340～596m，含哺乳类 *Lushiamynodon* sp.，*Juxia* sp. *Gigantamynodon* sp.，*Amynodon sinensis*，*Tmquicisoria- zhuangensis*，*T. micracis*，介形类 *Cyprinotus speciosus*，*Ilyocypris dunschanensis*，*Candona* sp.，*Candoniella* sp.，*Eucypris* sp.，古植物 *Palihinia pinnatifida-Cercidiphyllum elegantum* 组合，时代为始新世。大张庄组主要为浅灰绿色粉砂质泥岩、钙质泥岩和泥质粉砂岩夹油页岩薄层，厚 70～350m，

含孢粉 Pinaceae，*Ephedra*，*Ulmus*，*Quercus*，*Euphorbiacites*，*Tricopites*，*Triporopollenites*，时代为晚始新世晚期。尹庄组厚 15～344m，下部为砂砾岩、砾岩，中部为棕红、黄棕色、灰绿色砂岩、粉砂岩、泥岩夹砂砾岩，上部为一套灰绿、浅黄色砾石层，砂岩夹泥岩。

9. 大别山北麓

大别山北麓古近系为尹庄组。尹庄组主要为砾岩、含砾粗砂岩、含砾砂岩、砂岩、泥质粉砂岩和粉砂质泥岩等，厚 500～2 200m，含哺乳类 *Yuomys minggangensis*，*Brevidon* cf. *minutus*，*Triplopus* cf. *proficiensis*，Hyracodontidae，Rhinocerotidae，*Gobiohyus orientalis*，*G.minor*，*Anthracokeryx* sp.，Cernivora，鸟类 *Mingganga changgournisis*，爬行类 *Anosteira* sp.等，时代为中—晚始新世。

10. 豫东平原

豫东平原主要为孔店组、沙河街组、东营组、馆陶组和明化镇组。

孔店组主要为暗紫红色、紫红色泥岩与棕色石英粉砂岩呈互层，南部地区以灰白色钙质粉砂岩、砂岩为主夹紫红色泥岩，厚 60～580m，含轮藻 *Charites lankaoensis*，*Gobichara lauta*，*Obtusochara prisca*，*O. jianglingensis*，*Peckichara wutuensis*，*Gyrogona qianjiangica*，*G..wubaoensis*，*Sinochara shenxianensis*，*Pseudolatochara ouiformis* 等，时代为早始新世。

沙河街组主要岩性为灰、深灰、紫红色泥岩、灰白色粉砂岩及灰白色岩盐夹碳酸盐岩、油页岩、页岩，厚约 1 500～5 000m，含腹足类 *Sinoplanoybis-Lymnaea* 组合，介形类 *Austrocypris-Cyprinotus* 组合，轮藻 *Obtusochara jinanglingensis-Gyrogona qiangica* 组合，孢粉 *Ephedripites-Ulmoideipites-Pinaceae* 组合，时代为中新世—渐新世。

东营组岩性为棕色、褐灰色泥岩与浅棕黄色、灰白色砂岩互层，中、下部夹炭质页岩及薄煤层，含介形类 *Chinocythere xinzhenensis*，*C. bella*，*C. spinisatata*，*Dongyingia inipolita*，*Phacocypris guangraoensis* 等，轮藻 *Charites molassica-edlerispaera ulmensis* 组合，时代为晚渐新世。

馆陶组下部为杂色厚层砂砾岩夹泥岩、砂岩，局部地段夹黑色薄层煤，中部和上部为棕红、棕黄、灰绿色泥岩与棕黄、灰白色砂岩互层，厚 350～1 096m，含介形类 *Candoniella albicans*，*C. suzini*，*Limnocythere cenctura*，*Candona huabeiensis* 等，轮藻-*edlerisphaera chinensis*，*M. ulmensis*，*M. paraovata*，*M. globula*，*Croftiella escheri*，*C. subspherica*，*Sphaerochara inconspicua*，*S. minor*，*Cha rites molassica* 等，时代为中新世。

明化镇组岩性为棕红、棕黄灰、灰绿色泥岩、砂质泥岩与棕红、棕黄、灰白、灰绿色粉砂岩、砂岩、含砾砂岩不等厚互层，厚 640～1 111m，含介形类 *Ilyocypris dunshunensis*，*I. errabundis*，*I. -nasensis*，*Limnocythere tschokra kensis*，*L. luculenta* 等，轮藻 *Hornichara lagenalis*，*Sphaerochara parvula*，*Amblyochara subeiensis*，*Microtectochara luxiensis*，*Charites conceva* 等，孢粉 *Keteleeria-Artemisiaepollenites* 组合，时代为上新世。

第三节　地质构造与岩浆带

从地质发展史与地层岩相古地理研究视角观察河南现行大地构造的架构，是在华北板块、扬子板块和古秦岭洋微板块（古特提斯）三大构造域的基础上，叠加了中国中央造山系和东亚裂谷系等两大构造单元。以大陆造山运动和现代板块构造运动的发育过程为基础，又可划分出与中国中央造山系有关，由华北板块、扬子板块大陆边缘和秦岭洋残片构成的"秦岭—大别造山带"，与欧亚板块、太平洋板块俯冲作用有关，隶属华北板块南缘构造带的"太行山断隆带"和"华北裂谷带"等二级构造单元。与大陆造山运动相关联的北西西—近东西向构造，与现代板块运动相关联的北东—近南北向构造，构成了区内大地构造的基本格架，控制着地层分布、岩浆活动、变质作用和内、外生矿床的形成。

一、大地构造基本架构

运用现代大陆动力学观点思考，强调特定阶段、特定大地构造环境中不同尺度、不同岩石与构造组合，揭示地质过程在空间上形成于不同部位和不同深度的构造单元彼此间的相互关系，展现构成现今所见地壳表层的存在状态、结构和组合系统及历史性的综合图像，是大地构造地质学的基本任务。基于此，本次河南大地构造基本架构及分区原则强调以构造演化历史为脉络，梳理不同区段沉积建造、构造变质变形和相互间的隶属关系，以区域性深大断裂带的展布为框架，明晰挟持在断裂构造带之间地质体的大地构造位置及次序分级。

（一）大地构造划分原则

运用现代大陆动力学观点审视河南现行大地构造的基本格局，可从中筛分出隶属于秦祁昆造山系的秦岭—大别造山带、隶属于中朝板块的华北陆块南缘构造带和叠加在秦岭—大别造山带、华北陆块南缘构造带之上的东亚裂谷系华北裂谷带、南襄裂谷盆地等构造单元。

1. 秦祁昆造山系构造单元的划分

造山系是同一构造域若干个不同构造环境造山带的集成，是在不同的大陆边缘受控于大洋岩石圈俯冲制约形成的前锋弧及其之后的一系列岛弧、火山弧、裂离地块和相应的弧后洋盆、弧间盆地或边缘盆地，又经洋盆萎缩消减、弧—弧、弧—陆碰撞、多岛弧盆系转化形成的复杂构造域。整体表现为大陆岩石圈之间的时空域中特定的组成、结构、空间展布和时间演化特征的构造系统，可进一步划出二级、三级及序次更低的构造单元。

（1）根据多岛弧盆系组成的造山系中，区域地质发展过程总体特征和优势大地构造相时空结构，以结合带、弧盆系和夹持于其间的地块作为构成造山带构造单元划分的基本骨架。

（2）在洋陆构造体制转换过程形成的俯冲增生，包括杂岩带、蛇绿混杂带（弧陆碰撞带、弧后盆地、弧前盆地），以结合带或弧盆系中划出规模较小的裂离地块、陆缘弧、前陆和弧后前陆盆地、走滑拉分盆地、陆缘裂陷盆地或裂谷盆地等，可作为三级构造单元。

（3）根据关键地质事件的性质、特点、序列、时代和空间分布特征，特别要重视各构造区带的时间—空间—事件的差异及区域地球物理场特征等，对已进行构造分区的单元及其边界进行再厘定。

2. 东亚裂谷系构造单元的划分

东亚裂谷系是叠加在华北陆块之上的新构造运动型迹，李四光先生曾将其命名为"新华夏系"。现代大陆动力学研究认为，发生在中国大陆东部及毗邻海域的大陆边缘裂谷带、陆缘海和沟弧盆体制，是欧亚板块大陆受印度板块的挤压、太平洋板块的俯冲，岩石圈整体主动伸展变形、拆沉减薄以及软流圈物质上涌加热引起。现今的鄂尔多斯盆地、汾渭盆地、松辽平原、华北平原、渤海、南襄盆地、江汉盆地等与日本海、黄海、东海、南海同步构造了全球大陆裂谷系统中的重要组成部分，即东亚滨太平洋地区新生代大陆裂谷系。

（1）依据裂谷系发展的基本规律，将深大断裂带控制的区域性断陷沉降、断块隆升作为二级单元。

（2）根据基底岩石建造所反映的大地构造背景，作为三级单元的划分依据。

（3）依据新生代断陷沉降、断块隆升的构造线延展方向，细分出凸起与凹陷等作为次级构造单元。

3. 华北陆块区构造单元的划分

陆块区具有古老的结晶基底和巨厚盖层连续稳定沉积，作为一级构造单元的划分标准，由前新太古代形成的硅铝质原始大陆壳地质体表现为一系列古老弯隆构造的存在。除叠加的构造——岩浆岩带外，盖层主要按地层形成的构造背景及大地构造优势相划分不同的构造单元（盆地类型）。

（1）依据陆块区不同演化阶段不同基底和盖层的岩石建造组合，可划分为陆块（含陆核）作为二级单元。

（2）华北陆块新太古代—古元古代的地质记录保存该时期基底陆壳物质的组成、物质来源和形成环境，特别是由侵入岩构成的岩浆弧为标志的 TTG 和 DMG 组合。根据表壳岩的火山——沉积记录、岩石组合、地球化学、热事件等特征，可将基底划分出岩浆弧、裂谷等三级构造单元。

（3）大尺度范围盖层细结构的划分，依据关键地质事件形成的大地构造相及沉积盆地的性质、类型、序列、时代和空间分布特征。如被动陆缘盆地、陆表海盆地、陆缘裂谷、陆内裂谷、断陷盆地以及台地、凸起与凹陷等作为四级构造单元。

（二）大地构造分区方案

依据上述原则，建立在构造相复原的可观察、可鉴别、可测量的岩石构造组合的基础上，根据河南境内岩相古地理和地质构造发育形式，划分出"秦祁昆造山系"、"东亚裂谷系"和"华北陆块区"3 个 I 级单元。在 I 级单元内划分出"秦岭造山带"、"大别山造山带"、"华北裂谷带"、"江汉裂陷盆地构造带"、"山西台隆带"、"华北陆块南缘台隆带" 6 个 II 级单元。根据构造变质变形、造山运动和新生代裂谷发育程度，划分出 11 个 III 级单元。依据关键地质事件和改造后的大地构造相细分出 52 个 IV 级单元，见表 2-2 和河南大地构造单元分区图（附图 2）。

表 2-2　河南大地构造单元分区

I 级构造单元	II 级构造单元	III 级构造单元	IV 级构造单元
秦祁昆造山系 I	秦岭造山带 I_1	秦岭造山带后陆断褶构造亚带 I_1^1	小秦岭变质核杂岩 I_1^{1-1}
			崤山变质核杂岩 I_1^{1-2}
			熊耳山变质核杂岩 I_1^{1-3}
			外方山构造岩块 I_1^{1-4}
			舞钢—确山构造岩片 I_1^{1-5}
			栾川斜向汇聚构造带 I_1^{1-6}
		北秦岭厚皮叠瓦状逆掩推覆构造亚带 I_1^2	宽坪构造岩片 I_1^{2-1}
			二郎坪构造岩片 I_1^{2-2}
			秦岭构造岩块 I_1^{2-3}
			商丹构造混杂岩带 I_1^{2-4}
		南秦岭逆掩推覆构造亚带 I_1^3	周进沟构造岩片 I_1^{3-1}
			陡岭构造岩块 I_1^{3-2}
			淅川地向斜褶皱带 I_1^{3-3}
	大别山造山带 I_2	北淮阳厚皮叠瓦状逆掩推覆构造亚带 I_2^1	龟梅构造混杂岩带 I_2^{1-1}
			南湾构造岩片 I_2^{1-2}
			苏家河构造岩片 I_2^{1-3}
			歪头山构造岩片 I_2^{1-4}
			杨山地向斜 I_2^{1-5}
			陈棚—金刚台火山盆地 I_2^{1-6}
			方集—段集磨拉石盆地 I_2^{1-7}
		南淮阳前陆断褶构造亚带 I_2^2	桐柏山构造岩块 I_2^{2-1}
			大别山构造岩块 I_2^{2-2}
			红安褶皱带 I_2^{2-3}
东亚裂谷系 II	华北裂谷带 II_1	北华北坳陷构造亚带 II_1^1	辉县断凹 II_1^{1-1}
			汤阴地堑 II_1^{1-2}
			内黄凸起 II_1^{1-3}
			白壁—元村凹陷 II_1^{1-4}
			东明地堑 II_1^{1-5}
			菏泽—芒砀山凸起 II_1^{1-6}
		南华北坳陷构造亚带 II_1^2	济源—开封凹陷 II_1^{2-1}
			通许—永城凸起 II_1^{2-2}
			武陟隐伏凸起 II_1^{2-3}
			周口凹陷 II_1^{2-4}
			西平—平舆凸起 II_1^{2-5}
			汝南—新蔡凹陷 II_1^{2-6}

续表

I级构造单元	II级构造单元	III级构造单元	IV级构造单元
东亚裂谷系II	华北裂谷带II$_1$	南华北坳陷构造亚带II$_1^2$	正阳凸起II$_1^{2-7}$
			平昌关—罗山凹陷II$_1^{2-8}$
			息县—仙居凸起II$_1^{2-9}$
			潢川凹陷II$_1^{2-10}$
			大别山山前斜坡带凸起II$_1^{2-11}$
	江汉裂陷盆地带II$_2$	南襄断陷盆地构造亚带II$_2^1$	南阳凹陷II$_2^{1-1}$
			邓州—泌阳断陷II$_2^{1-2}$
			新野凸起II$_2^{1-3}$
			襄樊—枣阳凹陷II$_2^{1-4}$
华北陆块区III	山西台隆带III$_1$	太行山台隆构造亚带III$_1^1$	太行山碳酸盐岩台地III$_1^{1-1}$
			南太行山阶梯式断隆III$_1^{1-2}$
		中条—王屋台隆构造亚带III$_1^2$	王屋山拱褶III$_1^{2-1}$
			黛眉山地背斜III$_1^{2-2}$
			渑池—义马地向斜III$_1^{2-3}$
	华北陆块南缘台隆带III$_2$	嵩箕台隆构造亚带III$_2^1$	嵩山拱隆III$_2^{1-1}$
			箕山拱褶束III$_2^{1-2}$
			宜阳—汝阳—宝丰陷褶断III$_2^{1-3}$

（三）大地构造单元的基本特征

纵观河南大地构造的演化史，初始地壳形成的太古宇时期在现今的嵩箕、华熊和南太行地区出现由花岗绿岩带为主体的古陆核，并逐渐衍生出较大规模的原始大陆陆块。受距今约20亿年前后发生的哥伦比亚超大陆事件的影响，各自独立的原始古陆相继拼合构成中朝板块华北陆块南缘的结晶基底，开始了横向联合、共同发展的新格局。在距今约10亿年前后罗迪尼亚超大陆事件的推动下，曾位于南半球的扬子板块与秦岭洋微板块相遇、拼合，开始向北半球漂移的历程。到距今约4亿年前后的早古生代奥陶纪，与扬子板块结为一体的秦岭洋微板块前缘与中朝板块华北陆块南缘相遇并开始俯冲、碰撞。直到距今约2亿年前后，秦岭洋底已基本俯冲于华北陆块之下，现行中国大陆的基本构架进入尾声。而随后开始的陆陆碰撞、大陆造山过程，造就了横亘东西的中国中央山系，即"秦祁昆造山系"。大约从距今6 500万年起，大陆造山运动结束，受现代板块构造体制作用的东亚裂谷系构造运动开始形成与发展。因此，河南境内的构造的基本格局，均可纳入秦祁昆造山系、东亚裂谷系和华北陆块区大地构造单元的范畴之内。

1. 秦祁昆造山系 I

研究证明，秦祁昆造山系是长期分隔中国华北、扬子与塔里木三大陆块的分界线，在中国大陆构造中占有十分突出的地位。经历了元古代以扩张构造体制占主导的裂谷与小洋盆兼杂并存的构造格局，从扩张垂向加积增生构造体制为主向以侧向增生为主的板块构造体制的过渡，并于古生代进入板块构造演化阶段。在古生代早期，扬子板块北缘沿秦岭南部扩张，形成华北板块、扬子板块及其间的秦岭微板块沿商丹和勉略缝合带自南向北俯冲、消减、碰撞，于中三叠世最后全面的陆陆碰撞造山后，又发生了强烈陆内造山作用终成今日之复杂的地质构造面貌。秦岭—大别造山带作为秦祁昆造山系的主体部分，现今可北以宝鸡—西安—宜阳—鲁山—淮南断裂、南以阳平关—城口—房县—襄广断裂划分出造山带陆内造山的构造边界。

（1）秦岭造山带 I_1

据张国伟先生研究，秦岭造山带以南襄盆地为隔断，西部为秦岭造山带、东部为大别山造山带。在河南境内，秦岭造山带北以三门峡—宝丰（鲁山）—舞阳断裂（F3）为界，与华北陆块南缘构造带接壤，南部延出省外。其间，以陕西的商丹、河南的西坪—镇平断裂（F1）为界，北部简称为"北秦岭"、南部简称为"南秦岭"。在北秦岭地区，以栾川—维摩寺断裂（F2）为界，南部为秦岭造山带的核心地段——北秦岭厚皮叠瓦状逆掩推覆构造带。根据洋陆构造体制转换过程形成的俯冲增生情况，结合走滑推覆过程关键地质事件的性质、特点、序列、时代和空间分布特征，可划分出受瓦穴子断裂（F4）拖拉的中晚元古界宽坪群构造岩片、受朱夏断裂拖拉（F5）的早古生界二郎坪群构造岩片、受商丹缝合带断裂（F1）拖拉的早中元古界秦岭—峡河岩群构造岩块，以及受这些断裂构造带走滑拉分而形成的晚白垩世西峡—内乡红层盆地、早中白垩世夏馆—米坪盆地等。在造山带北部，原为华北陆块南缘部分岩块卷入到造山带其中而被称之为秦岭造山带后陆断褶带，又因在新构造运动期间以马超营断裂（F6）为界，南部由栾川群、管道口群构成的岩片自北西向南东俯冲，北部由熊耳群构成的岩片自南东向西北推覆，宋传中等人将其命名为"双冲式"翻化状构造、"栾川斜向汇聚构造"。

1）秦岭造山带后陆断褶构造亚带 I_1^1

位于卢氏、栾川、鲁山县北部，挟持在栾川断裂与三门峡—鲁山断裂之间。该岩石构造单元因处于造山带的后缘，主造山期的推覆叠置构造不如前者强烈，而后造山期的伸展拉张作用进行的比较彻底，张国伟先生将其命名为"秦岭造山带后陆冲断褶带"，又因新构造运动时期的双冲式推覆构造反映比较典型，宋传中在其间筛分出叠加的"伏牛山推覆构造系"、"栾川斜向汇聚构造带"等。

在河南境内，卷入秦岭造山带后陆逆冲断褶带的主体部分为中新元古界熊耳群三岔裂谷系内火山—沉积建造，包括管道口群与栾川群碳酸盐岩系，汝阳群、洛峪口群复理石建造等。在侏罗纪至白垩纪期间，造山带自北向南逐步进入伸展拉张构造阶段。首先，在三门峡地区形成较大规模的义马含煤构造盆地，继而在汝阳地区早白垩世红层盆地开始出现，并在晚白垩世的山链伸展拉张作用延伸到造山带的核心区，在淅川淘河、西峡至内乡、夏馆至方城、栾川叫河至潭头等地红色拉分盆地相继出现。与此同时，后造山作用在北部的小秦岭变质核杂岩 I_1^{1-1}、崤山变质核杂岩 I_1^{1-2}、熊耳山变质核杂岩 I_1^{1-3} 等台穹状构造和外方山构造岩块 I_1^{1-4}，山链的伸展拉张一方面使太古界太华岩群等古老结晶基地抽拉出地表，另一方面巨大的重力亏空使深部花岗岩浆呈"热气球"状侵入,这种热动力条件与张裂的构造背景为贵金属、有色金属矿床的形成创造了有利的环境,造就了我国重要的金银、钼钨、铅锌等矿产的聚集区。新构造运动发生的推覆构造作用,在造山带后缘形成舞钢—确山构造岩片 I_1^{1-5} 和栾川斜向汇聚构造带 I_1^{1-6} 的叠加构造。

2)北秦岭厚皮叠瓦状逆掩推覆构造亚带 I_1^2

北秦岭厚皮叠瓦状逆掩推覆构造带是秦岭造山带的基本组成部分,同时也构成秦岭、伏牛山脉的主体。以其大地构造属性、基底与盖层组合、时代、亲缘关系等地质、地球化学特征综合判定,它们原属华北板块南部的增生边,在不同时期以不同方式卷入造山带中。它们的主要特点是具有华北型基底与盖层组合特征。中元古界以丹凤、熊耳、宽坪等火山—沉积岩群和松树沟超基性岩群为代表的具裂谷建造、陆缘沉积与小洋盆蛇绿岩特征,反映了华北地块南缘早期的扩张裂解和小洋盆的出现。晚元古—古生界以丹凤、二郎坪等岩群为代表,自南而北出现岛弧型蛇绿岩、弧后型蛇绿岩与火山岩以及裂陷碱性火山岩等,反映了华北板块活动陆缘的特征。在陕南地区保存有残余盆地沉积(C-P),在豫西地区保存有晚三叠世断陷陆相沉积,它们记录了秦岭晚海西—印支期从俯冲洋壳几近消亡到陆陆全面碰撞的漫长、复杂造山过程和中新生代陆内构造隆升成山的历程。

北秦岭厚皮叠瓦状逆掩推覆构造带所包容的构造岩石单元,较早的加入秦岭山带的演化过程,多以构造岩片逆冲叠置的构造面貌出现。其中,分布于瓦穴子断裂与栾川断裂之间的宽坪构造岩片 I_1^{2-1} 由中元古界宽坪群变质岩系构成,因其中包含诸多大洋拉板玄武岩成分,故认定栾川断裂为元古代时期的洋陆边界,由于造山运动使元古代岩层以构造岩片形式推覆在古生界二郎坪岩层之上。分布于朱夏断裂与瓦穴子断裂之间的二郎坪构造岩片 I_1^{2-2},由古生界二郎坪群细碧角斑岩系构成,原岩为一套弧后小洋盆沉积建造,又称"弧后蛇绿岩"。据符光宏研究,出露于南部的小寨组和北部的柿树园组为小洋盆边沿碎屑岩沉积、火神庙组洋底火山建造,大庙组为深水大理岩。挟持在商丹断裂与朱夏断裂之间的秦岭构造岩块 I_1^{2-3} 由古元古代秦岭群和中元古代峡河群变质岩系构成,多数学者认为该岩块应为被推覆构造从深部拉出的岛弧基底岩系,挟持在商丹断裂带内的商南松树沟、西峡洋祁沟超基性岩等为"岛弧蛇绿岩",有学者曾将秦岭构造岩块命名为"秦岭列岛"。

商丹构造混杂岩带 I_1^{2-4},是秦岭主造山期板块的俯冲碰撞缝合带。在河南境内西起西峡县西平镇、桐柏松扒,向东与龟山(信阳)—梅山(安徽金寨)断裂连接,延伸达数百公里,出露宽度在 8~10km。研究证明,商丹带内残存着晚元古代和古生代两类不同性质的蛇绿岩和火山岩。其中晚元古代是小洋盆型,如松树沟、黑河等(983±140~1 124±96Ma,Sm-Nd),古生代则多为岛弧型(357~402.6±35Ma,487±8Ma,Sm-Nd,Rb-Sr)。商丹带内发育线形碰撞型花岗岩(323~211Ma,U-Pb,Rb-Sr),而其北侧则成带分布两期俯冲型花岗岩(793±32~659Ma,457~352Ma,U-Pb,Rb-Sr)并有自南而北的地球化学极性,显示向北俯冲碰撞效应。商丹带南缘还断续分布有弧前沉积(目前确知最新岩层有二叠系),新近在其北侧大理岩中发现含早三叠世生物化石。商丹带是长期分割秦岭南北的分界线,至少从震旦纪扬子型陡山沱与灯影组等在南秦岭广布而从不超越商丹一线、古生代南北秦岭遥相对应发育两类不同大陆边缘沉积等基本事实可以看出，商丹一线曾有一个消失的有限洋，从洋盆的消亡到板块的俯冲碰撞，以至构造出以不同时代、不同性质、不同构造层次的断层或韧性带（211～126Ma，U-Pb、Sm-Nd）为骨架，包容混杂着上述诸多不同类型与来源的岩块的构造混杂带。

3）南秦岭逆掩推覆构造亚带 I$_1^3$

据张国伟研究，介于商丹与勉略两缝合带间，向东包括武当、随县、桐柏—大别山地带，是现今南秦岭带主要的组成部分。这里原曾是一独立的小型的岩石圈板块——秦岭微板块，基底是有来自华北型的小磨岭、陡岭、桐柏和大别等结晶地块，也有如佛坪、鱼洞子等属扬子或其他异地而来的古老杂岩碎块的晋宁期复杂拼合体，具有扬子型震旦系陡山沱组和灯影组统一盖层，晚古生代至早中三叠世广泛发育有深水浊积岩系、浅水台地相和裂陷近源沉积乃至残留盆地相堆积，反映了其从侧向伸展、垂向隆升裂陷到收缩、走滑等多样转换复合的复杂构造沉积环境与变迁。表明扬子板块北缘曾经出现过有限洋盆并分离出秦岭微板块，板块内凸出有众多古老基底抬升的穹形构造控制着沉积古地理环境与构造变形，自晚三叠世开始与整个秦岭一致结束海相沉积发育断陷陆相盆地，并随着南北板块相继碰撞而卷入秦岭碰撞造山带，标志南秦岭转入新的大地构造演化阶段。

在河南境内，南秦岭逆掩推覆构造带涵盖商丹断裂带（F1）以南的西峡县南部、内乡东南部和淅川县等地的基岩出露区。其中，周进沟构造岩片 I$_1^{3-1}$ 分布在商丹断裂带（F1）与木家垭—固庙—八里畈韧性带剪切断裂（F8）之间，代表秦岭微板块被动陆缘与华北板块俯冲碰撞构造体制下形成的海沟混杂堆积岩，元古界—二叠系龟山组和陆缘弧前台地斜坡沉积（泥盆系南湾组、周进沟组）两者之间有山阳—丁河—内乡韧性剪切带断裂（F7）分隔。陡岭构造岩块 I$_1^{3-2}$ 分布在木家垭—固庙—八里畈韧性带剪切断裂（F8）与新屋场—毛堂—田关韧性带剪切断裂（F9）之间，由早元古界陡岭岩群和在褶皱基底上发展起来的大陆裂谷带基性火山岩系—新元古界耀岭河组构成。耀岭河组为一套中基性火山岩及火山碎屑岩建造，具有大陆拉斑玄武岩基本属性，说明秦岭微板块基底曾经与罗迪尼亚超大陆事件相呼应，在 7 亿年前后发生过大陆裂解。分布在木家垭—固庙—八里畈韧性带剪切断裂（F8）的淅川地向斜褶皱带 I$_1^{3-3}$ 由陆表裂陷海盆以碳酸盐岩、浊积岩、火山碎屑岩、陆缘碎屑岩系构成，主体为深水复理石建造。震旦纪至志留纪沉积建造具有过渡性质，属于同一次沉积旋回。陡山沱组 Z_{2ds} 为一套粉砂质页岩和硅质页岩夹薄层灰岩，底部含磷。灯影组 Z_{2dy} 为一套富镁的碳酸盐岩建造。寒武纪碳酸盐岩、黏土页岩夹炭质页岩建造，底部含磷块岩结核及钒等元素富集成矿，奥陶纪主要为含镁较高的白云质灰岩。志留纪初构造活动加强沉积有海底喷发的火山岩，中志留纪末褶皱隆起造成晚志留世及早泥盆世的沉积缺失。到泥盆纪中期，新的坳陷开始并接受晚古生代泥盆纪至石炭纪的浅海相碎屑岩及碳酸盐岩沉积（西延陕西境内还有二叠、三叠纪砂页岩建造）形成第二个沉积旋回。受后造山伸展拉张作用的影响，李官桥—滔河拉分盆地叠加在南秦岭逆掩推覆构造带的中西部及南部区段，代表板块碰撞造山及伸展拉张活动结束、逆掩推覆断裂构造复活，构造岩块、岩片的推覆叠置与构造盆地相间的大地构造格局形成。

（2）大别山造山带 I_2

河南南部，桐柏山和大别山脉的大地构造隶属于秦祁昆造山系东延部分，由于造山期的构造推覆作用较为彻底，秦岭造山带的"南秦岭逆掩推覆构造系"、"北秦岭厚皮叠瓦状逆冲构造带"、"秦岭造山带后陆逆冲断褶带"等构造单元大部分被消减，而具有特提斯特征的"杨山煤系地层"和扬子板块大陆结晶基底性质的太古界大别群、桐柏山群地层出露地表。因桐柏—大别山地区地质构造及岩石地层特征与秦岭地区有较大的差别，故张国伟先生将"大别山造山带"作为 II 级构造单元单独划出，以示区别。

1）北淮阳厚皮叠瓦状逆掩推覆构造亚带 I_2^1

根据与东秦岭地区的构造地层单元对比，商丹板块缝合线断裂（F1）进入桐柏—大别山地区与松扒（桐柏）—龟山（信阳）—梅山（金寨）大断裂连接，北侧以栾川—明港断裂（F2）为界，包括大别山前丘陵山地及罗山、光山、商城地区出露的风化残山，构造属性可与北秦岭带相对比，故将其命名为北淮阳逆掩推覆构造带 I_2^1，划分出龟梅构造混杂岩带 I_2^{1-1}、南湾构造岩片 I_2^{1-2}、苏家河构造岩片 I_2^{1-3}、歪头山构造岩片 I_2^{1-4}、杨山地向斜 I_2^{1-5}、陈棚—金刚台火山盆地 I_2^{1-6}、方集—段集磨拉石盆地 I_2^{1-7} 七个次级构造单元。

2）南淮阳前陆断褶构造亚带 I_2^2

大陆岭—浒湾韧性剪切构造带以南出露的古元古界红安群与太古界桐柏山群、大别山群变质岩系，属于扬子型秦岭微板块的基底岩系。张国伟认为，该区出露的太古界岩层为桐柏山、大别山山根超高压变质构造岩块，元古界岩层为南秦岭北淮阳被动陆缘和边缘台地沉积建造。故根据岩层分布和变质变形特征，划分出桐柏山构造岩块 I_2^{2-1}、大别山构造岩块 I_2^{2-2} 和红安褶皱带 I_2^{2-3} 三个次级构造单元。

2. 东亚裂谷系 II

在河南境内，隶属于东亚裂谷系的有华北裂谷带 II_1 和江汉裂陷盆地带 II_2 两个二级构造单元，其中华北裂谷带南部受到秦岭—大别造山带影响，构造线发生由北东向北西方向偏转，故采用石油地质界通常叫法将其分割为北华北坳陷构造亚带 II_1^1 和南华北坳陷构造亚带 II_1^2 两个三级构造单元。南阳—江汉裂陷盆地带因位于秦岭造山带内部，河南仅出露南襄盆地一处，故仅划分出南襄断陷盆地 II_2^1 一个三级构造单元。

（1）华北裂谷带 II_1

通常所说的黄淮海平原均隶属于华北裂谷带构造域范畴。以北西走向的封门口—新乡—商丘断裂为界，其北部与河北境内的华北大平原相连接，基底构造以北北东向地堑与地垒相间排列为特征，称之为北华北坳陷构造亚带 II_1^1。封门口—新乡—商丘断裂（F10）以南至大别山前，以淮北平原为主体，基底构造线方向保持与华北陆块南缘和秦岭—大别造山带相一致，以近东西向、北西西向凸起与凹陷等间距分布为特色，称之为南华北坳陷

构造亚带 II_1^2。

1）北华北坳陷构造亚带 II_1^1

北华北坳陷构造亚带是指华北陆块在新构造运动期间，受东亚裂谷系华北裂谷带影响而沉降的部分。其中，位于辉县西南部的黄水地区出现一片较大规模的现代磨拉石建造，其下基岩埋深可达千米，因位于封门口—新乡—商丘断裂（F10）北侧、基底构造线方向呈北东向展布故纳入华北坳陷带，由于西部有武陟隆起相隔断故单独划出，命名为辉县断凹 II_1^{1-1}。挟持在青洋口断裂（F12）和汤东断裂（F14）之间的狭长地带为汤阴地堑 II_1^{1-2} 所处的构造位置，构造基底为二叠系地层构成，新生界盖层厚度多在千米左右，京广铁路以东可达 3 000 余米。介于汤阴地堑与聊（城）兰（考）断裂带（F15）之间的为内黄凸起 II_1^{1-3} 所处的构造位置，基底岩系为太古界和古生界地层构成。基底构造呈西北高、东南低态势，内黄至浚县一带新生界盖层厚度 500 余米并有风化残山出露，而其北部边缘基底突然沉降至 2 000m 左右，故单独划出白璧—元村凹陷 II_1^{1-4}。东明地堑 II_1^{1-5} 由聊兰断裂带（F15）一系列北东走向的正断层构成，形成濮城—前梨园、渠村—武丘和长垣、留光集等深凹陷，基底岩系为中生界侏罗—白垩系，新生界盖层厚度 6 500 余米，是豫北地区重要的石油、天然气及岩盐、褐煤的富集区。菏泽—芒砀山凸起 II_1^{1-6} 位于东明地堑的东部，台前—范县、兰考—民权北、永城芒砀山地区，新生界盖层厚度 1 000 余米，基底岩系为古生界地层并在芒砀山一带出现由寒武系碳酸盐岩构成的风化残丘。

2）南华北坳陷构造亚带 II_1^2

南华北坳陷构造亚带，是在华北陆块南缘台隆带、秦岭造山带后陆逆冲断褶带、嵩箕地块基底上由华北裂谷带叠加而成。自北向南可分为济源—开封凹陷 II_1^{2-1}、通许—永城凸起 II_1^{2-2}、武陟隐伏凸起 II_1^{2-3}、周口凹陷 II_1^{2-4}、西平—平舆凸起 II_1^{2-5}、汝南—新蔡凹陷 II_1^{2-6}、正阳凸起 II_1^{2-7}、平昌关—罗山凹陷 II_1^{2-8}、息县—仙居凸起 II_1^{2-9}、潢川凹陷 II_1^{2-10} 以及大别山山前斜坡带凸起 II_1^{2-11} 次级构造单元。其中，济源—开封凹陷 II_1^{2-1} 属于南华北与北华北构造带的过渡类型，由北西走向的济源凹陷、开封凹陷和加于其间的北东走向的武陟凸起构成。济源凹陷中心位于沁阳一带，开封凹陷中心位于原阳—延津—封丘地区，新生界盖层厚度可达 6 000m 以上。武陟凸起属于南太行山阶梯式断隆构造单元的南延部分，基底岩系自西向东依次为太古界阜平岩群变质岩、寒武—奥陶系碳酸盐岩和石炭—二叠系煤系地层。通许—永城凸起 II_1^{2-2} 属于华北陆块南缘台隆带的东延部分，太古界登封岩群、古元古界嵩山群变质岩，寒武—奥陶系碳酸盐岩和石炭—二叠系煤系地层构成，新生界盖层厚度在 500～1 000m。周口凹陷 II_1^{2-4} 及其以南的构造单元属于秦岭造山带的东延部分，基底岩系由太古界太华岩群变质岩、中元古界汝阳群变石英砂岩，寒武—奥陶系碳酸盐岩、石炭—二叠系煤系和侏罗—白垩系地层构成，新生界盖层厚度在凹陷区多在 1 000～4 500m，凸起区在 500～1 000m。

（2）江汉裂陷盆地带 II_2

江汉裂陷盆地带，是发育在秦岭—大别造山带内部的裂谷盆地，在河南境内仅出现南襄断陷盆地构造亚带 II_2^1 一个三级构造单元。根据其构造样式、基底组成和新生界盖层厚度等因素,将其划分出南阳凹陷 II_2^{1-1}、邓州—泌阳断陷 II_2^{1-2}、新野凸起 II_2^{1-3}、襄樊—枣阳凹陷 II_2^{1-4} 四个次级构造单元。

南阳凹陷基底属于秦岭造山带北秦岭厚皮叠瓦状逆掩推覆构造带的延伸部分,其物质组成主体为古生界二郎坪群细碧角斑岩系地层,新生界盖层厚度在 500~1 000m。大致以木家垭断裂为界,断裂带南部依次有邓州—泌阳断陷 II_2^{1-2}、新野凸起 II_2^{1-3}、襄樊—枣阳凹陷 II_2^{1-4} 次级构造单元呈近东西向分布。基底构成为隶属于南秦岭逆掩推覆构造带的扬子型古生界、震旦系和中生界白垩系地层,新生界盖层厚度在凹陷区多在 2 000~5 500m,凸起区在 500~1 500m。

3. 华北陆块区 Ⅲ

河南灵宝—三门峡—鲁山断裂带以北的大片区域称为华北陆块区。由于受到秦岭造山带和东亚裂谷系构造不同程度的影响,形成地背斜与地向斜、拱曲断隆与山间盆地相间分布的构造格局。根据基底组成和盖层构造变形情况,可划分出山西台隆带 III_1、华北陆块南缘台隆带 III_2 两大二级构造单元。其中,山西台隆带 III_1 主体部分位于山西省境内,河南仅在安阳、鹤壁、焦作和济源、三门峡西北部地区出露其东南部边缘部分。华北陆块南缘台隆带 III_2 位于河南中部嵩箕地区及外方山北部,而位于黄淮海平原的大片区域则划归到东亚裂谷系华北裂谷带构造域。

（1）山西台隆带 III_1

山西台隆带,位于豫北和山西省接壤的太行山—王屋山—中条山地区,是华北陆块的主体组成部分。由于偏离出秦岭造山带、受东亚裂谷系构造影响程度较低,并仅根据基地组成、盖层组合和变质变形情况,划分出太行山台隆构造亚带 III_1^1 和中条—王屋台隆构造亚带 III_1^2 两个三级构造单元。

1）太行山台隆构造亚带 III_1^1

河南太行山台隆构造亚带可划分出太行山碳酸盐岩台地 III_1^{1-1} 和南太行山阶梯式断隆 III_1^{1-2},两个次级构造单元。其中,太行山碳酸盐岩台地基底为太古界阜平群片麻岩岩系,盖层为早古生界寒武系、奥陶系石灰岩、白云岩、页岩、泥灰岩及中元古界云梦山组变质石英砂岩等构成的水平岩层,地形海拔高度在 2 000m 左右,构成我国大地地貌的第二台阶。以青羊口断裂（F12）为界东,分布在太行山断裂与任村—西平罗断裂之间,地形呈阶梯状下降的古生界碳酸盐岩台地命名为"南太行山阶梯式断隆 III_1^{1-2}",其间有燕山期花岗闪长岩、白岗岩和具有"地幔之窗"的喜山期超基性岩带侵入。

2）中条—王屋台隆构造亚带 III_1^2

中条—王屋台隆构造亚带,位于济源市西部、新安县北部和义马市西北部地区。由于毗邻秦岭造山带和东亚裂谷系汾渭裂谷带,地层构造形变较前者更为强烈。根据基岩组成、盖层组合、构造与地形变情况,可划分出王屋山拱褶断 III_1^{2-1}、黛眉山地背斜 III_1^{2-2}、渑池—义马地向斜 III_1^{2-3} 三个次级构造单元。

王屋山拱褶断III_1^{2-1}构造单元位于济源市西部，基底为太古界林山岩群变质杂岩，上覆有古元古界银鱼沟岩群变质岩系和中元古界云梦山组变质石英砂岩岩层。黛眉山地背斜III_1^{2-2}构造单元位于新安县北部，核部由中元古界西阳河群（熊耳群）裂谷型火山岩系、云梦山组变质石英砂岩岩层构成，翼部为古生界寒武—奥陶系碳酸盐岩、石炭—二叠系煤系地层和三叠系陆缘碎屑岩建造。渑池—义马地向斜III_1^{2-3}构造单元位于义马市西北部，槽部由侏罗系煤系地层和三叠系陆缘碎屑岩构成，两翼主要有古生界寒武—奥陶系碳酸盐岩及石炭—二叠系煤系地层构成。

（2）华北陆块南缘台隆带III_2

华北陆块南缘的大部分区块或卷入秦岭造山带，或受华北裂谷带影响被新生界地层所覆盖，仅在河南中部的嵩箕地区及外方山北部保留嵩箕台隆构造亚带III_2^1一个单元。其南部以灵宝—三门峡—鲁山断裂带（F3）为界，北与华北裂谷带济源—开封凹陷毗邻，根据基底物质组成、盖层组合、构造与地形变、构造盆地的叠加情况，划分出嵩山拱隆III_2^{1-1}、箕山拱褶束III_2^{1-2}和宜阳—汝阳—宝丰陷褶断III_2^{1-3}三个次级构造单元。

1）嵩山拱隆III_2^{1-1}

嵩山拱隆位于河南中部的嵩山至五指岭地区。其构造形式相对比较简单，太古界登封岩群结晶基底出露于近东西向条带状洼地，古元古界嵩山岩群构成海拔1 442m的嵩山山脉主峰，中新元古界、古生界地层依次出露在山脉的北坡，构成较为标准的单斜山地形。

2）箕山拱褶束III_2^{1-2}

位于登封、新密南部的箕山至始祖山地区，并以近东西向条带状洼地与嵩山拱隆分割。箕山拱褶束构造形式较为复杂，除北坡为寒武—奥陶、石炭—二叠、三叠系地层依次出露外，在主峰和南坡区域则表现出一系列北西西走向的褶皱构造定向排列。构成背斜构造核部的是太古界登封岩群或古元古界嵩山岩群，中新元古界汝阳群和洛峪口群、震旦系冰碛层和下古生界地层构成背斜的两翼，而挟持其中的向斜构造槽部多为上古生界石炭—二叠地层。

3）宜阳—汝阳—宝丰陷褶断III_2^{1-3}

外方山断隆位于熊耳山、外方山山脉的北部边缘，宜阳—汝阳—宝丰一线。南部边缘受灵宝—三门峡—鲁山断裂带（F3）的推覆作用，逆掩在秦岭造山带后陆断褶带构造单元之下。北部以北汝河为界与嵩箕山地隔河相望。与嵩箕地区略有不同，构成背斜构造核部的是中新元古界汝阳群和洛峪口群、震旦系冰碛层，下古生界地层构成背斜的两翼，而向斜构造槽部多为上古生界石炭—二叠地层。由于毗邻造山带受到后造山伸展拉张作用影响，在北西向褶皱构造的基础上叠加有北东向宽缓向斜构造。其间，在伊川出现有新近纪玄武岩台地、鲁山有更新世基性火山岩盆地发育。

二、河南构造岩浆带划分

（一）岩浆带与构造的关系

1. 构造花岗岩带花岗岩与秦岭造山带构造演化关系

大陆地壳尤其是造山带的一个重要的标志性特征就是广泛分布有花岗岩类岩石，以构造岩浆组合为思路可分为俯冲型、碰撞型、陆内型；根据岩石地球化学特征可分为 M 型、I 型、A 型和 S 型；根据岩石类型可分为基性—超基性岩、中性—中酸性岩、酸性岩、碱性岩；根据岩体产状可分为岩株、岩墙、岩基；在时代上可厘定为吕梁、晋宁、加里东、燕山四期；从构造演化历史上可划分出前造山（超大陆事件、古板块俯冲与碰撞期）、主造山和后造山（伸展拉张期）三大阶段。因此，秦巴—伏牛山构造花岗岩带被誉为秦岭造山带的"标志性建造"，见表 2-3。

2. 太行山东麓构造岩浆带与大陆裂谷构造演化关系

兴安岭—太行山岩石圈深断裂，是对华北裂谷带演化活动产生重大影响的构造系统。该深断裂带呈近南北向展布在本省北部太行山东麓，向北穿过冀北东西向构造带直抵内蒙古北部，南被盘古寺—封门口断裂、焦作—商丘深断裂所交切，省内长约 140km。自西向东依次由任村—西平罗断裂、青洋口大断裂、太行山东麓深断裂组成，宽约 40～50km。燕山期以来长期活动，其演化历程为：自燕山旋回以来，在南太行山区表现为上地幔发生隆拗差异运动的情况下形成的拉张性正断层，造成地层错断，中性、碱性岩浆侵入。随着上地幔隆拗运动加强，燕山旋回晚期——喜马拉雅旋回中期断裂带强烈活动，切过莫霍面达岩石圈下部，一方面控制汤阴断陷、太行山拱断束的形成与发展，另一方面深源物质沿深断裂带上侵和喷溢，形成超基性—基性岩带。新近纪末以来活动强度变弱，影响深度变小，但对近代地貌形态和现代地震发生具有控制作用。

断裂带内林州东冶至辉县大池山一带断续分布着燕山期闪长岩、碱性岩带，并形成与闪长岩类有关的矽卡岩型铁矿。自西向东平行分布着喜马拉雅期金伯利岩、苦橄玢岩、橄榄玄武岩三个超基性—基性岩带。据原河南地质局第十三地质大队研究资料，在沿青洋口断裂带的太行山峰风—鹤壁断垒区出现有大量的新近纪—第四纪时期以碱性、基性—超基性侵入岩和火山喷发岩。其中，霞石正长岩（碱性岩）出露在林州市李家厂一带；金云母二辉橄榄岩—橄榄角闪岩—角闪岩集中分布在安阳市下庄一带；金伯利岩分布在鹤壁西山至黄龙洞地区，构成北北东走向的金伯利带；苦橄玢岩分布在大乌山断裂与青羊口断裂之间，形成尚峪—恶鱼沟—田家—土岭苦橄玢岩带；橄榄玄武岩分布于青羊口断裂东侧，北起鹤壁市前营—鹿楼—黑山，南到浮山—大赛店—庙沟—北四井，构成平行青羊口断裂的橄榄玄武岩带。据柯元硕等对岩浆岩属性和所含深源包体研究，推测这些超基性、基性岩浆来自 120～140km 以至 300km 深度下的上地幔，故有"地幔之窗"之称，是佐证"东亚裂谷系"形成与发展的实物资料。

表 2-3　构造花岗岩带花岗岩与秦岭造山带构造演化关系对照表

时代	阶段	过程	典型岩浆岩类	构造形式	侵位机制	构造演化
吕梁期	前造山	被动大陆边缘裂谷	龙王幢 A 型花岗岩；熊耳群双峰式火山岩	地幔柱，板底垫托	伸展	华北太古代克拉通裂解
晋宁期	主造山	板块构造体制	碰撞型花岗岩，德河；岛弧型火山岩，洋淇沟、丹凤群，二郎坪群；岛弧型花岗岩，封子山、三坪沟	板块俯冲	挤压走滑	罗迪尼亚超大陆；板块俯冲出现，秦岭主造山运动开始
			方城碱性深成岩；宽坪群双峰式火山岩	板底垫托	裂谷	缝合线两侧构造耦合效应，前沿挤压，后沿开裂
加里东期		碰撞造山	M 型，白虎岭；I 型，灰池子；碰撞型，五垛山、漂池	重熔拆沉	走滑	前沿沟弧盆体制，后沿拉张体制；地壳垂向加积，壳幔物质转换发育
燕山期	后造山	陆内造山	I 型，南泥湖、秋树弯；S 型，伏牛山；A 型，嵖岈山、泰山庙；碱性火山岩	重熔	伸展拉张剪切走滑	岩石圈减薄熔融，重力亏空，核杂岩拉出（小秦岭、崤山、熊耳山等）

注：据卢欣祥（2004）修改。

　　M 型花岗岩类（M type granite）即幔源型花岗岩。是基性岩浆房分异形成的构成蛇绿岩套的浅色岩组。它由蛇绿岩套中的奥长花岗岩所组成，是大洋环境火山岛内地幔和地壳两种岩浆混合的产物，取其首字"M"命名之。其空间分布一般与辉长岩的条带状构造走向相一致，岩体规模不大，多呈长条状或不规则状的小侵入体或悬浮体。

　　I 型花岗岩（I type granite）是一系列准铝质钙碱性花岗质岩石的总称，主要是各种英云闪长岩到花岗闪长岩和花岗岩。这种花岗岩的源岩物质是未经风化作用的火成岩熔融而来，是活动大陆边缘的产物，简称 I 型花岗岩。"I"指火成的 Igneous 一词的第一个字母。其特征是基本上由石英、数量不等的斜长石和碱性长石、普通角闪石和黑云母所组成，不含白云母。

　　A 型花岗岩（Atype granite）是产于裂谷带和稳定大陆板块内部的花岗质岩石。这类岩石通常是弱碱性花岗岩，CaO 和 Al_2O_3 含量较低，$Fe/Fe+Mg$ 值较高，K_2O/Na_2O 值和 K_2O 含量较高，由石英、钾长石、少量斜长石和富铁黑云母组成，有时有碱性角闪石等组成。这类花岗岩因为通常具有非造山期的、碱性的和无水的特点，恰好这三个英文单词的第一个字母都是"A"。故把这种花岗岩叫作 A 型花岗岩。

　　S 型花岗岩（S type granite）是一种以壳源沉积物质为源岩，经过部分熔融、结晶而产生的花岗岩。"S"指沉积一词的第一个字母，属造山期花岗岩，产于克拉通内韧性剪切带和大陆碰撞褶皱带内，以董青石花岗岩和二云母花岗岩组合等过铝质花岗岩为代表。

表 2-4　太行山东麓构造岩浆带与大陆裂谷构造演化关系对照表

时代	阶段	过程	典型岩浆岩类	构造形式	侵位机制	构造演化
燕山期	前裂谷	上地幔隆拗	中性，东冶、东水、东皇基、上庄闪长岩带；中一碱性，李珍、卜居头、许家沟、马鞍山、郭眉山、安河南、九龙山闪长岩—霞石正长岩带	被动侵位	岩石圈伸展拉张	岩石圈减薄熔融，重力亏空
喜山期	裂谷	上地幔隆拗	金伯利岩，大乌山—化象次火山岩带；苦橄玢岩，烟岭沟—尚峪次火山岩带	主动侵位	剪切走滑	幔源物质上侵

3. 华北陆块南缘构造岩浆带与大地构造演化关系

在河南境内，嵩箕和外方山北部地区，其构造岩浆活动以地壳演化早期阶段的基性熔浆喷发和酸性岩浆侵入为主，构成以登封群花岗绿岩系为主体的"初始陆壳"，为研究华北大陆结晶基底的构造演化历史提供了重要佐证。而在地块克拉通化之后，地壳运动以垂直升降为主，不断地接受元古界嵩山群、五佛山群、汝阳群以及震旦系、古生界海滨和浅海相沉积建造，中新生界陆源碎屑沉积和酸性、基性陆相火山建造。受到嵩阳运动、中岳运动、加里东运动、燕山运动、喜山运动等近南北向的应力作用、温压效应而发生褶皱或隆升。

太古界登封群花岗岩带，属海底基性岩浆喷发作用和酸性岩浆侵入作用共同构成的花岗绿岩系，受多期构造影响已经受中深变质达角闪岩相，侵入岩为闪长岩、斜长花岗岩、辉绿玢岩，呈小岩株或脉岩产出。早元古代末岩浆活动可分两个序列：基性岩体—伟晶岩脉—石英脉系列和花岗岩—辉绿岩—石英斑岩系列，形成两个较大的岩体—石称花岗岩体 $70km^2$、白家寨花岗岩体 $4km^2$。

（二）构造岩浆带的划分

河南构造岩浆作用受到构造运动的制约，每次构造运动都有一期或多期岩浆活动发生。根据构造层次、沉积相、建造序列等实际观察资料，自太古代至新生代共厘定出九次大规模地质构造运动。根据不同期岩浆活动在层序（火山岩）、接触关系、岩石组分、变质蚀变程度、同位素年龄数据等资料可将岩浆活动分为八期。

表 2-5　华北陆块南缘花岗绿岩带与大地构造演化关系对照表

时代	阶段	过程	典型岩浆岩类	侵位机制	构造形式	构造演化
燕山期	初始陆壳	岩石圈形成	登封岩群花岗绿岩带	重力分异	岩浆海	古陆核
嵩阳期	古陆增生	温压效应	石碑沟、路家沟、凤穴寺、许台、郭家窑闪长岩、花岗岩、伟晶岩带	被动侵位	褶皱隆升	构造热事件
中岳期			石秤、白家寨、摩天岭、吴家东花岗岩带			
燕山期	造山运动	伸展拉张	九店组，酸性次火山岩	主动侵位	三门峡—鲁山断裂剪切走滑	火山盆地
喜山期		挤压收缩	大安组，玄武岩			火山台地
			大营组，辉长岩			

表 2-6　河南岩浆活动特征

时代	构造旋回与岩浆活动期			年龄时段(亿年)	岩石类型		分布	
					喷出岩	侵入岩	喷出岩	侵入岩
新生代	喜山旋回	喜山期			玄武岩	橄榄岩	伊川鹤壁	
中生代	燕山旋回	燕山晚期	晚一	0.65		辉长岩、闪长岩 黑云花岗片麻岩		永城 卢氏菅岭、
			晚二	1.00		花岗斑岩		桐柏、大别
		燕山早期		1.40	粗面岩 辉石安山岩 安山玢岩 石英安山岩	黑云母花岗岩 二长花岗斑岩 花岗闪长岩 花岗闪长斑岩	商城金刚台	商城 灵宝 林州 安阳
	印支旋回	印支期		1.95		花岗闪长岩 花岗斑岩		卢氏、南召
晚古生代	海西旋回	海西期	晚期	2.03		次闪石易剥辉石岩 蛇纹岩		桐柏、信阳 陕县、内乡
			中期	2.30		石英闪长玢岩		西峡、淅川
			早期	2.70		花岗岩		南召、泌阳
早古生代	加里东旋回	加里东期	晚期	3.20	玄武玢岩	闪长岩、花岗岩 正长岩、云霞正长岩	淅川、内乡	西峡、方城、 卢氏
			中期	4.40				
			早期	5.00				
晚元古代	晋宁旋回	晋宁期		6.00	安山岩 流纹岩 英安斑岩	纯橄榄岩、蛇纹岩 橄辉岩 石英闪长岩	嵩山、熊耳山 外方山 至方城	熊耳山、外方山 秦岭—大别山 登封、灵宝

注：据卢欣祥（1999）范旭光（2011）修改。

　　河南岩浆岩分布与不同级别的区域构造大体吻合，构造运动的方式和强度直接影响着岩浆的形成、运移及其展布格局，而岩浆侵入活动在一定范围内具有"面形"展布特点，这是岩浆岩单元划分的依据（鉴于火山岩呈较连续的带状分布，一个时期的火山岩基本上与地层层序分布一致，这里着重对侵入岩进行单元划分）。根据上述划分原则，将我省侵入岩分为3个岩浆岩区、10个构造岩浆岩带、38个岩浆岩亚带。其中，秦岭造山带岩浆岩分布区的太平镇—堡子构造岩浆带、漂池—五垛山—信阳构造岩浆带和封子山—肖山岩浆带等统称为"秦巴构造花岗岩带"，见表2—7和河南省构造岩浆岩带划分图（附图3）。

表 2-7　河南岩浆岩单元、岩体分布及构造环境

I 级 岩区	II 级 岩浆岩带	III 级 岩浆岩亚带	岩体分布	构造环境
华北古陆块岩浆岩区	大行山东麓岩带	西部燕山早期中性岩亚带	东冶、东水、东皇基、上庄	太行山深断裂、任村—西平罗断裂、青洋口断裂、任村—上八里背斜
		东部燕山晚期中性—碱性岩亚带	李珍、卜居头、许家沟、马鞍山、郭眉山、安河南、九龙山	
		大乌山—化象喜马拉雅期金伯利岩亚带	大乌山、化象	
		烟岭沟—尚峪喜马拉雅期苦橄玢岩亚带	尚峪、恶鱼沟	
	嵩山—箕山岩带	嵩阳期闪长岩、花岗岩、伟晶岩亚带（区）	石碑沟、路家沟、凤穴寺、许台、郭家窑	嵩阳期南北向褶皱、断裂
		中条期花岗岩亚带（区）	石秤、白家寨、摩天岭、吴家东	
华北古陆块—秦岭造山带过渡岩浆岩区	小秦岭岩带	娘娘山—大湖峪中条期伟晶岩亚带	娘娘山、大湖山、杨寨峪、五里村	小秦岭复背斜、安平沟—瓦屋峪断裂、武家山—宫前断裂
		朱阳镇—小河王屋山晋宁期中酸岩亚带	朱阳镇、小河、鱼仙河	
		闵峪—梁垛—张村燕山期花岗岩、花岗斑岩亚带	闵峪、梁垛、小妹河、龙卧沟、申家窑	
	金山庙—木柴关岩带	金山庙—花山燕山期花岗岩亚带	万村、瓦房沟、好坪、杨园、花山、金山庙	南坡岭—花山背斜、北东向断裂
		雷门沟—沙土燕山期花岗斑岩亚带	雷门沟、小门沟、螃蟹沟、沙土、斑竹寺	
	嵩县—付店岩带	黄庄—付店王屋山期花岗闪长岩、石英斑岩亚带	北科庄、大石岭、黄庄、西竹园	台缘凹陷、崤山—鲁山拱褶断束、伊河断裂
		磨沟—乌烧沟燕山期碱性岩石英斑岩亚带	龙头、乌烧沟、白土窑	
	合峪—春水岩带	老灌石—黄山王屋山期花岗岩亚带	老灌石、贾寨、黄山、三山	华北古陆块与秦岭造山带接合过渡地带，白云岩背斜、栾川—回龙寺地背斜束、伏牛山复背斜、栾川—确山—固始深断裂带、北东—北北东向断裂
		栾川晋宁期基性岩亚带	陈家、上马石、冷水、月沟	
		老君山—老寨山燕山期花岗岩亚带	蟒岭、熊耳岭、大尖顶、合峪—交口、老君山、角子山、嵖岈山	
		卢氏—栾川燕山期花岗斑岩亚带	八宝山、银家沟、曲里、秦池、南泥湖、竹园沟	
		南召—云阳燕山期花岗斑岩亚带	杨家庄、丹霞寺、石滚坪	
		伏牛山—黄磨顶元古代混合花岗岩亚带	伏牛山、牧鹿山、舒庄、黄磨顶	

续表

I 级	II 级	III 级	岩体分布	构造环境
岩区	岩浆岩带	岩浆岩亚带		
秦岭造山带岩浆岩区	太平镇—堡子岩带	加里东期基性、中性、酸性岩亚带	大河面、板山坪、堡子、铁碾盘、王屠店、马畈、罗陈店、满子营—洞街	汤河—云阳背斜、瓦穴子—鸭河口—明港深断裂
	漂池—五垛山—信阳岩带	洋淇沟—陈阳坪—大河—卧虎晋宁期—加里东期基性超基性岩亚带	洋淇沟、陈阳坪、大河、柳树庄、老龙泉、卧虎	捷道沟—马山口复背斜、彭家寨倒转背斜、朱阳关—夏馆—大河深断裂、西官庄—镇平—龟山—梅山断裂
		戴家沟—马蹄岭晋宁期中性岩亚带	戴家沟、马蹄岭	
		蛇尾—雁岭沟加里东期中性岩亚带	蛇尾、上官沟、雁岭沟	
		灰池子—桃园、清水塘加里东期花岗岩、伟晶岩亚带	灰池子、张家庄、漂池、桃园、黄家湾、笃枯店	
		秦口—四棵树—老湾华力西期花岗岩亚带	秦口、黄龙庙—四棵树、老湾	
		黑烟镇—二郎坪燕山期花岗岩带	二郎坪、黑烟镇、堂坪、梁湾	
		秋树窝—玄山燕山期花岗斑岩	秋树窝、玄山	
	桐柏山—大别山岩带	鸿仪河—浉河港—柳林加里东期基性岩亚带	浉河港北、河塘—黄家湾、柳林—凤响山	桐柏山—大别山复背斜、西峡—桐柏—南湾向斜、木家垭—内乡—桐柏—商城断裂、岩子河—解家河断裂、商城—麻城断裂
		小湾—新县—商城燕山期花岗岩亚带	小湾、周楼、祝林、草店—灵山、新县、商城、达权店	
		油柞河—佛子岭头燕山期中性岩亚带	油柞河、佛子岭头、蔡家庙、银沙畈	
		母山—亮山燕山期酸性斑岩亚带	母山、亮山	
		桐柏山—鸡公山元古代混合花岗岩亚带	鸡公山	
	封子山—肖山岩带	淇河庄—龙潭沟晋宁期基性超基性岩亚带	淇河庄、龙潭沟	陡岭复式背斜、木家垭—内乡断裂、毛堂断裂
		三坪沟—上张营晋宁期中性中酸性岩亚带	三坪沟、甘沟、封子山	
		西沟—鹰爪山加里东期中性岩亚带	西沟、鹰爪山、瓜山沟、李储沟	
		黄龙寨—方山加里东期超基性岩亚带	黄龙寨、方山	
		肖山—石塘山加里东—华力西期花岗岩亚带	肖山、石塘山、肖山沟、霸王寨	
		蒲塘—老田燕山期花岗斑岩亚带	琵琶沟、黑石包、黑沟、老田	

第四节　地质遗产地资源保护与利用

地质遗迹和地质构造作用下的地貌与景观生态，是大自然赋予人类的宝贵遗产，是研究地球发展历史的珍贵档案。联合国教科文组织（UNESCO）在《国际地球记录保护宣言》中强调"毋庸置疑，地球的过去，其重要性绝不亚于人类自身的历史"，保护地质遗产、维护景观生态平衡、可持续的利用地貌景观造福于人类，是每一个现代人应肩负起的历史责任。基于联合国教科文组织提出的"创建具独特地质特征的地质遗址全球网络，将重要地质环境作为各地区可持续发展战略不可分割的一部分予以保护"的理念，我国强力推进地质遗迹保护工作，地质公园、地质遗迹自然保护区建设得到快速发展。

一、地质遗迹资源类型

地质遗迹是指地球演化的漫长地质时期内，由于内、外动力的地质作用形成并保存下来具有典型特征的地质、地貌景观。诸如发生在 25 亿年前太古宙时期以"古陆核"为中心初始陆壳形成与快速的汇聚、裂解，即"泛威尔逊"旋回；发生在 10 亿～20 亿年前后的元古宙"超大陆事件"，即古元古代哥伦比亚超大陆和新元古代罗迪尼亚超大陆；发生在 6 亿～7 亿年前震旦纪时期的"雪球事件"、"生物大爆发事件"；发生在 0.65 亿～5 亿年前古生代至中生代时期的古板块构造运动、大陆造山运动与物种灭绝事件；制约当代地质、地理、气象、景观生态发展过程的现代板块构造运动等全球性重大地质事件。这些都成为当代地质学家认识地球、研究地壳构造与自然生态演化脉络的"史籍档案"，具有世界自然遗产的属性。

（一）地质遗迹资源类型

河南境内重要的地质构造遗迹基本概括了地壳近 30 亿年的演化过程，明细地记录了华北板块形成与演化的历史，秦祁昆造山系秦岭—大别造山带形成以及区内生物演进过程，造就了东亚裂谷系华北裂谷带复杂多样的景观生态系统。其资源类型包括标准地质剖面、古生物群与化石组合带和典型矿床宝石及观赏石。

1. 构造地层柱与标准地质剖面

对追溯地质历史具有重大科学研究价值的典型层型剖面、副层型剖面、生物化石组合带地层剖面、岩性岩相建造剖面及典型地质构造剖面和构造形迹，占总遗迹资源的 36%。其中，在河南建组立群的标准岩石地层剖面多达 36 条，在国内乃至国际地学界具有较高的知名度和影响力。

（1）太古界典型构造地层柱岩石地层剖面　小秦岭：太华群 $Arth$；嵩山：登封群 $Ardf$；南太行山：林山群 $Arln$；大别山：大别群 $Ardb$；桐柏山：桐柏群 $Artb$。

（2）元古界构造地层柱岩石地层剖面　嵩山：嵩山群 Pt_1sn；南太行山：银鱼沟群 Pt_1yu、西阳河群 Pt_2xn；伏牛山：秦岭群 Pt_1ql、峡河群 Pt_1xh、陡岭群 Pt_1dl、宽坪群 Pt_2kn、熊耳群 Pt_2xn、跃岭河群 Pt_3yl、栾川群 Pt_3lc；大别山：肖家畈组 Pt_2xj、龟山组 Pt_2g。

（3）元古界典型岩石地层剖面、副层型剖面　崤山：管道口群 Pt_2gn；外方山：汝阳群 Pt_2rn、洛峪口群 Pt_3ly、震旦系罗圈组 Zlq。

（4）显生宙典型标准岩石地层剖面　伏牛山：古生界二郎坪群 PZ_1er、陶湾群 PZ_1tw；伏牛山华南型生物化石组合带地层剖面：寒武系、奥陶系、泥盆系、石炭系、二叠系；嵩山华北型生物化石组合带地层剖面：寒武系、奥陶系、石炭系、二叠系、三叠系；大别山祁连型：石炭系；王屋山：三叠系。

（5）中新生界典型层型剖面 伏牛山：白垩系、古近系、新近系；大别山：侏罗系、白垩系；嵩山北部：侏罗系、更新统；王屋山：侏罗系；邙山：更新统。

2. 重要古生物群与化石组合带

对地球演化和生物进化具有重要科学文化价值的古人类与古脊椎动物、无脊椎动物、微体古生物、古植物等化石与产地及重要古生物活动遗迹，占总遗迹资源的11%。

（1）古脊椎动物化石产地 伏牛山：白垩纪恐龙蛋化石群、新近纪李官桥生物群；外方山：白垩纪恐龙肢体化石群；嵩山：新近纪卢氏生物群。

（2）无脊椎动物化石产地 伏牛山：古生代淅川无脊椎动物化石组合带11组；大别山：石炭纪杨山生物群。

（3）古植物等化石产地 嵩山：侏罗纪义马植物群；嵩箕山地：华夏植物群。

3. 典型矿床、宝玉石及观赏石产地

具有特殊科学研究和观赏价值的矿床、岩石、矿物、宝玉石产地，占总遗迹资源的10%。

（1）具有特殊科学研究价值的特殊类型岩石产地 伏牛山：超铁镁质岩、蛇绿岩，俯冲型花岗岩、碰撞型花岗岩，A、I型花岗岩；伏牛山、大别山：超高压变质岩。

（2）具有典型意义的矿床类型 伏牛山：南泥湖斑岩型钼矿床、五里川热液型锑矿床、南阳山伟晶岩型稀土矿床；熊耳山：上宫构造蚀变岩型金矿床、祈雨沟爆破角砾岩型金矿床；小秦岭：石英脉型金矿床；太行山：矽卡岩型铁矿床；嵩山：沉积型铝土矿床；桐柏—大别山：韧性剪切带型金矿床、海底火山喷流型铜矿床、沉积变质型银矿床，沉积型碱矿及石油、天然气矿藏。

（3）具有观赏价值的岩石、矿物、宝玉石及其典型产地 伏牛山：南阳独山玉，栾川伊源玉；外方山：嵩县梅花玉、竹叶石、国画石；太行山：万仙山岩画石；黛眉山：黄河石。

（二）地貌景观资源类型

河南境内具有科学价值并可供旅游开发利用的地貌景观资源包括岩石与构造地貌、水体景观和古代工程地质遗址三大类型。

1. 典型岩石与构造地貌景观

具有重大科研和观赏价值的岩溶、丹霞、黄土、花岗岩奇峰、石英砂岩峰林、火山、冰川等奇特地质景观，占总遗迹资源的34%。

（1）岩溶类景观资源 伏牛山岩溶洞穴景观：鸡冠洞、天心洞、云华洞、荷花洞；伏牛山构造岩溶地貌：重度沟瀑水钙华、悬挂式裂隙泉；南太行山云台地貌：万仙山溶柱、壁挂式溶洞。

（2）黄土类景观资源　崤山：卢氏红土林。

（3）花岗岩类景观资源　伏牛山构造花岗岩地貌：黄花曼岩盘山、老界岭箭簇峰、老君山滑脱峰林、龙浴湾峰丛、木扎岭褶皱山、白云山单斜山、宝天曼"摞摞石"。

（4）石英砂岩峰林类景观资源　太行山云台地貌：神农山"龙脊长城"、关山滑塌峰林、云台山"红石峡"、林滤山大峡谷。

（5）火山遗迹资源　外方山：伊川玄武岩台地、嵩县火山熔岩流；大别山：金刚台火山台地。

2. 主要水体景观

具有特殊医疗、保健作用或科学研究价值的温泉、矿泉、泥泉、地下水活动遗迹以及有特殊地质意义的瀑布、湖泊、奇泉，占总遗迹资源的3%。

（1）具有特殊医疗、保健作用温泉、矿泉类资源　伏牛山：鲁山县上、中、下汤温泉群，卢氏县汤河温泉；外方山：九龙山温泉，临汝镇温泉；崤山：陕县温塘镇温泉；大别山：商城县汤泉池温泉。

（2）具有特殊地质意义的瀑布、湖泊、奇泉类资源　伏牛山：白云山五连瀑、宝天曼七连瀑、龙潭沟九连瀑，黄花曼河源湖；太行山：云台山"云台天瀑"，八里沟瀑布，辉县百泉。

3. 重要工程地质遗迹

需要特别保护的工程地质遗迹及具有特殊科研意义的典型地震、地裂、塌陷、沉降、崩塌、滑坡、泥石流等地质灾害遗迹，占总遗迹资源的6%。

（1）工程地质遗迹类　熊耳山：大禹治水遗迹，济源秦代水利工程遗址，武陟县"山经河"古河道高地遗址，豫北汉志河古堤防工程遗址，濮阳市金堤河堤防工程遗址，封丘县太行堤防洪工程遗址；兰考县三堤夹两河古河道堤防工程遗址。

（2）地质灾害遗迹类　伏牛山：栾川县老君山滑塌堆积体遗址、地裂缝遗迹，西峡县龙潭沟崩塌倒石堆、堰塞湖；太行山：辉县关山山体滑动遗址，南村洪积扇。

二、地质遗迹资源评价

根据全省地质遗迹资源评价结果，全省地质遗迹资源分为四级。

（一）具有全球性对比意义的地质遗迹

能为洲际区域甚至全球地质演化过程中某一重大地质历史事件或演化阶段提供重要证据的地质遗迹；具有国际或洲际区域地层（构造）对比意义的典型地质剖面及化石产地；具有国际对比意义的地学背景，清晰的地质景观或地质现象。

表 2-8　河南具有全球性对比意义的地质遗迹

序号	地质遗迹名称	科学价值
1	登封市安沟太古宇构造地质剖面	太古宙，初始陆壳、古陆核
2	济源市邵原—鳌背山西洋河群剖面	古中元古代
3	嵩县木植街三叉裂谷型熊耳群火山岩系	哥伦比亚超大陆事件
4	西峡县洋淇沟超铁镁质岩带	新元古代
5	西峡县德河碰撞型花岗岩	
6	淅川县跃岭河群大陆拉斑玄武岩	罗迪尼亚超大陆事件
7	栾川县龙王幢 A 型花岗岩	
8	偃师市震旦纪冰碛沉积及冰溜面遗迹	震旦纪
9	汝州市罗圈震旦纪冰碛岩	雪球事件
10	鲁山县石门沟震旦纪冰川遗迹	
11	西峡县 G209 板块缝合线断裂剖面	古生代—中生代
12	内乡县赤眉—马山口板缝合线断裂剖面	大陆造山运动
13	西峡县二郎坪群弧后蛇绿岩	
14	灵宝小秦岭变质核杂岩构造与超大型金矿床	
15	汝阳县刘店恐龙化石	晚白垩纪
16	西峡县三里庙一带恐龙蛋化石保存地	物种（恐龙）灭绝事件
17	淅川滔河恐龙蛋化石保存地	
18	义马中生代侏罗纪古植物化石群	侏罗纪古气候、古生态
19	禹州市华夏植物群	石炭纪中晚期古气候、古生态
20	鹤壁淇河超基性岩带（地幔之窗）	新生代
21	鹤壁市化象金伯利岩带	现代板块运动、东亚裂谷事件
22	滑县—浚县汉志河（古黄河）堤防工程遗址	春秋战国时期古黄河河防

（二）具有国内或大区域对比意义的地质遗迹

能为国内Ⅰ级地质构造单元地质演化过程中某一重大地质历史事件或演化阶段提供重要证据的地质遗迹；具有国内Ⅰ级地层区对比意义的典型地质剖面及化石产地；具有国内Ⅰ级地质构造单元地质演化过程厘定意义的地学背景，清晰的地质景观或地质现象。

表 2-9　河南具有国内或大区域对比意义的地质遗迹

序号	地质遗迹名称	科学价值
1	登封嵩山太古宇登封群地质剖面	
2	灵宝市小秦岭太古宇太华群地质剖面	
3	登封市元古界嵩山群地质剖面	
4	郑州市桃花峪马兰黄土剖面	为Ⅰ级地质构造单元地质演化阶段或演化过程中某一重大地质历史事件提供重要证据
5	唐河县古近系层序地层剖面	
6	西峡县秦岭群、峡河群岩石地层	
7	栾川县栾川群、陶湾群地层剖面	
8	淅川县陡岭群地质剖面	
9	济源市王屋山元古界银鱼沟群构造地层剖面	

续表

序号	地质遗迹名称	科学价值
10	登封嵩山"嵩阳运动"界面	
11	登封市嵩山"少林运动"界面	
12	登封嵩山"中岳运动"界面	
13	济源市"王屋运动"界面	
14	三门峡市"崤熊运动"界面	
15	西峡县幔源型英云闪长—斜长花岗岩	具有Ⅰ级地质构造单元地质演化过程厘定意义的地学背景，清晰的地质现象
16	洛阳市龙门碳酸盐岩体	
17	栾川县栾川深大断裂带	
18	嵩县鸣皋山三门峡—宝丰断裂带	
19	陕县洞口变质核杂岩型金矿矿床	
20	西峡县木家垭—商城断裂	
21	兴安岭—太行山—武夷山断裂带	
22	禹州市鸠山奥陶系尖灭点	
23	禹州市磨街石炭—二叠纪地层剖面	
24	方城县寒武系小壳动物群化石群	
25	淅川县扬子型古生代化石组合带	具有Ⅰ级地层区对比意义的典型地质剖面及化石产地
26	卢氏县卢氏生物群	
27	淅川县仓房古生物化石群	
28	固始县杨山古生物化石群	
29	栾川县老君山花岗岩滑脱峰林地貌	
30	西峡县黄花墁花岗岩岩盘山地貌	
31	嵩县白云山花岗岩类单斜山地貌	
32	南召县五垛山花岗岩斜歪峰丛地貌	
33	鲁山县石人山混合花岗岩类褶皱山地貌	
34	西峡县老界岭花岗岩锯齿岭、箭簇峰地貌	
35	卢氏县玉皇尖俯冲型花岗岩"五行山"地貌	
36	遂平县嵯峨山花岗岩峰林地貌与石弹地形	
37	信阳市鸡公山混合花岗岩象形石地貌	
38	内乡县天心洞岩溶洞穴地貌	
39	栾川县重度沟瀑水钙华景观群	具有Ⅰ级地质构造单元地质演化过程厘定意义的地学背景，清晰的地质景观
40	栾川县鸡冠洞岩溶洞穴地貌	
41	西峡县云华洞、荷花洞岩溶洞穴地貌	
42	卢氏县双槐树九龙洞岩溶洞穴地貌	
43	修武县云台山云台地貌	
44	辉县市关山滑塌峰林地貌	
45	郑州市黄河八里胡同峡谷地貌	
46	辉县市上八里—郭亮构造岩溶地貌	
47	林州市林滤山峡谷地貌	
48	林州市四方脑—红旗渠	
49	嵩县跑马岭长江黄河淮河流域分水岭	
50	新安—渑池县黛眉山峰林地貌	

（三）具有省内或周边地区对比意义的地质遗迹

能为区域地质演化阶段提供重要地质证据的地质遗迹；有区域地质（构造）对比意义的剖面、化石及产地；在地学分区及分类上具有代表性或较高历史文化、旅游价值的地质景观。

表 2-10　河南具有省内或周边地区对比意义的地质遗迹

序号	地质遗迹名称	科学价值
1	卢氏县樱桃沟红土林地貌	具有代表性或较高历史文化、旅游价值的地质景观
2	卢氏县五里川丹霞地貌	
3	三门峡市黄河湿地	
4	济源市五龙口峡谷地貌	
5	巩义市雪花洞岩溶洞穴地貌	
6	陕县温塘医疗温泉	
7	辉县市苏门山百泉湖景观	
8	金堤河（古黄河）河道工程遗址	
9	兰考县明清黄河故道	
10	封丘县明代太行堤遗址	
11	南召县古人类遗址	
12	桐柏县银洞坡金矿古代采冶遗址	
13	桐柏破山银矿古代采冶遗址	
14	南阳市独山玉采矿遗迹	
15	三门峡市甘山、放牛山古元古界地层	区域地质演化阶段提供重要地质证据的地质遗迹
16	孟津县小浪底黄河阶地	
17	洛宁县熊耳山变质核杂岩构造	
18	木家垭—桐柏—商城断裂	
19	洛宁县上宫构造蚀变岩型金矿床	
20	镇平县高丘恐龙蛋化石产地	
21	栾川县潭头恐龙化石产地	
22	林州市庙郊超基性岩剖面	
23	桐柏县大河细碧角斑岩型铜矿床	
24	嵩县祈雨沟隐爆角砾岩型金矿床	
25	舞钢市武功沉积变质铁矿床及地层	
26	西峡县刘岭群岛弧拉斑玄武岩	
27	林州市李家厂碱性岩带	
28	安阳市李珍矽卡岩型铁矿	
29	登封市嵩山中生界地质剖面	有区域地质（构造）对比意义的剖面、化石及产地
30	登封市嵩山三叠系地质剖面	
31	郑州市邙山赵下峪黄土剖面	
32	鹤壁市东齐古植物化石群	
33	汝阳县云梦山中元古代汝阳群、洛峪群层型剖面	
34	镇平县高丘恐龙蛋化石保存地	
35	鹤壁市东齐古植物化石群	

（四）具有一定科学意义和开发利用价值的地质遗迹

具有科学研究价值的典型剖面、化石产地；在小区域内具有特色的地质景观或地质现象。

表2-11　河南具有一定科学意义和开发利用价值的地质遗迹

序号	地质遗迹名称	科学价值
1	桐柏县太白顶淮源峡谷地貌	具有特色的地质景观或地质现象
2	信阳市龟山白垩纪火山地貌	
3	浚县大伾山、浮丘山断块山构造剥蚀地貌	
4	博爱市青天河峡谷地貌	
5	洛宁县神灵寨花岗岩地貌	
6	济源市五龙口峡谷地貌	
7	商城县金刚台中生代火山岩地貌	
8	商城县汤泉池温泉	
9	安阳市小南海珍珠泉	
10	嵩县天池山花岗岩地貌与河源湖	
11	淅川县蓝石棉矿、虎睛石矿产地	
12	永城市芒砀山断块山构造地貌	
13	沁阳市神农山构造剥蚀地貌	
14	新安县北冶铁矿采矿遗址	
15	信阳市皇城山白垩纪地层剖面	
16	卢氏县八宝山多金属矿床	有科学研究价值的典型剖面、化石产地或地质现象
17	伊川县新近系玄武岩台地	
18	新安县北冶元古代、古生代地层剖面	
19	三门峡市甘山、放牛山古元古界地层	
20	栾川狮子庙元古代熊耳群地层剖面	
21	栾川县马超营大断裂	
22	汝阳九店组层型剖面	
23	宝丰县大营组正层型剖面	
24	南阳隐山蓝晶石矿产地	
25	孟津县小浪底黄河阶地剖面	
26	鲁山县虎磐河晚前寒武纪地层	
27	新县苏家河高压变质带	

三、地质遗迹与地质景观区划

地质遗迹资源分区的目的在于地质遗迹景观的合理利用和科学保护，促进社会、经济、生态三效益的协调发展。地质遗迹资源区划，遵循"地质演化历史的一致性、构造发育和岩石组合序列的关联性、地质地貌景观类型的相对独立性"原则，把河南地质景观资源划分为：南太行山地质遗迹区、伏牛山地质遗迹区、嵩箕—崤熊地质遗迹区和桐柏—大别山地质遗迹区，见河南省地质遗迹资源分区图（附图4）。

（一）南太行山地质遗迹区

该区指黄河以北的太行山地区，包括林州市的林滤山、辉县市的关山、焦作市的云台山、济源市的王屋山等，其行政区划隶属安阳市、鹤壁市、新乡市、焦作市和济源市。

在具有全球构造规模效应的东亚裂谷体系中，南太行山地区处于东亚裂谷系北北东向的华北裂谷带与近东西向的西安—郑州—开封扭性转换带的交汇部位。特殊的构造部位，区内褶皱构造不发育，脆性断裂构造发育。区内形成的三级夷平面、多层次分布的陡崖及瓮谷，是区内间歇性、差异性新构造运动的典型记录。这些特殊构造遗迹是东亚裂谷系华北裂谷带裂谷作用在太行山南缘的特殊体现，具有重要的地质遗迹保护价值和研究价值，在研究现代板块机制与环太平洋构造带对华北大陆的作用类型及形式，以及新构造运动对大气环流的影响，具有重要的意义。

该区内地壳经历了长期而复杂的地质演化历史，出露的古生代地层属典型的华北板块型盖层沉积建造，以石灰岩和砂泥岩为主，地层以寒武系和奥陶系为主，个别地方也有前古生代或晚古生代出露。出露地层代表了华北陆块南缘主要的地层层序，对研究古陆核的形成、古板块的演化，追溯地球的演化历史，具有极其重要的科学价值。多种成因类型的波痕、龟裂及豆粒、鲕粒、叠层石等原始构造遗迹，为研究古地理、古气候提供了宝贵资源，同时也极具观赏价值。由于石灰岩在地表附近大量分布，该岩类是极为优良的含水层，再加上构造运动显著这两大因素的作用，铸就了该区特有的"岩墙"、"飞瀑"的自然景观。

（二）嵩箕—崤熊地质遗迹区

该区地处河南中西部地区的嵩箕—崤熊地区，包括小秦岭、崤山、熊耳山、外方山和嵩山、箕山、邙山等山系，是我省地质遗迹资源最为丰富且集中的区域。行政区划隶属郑州市、三门峡市、洛阳市及平顶山市等地。

河南嵩箕—崤熊地区是华北板块南缘构造带后陆盆地沉积建造系统和秦岭造山带主、后造山期伸展拉张与拆离滑脱构造发育最为完整的区段，受新构造运动影响，东部出现坳陷、西部形成"双冲构造"和"拱曲状"的山体。嵩箕地区地层区划属华北区，地层出露齐全，几乎出露了华北各时代地层，以完整、清晰地保存着前寒武纪三次全球性构造运动的角度不整合遗迹而闻名于世，嵩山被称为"五代同堂"的天然地学博物馆，是研究古陆块地层层序和地球构造演化的良好场所。崤熊地区则完整地展现了秦岭造山带后主造山期伸展与拆离滑脱构造所具备的变质核杂岩、底辟花岗岩、消减带、拆离滑脱带、面状糜棱岩化带、超大型岩金矿床及盆岭地貌等构造体系，是研究秦岭造山带后造山期伸展构造模式与成矿作用的最佳区域，对加深地学界陆内造山带"大陆动力学"与动力学过程的认识和研究水平，具有极高的科研价值和十分重要的意义。

嵩箕—崤熊山地以其险峻峥嵘、群山耸峙、气势磅礴的岩石地貌景观及众多稀有的地质遗迹、宝贵的历史文化遗存构成三位一体的旅游资源。巍巍嵩山、莽莽小秦岭，可谓"齐泰华而成其雄、俯河洛而助其秀"，以悠久的历史文化和荟萃的文物古迹挺立于华夏名山之林。

（三）伏牛山地质遗迹区

豫西伏牛山地，属中央山系秦岭山脉的东延部分，地学界常称之为"东秦岭"地区。行政区划横跨卢氏县南部、栾川县、嵩县南部、鲁山县西南部及南阳市除桐柏县的大部地区。

伏牛山地质遗迹区是秦岭造山带的经典地段，其赋存的地质遗迹代表了典型的复合型大陆造山带的构造特征，揭示了从哥伦比亚—罗迪尼亚—冈瓦纳，到欧亚板块拼合、中央山系形成，较系统地记录了北秦岭地区板块俯冲碰撞、推覆走滑、伸展拆离等不同构造演化阶段的地质事件，以及扬子板块被动大陆边缘的沉积建造及其与华北板块以商丹断裂带（板块主缝合线）为标志的点接触、面接触和陆—陆全面接触碰撞为特征的构造演化，概括了中央山系演化过程的全貌。该区域属秦岭—松潘地层区，包括北秦岭亚区和南秦岭亚区，出露地层从太古宇新太古界，元古宇新，中、古元古界，到显生宇古生界—中生界—新生界，比较全面地展现了秦岭地层区扬子板块被动大陆边缘、华北板块活动大陆边缘的沉积建造特征。在西峡盆地、淅川滔河盆地和夏馆—高丘盆地等白垩纪红色岩层中，除赋存有大量的、保存完好的恐龙蛋化石外，还有相伴生的骨骼化石和印迹化石。其中，恐龙蛋化石分布之广、数量之多、保存之完美、类型之多样，是举世罕见的古生物地质遗迹奇观。在这里发现的西峡长圆柱蛋和戈壁棱柱蛋、诸葛南阳龙化石等，是世界绝无仅有或稀有珍品。

独树一帜的伏牛山花岗岩地貌景观表现出与造山运动的亲缘关系，以构造"塑性流变"图形为主体的构造岩溶洞穴景观是"喀斯特"地貌的新类型，代表了大陆造山带独特的地貌特征。巍巍伏牛山，层峦叠嶂、古木苍天，云蒸霞蔚、崖壁伟岸，幽谷险涧、激流碧潭，可谓"兼北国风光之浑厚粗犷、挟江南山水之清秀玲珑"。

（四）桐柏—大别山地质遗迹区

桐柏—大别山造山带地质遗迹区，包括桐柏山脉和大别山脉北坡的河南境内部分，行政区划隶属于信阳市和南阳市的桐柏县、驻马店市的遂平县、确山县。

该区位于大别造山带西段北部地区，在中国大陆形成与演化中占有突出的位置。在其漫长的构造演化中，经历了多期次的伸展断裂、汇聚拼贴，直到印支期陆内俯冲作用的全面造山，形成一个独具特色的典型的结构复杂的复合型造山带，其构造变形复杂，岩浆活动频繁，地层分布零星，时代跨度较大。区内地壳具有双层结构，基底岩系由太古代—元古代大别岩群和大别片麻杂岩、龟山岩组、浒湾岩组组成，盖层岩系由震旦系到早奥陶世肖家庙岩组、寒武系刘山岩组、泥盆系南湾组、石炭系杨小庄岩组、胡油坊组、白垩系金刚台组和第四系组成。河南信阳附近有一个古消减带，其中消减带杂岩由蛇绿岩、混杂岩及低温高压变质带的岩石组成，高压变质带通常产在古缝合线的向大洋一侧，该区高压变质矿物出现证明确有一北西西—东西向古缝合线存在，因此该区是目前为数不多高压变质矿物研究区域之一，具有极高的科学研究价值。

大别山与桐柏山林密山幽，地质作用形成的峡谷群和断崖飞瀑等地质遗迹资源丰富，尤其是以太白顶、鸡公山、灵山花岗岩地貌景观和金刚台火山岩地貌景观所体现刚毅、威武的英雄之气势，代表了大别山造山带独特的地貌特征。

四、地质遗迹资源保护与利用

河南各级政府和主管部门历来十分重视自然遗产资源的保护与开发工作，先后制定了"河南地质遗迹保护规划"、"河南地质公园评选办法"、"省级地质勘查、地质遗迹保护和地质矿产科研项目申报指南"、"河南探矿权采矿权使用费及价值项目资金管理暂行办法"等，"河南地质公园管理条例"已进入省人大立法程序。河南利用中央及地方财政支付的地质遗迹保护与地质公园建设项目有效地推动了全省地质遗迹保护、地质旅游与地质公园建设事业的快速发展，极大地提升了河南在全国和世界的知名度，带动了旅游产品的升级换代和科学文化品位的提高，地质遗迹资源的开发已成为旅游产业经济的新的增长点，地质公园也成为各风景名胜区所追逐的明星品牌。

（一）地质公园建设

截至 2013 年年底，先后成功申报登封嵩山、内乡宝天曼、焦作云台山、遂平嵖岈山、济源王屋山、西峡伏牛山、郑州黄河、辉县关山、新安黛眉山、洛宁神灵寨、商城金刚台、林州林虑山—红旗渠、灵宝小秦岭、汝阳恐龙化石群、鲁山尧山 15 家国家地质公园，南阳独山玉、新乡凤凰山、焦作缝山 3 家国家矿山公园；批准建立了卢氏玉皇山等 15 家省级地质公园，平顶山、凤凰山 2 家省级矿山公园。其中，嵩山、云台山、伏牛山、王屋山—黛眉山 4 家地质公园被联合国教科文组织批准成为世界地质公园网络成员，见表 2—12、表 2—13 和河南省地质矿山公园分布图（附图 5）。

表 2-12　河南地质公园申报建设情况一览表（截至 2013 年年底）

序号	公园名称	批准时间	备注
1	登封嵩山国家地质公园	2001 年 4 月	2004 年 2 月加入世界地质公园网络
2	焦作云台山国家地质公园	2002 年 2 月	2004 年 2 月加入世界地质公园网络
3	内乡宝天曼国家地质公园	2002 年 2 月	2006 年 9 月联合加入世界地质公园网络
4	西峡伏牛山国家地质公园	2004 年 2 月	
5	遂平嵖岈山国家地质公园	2004 年 2 月	
6	济源王屋山国家地质公园	2004 年 2 月	2004 年 2 月联合加入世界地质公园网络
7	新安黛眉山国家地质公园	2005 年 9 月	

续表

序号	公园名称	批准时间	备注
8	洛宁神灵寨国家地质公园	2005 年 9 月	
9	郑州黄河国家地质公园	2005 年 9 月	
10	商城金刚台国家地质公园	2005 年 9 月	
11	辉县关山国家地质公园	2005 年 9 月	
12	林州林虑山—红旗渠国家地质公园	2009 年 9 月	2006 年 11 月获批省级地质公园
13	灵宝小秦岭国家地质公园	2009 年 9 月	2004 年 2 月获批省级地质公园
14	汝阳恐龙化石群国家地质公园	2012 年 4 月	2007 年 12 月获批省级地质公园
15	鲁山尧山国家地质公园	2012 年 4 月	2010 年 1 月获批省级地质公园
16	卢氏玉皇山省级地质公园	2003 年 1 月	
17	沁阳神农山省级地质公园	2003 年 1 月	已整合在云台山世界地质公园范围
18	邓州杏山省级地质公园	2005 年 11 月	
19	汝州大红寨省级地质公园	2005 年 11 月	
20	桐柏太白顶省级地质公园	2006 年 11 月	
21	栾川老君山省级地质公园	2007 年 7 月	2010 年 9 月以伏牛山扩展园区加入世界地质公园网络
22	嵩县白云山省级地质公园	2007 年 12 月	
23	卫辉跑马岭省级地质公园	2007 年 12 月	
24	渑池韶山省级地质公园	2010 年 1 月	
25	永城芒砀山省级地质公园	2010 年 1 月	
26	新县大别山省级地质公园	2010 年 1 月	
27	宜阳花果山省级地质公园	2010 年 1 月	
28	唐河凤山省级地质公园	2010 年 1 月	
29	固始西九华山省级地质公园	2012 年 1 月	
30	禹州华夏植物群省级地质公园	2012 年 1 月	

表 2-13　河南矿山公园申报建设情况（截至 2013 年年底）

序号	公园名称	批准时间	备注
1	南阳独山玉矿山国家矿山公园	2005 年 7 月	2008 年 4 月 16 日开园
2	焦作缝山国家矿山公园	2010 年 4 月	2010 年 1 月获批省级矿山公园资格
3	新乡凤凰山国家矿山公园	2010 年 4 月	2008 年 1 月获批省级矿山公园资格
4	平顶山省级矿山公园	2008 年 1 月	
5	新密凤凰山省级矿山公园	2010 年 1 月	

（二）世界地质公园简介

1. 嵩山世界地质公园

嵩山世界地质公园位于登封市北部，是一座以地质构造为主，以地质地貌、水体景观为辅，以生态和人文相互辉映为特色的综合性地质公园。公园总面积 464km²，分为太室山、少室山、五佛山、五指岭和石淙河五个景区。

在嵩山世界地质公园内，连续出露着太古宙、元古宙、古生代、中生代、新生代五个地质历史时期的岩石地层序列，地学界称之为"五代同堂"。发生在距今约 25 亿年、18 亿年、6 亿年的三次剧烈地壳运动，形迹出露清晰，是研究地壳早期演化规律、追溯地球演化历史的理想场所，是一部记录在石头上的"地质史书"。

嵩山是夏朝立国前后的主要活动区域，在周代被周王朝尊称为"天室"，嵩山凭借其岳立天中的地位，成为历代帝王封禅的圣山。嵩山为儒、释、道三教荟萃之地，程颢、程颐在嵩阳书院为宋代理学奠定理论基础，东汉明帝修建的嵩山大法王寺是中国最早的汉传佛教寺院之一，道教始祖张道陵在嵩山精心修炼，创立了五斗米道教。

古老的地质运动和久远的人文薪火在嵩山不期而遇，其中的奥秘，期待着我们去探索和发现。

2. 云台山世界地质公园

云台山世界地质公园位于太行山南麓、焦作市北部，面积约 556 km²，是一处以裂谷构造、水动力作用和地质地貌景观为主，以自然生态和人文景观为辅，集科学价值与美学价值于一身的综合型地质公园。

公园由一系列具有特殊科学意义和美学价值，能够代表本地区地质历史和地质作用的地质遗迹组成。在裂谷作用大背景下形成的"云台地貌"，是新构造运动的典型遗迹，是中国地貌家庭中的新成员。在长期处于构造稳定状态的华北古陆核上，发育了一套相对完整且具代表性的地台型沉积，完整地保存了中元古代、古生代海洋环境，尤其是陆表海环境的沉积遗迹。特殊的大地构造位置形成了独特的水动力条件，造就了公园特有的地貌特征，使其兼具北方之雄浑、江南之灵秀，并成为中国特殊植被的北界和最高纬度的猕猴保护区。

公园分为云台山、神农山、青龙峡、峰林峡和青天河五大园区。云台山悬泉飞瀑、神农山龙脊长城、青龙峡深谷幽涧、峰林峡石墙出缩、青天河碧水连天，共同构成一幅山清水秀、北国江南的锦绣画卷。

3. 伏牛山世界地质公园

伏牛山世界地质公园，位于中国中央造山系东段、河南伏牛山脉的腹地，属大陆造山带综合性地质科学公园。公园总面积 1 538.32km²，分为西峡园区、内乡园区、栾川园区、嵩县园区及南召园区。

公园处于独特的构造位置，横跨南秦岭推覆构造带、北秦岭厚皮叠瓦逆冲推覆构造带以及后陆逆冲断褶带三个二级构造单元；公园内的恐龙蛋化石群堪称世界之最，西峡园区出露的西峡长圆柱蛋为世界罕见，戈壁棱柱蛋为稀世珍品，北部栾川园区发现的栾川恐龙动物群是全球该时期恐龙动物重要组成部分，"河南栾川盗龙"是已知的世界上个体最小的恐龙；公园内典型花岗岩地貌景观有老界岭、宝天曼、五垛山、真武顶、老君山、龙峪湾、白云山、木札岭等，表现出与造山运动的亲缘关系和构造发展阶段的专属性；鸡冠洞岩溶洞穴景观、天心洞和蝙蝠洞天然岩画、重渡沟瀑水钙演绎了喀斯特地貌的神奇。公园内大量珍稀的地质遗迹，蕴含了大量造山过程的信息，在秦岭造山带复合大陆动力学的研究及其与其他巨型造山系的对比研究中，具有极高的科学价值，同时也是研究恐龙生殖习性、破解生物物种灭绝等重大问题的重要区域。

伏牛山地质公园地处中国北亚热带和暖温带过渡区，保存了丰富的生物多样性资源，使这里成为河南重要的物种"基因库"、生物遗传演替的"繁育场"。公园内所在区域历史悠久，创造了伏牛山地区的悠久历史与灿烂文化，留下了丰厚而珍贵的文化遗存，具有很好的研究价值和观赏价值，是中华民族的宝贵财富，体现了华夏民族创造的灿烂文化。

综上所述，伏牛山地质公园以其丰富的地质内涵，峥嵘挺拔、精巧异趣的地貌景观，绚丽多彩的北亚热带景观生态和厚重的历史文化积淀，成为当代中国地质旅游、生态旅游和寻根探源旅游的目的地，社会经济可持续发展的示范区。

4. 王屋山—黛眉山世界地质公园

王屋山—黛眉山世界地质公园位于太行山与秦岭余脉崤山的过渡地带，行政区划隶属洛阳市和济源市，面积986km²，划分为天坛山、封门口、黄河三峡三个园区，是一座以地质构造、地质工程景观为主，生态和人文景观相映生辉的综合型地质公园。

园区完整地出露了太古宙、元古宙、古生代、中生代、新生代五个地质历史时期的地层，清晰地保存着发生在距今25亿年、18亿年、14.5亿年前分别被命名为"嵩阳运动"、"中条运动"和"王屋山运动"的三次前寒武纪造山、造陆运动所形成的角度不整合接触界面，为研究华北古大陆的裂解和拼合提供了直接的证据；此外，区内完整地保留着寒武系、奥陶系、石炭系、二叠系、三叠系、侏罗系的典型化石、发育齐全的各类岩石及丰富的内生和外生矿产资源等。公园内的地质遗迹对研究整个华北乃至全球的地质演化历史具有重要意义，是地质科研、科普教育和旅游资源的巨大宝库，俨然一座凝固于石头上的"天然地质博物馆"。

公园总体地貌分为中山、低山、丘陵、盆地和平原五部分，中山区起伏多变的远峰近峦，各种动态的飞瀑走泉，在低山、丘陵的衬托下，雄伟中又不失几分朦胧与神秘；而它与平川田园风光则形成了鲜明的对比，总体特征表现为统一中有变化，变化中有统一，节奏感强，颇赋诗的旋律，画的韵味，它的航测鸟瞰效果明暗对比强烈，阴阳交替复杂；肌理清晰，立体轮廓明显；旷中有奥，奥中有旷，旷奥兼具，具有较高的美学价值，是旅游、度假的休闲胜地。

参考文献

符光宏等：《河南秦岭—大别造山带地质构造与成矿规律》，河南科技出版社，1994 年。

关保德等：《河南东秦岭北坡中上元古界》，河南科技出版社，1988 年。

河南地质矿产厅：《河南区域地质志》，地质出版社，1989 年。

河南地质矿产厅：《河南岩石地层》，中国地质大学出版社，2008 年。

卢欣祥：《小秦岭—熊耳山地区金矿特征与地幔流体》，地质出版社，2004 年。

陆松年等：《秦岭中—新元古代地质演化及对 Rodinia 超级大陆事件的响应》，地质出版社，2011 年。

万天丰：《中国大地构造学纲要》，地质出版社，2004 年。

王志宏等：《阶段性板块运动与板内增生》，中国环境科学出版社，2000 年。

张国伟等：《秦岭造山带与大陆动力学》，科学出版社，2000 年。

赵逊等：《云台山主要景观地学背景研究》，地质出版社，2005 年。

第三章　地　貌　条　件

地貌学是研究地球表面的形态特征、成因、分布及其演变规律的学科。地貌是自然环境综合体基本组成要素之一，人们生产活动和生活，特别是农业生产和其他经济建设，经常受到地貌条件的制约，与农业的自然条件、自然资源及其合理开发利用的关系十分密切，地貌学研究对工程建设、农业生产、矿产勘查、自然灾害防治和环境保护等均有实际意义。

第一节　河南地貌发育简史

河南地貌是内营力和外营力共同作用于地表的产物。从大地貌轮廓的形成与发育来看，内营力起决定性的作用。山脉走向，西高东低的地势，山地、平原和盆地大地貌类型的分布格局等，都是经过了多次的地壳构造运动而形成的，特别是燕山运动和喜马拉雅运动以后，河南的地貌基本轮廓就逐渐形成了。

虽然内营力起决定作用，但外营力同样具有重要作用。重力、风化、流水、风力等外营力对地貌的形态产生影响。削高填低使地表均夷化，切割高地使地貌复杂化。河南虽然经历了多次的地壳运动，但中生代以前的地壳运动与现代地貌的直接关系不甚明显，多通过暴露的地表岩石性质和构造形态对现代地貌起着一定的影响。对河南地貌的形成和发育起决定作用的是中生代以来的地壳运动，特别是燕山运动对河南地貌的形成有巨大的影响，从而形成了河南现代地貌的基本骨架。

一、平面地貌格局的形成

河南的平面地貌格局，是在漫长的地质发展史中经过多次地壳构造变动的结果，特别是在中生代末期所发生的燕山运动，对河南现阶段地貌的形成和发育至关重要，它基本上奠定了现阶段平面地貌格局的基础。

燕山运动发生在侏罗纪至白垩纪末，其构造变动形式主要表现为块断、平行断裂和岩浆活动。燕山运动期间，省境西北部、西部和南部山区，在发生块断和平行断裂的同时，升、降的分异显著。北东—南西向、东西向及北西至南东向的平行断裂规模很大，山体呈块断状强烈抬升，形成高峻的山岭。其间沿断裂带形成许多断陷或拗陷盆地，如林州盆地、南村盆地、三门峡盆地、洛阳盆地、伊河与洛河中上游一系列串珠状盆地、桐柏盆地等。特别是伏牛山以北的北东至南西向平行大断裂的生成，对于崤山、熊耳山、外方山等山脉的形成和发育，具有重要的控制作用。东部平原地区和西南部的南阳盆地，大幅度沉降，奠定了后期平原形成和发育的基础。此外，剧烈的岩浆岩活动，在伏牛山、桐柏至大别山及小秦岭等山脉，形成规模大小不等的花岗岩侵入体，不仅蕴藏着多种内生矿产资源，而且为后期花岗岩山体奇峰怪石的形成，创造了必要的岩性条件。

燕山运动所形成的构造骨架，对河南平面地貌格局和山脉的走向，具有重要的控制作用，至今变化不大。其所形成的地势差异，虽对目前的高低起伏有一定影响，但在后期的外营力作用下，曾一度夷平为准平原状态。目前地貌的高低起伏，主要是后期地壳构造变动的结果。

二、高低起伏地貌的形成

燕山运动后，直到第三纪中期以前，地壳处于长时期的相对稳定阶段。在外营力作用下，抬升的高峻山岭不断遭受剥蚀，沉降的低凹地区连续接受堆积，在其中形成了巨厚的白垩纪至下第三纪红色岩层，这就使燕山运动期间形成的巨大地势差异不断减小，地表起伏趋于和缓，一度呈现为准平原状态，这种准平原面称为夷平面。随着喜马拉雅运动的发生和伴随着的外营力作用，该期夷平面遭受严重破坏，面目全非，目前辨识已相当困难，只是在一些山顶的局部地方留有残迹。有的表现为山顶面，有的表现与山顶相近的峰顶面，如太行山顶部的"北台期"夷平面，秦岭东段各支脉顶部的夷平面等，便是下第三纪夷平面。

喜马拉雅运动可分为两幕：第一幕主要发生于渐新世晚期至中新世中期；第二幕主要发生于上新世晚期至更新世初期。两幕之间是地壳相对稳定的时期。喜马拉雅运动在河南的主要表现是在燕山运动所形成的构造格局基础上，发生强烈的块断式的垂直升降运动，扩大地势差异，使已经剥蚀夷平的山地再次强烈抬升，成为高峻的山岭，使已经堆积填平的平原和盆地重新大幅度沉降，成为低凹地区。由于在喜马拉雅运动第一幕和第二幕之间，地壳较长时期相对稳定，在外营力作用下，一度出现准平原状态，此期的夷平面为上第三纪夷平面，如太行山前地带的"唐县期"夷平面，豫西的伊、洛河夷平面等。喜马拉雅运动第二幕是继承第一幕的构造变动形式发生发展的，其形成的地势差异奠定了目前地貌高低起伏的基本格局。

经过喜马拉雅第二幕运动，太行山、秦岭东段各支脉及桐柏—大别山等地区，重新强烈抬升成为高峻的山岭，但不同地区抬升的幅度有明显差异，如上第三纪形成的夷平面，在秦岭东段各支脉中海拔约 $600\sim900m$，大别山地区海拔约 $600\sim800m$，林州断裂以东的太行山区海拔约 $500\sim600m$。东部平原和南阳盆地原来是沉降的地区，再度大幅度沉降，沉降幅度高低悬殊，一般由山前地带向平原和盆地内部增大。反映在下更新统的厚度差异很大，在东部的山前地带厚 $40\sim80m$，至平原内部最厚可达 $200m$，南阳盆地也类似。其他山间盆地有许多随山地的抬升而抬升，如伊、洛河中上游的许多串珠状盆地等。平原中也有局部地区大幅度抬升，如豫北平原中的"四十五里"火龙岗，南阳盆地中的唐河西大岗等，均经此期抬升遭受剥蚀。

喜马拉雅运动形成的构造格局，与现阶段的地貌轮廓基本一致，特别是对地势高低起伏的控制作尤其显著。

三、现阶段地貌形态结构的形成

地貌形态结构的形成和发育是长期受内、外营力综合作用的结果。现阶段的地貌形态结构，主要是第四纪以来，在内、外营力的综合作用下形成和发育的，特别是外营力的雕塑作用占有重要地位。

第四纪期间的地壳构造变动，仍以垂直升降运动为主，而且具有继承性、间歇性及地区差异性等特点。继承性主要表现为基本的构造活动，沿前期形成的构造格局进一步发展；间歇性反映在构造活动的活跃期与相对稳定期交替；差异性表现在同一时期不同地区的升降幅度明显不同。

喜马拉雅运动第二幕以后至中更新世中期以前，地壳处于相对稳定阶段，在外营力的剥蚀、搬运及堆积作用下，前期抬升的高峻山岭变得相当低缓，沉降的凹地逐渐堆积起来，地壳趋于和缓，形成第四纪的夷平面。中更新世中期，地壳发生了较剧烈的构造变动，沿前期构造变动形成的构造格局，以垂直升降运动为主，扩大地表高低起伏。前期抬升的山岭进一步抬升，但不同地区的抬升幅度有明显差异。如第四纪夷平面抬升后的高度，在秦岭东段山地海拔 400～700m，新密、新郑西部海拔约 200m 左右，南部大别山与西北部林州断裂以西的太行山，海拔均为 200～400m。与此同时，平原和盆地继续沉降，沉降的幅度由山前地带向平原和盆地内部增大，反映在中更新统的厚度差异显著，山前地带很薄，部分地区则发育成古土壤或者缺失。而东部平原一般厚度为 25～60m，最厚 130m。随着山地和平原地势高差的加大，除在山麓形成一系列冲出锥和扇形地外，黄河由于三门峡盆地下更新统和早期中更新统的大量堆积而填平，经此期抬升，沿基岩破碎地带打通了流入东部平原的河道，开始在平原发育，这对于黄河冲积扇及东部平原的形成和发育，具有重要作用。

此期较剧烈的构造活动之后，至上更新世中期以前，地壳又处于相对稳定阶段。抬升的山岭遭受剥蚀，沉降的凹地接受堆积，地势高差减小。上更新世中期，地壳又发生一期活跃的构造变动，仍以垂直升降为主。经过此期构造变动之后，前期形成的山岭进一步较强烈的抬升，成为高峻山岭。同时，在平原和盆地的山前地带也随之抬升，使早期形成的黏土、亚黏土堆积面成为高亢的岗地，开始经受外营力的剥蚀作用。东部广大平原区，沙颍河以北大幅度沉降，黄河冲积扇的发育达到最旺盛时期，冲积物的厚度为 10～60m，分布相当广泛。沙颍河以南大面积抬升，使早期广泛分布的湖沼除个别残留，如宿鸭湖等以外，大部分干涸。因而，源于桐柏山的淮河，从此期开始向中、下游发展。

上更新世中期地壳构造变动以后，地壳虽然处于相当稳定的阶段，但是，有不少迹象表明新构造活动仍相当显著。1959～1971 年安阳一带的重复水准测量，鹤壁以西的太行山以 3mm/a 的速率在继续抬升。而汤阴地堑及浚县一带，以持续沉降为主，年沉降率 2mm 左右。郑州至武汉一线，不同地段的形变率一般为 -4～+8mm/a，省内为上升地段，以漯河附近的上升量为最大。1974 年 7 月至 10 月在大别山北麓的潢川、商城、固始、淮滨以及安徽的霍邱等 11 个县、一万多平方千米的范围内，先后发生地裂。一般长 20~100m，最长 400m，宽 10~20cm，最宽 50cm。地裂方向与大别山构造线方向基本一致，这种大范围发生的地裂很可能与现代地壳构造活动密切相关。3 000 多年前的安阳小屯殷墟被掩埋在现代冲积层之下，从当时的屋基与现今地表的深度分析，地壳下沉 1.5m，年平均沉降率达 5mm；郑州二里岗一带的商代文化遗址，平均深埋 2~3m；唐河县北原始公社遗址，埋在现代冲积物以下 4~5m。此外，频繁的地震也是现代地壳构造活动的反映。

在现阶段河南地貌形态结构的形成和发育过程中，第四纪以来的地壳构造活动固然具有重要的控制作用，但外营力对地表的雕塑作用也十分重要。中山、低山、丘陵、平原、盆地等不同的高度，主要是受地壳垂直升降所控制，它们的外部形态，特别是山地丘陵中纵横交错的沟、谷，则主要是在外营力的作用下形成和发育的。

河南处于暖温带和北亚热带的过渡地带，属于湿润半湿润季风气候类型，温度较高，降水量也较为充沛。在外营力中除各种风化作用相当旺盛外，流水对地表的雕塑作用表现得较为广泛和深刻。河南跨越黄河、海河、淮河及长江四大流域，流向不同的众多河流对现代地貌形态结构的雕塑作用也很显著。一方面对升高的山地、丘陵、台地及岗地，进行强烈的侵蚀和剥蚀作用，形成多种多样的侵蚀和剥蚀地貌形态；另一方面，流水又把侵蚀剥蚀的物质，搬运到低凹的地方堆积下来，沿途形成各种各样的堆积地貌形态。河南东部的广阔平原是由黄河、淮河和卫河的联合堆积作用下所形成。特别是黄河大冲积扇的发育，达到现在的规模主要是近期黄河冲积的结果，覆盖广泛的全新世沉积厚度，一般在 10~30m。开封拗陷最厚可达 40 余米。南阳盆地则是唐河和白河冲积作用所形成的。由于流水的侵蚀、搬运和堆积作用，彼此密切相关，构成一种完整的有机序列，这在地貌分类中统称为流水地貌。此外，在现代地貌形态结构的形成和发育中，人为作用、风力作用及重力作用等也有显著影响。人为地貌如人工湖、渠道、水库、人工大堤、人工梯田、隧道、路堑；风力作用地貌如黄河大冲积扇的沙滩、沙丘、沙岗、风蚀凹地；重力作用地貌如陡峻山坡坡麓地带的倒石堆、坡积裙及滑坡等。

第二节　河南地貌基本格局与特征

一、河南在全国地貌格局中的位置

我国地貌在宏观格局上的一个显著特点，是自西向东、由高到低明显呈现为三级巨大的地貌台阶：西南部海拔在 4 000m 以上的青藏高原，是最高一级地貌台阶；向东和向北，急剧下降到海拔大多为 2 000~1 000m 的高原和盆地，构成第二级地貌台阶；大兴安岭、太行山、巫山及云贵高原东缘一线以东 1 000m 以下的低山、丘陵和 200m 以下的平原，构成最低的第三级地貌台阶。此外，在第三级地貌台阶中，又被阴山及桐柏—大别山两列近东西方向延伸的山脉，分割成东北平原、华北平原及东南山地丘陵三个具有不同特点的大地貌单元。河南西部和西北部的山地丘陵及其间的盆地，属于第二级地貌台阶；东部平原、南阳盆地及其东南部的山地丘陵，为第三级地貌台阶的组成部分。在第三级地貌台阶中又处于黄淮海平原的西南部，并包含桐柏—大别山的北坡。河南地貌不仅具有我国地貌自西向东突变的特点，而且也具有由北向南明显过渡的性质。

二、基本格局

从河南在我国宏观地貌格局中的位置，可概略地看出其地貌基本格局。省域西部和西北部位于我国第二级地貌台阶的东部边缘，以高峻雄伟的中山为骨架、低山丘陵连绵起伏，分别是由秦岭东段各支脉及太行山脉西南段组成。处于第三级地貌台阶的东部广大地区则为坦荡的大平原，东南部是桐柏—大别山脉北坡的山地丘陵，西南部为南阳盆地。形成了特殊的"X"形的基本地貌格局，即西北大半部和东南部为山地丘陵，东、东北大半部和西南部为广阔的平原和大型盆地。南阳盆地地势平坦，为河南第二大平原。伏牛山和桐柏—大别山构成黄河、淮河与长江三大水系的分水岭。黄河以北大部分地区属于海河流域。因而，河南地貌条件十分复杂，类型多种多样，形态结构的区域差异性极为显著。

三、主要特征

从总的地貌轮廓看，河南地貌具有以下三个特征。

（一）地势起伏复杂，高低悬殊

河南总的地势是西、西北部和东南部高，东部、东北部和西南部低。除西南部的南阳盆地西、北、东三面环山，向南开口，地势由周围向中南部逐级降低外，其他大部地区地势由西向东和由南向北逐渐由中山降低到低山、丘陵和平原。其中，山地是由延伸方向不同和规模大小不等的山脉组成，不仅有很多高低差异显著的山峰，而且其间还散布着纵横交错的河流谷地和大小不等的众多山间盆地，此起彼伏，高低变化复杂。连绵分布的丘陵没有明显的延伸脉络，但由于地处山地与平原之间的过渡地带，分布在山地中宽阔河流、谷地的两侧和盆地周围，被众多河流切割得支离破碎，形成一种纷乱的波浪起伏状态。广阔的平原总的来看是低而平缓的，但不同地区的高低起伏也甚为显著，如东部广大平原的西部边缘海拔多在200m左右，而南部边缘海拔却在110m上下，两者高差近百米。其中除山前地带呈倾斜的波状起伏外，黄河大冲积扇的形成和发育，不仅使黄河南北地表倾斜方向不同，而且微地貌的高低起伏也十分复杂。

河南的地势高差甚为悬殊，以西部的山地为最高，海拔2 000m以上的山峰全部集中在这一地区，小秦岭西端的老鸦岔是河南的最高峰，海拔2 413.8m，最低点是淮河出境处，海拔只有23m（河南的最低点），从西到东最大高差达2 390.8m。豫北地区东西方向的地势高差也很大，林州盆地西面的林滤山主峰海拔 1 659m，高出林州市区附近地面 1 359m，向东到台前县东部边境海拔仅 40.6m，其最大高差达 1 618.4m。淮河以南的地势是南高北低，高峻的山岭集中分布在南部边境地带，淮河谷地地势最低，南北高差甚为显著。如大别山西段的灵山海拔 827.7m，高出北面的淮河谷地 760 多米。东段的商城东南边境地带，许多突出的山峰海拔 1 200m 以上，北面的淮河一带海拔只有 30m 左右，两者高差 1 170m。其中省内大别山的最高峰——金刚台，海拔 1 584m，北面淮滨以下淮河沿岸最低处海拔仅 23m，两者高差达 1 561m。

南阳盆地最低处在新野南部，海拔 77m，与周围山地突出山峰的高差多在 700m 以上，最大的高差超过 1 000m。此外，山地中高耸的山岭与深切的河流谷地和拗陷或断陷盆地之间，也形成很大的高差，许多地方也达 1 000m 以上。

（二）山地丘陵分布集中，区域差异明显

河南的山地、丘陵集中分布在西部、西北部和南部。

1. 西部山地丘陵台地

西部山地丘陵台地包括黄河以南，南阳盆地以北，京广铁路线以西的广大地区，习惯上称为豫西山地。这里是河南山地丘陵的主要集中分布区，面积占全省山地丘陵面积的 70% 以上，大部分中山集中于此。区内的山地是秦岭自陕西东延到河南以后，分成多条支脉，呈放射状分别向东北至东南方向伸展而构成。如东西向的小秦岭，西南至东北向的崤山、熊耳山、外方山及西北至东南向的伏牛山等，均为秦岭东段支脉。这些山脉纵横交错在豫西山地的西部和中部，丛集成尖峭的群山，山势十分高峻雄伟，省内海拔 2 000m 以上的山峰全部汇聚在这一地区。山体由西向东北至东南方向，山势逐渐低缓，低山丘陵广泛分布。区内的山地是黄河、淮河、长江三大水系的分水岭，是省内众多河流的发源地，如黄河水系的宏农涧河、伊洛河，淮河水系的双洎河、颍河、汝河，长江水系的湍河、白河、唐河等，均发源于本区山地。此外，源于华山南麓流入黄河的洛河，由西南向东北流经本区中部，丹江由西北向东南流经西南边境。以上河流亦呈放射状与各支脉相间展布，形成一系列深切的河流谷地，其间串珠状的盆地相当发育。可以看出，山地与河流谷地均由西向东北及东南方向呈放射状伸展，山、谷相间，在豫西山地十分醒目，如小秦岭界于黄河与西涧河之间，崤山界于西涧河与洛河之间，熊耳山界于洛河与伊河之间……因此，区内各支脉汇聚的地带，高峻的中山集中分布，低山丘陵则广泛分布在东北至东南边缘地带。在各条支脉的山脊地带以中山为主，由此向两侧山体逐渐降低变缓，依次为低山和丘陵，沿河地带有宽窄不等的河谷平原分布。

2. 西北部山地丘陵

西北部山地丘陵，位于黄河以北的河南西北部边境地区，地处山西高原东南边缘地带，是太行山脉西南段的一部分。由于太行山脉在本区由近南北方向向南逐渐转折为近东西方向，

因而，区内的山地丘陵呈东南凸出的弧形带状展布，北段和西段较为宽阔，中部转折地段狭窄。其中海拔 1 000m 以上的中山，集中分布在沿晋、豫边界延伸的太行山脉的主脊地带。由于太行山东南侧走向大断裂十分发育，所形成的中山山体相当完整，山势甚为高峻。加之，源于山西高原的众多河流，横切山体流入平原，形成一系列深切的"V"形谷、峡谷或嶂谷，山高谷深，山川景色异常壮丽。中山的东南侧地势骤然低缓，构成两种对照鲜明的地貌形态结构。在辉县以北，高峻的中山直接与盆地相毗连，如林州盆地、临淇盆地及南村盆地等，地势高低悬殊，地貌特征迥异。盆地带以东，低山丘陵广布，其间宽阔的河流谷地十分发育，地貌形态相当破碎。

3. 南部山地丘陵

南部的山地丘陵包括大别山、桐柏山及南阳盆地东缘的低山丘陵。桐柏—大别山西起南襄盆地东缘，呈近东西方向，沿鄂、豫边境地带延伸到安徽省内，区内为其北翼，西部与南阳盆地东缘的低山丘陵相连，呈向西南突出的弧形带状展布。这一地区的低山丘陵，由于位于我国北亚热带，温度较高，降水量充沛，各种风化作用旺盛，加之，地处淮河与长江两大水系的分水岭地带，坡降较大，流水的侵蚀剥蚀作用强烈。因而，区内的山地丘陵大部分较为低缓，地貌形态十分破碎。江淮分水岭主脊除桐柏山主峰地段及东部的商城一带，中山分布较为集中，山体相对完整，山顶海拔在 1 100m 以上之外，其他地段都以低山为主。较为高峻的中山呈断续的块状分布，而且中山海拔均在 800～1 000m。其中有不少两侧对应的宽阔河流谷地，已经切穿或将近切穿分水岭主脊，形成宽阔河流谷地中的平地分水岭，或者形成低凹的分水鞍。其他广大地区以起伏和缓的低山丘陵为主，其间宽阔的河流谷地纵横交错，大小不等的盆地分布普遍。不少地区一些较为陡峻的低山呈孤岛状突出在连绵起伏的丘陵之上，这种地貌形态结构，以南阳盆地东缘最为典型。

另外，在西部和西北部山地丘陵的边缘地区，广泛地分布着一种独特的黄土地貌类型。黄土在流水作用下形成千沟万壑的景象，构成一系列特殊的黄土地貌景观，如呈台地形态的黄土塬、黄土台塬、黄土平梁，呈丘陵形态的黄土斜梁、黄土梁峁、黄土峁等，共同组成黄土地貌形态结构单元。

（三）平原广阔坦荡

河南平原地貌特别发育，具有广阔坦荡的特点，主要分布在东部和西南部的南阳盆地。

1. 东部平原

东部平原又称豫东平原，属我国黄淮海平原的一部分，西面大致沿 200m 等高线与豫西低山丘陵分界，南面与淮南低山丘陵的分界线约 110m 等高线上下，东面和北面至省界。

黄河自西向东横穿平原的中北部，至兰考的东坝头折向东北，沿豫、鲁边界流出省境。由于黄河大量泥沙沿河道堆积，随着河道的变迁，不仅在区内形成了规模巨大的黄河冲积扇，而且在现代人工大堤约束下成为世界上著名的"地上悬河"。宽阔的河道一般高出堤外平原 3～6m，构成平原上独特的河道式分水岭。由于小浪底水库的修建，受调沙冲刷黄河影响，河床开始下降。黄河以北的平原，除西部的丹、沁河以西及靠近黄河的天然文岩渠和金堤河水系属于黄河流域以外，其他大部地区均属于海河流域；黄河以南的平原则全部属于淮河流域。淮河由西向东流经南部山前倾斜平原前缘的低洼地带，淮北与淮南的平原地貌特点明显不同。

河南东部的广阔平原，由三个具有不同形态特征的地貌单元组成。一是黄河冲积扇平原，范围包括漯河、周口、郸城一线以北的广大地区，除山前地带有小面积山麓冲积倾斜平原分布以外，其他大部分地区以黄河大冲积扇为主。黄河冲积扇平原，以郑州至兰考的黄河河道为脊轴，分为南北两翼，北翼地势由西南向东北和缓倾斜，南翼地势由西北向东南和缓倾斜。由于黄河冲积扇平原是历史上黄河决口和改道最频繁的地区，黄河变迁所遗留的地貌特征形态仍很显著，如故河道高地、故河道洼地、故河漫滩地、故背河洼地、决口扇等地貌形态，分布较为广泛。特别是黄河决口泛滥沉积的松散沙层，在风力的作用下所形成沙丘、沙岗、波状沙地等。二是淮河低平缓平原，位于淮河以北，范围界于黄河冲积扇南翼与淮河之间，北面是地势稍高的黄河冲积扇南翼，淮河以南为高亢的山前波状平原，因而区内的地势除西部山前地带较高外，其他大部分地区地势低洼，地面由西北向东南微倾斜，是河南平原中地势最低缓的地区，其中坡洼地和湖洼地较多，加之，地处淮北众多支流的下游，洪涝灾害频繁是本区的一个较为突出的特点。三是淮南山前波状平原，范围包括淮河以南的大别山山前地带，地貌形态结构的突出特点是大规模的带状岗地与宽阔的河谷平原，均由西南向东北或由南向北伸展，平行相间排列，构成一种典型的波状起伏的平原。

2. 南阳盆地

南阳盆地位于河南西南部，西、北、东三面环山，中南部为广阔的平原。地貌形态结构具有明显的环状和阶梯状特征，外围为低山丘陵所环抱，边缘地带为波状起伏的岗地和岗间凹地，大部分岗地宽阔平缓，呈马蹄形由边缘向盆地中心延伸；岗地以下是倾斜和缓的平原，地面起伏很小；中部和南部的盆地中心地区，地势低缓。由于盆地周围众多河流向这一地区汇聚，洪涝灾害较为频繁。

以上两大平原之间，有一宽约 10 km 左右的方城缺口相连通，为彼此之间的交通和联系提供了便利条件。

第三节　主要地貌类型

一、地貌类型划分

人们很早已形成地貌类型的概念，并运用诸如山地、丘陵、平原等词汇，这些都是单纯按形态特征划分的。近代地貌学诞生以后，按形态特征进行分类仍是划分地貌类型的一种方法，如德国 A.彭克（1894）的分类划分出平原、山崖、河谷、山地、凹地、洞穴等类型。但更多的学者采用形态成因原则分类，如美国 W.M.戴维斯（1884，1899）提出按构造、营力和时间形成地貌的三要素进行分类；苏联 K.K.马尔科夫（1929）提出按地形发育的 3 个基本要素（形态、成因和年龄）分类，划分出侵蚀—大地构造地形、构造地形、刻蚀或侵蚀地形和堆积地形等类型；中国沈玉昌（1958）按成因划分出构造地貌、侵蚀剥蚀的构造地貌、侵蚀地貌、堆积地貌、火山地貌 5 个类型。按形态成因原则划分地貌类型很复杂，根据不同的性质、特征就有许多不同的分类，而且影响地貌发育的因素除了内外营力外，还有它们所作用的实体——地表的组成物质，不同的组成物质往往形成不同的地表形态。因此，有人提出根据形态标志、成因标志、物质组成标志和发展阶段、年龄标志等进行综合分类。随着经济建设的需要，近些年还出现了应用地貌划分方法。

地貌分类体系是对地球表面形态单元的形态、成因、物质组成、年龄等性质，按内在逻辑关系的划分所形成的系统。地表的任一部分都具有某种形态，且都有其形成发展历史。各时期作用于地表上的营力种类、方式、强度往往不同，同一时期作用于同一地表的营力也不止一种。各种营力对地表的塑造作用不同，不同组成物质和地表形态对各种营力的反映也各异，反映在地表上，表现为不同规模、年龄、发育阶段的各种地表形态。现有的分类体系包括外动力地貌、构造地貌、气候地貌等单要素的分类体系，内力与外力作用强度对比的分类体系，主导成因的综合分类体系等等。除了包括全球表面的地貌分类体系外，还有仅包含部分地表的专题性地貌分类体系，如冰川地貌分类体系、喀斯特地貌分类体系，以及为生产服务的农业地貌分类体系、灾害地貌分类体系等应用性地貌体系。

目前流行的是形态成因分类，主要有构造地貌类型、气候地貌类型和动力地貌类型。构造地貌学是研究地质构造与地表形态关系的学科。构造地貌是由内力作用形成的地貌，反映了包括地壳变动、岩浆活动和地震等构造运动形成的地貌。反映大地质构造的地貌有大陆、洋盆、山脉、大盆地、大平原等；反映小地质构造的地貌有背斜山脊、单面山、断层陡崖等。构造地貌类型，如 1∶250 万欧洲国际地貌图把全球划分为 10 种陆地大构造地貌单元（相对稳定地盾、相对稳定陆台、微弱活动陆台边缘、活动地盾造山带、陆台边缘造山带、年轻地槽边缘造山带、火山、边缘或山间拗陷、陆台或陆台拗陷、突起陆台上的堆积地形）和 4 种海底大构造地貌单元（水下陆缘、过渡带、洋底、大洋中部山脊）。气候地貌学是研究不同气候条件下地貌形成过程及其演变规律的学科，研究内容是：地球表面外力剥蚀、搬运与沉积的特点，不同气候环境下外力性质、强度与过程，以及由此形成的地表形态及其组合特点。如法国特里卡尔把全球划分为 4 个区（寒冷区、中纬度森林区、干旱区和湿热区）、13 个带（冰川带、永久冻土的冰缘带、无永久冻土的冰缘带、第四纪冰缘带、无冬季冰冻的中纬度湿润森林带、冬季冰冻的中纬度湿润森林带、地中海型气候地貌带、草原和半干旱气候地貌带、有寒冷冬季的草原和半干旱气候地貌带、干草原气候地貌带、热带森林气候地貌带、有垂直地带性的高山地貌带）。动力地貌学是研究各种地貌营力，特别是外营力在地貌塑造中作用的学科，它应用数学、物理和化学等基础科学的原理和方法研究地貌形成的机制，着重研究地貌形成的现代过程以及地貌与各作用变量之间的关系，用现实主义的原则再现地貌形成和演变的历史，故又称地貌过程。动力地貌类型，如苏联斯皮里多诺夫划分出重力、坡流、河流、湖泊、海洋、冰川和冰冻、风成、喀斯特、生物、人为 10 种外力成因地貌类型。

　　20 世纪 80 年代初，中国科学院地理研究所主持、中国 1∶100 万地貌图编辑委员会主编的地貌分类系统，按照形态成因分类原则进行多级分类，用形态成因类型表示各种地貌形态的基本特征，揭示其发生发展的原因，以及它们的分布规律和相互之间的联系。地貌分类的基础是地貌形态，因此首先要考虑形态结构及其特点，同时考虑成因，然后把形态不同但成因相同的地貌联系起来，找出它们的相互关系。现代地貌的成因，主要侧重外营力的作用，具体说就是流水、岩溶、风力和海洋动力，这是各种地貌类型塑造的主要营力，同时又对内营力作用的地质构造运动加以考虑。该分类的一级分类分为陆地地貌和海底地貌。在二级分类中，陆地地貌分为流水地貌、湖成地貌、干燥地貌、风成地貌、黄土地貌、喀斯特地貌、冰川地貌、冰缘地貌、海成地貌和火山地貌 10 个类型；海底地貌分为大陆架、大陆坡、大陆裙和深海平原[①]。中国 1∶100 万地貌图分类系统得到广大地学科学工作者的认可，在科学研究和生产实践中得到了广泛应用，具有较高的权威性。

二、河南地貌类型的划分

　　河南地貌类型的划分采用中国 1∶100 万地貌图"形态—成因"分类的思想，分类系统根据中国 1∶100 万地貌图分类系统，结合河南生产建设的实际需要建立，且分类与分级相结合。

　　在各种地貌成因分类中，有人强调内营力的作用，有人着重外营力的作用，但一般认为，大的地貌单元如冲积扇、洪积扇及洪积、冲积平原等，则主要是外营力作用的结果。外营力是现代地貌轮廓形成的主导因素，外营力中流水是主要的外营力，即现代地貌是流水长期作用的结果。流水地貌是河南主要的地貌类型，根据形态指标又可分为流水侵蚀地貌和流水堆积地貌两个类型。流水侵蚀地貌主要分布在山地丘陵，流水堆积地貌分布在平原洼地。这两个类型作为一级地貌类型。

　　地貌形态的划分主要依据是示量指标。山地形态类型的划分，采用绝对高度和相对高度相结合的方法。由于绝对高度不同产生垂直地带性，从而引起外营力作用的方式和强度不同，便形成不同的地貌特征。而相对高度给人以高、中、低的概念。河南最高的山地属于中山，其与低山的分界约在海拔 1 000m 左右，相对高度大于 500m，主要是考虑省内的山地，在此线以上物理风化作用占优势，风化壳薄，山势陡峻；此线以下化学风化作用旺盛，风化壳厚，山势低缓。丘陵的划分主要考虑相对高度，其主要特点是没有明显的延伸脉络和陡峭的山峰，顶部平缓或浑圆，呈一种和缓起伏的状态，分布在不同的绝对高度，但与低山的形态明显不同，一般以相对高度小于 200m 作为划分丘陵的标准。由于河南的丘陵主要分布在山地与平原之间的过渡地带，因而绝对高度多在 400m 以下。

---

① 中国科学院地理研究所主持、中国 1∶100 万地貌图编辑委员会主编：《中国 1∶100 万地貌图说明书》，1987 年。

平原形态的划分主要依据平原所处部位和堆积形式的明显差异。河南的平原主要分布在省内京广铁路以东、大别山以北地区。平原西部，大致以 200m 等高线与太行山地、熊耳山、伏牛山地和桐柏山地的边缘山麓为界；平原南部，则以 110～120m 等高线与大别山北侧丘陵相连。近山麓地带为 100～200m，相对高度较小，大部分在 10～30m，局部在 50m 以上。大致以沙颍河为界，北部是以黄河冲积扇为主体的冲积平原，地表起伏形态和平原的形成是黄河长期以来南北摆动泛滥冲积的结果；南部基本上未受到黄河泛滥的影响，主要由淮河及其支流泛滥冲积和湖沼堆积而形成的低缓平原。按照平原堆积形式的不同和地貌形态特征的明显差异，河南平原可分为冲积扇平原、洪积倾斜平原、洪积冲积缓倾斜平原、冲积河谷带状平原、冲积低平缓平原五种地貌类型。

除流水地貌的两个类型外，还有黄土地貌，其分布范围较大，是构成河南地貌框架的基本类型。河南的黄土地貌是我国西北黄土高原的延伸，分布范围较广，地貌类型典型，从成因上看，黄土地貌也属于流水地貌类型，但因其地表组成物质和形态的特殊性，也作为一级地貌类型。

除上述三个一级基本类型外，还有历史上很典型的风沙地貌。河南的风沙地貌主要分布在黄河历代变迁的故道、滩地和黄泛区，20 世纪时分布很普遍的有沙丘沙垄、风蚀洼地等地貌类型。近 30 年来，特别是近十几年来的土地综合整治，往年的沙丘沙垄已基本不存在，且空间上与冲积扇形平原交叉或重叠分布，因此该类型不作为一级类型。另外，还有岩溶地貌、冰川地貌与火山地貌，这些地貌类型具有分布零散、面积较小的特点，其空间上多与侵蚀山地丘陵分布在一起，也不作为一级类型。以上 4 种地貌类型在空间分布上具有特殊性，因此统称为"特殊地貌"，作为一级类型。

根据中国 1∶100 万地貌图分类系统，依据形态—成因原则，并以外营力作为地貌的主导成因，以及有关的形态示量指标，河南地貌划分为 4 个一级类型、13 个二级类型、22 个三级类型，见表 3-1。

表 3-1 河南地貌类型分类系统

一级类型（4）	二级类型（13）	三级类型（22）
流水侵蚀地貌	侵蚀剥蚀山地	侵蚀剥蚀中山、侵蚀剥蚀低山
	侵蚀剥蚀丘陵	侵蚀剥蚀丘陵
	侵蚀剥蚀台地	侵蚀剥蚀台地
流水堆积地貌	冲积平原	冲积扇形平原、冲积低平缓平原
	河谷平原	河谷冲积带状平原
	洪积冲积平原	洪积倾斜平原、洪积冲积缓倾斜平原
黄土地貌	黄土低山	黄土低山
	黄土丘陵	黄土丘陵
	黄土台地	黄土塬、黄土梁、黄土阶地

续表

一级类型（4）	二级类型（13）	三级类型（22）
特殊地貌	风沙地貌	沙地
	岩溶地貌	岩溶中山、岩溶低山、岩溶丘陵、溶洞、峰林
	冰川地貌	冰川地貌
	火山地貌	火山地貌

三、主要地貌类型

（一）流水侵蚀地貌

流水侵蚀地貌是在流水侵蚀作用下所形成的各种地貌形态类型组合，包括山地、丘陵、台地基本地貌形态类型和它们之间的各种沟谷形态。包括 3 个二级地貌形态类型。

1. 侵蚀剥蚀山地

侵蚀剥蚀山地主要为构造山地，主要是由外营力沿岩层软弱部分侵蚀而形成的次生构造地貌，是一种高度大、坡度陡、山峰较为尖峭的基本地貌形态类型。河南的山地一般海拔在400m 以上，相对高度大于 200m。地貌类型以中山为主，也包括构造形迹仍很显著的低山。

（1）侵蚀剥蚀中山。由高峻雄伟的山岭组成，海拔高度在 1 000m 以上，相对高度大于800m 的中山，主要分布在西北部的太行山、西部的小秦岭、崤山、熊耳山、伏牛山、外方山，南部的桐柏山等山脉的主脊地带；南部的大别山主脊海拔高度多在 800m 以上，部分地段海拔超过 1 000m。但北麓的山前倾斜平原的最高边界海拔只有 110～120m，山顶的相对高度多在 650m 以上，所以海拔高度超过 800m 的山岭也划为中山。由于中山高度大，坡度陡，常常构成不同河流的分水岭，源于其中的众多支流横切山体，形成一系列坡陡谷深的河流谷地和横向的山岭，有不少两侧对应的河流谷地达到分水岭主脊，形成低凹的分鞍或山口，使中山的岭脊狭窄险峻，高低起伏，突出的山峰尖峭，山势显得高峻雄伟。

（2）侵蚀剥蚀低山。该类型分布广泛，是侵蚀剥蚀中山和侵蚀丘陵之间的一个过渡类型，多沿山区河流两侧展布。海拔高度多在 400～1 000m，相对高度约 200～800m，由较为低缓的山岭组成。在太行山地区，主要分布在北段中山的东侧和西段中山的南侧；豫西山地的侵蚀低山有的是在褶皱断块构造基础上经流水作用形成的，主要分布在秦岭东段各支脉的末端及中山的两侧，如熊耳山两侧河流沿岸的低山，海拔 500～1 000m；有的是在侵入岩体上发育而成的低山，山体海拔 400～1 000m，相对高度 200～500m；有的是在单斜构造基础上发育而成的低山。豫南的低山主要分布在南阳盆地东缘及桐柏—大别山中山山岭的北侧，海拔在 350～800 m，相对高度 200～650m。中山之间局部也有低山分布，由于低山受河流的切割强烈，山体较为破碎，有不少低山呈孤岛状分布。

此类地貌的展布形式和形态特征均受流水作用深刻影响。它主要分布在山地边缘地带，常与侵蚀丘陵混杂在一起，成为突出在丘陵之中的岛状山，其山体破碎，分布散乱。如林州盆地以东的低山，纵横交错的河谷将山体分割得十分破碎，难以找出山体延伸方向与构造线的关系，其山体海拔多在 400～800m，相对高度 200～500m。太行山南麓的承留、封门口、坡头以西，在和缓起伏的丘陵中分布着一些紫红色砂岩、石灰岩等组成的低山，海拔 400～600m，相对高度约 200～400m。豫南山地侵蚀低山类型分布广泛，除南阳盆地东侧呈岛状散布的低山属于这种地貌类型外，在大别山区，形成一系列近南北向延伸的横向山岭，与宽阔的河流谷地平行相间分布。这些山岭主脊大都由侵蚀低山所组成，其海拔多在 350～600m，相对高度约 200～400m。一般岭脊宽缓，两侧山坡则较为陡峻。豫西山地的侵蚀低山由于受众多河流谷地的分割，山体十分破碎，常沿河间地带的分水岭脊部呈斑块状分布，海拔多在 500～800m，相对高度约 200～500m，西部山体较为高峻，东部边缘逐渐变得低缓。

2. 侵蚀剥蚀丘陵

侵蚀剥蚀丘陵是山地与平原之间过渡型地貌类型，它与山地的区别在于其相对高度小，起伏和缓，没有明显的延伸脉络和陡峻的山峰，加上河流宽谷纵横交错、大小盆地星罗棋布，使丘陵分布十分混乱，主要集中分布在豫西山地东部和淮河上游洪积平原过渡地带。

河南侵蚀丘陵大部分在山地和平原之间呈不规则的带状展布，在山地内部则分布在盆地的边缘地带以及宽阔河流谷地的两侧。其海拔高度各地不尽一致，在东部平原与山地之间及南阳盆地周围，海拔多在 200～400m；大别山北麓，海拔多在 120～350m；在西部山地中海拔可达 400～700m，最高约达 800m。

丘陵的形态区域差异性明显。一般在豫西山地东部、南部边缘地带以及南阳盆地的周围，侵蚀丘陵起伏一般比较和缓，多呈浑圆的丘状或平缓的陵状，改造和利用难度较大。而西部山地中的侵蚀丘陵，由于分布在一系列断陷盆地内，其组成岩性为巨厚的第三系红色砂砾岩，经后期地壳抬升和流水侵蚀作用，成为现在沟壑纵横的红岩丘陵地貌形态，而且坡陡沟深，水土流失相当严重。

此外，在豫东平原东部，散布有一些石质残丘，如芒砀山、戏山、陶山、马山等，主要由寒武纪、奥陶纪灰岩和燕山期花岗岩构成。主峰芒砀山海拔 156m，相对高度在 120m 以上，发育有溶蚀洞穴。

3. 侵蚀剥蚀台地

侵蚀剥蚀台地是在流水侵蚀作用下形成的一种顶面较为宽阔平坦、边坡相当陡峻的地貌类型。河南的侵蚀剥蚀台地主要是指豫北太行山前的侵蚀剥蚀台地。

豫北太行山前的侵蚀剥蚀台地主要分布在豫北铜冶、鹤壁以东与平原以西的地区，顶面海拔在 200～230m，高出东部平原 100～130m。汤阴与浚县之间有一规模巨大的垄岗，称为"四十五里火龙岗"，也属于台地类型，只是相对高度和海拔高度更小。该岗近南北向，长达 30km，东西宽约 10km，高出周围平地约 20～40m。岗上还有几处寒武纪灰岩构成的孤山，如童山、相山和善化山等，海拔分别为 145.3m、225m 和 203m，而岗顶绝大部分起伏平缓。

唐白河下游右岸支流形成的洪积物覆盖于红岩面之上，受河流下切转化为台地类型，地表常呈微倾斜的平梁平岗或阶梯状。

（二）流水堆积地貌

流水堆积地貌是在流水的搬运和堆积作用下所形成的地貌形态类型的组合，其地貌特征以广阔平坦的平原为主。根据沉降堆积形态—成因的明显差异，进一步可以划分为 3 个二级地貌类型。

1. 冲积平原

河南的冲积平原地貌主要形成于晚近时期地质构造的凹陷地区，如豫东沉降带和南阳拗陷盆地就是如此。根据形态—成因进一步划分为 2 种类型。

（1）冲积扇形平原

冲积扇形平原是由大河的冲种扇形成的一种平原地貌类型。河南的冲积扇形平原主要以黄河大冲积扇为主。此冲积扇规模巨大，西起孟津，西北至卫河，南抵郑州至漯河一线，东南达周口、郸城一带，向东、向北延伸出省界，海拔多在 40～100m，面积约占东部平原总面积的 3/4。此外，冲积扇规模较大、发育较典型的有沁河冲积扇及漳河冲积扇等，在双洎河、颍河等河流流入的平原地区，也有冲积扇的局部分布。

黄河大冲积扇。黄河含沙量居世界首位，由山地流入平原之后，由于河道骤然变宽，纵比降急剧变缓，所含泥沙随着河道的频繁迁徙而到处沉积。西起卫河、郑州、许昌至颍河之滨，东到泰山山麓，北至天津，南达淮河，都曾是黄河泛滥波及地区，黄泛波及地区都不同程度地因泥沙沉积而抬高，不仅淤平了黄河下游的许多湖泊和洼地，而且埋没了许多高地和城镇。现代黄河由于受人工大堤约束，泥沙沿河道大量沉积，河床逐年抬高，一般高出堤外平地 3～10m，成为“地上悬河”。该段黄河属游荡型，两侧堤距一般在 10km 左右，最宽达 20km。在东坝头以上有三级滩地：一级滩称为“嫩滩”；二级滩地高出一级滩地 1.5m 左右，称为“二滩”，当河流超过 1 000 个流量时开始过水；三级滩地高出二级滩地 2.5～4m，称“老滩”，一般不过水。花园口至兰考东坝头南北大堤之间的河道，构成黄河冲积扇的脊轴。

黄河以北为冲积扇的北翼，地势由西南向东北倾斜，地面平均坡度 1/4 000 左右。由于历史上黄河曾长期流经本区，且决口和改道频繁，因而黄河迁徙遗留的地貌形态如古河道高地、河道洼地、古背河洼地和古河漫滩等分布十分普遍。位于大狮涝河与共产主义渠之间的郇封岭，从武陟大樊向东北延伸，经获嘉到照镜，长达 40 km，宽 3～6km，高出两侧平地 2～4m，最高处达 5m 以上。这一长条形岗地，是目前所能见到的最早黄河故道，其组成岩性为黄土状亚黏土和亚砂土，矿物成分与黄河冲积物相同，与沁河冲积物殊异。古阳堤南侧的黄河故道遗迹也很显著，古阳堤从武陟东南向东北经新乡东、卫辉南、滑县、浚县至濮阳与金堤相接，构成故道左堤。大堤现已不甚清楚，但所形成的陡坎仍断断续续地延伸，与古滩地一起构成高亢的平地，高出背河洼地和古河槽 2～6m，宽数百米至数千米不等，组成岩性为黄土状亚黏土和亚砂土。古河槽基本上呈洼地形态，但由于部分地段组成岩性为粉砂和细砂，在风力作用下又形成沙丘及波状沙地。背河洼地外侧界线不甚清楚，但从盐碱地分布来看，平均宽约 4km 左右。古河槽以南，由于后期河道变迁频繁，古滩地与背河洼地已不清晰。其他地区黄河决口和改道所形成沙地、古河道高地、古河道洼地等地貌形态分布也很普遍，但规模和形态特征均不如上述地区显著，以微倾斜平地为主，也时有浅平洼地与微高地出现。其中临现代黄河大堤地带（称为"背河洼地"）大部分洼地形态不显著，实际上为微倾斜的黄河侧渗带，历史上盐碱地分布广泛。近年来，随着引黄淤灌，大面积种植水稻，昔日的盐碱地变为高产的稻田，盐碱地已不多见。

兰考东坝头东南的废黄河是清咸丰五年（1855 年）铜瓦厢决口改道以前的黄河故道，其大堤、滩地及河槽均很清晰。两堤相距 8km 左右，河槽宽约 500～1 500m，高出堤外平地 6m 左右。故道南侧地表遗留的故道带不很显著，但由于频繁决口泛滥所形成的沙地、决口洼地、小型槽状洼地及微倾平地等分布较为广泛。

扶沟、陈留、睢县一线西北，为黄河冲积扇南翼的上部，由于距黄河近，决口洼地广泛分布。这种洼地是黄河决口时形成的冲蚀水潭遗迹，一般面积不大，多数平时干枯，雨季积水，呈沼泽状态，少数常年积水成湖。沿黄河大堤的花园口、九堡、黑岗口、和尚庄以及沿废黄河大堤的圈头、睢州坝、孙六口等地分布普遍，其下部与槽状洼地相连，是黄河决口时大溜或叉道河道的遗迹，宽数十米至数百米不等，一般低于地面 1～2m，长数千米至数十千米，平时干枯，雨季形成坡水河流。其他地区则广泛分布微倾斜平地，其中在陇海铁路以北至现代黄河、废黄河之间的地带，广泛分布着有背河洼地，地面排水不畅，土壤盐碱化严重，系省内老盐碱地集中分布区之一。

扶沟、陈留、睢县一线东南，为黄河大冲积扇南翼的下部。地貌以微倾斜平地为主，其中散布着一些浅平洼地。地面平均坡降，西北部为 1/3 000，至前缘地带则降到 1/6 000 左右。1938～1947 年黄河南泛，对该区地貌有显著影响，最明显的表现在冲刷和淤积两个方面。一是冲刷方面，如黄河水流入原河槽地段普遍刷深蚀宽，其中吴营以下的贾鲁河、周口以下的沙颍河等，大多刷深 1～2m，蚀宽 1/3～1/2。黄水大溜所经地面则出现许多槽状洼地，并产生了若干新河，如贾鲁河自花园口到吴营入原来的贾鲁河，于周口入沙，长约 160km。上游槽宽约 2km，槽岸高达 5m，下游槽宽仅 500m 左右，槽岸高不过 2m，槽内泥沙形成波状沙地，新河就在其中左右迁徙，即使在汛期河水也不会溢出槽岸。二是淤积方面，泛区地面普遍被淤高，一般平地淤高 1～2m，局部地方淤高 3m；同时淤塞一部分河道，如贾鲁河在吴营以上的东西向河道、涡河在太康以上的旧河、朱寨以下的双泊河等，多被淤平或略显河形。

沁河冲积扇。沁河冲积扇顶点为海拔 150m 左右的五龙口，由此向东南呈扇形延伸。西部到孟州境内的蟒河，东至扇前洼地，前缘与清风岭相接。地面由西北向东南缓倾斜，平均坡降约 1/500～1/1500。地貌特征以微倾斜平地为主，平行相间的微高地、浅平洼地也很明显。前者组成岩性主要是亚黏土和亚砂土，后者以黏土为主，均为红褐色。

漳河冲积扇。漳河冲积扇南翼部分（北翼在河北省）范围介于洪水河以北与卫河以西。地势由西、北向东、东南微倾斜。由于漳河在历史时期不断地由西南向东北迁徙，其平面轮廓明显向东北方向偏转。区内由西北—东南至东西方向展布的古河道高地与古河道洼地，是漳河变迁保留下的遗迹。

（2）冲积低平缓平原

冲积低平缓平原主要分布在黄河冲积扇以南，淮河以北地区，海拔多在 35～55m，地面平均坡降约 1/5 000～1/6 000，构成东部平原相对低洼的地区。淮河沿其南缘由西向东流出省界，淮河北侧支流由西北向东南流经该洼地或者在其中注入淮河。这些河流频繁泛滥决口沉积，形成低平缓平原类型。其地貌以微倾斜平地为主，并有许多坡洼地、浅平洼地及湖洼地散布，如老王坡、泥河洼、宿鸭湖、吴宋湖及蛟庭湖等。湖洼地多沿河流分布，由于地势低而平缓，河流曲流极为发育，如洪河素有"九里十八弯"之称。由于河流常决口和改道，因而古河道高地和古河道洼地分布也很普遍。平原上散布的湖沼、洼地有的呈碟状，有的呈槽状。有些洼地是封闭的，雨季常积水呈暂时性封闭，且常向一个方向倾斜，积水时间相对较短，称坡洼。这些小地貌形态一般低于平地 1～5m，部分可达 7～11m，其形成发育与牛轭湖、古湖泊及古河道变迁息息相关。

地表沉积物主要是上更新世（Q_3）的湖相黑灰色亚黏土层，下部常有"砂姜"，又称"砂姜黑土"，主要分布在南汝河以北、沙颍河以南地区。全新世（Q_4）的湖沼相黑色淤积质沉积物也较常见，大都呈片状显露。在河流沿岸地带，多分布河相冲积物；在河间地带平原区，湖相沉积层则分布较为广泛。

淮北冲积低平缓平原的河流主要有汝河、洪河、汾河、泥河、黑河等，大小支流很多，为河南河网密度最大的地区。其中泥河、黑河因流经湖相砂姜黑土地带而得名，沿河为平坦而低下的冲积湖积平原。洪、汝河曲流带宽典型，两岸人工堤很高，因泥沙淤高，河底高程已与堤外平地相差无几，两岸多有牛轭湖遗迹以及宽达 5～6km 的平地。汝河曲流发育更为典型，沿岸有宽达 3km 的带状平地，中游一般仅有一级阶地，下游二级阶地发育相当普遍。两岸河堤很高，形成了平原地带的分水岭。由于河曲的多次裁弯取直，形成了很多牛轭湖。淮河沿岸发育有宽数百米到 3km 不等的平地，平均高出河槽 3～5m，上连高地，下接河床，为全新世（Q_4）末期河流冲淤而成，土层肥厚，加之水源条件及热量条件均好，是最重要的农耕地。

南阳盆地中的冲积低平缓平原，包括半店、文渠、瓦店一线以南，构林、李谦桥一线以东，唐河、龙潭一线以西的广大地区；海拔约在 80～100m，地势上西、北、东三面向中南部微倾斜，平均坡降约为 1/3 000～1/5 000；地表岩性以亚黏土和黏土为主，大部呈棕褐色，局部为灰色或灰黑色。

2. 河谷冲积带状平原

河谷冲积带状平原是山前较大河流冲积而成的一种平原地貌类型，主要由河流堆积阶地和河漫滩组成。

　　大别山北麓，冲积河谷带状平原主要发育在岗地之间河流谷地中，其形成过程比较复杂，中、上更新世山前洪积倾斜平原形成后，随着淮北地区地壳下降与淮南地区的相对上升，在河流的下切和侧蚀形成宽广谷地过程中，不仅形成了宽阔的河漫滩，还普遍形成了二级阶地，其中二级阶地高出一级阶地 23m，一级阶地高出河漫滩 1～2m。河漫滩主要由细沙和粉沙组成，阶地的下部岩性为松散沙质沉积物，上部为亚砂土和亚黏土。规模较大的河谷带状平原有史河河谷平原、灌河河谷平原、白露河河谷平原、潢河河谷平原、寨河河谷平原、竹竿河河谷平原、小黄河河谷平原、浉河河谷平原等。这些河谷平原均呈带状由南向北或由西南向东北方向延伸至淮河谷地，一般宽 3～11km 不等，最宽可达 20km。土层深厚肥沃，水源丰富，灌溉与排水条件较好，是稻麦稳产高产农田的主要集中分布区。

　　豫西地区，以伊、洛河冲积河谷带状平原的规模为最大。其中伊河中游平原，北至龙门，南起田湖，一般宽 1 000～3 000m。平原由二级阶地和河漫滩构成，地表物质以黄色沙质黏土为主，受流水侵蚀切割较弱，海拔高度大部分在 200m 以下。伊、洛河下游平原，西起洛阳，东至巩义，地处伊、洛河的下游与汇流地段。它大致由洛河北侧平原、伊河南侧平原以及两河间的夹河平原三部分组成。伊河南侧平原，由河漫滩和二级堆积阶地构成，海拔 120～250m，宽 2 500～4 000m。伊、洛河夹河平原，又称夹河滩地，西起关林附近，东至杨村，由堆积阶地和河漫滩构成，大部分海拔 120m，地势平坦开阔，宽 3 000～5 000m，地表物质为黄色亚黏土和夹沙黏土，水源充裕，引水灌溉十分方便，是河南著名的稳产高产区。洛河北侧平原，也由二级堆积阶地和河漫滩构成，北边与黄土丘陵相连，向南倾斜，海拔 120～200m，宽 2 000～4 000m。两河在偃师杨村东汇流，成为一条伊洛河注入黄河。其两侧平原由 1～2 级阶地和沙质、泥质河漫滩构成，海拔 100～180m，由西向东，平原逐渐变窄，至巩义东与黄河南侧平原相接。平原的南北两边均与黄土丘陵的陡坡相接，高 20～30m，平原展布在黄土"U"形深谷之中。

　　中部地区河谷带状平原主要分布在颍河、汝河及沙河沿岸。颍河在白沙水库以下至叶县等地段，由河流堆积阶地和河漫滩组成的河谷带状平原，也相当宽阔平缓。

　　南阳盆地的冲积河谷带状平原，主要分布在白河、赵河、潦河、湍河、严陵河等较大河流的两岸。其中以白河河谷平原面积最大。此类型一般低于两侧洪积冲积缓倾斜平原 2～8m，为负地貌形态，呈条带状散布在南阳盆地中。

3. 洪积冲积平原

洪积冲积平原包括洪积倾斜平原和洪积冲积缓倾斜平原 2 种类型。

（1）洪积倾斜平原

洪积倾斜平原以季节性河流的洪积作用为主导成因，大致呈不规则的带状沿山前地带分布，地表由山地丘陵边缘向平原倾斜，倾斜度一般为 2～5°，组成岩性以洪积的亚黏土和黏土夹碎石为主。由于地势较高，地面倾斜明显，流水切割作用较显著，不少地区呈现为岗洼相间的波状起伏形态。

淮南地区洪积倾斜平原主要为岗地平原，南起山地丘陵边缘，北到淮河南岸陡坎，长达130km，宽10～45km，顶面起伏和缓，经支流沟谷切割又形成许多横向岗岭，因而岗地形态极为复杂，有平岗、垄岗、丘岗及坡岗等。岗地平原是中、上更新世时期，来自南部山地的众多河流的洪积作用所形成的山前倾斜平原，经后期地壳间歇性抬升，并经流水的侵蚀剥蚀作用，形成被宽阔的河谷平原分割且规模较大的带状岗地平原形态，它由西南至东北或自南而北倾斜延伸。浉河以东的岗地平原带状延伸较为显著，宽5～30km，长30～85km不等，海拔大部分在45～100m。浉河以西的岗地平原带状延伸不明显，海拔多在100～150m，顶面呈丘状起伏。大部分呈带状展布的岗地平原，由南向北逐渐低缓，在淮河南岸形成高10～20m的侵蚀陡坎。同时，每条岗地又由西向东呈明显倾斜状态。整个岗地平原岩性以亚黏土和黏土为主，由于流水的进一步侵蚀作用，形成许多大小各异的冲沟，许多冲沟已伸展至岗地平原顶面的分水岭地带，因而较大一部分的岗地平原面较为破碎，此类破碎的岗地平原，在南部靠近丘陵的边缘地带分布十分广泛。

在嵩山、箕山及伏牛山前地带，由于淮河北侧支流长而多，多伸入山地丘陵形成宽阔的河谷平原，因而洪积平原多呈不同形态的岗地沿山地丘陵边缘地带展布。其中伏牛山前倾斜平原，主要是颍河、沙河和北汝河的山前古洪积扇和近代河流冲积平原汇合而成的缓倾斜平原，地势一般向东或东南倾斜，海拔大部分在90～150m。平原地表沉积物有上更新世马兰黄土，在新密、禹州和郑州西部等地较少分布，厚度5～15m。沿河流两岸有全新世冲积层，呈条带状，主要为棕褐、红褐色亚砂土、亚黏土，下部有砂砾石层，厚10～20m。颍河、沙河及北汝河等古洪积扇，受新构造运动影响发生抬升，因而洪积扇面遭到切割和夷平，变成微有起伏的坡岗和平岗形态，原来洪积扇形态已面目全非。而这些河流两岸，则一般分布有2～3级阶地，一级阶地高3～4m，二级阶地高5～11m，宽度由几百米到一二千米不等。其上平缓，土层肥沃。在平原区排水较易，但沿河洼地也常受涝灾，这些地区都是重要的农耕田。

西平至明港的京广铁路西侧，也分布有大面积山前倾斜平原，地势向偏东方向倾斜，海拔100～200m，平原主要是南汝河、臻头河等古冲积扇和坡积裙联合而成的山前洪积平原。地表物质以红褐色亚黏土为主，夹有砂砾石。由于新构造运动的作用，洪积扇平原遭受流水的切割与侵蚀，形成起伏十分明显的岗地，冲沟也较发育。岗地切割强烈，水土流失严重。在长葛西的坡湖、岗李一带及许昌与禹州之间的郭连、桂村、河街至泉店等，岗地规模较大，海拔约在80～150m，地表由西北向东、南、北三面倾斜。其组成岩性以亚黏土夹砾石为主，但仍有老洪积扇的一些形迹。

太行山山前地带，淇县以北以洪积裙为主，宽2～10km不等，海拔多在80～180m，地面完整，倾斜和缓。淇县以南向西一直到济源以北，洪积扇特别发育，规模较大的洪积扇有常河洪积扇、黄水河洪积扇、石门河洪积扇、峪河洪积扇、纸坊沟洪积扇、山门河洪积扇及大沙河洪积扇等。扇形体由山口沿扇面向前缘倾斜，构成倾斜的上凸形坡地；扇间地带相对低凹，致使由洪积扇组成倾斜平原凸凹相间十分显著，海拔多在90～200m，地面坡降约1/40～

1/100，上部陡，下部缓。

（2）洪积冲积缓倾斜平原

洪积冲积缓倾斜平原具有洪积倾斜平原与冲积平原二者之间的过渡特点，地面较为宽阔完整，倾斜和缓，平均坡降在 1/500～1/1 000，以缓倾斜平地为主，但接近洪积倾斜平原的地带也有低而平缓的岗地出现，流水切割较微，灌溉与排水条件均很便利。

南阳盆地的洪积冲积缓倾斜平原最为集中和广泛，其海拔高度一般为 100～140m，并围绕盆地中心呈半环状分布，地势由西北、北及东北向中南部和缓倾斜，以西部的文渠、冀集至杨集一带以及东南部的龙河潭、苍台、黑龙镇一带最为典型。

黄河以北，主要分布在淇县以北及沁河口至孟州一线以西地区，宽约 3～10km，最宽达20km，河谷下切一般 2～3m。黄河以南至淮河以北，主要分布在河谷冲积平原的两侧，并与其一起构成河谷平原的主体，而在河谷平原以外则主要分布在河间地带。前者呈窄长的带状，后者呈断续的块状。其中在陇海铁路以北、邙山以南，西起氾水，东至郑州，地貌上呈为东西向的宽谷平地形态，海拔在 100～400m，组成岩性以黄土状亚黏土为主，亦属于洪积冲积缓倾斜平原类型。此类型平原在淮河以南地区不太发育。

（三）黄土地貌

1. 黄土地貌概述

由于黄土极易受流水侵蚀，因而在流水侵蚀作用下形成一系列黄土地貌形态。黄土堆积形成于中、上更新世，当时堆积面相当平缓，后经地壳的抬升及流水强烈侵蚀作用，形成了不同形态特征的黄土地貌类型。主要分布在西起省界，东到郑州，北至太行山南麓，南抵伏牛山以北的广大地区。西与黄土高原相连接，向东呈不规则的带状延伸，海拔高度向东逐渐降低。如三门峡张村塬海拔 620～770m，向东到洛阳北的邙岭，海拔降至 250m 左右，到郑州北黄河南岸的邙山，海拔在 200m 上下。

河南黄土地貌的地质构造基础，属于秦岭造山带和华北陆块南缘台隆带范围，由燕山运动形成的断陷盆地和拗陷带组成。西部的灵宝、三门峡一带为黄河大断陷盆地，而崤山、嵩山与北面太行山之间为规模巨大的平缓向斜构成的大型拗陷盆地；伊洛河流域分布着一系列小型断陷盆地。黄河及其支流伊河、洛河、涧河等蜿蜒于盆地之中，盆地内一般高程为120～600m。河南黄土覆盖区的地质构造基础复杂，下伏地层呈波状起伏，因而黄土覆盖厚度变化较大。

河南的黄土及地貌形成过程与西北黄土高原地区有显著不同的特点。河南黄土地貌的形成主要与流水作用的再搬运堆积有密切关系。黄土来源于黄土高原，但主要属于洪积冲积类型，风力搬运堆积仅在三门峡盆地及四周地区比较典型。

黄土地貌形态的形成与发育主要与黄土的特殊岩性密切相关。黄土具有质地细而均匀，孔隙度高，垂直节理发育，含碳酸钙质丰富等特性，因而极易受流水侵蚀形成各种各样的地貌类型。

2. 黄土地貌类型

根据其形态、成因特征的明显差异，划分为黄土低山、黄土丘陵和黄土台地 3 个二级类型。

（1）黄土低山

黄土低山是黄土地貌的一个特殊类型，兼有黄土地貌与普通地貌的特点，主要呈条带状分布于灵宝东南部崤山北侧、渑池和新安县北部黄河沿岸，海拔高度较大，一般 700～800m，相对高度 350～500m，坡度 25°左右。大部分为浅黄色或红色的厚层黄土覆盖，局部出露古老的变质岩层，或石英岩、石英砂岩、第三纪红色砂砾岩层等。山坡较陡，脉络明显，起伏较大，高差 60～80m，由于植被稀少，地面裸露，流水侵蚀十分强烈，"V"形沟谷广泛分布，多数冲沟侵蚀切穿黄土层，深入基岩，冲沟一般有二级以上的支沟。

（2）黄土丘陵

黄土丘陵是一种由黄土组成的丘陵地貌形态。这种形态无明显的延伸脉络，被流水切割得较为破碎。与一般丘陵明显的差别主要表现在岩性不同及其破碎程度的差异。由于黄土易于受到流水侵蚀，因而沟壑纵横，其沟壑深十几米至数十米不等，最深可达 100m 以上。大部分河谷不仅切穿了黄土层，而且深切于下伏基岩中，谷底狭窄，谷坡陡峻。很多地方黄土只是覆盖在丘陵顶部，基本形态受下伏地貌形态的控制。一般顶面较为平缓，高度也大体相当，依稀可辨早期黄土堆积面的轮廓。这种类型在黄土覆盖区分布广泛。

孟津以北的黄土丘陵海拔高度大多在 200～300m，相对高度 50～100m，丘陵略有起伏，呈岗丘形态，沟壑较发育，多呈"U"形。巩义至伊川的伊河东南的黄土丘陵，一般海拔 250～400m，顶部较平缓，起伏较小，相对高度多在 100m 以下，丘顶逐渐向谷地降低。新安县以南的黄土丘陵起伏较大，沟壑较多，地面破碎，水土流失严重。

邙山为较典型的黄土丘陵形态，位于黄河以南，陇海铁路以北，西起石珍河岸，东止于京广铁路，呈近东西延伸，长达 100km 左右。它是由于黄河下切侵蚀所造成的黄土阶地。邙山以伊洛河入黄河口为界分为两段，西段介于黄河谷地与涧河谷地、洛阳盆地之间，海拔在 250～450m，高出两侧盆地或谷地 100～300m。焦枝铁路以西，地势较高，且顶面广阔平缓，海拔 400m 左右，具有黄土塬特征；焦枝铁路以东，地势较低，除偃师西北的邙岭呈南陡北缓的单面山形态（主峰海拔 403.9m）较为突出外，其他地区顶面平缓，呈窄长的黄土梁形态。东段主要由黄河南岸的黄土丘陵组成，分布在汜水东北，北坡靠近黄河，极为陡峻，呈单面山形态，海拔在 180～230m，南坡较缓。郑州市北黄河南岸，邙山呈东西向的梁状突出在平原之上，完全由黄土组成，出露厚度 40～90m，总厚度 80～130m。黄土梁顶面海拔高度 200～250m，高出黄河 130～150m，顶面平坦，微有起伏，保留着黄土塬的残迹，四周树枝状冲沟特别发育，冲沟短而窄，但切割很深，常常到数十米至百米。

黄土丘陵与黄土塬、黄土梁具有大体相似的形成发育过程，由早期完整的黄土堆积面在流水作用的强烈侵蚀下，破坏演变而成。沟壑密度一般为 1～3km/km²，沟壑面积约占总面积的 15%～20%。沟壑深度多在十几米至数十米，深者可达 100m 以上。其中大部分沟谷，不仅切穿了黄土盖层，而且深切于下伏基岩内。

（3）黄土台地

河南黄土台地包括黄土塬、黄土梁、黄土阶地 3 种类型。

黄土塬。经流水侵蚀保留下来的一部分由黄土组成的高平原面，呈台地形态，称之为"塬"。中心地势平坦，边缘倾斜明显，塬与塬之间被宽阔的深切河流谷地分割，边坡十分陡峻。这种黄土地貌主要分布在山间盆地或宽阔谷地，系早期的洪积面经流水侵蚀破坏而保留的部分，多沿河谷两侧的山前地带展布，小秦岭和崤山的北麓，自西而东呈东西向带状排列，形态特征较典型的有冯家塬、苏家村塬、犁湾塬、张村塬、樊村塬及董家塬等，海拔多在 600～770m，高出三门峡库区水面 260～430m，但其规模大小不等。

此外，洛阳的洛河两岸，黄土塬分布也较为广泛，一般左岸范围广阔，但由于冲沟发育，塬面较为破碎；右岸范围狭窄，冲沟不很发育，塬面保存比较完整。洛河两岸的黄土塬面高出洛河 150～200m。偃师、巩义、荥阳等地的河谷冲积平原的两侧，黄土塬分布相当广泛，但地势较低，高出附近河面 20～60m，塬面起伏较大，切割也较为破碎。

黄土梁。黄土梁是黄土塬经流水强烈侵蚀而形成的一种梁状黄土地貌类型，在阳平川以西至省界的小秦岭北麓以及三门峡市东磁钟至大安一带，发育较为典型。基本形态呈平顶状或梁峁状。平顶梁部较宽，一般为 400～600m，略呈穹形，坡度多为 1～5°，沿分水线的纵向倾斜度不过 1～3°。梁顶以下有明显的坡折，其下为坡长较短的梁坡，坡度均在 10°以上，最大可达 35°。梁的两侧多为直线坡，只有沟头谷缘上方为凹形坡。黄土梁的延伸方向与黄河横交或斜交，当地称之为"岭"，如阳平附近的白家岭，磁钟东的位点岭。峁梁或梁峁系平顶梁经流水的横向侵蚀进一步演变而成。平顶梁顶部被分割成许多小黄土丘。峁呈椭圆形或圆形，而中间穹起，由中心向四周倾斜，坡度一般为 3～10°。峁顶边缘以下直到谷缘的峁坡面积很大，均为凸形坡，坡度一般为 10～15°，峁与峁之间有明显凹下的分水鞍，当地称"哑口"。郑州北黄河南岸的邙山，也有这种黄土梁的局部分布，呈东西方向，长 18km，高出黄河水面100 余米，顶面平缓，微有起伏。

黄土阶地。黄土阶地是由黄土组成的河流堆积阶地，主要分布在三门峡水库大坝以上的黄河南岸。由于新构造运动的间歇性抬升，黄土组成的黄河堆积阶地，呈台地形态高居于黄河以上，形成一种特殊的黄土地貌类型。在地貌上反映明显的黄土阶地主要有两级，一级阶地以大营一带的地表为代表，海拔 350～380m，高出库区黄河水面 25～55m，宽 4～5km，长达 20 多千米，地面完整平缓，微有起伏。另一级阶地以三门峡市周围的地面为代表，海拔390～430m，高出库区黄河水面 65～115m。其形态特征与前述阶地基本相似，但由于形成时间较早，地势较高，流水的侵蚀作用甚为显著，因而沟壑较为发育，不少沟壑已伸进阶地内部。此外，孟州以西、莲地以东的黄河两岸，也有这种黄土阶地断续分布，如坡头至吉利一带，黄土阶地发育较好。

（四）特殊地貌

河南有较多的特殊地貌形态分布，主要有风沙地貌、岩溶地貌、冰川地貌和火山地貌4种类型。

1. 风沙地貌

河南风沙地貌主要分布在豫东、豫北的黄河故道和黄河泛滥地区。风沙地貌的形成和土壤条件及相应的气候条件密切相关。历史上黄河频繁的改道和溃决，给平原带来了丰富的沙源，加上春、冬干旱多风，以及土地的不合理利用，形成了豫北和豫东平原的沙地类型。黄河以南集中分布在中牟县、开封县、尉氏县、兰考县和民权县，黄河以北，分布在黄河明清故道，呈西南—东北向展布，包括原阳县、延津县、滑县、浚县、内黄县、清丰县和南乐县。

20世纪，豫北和豫东平原的沙丘、沙垄、波状沙地分布十分广泛。沙丘又分为固定沙丘、半固定沙丘和活动沙丘，这其中活动沙丘也相当发育。经过多年的治理和生态建设，特别是2000年以来，政府加大对风沙地的治理力度，大搞以农田水利为中心的农田基本建设和土地综合整治，加上城乡建设用沙，昔日随处可见的沙丘基本不见了，更未见活动沙丘，高低起伏的沙丘沙垄和波状沙地变为地形平坦，旱能灌、涝能排的良田。

2. 岩溶地貌与石漠化

（1）河南岩溶地貌分布

岩溶地貌，地质学称其为"喀斯特岩溶地貌"。河南的岩溶地貌不如南方典型，但别具一格，相对集中分布于南阳盆地以西的淅川一带，有成片的石芽、纵横的溶沟、落水洞和大小不一的溶洞。在豫北太行山区的石灰岩中山和低山中，溶洞、溶蚀宽谷、地下河及泉等岩溶地貌形态有不同程度的发育。在伏牛—熊耳山区，河谷侧坡也有较大的溶洞发育，溶蚀形态发育较为典型，洞内溶积地貌类型都较齐全。嵩山地区老庙山一带，由于广泛出露寒武系和奥陶系的石灰岩，具有岩溶地貌发育的良好条件，溶蚀形态有溶痕、溶隙、溶穴、溶沟与石芽、干谷与旱谷、盲谷、落水洞、溶洞等多种形态，其中尤以溶洞和旱谷最为发育。溶洞具有成层性特征，且层层相连、溶道沟通，宛若楼房。

（2）岩溶地区石漠化状况

河南省岩溶地区石漠化现象主要分布在南阳市域。2014年南阳岩溶地区石漠化土地总面积为 74 647.7hm^2，占岩溶土地面积的 27.88%。其中，淅川县石漠化土地面积最大，为34 881.5 hm^2，占南阳市石漠化土地总面积的46.73%；其次是内乡县为15 548.2 hm^2，占20.83%；西峡、桐柏、南召、镇平、邓州、方城、唐河和社旗石漠化土地面积分别为 5 844.4 hm^2、5 096.4 hm^2、3 414.7 hm^2、2 428.3 hm^2、2 384.0 hm^2、2 035.5 hm^2、1 970.6 hm^2 和 1 044.1 hm^2，分别占南阳市石漠化土地总面积的7.83%、6.83%、4.57%、3.25%、3.19%、2.73%、2.64%和1.40%。

按石漠化程度分布，轻度石漠化土地面积为 22 900.8 hm²，占南阳市石漠化土地总面积的 30.68%；中度石漠化土地面积为 35 337 hm²，占 47.34%；重度石漠化土地面积为 10 991hm²，占 14.72%；极重度石漠化土地面积为 5 418.9hm²，占 7.26%。

潜在石漠化土地总面积为 93 102.2 hm²，占岩溶土地面积的 34.77%。其中淅川县潜在石漠化土地面积最大，为 48 979.1 hm²，占潜在石漠化土地总面积的 52.61%；内乡、西峡、桐柏、南召、镇平、邓州、方城、唐河和社旗潜在石漠化土地面积分别为 5 050.5 hm²、22 414.9 hm²、3 061.8 hm²、4 624.9 hm²、1 525.6 hm²、300.0 hm²、6 459.6 hm²、202.9 hm² 和 482.9 hm²，分别占潜在石漠化土地总面积的 5.42%、24.08%、3.29%、4.97%、1.64%、0.32%、6.94%、0.22%和0.52%。

石漠化成因中自然因素是形成石漠化的条件。碳酸盐岩在岩溶地区具有易淋溶、成土慢的特点，是石漠化形成的基础条件。气候温暖、降雨量大而集中、加上山区坡陡，极易造成水土流失，为石漠化形成提供了侵蚀动力和溶蚀条件。

人为因素是形成石漠化的动力。一是人多地少加快石漠化形成。南阳市人口 1 000 多万，占全省人口的 1/10，人们为了生存出现过度开垦耕地，不合理的耕作，缺乏水土保持措施，加快水土流失，造成植被越来越少，石头越来越多。二是乱砍滥伐森林加速石漠化扩展。大炼钢铁时期大规模的砍伐森林运动和"文化大革命"期间推行的"以粮为纲"的政策等，出现了大规模砍伐森林，使森林资源受到严重破坏。由于地表失去保护，加速了石漠化面积扩展。三是经济贫困加深石漠化程度。河南省国家连片特困地区 26 个重点县中南阳的南召县、镇平县、内乡县、淅川县在列，在国家扶贫开发河南 12 个重点县中南阳的社旗县、桐柏县在列。贫穷地区长期存在的随意樵采、散养牲畜，不仅毁坏林草植被，且造成土壤易被冲蚀，加深石漠化的程度。[①]

（3）岩溶地貌类型

省内岩溶地貌类型，按形态、成因原则划分，可分为 5 种地表与地下岩溶地貌形态。

①岩溶中山。岩溶中山主要分布在伏牛山南坡淅川县的北部地区，海拔 600～1 000m，少数山峰超过 1 000m，最高峰封子山海拔 1 006m，相对高度 500～700m，山势高峻，是老灌河和丹江支流的分水岭，岭脊狭窄，北坡陡，一般 25～40°，南坡较缓，为 20～30°。灰岩出露地带，山坡有溶沟，谷坡有溶洞。大部分植被条件较好，森林连片分布，流水侵蚀很微弱。此外，在伏牛山、熊耳山及太行山等山地也有此地貌类型分布。

②岩溶低山。岩溶低山主要分布在嵩山、熊耳山、伏牛山等山地。相对集中分布淅川县境西北部、东部和西南部，海拔 400～700m，部分山峰在 700m 以上。其中棋盘山 746.3m，尚山960.4m，相对高度 200～600m，地势较低缓。山坡被沟谷、河谷强烈侵蚀切割，山体较破碎。多数山岭平缓，山坡坡度一般 20～30°，山坡下部多覆盖有红色黏土层。岩溶低山区的石灰岩山坡，地表岩溶现象明显，溶蚀形态较为典型。淅川县城东的西簧和毛堂附近地区的

---

① 河南省林业厅、南阳市人民政府："河南省岩溶地区石漠化状况公报"，《河南日报》，2015.3.20。

灰岩山坡，石芽成片分布，其间溶沟纵横，石芽高度不等，一般高 1～3m，溶沟宽度不一，多数 0.5～1.5m，大部分溶沟里都有较厚的红色黏土层，为该区特有的溶沟坡耕地。在灰岩坡麓地带，有红色黏土覆盖的埋藏的石芽，形态典型，交错排列。岩溶低山区，一般植被条件较差，部分基岩裸露，流水侵蚀明显。山坡下部和缓坡地带，有较厚的坡积土层，多开垦为耕地，但因岩溶地貌发育，地表水漏失现象严重，农业生产受到影响。

③岩溶丘陵。岩溶丘陵主要分布在淅川县，海拔一般 200～400m，相对高度 80～200m，呈带状分布在丹江、老灌河和刁河谷地两侧。其中灰岩丘陵的岩溶现象明显，丘顶一般较平缓，有的是浑圆形孤丘，有的为条形岗丘。丘间地和丘坡下部，土层较厚，耕地分布较集中，但易遭干旱。丘陵区流水侵蚀作用较强烈。

④溶洞。溶洞在豫西山地分布较广泛，一般灰岩分布区都有规模不等的溶洞发育。如淅川县荆关、寿湾、西簧、毛堂和杜湾等地都有较大的溶洞分布，洞内石柱、石钟乳、石笋等微地貌形态相当齐全。

溶洞分布的最大特征之一是溶洞分布的成层性，在伏牛山、太行山、嵩山等地区，一般都可看到 2～3 层溶洞呈规律的层状分布。体现了洞穴形成过程中的阶段性，也反映了它是随着地壳的间歇性抬升而形成的。其中已发现的嵩山北坡老庙山地区的溶洞群，有各种溶洞百余座，其中规模较大的有 30 多个，老庙山地区岩溶地貌发育，在区域构造线的控制下具有明显的方向性，在构造与水动力条件控制下，具有垂直分带规律。该区内的溶洞群主要分布于三个高度带上，分别是 650～700m、500～550m 和 400m 左右。此外还有峰顶面、涌泉和间歇泉的出露部位均有垂直带状的特征，这是新构造运动的间歇性抬升和水动力条件联合作用的产物。此外，岩溶地貌发育的区域差异性还受可溶岩石岩性的影响。

河南的溶洞以巩义市的雪花洞和栾川县的鸡冠洞最为典型和著名。巩义市的雪花洞位于嵩山北坡老庙山地区，雪花洞景区属典型的喀斯特地貌，沿玉仙河南下依次可见新生界、中生界、古生界、元古界、太古界比较完整的地层，专家称该景区是研究地质的"博物馆"，是集旅游、地学知识普及和地质科学研究的理想景区。

鸡冠洞位于栾川县城西 4km 处，位于伏牛山地，是典型的天然石灰岩溶洞，是中国长江以北罕见的洞穴。洞中一年四季恒温 18℃，严冬季节，洞内热浪扑面，暖意融融；盛夏酷暑，洞中寒气侵袭，爽凉宜人，被誉为"自然大空调"。

⑤峰林。河南发现的峰林仅见于淅川县和嵩山的老庙山地区。其形态虽不如云贵地区典型，但也山峰林立，具有暖温带峰林的特色。嵩山地区峰林的演化过程尚处于峰丛和峰林阶段，很少有孤峰出现。

3. 冰川地貌

由于豫西山地主脊海拔很高，第四纪时期山地曾受冰川的冰蚀作用。大约在 1 800m 左右的高度，冰斗及似冰斗地貌形态分布较普遍，且保存也较完好。在小秦岭山脉的秦岭金矿与抢马金矿，冰斗形态较为典型，冰斗四周为山峰环抱，中部为开阔平坦的冰斗小盆地，冰斗口前部有一呈悬崖峭壁状的陡坎或深切的"V"形谷,形成急流或瀑布。其平面轮廓近似椭圆形,短轴在150m左右,长轴一般均在600m以上,四周山坡坡度一般在45°以上,山顶分水岭则较为平缓,盆地有黏土及亚砂土堆积,常积水形成沼泽。

另外在海拔2000m左右的山顶也有此类冰斗地貌形态分布。如伏牛山龙池曼的山顶北侧,有一冰斗积水成湖,故称"龙池",它大约位于2100m左右的山顶。此外,在栾川南部和鸡角尖,西峡北部的桦树盘,古冰斗形态也保存较好。

4. 火山地貌

受第三纪火山运动的作用,宝丰大营一带出露有新第三纪火山岩(又称大营群),主要为安山岩,分布面积约140km^2,厚度在400m以上,在地表呈台地或丘陵地貌形态。在鹤壁南部,分布有残留火山颈和火山口相堆积物,为多次喷溢的产物,上新世曾有过火山喷发,甚至到第四纪初仍有火山活动,现在的古火山均呈孤立的玄武岩岗地形态。显而易见,河南山区在新第三纪时有过涉及地壳深处的构造活动。

第四节 地貌分区

一、地貌分区等级系统

地貌分区一般采用多级划分方法。根据河南地貌类型的区域分异规律和地貌的研究程度,采用三级划分方案。一级地貌区的划分标志,主要是大地貌形态的一致性、大地构造单元和新构造运动的区域相似性,以及农业发展方向的大体一致性。二级地貌区的划分,主要是地貌形态和成因上的相似性,次级大地构造和次级新构造运动的一致性,农业利用方向基本一致。三级地貌区的划分标志,是地貌形态基本相同,地貌类型较单纯,地质构造大体一致,农业利用现状基本相同。据此河南地貌划分为2个一级地貌区、7个二级地貌区、31个三级地貌区,见表3-2和河南省地貌分区图(附图6)。

表3-2 河南地貌分区等级系统

一级地貌区	二级地貌区	三级地貌区
I 东部平原区	I₁ 黄河洪积冲积平原区	I₁ₐ 沁阳—武陟缓倾斜平原区
		I₁ᵦ 延津—内黄微起伏平原区
		I₁ᵪ 黄陵—范县低缓平原区
		I₁ᵈ 中牟—睢县沙地沙丘平原区
		I₁ₑ 临颍—夏邑平缓平原区
		I₁ᶠ 太行山东侧山前倾斜平原区
		I₁ᵍ 太行山南侧山前倾斜平原区
	I₂ 淮河冲积湖积平原区	I₂ₐ 上蔡—正阳缓倾斜平原区
		I₂ᵦ 平舆—淮滨微起伏平原区
		I₂ᵪ 伏牛山山前倾斜平原区
		I₂ᵈ 伏牛—桐柏山山前倾斜平原区
		I₂ₑ 大别山前山岗地倾斜平原区

一级地貌区	二级地貌区	三级地貌区
II 西部南部山地丘陵盆地区	II₁ 太行山区	II₁a 太行山中山区
		II₁b 太行山低山丘陵盆地区
	II₂ 洛阳—三门峡黄土丘陵区	II₂a 洛河中游黄土塬和黄土丘陵区
		II₂b 伊河—洛河下游黄土丘陵区
		II₂c 三门峡—灵宝黄土塬和黄土丘陵区
		II₂d 渑池—王屋山黄土低山丘陵区
	II₃ 伏牛—熊耳山区	II₃a 崤山—熊耳中山区
		II₃b 伏牛山中山区
		II₃c 伏牛山东北部低山丘陵区
		II₃d 伏牛山东南部低山丘陵区
		II₃e 嵩山低山丘陵区
		II₃f 淅川岩溶低山区
	II₄ 南阳盆地区	II₄a 东部岗地平原区
		II₄b 西部—北部岗地平原区
		II₄c 中北部倾斜平原区
		II₄d 中南部低缓平原区
	II₅ 桐柏—大别山区	II₅a 伏牛—桐柏低山丘陵区
		II₅b 大别山低山丘陵区
		II₅c 桐柏—大别山中山低山区

二、地貌分区特征概述

为避免内容重复,这里仅对二级地貌区的地貌特征进行描述。

(一)黄河洪积冲积平原区

该区是以黄河大冲积扇、漳河冲积扇、安阳河冲积扇,沁河冲积扇和双泊河冲积扇等组合而成的冲积扇平原,其中黄河大型冲积扇为平原的主体。

黄河以北的平原是黄河大冲积扇的北翼,地势由西南向东北微倾斜,地面平均坡度 1/4 000 左右。该区是历史上黄河决口泛滥和改道最频繁的地区之一,反映黄河变迁的地貌形态十分明显,如故河道高地、故河道洼地、故河漫滩地、故背河洼地等地貌分布较为普遍。武陟、修武一带西南—东北向延伸的郇封岭,长约 40km,宽 3～6km,高出两侧平地 2～4m,最高处达 5m 以上,是目前所能见到的最老的黄河故道遗址。古阳堤从武陟圪垱店东北经朗公庙、卫辉、滑县至濮阳与金堤相接,西北侧为故背河洼地,东南侧是故黄河滩地,高亢平坦,两者相差一般为 1～3m,最大达 5～6m。在故黄河滩地东南侧除有故黄河洼地断续分布外,与其平行展布的沙丘沙地,是故河床松散沙质沉积物,经后期风力作用的产物,是该区内所能看到的规模最大、形态也较为完整的黄河故道带。此外,半坡店、上官一带,胙城、黄德一带,以及滑县、内黄一带,有东西向、西北—东南向及西南—东北向的故黄河滩地残存,区内其他平坦地区,与历史上黄河频繁地决口泛滥沉积密切相关。

黄河以南的平原属黄河大冲积扇的南翼范围,地势向东南倾斜,微地貌较复杂,有古河槽、古河滩、古背河洼地、古泛道、决口扇、沙丘沙岗、沙地等多种类型。从兰考到虞城一线，有一条走向略偏东南的古黄河道，宽约 8km，高出地表 8～10m，在故道中仍有宽 500～1 500m 的古河床遗址。新郑—尉氏—杞县—宁陵一线以北，有大面积沙地及洼地，是黄河近代泛滥冲积的遗迹。该线以南，则为泛淤平地，地势较为平缓，土质多为砂壤土或壤土，是生产潜力较大的农业地貌区。

花园口至东坝头长达 120 多千米的黄河河道是横卧在大平原上的"悬河"。黄河河床高于两岸堤外平地 3～10m。大堤内有三级滩地，堤外为宽 1～5km 的背河洼地。由于黄河河床抬高，河水向堤外大量漫渗，抬高地下水位，引起土壤盐渍化。20 世纪通过引黄淤灌，使沿黄两岸大多盐碱地变成了稻田。小浪底水利枢纽建成后，黄河下游河床被冲刷河床呈下降趋势。

（二）淮河冲积湖积平原区

该区位于沙颍河以南，伏牛山以东，大别山以北，主要是淮河泛滥冲积和湖积而形成的低缓平原。地势低下而平坦，大体向东南微倾斜，与河水流向一致，地面坡降很小，平均为1/5 000～1/6 000，海拔多在 35～50m，属于低平原类型。平原西部边缘地带，地势较高，海拔为 50～100m，为山前洪积平原。

该区最大特征是浅平洼地和湖洼地分布面积较大，多分布在河间平原和沿河两岸的平地上。浅平洼地呈槽状和碟状，常向一个方向倾斜，群众常称为"坡洼"，多雨时，洼地可能短暂积水。湖洼多是封闭的，积水期长，呈湖泊或沼泽状，其长轴方向和湖洼的排列方向与地表倾斜方向一致，沿河分布的湖洼多呈串珠状排列。

平原上河流发育，大小支流众多，是河南河流密度最大地区。河道曲流发育很典型，常形成牛轭湖和遗弃河道。宿鸭湖水库就是在湖泊洼地上修建的人工水库。

淮河冲积平原自燕山运动以来就以沉降为主，第四纪仍处于下降阶段，故广阔的平原上沉积了深厚的河流相和湖相堆积物。第四纪地层的厚度为 150～500m，这种地壳下降和大量物质的堆积作用，是该区现代平原地貌类型的形成基础。新构造运动的振荡性和差异反映在该区地貌上，是淮河及其支流沿岸分布有 2～4 级阶地，汝河沿岸可见到 3～4 级阶地。上蔡县一带是近期的隆起地区，形成近南北向的岗地，出露岩层为中更新世红褐色亚黏土。区内河流众多，流水不畅，历史上常有河道决口泛滥成灾现象，特别是浅平洼地和湖洼地经常遭受洪涝灾害。

（三）太行山区

该区包括邵原、王屋、西万、焦作、薄壁、黄水、潞王坟、庙口、汤阴、水冶、安丰一线西北的河南西北部边境地区。区内山地属于太行山脉的西南段，呈向东南突出的不规则的弧形带状，构成山西高原与黄（河）卫（河）平原的天然屏障。大致从博爱到济源以西的省界，山脉走向转为东西向，从林州到博爱的山脉走向为北北东—北东向。太行山脉的主脊地带，主要由寒武—奥陶纪灰岩构成的中山类型，海拔多在 1 500m 以上。区内山地地貌呈明显的弧形带展布。中山集中延伸在西北部的边界地带，构成较规则的弧形山地的核心。东北部的盆地、低山丘陵、台地也依次呈弧形带状排列。

林州以西的太行山中山，为断块构造，山势异常陡峻，有南北延伸的多级嶂壁，呈直立的悬崖峭壁，山峰顶部较平坦，向西过渡为山西高原。济源市以北的太行山地，海拔 1 600～1 800m，山体峻峭，个别山峰超过 1 800m。但沁阳以北一带的太行山，地势较低，海拔多在800 米以下，是晋豫间天然交通要冲。

太行山主脊中山以东以南，山势明显降低，低山、丘陵、台地广泛分布，其间有一些拗陷盆地和宽阔平缓的河流谷地。较大的盆地有林州盆地、临淇盆地、南村盆地等，纵横 10～25km。这些盆地和谷地地势平缓，土层深厚，水源较丰富，是太行山区重要的农业生产区。

（四）洛阳—三门峡黄土丘陵区

该区位于豫西山区北部，绝大部分在黄河南侧，西至省界，东到豫东平原西缘，南接熊耳—伏牛山区，北接太行山地。面积广阔，轮廓狭长，包括三门峡—灵宝黄土塬和黄土丘陵区、伊河—洛河下游黄土丘陵区、洛河中游黄土塬和黄土丘陵区、渑池—王屋山黄土低山、丘陵区 4 部分。

区内除渑池、新安等县有较大面积石质山地外，其他地区都是黄土成片分布，黄土地貌占优势。黄土分布的地形部位，主要是河谷地带、山间盆地、山前坡地带。黄土在山地覆盖高度一般为 250～700m，灵宝、三门峡一带黄土覆盖高度达到 750～900m。黄土层厚度：西部较厚，为 50～180m，最大厚度超过 200m；东部较薄，一般在 20～110m。该区黄土是早更新世（Q_1）、中更新世（Q_2）、晚更新世（Q_3）和全新世（Q_4）堆积形成的。其成因主要有冲积、洪积和坡积的不同类型。各期堆积的黄土，多经流水的再次搬运堆积。

区内黄土地貌，有黄土塬、黄土丘陵、黄土低山、黄土冲沟和黄土物质组成的河谷平原主要类型。其中黄土丘陵分布面积最广，约占本区总面积的一半以上。其次是黄土塬和黄土低山。其形态、成因、发育和分布，各具特征，在改造利用方面，特别是农业生产利用上有着明显的不同特点。

区内植被稀少，森林植被覆盖率较低，加之该区降水集中且强度较大，黄土抗蚀能力较弱，因而豫西地区是河南水土流失最严重的地方。另外，形成地貌的重力作用以崩塌为主。崩塌块体一般较小，但出现频繁率较大。崩塌发生较多的地段，集中于黄河岸边，深切沟谷侧坡以及陇海铁路沿线的部分边坡和一些公路边坡。

区内构造活动在地貌上反映较明显。中部渑池、新安地区的山地，属崤山拱断型构造，褶皱断块形态比较清楚；西部三门峡—灵宝一带，东部洛阳、洛宁、伊川地区均分别属于中新生代凹陷，都表现为十分明显的山间盆地地貌形态。东西向、北西向、北东向和南北向的构造，对该区地形地势与地貌发育，均有明显影响。东西向和北东向构造的影响尤为显著，崤山呈北东向延伸；洛河、伊河流向东北；涧河自偃师向东汇入洛河；黄河的流向，几经改变，先有东西转东北，再折东南，后又复东西。各条河流的流向及流向的改变，分别反映了河流发育与不同构造相适应的特点。

（五）伏牛—熊耳山区

该区位于豫西中部，是面积最大的二级区，范围大致北到小秦岭、崤山和嵩山北麓，以200m等高线与黄土丘陵区相接，东抵豫东平原的西缘，南至南阳盆地北部边缘，西到豫、陕交界。

区内山地系秦岭山脉向东的延伸部分，由小秦岭、崤山、熊耳山、伏牛山和外方山等较大的山脉组成。各山脉在西部集结，构成高峻雄伟的山岭，海拔多在1 000～2 000m，部分山峰超过2 000m，是河南最高山区。整个地势自西向东有规律的逐渐降低，并向北、向南缓缓下降，地貌类型也由中山—低山—丘陵有规律的变化。区内河流分别注入黄河、长江和淮河，分属三个水系。山脉走向、河流走向明显地受构造线方向的影响，使它们呈扇状向东北、向东和向东南延伸散射。山脉间的盆地，受线形构造的影响，多呈狭长形，与河流呈串珠状相连。

该区地貌以山地为主，地域广阔，约占河南山地总面积的40%。其中中山主要分布在小秦岭、崤山和熊耳山的西段，位于灵宝、陕县、洛宁、嵩县、栾川等县境内，伏牛山主脉及其向东北和向东南延伸的山岭，遍及卢氏、栾川、嵩县、汝阳、鲁山、南召、镇平、内乡和西峡等县境，其海拔在1 000～2 000m，相对高度部分在1 200m以上。山地多由燕山期花岗岩和古老变质岩组成，形态成因基本一致，但也有差异。低山丘陵区分布范围广，但相对集中在三个地区：一是伏牛山东北部低山丘陵区，东西窄长，二是伏牛山东南部低山丘陵，三是嵩山丘陵区。该区矿产资源丰富，其中煤、铝、金、蓝石棉、钼等矿产在全国占有重要地位。

（六）南阳盆地区

南阳盆地位于河南西南部，范围大致包括内乡、陶岔一线以东，赤眉、马山口、皇路店、方城一线以南，羊册、官庄一线西南及马谷田、新集、黑龙镇、湖阳一线西北的广大地区。

盆地由盆地边缘向中心和缓倾斜，地势呈明显的环状和阶梯状特征，盆地外围为山地丘陵所环抱，边缘分布有波状起伏的岗地和岗间凹地。大部分岗地宽阔平缓，海拔140～200m，由盆边向盆地中心延伸，岗、凹之间坡度平缓没有明显界线，常常是"走岗不见岗、走凹不见凹"。盆地中南部为地势平缓的洪积冲积平原和冲积平原，海拔80～100m，略向南倾斜。在盆地中还分布着一些互不相连的孤峰，如隐山、丰山、蒲山、独山、光山、紫山、塔子山、磨山、羊山等9座。唐、白河自北而南穿过盆地，水系呈扇状，唐河切割深、河床窄、弯道多，比较稳定，沿河分布有较宽的阶地。总之，南阳盆地地面广阔平缓，土层深厚肥沃，水源较丰富，是河南重要的农业生产区。

南阳盆地是南襄拗陷盆地的一部分，位于其北半部。整个拗陷盆地自白垩纪以来以沉降为主，周围山地丘陵相对抬升，在其抬升的过程中伴随着流水的强烈侵蚀剥蚀作用，大量的松散物质在盆地中堆积下来，形成了巨厚的白垩系、第三系和第四系松散堆积层，特别是第四系黏土、亚黏土和亚砂土堆积覆盖极为广泛，从而形成现阶段的各种堆积平原形态。

（七）桐柏—大别山区

该区位于河南南部，大致包括南阳盆地以东，舞阳、板桥、确山、平昌关一线以西，信阳、光山、双椿铺、武庙一线以南的广大山地丘陵区。

区内山地丘陵主要属于桐柏山脉和大别山脉，部分属于伏牛山脉向东南延伸的山地。因蜿蜒于河南、湖北两省边境，再向东伸展进入安徽境内。桐柏山脉呈西北—东南向延伸，主脊以浅中山和深低山为主，其中北部为连绵起伏的低山和丘陵。大别山脉近于东西向延伸，主脊地带分布有深低山、浅低山、深中山和浅中山，其北侧主要为丘陵，并有低山散布在其间。

区内地貌差异明显。中低山主要分布在祁仪、鸿仪河、董家河、浉河港、涩港、定远店、陡山河、沙窝、伏山、苏仙石一线以南的广大地区。低山丘陵主要分布在两个地区，一是在桐柏—大别山地区的西北部，由伏牛山地的余脉和桐柏山地组成，范围大致包括桐柏、固县一线以北，方城缺口东南的低山丘陵及盆地，构成南阳盆地与豫东平原间狭窄而低缓的山岭分界地带。二是在东北部，区内地貌类型以低山丘陵为主，河谷平原分布也十分普遍，主要分布在史河、灌河、白露河、潢河、寨河、竹竿河、游河及较大支流的两岸，由河漫滩和河流堆积阶地组成，宽 1～5km 不等。此外，该区水库甚多，其中大型水库有南湾水库、石山口水库、板桥水库、泼河水库、鲇鱼山水库等。

该区地质构造为近东西方向延伸的褶皱系，由不同变质程度而且具有混合岩化的片麻岩、片岩类组成。燕山运动期间岩浆活动和断裂活动强烈，形成了分布较广泛的花岗岩侵入体和规模较大的走向断裂，奠定该区地貌组合为基本平面格局的基础。从新生代以后，该区一直处于差异抬升状态，特别是新构造运动对于地貌高低起伏的形成具有重要影响。

该区山势不高，地势破碎，但因位于平原地区，仍显得相当高峻，成为长江与淮河的天然分水岭，又因处于北亚热带范围，水热条件较好，动植物资源丰富。

参考文献

王文楷：《河南地理志》，河南人民出版社，1990 年。

张光业、周华山、孙宪章：《河南地貌区划》，河南科学技术出版社，1985 年。

第四章 矿产资源

中华人民共和国成立前，河南省无一种矿产拥有查明资源储量。20 世纪 50 年代，开始大规模地质矿产勘查工作。1956 年编制首份《河南矿产资源储量表》时，仅有煤、铁、铝土矿、油页岩和黄铁矿 5 个矿种拥有查明资源储量，上表矿产地 53 处。至 1980 年年底，全省已有查明储量的矿种 53 种，上表矿产地 544 处。20 世纪 80 年代至 90 年代，勘查并获得较多新增储量的矿种主要有煤、石油、天然气、钼、铝、金、银、铅锌、铁、金红石、蓝晶石类、萤石、天然碱、岩盐、石墨、石膏、水泥用灰岩、膨润土、珍珠岩等。截至 2010 年年底，全省已发现的矿种 136 种（179 亚种），有探明储量的矿种 97 种（126 亚种），已开发利用的矿种有 104 种（147 亚种），上表矿产地 2 369 处。

第一节 矿产资源种类与分布

一、矿产资源种类[①]

河南的矿产资源分为能源矿产、金属矿产、非金属矿产和水气矿产四大类。

（一）能源矿产

能源矿产可分为燃料矿产、放射性矿产和地热等类别，包括石油、天然气、煤、煤层气、油页岩、石煤、铀、钍、地热 9 种矿产。前 6 种为燃料矿产，铀、钍为放射性矿产，地热资源主要指地下热水。能源类矿产除煤层气外均有查明资源储量且已开发利用。

（二）金属矿产

金属矿产可分为黑色金属、有色金属、贵金属、稀有分散元素矿产等类别。

黑色金属矿产包括铁、锰、钒、钛、铬，共 5 种，其中前 4 种有查明资源储量，5 种矿产均已开发利用。

有色金属矿产包括铜、铅、锌、铝土矿、镍、钴、钨、钼、锑、镁，共 10 种，均有查明资源储量，除钴外其他矿种已开发利用。

贵金属矿产包括金、银、铂、钯，共 4 种，均有查明资源储量，金银已开发利用。

---

① 本节中的矿产名称，不带括号者为矿种，带括号者为亚矿种。同一矿种的名称因其亚矿种归类不同，可能出现多次。

稀有分散元素矿产包括铌、钽、铍、锂、铷、铯、铈、锗、镓、铟、铼、镉、锆、锶、钇、钪、铊、硒、碲，共 19 种，其中前 12 种有查明资源储量，仅铌、钽、锂、铍、锂、铷、铯、镓已开发利用。

（三）非金属矿产

非金属矿产可分为冶金辅助原料、化工原料、建筑材料及其他等类别。

冶金辅助原料非金属矿产包括蓝晶石类（蓝晶石、红柱石、矽线石）、萤石（普通萤石）、石灰岩（熔剂用灰岩）、石英岩（冶金用石英岩）、脉石英（冶金用脉石英）、白云岩（冶金用白云岩）、耐火黏土、铁矾土、菱镁矿、砂岩（铸型用砂岩）、天然石英砂（铸型用砂）、耐火用橄榄岩等 14 种（亚矿种），均有查明资源储量。除菱镁矿、铸型用砂岩外，其他 12 个矿种（亚矿种）均已开发利用。

化工原料非金属矿产包括硫铁矿、天然碱、矿盐（岩盐）、石灰岩（电石用灰岩、制碱用灰岩）、含钾砂页岩、磷矿、重晶石、砷、蛇纹岩（化肥用蛇纹岩）、化肥用橄榄岩、白云岩（化肥用白云岩）、含钾岩石、明矾石、芒硝、碘、溴、硼等 18 种（亚矿种），其中前 13 种有查明资源储量，硫铁矿等 10 种矿产已经开发利用。

建筑材料及其他非金属矿产包括萤石（光学萤石）、石灰岩（水泥用灰岩、玻璃用灰岩、建筑石料用灰岩、制灰用灰岩、饰面用灰岩）、白云岩（玻璃用白云岩、建筑用白云岩）、石英岩（玻璃用石英岩）、砂岩（玻璃用砂岩、水泥配料用砂岩、陶瓷用砂岩、砖瓦用砂岩、建筑用砂岩）、天然石英砂（玻璃用砂、建筑用砂、砖瓦用砂）、橄榄岩（建筑用橄榄岩）、脉石英（玻璃用脉石英、水泥配料用脉石英）、金刚石、水晶（压电水晶、熔炼水晶、工艺水晶）、刚玉、电气石、石榴子石、方解石、冰洲石、宝石、玉石、玛瑙、硅灰石、滑石、长石、叶蜡石、陶瓷用黏土、其他黏土（砖瓦用黏土、陶粒用黏土、水泥配料用黏土、水泥配料用红土、水泥配料用黄土）、霞石正长岩、高岭土、陶瓷土、粉石英、凝灰岩（玻璃用凝灰岩、建筑用凝灰岩、水泥用凝灰岩）、泥灰岩、页岩（陶粒页岩、水泥配料用页岩、砖瓦用页岩、建筑用页岩）、大理岩（饰面用大理岩、建筑用大理岩、水泥用大理岩）、玄武岩（铸石用玄武岩、岩棉用玄武岩、水泥混合材玄武岩、建筑用玄武岩、饰面用玄武岩）、凹凸棒石黏土、海泡石黏土、伊利石黏土、膨润土、建筑用砂、辉绿岩（建筑用辉绿岩、饰面用辉绿岩）、安山岩（建筑用安山岩、饰面用安山岩）、闪长岩（建筑用闪长岩）、花岗岩（建筑用花岗岩、饰面用花岗岩）、火山灰、角闪岩（建筑用角闪岩）、片麻岩、板岩（饰面用板岩）、辉石岩（建筑用辉石岩）、辉长岩（建筑用辉长岩）、正长岩（建筑用正长岩）、石墨、石棉、蓝石棉、云母、透闪石、蛭石、沸石、石膏、颜料矿物、白垩、透辉石、麦饭石、珍珠岩、浮石、天然油石、片石、千枚岩、泥炭等 67 矿种、99 亚矿种。其中，有查明资源储量者有 43 矿种、64 亚矿种；已开发利用者有 41 矿种、82 亚矿种。

（四）水气矿产

水气矿产包括地下水、矿泉水和二氧化碳气 3 种，前两者已开发利用。

二、矿产地

截至 2010 年年底，全省上表矿产地 2 369 处，其中主要矿产产地（含单一矿产产地）1 715 处，共生、伴生矿产产地 654 处。按矿床规模划分，在 2 369 处矿产地中，大型（含特大型）的 225 处，中型的 384 处，小型的 1 760 处。

三、矿产资源分布

河南查明资源储量的矿产地（矿床）绝大多数分布在京广铁路线以西和豫南的山地丘陵及毗邻地区，东部平原矿产地屈指可数。省内油气产地主要分布于豫北的东濮凹陷（中原油田）和豫西南的南阳盆地（河南油田）。煤炭产地主要分布于鹤壁、焦作、义马、郑州、永城、平顶山等地。金属矿产地主要赋存于华北陆块成矿区（豫北、豫中、豫西北）和秦岭造山带成矿区（豫西南、豫南）的山丘地带。非金属矿产地除岩盐和砖瓦黏土外，也多分布于上述两个成矿区的山丘地带，见河南省矿产资源分布图（附图 7）。

四、河南矿产资源在国内的地位

河南是国内矿产资源较丰富的省份之一。2010 年年底河南矿产保有资源储量在全国居首位的有钼、镁、蓝晶石、红柱石、天然碱、珍珠岩等 13 种，居第二位的有铝土矿、耐火黏土等 13 种，居前三位的共有 36 种，见表 4-1。

由于区位、品质、开采条件等优势，河南不少矿种在国内矿产开发与加工产业中占有重要地位。如 2000 年河南煤炭保有储量仅居国内第九位，产量却已连续 20 年保持国内第二位；黄金保有储量居国内第七位，产量已连续 16 年保持国内第二位。其他开发强度高、对国家经济建设贡献大的矿种有石油、天然气、铝土矿、钼矿、银、石灰石、耐火黏土、石墨、玉石等。2000 年河南氧化铝产量居全国首位，耐火材料、钼、白银、油气等产量也居国内前列。河南矿业总产值长期居国内第四或第五位，属于矿业大省之一。但河南铜矿、高品位铁矿、高品位磷矿和钾盐等重要矿产资源匮乏，煤炭、石油、天然气、高品位铝土矿、金矿等优势资源开发耗竭过多，后备资源急缺，急待加强地质找矿工作。

表 4-1　河南矿产保有查明资源储量在全国的位次（截至 2010 年年底）

位次	矿产名称	矿种数
1	钛矿（金红石矿物）、镁矿、钼矿、蓝晶石、红柱石、天然碱、化肥用橄榄岩、玻璃用灰岩、水泥配料用黏土、水泥混合材用玄武岩、伊利石黏土、建筑用灰岩、珍珠岩	13
2	铝土矿、耐火黏土、铸型用砂岩、耐火用橄榄岩、玻璃用凝灰岩、伴生磷、水泥用灰岩、白钨矿、水泥用大理岩、建筑用凝灰岩、饰面用安山岩、蓝石棉、天然油石	13
3	钨矿、铼矿、铁钒土、方解石、泥灰岩、水泥配料用黄土、建筑用角闪岩、建筑用安山岩、建筑用闪长岩、建筑用页岩	10
4	镓矿、普通萤石、熔剂用灰岩、含钾岩石、岩棉用玄武岩、建筑用玄武岩、建筑用大理岩、建筑用砂、建筑用白云岩、石墨（晶质）、建筑用砂岩	11
5	金矿、砖瓦用砂岩、片麻岩、陶瓷用砂岩、镍矿	5
6	钛矿（金红石 TiO_2）、炼焦用煤、锂矿、铯矿、玻璃用石英岩、冶金用石英岩、硅灰石、滑石、海泡石黏土、建筑用辉绿岩	10
7	铷矿、电石用灰岩、铸石用玄武岩、化工用白云岩、含钾砂页岩、玻璃用脉石英、水泥用凝灰岩、建筑用花岗岩、饰面用板岩、陶粒用黏土、饰面用灰岩	11
8	沸石、混合钨矿、饰面用大理岩	3
9	煤炭、铅矿、锑矿、铍矿、玉石、盐矿、石榴子石、制灰用灰岩、石墨（隐晶质）、透辉石、玻璃用脉石英	11
10	铁矿、铟矿、化肥用蛇纹岩、砖瓦用页岩、普通萤石	5
	矿种数合计	92

资料来源：根据国土资源部"2010 年度全国矿产储量通报"整理。

表 4-2　河南主要矿种矿产资源储量（截至 2010 年年底）

序号	矿产名称	上表矿区数	资源储量计算对象/计量单位	累计查明资源储量	保有查明资源储量
1	煤	327	煤/10^4t	3 253 395.65	2 797 410.80
2	油页岩	2	油页岩/10^4t	9 045.40	9 045.40
3	铁矿	168	矿石/10^4t	175 351.10	163 477.00
4	锰矿	6	矿石/10^4t	222.41	207.26
5	钛矿	4	钛铁矿 TiO_2/t	837 676	835 934
6	钛矿（金红石）	10	金红石矿物/t	4 000 892	3 996 744
7	钒矿	8	V_2O_5/t	308 811.29	308 189.30
8	铜矿	66	铜/t	829 550	635 357
9	铅矿	112	铅/t	2 824 815.74	2 356 929
10	锌矿	88	锌/t	2 874 315.15	2 470 733
11	铝土矿	115	矿石/10^4t	89 333.78	78 423.95
12	镁矿（炼镁白云岩）	3	矿石/10^4t	14 553.69	14 553.69
13	镍矿	1	镍/t	656 776	656 776
14	钴矿	2	钴/t	2 912	2 903

续表

序号	矿产名称	上表矿区数	资源储量计算对象/计量单位	累计查明资源储量	保有查明资源储量
15	钨矿	6	WO$_3$/t	608 710.04	438 661.70
16	钼矿	42	钼/t	4 534 676.25	3 650 535
17	锑矿	9	锑/t	103 472.76	35 242.18
18	金矿	157	金/kg	983 031.70	395 085.70
19	银矿	117	银/t	8 708.99	4 396.24
20	铌矿	3	Nb$_2$O$_5$/t	300.63	71.63
21	钽矿	4	Ta$_2$O$_5$/t	440.26	136.26
22	铍矿	4	BeO/t	2 654.16	642.16
23	锂矿	6	Li$_2$O/t	58 009.04	45 280.04
24	铷矿	2	Rb$_2$O/t	2 790.75	1 210.75
25	铯矿	2	Cs$_2$O/t	716.95	357.95
26	镓矿	35	镓/t	30 773.99	30 321.99
27	镉矿	4	镉/t	2 845.80	2 040.80
28	轻稀土矿	1	轻稀土氧化物/t	24 804	24 720
29	蓝晶石	2	蓝晶石/t	3 731 352	3 552 603
30	矽线石	1	矽线石/t	4 767 000	4 767 000
31	红柱石	1	红柱石/t	10 036 800	9 953 800
32	普通萤石	50	萤石或CaF$_2$/10^{4}t	787.20	260.76
33	熔剂用灰岩	31	矿石/10^{4}t	100 793.08	80 476.45
34	冶金用白云岩	18	矿石/10^{4}t	30 625.46	30 289.28
35	冶金用石英岩	12	矿石/10^{4}t	6 035.24	5 227.69
36	铸型用砂岩	2	矿石/10^{4}t	1 915.70	1 915.70
37	冶金用脉石英	3	矿石/10^{4}t	17.03	15.98
38	耐火黏土	78	矿石/10^{4}t	32 187.69	28 064.60
39	铁矾土	14	矿石/10^{4}t	1 927.26	1 896.24
40	耐火用橄榄岩	3	矿石/10^{4}t	8 123.78	8 113.75
41	硫铁矿（矿石）	28	矿石/10^{4}t	17 134.00	15 853.98
42	重晶石	17	矿石/10^{4}t	417.30	348.41
43	天然碱	2	Na$_2$CO$_3$+NaHCO$_3$/10^{4}t	9 751.86	8 830.11
44	电石用灰岩	5	矿石/10^{4}t	20 500.50	19 469.80
45	化工用白云岩	2	矿石/10^{4}t	134.77	134.77
46	含钾砂页岩	3	矿石/10^{4}t	19 789.30	19 789.30
47	含钾岩石	6	矿石/10^{4}t	1 458.22	1 455.95
48	化肥用橄榄岩	1	矿石/10^{4}t	7 393.10	7 393.10
49	化肥用蛇纹岩	3	矿石/10^{4}t	7 782	7 660.40

续表

序号	矿产名称	上表矿区数	资源储量计算对象/计量单位	累计查明资源储量	保有查明资源储量
50	盐矿（固体 NaCl）	8	NaCl/10^4t	839 392.54	832 784.80
51	磷矿（矿石）	7	矿石/10^4t	8 500.20	8 464.90
52	石榴子石	2	矿石/10^4t	53.51	36.81
53	方解石	4	矿石/10^4t	6 465.07	6 440.46
54	玉石	2	矿石/ t	15 220.82	10 023.56
55	硅灰石	4	矿石/10^4t	1 267.32	1 106.53
56	滑石	4	矿石/10^4t	500.64	473.29
57	高岭土	8	矿石/10^4t	1 293.85	1 257.64
58	陶瓷土	6	矿石/10^4t	202.70	189.70
59	霞石正长岩	1	矿石/10^4t	16 430.80	16 425.10
60	长石	17	矿石/10^4t	244.95	236.49
61	陶瓷用砂岩	1	矿石/10^4t	51.25	32.05
62	玻璃用灰岩	1	矿石/10^4t	639.40	639.40
63	玻璃用白云岩	5	矿石/10^4t	154.94	112.36
64	玻璃用凝灰岩	1	矿石/10^4t	3 694	3 694
65	玻璃用石英岩	27	矿石/t	13 304.998	9 915.37
66	玻璃用脉石英	8	矿石/10^4t	282.99	258.44
67	玻璃用砂岩	10	矿石/10^4t	436.95	419.92
68	水泥用灰岩	120	矿石/10^4t	759 887.18	723 960
69	水泥用大理岩	12	矿石/10^4t	48 324.69	45 029.65
70	水泥混合材玄武岩	1	矿石/10^4t	7.84	6.14
71	泥灰岩	2	矿石/10^4t	1 462.14	1 439.52
72	水泥配料用砂岩	15	矿石/10^4t	5 180.78	5 097.22
73	水泥配料用黏土	27	矿石/10^4t	23 415.80	23 168.80
74	水泥配料用黄土	2	矿石/10^4t	1 850	1 850
75	制灰用灰岩	15	矿石/10^4t	1 003.11	671.72
76	砖瓦用黏土	14	矿石 /10^4m³	428.67	245.70
77	砖瓦用页岩	18	矿石/ 10^4m³	842.13	750.80
78	伊利石黏土	2	矿石/10^4t	1 169.55	1 169.55
79	膨润土	7	矿石/10^4t	1 887.98	1 843.99
80	陶粒用黏土	2	矿石/10^4t	54.76	54.36
81	建筑石料用灰岩	133	矿石/ 10^4m³	68 484.02	56 858.86
82	建筑用白云岩	19	矿石/ 10^4m³	2 979.06	2 781.95
83	建筑用玄武岩	11	矿石/ 10^4m³	931.90	882.71
84	建筑用花岗岩	32	矿石/ 10^4m³	1 764.72	1 676.15

续表

序号	矿产名称	上表矿区数	资源储量计算对象/计量单位	累计查明资源储量	保有查明资源储量
85	建筑用凝灰岩	15	矿石/10^4m^3	323.15	232.14
86	建筑用大理岩	19	矿石/10^4m^3	1 441.85	1 230.69
87	建筑用砂	25	矿石/10^4m^3	3 595.19	3 173.11
88	饰面用花岗岩	15	矿石/10^4m^3	2 760.82	2 555.55
89	饰面用大理岩	8	矿石/10^4m^3	4 742.91	4 410.90
90	饰面用板岩	4	矿石/10^4m^3	108.30	107.39
91	饰面用安山岩	1	矿石/10^4m^3	5.43	3.35
92	岩棉用玄武岩	1	矿石/10^4t	529	397
93	石墨（晶质石墨）	9	晶质石墨/10^4t	1 064.49	1 063.72
94	石膏	5	矿石/10^4t	76 170.70	74 948.67
95	透辉石	1	矿石/10^4t	225.40	225.40
96	蓝石棉	7	蓝石棉/t	4 431.	4 396
97	天然油石	1	矿石/10^4t	71.80	70.10
98	珍珠岩	1	矿石/10^4t	14 057	11 325.80
99	沸石	5	矿石/10^4t	6 309.20	6 176.30

资料来源：根据河南省国土资源厅"2010年度河南矿产资源年报"整理。

第二节 能源矿产

河南能源矿产有煤炭、石煤、石油、天然气、煤层气、油页岩、铀、钍、地热9种。截至2010年年底，河南能源矿产查明的保有资源储量，煤炭居全国第九位，石油、天然气分别居全国第八和第11位，油页岩居全国第十位。焦作煤田是中国最早发现与开发的煤炭基地之一，平顶山煤田与永夏煤田的发现与开发对中国东部与南部经济建设做出了重大贡献，南阳油田和中原油田的发现与开发结束了河南无油气产出的历史。

一、煤炭

（一）资源概况

河南煤炭资源丰富，煤种齐全，煤质优良，是河南的优势矿产之一。全省煤矿划分为安（阳）鹤（壁）、焦作、济源、陕（县）渑（池）、义马、新安、偃（师）龙（门）、荥（阳）巩（义）、新密、登封、汝州、禹州、平顶山、韩（庄）梁（洼）、台前、永（城）夏（邑）、确山、商（城）固（始）、南召19个煤田。截至2010年河南煤炭上表矿产地327处，累计

查明资源储量 325.34×10^8 t，保有资源储量 279.74×10^8 t，居全国第九位。

（二）煤田地质

河南煤炭主要产于华北板块的上古生界石炭—二叠系、中生界三叠系和侏罗系地层；石煤主要产于华北板块南缘的新元古界栾川群地层、扬子板块北缘的寒武系及石炭系地层。华北、扬子两大古板块碰撞对接期及陆内造山阶段的早期形成了一批力学性质不同的盆地，沉积了海陆交互相或湖沼相的煤炭资源。成煤后的隆升、沉降、褶皱、推覆滑脱构造、重力滑动构造和其他构造活动控制了煤田与井田的分布和煤层埋深。有较大工业意义、埋藏较浅的煤田多赋存于山前及山间负向构造或正向构造之两翼，或原负向含煤盆地被后期构造叠加隆升部位。可采煤层主要赋存于华北板块区的石炭—二叠系地层，尤以二叠系下统山西组最为重要；次为侏罗纪地层，再次为三叠系地层。

华北板块区的石炭—二叠纪煤系地层为一套板内盆地稳定边缘海陆交互相沉积，广泛分布于马超营—确山断裂以北。含煤层组包括石炭系上统本溪组、石炭系上统—二叠系下统太原组、二叠系下统山西组、二叠系下统—中统石盒子组。石炭—二叠纪含煤岩系可划分为 9 个煤组、80 余层煤，煤层累计厚度大于 60m。其中，本溪组含煤 0～2 层，仅局部可采；太原组为一煤组，含煤 4～19 层，其中一 1 煤和一 5 煤为主要可采煤层；山西组为二煤层，含煤 1～3 层，其中二 1 煤为全省普遍可采煤层；石盒子组下段含煤 2 组、2～9 层，其中二 2 煤可采或局部可采，二 3、二 4 煤局部可采，三煤层仅永城煤田可采；石盒子组中段含煤 6 组、5～16 层，局部多达 60 余层，主要可采、局部可采煤层包括四 2、四 3、五 2、六 2、七 2 等。

在华北板块和扬子板块的结合部位，固始县南部和商城县中部一带，赋存有呈构造岩块分布的石炭系下统杨山组和石炭系上统杨小庄组煤系地层。煤系地层含煤 3 组、62 层，其中 23 层可采或局部可采，有 5 层为主可采煤层，煤层厚度不稳定，累计煤层厚度为数米至 40m。

省内石炭—二叠系煤层煤质较好，煤种也较齐全。炼焦煤有主焦煤、肥气煤、瘦煤等，非炼焦煤有贫煤、无烟煤，还有少量天然焦。主要可采煤层山西组二 1 煤煤质优越，呈中灰、低硫、低磷、发热量高特点。煤种牌号齐全，以无烟煤最为质优量丰。煤中灰分含量低于 20%，洗选后低于 10%，属易选和中等可选煤。灰熔点多大于 1 250℃，全硫含量一般小于 1%，热值一般大于 28MJ/kg。石炭—二叠系其他煤层煤质稍次于二 1 煤，但永城煤田的二 2 煤为中灰、低硫、中等可选、高发热量优质无烟煤和贫煤。商（城）固（始）煤田的石炭系煤为灰分较高、发热量低且难选的无烟煤。

位于义马—渑池盆地的煤系地层为侏罗系下统—中统义马组，属陆相河流—湖沼沉积。侏罗系义马组含煤 2～5 层，煤层累计厚度 21.10m。其中，普遍可采 1 层（底层煤 2），大部分可采 1 层（中层煤），局部可采 2～3 层。煤质属于低—中灰、低硫或富硫、富挥发酚的褐煤——长焰煤，发热量较低，较难选，少量可炼焦。

三叠纪煤系地层分布于华北陆块的济源、洛阳盆地和秦岭造山带北部的南召、五里川盆地，均为陆相河流—湖沼沉积。济源、洛阳盆地的煤系地层包括三叠系上统椿树腰组和谭庄组。南召、五里川盆地的含煤层系分别为三叠系上统太山庙组和三叠系上统五里川组。南召盆地的煤系地层含煤 7 层，仅 2、4 煤两层局部可采，单层厚 0.2～3.0m。煤质属富灰、富硫、低磷、发热量低的贫煤或无烟煤，亦有少量炼焦煤。

（三）主要煤田

1. 安鹤煤田

安鹤煤田主要分布在安阳、鹤壁市。安鹤煤田可采煤层主要分布在石炭系太原组和山西组地层中，有可采煤层 1～3 层。二 1 为普遍可采煤层，四 1 和四 2 为大部分可采煤层，可采煤层总厚度 3.42～11.07m。煤层最大埋深 250～1 120m，倾角 3～35°。区内煤质以瘦煤为主，其次为贫煤和无烟煤，有少量焦煤。二 1 为主要煤层，为中灰，特低硫，低磷煤，多为粉末煤。矿田属 Ⅱ—超级瓦斯矿，煤尘爆炸指数大于 10。矿区水文地质条件中等至复杂。

2. 焦作煤田

焦作煤田主要分布在焦作、辉县、修武等市县。焦作煤田可采煤层主要分布在石炭系太原组和山西组地层中，有可采煤 1～3 层。二 1 为主采煤层，结构简单，一 1、一 3 煤层较稳定，一般可采。煤层总厚度 5.70～8.30m，煤层最大埋深 285～1 200m，倾角 7～22°。煤田内可采煤层煤质主要为无烟煤，二 1 煤为低—中灰分、低磷、低硫煤，主要为块煤。煤田瓦斯含量大，属 Ⅱ—超级瓦斯矿。矿区水文地质条件复杂。

3. 新安煤田

新安煤田主要分布在新安县境内。新安煤田内可开采煤层主要分布在石炭系山西组地层中。二 1 煤为主要可采煤层，厚度 3.36～4.22m，一 1、一 8、二 3、七 1 煤层局部或偶尔可采，煤层最大埋深 600～1100m，倾角 7～13°。煤质主要为贫煤、瘦煤。二 1 煤为中灰、富硫、低磷烟煤，一 1 煤属中灰、富硫—高硫贫煤。二 1、一 1 属 Ⅱ 级超瓦斯煤，属爆炸性煤矿。矿区水文地质条件中等。

4. 偃龙煤田

偃龙煤田主要分布在巩义西部、偃师及洛阳市龙门一带。偃龙煤田内可采煤层主要在石炭系太原组和二叠系下统山西组地层中，有可开采煤层 1～3 层。二 1 为主要可采煤，二 2 为大部分可采，一 1、二 5 为局部可采，可采煤总厚度 2.90～7.51m，煤层最大埋深 650～1 000m，倾角 10～21°。煤质均属无烟煤，二 1、二 2 为中灰、低硫、低磷、粉状。二 1 煤层属 Ⅱ—超级瓦斯矿，煤尘无爆炸性危险。矿区水文地质条件简单至复杂。

5. 荥巩煤田

荥巩煤田主要分布在巩义及荥阳市。荥巩煤田内可采煤主要分布在石炭系太原组和二叠系下统山西组地层中，有主要可采煤层 2 层。二 1 为主要采煤层，一 1 为大面积可采煤层，其他多为局部或偶尔可采煤层，主要可采煤层总厚度 1.12～5.64m，煤层最大埋深 300～500m，倾角 7～14°。煤质均属无烟煤。二 1 煤为中灰、低硫、低磷煤，多呈粉状。二 1 煤属超瓦斯矿，煤尘有爆炸性。矿区水文地质条件中等至复杂。

6. 新密煤田

新密煤田主要分布在新密、登封、新郑。新密煤田内可开采煤层主要分布在石炭系山西组地层中，有主要可采煤层 1～4 层。二 1 为主要煤层，一 1 为大面积可采煤层，其他煤层局部或偶尔可采，总厚度 2.5～10.0m，煤层最大埋深 190～1 085m，倾角 5～35°。煤质以贫煤为主，其次为瘦煤和无烟煤。二 1 煤为低—中灰、低硫、低磷无烟煤。二 1 煤属 I—超级瓦斯煤，煤层有爆炸性。矿区水文地质条件中等至复杂。

7. 登封煤田

登封煤田主要分布在登封、汝州、伊川。登封煤田可采煤层主要分布在石炭系太原组和山西组，二叠系上下石盒子组地层中。二 1 煤为主要可采煤层，二 2、一 3 煤为大部分可采煤层，其他为局部或偶尔可采煤层。煤层总厚度 3.02～8.93m，煤层最大埋深 300～1 000m，倾角 6～35°。煤质以贫煤为主，其次为瘦煤、焦煤。二 1 煤为中灰、低硫、低磷贫煤，局部为无烟煤，多为粉状。一 3 煤为低灰、高硫、低磷贫煤，为粉状和块状。二 1 煤属 I—超级瓦斯矿，煤尘尚未发生过爆炸。矿区水文地质条件简单至中等。

8. 汝州煤田

汝州煤田主要分布于汝州、汝阳、宝丰。汝州煤田内可采煤层主要分布在石炭系—二叠系含煤地层中，有可采煤层 2～6 层。二 1 为主要可采煤层，一 8、二 2、四 2、四 3、五 2 为大部分可采煤层，其他尚有局部可采煤层，总厚度 2.80～11.14m，煤层最大埋深 400～450m，倾角 18～35°。二 1 煤为中灰、中硫、低磷烟煤，主要为焦煤、贫煤，其次为肥煤和气煤，呈块状和粉状。一 8 煤为中灰、中—富硫、低磷烟煤，主要为焦煤和贫煤；四 3 煤为富灰、低硫、低磷烟煤，主要为肥煤，其次为焦煤。二 1 煤属 I—超级瓦斯矿，煤层多呈粉状，具有爆炸危险。矿区水文地质条件中等至复杂。

9. 禹州煤田

禹州煤田主要分布在禹州、郏县。禹州煤田可采煤层主要分布在石炭系太原组和二叠系下统山西组，二叠系下统—中统石盒子组地层，可采煤 1～5 层。二 1 为主要可采煤，七 2 为大部分可采煤层，其他为局部可采煤层，总厚度 4.4～8.25m，煤层最大埋深 643～1 100m，倾角 10～25°。煤质主要为瘦煤，其次为贫煤、焦煤。二 1 煤为中灰、低硫、低磷烟煤，主要为粉状煤。七 2 煤为富灰、低硫、低磷烟煤，多呈块状。二 1 煤属 I—超级瓦斯烟煤，煤矿尚未发生过爆炸。矿区水文地质条件简单至中等。

10. 平顶山煤田

平顶山煤田主要分布在平顶山、襄城、宝丰、鲁山等市县。平顶山煤田可采煤层分布在石炭系太原组和二叠系下统山西组，二叠系下统—中统石盒子组地层中，有可采煤层 1～10 层。二 1、二 2 为主要可采煤层，四 2、四 3、五 2 为大部分可采煤层，其他为局部可采煤层，总厚度 3.44～17.30m，煤层最大埋深 550～1 400m，倾角一般 5～20°，个别达到 25～45°。二 1 煤为中—低灰、低硫、低磷肥气煤，部分焦煤和瘦煤，呈叶片状。五 2 煤为中—富灰、低硫煤，主要为肥气煤，呈叶片状。矿区水文地质条件简单至中等。

11. 永夏煤田

永夏煤田主要分布在永城市和夏邑县。永夏煤田可采煤层主要分布在二叠系地层中，有可采煤层 2～5 层。二 2 为主要可采煤层，三 2 为大部可采煤层，其他为局部或偶尔可采煤层，总厚度 3.81～7.42m，煤层最大埋深 685～1 050m，倾角一般 5～15°，个别可达 20～30°。煤质以无烟煤为主，其次为贫煤和瘦煤，少数为天然焦。二 2 煤属低中灰、低硫、低磷煤，呈粉末状。三 2 煤为中灰、低硫、低磷煤。煤田属 I～II 级瓦斯煤，煤尘爆炸性不大。矿区水文地质条件中等。

12. 义马煤田

义马煤田主要分布在义马市和渑池县境内。义马煤田含煤地层为侏罗系义马组，含煤 2～5 层。底层煤 2 普遍可采，中层煤大部分可采，底层煤 1、上层煤 1～2 局部可采，总厚度 11.37～13.51m，煤层最大埋深 610～1 050m，倾角 3～13°。煤质为长焰煤。底层煤 2 中灰、低硫、低磷煤，呈块状及碎粒状；中层煤属中—低灰、富硫、高挥发性煤。中深部属 II 级瓦斯矿，各煤层自燃现象比较严重。矿区水文地质条件简单。

二、石油、天然气

（一）资源储量

河南的石油、天然气主要产于中、新生代凹陷的古近系地层中，有查明资源储量的油气藏集中赋存于东濮凹陷、南阳凹陷和泌阳凹陷中。截至 2009 年，省内累计查明石油地质储量 89 564×10^4t，累计查明天然气地质储量 1 465×10^8m³。

截至 2010 年，东濮凹陷共发现和勘查了文明寨、卫城、古云集、濮城、文北、文东、文南、文西、文中、马寨、胡状集、庆祖集、桥口、白庙、徐集、刘庄、赵庄、前梨园、马厂、三春集等 21 个规模不等的油（气）田，累计查明石油地质储量 58 481.39×10^4t，累计查明天然气地质储量 1 351.77×10^8m³。

截至 2010 年，南阳盆地共计发现和勘查了 13 个规模不等的油气田。其中泌阳凹陷油气田 9 个，包括双河、下二门、王集、赵凹、古城、井楼、杨楼、新庄、杜坡等油气田；南阳凹陷油气田 4 个，包括东庄、魏岗、张店、北马庄等油气田。南阳盆地累计查明石油地质储量 28 607.88×10^4t，累计查明天然气地质储量 53.89 ×10^8m^3。

南阳油田（河南油田）1977 年投入开发，次年投产；东濮凹陷（中原油田）1979 年投入开发，当年投产。到 1988 年两油田产量均达到顶峰，生产石油 979.06×10^4t，天然气 13.45×10^8m^3。此后油气产量逐年下降，2009 年生产石油 476.44×10^4t，天然气 9.26×10^8m^3。截至 2010 年年底，全省累计采出石油 19 466.87×10^4t，剩余可采储量 5 051.9×10^4t；累计采出天然气 365.81×10^8m^3，剩余可采储量 84.1×10^8m^3。2000 年，河南保有石油可采储量居全国第八位，保有天然气可采储量居全国第六位，石油及天然气产量居全国第五位，尚属国内重要油气生产省之一。2009 年中原油田与河南油田油气生产总产量分别跌至全国油气田排名第 15 位和第 19 位，已成油气后备资源匮乏省份。

表 4-3　河南油气资源勘查与生产情况

年份	矿种	单位	累计查明资源储量	当年生产量	累计生产量	剩余技术可采储量
1979	石油	10^4t	18 883.01	248.33	431.90	
	天然气	10^8m^3	665.64	0.89	0.94	
1988	石油	10^4t	54 232.14	979.06	7 418.30	
	天然气	10^8m^3	785.44	13.45	63.97	
2000	石油	10^4t	68 495.7	562.18	14 717.6	6 810.5
	天然气	10^8m^3	1 135.91	15.15	247.84	251.41
2009	石油	10^4t	89 563.81	476.44	19 466.87	5 051.9
	天然气	10^8m^3	1 465.27	9.26	365.81	84.1

资料来源：根据河南统计年鉴、中国统计年鉴、中国石油化工集团年鉴以及中原油田、河南油田提供的资料整理。

（二）油气盆地

1. 沉积盆地分布

河南境内的沉积盆地分布于以栾川—明港深断裂为界的华北陆块和秦岭造山带两大构造单元中。全省共赋存有 44 个古、中、新生代沉积叠置或改造型盆地，总面积 86 590km^2。其中，中生代—新生代凹陷或山间盆地总面积达 5.4×10^4km^2，盆地内多具有巨厚中、新生界沉积，其厚度可达 5 000～12 000m，生、储油（气）条件优越。

位于华北陆块新生代沉降区的沉积盆地，包括隶属渤海湾盆地的东濮、元村集、汤阴等凹陷；隶属南华北盆地的尉氏、巨陵（张桥）、西华、逊母口、新站（沉）社、鹿邑、颜集、襄城、舞阳、谭庄—沈丘、倪丘集、汝南、临泉、东岳等凹陷；位于渤海湾盆地和南华北盆地转换带的垣曲、济源、中牟、民权、黄口等凹陷。位于华北陆块豫西隆起区的沉积盆地，包括三门峡、项城、卢氏、洛阳—伊川、嵩县、潭头、临汝、大金店等山间盆地。在秦岭造山带，豫西南伏牛山系中发育有五里川、瓦穴子、西峡、淅川、夏馆、马市坪、留山、石滚河、任店、板桥等山间盆地；南襄盆地及其西侧发育李官桥盆地和南阳、泌阳、襄阳等凹陷；桐柏—大别山系北麓发育桐柏、信阳等盆地。

2. 沉积盆地演化

河南的沉积盆地或凹陷的演化历史较复杂。从中元古代至三叠纪，华北板块、杨子板块之间的古板块运动机制控制了沉积盆地的早期演化。而燕山—喜山运动改造了前期盆地的赋存状态，导控了中、新生代盆地（凹陷）的形成和发展，造就了油气生成、运移和储集的地质条件。

华北陆块结晶基底形成后，从中元古代至三叠纪发育了稳定陆块盆地沉积，其岩相由浅海相向海陆交互相与陆相逐步转化。中—新元古界广泛发育碳酸盐岩和泥质岩烃源岩，由于后期构造变动的强烈改造或剥蚀，河南域内仅发现小面积残留。周口坳陷南部的东岳凹陷赋存有新元古界青白口系—寒武系下统碳酸盐岩，具有一定生油条件。

华北陆块古生界地层中发育两套分布广泛、厚度稳定的生、储油层系。一套是下古生界海相碳酸盐岩、砂泥岩系，残留面积约 $6.7 \times 10^4 km^2$，总厚 $700 \sim 1\ 800m$。其中奥陶系中统马家沟组灰岩、白云岩厚度 $14 \sim 594m$，属较好生油岩。另一套是上古生界石炭—二叠系海陆交互相含煤岩系，残留面积大于 $3 \times 10^4 km^2$，总厚 $1\ 100 \sim 1\ 500m$，其中山西组厚 $43 \sim 122m$，为较好的油气源岩。东濮、临汝、谭庄—沈丘、洛阳、伊川等凹陷（盆地）中的上古生界地层均具有良好的煤成气生成条件。

印支构造旋回中华北、扬子两大板块碰撞拼合。三叠纪晚期开始，华北陆块东部率先抬升，豫西地区的济源、义马、渑池、洛阳及南召等地保存了湖盆，沉积了三叠系上统延长群，为一套暗色砂、泥岩互层夹煤层（线）和油页岩，沉积厚度可达 $1\ 350 \sim 2\ 233m$，其中谭庄组属较好生油岩。

从侏罗纪起，已拼合成一体的中国东部陆块开始裂陷，原沉积盆地经历了印支—燕山多期构造运动的控制与改造，呈现了"内陆分隔、频繁升降"的多样性，形成多个独立演化的沉积盆地。豫西地区的侏罗系下统义马组或鞍腰组为浅水、半深水湖相的暗色砂、泥岩互层，夹煤层，厚 $150 \sim 401m$，主要分布于义马、渑池等地和济源凹陷，具备一定生油条件。

晚侏罗世—早白垩世是华北地区中生代沉积最为广泛、盆地多样的鼎盛时期，生油层系主要分布于淮北平原沈丘、倪丘集、三岗集和任店等凹陷，信阳盆地亦可能有分布。沈丘凹陷的巴村组、永丰组和商水组的最大厚度达 $3\ 000 \sim 5\ 000m$；中部见半深湖相的深灰、灰黑色泥岩、砂质泥岩，累积厚度为 $1\ 000 \sim 1\ 250m$，有一定生油条件。

在新生代，现代板块运动模式控制了盆地演化。省域内西高东低的地貌格局形成，并生成一系列新生代凹陷。古近系盆地的基本类型是"箕状断陷"和"半地堑断陷"，而新近系盆地则以大型坳陷为主。古近系沉积厚度大、分布广，主要分布于豫北东濮、元村集、中牟凹陷，豫东黄口凹陷，豫西南南阳、泌阳凹陷和淮河流域的襄城、舞阳、谭庄、板桥、桐柏诸凹陷中。各凹陷的古近系沉积特征差异较大，一般为微咸化环境的浅水—半深水湖相沉积，发育一套以暗色岩为主的砂泥岩层，厚 1 000～7 000m，油气资源丰富，含盐矿和碱矿。以沙河街组和核桃园组为河南最主要的生油层系。

3. 盆地生、储油（气）条件评价

由于演化史的差别，导致省内中、新生代盆地的构造格架、地层和生、储油（气）条件各有特色。位于华北陆块豫东沉降区的凹陷内多赋存前中生界稳定陆块沉积和中、新生界断坳沉积，具备前中生界和中、新生界多套生油层系，烃源岩厚大，生、储油（气）条件好。如东濮凹陷具备石炭—二叠系和古近系两大套生油（气）层系。豫西隆起区有些山间盆地也具备类似条件，但沉积地层和烃源岩均较薄，如洛阳盆地等。毗邻秦岭造山带的小型山间盆地则往往地层缺失较多，生油岩系单一，如潭头盆地仅具古近系生油层系。位于秦岭造山带的中、新生代盆地基底多为前中生界变质岩或火成岩系，盆地内仅具中、新生界断坳沉积和单套生油层系，生油条件较差。其中，位于南襄盆地的泌阳、南阳凹陷古近系生油岩厚大，生、储油（气）条件好。

综上所述，河南境内具有较好油气勘查远景的沉积盆地有东濮、南阳、泌阳、舞阳、襄城、谭庄—沈丘、济源、中牟、黄口、洛阳、伊川、临汝、三门峡、桐柏、板桥、潭头、信阳 17 个盆地（凹陷）。其中又以东濮、南阳、泌阳三个凹陷生、储油（气）条件最为优越。油气藏常赋存于凹陷内的背斜、断块、断鼻、古潜山、岩性或地层圈闭中。这些盆地（凹陷）是河南内主要油（气）生产区或勘探目标区。

三、煤层气

煤层气，俗称"瓦斯"，是指赋存在煤层中以甲烷为主要成分、以吸附在煤基质颗粒表面为主、部分游离于煤孔隙中或溶解于煤层水中的烃类气体，是煤的伴生矿产资源，属非常规天然气，是近一二十年在国际上崛起的洁净、优质能源和化工原料。煤层气作为气体能源家族三大成员之一，其主要成分是 CH_4（甲烷），是主要存在于煤矿的伴生气体，也是造成煤矿井下事故的主要原因之一。

河南是煤炭资源大省。在全省 1 000m 以浅查明煤炭资源储量中，石炭—二叠系煤层储量占 95%，而二叠系下统山西组二 1 煤层又占其储量的 90% 以上，其他可采煤层包括石炭系上统—二叠系下统太原组、侏罗系下统—中统义马组等。根据第三次全省煤炭资源预测，2 000m 以浅煤炭资源潜力为 920×10^8t，煤系地层累计厚度可达 1 000～2 000m，煤层气生、储条件优越。

2008 年，河南煤炭地质勘察研究院完成的《河南煤层气可采性评价与勘查开发技术研究》，评价了安鹤、焦作、济源、义马、新安、宜洛、陕渑、偃龙、荥巩、登封、新密、平顶山、临汝、禹州、永夏 15 个煤田，加上太康含煤区、扶沟含煤区、郸城含煤区，共计 9 115.75km²，埋深 2 000m 以浅、煤层甲烷含量 4 m³/t 以上的煤层气资源潜力，河南煤层气资源预储量为

$10\ 434.81 \times 10^8 \mathrm{m}^3$。

因沉积环境、热演化条件及后期构造变形和变质作用的不同，河南各煤组的煤层厚度、煤类、煤质及矿石的结构、构造有较大差异，煤层气的生、储、吸附与解吸附性能也有很大不同。以变质程度适度，煤层受后期构造活动破坏小，原生割理发育且保存较好、渗透性强者有利于煤层气储集和开发利用。而受后期构造活动破坏严重，呈粉状、糜棱状的低渗煤层不利于煤层气的储集与开发利用。截至 2010 年，河南内尚未能成功利用地面垂直钻孔抽放规模化开发利用煤层气资源。省内煤层气开发利用限于矿山井下抽放，如鹤壁、焦作和平顶山矿区，年抽放煤层气约 $4\ 850 \times 10^4 \mathrm{m}^3$。省内已施工的地面勘探开发试验井中煤层含气饱和度普遍偏低，煤层渗透率差，解吸压力低，致使排采试气的产量不高或持续时间不长，有待深入认识煤层气地质特征和完善工程工艺措施，迎来煤层气勘探开发的新突破。

四、地热

（一）地热资源概况

地热属新型天然清洁能源。河南地热资源比较丰富，自 20 世纪 60 年代开展地热资源调查研究以来，地矿工作者在全省已发现地热天然露头 66 处（泉水温度>20℃），主要分布在豫西山地，沿东西向活动构造带展布，豫南大别山北坡和豫北太行山山前也有露头。自流温泉多属低温型地热水，温度一般在 20～60℃，其中高于 60℃的热水天然露头有 6 处，40～60℃的温热水有 5 处，20～40℃的温水有 55 处。临汝温泉街、陕县温塘、栾川潭头汤池寺、鲁山上汤、中汤、下汤等著名温泉的泉水出露温度均超过 60℃。初步计算河南山区高于 40℃地热水可采资源量为 $489.89 \times 10^4 \mathrm{m}^3/\mathrm{a}$，可利用热能 $959.25 \times 10^{12} \mathrm{J/a}$，折合标准煤 $3.28 \times 10^4 \mathrm{t}$。

平原盆地内亦分布有地下热水资源。深度千米以浅的地下热水多为温度小于 60℃的温水与温热水，高于 60℃的热水埋藏较深或与地热异常有关，而地热异常多与新构造有关。在面积为 $5.5 \times 10^4 \mathrm{km}^2$、深度 4 000m 以浅的范围内，新近系碎屑岩地热水可采资源量 $14\ 727.92 \times 10^4 \mathrm{m}^3/\mathrm{a}$，古近系碎屑岩地热水可采资源量 $3\ 236.82 \times 10^4 \mathrm{m}^3/\mathrm{a}$，下古生界碳酸盐岩地热水可采资源量 $36\ 730.1 \times 10^4 \mathrm{m}^3/\mathrm{a}$，其他热储层地热水可采资源量 $885.45 \times 10^4 \mathrm{m}^3/\mathrm{a}$，可利用热能 $109\ 909.19 \times 10^2 \mathrm{J/a}$，折合 $375.63 \times 10^4 \mathrm{t}$ 标准煤。全省合计地热水可采资源量 $56\ 070.18 \times 10^4 \mathrm{m}^3/\mathrm{a}$，可利用热能 $110\ 868.44 \times 10^2 \mathrm{J/a}$，折合 $378.91 \times 10^4 \mathrm{t}$ 标准煤。可采资源模数在东濮凹陷、中牟凹陷、民权凹陷大于 $40 \times 10 \mathrm{m}^3/100 \mathrm{km}^2 \cdot \mathrm{a}$，在周口坳陷、汤阴凹陷、通许隆起中部、菏泽凸起南部和内黄隆起南北缘为 $(20～40) \times 10 \mathrm{m}^3/100 \mathrm{km}^2 \cdot \mathrm{a}$，在其他平原盆地区小于 $20 \times 10 \mathrm{m}^3/100 \mathrm{km}^2 \cdot \mathrm{a}$。

（二）地热资源类型

地热资源的生成受多种因素的影响，主要受地质构造的控制，其次是岩浆活动、地形起伏、地下水活动和围岩介质等。河南西升东降的构造格局，控制了地热资源的埋深和分布。

按形成的地质作用和赋存的构造形态，将全省地热资源分为 3 种类型：即山区断裂型地热资源、平原盆地型地热资源、混合型地热资源。按照地热水化学类型可分为重碳酸盐型、硫酸盐型、硫酸盐氯化物型、氯化物型、重碳酸硫酸盐型、硫酸重碳酸盐型 6 个类型。

1. 山区断裂型地热资源

山区断裂型地热资源主要分布在由岩浆岩、变质岩和古生代沉积地层组成的基岩隆起地区。基岩隆起带一般地热梯度较低，多小于 2.5℃/100m。在受活动断裂控制的基岩地区常出露地热异常，地热梯度波动于 0.4～6.0℃/100m。深切活动断裂或岩浆岩侵入提供了热源，形成地下热储。热储类型主要是基岩裂隙水和溶洞裂隙水，岩石类型有花岗岩、安山玢岩、碳酸盐岩和砂岩等；隔水盖层主要是页岩、泥岩或裂隙、孔隙不发育的结晶岩。深部地下热水主要受活动断裂和裂隙控导，形成承压型地下热储或出露地表成为温泉。区域性活动大断裂多属控热断裂，与之配套的次级活动断裂多属导热断裂。如鲁山温泉群出露于东西向车村活动大断裂和次级断裂或裂隙的交汇部位；陕县温塘温泉出露于北东向灵宝—三门峡活动大断裂与次级断裂的交汇部位；商城汤泉池温泉出露于北北东向商城—麻城活动大断裂与次级断裂的交汇部位。该类型地下热水一般温度较高，但若浅部有冷水混入，则温度骤降。如洛阳龙门温泉，在断裂带深部 1 010m 处热水实测温度可达 98℃，至断裂带上部受伊河水的影响混合后，涌出的温泉温度为 25℃左右。

此种类型地下热水的储量，视其具体的水文地质条件而定。一般灰岩和白云岩含溶洞裂隙水的地区，地下热水储量较大，而在以结晶岩为主的裂隙水地区储量较小。若在热异常区的上游有大面积降雨补给区，或有流量较大的地面径流补给，在基岩裂隙中往往也能获得规模较大的地热资源。此类型的地下热水一般由于源远流长，沿途溶滤和携带了较多的各种矿物质和放射性元素，因此常属具有较高医疗价值的矿泉水。

2. 平原盆地型地热资源

平原盆地型地热资源主要分布在黄淮平原、南阳盆地中，属具有巨厚中、新生代沉积的沉降带。平原盆地区地温梯度值比较平稳，一般 3℃/100m 左右，即通常所称的大地增温正常值；局部地区出现地温异常（正或负），地温梯度值变化于 2.5～4.0℃/100m。平原盆地区地热水多属埋藏型，少有温泉出露。热储形式主要是新近系、古近系砂岩承压层状孔隙水，隔水盖层为巨厚的黏土（岩）和亚黏土（岩）层。目前，河南平原开发的地热井中，千米深度内一般为 40～50℃。根据石油勘探资料分析，平原只有勘探深度超过 2 500m，地下热水的温度才能达到 100℃以上。如开 27 孔，在 3 603m 时获 105℃的热水，开 6 孔在 2 800m 时获 107℃热水，豫深 1 井在 3 500m 时获 113.3℃的热水，开参 2 井在 3 080m 时获 113℃的热水等。平原盆地区地热正异常主要受盆地基底地形和热源传导活动断裂控制，通常沉积盆地内部的凸起和多组活动断裂的交汇区具有较高地热梯度。如中牟凹陷北部延津—新乡一带地温梯度达 3.5～4.82℃/100m，新乡医学院 1 号井深 1 350m 处水温达 73℃；通许隆起地温梯度达 3.5～4.92℃/100m，鄢陵许热 2 号井深 1 101.3m 处水温达 62℃；南阳盆地魏岗一带地温梯度 3.5～

3.89℃/100m，石油钻井中 1 200m 深度水温即可达 58℃。平原盆地区地温负异常区怀疑受大量冷水活动等因素影响，如安阳河冲积扇一带、东濮凹陷的中部、鹿邑凹陷的核心部、驻马店—固始一线以南的淮河平原区，地温梯度一般小于 2.5℃/100m。平原盆地区地下热水的储量，视其沉积含水层的厚度和岩性而定。若含水层为较厚的砂层或砂石层，可具有较大的热水储量，而且一般具有较高的承压水头，热水往往喷出地表（如郑热 2 孔水位高出地表 12m）或接近地表。

3. 混合型地热资源

混合型地热资源主要分布于山区和平原之间的山麓地带，其特点是上部地层为中、新生代沉积盖层，一般增温率比正常值稍低；下部地层为基岩裂隙地层，地温梯度值波动较大。若其深部基岩中赋存导热断裂，上涌的热水富集于盖层和基岩之间的含水层中，则可形成高地热异常。这种含水层有较大的面积和储量，常在较浅的深度内就可获得较高的自然热水带，比较容易开发。如济源省庄地热田，受盘古寺、五龙口断裂体系的影响，地下 32m 处即钻获70℃热水，在 130m 深处曾钻获 101℃热水。位于山麓平原和山前盆地的城市，如新乡、郑州、许昌、漯河、平顶山、南阳、洛阳、济源等，多已开采利用此种类型地下热水。若在山麓区有大量冷水介入活动，就会出现地温负异常，如焦作一带太行山前地温梯度仅 0.67～2.0℃/100m。

（三）地热热储介质特征

据河南区域地质调查成果和已有地热井、石油勘探井的勘察资料，全省具有开发价值的热储层有新近系的明化镇组热储层、馆陶组热储层、古近系热储层和寒武—奥陶系热储层。

新近系明化镇组（Nm）热储层主要分布在黄淮海平原。该组地层顶板埋深 150～300m，厚度一般 200～800m，最厚大于 1 000m，岩性以长石石英砂岩、粉砂岩、砂质泥岩、泥岩为主。热储由多个热水层构成，热水层介质粒度为细砂、中砂、中细砂、粉细砂。开封凹陷的东部、东明断陷、周口凹陷介质颗粒较粗，单井出水量较大，一般 35～60m³/h。其他地区介质颗粒较细，单井出水量较小，一般 20～25 m³/h。该热储是目前河南主要的开采层。

新近系馆陶组（Ng）热储层也分布在黄淮海平原。该组顶板埋深 500～1 685m，厚度一般 100～600m，中牟凹陷、东濮凹陷、南阳盆地最厚均可大于 800m，岩性主要为细砂岩夹松散砂层、灰岩、泥岩、薄煤层。内黄隆起和通许隆起大部分缺失。该热储也由多个热水层构成。热水层介质粒度为细砂、中细砂、粉细砂。中牟凹陷的东部介质颗粒较粗，单井出水量较大，一般 50～70m³/h，其他地区介质颗粒较细，单井出水量较小，一般 20m³/h 左右。该热储是目前郑州市、新乡市主要开采层，开封市、周口市及许昌市也涉及此层。

古近系热储层分布于古近纪时期形成的裂谷型沉积盆地，沉积厚度为 500～3 000m，最厚可达 5 000m。具有开发利用价值的古近系热储主要分布在济源盆地、洛阳盆地、三门峡盆地和南阳盆地。热储层由沙砾岩、砂岩、粉砂岩、砂质泥岩、泥岩组成，局部夹石膏层。

寒武—奥陶系热储主要为奥陶系中统马家沟组和寒武系中统张夏组。马家沟组岩性以厚层状灰岩为主，厚 14～590m。张夏组由厚层状鲕状灰岩为主，厚 54～265m。该热储在山麓带往往形成可供开发的良好地热田，如济源省庄、郑州三李、洛阳龙门、内乡灵山头等。

（四）典型地热田

1. 鲁山地热田

鲁山地热资源属山区断裂型地热田，由上汤、中汤、温汤、下汤、碱场五组泉群组成，沿东西向沙河两侧展布，热泉断续出露长度约 30km，它的泉水温度、泉群分布之集中居河南之首。

该地热田位于多期活动的东西向车村大断层南侧，热泉出露于燕山期花岗岩中。车村断裂长度约 140km，断距近 2 000m，断裂破碎带异常发育，东宽西窄，宽度为 3～6km。沿断裂带裂隙发育，其中以西偏北至东偏南和南偏西至北偏东组张裂面开放程度较好，而西偏北至东偏南一组压裂面密闭程度好。因此，前者成为储水场所和泄水通道，后者则形成阻水帷幕。鲁山地热资源主要来自地壳深部，其次是断裂活动的动力热和花岗岩体的侵入余热。鲁山西部山区降水形成的地下水，通过断裂与花岗岩裂隙，下渗到地下深处，沿车村大断裂运移，获取热量，受阻后沿构造通道排泄至地表，形成热水天然露头。地下热水由泉群集中排泄，泉水竟溢，热气蒸腾。泉群流量 1.21～14.83L/S，单泉流量为 0.19～14.24L/S，流量稳定，变幅小。该断裂带上泉总流量在 $90.3×10^4$t/a 以上，地下热水天然资源为 3 973.5×10^4t/a。地热资源水温在 40～60℃，最高达 71℃。热水水化学类型为 $HCO_3·SO_4-Na$ 型或 $SO_4·HCO_3-Na$ 型，矿化度 0.31～0.5g/L。热水中含有多种对人体有益的微量元素，其中氟含量为 3.6～24.85mg/L，锂含量 0.22～0.26mg/L（超过矿泉水标准），钠含量（1.04～9.75）$×10^{-7}$g/L，SiO_2 含量为 40～86.8mg/L。推算该地段深部的热储温度可达 80～180℃，有较大的热能潜力。

2. 郑州市地热资源

郑州市地热属混合型地热资源。郑州地处豫西山地与黄淮平原之交，除西南出露有零星基岩外，大部为第四系松散堆积物所覆盖。郑州中部北北西向老鸹陈活动断裂沿京广线方向延伸，将热田分割为东西两部分。郑州地热田中热储介质是第三系馆陶组砂岩、沙砾岩和砂层，单层厚 3～5m 至 10～20m 不等，累计厚度小于 400m，可分为 4～5 个含热水段。馆陶组地层的埋深受基底起伏的控制，底部埋深由西南部的 650m 向东北渐变为 1 600～1 700m。热水的主要形成方式是西南山区降水入渗，经深循环，沿途溶滤了岩层中各种微量元素，再经馆陶组热储介质加温，由勘探、开采钻孔揭露溢出（抽出）地面形成地热水资源。

郑州地热水属埋藏型热水，地热增温率为 2.7～3.1℃/100m，一般属正常增温，但有导热断裂区可见热异常。如市区西南部的三李和新郑褚庄一带，埋深 404～540m，井底温度可达 35.5～39.9℃。郑州东北部 1 000m 深度内，热储温度 40～50℃。单井出热水量 360～720 m^3/d，最大出热水量可达 1 200 m^3/d，热水水头离地表 4.7～14.9m。推算郑州地热田全年热资源量为

1.14×10^{14}kcal，热水资源（按 65km² 、热储埋深 1 000m 计算）可开采资源模数为 0.52×10^4 m³/km²·a，热田可开采热水资源量为 33.8×10^4m³/a。郑州地热田热水水化学类型简单，多数为 HCO_3-Na 型水，少数为 $HCO_3 \cdot SO_4$-Na 型水，矿化度在 0.4～0.8g/L，属低矿化清甜可口淡水。水中富含对人体有用微量元素，其中锶（Sr）和偏硅酸（SiO_2）含量均超过天然矿泉水规定标准。据同位素氚样测定，郑州地热水形成时间为 2 500 万年前。

（五）地热资源开发利用现状

河南早在西汉年间就有利用地热水洗浴治疗病患的记载，但至今仍停留在粗放的开发利用阶段。自然地热资源露头多被用于洗浴和医疗用，建有疗养院的有汝州温泉街、鲁山中汤、济源省庄、商城汤泉池等 10 多处，对治疗心血管、消化系统疾病、风湿性疾病及皮肤病等，有明显的效果。鲁山、陕县等地还利用地热资源开展养殖和农牧业，但多属自然引用，家庭式开发，规模较小。改革开放以来，各地借助清幽自然景观中的热汤古泉开发旅游业，颇具吸引力。平原区开发利用地热资源的需求也迅速升温。截至 20 世纪末，郑州、开封、洛阳、济源、新乡、安阳、鹤壁、濮阳、许昌、漯河、周口、驻马店、南阳等省辖城市和一些县级城市已开凿地热资源井 200 余眼，但多用于生活和洗浴用水，少数用于度假、休闲娱乐，已显示出一定的社会经济效益和环境效益。但利用深部中、高温地热建设供暖工程，省内尚无成功先例。

第三节　金属矿产

截至 2010 年，河南已发现金属矿产 38 种，其中钼、钛（金红石）、镁查明资源储量居全国第一位，氧化铝产量居全国第一位，金矿产量居全国第二位，但富铁矿、铜、铬、铂族等金属矿产资源较匮乏。

一、金矿

（一）资源概况

金矿是河南重要矿产之一，自 1985 年以来河南黄金产量一直据全国第二位，小秦岭金矿田已成为闻名全国的重要黄金生产基地。截至 2010 年年底，河南上表金矿产地有 157 处，其中岩金矿产地 132 处，砂金矿产地 7 处，伴生金矿产地 18 处。河南岩金矿累计查明资源储量矿石量 59 043×10^4t，金（金属）含量 950.68t；保有资源矿石量 50 206×10^4t，金（金属）含量 379.15t，保有资源储量居全国第五位。

（二）矿床分布

河南岩金矿床主要分布在灵宝市小秦岭地区，嵩县、洛宁、栾川县一带熊耳山地区及桐柏地区。在内乡、西峡、淅川及光山县等地也有小型矿床零星分布。砂金矿分布于嵩县高都川和丹江水系河漫滩及毗邻阶地上。伴生金矿赋存于桐柏破山银矿和汝阳铅锌矿床中。

1964～2010 年，河南地质科学工作者先后发现并评价了小秦岭、熊耳山、桐柏 3 个大型金矿矿集区，提交灵宝市杨寨峪、四范沟、大湖、东闯、文峪、樊岔、竹峪、洛宁县上宫、嵩县祈雨沟 4 号角砾岩体、前河葚沟、庙岭、牛头沟、石家岭、栾川县北岭、桐柏县银洞坡、老湾、上上河等十几个大型金矿矿床，其中灵宝市东闯金矿和桐柏县银洞坡金矿为特大型规模。

（三）矿床成因

河南岩金矿床的空间定位常与地层—构造—花岗岩类之间的组合关系密切相关。金矿床类型以构造蚀变岩型和石英脉型为主，次为爆发角砾岩型，亦有认为存在层控型者。石英脉型矿床分布在小秦岭金矿成矿集中区，赋矿地层属太古宇太华岩群含超镁铁质岩绿岩建造，矿体常与韧性剪切构造有关。蚀变构造型金矿床主要分布在熊耳山—外方山金矿集中区、桐柏金矿集中区及朱阳关—夏馆成矿带，赋矿地层属中元古界熊耳群中基性火山岩建造、上古生界歪头山组变质海相火山—碎屑沉积建造、含碳细碧角斑质火山沉积建造以及中、新元古界龟山岩组的含碳钙碱性火山沉积建造，金矿体严格受断裂构造控制。爆发角砾岩金矿床分布在嵩县祁雨沟、淅川县毛堂和西峡县蒲塘燕山爆发角砾岩体中，与燕山期岩浆岩成矿关系密切。

（四）矿体特征与矿石性质

构造蚀变岩型与石英脉型金矿体多受断裂控制，呈脉状；爆破角砾岩型金矿体受角砾岩筒产状控制，呈脉状、透镜状、不规则多边形状等。矿石矿物主要有自然金、自然银、黄铁矿等，平均品位约每吨矿石中含黄金三克至数十克不等。

二、银矿

（一）资源概况

截至 2010 年年底，河南上表银矿产地有 117 处，其中单一银矿和银矿为主要矿产的产地 18 处，与其他矿产共生的银矿产地 15 处，与其他矿产伴生的银矿产地 84 处。河南银矿累计查明资源储量矿石量 26 198.4×10^4t，银金属含量 8 709t；保有矿石量 6 185.2×10^4t，银金属含量 4 396t，保有资源储量居全国第 14 位。

（二）矿床分布

河南独立产出的银矿床大型规模的有桐柏县破山、洛宁县铁炉坪两处，中型规模的有罗山县皇城山、罗山县白石坡、洛宁县箐坪沟矿、桐柏县银洞岭等矿床，伴生银矿散布在小秦岭、熊耳山、外方山与伏牛山等地。

（三）矿床成因

河南银矿常以银金多金属矿床或银铅锌铜多金属矿床形式产出。独立银矿矿床类型主要为构造蚀变岩型和火山岩型，赋矿地层在桐柏地区属上古生界变质火山岩—碎屑沉积建造（歪头山组），在洛宁地区属太古宇花岗—绿岩建造（太华岩群），在罗山地区属中生界白垩系陆相火山岩—碎屑岩建造（陈棚组）。伴生银主要产出于灵宝市小秦岭金矿田石英脉型金矿，桐柏县、嵩县地区构造蚀变岩型金矿，卢氏县—栾川县一带碎屑岩—碳酸盐岩地层内的铅锌矿和汝阳县南部地区构造蚀变岩型铅锌矿之中。

（四）矿体特征与矿石性质

银矿体多赋存于断裂或层间破碎带中，呈脉状、透镜状。矿石矿物主要有方铅矿、闪锌矿、辉银矿、自然银等，平均品位约每吨矿石中含银 50 至数百克不等。

三、铝土矿

（一）资源概况

河南铝土矿资源丰富，属优势矿产，截至 2010 年年底，河南上表铝土矿产地有 115 处，累计查明资源储量 $89\,334 \times 10^4$t，保有资源量 $78\,424 \times 10^4$t，保有资源储量居全国第二位，氧化铝产量居国内首位。

（二）矿床分布

河南铝土矿床主要分布在三门峡—郑州—平顶山之间三角地带，涉及陕县、渑池、新安、宜阳、偃师、巩义、荥阳、新密、登封、禹州、宝丰、鲁山 12 县市，大型矿床有陕县支建、陕县崖底、渑池县曹窑、新安县马行沟，中型矿床有渑池县水泉洼、偃师夹沟、登封市大冶、新密市杨台、宝丰县边庄等。豫北济源、焦作一带亦有尚未查明资源储量的中、小铝土矿床分布。

河南铝土矿床分布于华北陆块区，受渑池复向斜、洛阳—西村向斜、颍阳—新密复向斜、禹县复向斜、临汝—郏县复向斜和太行断块山地等区域构造控制。可划分为陕（县）渑（池）新（安）亚区、嵩箕亚区、鲁（山）宝（丰）临（汝）亚区和济（源）焦（作）亚区 4 个亚区和 10 个矿带。其中陕渑新亚区和嵩箕亚区探明的资源储量占全省探明的资源储量总量的96%以上。

（三）矿床成因

河南铝土矿成因类型属产于碳酸盐岩古风化侵蚀面上的沉积矿床。铝土矿体赋存于石炭系上统本溪组地层中。本溪组下部以含铁黏土岩为主，中部是赋存铝土矿的层位，共生有耐火黏土矿，上部为黏土岩、灰岩、炭质页岩或煤线。赋矿岩系超覆在奥陶系碳酸盐岩古风化侵蚀面上，两者之间呈平行不整合关系。

（四）矿体特征与矿石性质

铝土矿矿体形状呈层状、似层状、透镜状及漏斗状。其产状和厚度变化受古风化—岩溶地形控制，通常在古溶斗或岩溶洼地中心部位，矿体厚大而品位高。一个矿区内可具有 1 个或多个矿体，单矿体走向最长超过 8 000m，小矿体长度通常数百米。矿体中夹有耐火黏土矿及高岭石黏土岩。矿体顶底板主要为高岭石黏土岩及含一水硬铝石（又称硬水铝矿）高岭石黏土岩，与围岩的界线呈渐变关系。

铝土矿矿石主要矿物为一水硬铝石，其次为高岭石、水云母、伊利石、蒙脱石、勃母石、三水铝石等。矿石结构以豆鲕结构、碎屑结构、粉晶结构、致密状结构或胶状结构为主，构造主要为块状、层纹状、蜂窝状、土状构造。矿石多属高铝、高硅、中低铁型矿石，少数属高铝、高硅、低铁型矿石或高铁、低硅型矿石。矿石化学成分以 Al_2O_3 为主，含量一般65%～70%；SiO_2 含量 5%～15%；铝硅比（A/S）平均为 4～7.5。矿石以铝硅比（A/S）为 5～7 的中品位矿为主，约占资源储量的 57%，铝硅比大于 7 的富矿和铝硅比小于 5 的贫矿约各占 20%和 23%。

四、钼矿、钨矿

（一）资源概况

河南钼矿、钨矿资源十分丰富，截至 2010 年年底，河南上表钼矿矿产地有 42 处，其中特大型矿床（金属储量大于 50×10^4t）4 处，大型矿床 3 处，累计查明钼金属资源储量 453.47 $\times10^4$t，保有钼金属资源储量 365.05$\times10^4$t，保有资源储量居全国第一位。

（二）矿床分布

河南钼矿主要分布在栾川县的三道庄、南泥湖、上房沟和汝阳县东沟 4 个特大型钼矿床，钼资源储量达到 274×10^4t；其次分布在嵩县、汝阳及罗山—商城一带。钨矿主要分布在栾川钼矿田三道庄、南泥湖钼矿床和骆驼山硫铁矿床中，与钼、硫铁矿共生；在灵宝东闯金矿中呈伴生钨产出。

（三）矿床成因

河南钼矿矿床成因类型多属斑岩型钼矿床。省内钼矿床主要分布在卢氏—栾川和罗山—商城两个钼（钨）多金属成矿带，前者集中了多数大型、超大型矿床。矿体多产出于燕山期中酸性斑岩体内或赋矿围岩内。近东西向—北西向断裂与北北东向—北东向断裂联合控制了斑岩体的侵入。赋矿围岩包括太古宇太华岩群黑云斜长片麻岩、角闪斜长片麻岩；太古宇大别岩群片麻杂岩，中元古界熊耳群鸡蛋坪组流纹岩、安山岩、凝灰质粉砂岩及英安岩；中—新元古界龟山岩组黑云母变粒岩和浅粒岩；新元古界官道口群龙家园组白云岩；新元古界栾川群三川组浅海相碎屑岩及碳酸盐岩，南泥湖组碎屑岩夹火山碎屑岩及碳酸盐岩，煤窑沟组富含生物礁和有机质海陆交互相的碎屑岩及碳酸盐岩等。

（四）矿体特征与矿石性质

钼钨矿体常呈似层状、透镜状、环状等赋存于斑岩体与围岩的内外接触带中。矿石矿物主要有黄铁矿、辉钼矿、白钨矿、磁铁矿、黄铜矿、方铅矿、闪锌矿等。辉钼矿呈片状、鳞片状，粒径一般 $1\sim3$ mm，最大达 5mm，多呈星散状、细脉状、薄膜状分布于矿石中。主要有益组分平均含量 Mo $0.073\%\sim0.14\%$，WO_3 $0.102\%\sim0.117\%$。卢氏—栾川钼（钨）成矿带的矿床规模大，矿体厚度可达数十至数百米，常出露于地表或埋藏较浅，矿石可选性较好，适于露采。

五、铅锌矿

（一）资源概况

截至 2010 年年底，河南上表铅矿产地有 112 处，铅矿累计查明资源储量矿石量 $9\,762\times10^4$t，铅金属量 282×10^4t；保有矿石量 $8\,401\times10^4$t，铅金属量 236×10^4t，保有资源储量居全国第九位；上表锌矿矿产地有 88 处，锌矿累计查明资源储量矿石量 $11\,765\times10^4$t，锌金属量 287×10^4t；保有矿石量 $10\,502\times10^4$t，锌金属量 247×10^4t，保有资源储量居全国第 14 位。

（二）矿床分布

省内独立铅锌矿床主要分布在汝阳县南部、卢氏—栾川、内乡—南召等矿带；共生铅锌矿分布于泌阳—桐柏、灵宝小秦岭及洛宁县等地，与金、银、铁、铜矿共生；伴生铅（铜、银）主要分布在灵宝小秦岭金矿床中。独立矿床达中型规模的有汝阳县王坪西沟铅锌矿、汝阳县老代仗沟铅锌矿、栾川县竹园沟铅锌矿区、洛宁县月亮沟铅锌银矿区、卢氏县后瑶峪铅锌矿区、前坪—黑家庄铅锌矿区、南召县铅厂铅锌矿区等；共生矿床达中型规模的有栾川骆驼山硫铁矿中的锌、桐柏大河铜锌矿中的锌、洛宁县蒿坪沟银铅矿中的铅、灵宝市东闯金矿中的铅等。

（三）矿床成因

河南铅锌矿或多金属矿常以不同组合出现（铅锌银矿、铅锌铜矿、铅锌银硫铁矿、锰银铅锌硫铁矿、银铅矿、铜锌矿、钼铜铅锌矿、金铅锌矿、银金铅锌矿等组合）。层状铅锌矿多与海底火山喷流、海底热泉和同生断裂有关，如南召县水洞岭铅锌铜矿（赋矿围岩为下古生界二郎坪群海相火山岩与火山碎屑岩）、栾川县赤土店铅锌银矿（赋矿围岩为新元古界栾川群煤窑沟组碳酸盐岩—碎屑岩）、栾川县百炉沟铅锌银矿（赋矿围岩为新元古界官道口群龙家园组礁相碳酸盐岩）和桐柏县破山银铅矿（赋矿围岩为下古生界歪头山组海相炭质碎屑岩）。脉状铅锌矿床多与陆内碰撞造山活动有关，矿体多受断裂构造控制并与燕山晚期的小型中酸性花岗岩体关系密切，如内乡县板厂铜银铅锌矿、洛宁县铁炉坪银铅矿和汝阳县西灶沟铅锌矿。

（四）矿体特征与矿石性质

河南铅锌矿床根据矿体赋存形态可分为层状和脉状铅锌矿床。层状铅锌矿矿体明确受地层控制，呈层状、似层状、透镜状。脉状铅锌矿矿体形态呈脉状、不规则脉状及透镜状。矿石矿物主要为方铅矿、闪锌矿，平均品位铅 0.54%～12.84%、锌 1.72%～4.4%。

六、铜矿

（一）资源概况

河南铜矿资源贫乏，截至 2010 年年底全省铜矿上表矿产地 66 处，累计查明资源储量 82.96×10⁴t，保有资源储量 63.54×10⁴t，保有资源储量居国内 20 位之后。

（二）矿床分布

河南铜矿点在豫北、豫西、豫西南和豫南山地星罗棋布，但多数规模过小。66 处矿产地中，单一铜矿和铜矿为主要矿产的产地 31 处，其余矿区铜多与铅、锌、银、金、钼等金属矿产共生、伴生。以铜为主要矿产的重要矿产地仅镇平县秋树湾、桐柏县大河、济源市小沟、内乡县老虎山和新县墨斗河矿区等寥寥数处，共生矿床如卢氏曲里铁锌铜矿和南召水洞岭铅锌铜矿，伴生铜矿如灵宝市银家沟矿区硫铁矿的伴生铜矿。

（三）矿床成因

河南铜矿成因类型有接触交代型（矽卡岩型或斑岩型）、细碧角斑岩型（海相火山喷流块状硫化物型）和热液型等。斑岩型矿床以镇平县秋树湾铜（钼）矿为代表，其中铜矿又与爆破角砾岩筒相关；细碧角斑岩型以桐柏县刘山岩（大河）铜矿为代表，矿体产出于下古生界二郎坪群刘山崖组的挤压破碎带中；热液型矿床广泛分布于太古宇或元古宇变质岩系中，多与构造破碎带和石英脉有关，如济源小沟铜矿。

（四）矿体特征与矿石性质

与构造破碎带相关的铜矿多呈脉状、透镜状，镇平秋树湾铜矿体成层状与似层状。矿石矿物主要有黄铜矿、闪锌矿、方铅矿、辉钼矿、黄铁矿等，铜平均品位 0.4%～1%。

七、锑矿

（一）资源概况

截至 2010 年河南锑矿上表矿产地 9 处，累计查明资源储量矿石量 339.39×10^4t，锑金属量 103 472t；保有资源矿石储量 178.35×10^4t，锑金属量 35 242t，保有资源储量居全国第九位。

（二）矿床分布

河南锑矿主要产出于卢氏—栾川—南召—方城成矿带。锑矿床主要分布在卢氏县大河沟——掌耳沟和南召县留山等地。中型矿床有卢氏县王庄锑矿、掌耳沟锑矿、大河沟锑矿、官坡—五里川锑矿、银洞山锑矿和南召县玲珑山锑矿。

（三）矿床成因

河南锑矿床均属低温热液充填交代型锑矿床。卢氏县大河沟—掌耳沟一带锑矿赋矿地层为古元古界秦岭岩群雁岭沟岩组，岩性为黑云母石英片岩、白云岩、斜长角闪片岩、浅粒岩等，矿床受北西向朱夏断裂带的次级断裂（北西西向羽状断裂）控制。南召县留山锑矿赋矿地层为新元古界宽坪群四岔沟组，主要岩性为绢云石英片岩夹碎裂石英岩及大理岩透镜体，锑矿体赋存于碎裂石英岩中，受栾川—维摩寺和下汤—郭沟两条北西向韧性剪切带的次级断裂控制。燕山晚期的花岗斑岩体与成矿关系密切。

（四）矿体特征与矿石性质

河南锑矿床均为脉状矿床，矿体产状受断裂控制。矿石矿物以辉锑矿为主，次有锑华、黄铁矿，脉石矿物主要是方解石和石英。辉锑矿呈长柱状、纤状、针状分布在脉石矿物中，平均品位 2.45%～7.41%。

八、镁矿

（一）资源概况

河南镁矿资源比较丰富，但工作程度较低，查明白云岩矿石资源储量 $14\,553.69\times10^4$t，保有矿石资源储量 $14\,553.69\times10^4$t，保有资源储量居全国第三位。

（二）矿床分布

已发现矿产地主要分布在鹤壁市和卢氏县。目前仅有 3 个矿区做过详查工作，矿床规模大型 1 处，中型 2 处。大型矿床为鹤壁市牛横岭冶镁白云岩矿区。

（三）矿床成因

镁矿（冶镁白云岩）矿床类型属沉积型矿床，矿体产于卢氏地区中元古界官道口群龙家园组、巡检司组和豫北地区下古生界中寒武统张夏组、上寒武统三山子组（凤山组）、下奥陶统冶里组地层中。

（四）矿体特征与矿石性质

矿体多属层状。鹤壁市牛横岭冶镁白云岩矿区主要矿物为白云石，含量 95%～99%；矿石化学成分：CaO 30.57%、MgO 20.79%、SiO_2 1.05%、Fe_2O_3 0.41%、K_2O 0.088%、Na_2O 0.014%，酸不溶物 1.49%。

九、铁矿

（一）资源概况

截至 2010 年年底，河南上表铁矿产地有 168 处，累计查明资源储量（矿石量）17.54×10^8t，保有资源储量 15.35×10^8t，居全国第十位。

（二）矿床分布

单一铁矿床分布在舞阳、许昌、泌阳、安阳—林州、卢氏、沁阳、渑池等地，大型铁矿床有舞钢市铁山、舞钢市经山寺和许昌县武庄铁矿等，中型矿床有舞钢市王道行、舞钢市赵案庄、卢氏县八宝山、鲁山县西马楼、安阳市李珍、沁阳市行口、新安县岱嵋寨和许昌铁矿等；共生矿产以卢氏县曲里铁锌铜矿为代表，一些铝土矿及钼矿亦有共生铁矿。

（三）矿床成因

河南铁矿矿床成因类型有沉积变质型、接触交代型（矽卡岩型）、岩浆型和沉积型（"山西式"或"宣龙式"）等，以前两种为主。沉积变质型铁矿主要赋存于舞阳、鲁山、许昌、济源等地的太古宇太华岩群、登封岩群下部，以舞阳铁山和许昌铁矿为代表。接触交代型铁矿集中于安阳、林州、卢氏、栾川、桐柏、泌阳、永城等地，主要由花岗岩、闪长岩等岩体侵入奥陶系中统、下古生界陶湾群、新元古界栾川群、新元古界官道口群等地层的碳酸盐岩而形成，以安林铁矿为代表；该类铁矿在华北陆块南缘和秦岭造山带常和铜、锌、钼、硫等矿产共生，如卢氏八宝山铁矿。岩浆型铁矿多与太古宇地层中的超基性岩有关，以舞阳赵案庄铁矿为代表。"宣龙式"铁矿产于中元古界汝阳群云梦山组碎屑岩系中，以渑池黛眉寨铁矿为代表；"山西式"铁矿产于石炭系上统本溪组铁铝黏土岩系中，以博爱茶棚铁矿为代表。

（四）矿体特征与矿石性质

沉积型与沉积变质型铁矿矿体呈层状、似层状、透镜状，接触交代型铁矿矿体形态呈似层状、条带状、透镜状。铁矿矿石类型有磁铁矿、褐铁矿、赤铁矿等。沉积变质型铁矿矿石为石英辉石磁铁矿、辉石磁铁矿等高硅质贫铁矿，选矿难度较大；接触交代型铁矿矿石为中等品位磁铁矿，具高硫低磷易选冶特点；岩浆型铁矿矿石为中低品位的蛇纹石磁铁矿、磷灰石磁铁矿、白云石磁铁矿等，具高镁自熔性和伴生磷、钒、钛、钴、铀、钍及轻稀土等多种矿产等特点；"宣龙式"和"山西式"铁矿的矿石均以难选中低品位赤铁矿为主。

省内富铁矿资源贫乏，仅少数矿床（如安阳李珍铁矿与泌阳条山铁矿）属品位中等（TFe＞40%）、较好利用的接触交代型铁矿，其余绝大多数是难选冶的低品位（TFe＜40%）沉积变质铁矿或沉积铁矿。

十、钛矿

（一）资源概况

河南已评价的钛矿为金红石类型矿床，1978～2000 年，共发现金红石产地 4 处，其中金红石（TiO_2）资源储量大于 $50×10^4t$ 的特大型矿床 3 处，大型矿床 1 处，共查明金红石（TiO_2）资源储量 $241.93×10^4t$。其中，风化壳型金红石矿床 2 处，金红石（TiO_2）资源储量 $129.27×10^4t$；原生型金红石矿床 2 处，金红石（TiO_2）资源储量 $112.72×10^4t$。

（二）矿床分布

河南金红石矿床主要分布在伏牛山东段的南召县云阳—泌阳羊册金红石矿带和南坡的西峡县八庙矿带，已查明方城县五间房金红石矿、方城县柏树岗金红石矿和西峡县八庙金红石矿 3 个特大型矿床。大别山则查明了新县杨冲大型矿床。

（三）矿床成因

河南金红石矿床成因类型主要为变质型矿床，以西峡八庙矿带和南召—泌阳矿带为代表。南召—泌阳矿带金红石赋矿地层为新元古界宽坪群四岔沟组和中元古界毛集群左老庄组一段变质岩系。西峡八庙矿带金红石赋矿地层为古生界周进沟组的片岩、片麻岩及大理岩。

（四）矿体特征与矿石性质

矿石类型可分为风化壳型和原生型。风化壳型金红石矿主要分布在南召县云阳—泌阳羊册金红石矿带西段的云阳—五间房一带，金红石产于绿帘角闪片岩中，矿石 TiO_2 品位平均 1.88%～2.23%，该矿带规模大、资源前景好，但因选矿技术问题尚未利用；新县杨冲、红显边等矿床则为变质岩风化壳型砂矿，亦尚难开发利用。原生型金红石分布在西峡县八庙一带，金红石赋存于透闪石大理岩所夹的黑云母角闪片岩中，矿石 TiO_2 品位平均 2.43%～2.44%，已小规模开发利用。

十一、镍矿

河南镍矿仅发现矿产地 1 处，矿床规模为大型，查明镍金属资源储量 $32.84×10^4$t，保有资源储量 $32.84×10^4$t，保有资源储量居国内第五位，分布在唐河县周庵，产于超基性岩体的中下部，矿床类型属超基性岩型铜镍矿床。矿体呈板状、弧状，矿石矿物以磁黄铁矿、镍黄铁矿为主，次有黄铜矿、方黄铜矿、马基诺矿、黄铁矿，主要有用组分 Ni 0.31%～0.44%、 Cu 0.03%～0.18%；伴生有益组分 Co 0.01%～0.08%、Pt 0.15%～0.55g/t 、Pd 0.15%～0.45g/t。

十二、钴矿

河南钴矿发现矿产地 4 处，查明钴资源储量 17 271t，保有资源储量 17 262t，保有资源储量居全国第 15 位。分布在唐河县、舞钢市、济源市和林州市，分别是唐河县周庵铜镍矿床、舞钢赵案庄铁矿床、济源铁山河铁矿床和林州东冶铁矿床的伴生矿床。

十三、稀有、稀土、分散元素矿产

河南稀有金属矿产发现的有铌、钽、铍、锂、铷、铯 6 种。截至 2010 年查明铌资源储量 300.6t，保有资源储量 71.6t；查明钽资源储量 440.3t，保有资源储量 136.3t；铌钽保有资源储量居全国第 14 位。查明锂资源储量 58 009t，保有资源储量 45 280t，保有资源储量居全国第七位；查明铍资源储量 2 654.2t，保有资源储量 642.2t，保有资源储量居全国第九位；查明铷资源储量 2 790.7t，保有资源储量 1 210.8t，保有资源储量居全国第五位；查明铯资源储量 717.0t，保有资源储量 358.0t，保有资源储量居全国第四位。

河南稀有金属矿产分布在卢氏县西南部至信阳附近，出露地层在卢氏—西峡一带为古元古界秦岭岩群雁岭沟组大理岩和片岩类，在南召一带为新元古界二郎坪群大庙组片岩和大理岩。伟晶岩脉沿北西西向断裂发育，形成伟晶岩型稀有金属矿产。已发现铌矿产地 3 处，规模为小型；发现钽矿产地 4 处，规模为小型；锂矿产地 6 处，矿床规模型中型 1 处，小型 2 处；铍矿产地 4 处，规模为小型；发现铷矿产地 2 处，规模均为中型；铯矿产地 2 处，矿床规模中型 1 处，小型 1 处。代表矿床有卢氏县南阳山铌钽矿床和南召县大庄铌钽矿床。

河南发现稀土矿产地 1 处，矿床规模小型，查明稀土矿资源储量 24 804t，保有资源储量 24 720t，保有资源储量居全国第 12 位。稀土矿分布在舞钢市，产于太古宇地层中超基性岩体内，是赵案庄铁矿床的伴生矿产。

河南已发现分散元素镓矿产地有 35 处，矿床规模大型 4 处，中型 15 处，小型 16 处。查明镓资源储量 30 774.0t，保有资源储量 30 322.0t，保有资源储量居全国第二位。矿床类型为沉积型镓矿床，主要产于石炭系中上统本溪组含铝岩系地层中，是铝土矿和耐火黏土矿伴生矿产。

第四节 非金属矿产

河南非金属矿产资源种类丰富，截至 2010 年年底拥有查明资源储量的有 60 个矿种、89 个亚矿种，包括冶金辅助原料非金属矿产、化工原料非金属矿产、建筑材料和其他非金属矿产。其中耐火黏土、高铝三石（蓝晶石、红柱石、矽线石）、铁矾土等冶金辅助原料，天然碱、石盐等化工原料；珍珠岩、膨润土、沸石、水泥原料、玻璃原料、陶瓷原料、石墨、宝玉石、饰面建材等建筑材料和其他类非金属矿产在国内居重要地位。西峡—内乡的高铝三石矿带，叶县—舞阳的岩盐矿田，桐柏安棚的天然碱矿床，信阳上天梯的珍珠岩—膨润土—沸石矿田等均为改革开放以来河南非金属矿找矿的重大成就。金刚石、硫铁矿、富磷矿与钾盐等矿产属于省内短缺矿产。

一、冶金辅助原料非金属矿产

截至 2010 年年底，河南拥有查明资源储量的冶金辅助原料非金属矿产有蓝晶石类（包括蓝晶石、红柱石、矽线石）、萤石、熔剂用灰岩、冶金用石英岩（硅石）、冶金用白云岩、耐火黏土、铁矾土、铸型用砂岩、菱镁矿等 11 种。

蓝晶石类矿。属高铝耐火材料矿产，截至 2010 年累计查明资源储量矿石量 $13\,771.3 \times 10^4 t$，矿物量 $1\,376.8 \times 10^4 t$；保有矿石量 $13\,621.7 \times 10^4 t$，矿物量 $1\,350.6 \times 10^4 t$；保有资源储量居全国第一位。评价高铝矿物蓝晶石、红柱石、矽线石矿产地 3 处，分布在南阳市宛城区、西峡县及内乡县等地，均达大型矿床规模，包括南阳市隐山蓝晶石矿、西峡县杨乃沟红柱石矿、内乡县七里坪矽线石矿。蓝晶石和红柱石产于上古生界小寨组地层中，矽线石产于古元古界秦岭岩群雁岭沟岩组地层中，均属于沉积变质型矿床。

萤石矿。2010 年年底上表普通萤石矿产地 53 处，其中单一普通萤石和普通萤石为主要矿产的产地 47 处，与其他矿产共生的普通萤石矿产地 6 处。普通萤石累计查明资源储量矿石量 7 871.7×10^4t，保有矿石量 2 607.5×10^4t，保有资源储量居全国第十位。河南萤石矿分布在嵩县、鲁山、确山及信阳等市县，大型矿床有嵩县陈楼萤石矿；中型矿床有鲁山县赵村大尖垛萤石矿，确山县周庄萤石矿，信阳尖山萤石矿（尚楼区段）等。萤石矿体均受花岗岩和断裂构造控制，属于中—低温热液充填型矿床。萤石矿床均已被开发利用。

熔剂用灰岩矿。至 2010 年年底上表熔剂用灰岩矿产地有 31 处，其中单一熔剂用灰岩和熔剂用灰岩为主要矿产的产地 11 处，与其他矿产共生的熔剂用灰岩产地 20 处。河南熔剂用灰岩累计查明资源储量（矿石量）10.08×10^8t，保有资源储量 8.05×10^8t，保有资源储量居全国第四位。河南溶剂灰岩矿分布在焦作、陕县、偃师、荥阳、郑州、新密、登封、舞钢、宝丰、确山等市县。确山县独山矿区达到大型规模，其他为中小型矿床。产于石炭—二叠系太原组中的熔剂用灰岩与铝土矿、耐火黏土矿共生，占总储量的 10%；产于奥陶系中统马家河组和寒武系中统张夏组的熔剂用灰岩占 90%。

冶金用石英岩矿（熔剂用硅石）。评价矿产地 2 处，其中中型矿床 1 处（密县坡景山硅石矿），小型矿床 1 处（方城县罗汉山硅石矿），累计查明资源储量 736.9×10^4t。熔剂用硅石产于古元古界嵩山群石英岩、蓟县系洛峪群石英砂岩或新元古界宽坪群变石英砂岩中，均属沉积变质型矿床。

冶金用白云岩矿。2010 年年底，河南上表冶金用白云岩矿产地 18 处，其中单一冶金用白云岩和冶金用白云岩为主要矿产的产地 16 处，与其他矿产共生的冶金用白云岩产地 2 处。大型规模的为林州市上坡白云岩矿区，其他为中小型。河南冶金用白云岩累计查明资源储量（矿石量）30 625×10^4t，保有资源储量 30 289×10^4t，保有资源储量居全国第 13 位。冶金用白云岩多产于寒武—奥陶系地层中。

耐火黏土矿。截至 2010 年底，河南上表耐火黏土矿产地有 78 处，其中单一耐火黏土和耐火黏土为主要矿产的产地 30 处，与其他矿产共生的耐火黏土产地 48 处。河南耐火黏土累计查明资源储量（矿石量）32 188×10^4t，保有资源储量 28 065×10^4t，保有资源储量居全国第二位。河南耐火黏土矿分布在焦作、修武、陕县、渑池、新安、偃师、登封、新密、禹州、鲁山、宝丰等市县。除鲁山梁洼耐火黏土矿产于二叠系下统—中统石盒子组地层外，其他均产于石炭系上统本溪组地层中。耐火黏土属沉积型矿床，常与铝土矿呈共生或相变关系。

铁矾土矿。截至 2010 年年底评价矿产地 3 处，其中中型矿床 1 处，小型矿床 2 处。中型矿床即焦作市西张庄黏土矿区（共生铁矾土矿），累计查明资源储量 402.4×10^4t，产于石炭系上统本溪组地层中，由含铁黏土岩组成，属沉积型矿床。

铸型用砂岩矿。河南仅发现矿产地 2 处，其中大型矿床 1 处，小型矿床 1 处。大型矿床即渑池县坡头铸型用砂岩矿床，产于中元古界汝阳群北大尖组地层中。截至 2010 年年底查明

资源储量 $1\,915.7\times10^4t$，保有资源储量 $1\,915.7\times10^4t$，保有资源储量居全国第一位。

菱镁矿。河南仅发现矿产地 1 处，矿床规模为小型。截至 2010 年年底，查明资源储量 2.13×10^4t，保有资源储量 $2.12\times\times10^4t$。菱镁矿分布在西峡县，产于超基性岩体内。

二、化工原料非金属矿产

截至 2010 年，河南拥有查明资源储量的化工原料非金属矿产包括硫铁矿（含伴生硫）、重晶石、岩盐、天然碱、含钾岩石、磷矿、化肥用蛇纹岩、电石用灰岩、砷矿 9 种。

硫铁矿（含伴生硫）。截至 2010 年年底，河南上表硫铁矿矿产地有 67 处，其中单一硫铁矿和硫铁矿为主要矿产的产地 15 处，与其他矿产共生的硫铁矿产地 14 处，与其他矿产伴生的硫铁矿产地 38 处。河南硫铁矿（不含伴生硫铁矿）累计查明资源储量（矿石量）$171\,340\times10^4t$，保有资源储量 $158\,540\times10^4t$，保有资源储量居全国第 11 位。硫铁矿分布在焦作、灵宝、荥阳、新密、登封、禹州、栾川等市县。大型矿床有灵宝市银家沟硫铁矿、新安县竹园—狂口黄铁矿、焦作冯封黄铁矿，中型矿床有栾川县骆驼山硫铁矿等。灵宝市银家沟和栾川县骆驼山硫铁矿与斑岩有关，属热液交代型矿床。石炭系上统本溪组中硫铁矿与铝土矿和耐火黏土矿共生，属沉积矿床。伴生硫铁矿赋存于以金、银、钼、钨等为主要矿产的矿床中，分布在灵宝、陕县、栾川、桐柏等市县。

重晶石矿。评价重晶石矿产地 1 处，为小型矿床，即卫辉市大池山重晶石矿区，1983 年河南地矿局地调二队提交 D 级矿石量 24.6×10^4t。矿脉受断裂构造控制，属低温热液裂隙充填型石英重晶石矿床。2010 年年底，上表矿产地增至 17 处。17 处矿产地均为小型矿床，其中 16 处为单一重晶石矿产地，另 1 处是与其他矿产共生的重晶石矿。

岩盐矿。截至 2010 年年底，河南上表盐矿产地有 8 处，累计查明资源储量矿石量 96.64×10^8t，NaCl 量 83.94×10^8t；保有矿石量 95.84×10^8t，NaCl 量 83.28×10^8t；保有资源储量居全国第九位。岩盐产出于叶县和舞阳县，大型规模的矿床有叶县田庄盐矿、叶县马庄盐矿、娄庄盐矿和姚寨盐矿区。东濮凹陷和泌阳凹陷中亦有岩盐。岩盐产于古近系核桃园组地层中，属蒸发沉积型矿床。

天然碱矿。截至 2010 年年底，河南天然碱矿累计查明资源储量 $9\,751.9\times104t$，保有资源储量 $8\,830.1\times104t$，保有资源储量居全国第一位。评价大型天然碱矿产地 2 处，即桐柏县吴城天然碱矿和安棚天然碱矿。天然碱矿属内陆湖盆蒸发沉积矿床，赋存于吴城盆地和泌阳凹陷古近系核桃园组地层中，与石油（油页岩）、石膏、岩盐等矿产共生。

含钾岩石矿。河南发现的有含钾砂页岩和含钾岩石 2 种类型，其中含钾砂页岩产地 3 处，含钾岩石矿产地 6 处，矿床规模大型矿床 1 处，小型矿床 8 处。累计查明资源储量 $21\,247.52\times10^4t$，保有资源储量 $21\,245.2\times10^4t$，保有资源储量居全国第四位。含钾砂页岩属沉积型矿床，其代表性矿床为河南林州牛岭山含钾砂页岩矿区，产于中元古界洛峪群崔庄组地层中，1975 年 6 月河南省冶金第二地质队提交了 B+C+D 级矿石量 $16\,154\times10^4t$，属大型矿床；小型矿床的代表如泌阳县乔家庄含钾黏板岩矿，1995 年河南地调三队提交 B+C+D 级资源储量 1 819.3 $\times10^4$t，产于蓟县系洛峪群崔庄组地层中。含钾岩石主要产于变质岩中伟晶岩脉、钾长石岩脉和正长细晶岩中，代表性矿床如河南省卢氏县黄家湾正长细晶岩矿区，2008 年卢氏县地质勘查研究所提交（332）+（333）矿石量 1 264.40$\times10^4$t。

磷矿。截至 2010 年年底，河南上表磷矿产地有 10 处，达中型规模的矿产地有鲁山县辛集磷矿、伊川县长石矿区磷矿、宝丰县观音堂蓝沟磷矿、商城县石门冲磷矿和新县杨冲磷矿。河南磷矿（不含伴生磷）累计查明资源储量（矿石量）8 500.2$\times10^4$t，保有资源储量 8 464.9$\times10^4$t，保有资源储量居全国第 16 位。河南磷矿矿床分别产于寒武系下统辛集组底部和蓟县系汝阳群云梦山组地层中，均属沉积型磷块岩矿床。

化肥用蛇纹岩矿。河南化肥用蛇纹岩上表矿区只有 3 个，仅信阳卧虎蛇纹岩矿达中型规模，属超基性岩变质成因。截至 2010 年年底，河南化肥用蛇纹岩累计查明资源储量（矿石量）7 782$\times10^4$t，保有资源储量 7 660.4$\times10^4$t，保有资源储量居全国第十位。

电石用（化工）灰岩。截至 2010 年年底，河南已发现电石用灰岩矿产地 5 处，其中大型矿床 1 处，小型矿床 4 处，累计查明资源储量 20 500.5$\times10^4$t，保有资源储量 19 469.8$\times10^4$t，保有资源储量居全国第五位。大型矿床即确山南山化工灰岩矿，产于中奥陶统上马家沟组大理岩中。

砷矿。河南省已发现砷矿产地 1 处，矿床规模为小型。累计查明资源储量 152t，保有资源储量 152t，居全国第 18 位。砷矿分布在卢氏县境内，产于五里川—双槐树锑砷成矿带，下元古界秦岭群雁岭沟组地层中，与锑矿共生。代表矿床为卢氏县小红沟砷矿床。

三、建筑材料和其他非金属矿产

截至 2010 年年底，河南省拥有查明资源储量的建材与其他类非金属矿产有 43 个矿种、64 个亚矿种。

（一）石墨

截至 2010 年年底，全省共有上表石墨矿产地 11 处，其中晶质石墨产地 9 处，隐晶质石墨产地 2 处。石墨矿累计查明资源储量矿石量 14 265.4$\times10^4$t，石墨矿物量 1 064.5$\times10^4$t，保有矿石量 14 243.9$\times10^4$t，石墨矿物量 1 063.7$\times10^4$t，保有资源储量居全国第四位。4 处大型矿床为：鲁山县背孜石墨矿、西峡县横岭石墨矿、镇平县小岔沟石墨矿、淅川县小陡岭石墨矿。河南省石墨矿产于太古宇太华岩群、古元古界秦岭岩群及古元古界陡岭岩群地层中，由含石墨大理岩、晶质石墨片岩、石墨钾长片麻岩和石墨片岩组成，属沉积变质型矿床。

（二）石膏

截至 2010 年年底，河南省共评价石膏矿产地 5 处，其中大型矿床 2 处，小型矿床 3 处，石膏矿累计查明资源储量(矿石量)76 170.7×10^{4}t，保有矿石量 74 948.7×10^{4}t，保有资源储量居全国第 12 位。石膏矿分布在桐柏县、淅川县、鲁山县、三门峡市和安阳市。大型矿床包括桐柏县安棚石膏矿、鲁山县辛集石膏矿。石膏矿分别产于古近系核桃园组和寒武系下统辛集组地层中，均属沉积型矿床。

（三）水泥生产用原料矿产

1. 水泥用灰岩

截至 2010 年年底，河南省上表水泥用灰岩矿产地有 120 处，其中单一水泥用灰岩和水泥用灰岩为主要矿产的产地 113 处，与其他矿产共生的水泥用灰岩产地 7 处。累计查明资源储量(矿石量)79.99×10^{8}t，保有资源储量 72.40×10^{8}t，保有资源储量居全国第二位。水泥用灰岩主要分布在豫北和豫西山地。水泥用灰岩产于寒武系中统者占总资源储量的 49.3%，产于奥陶系地层者占总资源储量的 50.2%，产于古近系地层者占总资源储量的 0.5%，均属沉积型矿床。

规模为大型的水泥用灰岩矿床有洛阳市龙门熬子岭水泥用灰岩矿、焦作市回头山水泥用灰岩矿、鹤壁市鹿楼水泥用灰岩矿、安阳县李珍水泥用灰岩矿、平顶山市青草岭水泥用灰岩矿、卫辉市豆义沟水泥用灰岩矿（含东段）、南召县青山水泥用灰岩矿、邓州杏山水泥用灰岩矿、陕县磨云山水泥用灰岩矿、宜阳县鹿角岭水泥用灰岩矿、汝州市白云山水泥用灰岩矿、辉县市崔沟水泥用灰岩矿、新密市嘹歌山水泥用灰岩矿、内乡县北岗水泥用灰岩矿等。

2. 水泥用大理岩

截至 2010 年年底，河南省上表水泥用大理岩矿 12 处，全为单一水泥用大理岩矿产地。水泥用大理岩矿累计查明资源储量（矿石量）48 324.7×10^{4}t，保有资源储量 45 029.6×10^{4}t，保有资源储量居全国第二位。水泥用大理岩矿多产于古、中元古界地层中，属沉积变质型大理岩矿床。大型矿床包括南阳蒲山矿区、光山县云山寨矿区、马畈矿区、平桥区灵山坡矿区、唐河县黄龙山矿区、镇平县山王庄矿区和凉水泉矿区等。

3. 水泥配料用砂岩

截至 2010 年年底，河南省已发现水泥配料用砂岩矿产地 15 处，其中大型矿床 1 处，中型矿床 3 处，小型矿床 11 处。累计查明资源储量 5 180.78×10^{4}t，保有资源储量 5 097.22×10^{4}t，保有资源储量居全国第 13 位。水泥配料用砂岩分布于淇县天桥岭、新密市大石门、平顶山市红石山等地，分别产于中元古界汝阳群云梦山组、蓟县系五佛山群马鞍山组和二叠—三叠系石千峰群中。新密市大石门水泥用砂岩矿为大型矿床规模。

4. 水泥配料用黏土

截至 2010 年年底，河南省上表水泥配料用黏土矿产地有 29 处，累计查明资源储量（矿石量）25 265.8×10^{4}t，保有矿石量 25 018.8×10^{4}t，保有资源储量居全国第一位。水泥配料用黏土矿分布于安阳、鹤壁、新乡、郑州、许昌、平顶山、三门峡、义马、驻马店、信阳、南阳等市域，主要产于第四纪更新统冲洪积黄土地层中，卫辉市大司马黏土矿区为大型矿床规模。

（四）玻璃原料矿产

1. 脉石英

截至 2010 年年底，河南省已发现玻璃用脉石英矿产地 8 处，矿床规模为小型。累计查明资源储量 282.99×10^4t，保有资源储量 258.44×10^4t，保有资源储量居全国第七位。玻璃用脉石英根据成因可分为脉石英型、伟晶岩型和石英岩型三种类型，分布在新县、唐河县、确山县、嵩县、洛宁县、卢氏县和济源市等。

2. 玻璃用石英岩

截至 2010 年年底，河南省上表玻璃用石英岩矿产地有 27 处，其中 26 处为单一玻璃用石英岩矿产地，1 处是与铁矿共生的。累计查明资源储量（矿石量）$13\,305 \times 10^4$t，保有资源储量 $9\,915 \times 10^4$t，保有资源储量居全国第六位。渑池县方山石英岩矿、舞钢市金枝崖石英岩矿、林州市轿顶山石英岩矿和登封市小红寨矿均为大型矿床规模。矿石主要为中元古界汝阳群北大尖组、蓟县系洛峪群三教堂组浅变质石英砂岩。

3. 玻璃用凝灰岩

截至 2010 年年底，河南省已发现玻璃用凝灰岩矿产地 1 处，矿床规模为大型。累计查明资源储量 $3\,694.0 \times 10^4$t，保有资源储量 $3\,694.0 \times 10^4$t，保有资源储量居全国第二位。玻璃用凝灰岩分布在河南省信阳市境内，产于中生界下白垩统陈棚组地层中，含矿层由熔结凝灰岩、角砾凝灰岩组成。矿床类型属火山沉积型凝灰岩矿床。

4. 霞石正长岩矿

截至 2010 年年底，河南省评价矿产地 1 处，属大型矿床，即安阳县九龙山霞石正长岩矿，1995 年中国建材工业总公司地勘中心河南总队提交 C+D 级矿石量 $11\,243.9 \times 10^4$t，产于霞石正长岩体中，属岩脉型矿床。霞石正长岩矿除用作玻璃原料外，还可用作陶瓷与铝氧原料。

（五）珍珠岩、沸石、膨润土

截至 2010 年年底，河南已发现珍珠岩矿产地 2 处，均为大型矿床，珍珠岩累计查明资源储量 $14\,057 \times 10^4$t，保有资源储量 $11\,326 \times 10^4$t，保有资源储量居全国第一位；发现沸石矿产地 5 处，其中大型矿床 1 处，小型矿床 4 处，沸石累计查明资源储量 $6\,309.23 \times 10^4$t，保有资源储量 $6\,176.3 \times 10^4$t，保有资源储量居全国第八位；发现膨润土矿产地 7 处，其中中型矿床 2 处，小型矿床 5 处，膨润土累计查明资源储量 $1\,887.98 \times 10^4$t，保有资源储量 $1\,843.99 \times 10^4$t，保有资源储量居全国第 16 位。该三种矿产主要分布于信阳市刘家冲—罗山县杨家湾一带，均与大别山北麓白垩系陈棚组火山岩系有关，现属信阳市上天梯非金属矿管理区。除信阳市上天梯地区以外，在汝阳县评价 1 处小型沸石矿，在禹州市、确山县、南召县和宜阳县共评价 4 处小型膨润土矿床。

（六）高岭土、伊利石黏土

截至 2010 年年底，河南上表高岭土矿产地 8 处，其中大型矿床 1 处，中型矿床 2 处，小型矿床 6 处。累计查明资源储量 $1\,293.85 \times 10^4 t$，保有资源储量 $1\,257.64 \times 10^4 t$，居全国第 13 位。河南石炭—二叠煤系地层硬质高岭土资源丰富，但仅焦作市王窑高岭土矿区经详细普查，为大型规模。评价大型伊利石黏土矿床 1 处。平顶山市叶营伊利石黏土矿，产于震旦系罗圈组上层水云母黏土岩中，1995 年提交 C+D 级矿石量 $1\,140 \times 10^4 t$。

（七）硅灰石

截至 2010 年年底，已发现硅灰石矿产地 4 处，其中大型矿床 2 处，小型矿床 2 处，累计查明资源储量 $1\,267.32 \times 10^4 t$，保有资源储量 $1\,106.53 \times 10^4 t$，居国内第六位。大型硅灰石矿床鲁山县东银洞沟硅灰石矿产于中元古界熊耳群马家河组地层与花岗岩的接触带，属矽卡岩型矿床。

（八）饰面用建筑材料

1. 花岗石

截至 2010 年年底，河南上表饰面用花岗岩矿产地有 15 处，其中泌阳县象河矿区达大型规模。河南饰面用花岗岩累计查明资源储量（矿石量）$2\,760.8 \times 10^4 m^3$，保有资源储量 $2\,555.6 \times 10^4 m^3$，保有资源储量居全国第 13 位。花岗石除花岗岩类外，还包括太古宇变质岩石、熊耳群等火山岩石和一些基性、超基性岩体（脉），广泛分布于京广铁路以西和豫南山区，但经正规评价的较少。太行红、菊花青等品牌在市场有较大知名度。

2. 大理石

截至 2010 年年底，河南饰面大理石矿产地增至 8 处，累计查明资源储量（矿石量）$4\,723 \times 10^4 m^3$，保有资源储量 $3\,320 \times 10^4 m^3$，保有资源储量居全国第八位。大理石泛指有饰面价值的各种沉积成因的灰岩、白云岩，变质成因的大理岩和热液构造充填的文石脉等，广泛赋存于各碳酸盐岩地层中。淅川米黄玉、云花、汉白玉、黑墨玉等大理石品种质地优良，在国内享有盛誉。大型矿床有淅川县简沟黑墨玉大理石矿，中型矿床有淅川县阎沟云花大理石矿、西峡县陈家竹园饰面大理岩矿等。

（九）建筑石料

截至 2010 年年底，河南上表建筑石料用灰岩矿产地有 133 处，累计查明资源储量（矿石量）68 484×10^{4}m^3，保有资源储量 56 859×10^{4}m^3，保有资源储量居全国第一位；建筑用花岗岩矿产地有 32 处，累计查明资源储量（矿石量）1 764.7×10^{4}m^3，保有资源储量 1 676.2×10^{4}m^3，保有资源储量居全国第 77 位；建筑用砂分布广泛，累计查明资源储量（矿石量）3 595.2×10^{4}m^3，保有资源储量 3 173.1×10^{4}m^3，保有资源储量居全国第四位。此外还评价其他类建筑石料矿产地 2 处，累计查明资源储量 3 006×10^{4}m^3，包括新安县吕家大山石英砂岩矿（铁路道渣），产于中元古界汝阳群中，属沉积矿床；淇县浮山路用玄武岩矿，属火山岩型矿床。

（十）陶瓷土

截至 2010 年年底，共有陶瓷土产地 6 处，全为单一陶瓷土矿产产地。累计查明资源储量（矿石量）1 496.5×10^{4}t，保有资源储量 1447.3×10^{4}t，高岭土、陶瓷土保有资源储量分别居全国第 15 位和第 24 位。陶瓷土产地分布零散，散布于巩义市、嵩县、叶县、郏县、汝州市和博爱县境内各 1 处。矿床规模达中型的只有巩义市钟岭陶瓷土矿 1 处，其余 5 处为小型。陶瓷土主要产于下二叠统下石盒子组和石炭系中统本溪组地层中。

（十一）宝玉石矿产

河南宝玉石资源品种较多，矿点有百余个，品种达 50 余个。玉石类有独玉（南阳玉）、密玉、梅花玉、蔡州玉（息县玉）、回龙玉、墨绿玉、汉白玉、方解石玉、白云石玉、重阳玉、牡丹石（洛阳玉）、鲁山绿、虎（鹰）晴石、蔷薇辉石玉、绿松石、孔雀石、萤石、滑石、木变石、玛瑙、玉髓、蛋白石、芙蓉石、丁香紫玉等；天然宝石有金刚石、刚玉、绿柱石、碧玺、尖晶石、托帕石、橄榄石、石榴石（类）、水晶（类）、天河石、绿帘石、磷灰石、锂辉石、磷铝锂石、蓝柱石、蓝晶石、符山石、含钛普通辉石、水镁石、金红石、红柱石、桐柏矿等；有机宝玉石类有琥珀、硅化木、象牙、龟甲、贝壳、煤精、珊瑚玉、恐龙蛋和观赏性生物化石等。

独山玉属国内独有，开发历史悠久。独山玉产于南阳独山加里东期次闪石化辉长岩体中，属热液蚀变型脉状矿床，主要矿物成分为斜长石与黝帘石，因次要矿物成分的不同而变幻其绚丽色彩。1984 年，河南地调四队提交独山玉矿区普查报告，查明 C+D 级矿石量 19 571t。

虎晴石、鹰晴石产于淅川—内乡一带新元古界耀岭河组变火山岩中，属蓝石棉矿带中热液交代硅化强烈部位。1999 年河南第一地质勘查院提交淅川县火石寨虎晴石矿普查报告，获D+E 级矿石量 6 930t。

密玉产于古元古界嵩山群庙坡山组细粒石英岩，和天然油石属同一矿床，查明矿石量71.8×10^{4}t。

绿松石（松石、土耳其玉）产于淅川县下寒武统石煤层中；琥珀产于西峡—内乡一带上白垩统地层；紫水晶产于南阳市安皋的花岗岩及花岗片麻岩的构造蚀变带中；泌阳县产出茶晶（花岗伟晶岩）和无色水晶（变质岩中石英脉）；玛瑙产于南阳市安皋附近新近系沉积地层；墨绿玉产于淅川县、西峡县古元古界陡岭群等地层中，由侵入的超基性岩经蛇纹岩化而形成；梅花玉产于中元古界熊耳群杏仁状安山岩、安山玢岩中；息县玉（蔡州玉）为白色细腻奥陶系灰岩；宝丰韩庄二叠系地层中产出焦宝石；此外还有淅川彩条玉（灰岩）、嵩县羊脂玉（大理岩）、济源天坛砚（寒武系泥灰岩）和黄河澄泥砚等工艺原料，以及以"黄河石"（中元古界汝阳群石英岩状砂岩砾石）为代表的各种观赏石类等，均未有上表储量。

（十二）其他非金属矿产

20世纪80年代末至90年代初，河南地质科研所、河南岩矿测试中心等曾分别对嵩山地区的"中岳麦饭石"（石英二长岩）和"嵩山药石"（变基性、超基性岩）的医疗保健作用进行过评价。

第五节　水气矿产

河南的水气矿产有地下水、矿泉水、二氧化碳3种。矿泉水属有益于人类健康的特殊类型泉水或地下水。二氧化碳气体矿产仅发现于鹤壁地热深井中，尚未开发利用。地下水内容见第六章。

一、矿泉水

矿泉水是指含有某些特殊组分或气体成分的地下水。按其使用价值，又可分为饮用矿泉水和医疗用热矿水两大类型。饮用矿泉水中的组分含量须符合国家《饮用天然矿泉水标准》（GB8537—1995）要求。医用热矿水水温不低于34℃，水质应符合《地热资源地质勘查规范》（GB/T11615—89）要求。

（一）资源概况

河南矿泉水分布广泛。估算医用热矿水可采资源量 $13\,453 \times 10^4 m^3/a$，沉降盆地饮用矿泉水可采资源量 $10\,277 \times 10^4 m^3/a$。医用热矿水多分布在豫西、豫北和豫南基岩山区，已发现66处，水温多高于37℃，水中富含多种对人体有益组分，如偏硅酸、锂、锶、硼、溴、氟和氡气等，对治疗皮肤病、关节病、心血管病、神经与消化系统疾病、妇科疾病等有辅助作用。饮用矿泉水在山区多天然出露，在平原区则广泛赋存于地下，一般埋深大于60m。饮用矿泉水通常口感较好，水中偏硅酸、锶、锂、锌、碘等有益组分较丰。在山区温泉及平原盆地深部地热水中，均发现有同时符合饮用矿泉水和医用热矿水标准产地。

截至 2006 年年底,全省共鉴定饮用天然矿泉水水源地 197 处(复核后认定合格的 152 处),其中国家级鉴定 59 处(占 29.95%),省级鉴定 138 处(占 70.05%),提交允许可开采量 10 891.72×10^4m³/a。饮用天然矿泉水的类型有锶·偏硅酸型、锶型、偏硅酸型、锶·碘型等 10 种。

(二)矿泉水生成的地质条件

山丘区矿泉水的形成与地质构造和岩浆活动关系密切。山丘区的基岩在长期构造、风化与岩溶作用下形成各种形态的裂隙,降水沿裂隙渗入地下,经深循环和溶滤、交换作用,在水中富集了大量微量元素并俘获了地球内部热能,而形成热矿水。此类矿泉水一般受活动性断裂构造控制。如陕县温塘、汝州温泉街、栾川汤池寺、鲁山下汤、商城县汤泉池、洛阳龙门、济源省庄、郑州三李等矿泉水。此类型矿泉水的化学成分以重碳酸盐型或重碳酸盐硫酸盐型、硫酸盐氯化物型为主,阳离子中以钠为主或属钠钙型、钙镁型。

深埋于平原盆地松散堆积层中的矿泉水,其生成条件与古地理环境、古地球化学环境有关。松散堆积物具有孔隙大、透水性良好等特点,为降水入渗和地下水的运动、储存提供了极有利的空间,在溶滤、交换和浓缩作用下,使岩土中一些易溶元素溶于水中,经水化合作用,形成了富含对人体有益元素的矿泉水。平原盆地中的矿泉水水化学成分复杂。从平原到山前或交接洼地,随地下水运动条件的变化,水化学成分也由富含钙离子向富含钠离子转化,水化学类型由重碳酸盐型或重碳酸盐硫酸盐型向硫酸盐氯化物型或氯化物硫酸盐型转化,水中矿化度也由小于 0.5g/L 渐变为大于 2g/L,其他元素含量也有明显变化,如溴、碘等。除水平变化外,水化学随深度加深也有上述规律之变化。平原盆地区矿泉水资源量丰富,开发前景好。

(三)典型矿泉水产地

1. 陕县温塘矿泉水

陕县温塘矿泉水是河南第一处评价的可饮用矿泉水资源。该矿泉位于三门峡市陕县大营乡,矿区除南部小范围内出露有下古生界地层外,均为第四系松散堆积物所覆盖。温塘矿泉出露于北东向灵宝—三门峡活动大断裂与次级断裂的交汇部位。活动大断裂将矿区分为南部基岩隆起区和北部沉降区。降水在矿区南部通过断裂渗入地下深部,推算深循环时间约 35～40 年。循环水一部分沿断裂上升,在接触带部分受阻出露,形成具有医疗作用的热矿水;另一部分沿裂隙向北转为地下径流,与第四系松散层中冷水混合,形成可饮用矿泉水。在矿区中,温水沟北东向断裂东南盘破碎带及温塘村东半部第四系地层中矿泉水资源最富,温度相对较高,是该矿区首采地段。粗略计算,温塘矿泉水储存量为 3 828.6×10^4m³,可采矿泉水资源量为 6 000m³/d。矿泉水水化学类型以重碳酸、硫酸、氯化物钠、钙型和重碳酸、硫酸钠、钙型为主。水温大于 40℃,而在松散地层中混合水温 20～40℃,天然露头处最高为 61℃。

矿泉水 pH 值在 7.2～8.4，矿化度 0.53～0.85g/L，硬度随水温度变化于 3.3～29.67 德国度。水中氡含量为 2.79～9.10 埃曼/升。除含常量（宏量）矿物元素外，矿泉水中还含有多种对人体有益的微量元素，二氧化硅含量 40～44 mg/L，锂含量 0.1 mg/L，硼含量 2.8 mg/L，溴含量 0.3 mg/L，氟含量 1～1.18 mg/L，其铁、铜、锰、锌、锶等均有检出。从水中元素组合可以判定，温塘矿泉水矿化度低、弱碱性、硬度稍高，口感好，属含氡偏硅酸重碳酸硫酸型矿泉水，有医疗和饮用双重价值，其口感及品质可与法国维希矿泉水媲美。

2. 汝州温泉街矿泉水

汝州温泉街矿泉水位于汝州市西北约 22 km 处。矿泉处于东西向九皋山—温泉街活动断裂带和北西向次级活动断裂组的复合部位。大安玄武岩沿九皋山—温泉街断裂带喷发至地表，形成矿泉水围岩。降水沿构造裂隙下渗，经深循环溶滤围岩中各种易溶的微量元素形成矿泉水；矿泉水运移至构造破碎的玄武岩围岩中受阻上溢，泄露于地表。矿泉水天然露头大体是北西—南东分布，在 550m 长度内，矿泉水以泉群形式出露于地表，散流状排泄，七眼矿泉点流量为 1 080×10^{4}m^3/d，水温 57～65℃。矿泉水水化学类型属硫酸氯化物钠型水，矿化度 1.8～1.9g/L，pH 值为 7.2～7.8。水中含偏硼酸、可溶性硅酸、锂、锶、钡、锗、钙、钨等 50 余种组分，其中不少微量元素都达到医疗用矿泉水标准，尤以二氧化硅含量最为突出，为 105～125 mg/L。另外水中还含铀、镭、氡等放射性气体，含量均达医疗用标准。汝州矿泉水虽不能饮用，但属省内少有的高医疗价值的复合型矿泉水。

3. 洛阳龙门矿泉水

洛阳龙门矿泉水分布在距洛阳市南 15km 的伊河谷地龙门石窟景区内。该地出露地层以古生界碳酸盐岩为主，断裂构造十分发育，北西向龙门断裂带宽达 50～100m，构成矿泉水深循环的主要通道。龙门断裂在龙门附近与北东向宜阳—关林压性断裂复合，受后者阻水作用，地下水沿龙门断裂上升，形成矿泉的天然露头，沿龙门峡谷呈散状出露于伊河谷地中，露头点有 19 处之多。泉水温度在 24°～43°，伊河滩中钻孔水温可达 51℃。龙门矿泉水总资源量大于 6 000m^3/d，水化学类型为硫酸氯化物钠型和重碳酸钠钙型，其次为氯化物硫酸钠钙型和硫酸氯化物重碳酸钠钙型矿水，水类型较为复杂。矿泉水矿化度为 0.8～1.7g/L，pH 值为 7.0～7.7。水中含有多种化学组分和微量元素，其中偏硅酸含量为 55～75 mg/L，锂含量 0.48 mg/L，锶含量 1.2～1.4 mg/L，溴含量 2.0～2.6 mg/L，均超过饮用天然矿泉水国家标准。水中氡含量为 49～73 埃曼/升，也超过医疗矿泉水国家标准规定的 30 埃曼/升。可以认定龙门矿泉水有一定温度，水质较优，水量丰富，水中含有多种对人体有益的微量元素，是优质医疗兼饮用矿泉水。但其水中氟含量偏高（3.0～5.0 mg/L），须采取措施。

4. 鄢陵县陈化店镇 1 号井饮用天然矿泉水

产地距县城 11km，地处黄淮冲积平原，矿泉水为中深层承压水，主要赋存于第四系下更新统下部含水层中。含水层顶板埋深 131m，底板埋深 267m，可细分为三层。由粉细砂、中

细砂、中粗砂组成饮用矿泉水含水层，总厚度 24m，单井涌水量 1 104 m^3/d。该矿泉水补给源为双洎河上游基岩山区，部分大气降水渗入地下转化为地下径流，经溶滤、离子交换等水化学作用，溶解并富集了介质中可溶性元素，生成矿泉水。矿泉水宏量组分中有氯化物、硫酸盐、重碳酸盐，阳离子以钾、钠、钙、镁为主，总硬度为 393.51～434.0mg/L，溶解性总固体为 1 236.8～1 325mg/L，pH 值为 7.83～8.1。除宏量组分外，水中尚含有 17 种微量组分和次要组分，其中锶含量为 1.10～1.37mg/L，偏硅酸含量为 25.1～26.0mg/L，其他微量元素的含量都在国家标准限量范围以内。陈化店镇 1 号井可确定为锶·偏硅酸复合型饮用矿泉水，允许开采量为 720 m^3/d。但水中铁离子含量偏高，须采取处理措施。

二、二氧化碳气

据《河南鹤壁市淇滨新区地热及二化氧碳资源普查报告》（河南地质工程公司、鹤壁市国土资源局，2003 年 4 月）资料，汤阴断陷分布有二氧化碳气，储层为寒武—奥陶系（∈+O）灰岩、白云质灰岩、白云岩。汤阴断陷二氧化碳气田亦为地热田，两种矿产属共生关系。二氧化碳气体来源于碳酸盐岩的溶解、热解，即为碳酸盐化学成因气。二氧化碳气储存量为 405.36×10^8 m^3，弹性储存量为 35.5×10^8 m^3，可开采量为 1 693.8×10^4 m^3/a。

第五章 气候资源与气候灾害

第一节 河南气候概况

河南地处中国中纬度内陆地区，受太阳辐射、东亚季风环流、下垫面条件等因素的综合影响，具有"四季分明、雨热同期、气候复杂多样、气象灾害频繁"大陆性季风气候的基本特征。河南气候不仅存在着由南向北的北亚热带向暖温带过渡性的气候特征，还具有由东向西的平原向丘陵山地过渡的气候特征。

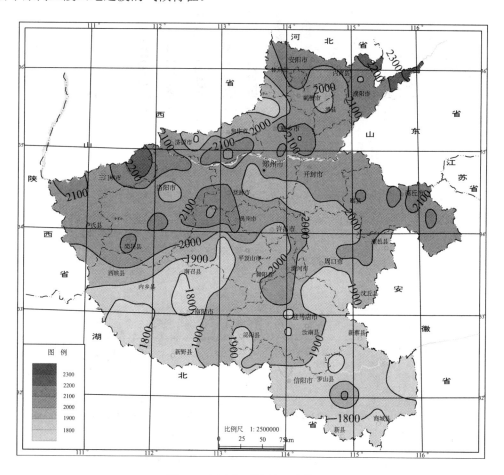

图 5-1 河南年平均日照时数分布

一、气候要素

（一）光照

全省年平均日照时数为 1 993.0h，各地年日照时数 1 733.4～2 368.2h，由南向北逐渐增加，许昌以北大部在 2 000h 以上，以南大部在 2 000h 以下；台前最多（2 368.2h），新县最少（1 733.4h）。

各月日照时数差异大，其中 2 月日照时数最少（130.6h），5 月最多（212.8h）。

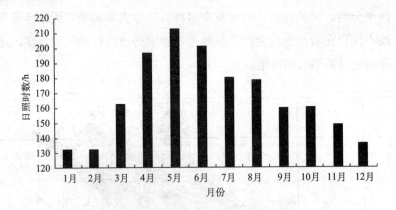

图 5-2　河南各月日照时数分布（1981～2010 年）

近 50 年河南年日照时数呈明显减少趋势，近 50 年减少 500h。21 世纪前十年全省日照时数比 1961～2000 年平均日照时数少 290.0h。

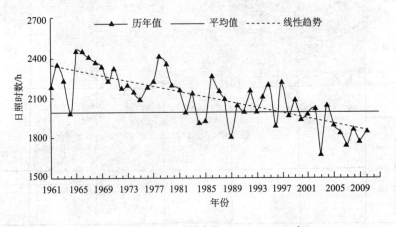

图 5-3　河南年日照时数变化（1961～2010 年）

（二）温度

河南多年平均气温为 14.6℃，全省各地气温南高北低、东高西低，年平均气温南北相差

约 2℃，西部山区气温随高度降低。豫北北部和豫西大部在 14.0℃以下，豫南大部在 15.0℃
以上，其余地区为 14.0～15.0℃。平均气温月际分布差异较大，1 月最低（平均气温 0.6℃），
7 月最高（平均气温 26.9℃）。

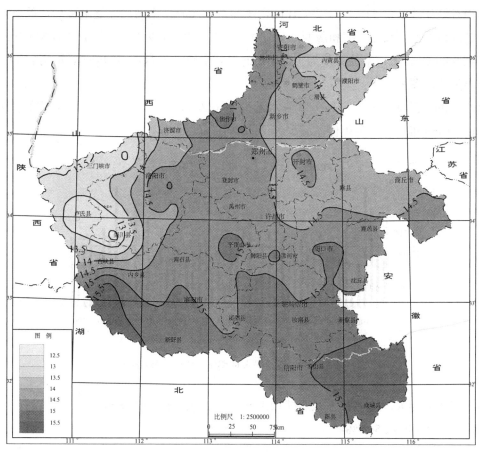

图 5-4　河南年平均气温分布

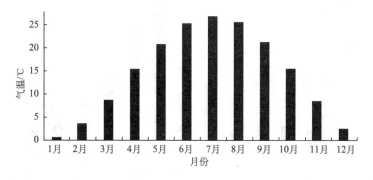

图 5-5　河南各月平均气温分布（1981～2010 年）

近50年全省年平均气温具有显著上升趋势，平均气温上升了0.73℃。

（三）降水

河南各地年降水量537.3~1 294.1mm，平均736.6mm，由南向北逐渐减少，豫南为豫北和豫西的两倍左右。豫北大部和豫西部分县（市）在600mm以下，偃师最少为537.3mm；豫南大部在900mm以上，新县最多为1 294.1mm；其余地区为600~900mm。河南省年平均降水量分布见（附图8）。

降水量的年际变化较大，最多年降水量为1 066.6mm（2003年），最少年降水量仅有454.5mm（1966年），最多年份是最少年份的两倍多。

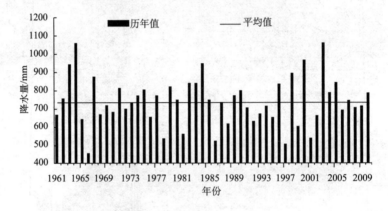

图 5-6　河南年平均降水量变化（1961~2010 年）

各月降水差异大，12月降水最少（12.1mm），7月最多（175.8mm）。其中，夏季（6~8月）降水占全年降水54.4%。

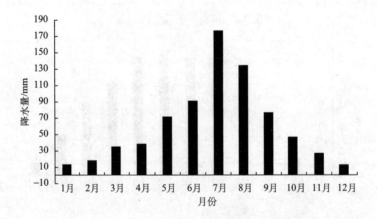

图 5-7　河南各月平均降水量分布（1981~2010 年）

全省各地最大日降水量一般在 100~400mm。豫北焦作一带、豫西大部和豫东局部在200mm以下，其中偃师最少为109.4mm，驻马店大部和南阳、平顶山、漯河、周口4市局部在 300mm 以上，其中西平、上蔡、平舆和淅川 4 站超过了 500mm，上蔡 1975 年 8 月 7 日出现 755.1mm 的全省最大日降水量，其余地区为 200～300mm。全省各地最长连续降水日数（0.1mm 以上）为 9～31d，大部分地区 10～20d，其中豫西和许昌以南大部在 15d 以上，周口最多为 31d。全省各地最长连续无降水日数为 51～139d，北中部地区在 80d 以上，其中豫北大部和豫东部分县（市）在 100d 以上，南乐最多为 139d。

二、气温与降水的季节变动

（一）春季

1. 气温

春季全省平均气温 15.0℃，其中豫西山区在 14.0℃以下，豫西北、豫南、豫西南 15.0～16.2℃，其他地区 14.0～15.0℃。春季平均气温的年际波动较大，最高值为 16.7℃（2000 年），最低值 12.7℃（1991 年）。春季平均气温具有显著的上升趋势，近 50 年全省春季平均气温上升了 1.4℃，20 世纪 90 年代后明显升高，21 世纪以来达到最高。

2. 降水

春季全省平均降水量为 144.5 mm，占年降水的 19.6%，在空间分布上自北向南逐渐增加，其中豫北北部和豫北西部在 100mm 以下，信阳在 200mm 以上，郑州至许昌之间 100～150mm，许昌到驻马店南部 150～200mm。春季降水的年际变化较大，最大值达 333.5mm（1964 年），最小值只有 32.6mm（2001 年）。

（二）夏季

1. 气温

夏季全省平均气温为 26.1℃，其中栾川、卢氏两站平均气温在 24℃以下，豫西其他地区和豫北北部、豫东北平均气温 25.0～26.0℃，全省其他大部分地区平均气温 26.0～27.0℃。

夏季平均气温最高值为 27.7℃（1966 年），最低值为 24.6℃（1989 年），具有显著的下降趋势。20 世纪 60 年代最高，70 年代明显下降，80 年代最低，90 年代后明显升高，进入 21 世纪后略有下降。

2. 降水

夏季全省平均降水为 400.0mm，占全年降水量的 54.3%，其中豫西北地区 240～300mm，豫北和豫中大部地区 300～400mm，豫西南到豫中南 400～45mm，豫西南其他地区和驻马店地区大部、信阳地区北部 450～500mm，信阳南部 500～680mm。

全省夏季降水年际变化较大，降水量最大值为 633.9mm（2000 年），最小值为 213.5 mm（1997 年）。夏季降水有不规则的年际和代际变化的特点，其中 1962～1965 年、1975～1984

年、1994～1996 年和 2003～2008 年属降水偏多期，1985～1993 年属降水偏少期。

（三）秋季

1. 气温

秋季全省平均气温为 14.9℃，其中豫西山区在 14.0℃ 以下，驻马店以南 15.5～16.6℃，其他地区 14.0～15.5℃。秋季全省平均气温最高值为 17.2℃（1998 年），最低值为 13.4℃（1981 年）。秋季气温具有显著的增温趋势，近 50 年上升了 0.8℃，21 世纪以来最高，期间除 20 世纪 80 年代略有下降外，其余均处于缓慢的上升状态。

2. 降水

秋季全省平均降水量 149.3mm，占年降水量的 20.3%，在空间分布上自北向南逐渐增加，其中豫北北部 110mm 以下，信阳南部 200mm 以上，郑州至许昌之间 110～150mm，许昌到信阳 150～200mm。秋季降水量的年际变化较大，最大值达 321.6mm（1983 年），最小值 29.2mm（1998 年）。秋季降水有不规则的年代变化：1960～1975 年和 1983～1987 年偏多，1976～1982 年、1988～1995 年和 2006～2010 年偏少。

（四）冬季

1. 气温

冬季全省平均气温为 2.3℃，自北向南逐渐升高，豫北北部在 1℃ 以下，驻马店南部及其以南在 3℃ 以上，其他地区 1～3℃。

冬季平均气温年际变化较大，最高值为 4.3℃（1999 年），最低值为 –0.2℃（1969 年）。冬季平均气温具有显著的上升趋势，近 50 年全省冬季平均气温上升了 0.94℃。全省冬季气温 20 世纪 60 年代最低，70 年代升高，80 年代略有下降，90 年代以后明显升高。

2. 降水

全省冬季平均降水量为 42.8mm，仅占全年降水量的 5.8%。在空间分布上也是自北向南逐渐增加，北部和南部降水差异很大，各地冬季降水量 15.1～105mm，其中豫北和豫西西部 30mm 以下，驻马店南部及其以南 70mm 以上，其他地区 30～70mm。冬季全省平均降水量年际变化也较大，最大值为 112.4mm（1990 年），最小值只有 6.8mm（1977 年）。全省冬季降水量有不规则的年代变化：1967～1980 年、1985～1990 年和 2001～2008 年间属降水偏多期，1994～2000 年间属降水偏少期。

三、气候特点

河南气候具有"四季分明、雨热同期、复杂多样、气象灾害频繁"的基本特点，并且存在着"自南向北由北亚热带向暖温带气候过渡、自东向西由平原向丘陵山地气候过渡"

的特征。

（一）四季分明

河南气候是典型的大陆性季风气候，具有冬季寒冷少雨雪，春季干旱多风沙，夏季炎热降水多，秋季晴朗少雨的特点。

1. 冬季寒冷干燥雾日多

冬季（12～2 月），河南境内盛行寒冷、干燥的偏北风，气温低、降水少。最冷月 1 月平均气温-2～3℃，其中豫北北部-2～-1℃，黄河以北其他地区和三门峡地区平均气温-1～0℃，黄河以南及南阳、漯河、周口以北地区 0～1℃，驻马店、南阳两市 1～2℃，信阳大部地区 2～3℃。各地极端最低气温都在-13.0℃以下，部分地区在-18.0℃以下，其中林州 1976 年 12 月 26 日出现-23.6℃的全省极端最低气温。全省平均冬季降水量 42.8mm，仅占年降水量的 5.8%。冬季平均雾日 3.2d，四季中冬季雾日最多，占全年雾日的 39.1%，1 月份所占比例最大，占全年雾日的 17.2%。

2. 春季干旱多风

春季（3～5 月），河南处于冬季向夏季转换的过渡季节，气温迅速回升，4 月平均气温 13.0～16.8℃，其中信阳大部及南阳西南地区 16.0℃以上，豫西及豫东部分地区平均气温 13.0～15.0℃，其他地区 15.0～16.0℃。全省平均季降水量 144.5mm，占年降水的 19.6%。春旱频率北部高于南部，黄河以北地区春旱频率 30%以上。4 月份风速为一年中最大，沙尘暴或扬沙主要出现在沿黄（河）和豫北地区。

3. 夏季炎热易雨涝

夏季（6～8 月），河南境内盛行温暖、湿润的偏南风，气温高、降水多。最热月 7 月平均气温 23.5～27.6℃，其中，豫西西部 26℃以下，豫东南、南阳南部以及郑州、鹤壁、新乡和焦作局部 27℃以上，其他大部都是 26～27℃，各地气温高低相差达 4℃左右。年极端最高温度多出现在 6、7 月份，大部分地区极端最高气温均在 40.0℃以上，44.0℃以上的极端最高气温主要出现在豫西和豫西北。日最高气温≥35℃日数大部分地区为 10～20d，豫西山区在 10d 以下，其中栾川最少为 3.1d，偃师最多为 24d。夏季降水是四季中降水最多的季节，平均降水为 400.0mm，占全年降水量的一半以上，降水主要集中在盛夏 7～8 月。雨涝是河南危害最严重的气象灾害之一，历史上河南雨涝灾害平均为 2 年一遇，以夏季雨涝为主，夏季雨涝约 3 年一次，夏涝频率达 40%～80%。出现重雨涝的年份有 1989 年、1991 年、1996 年、1998 年、2000 年、2003 年和 2005 年。

4. 秋季晴朗少雨

秋季（9～11 月）是夏季向冬季转换的过渡季节，降水减少，冷空气势力逐渐增强，随着一次次冷空气南下，气温就一次次降低，故有"一场秋风一场凉"。10月全省平均气温12.6～17.0℃。豫西大部、豫北北部15.0℃以下，豫中、豫东大部15.0～16.0℃，豫南大部16.0～17.0℃。南北气温高低相差达4℃以上。秋季平均降水量占年降水量的20.3%，与春季基本相当，由于夏季风已逐渐退却，冬季风尚未全盛，冷暖空气交汇的机会少，故秋季以晴朗天气为主，常有一段"秋高气爽"的天气。但有时西部还会受"华西秋雨"的影响，形成秋雨连绵的天气。

（二）雨热同期

河南气候的另一个特点是各地年内气温和降水的季节性变化趋势一致。气温冬季最低，降水最少，夏季气温最高，降水也最多，高温期与多雨期同步出现。这种雨热一致的气候特点对农业生产较为有利，提高了水热资源的利用率。在高温季节，农作物生长迅速，蒸发、蒸腾以及呼吸作用加剧，需要较多的水分供应才能维持正常的生理机能，这时降水丰富正好满足农作物生长的需要，好雨知时节利于农作物的正常生长发育，对春播和夏播作物的栽培非常有利。在低温季节，农作物减速或停止生长以适应气候，需水量相对减少，此时降水少也不会对农作物造成明显的危害。河南冬小麦在秋季9月下旬到10月中旬播种，在降水少、寒冷的冬季停止生长以安全越冬，来年春季气温回升，小麦返青进入生理生长期，蓄水量增加，而入春后降水量逐渐增多，降水与气温变化的趋势一致，非常有利于冬小麦栽培。河南是我国粮食主产区，小麦产量占全国的1/4。不过，值得一提的是雨热一致的气候特点也有不利于农业生产的一面。一般情况下气温的年际变化较降水的年际变化小，气温的季节变化是连续渐变的，降水随时间的变化是不均匀的，并且夏季降水强度大，空间分配极不均匀，年际间差异明显，有些年份夏季一两次强降水过程的降水量会接近或超过多年平均季降水量，造成季节性降水异常偏多。有些年份降水又异常偏少，旱情严重。即使季降水量正常，也会因时空分配不均造成农作物需水关键期无雨，影响农作物的正常生长发育。

（三）气候类型多样

各地由于自然地理位置、地形条件的差异，使得各地接受太阳辐射和受季风环流的影响程度不同，从而形成复杂多样的气候类型。这既是气候纬度地带性和海拔高度的地带性差异的具体表现，也是气候差异显著的地方特色。在同样的地形条件下，各地的气候差异主要是因纬度位置不同所致。在特殊的地形（丘陵、山地、盆地）条件下，气候的纬度地带性受到破坏，形成独特的局地气候。

河南气候的过渡性是大陆性季风气候背景下的显著地方特点，这种过渡性表现在两个方面，一是南北方向上的气候纬度地带性过渡，二是东西方向上的海拔高度地带性过渡。

气候纬度地带性过渡。因全省南北得到太阳辐射量的不同，气候有显著差异，自南向北形成亚热带气候向暖温带气候过渡性的气候特征。根据气温和降水的差异，大致以伏牛山南坡至淮河干流一线为界，此线以南为北亚热带湿润半湿润气候，以北为暖温带半湿润半干旱气候。全省自南向北因降水条件差异存在着湿润区、半湿润区、半干旱区的过渡性变化。南北气候的过渡性差异在农业生产种植制度上也有极强的表现，在自然降水条件下，豫南一年可种植两季水稻，自南而北，水稻栽培逐渐减少并被耐旱作物替代。豫北水稻仅在有灌溉条件的地方才能种植。由水旱轮作到单一的旱作，反映了气候的过渡性转换。

高度地带性过渡。河南东部是宽广的平原，西部是丘陵山地，气候的纬度地带性受到破坏，形成由东向西的平原向丘陵山地过渡的气候特征，气候要素的空间分布极其复杂，同一纬度山地和平原气候要素表现明显不同，平原气温高于山地。山地气候的多样性一是表现在同一纬度的山地其迎风坡和背风坡气候要素显著不同，二是表现在海拔高度不同形成垂直的气候带，所谓"一山有四季，十里不同天"正是山地气候的写照。

（四）气候灾害多

气象灾害频繁、发生类型多也是河南气候的基本特点。在历史文献资料中，有大量关于河南气象灾害灾情的记载，旱、涝、冰雹、大风、霜冻等都是河南经常出现的气象灾害（详见第三节气候灾害）。

第二节　气候资源

一、气候资源的概念与特点

（一）气候资源概念

气候资源是指广泛存在于大气圈中的光照、热量、降水、风能等可以为人们直接或间接利用，能够形成财富，具有使用价值的自然物质和能量，是一种十分宝贵的可以再生的自然资源，它是人类社会赖以生存和发展的基本条件，已被广泛用于国计民生的方方面面。气候资源作为可再生资源，是未来人们开发利用的丰富、理想的资源，只要保护好这种资源，就可以取之不尽，用之不竭。

（二）气候资源特点

1. 气候是由光照、温度、降水、风等要素组成的有机整体

气候资源的多少，不但取决于各要素值的大小及其相互配合情况，而且还取决于不同的服务对象。例如，对农作物而言，温度在一定范围内是资源，过高或过低都可能造成灾害。

2. 气候资源是一种可再生资源

气候资源是一种可再生资源，不像铁矿、煤炭等矿产资源，开采一点就少一点。而气候资源归根到底来自太阳辐射，如果利用合理，保护得当，可以反复、永久地利用。但气候资源不能简单看成是永不枯竭的再生资源，因为，在单位时间内，很多气候资源的数量仍然是

固定和有限的，用了一些，就少一些，用得过多，就会枯竭。如我国北方的春旱，就是因为此时所能得到的雨水有限，不能满足人们需求的结果。因此，只有在单位时间内把气候资源看成是量入为出的一次性资源，才能统观全局，设法合理调度使用。

3. 气候资源的地区差异明显

气候资源组成要素不仅受到不同纬度太阳辐射的影响，而且受到海陆位置、地形条件的影响，从而形成多种多样的气候类型。河南处于暖温带和北亚热带过渡地区，具有明显的过渡性特征，南北各地气候亦不同；山区和平原气候也有显著差异。豫西山地和太行山地，因地势较高，气温偏低；南阳盆地因伏牛山阻挡，北方冷空气入侵势力减弱，成为暖湿区。

二、光照资源

光照是植物进行光合作用的必要条件。河南位于中纬地带，太阳辐射较强，日照时数也较多，这对农作物的生长有利。

（一）日照

日照时间的长短，对作物的生长发育关系很大。根据计算，全省全年太阳可照射的总时数（即日照累计数）为 4 428.1～4 432.3h，而实际日照时数又因地理环境和云雾的影响不同，实际照射时数在 1 700～2 400h，不足可照射时间的一半，各地全年日照百分率在 40%～48%。其分布趋势为北部多于南部，平原多于山区。黄河以北全年日照大部分在 2 000～2 200h，与西南地区 1 800h 相比，偏多 200h 左右，是全省日照时数最多的地方，其余地区都在 1 900h。

从季节变化来看，全省实际日照时数，以春季最多，其中 4 月平均时数为 170～220h，日照百分率多在 44%～55%，其分布是自北向南依次递减，北部日照时数 200～220h，中部 180～190h，南部 170～180h；冬季最少，1 月平均日照时数 120～155h，日照百分率在 30%～50%；夏季（7 月）全省各地实际日照时数分布比较均匀，基本在 180h 左右，日照百分率在 40% 左右；秋季（10 月）各地日照时数 140～170h，日照百分率 40%～50%。

作物的生长发育对光照有一定的要求。小麦、大麦等作物，属于长日照植物，在光照阶段日照愈长，愈有利于开花结实，否则开花结实会受影响。棉花、水稻、玉米、谷子、大豆和红薯等作物，属于短日照植物，在光照阶段日照愈短，开花愈早，一般有利于春（夏）播秋收。同时在引进或推广优良作物品种时，不但要了解其生育期和当地生长季的长短是否相宜，而且还要注意到对日照时间长短的要求。一般来说引进纬度相同或差别不大地区的品种，只要其他条件（如气候、土壤等）适宜，可正常发育，其产量和产品质量不致过于悬殊。如由北方引进玉米、水稻、大豆、红薯等短日照作物，其发育期将会缩短，而成为早熟品种，其产量可能比原产地低，故不宜引进早熟品种，但引进晚熟品种可能成功；而由南方引进这些作物的品种，其发育将会延迟，而成为晚熟品种，故引进早熟品种可能成功。因此，对纬度不同的地区引进品种时，应予以特别注意。但某些作物品种对光照时数反应比较弱，南北引种时日照时数的影响就较小。所以在具体引进作物品种时，除根据其对日照条件的要求外，还须视各种品种对光照时数的反映特性而异。

表 5-1　河南各地日照时数与日照百分率（1981～2010 年）

	日照时数/h					日照百分率/%				
	1 月	4 月	7 月	10 月	全年	1 月	4 月	7 月	10 月	全年
安阳	122.8	214.2	174.3	162.1	2 054.2	39	54	39	46	46
濮阳	135.8	216.6	179.3	176.8	2 139.7	43	55	40	50	48
新乡	133.1	215.1	182.2	171.8	2 134.2	42	55	41	49	48
卢氏	155.6	188.6	192.7	154.4	2 011.3	49	48	44	44	45
孟津	153.7	209.8	177.9	172.0	2 144.9	49	54	40	49	48
郑州	131.1	201.6	171.6	162.1	2 009.7	42	51	39	46	45
商丘	128.1	195.3	162.9	165.3	1 935.8	40	50	37	47	43
许昌	124.1	195.2	178.5	152.2	1 932.1	39	50	40	43	43
西华	130.8	199.5	182.1	156.9	1 989.2	41	51	41	44	44
驻马店	123.8	178.1	167.6	148.7	1 835.2	39	46	38	42	41
西峡	128.9	179.7	176.3	149.6	1 881.7	40	46	40	42	42
南阳	105.2	174.1	167.0	144.6	1 779.1	33	44	38	41	40
信阳	116.8	171.4	180.3	146.5	1 831.8	36	44	41	41	41
固始	124.0	181.5	191.0	154.8	1 943.1	39	47	44	44	43

（二）太阳总辐射

太阳辐射是植物物质形成最基本的要素，是植物进行光合作用的能量来源。因此，太阳光能的多少和利用率的高低与作物产量关系很大。太阳辐射的多少用太阳辐射总量表示，具体指单位水平面积上在单位时间内所接受的太阳辐射的总能量，包括太阳直接辐射和散射辐射两部分。

据观测，全省全年太阳辐射总量在 4 400～4 700MJ·m^{-2}。四季太阳辐射量以冬季（12 月、1 月和 2 月）最少，占全年辐射量的 15% 左右；夏季（6 月、7 月和 8 月）最多，占全年辐射总量的 30% 左右；春秋居中，分别占全年辐射总量的 30%、20% 左右。从辐射总量的年变化来看，月最大值出现在春末夏初。举例如下：

郑州月辐射最大值出现在 5 月，次大值出现在 6 月，分别为 570.1 MJ·m^{-2}、559.9 MJ·m^{-2}；南阳月辐射最大值出现在 5 月，次大值出现在 6 月，分别为 518.9 MJ·m^{-2}、516.7 MJ·m^{-2}；固始月辐射最大值出现在 7 月，次大值出现在 5 月，分别为 523.2MJ·m^{-2}、517.9MJ·m^{-2}。月最小值基本上出现在 12 月，郑州、南阳和固始分别为 215.7MJ·m^{-2}、204.1MJ·m^{-2} 和 215.4MJ·m^{-2}。

表 5-2　1993～2012 年河南 3 站实测太阳辐射总量（MJ·m^{-2}）

月份	郑州（N34°43′）	南阳（N33°03′）	固始（N32°11′）
1	236.5	219.6	216.7
2	280.2	255.7	254.5
3	408.4	372.1	368.5
4	494.3	451.8	457.4
5	570.1	516.7	517.9
6	559.9	518.9	516.9
7	513.1	509.0	523.2
8	470.8	471.2	464.7
9	381.7	380.7	397.4
10	328.2	315.1	319.6
11	246.9	235.1	252.6
12	215.7	204.1	215.4
全年	4 705.8	4 450.0	4 504.8

三、热量资源

（一）年平均气温

全省各地年平均气温在 12～16℃。豫西山地和太行山地，因地势较高，气温偏低，年平均气温为 12.6℃。南阳盆地因伏牛山阻挡，北方冷空气入侵势力减弱，淮南地区由于位置偏南，年平均气温在 15.5℃，成为两个比较稳定的暖湿区。全省冬季寒冷，多偏北风，最冷月（1 月）除河南省南部平均气温在 1～2℃以外，其他地区平均气温在 0℃左右。

表 5-3　河南各地年平均气温（℃）

月份 站点	1	2	3	4	5	6	7	8	9	10	11	12	全年
安阳	-1.0	2.7	8.3	15.6	21.1	26.0	27.0	25.7	21.2	15.1	7.0	0.9	14.1
新乡	0.0	3.4	8.8	15.9	21.3	25.8	27.1	25.9	21.3	15.3	7.8	1.9	14.5
孟津	0.2	3.1	8.2	15.4	20.8	25.2	26.2	24.8	20.6	15.2	8.2	2.2	14.2
卢氏	-0.9	2.2	7.3	14.1	18.7	22.7	24.9	23.5	18.7	12.8	6.3	0.6	12.6
郑州	0.5	3.5	8.8	16.1	21.5	26.0	27.1	25.8	21.2	15.5	8.4	2.5	14.8
许昌	0.7	3.6	8.5	15.2	20.9	25.8	27.0	25.6	21.2	15.7	8.5	2.7	14.6
商丘	0.1	3.2	8.4	15.2	20.6	25.4	27.0	25.7	21.1	15.3	8.1	2.1	14.3
南阳	1.6	4.5	9.2	15.9	21.3	25.6	27.0	26.0	21.7	16.2	9.3	3.5	15.1
信阳	2.4	4.9	9.7	16.4	21.4	25.0	27.3	26.2	21.8	16.4	10.3	4.7	15.5

（二）界限温度

1. 界限温度的含义及界限温度初、终日的确定

农业气象界限温度是具有普遍意义的，标志某些重要物候现象或农事活动之开始、终止或转折点的日平均温度，简称界限温度。

农业上常用的界限温度有：①0℃，稳定大于 0℃的时期为适宜农耕期，其初日与终日和土壤结冻与解冻相近；②5℃，稳定大于 5℃的时期为越冬作物生长活动期（冬小麦生长活动的起始温度为 3℃）和喜凉早春作物的播种期；③10℃，稳定大于 10℃的时期为越冬作物生长活跃期和喜温作物生长活动期，其初日是水稻、棉花等喜温作物开始播种日期；④15℃，稳定大于 15℃的时期是喜温作物适宜生长期和茶叶的可采摘期，其初日是水稻适宜移栽期，终日是冬小麦的适宜播种期。例如，秋季日平均气温自 15℃降至 5℃的时期，是冬小麦分蘖多少的关键时期；秋季由 5℃降至 0℃的时期，是冬小麦分蘖及糖分积累时期；春季日平均气温由 5℃升至 10℃的时期，是冬小麦幼穗分化的关键时期；日平均气温由 10℃升至 20℃时期的长短，是能否栽培双季稻的热量指标。

从日平均气温第一次出现高于某界限温度之日起，按日序依次计算每连续 5d 的平均气温，并从中选出第一个大于或等于该界限温度，且在其后不再出现 5d 平均气温低于该界限温度的连续 5d，此 5d 中第一个日平均气温大于或等于该界限温度的日期即为初日。

从日平均气温第一次出现低于某界限温度之日起，向前推 4d，按照日序依次计算每连续 5d 的平均气温，并从中选出第一个小于该界限温度的前一个连续 5d，此 5d 中的最后一个日平均气温大于或等于该界限温度的日期为终日。

日平均气温≥0℃、≥5℃、≥10℃、≥15℃的初终期、持续日数和积温，与农业生产活动关系密切，是衡量一个地区热量资源的重要指标。

2. 各种农业界限温度稳定通过的初、终日期和持续日数

（1）日平均气温稳定≥0℃的初、终日期和持续日数

全省日平均气温稳定≥0℃的初日受地形和纬度影响明显。南部地区由于有北部山区阻挡北来的冷空气，并且纬度偏低，日平均气温稳定≥0℃初日日期最早，平均出现在 1 月 31 日左右。全省中部地区初日基本平均出现在 2 月 8 日左右。西部山区受地形影响，平均初日出现在 2 月 10 日；北部地区，纬度偏高且地形平坦，易受北方冷空气活动影响，日平均气温稳定≥0℃的初日推迟 15d 左右，平均初日出现在 2 月 15 日左右。

日平均气温稳定≥0℃终日等值线与初日分布特征相反，由北向南逐渐向后推迟，北部地区终日平均日期出现在 12 月 10 日左右，中部和西部山区出现在 12 月 15 日左右，南部地区则大致在 12 月 25 日左右。日平均气温稳定在 0℃以上的持续日数在西部和北部地区大概为 305d 左右；中部地区为 315d 左右；南部地区持续时间最长，可达 330d 左右。

（2）日平均气温稳定≥5℃的初、终日期和持续日数

全省日平均气温稳定≥5℃的初日与≥0℃的初日分布特征比较相似，最早出现在南部地区，平均日期出现在3月6日左右，中部地区和西部地区出现在3月10日前后，北部地区则出现在3月13日前后。因此，早春田间作业时间由南往北逐渐向后推迟。秋季日平均气温稳定≥5℃的终日与初日特征相反，随纬度增加日期逐渐提前，南部地区终日平均出现在11月30日左右，中部和西部地区平均出现在11月23日左右，北部地区平均日期出现在11月18日左右。日平均气温稳定在5℃以上的持续日数自北向南依次增加，北部和西部地区持续日数为250d左右，中部地区持续日数为260d左右，南部地区最长，持续日数为270d左右。

（3）日平均气温稳定≥10℃的初、终日期和持续日数

全省大部分地区≥10℃的初日出现较为一致的分布特征，基本上出现在3月30日左右。该时段冷空气活动较弱、降水量较少、温度上升较快，植物逐渐进入旺盛的生长期。≥10℃的终日特征自北而南依次出现，北部和西部地区平均出现在11月1日左右，中部地区则出现在11月5日左右，南部地区出现在11月10日左右。全省日平均气温稳定在10℃以上的作物旺盛生长期，在南部地区达230d左右，中部地区可达220d左右，西部和北部地区则为215d左右。

（4）日平均气温稳定≥15℃的初、终日期和持续日数

受地形影响，≥15℃的初日除西部山区出现在5月上旬以外，大部分地区则出现在4月25日左右，开始进入喜温作物的生长期。与初日类似，终日除西部山区出现在9月底以外，大部分地区则出现在10月15日左右。同样地，日平均气温稳定≥15℃以上的持续期，全省大部分地区在170d左右，仅有西部山区为140～150d。

表5-4　河南日平均气温稳定≥各农业界限温度统计（日/月）

站名	0℃			5℃			10℃			15℃			≥10℃积温/℃
	初日	终日	持续日数	初日	终日	持续日数	初日	终日	持续日数	初日	终日	持续日数	
安阳	13/2	11/12	302	11/3	18/11	253	31/3	2/11	217	21/4	11/10	174	4 655
林州	17/2	5/12	292	15/3	16/11	247	2/4	29/10	211	25/4	6/10	165	4 388
濮阳	14/2	10/12	300	13/3	18/11	251	1/4	1/11	215	23/4	9/10	170	4 545
新乡	9/2	13/12	308	8/3	21/11	259	30/3	3/11	219	20/4	11/10	175	4 940
三门峡	8/2	12/12	308	11/3	19/11	254	29/3	29/10	215	25/4	6/10	165	4 545
孟津	13/2	14/12	305	13/3	22/11	255	31/3	3/11	218	25/4	6/10	167	4 563
郑州	8/2	16/12	312	10/3	23/11	259	29/3	3/11	220	21/4	8/10	176	4 740
开封	8/2	15/12	311	10/3	22/11	258	29/3	3/11	220	22/4	13/10	175	4 719
民权	11/2	14/12	307	11/3	21/11	256	30/3	4/11	220	25/4	13/10	171	4 663
商丘	9/2	13/12	308	9/3	21/11	258	31/3	4/11	219	25/4	12/10	171	4 646
永城	8/2	16/12	312	11/3	23/11	258	1/4	5/11	219	25/4	12/10	174	4 718

站名	0℃			5℃			10℃			15℃			≥10℃积温/℃
	初日	终日	持续日数	初日	终日	持续日数	初日	终日	持续日数	初日	终日	持续日数	
卢氏	16/2	11/12	299	14/3	16/11	248	5/4	26/10	205	2/5	28/9	150	4 056
栾川	16/2	14/12	302	17/3	17/11	246	10/4	25/10	199	8/5	25/9	141	3 811
许昌	6/2	20/12	318	9/3	24/11	261	29/3	5/11	222	23/4	13/10	174	4 739
太康	8/2	17/12	313	9/3	23/11	260	29/3	4/11	221	24/4	12/10	172	4 720
西峡	24/1	25/12	336	4/3	2/12	275	26/3	9/11	229	20/4	14/10	178	4 813
南召	31/1	26/28	330	9/3	26/11	268	26/3	6/11	226	20/4	13/10	177	4 812
漯河	6/2	22/12	320	9/3	26/11	263	29/3	7/11	224	24/4	15/10	175	4 824
沈丘	5/2	20/12	319	5/3	25/11	262	30/3	5/11	221	25/4	14/10	173	4 750
内乡	26/1	29/12	338	5/3	30/11	271	27/3	8/11	227	21/4	15/10	178	4 840
南阳	30/1	26/12	331	7/3	27/11	266	27/3	8/11	227	21/4	15/10	178	4 852
驻马店	3/2	21/12	322	10/3	28/11	264	30/3	8/11	224	23/4	14/10	175	4 821
新蔡	2/2	22/12	324	8/3	29/11	267	29/3	9/11	226	24/4	16/10	176	4 855
邓州	5/2	29/12	338	4/3	1/12	273	26/3	10/11	230	21/4	16/10	179	4 927
泌阳	26/1	23/12	323	9/3	26/11	263	29/3	6/11	223	25/4	13/10	172	4 746
桐柏	4/2	24/12	327	8/3	28/11	266	29/3	7/11	224	22/4	13/10	175	4 809
息县	1/2	23/12	327	6/3	1/12	271	28/3	10/11	228	22/4	16/10	178	4 925
信阳	31/1	23/12	327	8/3	1/12	269	28/3	10/11	228	21/4	14/10	177	4 899
固始	28/1	23/12	330	5/3	1/12	272	27/3	12/11	231	22/4	19/10	181	4 987
商城	26/1	28/12	337	5/3	2/12	273	27/3	12/11	231	21/4	19/10	182	4 991
新县	29/1	26/12	332	6/3	1/12	271	29/3	9/11	226	24/4	15/10	175	4 813

表 5-5　地形对农业界限温度的影响

站 名	纬 度	海拔高度/m	界限温度/℃	平均初日 /日/月	平均终日 /日/月	平均持续日数/d
商城	N31°48′	78.1	0	26/1	28/12	337
			5	5/3	2/12	273
			10	27/3	12/11	231
			15	21/4	19/10	182
鸡公山	N31°48′	710.1	0	28/2	9/12	85
			5	22/3	20/11	244
			10	16/4	25/10	193
			15	13/5	25/9	136

　　各种农业界限温度的稳定初终日期和持续日数的空间分布，一方面与纬度有关，另一方面也与该地区所在的海拔高度有关。从表 5-5 可以看出商城和鸡公山两站纬度完全相同，但是由于海拔高度的差别，各种农业界限温度的稳定初、终日数和持续日数明显不同。以 0℃界限温度为例，海拔较低的商城平均初日比海拔较高的鸡公山提早 33 天，平均终日推后 19 天左右，维持日数长 52 天。5℃、10℃、15℃也有类似的特征，即在同一纬度上，海拔越高，初日逐渐推迟，终日逐渐提早，持续日数逐渐缩短。

3. 日平均气温稳定在 10℃以上的活动积温

　　植物生长对总热量的要求，通常以活动积温来表示。所谓活动积温，即日平均气温稳定大于或等于 10℃界限温度初、终日（包括初、终日在内）之间的日平均气温的总和。

　　河南积温普遍在 4 000℃以上，随纬度增加而减少，呈现南多北少、山区少于平原的分布格局。积温的高值区主要分布在南部地区，积温值可达 4 900℃左右；积温低值区分布在海拔较高的西部山区，低值中心在栾川，其海拔高度为 750.3m，积温值为 3 811℃。见河南省≥10℃积温分布图（附图9）。

4. 最热月和冬季低温

　　一定界限温度以上的持续日数和积温，虽是作物热量条件鉴定的重要指标，但并不是绝对指标。因为不同生态型的作物能否栽培，不仅取决于一定界限温度以上的持续日数和积温，而且还受一定高温和低温条件的限制。在农业气候学中，一般以最热月平均气温和极端最低气温多年平均值为作物所需高温和越冬条件（冬季严寒程度）的衡量标准。

　　河南具有明显的大陆性气候特征，全省各地最热月都出现在 7 月，月平均气温为 27℃左右，除豫西山区较低，为 24～26℃外，各地差异不大，可以满足喜温作物（如水稻、棉花等）繁殖器官形成时期所需要的温度条件（≥25℃）。也有不少地区极端气温可达 40℃以上。最冷月 1 月平均气温大部分在-1～1℃，淮河以南最高，为 2℃左右。极端最低气温多年平均值在-12～-15℃。不少地区可达-22℃左右，对亚热带植物越冬有一定的妨碍，特别是在豫南大别、桐柏山地区，对多年生亚热带木本植物的越冬有较大的威胁。

（三）热量资源的保证几率

　　气象要素要服务农业生产，除了掌握其平均值以外，必须了解其保证几率，即大于或小于某界限值的出现几率变动情况，用于说明该气象要素出现的可靠程度。由于保证几率是个经验值，需要较长序列的资料，即对具有连续 30 年以上的观测记录进行统计计算，其结果才有意义。计算界限温度的保证几率，就可以知道某一地区某界限温度某一初、终日和稳定在该界限温度以上的某一持续日数或积温出现的几率。

　　由表 5-6 至表 5-9 可以看出，安阳和信阳日平均气温稳定≥10℃的平均初日分别为 3 月 31 日和 3 月 28 日，当日平均气温稳定上升到 10℃，通常 5cm 的地温可达 11～12℃，已适于棉花播种，但保证几率仅有 50% 左右，若视其保证几率 80% 可靠的话，由表可查得安阳 4 月 5 日、信阳 4 月 4 日才是可靠的棉花适宜播种期。又如信阳和固始稳定 ≥10℃ 积温多年平均值分别为 4 899℃ 和 4 987℃，≥4 700℃ 的保证几率为 80%，即 10 年中有 8 年 10℃ 以上的积温可达 4 700℃ 以上。就双季稻所需热总量看，在选择适宜品种，实行合理搭配的前提下，按全生育期（早稻从播种到成熟、晚稻从移栽到成熟）需要稳定 ≥10℃ 的积温 4 700℃ 计算，其保证几率为 80%，可以认为在这些地方发展双季稻不受热量条件的限制。

表 5-6　各农业界限温度稳定通过初日的保证几率

界限温度	站名	平均日期	保证几率/%								
			10	20	30	40	50	60	70	80	90
≥0℃	安阳	13/2	27/1	30/1	5/2	10/2	13/2	17/2	20/2	22/2	26/2
	郑州	8/2	15/1	26/1	3/2	8/2	11/2	15/2	18/2	21/2	26/2
	卢氏	16/2	30/1	5/2	8/2	10/2	18/2	21/2	26/2	28/2	6/3
	南阳	301	1/1	5/1	21/1	27/1	30/1	6/2	10/2	17/2	21/2
	信阳	31/1	1/1	1/1	20/1	26/1	4/2	7/2	12/2	18/2	22/2
	固始	28/1	1/1	1/1	14/1	25/1	28/1	2/2	9/2	13/2	21/2
≥5℃	安阳	11/3	26/2	28/2	3/3	5/3	11/3	14/3	17/3	23/3	25/3
	郑州	10/3	23/2	28/2	3/3	5/3	9/3	14/3	16/3	23/3	25/3
	卢氏	14/3	1/3	5/3	9/3	14/3	15/3	18/3	20/3	23/3	25/3
	南阳	7/3	18/2	27/2	1/3	3/3	6/3	14/3	16/3	17/3	23/3
	信阳	8/3	20/2	25/2	1/3	3/3	6/3	14/3	15/3	18/3	25/3
	固始	5/3	10/2	26/2	28/2	3/3	6/3	8/3	14/3	15/3	21/3
≥10℃	安阳	31/3	23/3	25/3	26/3	27/3	31/3	1/4	4/4	5/4	9/4
	郑州	29/3	15/3	23/3	25/3	27/3	29/3	1/4	2/4	4/4	8/4
	卢氏	5/4	25/3	28/3	30/3	1/4	3/4	5/4	10/4	13/4	15/4
	南阳	27/3	10/3	16/3	23/3	26/3	27/3	29/3	3/4	4/4	7/4
	信阳	28/3	14/3	20/3	23/3	26/3	27/3	29/3	2/4	4/4	10/4
	固始	27/3	14/3	17/3	21/3	26/3	28/3	30/3	31/3	3/4	8/4
≥15℃	安阳	21/4	9/4	14/4	16/4	18/4	21/4	24/4	25/4	28/4	3/5
	郑州	21/4	5/4	10/4	15/4	18/4	21/4	23/4	25/4	28/4	3/5
	卢氏	2/5	20/4	25/4	26/4	28/4	2/5	5/5	5/5	8/5	13/5
	南阳	21/4	6/4	10/4	15/4	16/4	21/4	25/4	26/4	1/5	2/5
	信阳	21/4	6/4	10/4	15/4	19/4	22/4	25/4	25/4	28/4	5/5
	固始	22/4	6/4	13/4	15/4	19/4	23/4	25/4	26/4	28/4	4/5

表 5-7　各农业界限温度稳定通过终日的保证几率

界限温度	站名	平均日期	保证几率/%								
			10	20	30	40	50	60	70	80	90
≥0℃	安阳	11/12	27/11	3/12	4/12	5/12	11/12	16/12	19/12	21/12	24/12
	郑州	16/12	30/11	5/12	9/12	13/12	16/12	19/12	23/12	24/12	31/12
	卢氏	11/12	27/11	3/12	5/12	5/12	13/12	14/12	18/12	20/12	23/12
	南阳	26/12	29/11	7/12	14/12	19/12	23/12	25/12	28/12	8/1	21/1
	信阳	23/12	26/11	6/12	14/12	19/12	23/12	24/12	28/12	7/1	12/1
	固始	23/12	28/11	7/12	15/12	20/12	23/12	25/12	30/12	4/1	10/1
≥5℃	安阳	18/11	7/11	11/11	13/11	16/11	19/11	22/11	23/11	24/11	25/11
	郑州	23/11	8/11	12/11	16/11	20/11	23/11	26/11	28/11	2/12	3/12
	卢氏	16/11	7/11	8/11	10/11	12/11	14/11	18/11	20/11	22/11	25/11
	南阳	27/11	10/11	16/11	22/11	25/11	27/11	30/11	3/12	7/12	11/12
	信阳	1/12	10/11	20/11	26/11	28/11	2/12	4/12	5/12	12/11	13/12
	固始	1/12	10/11	22/11	26/11	29/11	2/12	3/12	5/12	12/11	13/12
≥10℃	安阳	2/11	24/10	27/10	28/10	30/10	31/10	5/11	6/11	8/11	11/11
	郑州	3/11	23/10	26/10	29/10	1/11	5/11	7/11	8/11	10/11	13/11
	卢氏	26/10	17/10	20/10	23/10	24/10	25/10	26/10	29/10	31/10	5/11
	南阳	8/11	25/10	30/10	6/11	7/11	9/11	12/11	13/11	14/11	16/11
	信阳	10/11	25/10	3/11	6/11	7/11	10/11	13/11	14/11	16/11	19/11
	固始	12/11	1/11	6/11	7/11	9/11	13/11	14/11	15/11	17/11	19/11
≥15℃	安阳	11/10	29/9	1/10	8/10	9/10	11/10	14/10	16/10	18/10	22/10
	郑州	8/10	29/9	3/10	9/10	10/10	14/10	15/10	18/10	20/10	23/10
	卢氏	9/28	13/9	23/9	25/9	26/9	28/9	1/10	2/10	5/10	8/10
	南阳	15/10	30/9	2/10	11/10	12/10	15/10	18/10	21/10	24/10	26/10
	信阳	14/10	30/9	2/10	10/10	11/10	15/10	18/10	20/10	24/10	26/10
	固始	19/10	2/10	11/10	13/10	17/10	21/10	22/10	24/10	26/10	29/10

表 5-8　各农业界限温度持续日数的保证几率

站名	界限温度/℃	平均持续天数	保证几率/%								
			10	20	30	40	50	60	70	80	90
安阳	0	302	322	319	313	309	303	299	294	289	282
	5	253	272	265	262	256	253	250	247	244	236
	10	217	228	227	226	221	215	214	211	210	208
	15	174	187	184	183	181	174	170	169	164	162

续表

站名	界限温度/℃	平均持续天数	保证几率/%								
			10	20	30	40	50	60	70	80	90
郑州	0	312	344	330	325	316	309	304	301	298	287
	5	259	282	271	267	259	257	252	250	247	243
	10	220	234	228	226	221	215	214	211	210	208
	15	176	191	187	182	180	175	172	169	167	165
卢氏	0	299	331	314	305	302	301	293	286	281	277
	5	248	261	259	253	252	248	244	242	237	233
	10	205	247	239	234	230	227	226	218	215	212
	15	150	163	161	158	155	153	149	146	145	139
南阳	0	331	360	357	351	341	330	320	315	306	294
	5	266	291	283	278	271	265	261	258	251	248
	10	227	251	239	234	230	227	226	218	215	212
	15	178	193	187	185	182	179	174	170	168	164
信阳	0	327	357	355	352	339	330	319	316	307	300
	5	269	296	284	280	276	267	265	259	252	248
	10	228	251	239	236	234	230	227	226	218	215
	15	178	191	188	186	182	176	174	170	166	161
固始	0	330	359	357	352	345	340	329	319	309	298
	5	272	302	283	279	275	272	267	264	258	252
	10	231	252	242	239	237	232	229	224	217	214
	15	181	197	191	187	186	182	179	176	173	166

表 5-9 农业界限温度≥10℃积温的保证几率

站名	平均积温/℃	保证几率/%								
		10	20	30	40	50	60	70	80	90
安阳	4 655	4 862	4 828	4 773	4 747	4 672	4 629	4 588	4 566	4 530
郑州	4 740	5 175	4 948	4 820	4 785	4 731	4 696	4 652	4 590	4 557
卢氏	4 056	4 273	4 248	4 192	4 155	4 127	4 014	3 970	3 949	3 902
南阳	4 852	5 269	5 100	5 000	4 910	4 836	4 783	4 723	4 693	4 594
信阳	4 899	5 249	5 133	5 066	4 985	4 923	4 895	4 805	4 711	4 634
固始	4 987	5 401	5 262	5 159	5 084	4 976	4 912	4 840	4 795	4 709

（四）热量资源的农业评价

根据对主要作物热量条件的研究，认为从作物旺盛生长期的热总量来看，全省各地不但适宜多种杂粮作物的生长，而且大部分地区对棉花、水稻等喜温作物的栽培也十分有利。

根据全省农业生产的特点，现着重对能够较为充分利用热量资源的稻、麦两熟和大别、桐柏山地区亚热带多年生木本作物的生长，进行热量资源的农业评价。

1. 稻麦轮作一年两熟制热量条件评价

稻麦轮作一年两熟是淮南地区最主要的轮作方式。实践证明，这种轮作不受热量条件的限制。根据该地的气候特点，小麦适宜选用春性品种，并于10月中下旬（日平均气温稳定在12~14℃，土壤5cm地温稳定在13~15℃）播种，翌年5月下旬成熟，全生育期约220d。水稻选用中籼中熟品种，于4月下旬（旬平均气温达20℃左右）播种，6月上旬移栽，9月上旬即可成熟收割，全生育期约130d。不论是小麦、水稻各生育阶段对环境温度的要求，还是全生育期对总热量的要求，都能得到充分保证。

2. 亚热带多年生木本植物生长热量条件的评价

豫南大别、桐柏山区和伏牛山南坡（海拔1 000m以下）属我国北亚热带范围，亚热带多年生木本植物茶叶、油茶、马尾松等分布普遍，杉木的栽培面积近年来亦有较大幅度的增长。从热量条件看，本地区年平均气温不低于15℃，最冷月平均气温1~2℃，适宜油茶、油桐、茶叶等多年生木本植物的生长和越冬，最热月平均气温28℃左右，也足以满足这些植物繁殖器官形成时期所需的高温条件。秋季（9月下旬至10月上旬）多晴天，平均气温15~20℃，有利于油茶的开花结果。总之，亚热带多年生木本植物终年常青，能够充分利用光、热、水分资源，特别是在山地丘陵区比栽培一年生作物有很多的优点。其一，可以充分利用不宜栽培1年生禾本植物的山岭坡地，增加覆盖度，防止水土流失；其二，只要选择引进或培育出一个好品种，便可以用嫁接等营养繁殖方法获得优良个体，扩大种植面积；其三，更重要的是栽培后经过一定年代，进入结果盛期即可多年获得收成，而且也符合适宜地区退耕还林的政策。大别、桐柏山和伏牛山南侧，山坡面积大，土层深厚，热量充足，雨水丰沛，发展多年生木本植物如茶叶、油茶为对象的农业，具有良好的环境条件。

四、降水资源

（一）降水特征

全省年降水量的分布大致自南而北渐次递减。淮河以南地区900~1 200mm，豫东黄河两岸600~700mm，豫西黄河两岸和豫北平原仅500~600mm。

由于各地生长季（4~10月）降水量占全年降水总量的80%~90%，所以生长季降水量的地域分布与年降水量的地域分布大致趋于一致。生长季降水量，淮河以南地区达 800～1 000mm，其中大别山地为最多雨区，在 1 000mm 以上；黄河两岸生长季降水量仅 500mm 左右，其中豫西黄河两岸为最少雨区，不足 500mm。

表 5-10　河南各季节降水量分配

季节 站名	春季 （3～5 月）		夏季 （6～8 月）		秋季 （9～11 月）		冬季 （12～2 月）		年降水量 /mm
	降水量/mm	占年降水量/%	降水量/mm	占年降水量/%	降水量/mm	占年降水量/%	降水量/mm	占年降水量/%	
安阳	86.2	15.6	345.8	62.7	100.9	18.3	18.6	3.4	551.6
新乡	95.6	17.3	335.7	60.6	105.4	19.0	17.3	3.1	554.0
孟津	115.7	19.5	301.8	50.8	147.7	24.8	29.4	4.9	594.7
卢氏	127.7	19.7	324.7	50.2	170.4	26.3	24.2	3.7	647.1
郑州	121.5	19.0	351.4	54.8	136.1	21.2	31.8	5.0	640.8
许昌	144.1	19.6	406.9	55.5	145.3	19.8	37.4	5.1	733.6
商丘	127.8	18.2	397.9	56.8	130.7	18.6	44.7	6.4	701.2
南阳	155.7	19.6	436.8	55.0	158.7	20.0	42.6	5.4	793.7
信阳	262.7	23.8	535.8	48.4	211.3	19.1	96.5	8.7	1 106.3

全省年降水分配主要受东亚环流季节变化的影响。冬季影响全省的主要环流系统是西伯利亚高压，11 月份以冬季风加强，蒙古高压逐渐控制全省，全省盛行偏北风，气候寒冷干燥少雨雪。春季冬季风减弱，夏季风逐渐增强，从 4 月下旬夏季风波及华中，淮南地区即受到影响，降水量开始增加，其他地区要到 6 月初，随着夏季风北移，6 月中旬以后，我国大陆热低压已逐渐向北和东北方向发展，副热带高压不断加强，夏季风增强，季风雨带先后向北推进到长江两岸，梅雨季节开始，随着副热带高压的进一步加强北跳，全省降水量开始普遍增加，到盛夏（7、8 月份）太平洋副热带高压达极盛时期，平均极峰位置已推进到黄河以北地区，河南夏季风盛行，为雨季盛期。春季（4、5 月）和秋季（9、10 月）是冬、夏季风交替时期，天气形势复杂，各地雨量多寡不一。由于东亚环流季节变化的影响，使河南作物旺盛生长季的降水量有以下三个突出特点：第一，雨量高度集中于 6、7、8 月，各地三个月降雨量占全年降水总量的 50%～60%，而黄河以北地区可达 60% 以上。淮河沿岸及以南地区夏雨集中程度较北部低，但也可占年降水总量的 45～50%，夏季不但雨量集中，而且降雨强度大，在多暴雨区如鲁山、永城和太行山东麓一带，常因暴雨造成洪涝灾害。第二，降水量年际变幅大，各地生长季降水量 500～1 100mm。年与年之间振幅很大。即使是变幅较小的豫西山地，如栾川、卢氏一带，生长季降水量最多年和最少年也相差三倍左右。第三，黄河以北和豫西伊洛河流域，生长季 9、10 月降水量大于 4、5 月降水量，春旱发生的几率比秋旱多。大致北纬 33° 以南地区，生长季 4、5 月的降水量大于 9、10 月降水量，秋旱发生的几率比春旱多。

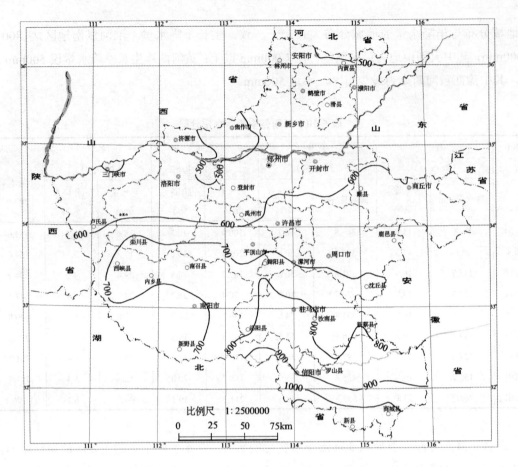

图 5-8　河南生长季降水量分布（1981～2010 年）

（二）降水变率

1. 年和作物旺盛生长季降水变率

从表 5-11 可以看出，年、生长季降水相对变率分布大势趋于一致。各地年降水相对变率多在 20%～30%，生长季相对变率多在 25%～35%。从总的分布特征看，丘陵平原高、山地较低。生长季降水变率最高的驻马店、平舆都为 35%，最低的栾川、卢氏分别为 23% 和 22%。在生长季期间全省有三个突出的高变率区和一个低变率区。三个高变率区，是以新密（28%）为中心的豫中丘陵区，以驻马店（35%）、平舆（35%）为中心的豫南丘陵平原区，以延津（34%）、卫辉（33%）为中心的豫北平原区。一个低变率区，是以栾川（23%）、卢氏（22%）为中心包括南阳盆地西北部在内的豫西山地区。可见，豫北平原、豫中丘陵和豫南丘陵平原生长季降水最不稳定，极易发生旱涝灾害。豫西山地和南阳盆地西北部降水变率小，发生旱涝的机会会相应较少。

2. 作物旺盛生长季各月降水变率

生长季降水变率的大小，对农业收成好坏有很大关系，然而生长季各月的降水变率与作物不同生长发育阶段对降水的需要更为直接。由表 5-11 可以看出，全省各地月平均最大降水变率多发生在 12 月或 1 月（如卫辉 160%、安阳 138%等）。但是，这时降水变率大对作物生长带来的影响远不及旺盛生长季各月对作物生长带来的影响大。所以，应着重分析作物旺盛生长季各月的降水变率。

（1）4、5 月降水变率：4 月各地日平均气温已达 10℃以上，正是越冬作物开始旺盛生长和春作物播种育苗期。这时除淮南地区开始受到夏季风的影响雨量稍增外，其他大部分地区还处在冬夏季风交替的过渡时期，天气多变，晴雨无常。据朱炳海教授对我国降水变率的研究，4 月华北平原是全国的最大降水变率中心。河南处于华北平原南部，4~5 月的平均降水变率一般在 50%~110%，其高变率出现在太行山东麓的平原区和豫中丘陵区，低变率出现在豫西伏牛山地和南阳盆地西北部。所以，形成这种空间分布，除大气环流的作用外，地形的影响也显而易见。4 月的两个高变率中心，一个是以开封（98%）、新密（103%）为代表的豫中地区，另外一个是以卫辉（90%）为代表的豫北区，这两个区域是春旱高发区。5 月的高变率中心，除上述两地区外，还出现豫东永城一带的高变率区，变率高达 113%左右。河南北半部春季的气候具有降雨少、增温急、干旱频繁的特点，加之降水变率高，势必加剧干旱威胁。所以，当地群众有"春雨贵似油"之说。

（2）6、7、8 月降水变率：如前所述，河南夏季三个月盛行东南季风，为雨季盛期。但这一时期的降水多阵雨、暴雨，且分配不均，几日无雨即出现干旱，一场大雨又能造成涝灾，往往形成旱涝交错的局面。

6 月中旬以后，华中地区夏季风盛行，梅雨季节开始，河南的降水量明显增加，但由于历年夏季风势力强弱和到来迟早不一，造成该月降水极不稳定。全省大部分地区该月降水变率较其前后各月都大，分布形势与 5 月相比未发生根本改变。高变率区主要出现在颍河以北的京广铁路两侧，变率最大的漯河、郑州等地均达 80%以上。低变率主要出现在豫西伏牛山地，变率最小的栾川、卢氏平均值皆在 65%以下。

7、8 月夏季风达鼎盛时期，降水量集中，雨日、雨量增加，这两个月的降水变率均比 6 月低，其中 7 月是河南一年中降水量最大月份，7 月下旬至 8 月上旬是河南降水最为集中的时段。7 月降水高变率出现在豫西黄河谷地，伊、洛河流域，豫中丘陵，豫东北平原和豫南桐柏、信阳一带；低变率出现在豫北太行山及山前平原、豫东平原、豫西伏牛山地和南阳盆地中西部。8 月降水变率的分布与 7 月相仿，呈南北高、东西低的格局，其北部高变率区仍维持在豫西黄河两岸和伊、洛河下游地区，并向东北方向扩展到沁河下游和新乡、卫辉一带；南部高变率区则向西和向东南方向扩展到南阳盆地中、东部的南阳，唐河和大别山区的新县，西部低变率区仍维持在伏牛山地，东部低变率区则向北扩展到商丘一带，而豫北太行山地低变率区向北收缩。总之，由于夏季风的影响，7、8 月降水变率的空间分布打破了 4、5、6 月北高南低的稳定形势，淮河两岸及以南地区也出现了高变率，而豫西伏牛山地和南阳盆地西北部因位置特殊，则成为夏季各月的稳定低变率区。

（3）9、10月降水变率：9月是东亚环流从夏季形势突变到秋季形势的转折时期，夏季风迅速撤离黄河流域，冬季风急剧南侵，大陆高压日益加强，降水量显著减少。10月中、下旬河南已全部处于冬季风控制之下，降水多属北方冷空气入侵造成，既不稳定，又不持久，所以各地降水变率比春季4月还高。9月降水变率的空间分布和4月相仿，基本趋势是中、北部高，西南部低。10月的降水变率则是东高西低，东部高变率区的两个中心是北部的安阳（98%）、新密（91%）和豫东南平原的驻马店（93%）、项城（88%），低变率中心是豫西伏牛山西部的卢氏（68%）。

分析生长季各月的降水变率，可得出如下两点结论：第一，全省各地生长季中，月最大降水变率多出现在5月，其次是10月。这表示5月和10月降水很不可靠，发生旱涝的可能性最大，尤其是初夏旱和伏旱出现的几率最多。第二，生长季中月最小降水变率，南阳至驻马店以南和豫西山地多出现在4、5月，其他地区多出现在7、8月。

表 5-11A   1981～2010 年降水量平均绝对变率（Va）（%）

月份 台站	1	2	3	4	5	6	7	8	9	10	11	12	全年	生长季 （4～10）
安阳	7	10	17	21	31	42	96	103	49	32	18	8	167	166
卫辉	5	9	14	27	34	50	102	121	51	25	17	8	175	175
孟津	10	12	20	30	42	46	77	55	53	39	26	10	145	146
郑州	11	12	20	39	49	51	81	65	58	37	23	11	149	150
开封	10	10	18	39	41	56	82	95	55	30	20	11	163	159
新密	10	12	19	45	52	50	82	70	54	37	22	10	165	164
卢氏	5	9	15	22	40	42	64	51	57	40	18	7	129	126
栾川	9	13	22	34	50	57	86	70	74	48	22	9	167	171
永城	18	17	28	40	83	70	132	90	58	41	23	13	205	205
漯河	16	16	22	42	58	80	123	101	63	48	28	16	225	222
项城	18	18	25	41	52	79	105	76	56	46	29	15	194	190
南阳	12	14	19	43	47	77	102	118	62	49	27	11	203	211
驻马店	18	20	29	46	56	80	135	134	83	59	38	20	293	290
新蔡	19	25	31	64	46	108	119	85	70	52	35	18	237	238
潢川	22	29	42	58	53	99	129	91	58	53	43	22	245	244

表 5-11B　1981～2010 年降水量平均相对变率（Vr）（%）

台站 \ 月份	1	2	3	4	5	6	7	8	9	10	11	12	全年	生长季（4～10）
安阳	145	112	107	81	75	78	58	77	83	98	104	138	30	32
卫辉	155	117	86	90	77	74	61	95	78	80	104	160	30	33
孟津	126	90	76	75	78	71	51	58	58	82	107	122	23	27
郑州	130	92	82	89	89	80	53	52	71	87	95	130	23	27
开封	138	93	75	98	79	79	49	78	75	83	92	123	26	28
新密	123	92	79	103	89	78	50	56	66	91	93	119	25	28
卢氏	85	91	60	49	62	59	48	52	61	68	76	113	21	22
栾川	92	84	63	52	58	62	47	49	67	70	76	105	20	23
永城	109	76	75	81	113	73	59	66	72	88	96	93	25	29
漯河	104	80	62	78	79	89	65	68	79	89	88	113	28	32
项城	103	79	66	76	79	76	59	59	74	88	97	98	24	28
南阳	97	84	54	77	62	73	57	89	74	92	87	97	26	31
驻马店	90	74	59	72	62	67	64	81	79	93	98	110	30	35
新蔡	89	75	59	85	51	75	60	67	78	88	93	97	25	30
潢川	75	69	63	65	48	70	58	67	70	82	86	91	23	29

（三）降水保证几率

1. 作物旺盛生长季降水保证几率

由表 5-12 可知，各级保证几率降水量的分布趋势，皆由南向北递减，淮河沿岸以南地区最大，黄河两岸地区最小，太行山地较豫北平原稍有回升。通常以保证几率≥80%为比较可靠，河南作物旺盛生长季保证几率 80%的降水量为 390～700mm。豫西山地的栾川、鲁山一带为 600mm 以上，大别山地区达 800mm 左右，豫西陇海铁路两侧、中部丘陵（汝州、新密）和豫东南平原（项城、沈丘）不足 400mm。而保证几率 20%的降水量，在新蔡—驻马店—方城—新野以南地区都在 1 000mm 以上，而黄河沿岸多在 700mm 左右，可见黄河两岸和豫中丘陵区生长季各级保证几率降水量为全省最小，加上降水变率大，因而干旱发生的几率较高。淮河以南地区生长季各级保证几率降水量为全省最大，降水变率比其他地区小，因而发生干旱的几率较低。

表 5-12　作物旺盛生长季各级保证几率降水量（mm）

项目 台站	平均 降水量	保证几率/%								
		10	20	30	40	50	60	70	80	90
安阳	550	1 100	810	680	590	550	520	480	450	390
卫辉	522	1 070	720	600	580	570	520	440	420	370
孟津	530	970	760	670	600	530	510	460	410	370
郑州	560	1 000	760	710	630	590	560	530	470	360
开封	542	910	770	670	610	560	530	480	460	400
新密	528	1 110	750	700	590	560	510	450	390	340
卢氏	582	1 060	680	630	600	570	540	530	520	460
禹县	557	1 010	720	670	650	600	520	490	450	420
栾川	752	1 290	890	930	810	760	740	720	670	600
永城	677	1 420	910	860	790	670	630	610	590	470
漯河	672	1 030	940	860	760	710	690	620	510	507
周口	618	920	840	750	720	670	620	570	540	450
南阳	667	1 160	860	770	720	660	650	610	580	500
遂平	718	1 220	1 010	850	850	750	720	620	600	520
潢川	811	1 400	1 120	1 000	980	880	780	720	690	560

2. 作物旺盛生长季各月的降水保证几率

全省各地作物旺盛生长季（4、7、10 月）各级保证几率降水量的计算值见表 5-13。

表 5-13A　4月各级保证几率降水量（mm）

项目 台站	平均 降水量	保证几率/%								
		10	20	30	40	50	60	70	80	90
安阳	28	101	52	43	35	28	75	7	14	9
卫辉	28	98	53	48	35	28	22	13	12	6
孟津	36	109	65	51	43	40	28	22	18	15
郑州	49	194	96	75	55	44	36	32	21	11
开封	38	188	65	55	38	33	25	20	18	13
卢氏	54	95	82	76	70	65	56	38	35	21
栾川	74	157	127	105	103	79	69	57	53	30
南阳	63	225	125	83	79	73	64	41	32	23
新蔡	89	339	168	128	85	74	65	56	53	49
潢川	97	275	162	142	116	107	97	64	62	46

表 5-13B　7 月各级保证几率降水量（mm）

项目 台站	平均 降水量	保证几率/%								
		10	20	30	40	50	60	70	80	90
安阳	186	392	306	278	226	188	173	152	120	88
卫辉	170	397	243	223	205	193	170	127	119	104
孟津	135	331	241	204	159	148	128	103	69	53
郑州	147	376	230	202	185	169	137	112	93	64
开封	166	406	308	243	190	177	154	109	99	51
卢氏	139	369	220	192	160	152	136	93	83	67
栾川	190	424	300	251	244	202	181	138	121	108
南阳	168	407	327	217	208	163	143	133	104	93
新蔡	173	595	269	226	204	169	151	142	104	89
潢川	211	794	349	303	244	220	178	128	117	84

表 5-13C　10 月各级保证几率降水量（mm）

项目 台站	平均 降水量	保证几率/%								
		10	20	30	40	50	60	70	80	90
安阳	32	97	80	48	42	34	22	18	10	7
卫辉	26	82	48	43	32	24	23	20	14	6
孟津	48	150	82	70	48	40	38	31	30	21
郑州	38	135	79	59	50	45	35	25	17	10
开封	32	107	62	48	42	35	27	21	15	8
卢氏	56	64	81	74	60	52	49	40	39	28
栾川	64	191	134	97	74	63	57	37	33	22
南阳	46	158	79	69	56	53	49	29	19	15
新蔡	43	139	100	55	46	40	37	33	21	13
潢川	54	142	111	75	62	56	50	45	33	21

通过分析可以得到以下几个结论：第一，4 月和 10 月各级保证几率降水量最大的地区都在淮南和豫西山地，最小的地区都在黄河两岸及以北地区。7 月各级保证几率降水量的地域分布规律不太明显，说明该月全省都在夏季风控制之下，大范围天气形势比较一致，而局部地理条件对降水的影响较大。第二，7 月降水比较稳定，在保证几率 10%～90%区间，降水量的差值较小。10 月降水量最不稳定，在保证几率 10%～90%区间降水量之差可达几倍、十几倍甚至几十倍。如安阳、卫辉和郑州 10 月保证几率 10%的降水量分别约为保证几率 90%的降水量的 14 以上。第三，4 月保证几率 80%的年份，淮南地区月降水量达 60mm 以上。黄河沿岸及豫北平原，4 月保证几率 80%的年份降水量仅 15mm 左右，而卫辉只有 12mm，南北平均约差 4 倍，说明 4 月 80%的年份淮南多雨湿润，豫北缺雨偏旱。4 月保证几率 20%的降水量，

淮南地区达 200mm 左右。所以，春季阴雨积涝，在淮南时常发生，对小麦后期生长不利，必须采取开沟排水措施，才能保证小麦获得较好收成。

（四）气候湿润程度和水分供需平衡概况

1. 气候湿润指标

（1）干燥度指数

一个地区的干湿程度是反映该地区气候状况的重要特征之一，也是气候区划的主要依据之一。同时，自然景观结构特征，与干湿状况密切相关，或者说某地区的自然景观特征也是干湿状况的反映。

一个地区的干湿状况可以通过水分盈亏来表示，通常用降水量（P）与可能蒸发量（E）的比值（即湿润系数，通常用 K 表示），其倒数为干燥度指数作为衡量标准。即 K=P/E，P≥E，表明水分收入≥支出，属于湿润状况；P＜E，说明水分入不敷出，属于半湿润半干旱状况。

但影响蒸发的因素很复杂，蒸发量的确定至今还没有一个统一精确的可靠方法。我国气象工作者曾采用温度与降水的比值来计算全国湿润程度的指标，并考虑到自然景观的地带性规律，定秦岭—淮河一线的干燥度指数为 1.0，从而求得计算干燥度指数经验公式的系数。

$$A=0.16\sum t/r \tag{5-1}$$

式中：A—干燥度指数；$\sum t$—日平均气温≥10℃稳定期的积温；r—日平均气温≥10℃稳定期的降水量（这一公式是按照≥10℃积温的单要素和采用同一系数来计算蒸发量，因而在实际应用中有一定的局限性）。

采用干燥度指数经验公式计算了郑州、南阳、信阳的干燥度指数，计算结果见表 5-14。

表 5-14　年干燥度指数

指数 　　　　台站	郑州	南阳	信阳
A	1.3	1.1	1.0

由以上计算结果可以看出：干燥度指数郑州最大，南阳次之，信阳最小，与各地气候湿润程度的实际情况基本一致。

（2）湿润系数

利用上述经验公式只能计算日平均气温稳定≥10℃期间的月值，实际上日平均气温 3～10℃期间也是作物生长季节，淮南地区全年只有极短时间作物停止生长。所以不如采用湿润系数法鉴定年及各月的气候湿润状况。H.H.伊万诺夫湿润系数法计算月可能蒸发量的公式为：

$$E=0.0018（25+t）^2（100-a） \tag{5-2}$$

式中：E—蒸发量；t—月平均温度，a—月平均相对湿度。

月降水量（P）与可能蒸发量（E）的比值，称为月湿润系数（K），即 K=P/E。典型站的计算结果见表 5-15。

表 5-15　湿润系数（K）

月份 台站	1	2	3	4	5	6	7	8	9	10	11	12	全年
安阳	0.1	0.2	0.2	0.2	0.3	0.6	1.9	2.0	0.3	0.4	0.5	0.2	0.6
郑州	0.3	0.3	0.5	0.3	0.3	0.5	1.3	1.6	0.3	0.3	0.6	0.3	0.6
卢氏	0.2	0.2	0.4	0.4	0.5	0.5	1.5	1.6	0.6	0.5	0.6	0.3	0.8
许昌	0.6	0.4	0.8	0.4	0.4	0.6	2.2	1.8	0.4	0.3	0.6	0.4	0.9
南阳	0.5	0.4	0.7	0.5	0.4	0.7	2.3	1.6	0.6	0.4	0.4	0.4	0.8
信阳	1.6	1.4	1.5	1.1	1.2	1.4	2.1	1.9	0.4	0.5	1.3	1.0	1.3

根据计算结果，对照各地的农业生产与自然景观概况，确定出如下湿润等级标准：K>2.5 为潮湿；K =2.5～1.1 为湿润；K =1.0～0.7 为半湿润；K =0.6～0.3 为半干旱；K<0.3 为干旱。

这里各湿润等级的含义是：潮湿—水分有余，很少旱象，一般情况下作物无须灌溉；湿润—水分适中，基本无干旱；半湿润—水分略有不足，有间歇性干旱，农作物遇旱必须适时灌溉；半干旱—常年平均水分不足，干旱经常发生，对农作物生长威胁较大；干旱—常年平均缺水，干旱频繁，没有灌溉难以保证农业稳定收成。

通常河南年湿润系数分布，南部大北部小，同纬度西部山区大于东部平原。大致桐柏、驻马店和新蔡以南地区的年湿润系数普遍>1.0，水分收入大于支出，气候比较湿润；黄河两岸及以北地区的年湿润系数普遍≤0.6，水分支出大于收入，气候比较干燥。

湿润系数的季节变化，各地具有类似特点。大体为冬春季降水量小，气候干燥，除淮南地区外，各月的湿润系数均小于 0.8，自春季到夏季，随着降雨量的增加，各地月湿润系数也相应增大。特别是盛夏 7、8 月，最大湿润系数达 2.3（如南阳）；秋季 9、10 月随着降水量的迅速减少，气候湿润程度逐渐降低，各地湿润系数多≤0.6，呈半干旱状态。

2. 河南气候湿润分区

河南气候湿润区划按两级划分，第一级为湿润地带，第二级为湿润区。

（1）湿润地带

鉴于 H.H.伊万诺夫计算湿润系数的公式也是经验式，其计算结果难免与实际情况有不符之处。所以在进行气候湿润状况分区时，需借用年降水量和生长季早期日数作为辅助指标对分区界线加以订正。

表 5-16　气候湿润地带分级指标

地带名称	年湿润系数/κ	年降水量/mm	生长季旱期日数/d
半干旱地带	0.3~0.6	<700	>150
半湿润地带	0.7~1.0	700~1 000	150~50
湿润地带	>1.0	>1 000	<50

根据表 5-16 分级指标，把河南划分成半干旱、半湿润和湿润三个地带。

1）半干旱地带：主要包括豫北平原、中部丘陵和豫西黄河两岸及伊洛河谷地。该区年湿润系数≤0.6，年降水量<700mm，生长季旱期日数 150d 以上，常年平均水分不足，季节性干旱经常发生。春季升温快且多风，加之前期雨雪稀少，土壤水分贫乏，极易形成旱象，威胁小麦生长；夏季降水虽较丰富，但多暴雨、阵雨，易形成间歇性干旱；秋季雨量渐减，气候湿润程度随之降低，旱象也经常发生。由此可见，本地带的主要气候特点是常年降水量不足，春秋季多干旱，在农业生产中应特别重视防旱抗旱。

2）半湿润地带：包括豫东平原、南阳盆地和伏牛山东麓低山丘陵。该地带年湿润系数为0.7~1.0，年平均降水量 700~1 000mm，有利于作物的生长发育。但由于降水变率大，加之局部地形的影响，往往出现旱涝交错的现象，限制了降水量的有效利用。该地带东部平原，春季多风，夏秋易涝，伏牛山东麓低山丘陵区旱象较频繁，南阳盆地秋旱多于春旱。从常年平均情况看，水分不足。所以，适时灌溉乃是保证该地区作物稳产的必要措施。

3）湿润地带：主要包括淮河两岸丘陵、平原和大别、桐柏山地区。常年平均水分收入大于支出，年湿润系数>1.0，年平均降水量在 1 000mm 以上。由于年内降水分配未必与作物需水规律相符，所以容易造成水分的相对过剩或不足，因此，适当的灌溉和排水措施，仍是保证本地带作物稳产高产的前提。

伏牛山山地湿润区：以伏牛山地为主体，包括栾川及卢氏、南召、西峡等县的部分山区，年湿润系数在 0.8 左右，年平均降水量 800mm 左右，常年湿润程度较高。

（2）湿润区

根据生长季各月湿润系数再划分不同特征的湿润区。以 4 月的湿润系数代表春季的气候湿润状况，6、7、8 月的湿润系数分别代表夏季前期、盛夏和夏季后期的气候湿润状况，10 月的湿润系数代表秋季的气候湿润状况。

按以上方法，可以将河南三个不同的气候湿润地带划分为 11 个区。各区的名称、特征见表 5-17，其范围和界限见河南省气候湿润区分布图（图 5-9）。

表 5-17 河南气候湿润地带和湿润区

气候湿润地带				气候湿润区			
名称	κ	r/mm	旱期日数	名称	湿润系数的季节变化		
					春季	夏季	秋季
I. 半干旱地带	0.3~0.6	≤700	<150	I₁ 太行山区	<0.3	0.7~2.2	0.4
				I₂ 豫北平原和豫西黄河两岸区	<0.3	0.4~2.3	0.3~0.5
				I₃ 中部丘陵和伊、洛河谷区	0.3~0.4	0.4~1.4	0.4~0.5
II. 半湿润地带	0.7~1.0	700~1 000	50~150	II₁ 豫东平原区	0.4~0.7	0.6~3.9	0.3
				II₂ 东部颍河以南、洪汝河两岸低洼区	0.7~1.0	1.0~2.5	0.4
				II₃ 伏牛山东麓低山丘陵区	0.4~0.7	1.6~2.5	0.3~0.5
				II₄ 南阳盆地区	0.7~0.9	0.5~2.4	0.3~0.6
				II₅ 豫西南低山丘陵区	0.9~1.0	0.4~1.8	0.6
III. 湿润地带	1.1~2.5	>1 000	<50	III₁ 淮河两岸区	1.1~1.4	0.9~2.2	0.4~0.5
				III₂ 大别山区	1.8~2.1	1.1~2.4	0.8~1.1
				IV 伏牛山山区	0.7	0.7~2.7	0.7

注：伏牛山山地区，虽然年降水量在 800mm 左右，年湿润系数在 0.8 左右，但由于海拔高、气温低，水分收入除抵偿可能蒸发量消耗外，还有剩余，生长季无旱期，应划入湿润地带。但考虑到地区的不连续性，为便于说明起见，将该区单独划出。

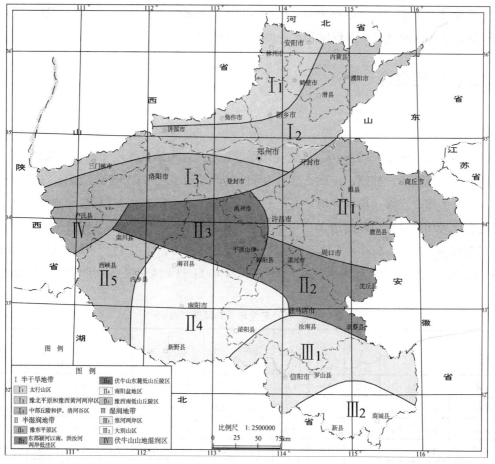

图 5-9 河南气候湿润区分布

3. 水分供需平衡分析

从农业气候学观点衡量一地区的气候干湿程度和作物水分供需平衡概况，就要着重考虑主要的水分收入项降水量和主要的水分支出项可能蒸发量（包括植物蒸腾和棵间蒸发）。可能蒸发量实际上大致表示旱作物的需水量（水田还必须考虑下渗水量）。所以，降水量与可能蒸发量的差值，能够粗略反映一地区年内缺少或者余水的趋势，也可以作为计算灌溉需水量的主要依据。若以月为计算时段单位，那么月降水量等于或者相当于月可能蒸发量，可视为水分供需基本平衡；月降水量大于月可能蒸发量，可视为水分有余；月降水量小于月可能蒸发量，则视为水分不足。

根据上述方法，分别对安阳、新乡、郑州、许昌、郾城、南阳、信阳等地的水分供需平衡概况进行计算分析可以看出：半干旱地带（如安阳、新乡、郑州）除7、8月降水蒸发差为正值外，其余各月均为负值。依多年平均值概算，欲使该地年平均水分供需达到平衡，缺水300～500mm；半湿润地带（如郾城、许昌、南阳）各月降水蒸发差的变化趋势和半干旱地带基本一致，所不同的是差值较小，欲使这一地带常年平均水分供需达到平衡，尚缺水100～300mm；湿润地带（如信阳、固始等地）各月降水蒸发差多为正值，说明常年平均水分有余，欲使本地保持常年平均水分供需平衡，余水100～300mm。当然，这种计算是很粗略的，只适用于衡量各地区的气候干湿程度和水分供需平衡概况。

五、风能资源

（一）风速

河南年平均风速1.3～2.9m/s。风速受地形的影响大，山地风速较平原小，豫北山地和豫西伏牛山区风速较小，林州、卢氏、栾川为年平均风速最小区，在1.3m/s左右；风速最大出现在开封、孟津、永城、项城等地，为年平均风速最大区，在2.8m/s以上。同时，风速的季节变化也比较明显，春季风速最大，冬季次之，夏季较小，秋季最小。以开封为例，最大风速出现在春季（3、4、5月）平均风速达3.5m/s，冬季（12、1、2月）平均风速达3.1m/s，夏季（6、7、8月）平均风速为2.7m/s，秋季（9、10、11月）风速最小，平均风速为2.6m/s。

表 5-18 各月与全年平均风速（m/s）

月份 台站	1	2	3	4	5	6	7	8	9	10	11	12	年均
安阳	1.0	1.3	1.7	2.0	1.9	1.9	1.3	1.0	1.0	1.1	1.1	1.0	1.3
卫辉	2.6	2.8	3.2	3.1	2.7	2.6	2.2	2.0	2.0	2.1	2.5	2.5	2.6
孟津	3.0	3.1	3.2	3.2	3.0	3.0	2.7	2.4	2.3	2.6	3.0	3.0	2.9
郑州	2.7	2.8	3.1	3.1	2.8	2.7	2.3	2.0	1.9	2.1	2.5	2.9	2.6
开封	3.0	3.2	3.5	3.7	3.3	3.0	2.7	2.4	2.4	2.5	3.0	3.0	3.0

续表

月份 台站	1	2	3	4	5	6	7	8	9	10	11	12	年均
新密	2.1	2.1	2.3	2.4	2.2	2.2	1.8	1.7	1.5	1.7	2.1	2.1	2.0
卢氏	1.2	1.5	1.7	1.7	1.4	1.3	1.2	1.0	0.9	0.9	1.1	1.1	1.3
栾川	1.6	1.6	1.7	1.6	1.4	1.4	1.2	1.1	1.1	1.2	1.5	1.6	1.4
永城	2.6	2.9	3.2	3.3	3.0	3.2	2.8	2.4	2.3	2.4	2.6	2.6	2.8
漯河	2.5	2.6	2.8	2.7	2.5	2.7	2.3	2.0	2.0	2.0	2.3	2.4	2.4
项城	2.8	3.0	3.2	3.3	2.8	3.0	2.6	2.3	2.3	2.4	2.6	2.8	2.8
南阳	2.2	2.4	2.6	2.5	2.1	2.2	2.0	2.0	2.0	1.8	1.9	2.1	2.2
驻马店	2.4	2.5	2.7	2.6	2.4	2.5	2.2	1.9	1.9	2.0	2.4	2.4	2.3
新蔡	2.7	3.0	3.1	3.1	2.8	3.0	2.7	2.4	2.4	2.4	2.7	2.8	2.8
潢川	2.4	2.7	3.0	2.8	2.6	2.6	2.5	2.1	2.2	2.2	2.3	2.4	2.6

（二）风能资源

1. 风能资源区域分布特征

受地形和大气环流系统的影响，河南风能资源区域分布有以下特征：第一，就一般风能资源而言，东部平原区大于西部山区，中西部低山丘陵和豫西黄河两岸山地等小范围的风能资源比较好。第二，东部平原地带的风能资源分布较均匀，空间差异较小；豫北、豫西和豫南等山地丘陵区风能资源分布比较复杂，高值区与低值区呈现相互交叉错综分布，山顶和山脊风速明显大于山谷和山间。第三，对于风电建设而言，在目前经济技术水平条件下，河南风能资源达到可开发条件的区域比较小，这些区域一般位于山区的山脊、山顶和山区与平原交界处的丘陵高地。

2. 风能资源随高度变化特点

在近地层风速随高度增加，因此风能资源随高度一般是增加的，但不同地形下，随高度变化规律不同。平原地区在 100m 高度以下，风能资源随高度都是增加的；丘陵和山区，多数在 70～80m 高度以内风能资源随高度增加，此高度至 100m 高度风能资源变化不明显，部分山区在 50m 左右风能资源最大；部分比较陡峭的山地，山顶处风能资源随高度变化不明显。

3. 河南风能资源季节变化特点

根据 5 座风能资源观测塔观测资料，结合气象台站长期观测资料分析，河南风能资源以春季最好、冬秋季次之、夏季最差；各地一般 3、4 月风能资源最好，7、8 月风能资源最差。

4. 河南风能资源丰富区

河南风能资源丰富区主要分布山区和丘陵海拔相对周边较高山脊和山顶，可建风电场区域海拔高度一般在 300～900m 山地和丘陵，少量在 100～300m 的高岗地带。这些地区的年平均风速一般在 5.5～8m/s，年平均风功率密度 200～500W/m²，但大部分区域年平均风功率密度在 200～400W/m²，400W/m² 以上的范围较小，500W/m² 以上的部分都位于海拔较高的高山复杂地形和局部山顶，开发难度大。

可开发风能资源较集中区域包括：豫西北太行山地和山前丘陵高地；豫西三门峡、洛阳境内的崤山山脉和黄河南岸的山体；豫中郑州、许昌北部、平顶山北部一带山地；伏牛山东部山地丘陵区，包括南阳东北部、平顶山南部和驻马店西部一带山地丘陵；大别山区部分山地。

第三节　气候灾害

河南地处中原，冷暖空气交汇频繁，季风气候特别明显，易造成全省旱、涝、干热风、大风、沙暴、冰雹以及霜冻等多种气候灾害的发生。这些气候灾害不仅使农业减产，而且对广大人民的生命财产有很大的破坏性。气候灾害的发生与发展是很复杂的，在不同地区也有很大的差异。为了防范气候灾害，必须深入了解其时空变化规律以及强度、危害等，以便结合全省的具体情况采取预防措施，尽最大可能避免或减少其造成的破坏。

一、暴雨

暴雨是河南主要气象灾害之一。由于降水急骤，大量的降水会带来雨涝，使经济建设，特别是农业生产遭受重大损失。

根据气候资料统计，全省自 1300 年至 1911 年的 600 余年间，曾出现大涝 69 次，平均 8～9 年一遇。在大涝年份可以"平地行舟，禾谷尽没"。新中国成立后，虽然修建了大量的水利工程，但因一时还不能配套或机械不足等原因，遇有雨涝年份，涝情仍很严重。据统计，全省在重涝年份平均约有 33×10⁴ 公顷农田受灾，1975 年 8 月发生的"75·8"溃坝事件，全省有 30 个县市的 118×10⁴ 公顷农田被淹，1 015 万人受灾；2006 年 7 月，河南出现较大范围的强降雨过程，形成严重内涝，全省受灾人口达 183 万人，农作物受灾面积达 14.1×10⁴ 公顷。

（一）暴雨的地理分布

南部桐柏山和大别山区的桐柏、新县、鸡公山一带是全省暴雨出现最多的地区，平均每年发生 4d 以上；淮河两岸的丘岗畈田地带以及遂平以南的驻马店、确山、泌阳一带的丘陵地区，豫东平原的永城、扶沟、太康，豫西山区的鲁山等地，每年平均发生 3～4d；豫北、豫东和豫东南平原，南召一带的伏牛山深山区，每年平均发生 2d；新乡地区西部山地丘陵区以及山前倾斜平原区，豫西黄河南岸的黄土丘陵区，伊洛河流域的崤山和熊耳山区，南阳盆地西部和南部，每年平均发生 1~2d；三门峡、洛阳西部是全省出现暴雨最少的地区，每年平均不足一次。

暴雨出现较多的地区（平均 3d 以上），可以称为"暴雨中心地带"，不但每年平均发生暴雨的天数较多，而且亦为年平均暴雨雨量最多的地区，每年平均有 400mm 以上的暴雨雨量，暴雨中心重要分布在南阳盆地东部、驻马店市和信阳市北部。次一级的暴雨中心地带年平均暴雨雨量在 250mm 以上，主要分布在平顶山大部，许昌、周口西部、豫北新乡、鹤壁市西部。豫东以及豫东南平原地区、伏牛山和嵩山山地区、南阳盆地东部和豫北部分地区，年平均暴雨雨量在 200mm 左右。豫北太行山东南段、豫西黄土丘陵以及伏牛山西段的深山区以及南阳盆地西部地区，年平均暴雨雨量在 150mm 以下，其中豫西黄土丘陵、崤山和熊耳山区、嵩山山地西部以及南阳盆地，年平均暴雨雨量在 100mm 以下，为全省暴雨雨量最少的地区。

全省暴雨发生次数较多和年平均暴雨雨量较多的地区亦是全省经常发生涝灾的地区，如淮河上游两岸地区常因暴雨导致淮河洪水泛滥；伏牛山东麓鲁山一带，为全省多条河流的源地，如注入淮河的汝河、沙河、洪河等以及注入汉水的唐河、白河等都源出于此。此外，豫

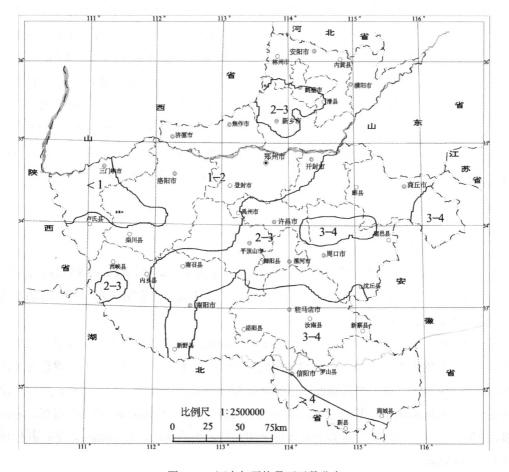

图 5-10　河南年平均暴雨天数分布

东、豫北和豫东南广大平原地区地势比较低洼，暴雨不仅会对这些地区能造成雨涝，并且不易排泄。豫西黄土丘陵区和伏牛山区地势较高、沟壑纵横，虽然不易形成大面积的内涝，但却极易因急骤的暴雨形成山洪和水土流失。

（二）暴雨的季节变化

河南的暴雨一般以 6～9 月较多，特别集中在 7、8 两月（亦为全省各地暴雨出现百分比最多的月份）。7 月全省各地暴雨天数占全年暴雨天数的百分比均大于 30%。如豫北西部、豫东东部、豫西西部以及淮河南岸地区，暴雨天数的百分比在 40% 以上；济源和孟津达 50%以上。8 月，豫北地区（除西南部）和豫西东北部分及郑州地区在 30% 以上，其他地区多在 20% 左右。7、8 两月的总和，豫北地区占全部暴雨总天数的 70% 以上，豫西地区占 60%～70%，豫东和豫东南地区占 50%～60%，南阳盆地占 60% 左右。自北而南，7、8 两月暴雨总天数之和占全年暴雨总天数的百分比逐渐减少。

全省各地暴雨的开始日期，淮河两岸、大别山区、驻马店等地是 3 月中旬到下旬；豫东南、豫东、豫中、南阳盆地边缘地区和豫西山区东部以及豫北地区东部是 4 月，南阳盆地和豫东东部的永城一带是 4 月上旬，其他地区开始于 4 月中下旬；豫北北部和豫西沿黄河一带开始于 5 月；太行山东南段地区东部以及卢氏一带开始于 6 月份。全省暴雨开始出现的总趋势是自南而北随纬度的增高而推迟；暴雨终止日期则与开始日期相反，北部地区终止早，南部地区终止迟。如豫北地区的西部、洛阳以及三门峡地区，暴雨的终止日期是 9 月下旬，南阳盆地终止于 9 月中下旬，豫北地区东部、豫东和豫东南、豫中地区终止于 10 月上旬，豫西伏牛山区终止于 10 月中旬，淮河以南东部地区的大别山及其山前地带终止于 11 月。此外，暴雨开始与终止日期还随地形而异，如南阳盆地地区较之同纬度的信阳地区开始日期迟（信阳一带为 3 月中下旬，南阳盆地区为 4 月上旬），而终止日期早（信阳一带为 11 月，南阳盆地区为 9 月中下旬）。

（三）暴雨的强度

一个地区暴雨的强度可以用暴雨的平均强度（即暴雨雨量的平均值）和绝对最大强度（即一地有记录以来曾发生过的最大日降水量或时降水量）来衡量。前者表示暴雨强度的平均状态，后者表示暴雨强度的极端状态。

河南暴雨的平均强度在 60～95mm（多为 70～80mm）。全省暴雨平均强度最大的地区出现在伏牛山东段的南召、鲁山，豫北和豫东地区的濮阳、长垣、民权，豫中和豫东南地区的临颍、西平、上蔡、新蔡，平均强度高达 90mm 以上；新乡北部、开封东南部、周口东南、平顶山南部、南阳东南部、鹤壁全区，暴雨的平均强度在 80～90mm；郑州西南部、洛阳西南部、南阳西北部、三门峡全区为全省暴雨平均强度最小的地区，在 70mm 以下；其他地区则介于 70～80mm。

绝对最大降水强度是一种偶然性很强、强度极大的降水现象。这种极大值的出现，对一个地区来说，发生几率很小。全省日最大降水强度以泌阳县（253.6mm）、桐柏县（254.6mm）、信阳市（251.6mm）、新县（247.9mm）、确山县（247.0mm）等地较强。

河南的暴雨出现在日降水量 100mm 以下的强度占大多数，约占总暴雨天数的 85%；日降水量出现在 100～149.9mm 这一强度级别的暴雨次之，约占总暴雨天数的 13%；150mm 以上这一强度级别的暴雨，出现的百分比最少，约占总暴雨天数的 2%。

暴雨的危害不仅表现在降水强度上，而且也表现在降水的持久性上。一天的暴雨与连续两天、三天、四天甚至五天的暴雨危害完全不同，愈持久则危害愈大。全省暴雨在一天者最多，连续二三天者次之，连续四天和五天者最少。总的情况是暴雨在一日内居绝对多数，占 80% 以上；连续两天的暴雨出现次数较少，约占总暴雨次数的 10% 左右；连续三天的暴雨仅出现在豫东和豫南地区，约占总暴雨次数的 3% 左右；连续四天和五天的暴雨仅出现在淮南和大别山区，约占总暴雨次数的 1%～3%。

（四）雨涝及其治理

所谓雨涝主要是针对农业生产而言的，农业生产的涝灾是多种因素综合作用的结果。防御雨涝的措施是一项系统工程，需因地制宜。

全省山地、丘陵区在防洪和防治水土流失的措施上应以蓄、截为主。一般是在各河流上游修建各类水库，在大范围内以推广修筑各种砖石池、塘、堰、坝、旱井池，结合整修水平梯田，治理坡地以及在深山区和黄土沟壑区开展植树造林和种草护坡等为主，做到蓄用结合，防涝与防旱结合。

平原地区以整治（疏浚、固堤）排水骨干河道及修建和治理大面积上的排灌工程为主，做到涝时能排。一些特别低洼地（如黄河和一些河流的大堤两侧的背河洼地）和豫东南地区的碟形和槽形洼地以及其他一些无排水出路的洼地，应建设相应的排涝提灌站以排除涝水、或修建相应的蓄洪区以蓄涝水，并开展相应的水生养殖等，以资利用。

在淮河两岸地区，由于豫东南地区淮河各主要骨干支流大都经过截弯取直的整治，河流坡降变大，暴雨季节，各支流上游地区的洪水易迅速而大量的在沿河地区壅塞成灾。本区涝灾的治理与各支流上游的治理息息相关，对淮河干流本身的治理则更属必要。可先沿淮固堤，整治南岸的内涝河流，并在低洼处建立排灌站。长远的办法则是在淮河各主要支流上游修建各种蓄洪设施。

在地形特殊的南阳盆地，则应在流入盆地的各支流上游修筑水库，大力植树造林以及采取各种蓄水、截洪措施；盆地区应疏浚、加深和加宽河床；平原区应建设面上防洪抗涝设施。

二、连阴雨

气象学将日降水量≥0.1mm 作为一个降水日，统计连续降水日的天数达 4～5d 或以上称为连阴雨天气。连阴雨是河南，也是华北平原较为重要的气象灾害之一。它以长期连续阴雨以及由此所引起的气温偏低、湿度偏大和日照偏少为其特征，对农作物的生长、发育极为不利。每年的夏收、夏种和秋收、秋种季节，如出现连阴雨天气，轻则延误农时，重则造成减产，甚至影响播种，其危害很大。

（一）连阴雨地理分布

根据 1981～2010 年观测数据统计结果，河南连阴雨的天数基本在 20d 以下，10d 以下的连阴雨天占 21.5%，10d 以上连阴雨天占 78.5%。最长连阴雨天数可达到 23d（鸡公山，1985年 10 月 8 日至 1985 年 10 月 31 日），最少的为 8d（台前，2005 年 9 月 25 日至 2005 年 10月 3 日）。最大连阴雨雨量达 668.8mm（林州，1982 年 7 月 26 日至 1982 年 8 月 5 日），最少连阴雨量仅 49.9mm（宁陵，1985 年 10 月 8 日至 1985 年 10 月 20 日），差异悬殊。

表 5-19　各地连阴雨记录

地点	起始日期	连续天数	雨量/mm	地点	起始日期	连续天数	雨量/mm
林州	1982 / 7 / 26	10	668.8	太康	1985 / 10 / 8	12	89.3
汤阴	2010 / 8 / 31	9	115.7	沈丘	1985 / 10 / 8	12	127.5
濮阳	1996 / 8 / 2	9	96.3	内乡	2005 / 9 / 22	15	156.5
台前	2005 / 9 / 25	8	75.5	南阳	2005 / 9 / 22	15	118.4
沁阳	1985 / 10 / 10	10	105.2	方城	2005 / 9 / 22	15	137.4
封丘	1992 / 9 / 10	11	64.5	西平	1985 / 10 / 8	12	133.4
新乡	1985 / 8 / 21	11	96.6	驻马店	2005 / 9 / 22	15	92.7
三门峡	1992 / 9 / 10	14	107.0	正阳	1982 / 7 / 7	17	328.6
卢氏	2003 / 8 / 24	14	216.8	信阳	2003 / 8 / 9	13	85.8
伊川	2003 / 8 / 23	15	272.3	潢川	2010 / 7 / 11	13	257.6
栾川	1984 / 9 / 15	18	214.0	固始	1993 / 1 / 2	12	101.4
巩义	2003 / 8 / 25	13	223.8	宁陵	1985 / 10 / 8	12	49.9
郑州	2003 / 8 / 25	13	243.0	鸡公山	1985 / 10 / 8	23	188.2
许昌	2005 / 9 / 22	12	100.7	杞县	1984 / 9 / 21	11	120.9
襄城	2005 / 9 / 22	12	106.5	商丘	2004 / 7 / 9	11	308.1
汝州	1992 / 9 / 11	11	89.2	永城	2005 / 9 / 24	10	106.7

河南的连阴雨天气，中间常会插入很多次暴雨，使连阴雨雨量与连阴雨天数之间的相关关系不好。暴雨雨量有时可占连阴雨总雨量的 80% 以上。

（二）连阴雨的特征

1. 连阴雨的季节特征

河南的连阴雨天气多出现在 7 月到 10 月，以 9、10 月间发生的几率最多，占 51.2%，其次则为 7、8 月，占 47.1%。如以各旬连阴雨次数统计，则以 9 月下旬与 10 月下旬出现的连阴雨为最多，8 月下旬和 10 月中旬出现次之，7 月出现最少。

2. 连阴雨过程中的气温、湿度和日照特征

在连阴雨过程中，由于连续阴雨的关系，气温和日照均较多年同旬（月）的平均值偏低，相对湿度偏大。连阴雨期间气温较多年同期（旬）平均一般情况可偏低 1~2℃，最多偏低 5~6℃。相对湿度与气温相反，较多年同期（月）平均值偏高，一般偏高 20%左右，最高可达 25%以上。日照情况与气温变化趋势类同，在连阴雨期间，日照时数明显偏低，可较多年同期（月）平均值偏少 20~50h，最多可少 80~90h。

（三）连阴雨的危害

连阴雨对农、林、牧、副、渔均会带来许多不便之处，但危害最大还是对作物生长、发育的影响。如淮南小麦在开始扬花期间（4 月中、下旬）出现连阴雨天气，对小麦授粉极为不利；在小麦灌浆到腊熟阶段，如遇连阴雨，会造成倒伏和病害，延迟小麦的成熟期；9 月下旬以后出现连阴雨，会影响小麦播种。秋红薯在 8 月中旬左右块根开始膨大，如遇连阴雨天气，则秧叶疯长，影响产量和品质。早稻开花季节正值雨季，特别是正值连阴雨出现的高峰时期，连阴雨对水稻授粉非常不利。棉花在 6 月上旬开始现蕾，到 6 月下旬正赶上连阴雨高峰前的时期，特别是在开花季节（7 月下旬至 8 月上旬），更适逢连阴雨可能出现的高峰期，容易造成蕾铃脱落。9 月中旬以后出现的连阴雨和低温，还会使棉花裂蕾迟缓，并可发生烂桃现象。

三、干旱

（一）河南干旱历史概况

根据历史时期资料的记载，河南在大旱年份"赤地千里，川竭井枯，百谷无成，野无寸草"，这种悲惨景象在历史文献中屡见不鲜。根据肖廷奎等对河南历史资料的分析，在元、明、清三代的 654 年（自 1263 年算起）中，"旱年"305 个、"大旱"年 52 个、"特大旱"年 38 个，合计干旱年份为 395 个，占三代总年数的 60.4%。在这一时期包括局部地区出现旱情的"旱"年在内的干旱年份频率相当大，"旱"年出现的频率为 77.2%，"大旱"年为 13.2%，"特大旱"年则为 9.6%；就干旱季节而言，以夏旱最多，冬旱最少，春旱多于秋旱；按地区划分，以豫北地区最频繁和最严重，豫东和豫中次之，豫西的黄河沿岸地区以及豫东南又次

之，豫西山区和豫西南出现次数最少，程度也最轻微。新中国成立以后，根据资料统计，干旱有连续出现的特点，如 1959～1962 年连续四年干旱，受旱面积达 $315\times10^4 hm^2$，其中成灾面积在 $218\times10^4 hm^2$ 以上；1985～1988 年连续四年干旱，受旱面积达 $520\times10^4 hm^2$，成灾面积达 $414\times10^4 hm^2$，部分地区人畜饮水困难；2000 年初的大旱为 1951 年以来的干旱最为严重的年份，全省受旱面积达 $357\times10^4 hm^2$，其中严重受旱面积 $186\times10^4 hm^2$，干枯 $15.67\times10^4 hm^2$。由此可知在全省农业生产中，干旱是主要的自然灾害之一。

（二）干旱等级划分

根据气象干旱等级国家标准（GB/T 20481-2006），综合气象干旱指数 CI 的计算公式为：

$$CI = aZ_{30} + bZ_{90} + cM_{30}$$

$$(5-3)$$

式中：Z_{30}、Z_{90} 分别为近 30 天和近 90 天标准化降水指数 SPI 值；M_{30} 为近 30 天相对湿润度指数；a 为近 30 天标准化降水系数，平均取 0.4；b 为近 90 天标准化降水系数，平均取 0.4；c 为近 30 天相对湿润系数，平均取 0.8。

通过上式，利用平均气温、降水量数据可以滚动计算出干旱综合指数 CI，根据 CI 值的大小划分干旱等级如表 5-20。

表 5-20　综合气象干旱等级的划分

等级	类型	CI 值
1	无旱	$-0.6 < CI$
2	轻旱	$-1.2 < CI \leqslant -0.6$
3	中旱	$-1.8 < CI \leqslant -1.2$
4	重旱	$-2.4 < CI \leqslant -1.8$
5	特旱	$CI \leqslant -2.4$

（三）河南干旱地理分布

1. 不同强度干旱的时空分布

采用 CI 干旱指数和确定的干旱指标，统计近 30 年河南各季节不同等级干旱出现天数的多年平均值，如图 5-11 所示。

春季干旱（图 5-11 a）：除豫南外，全省其他大部分地区轻旱发生的天数在 10d 以上，其中豫北、豫东南两个中心最大，多年平均大于 16d；豫北、豫西北和豫西南的部分地区易发生中旱，多年平均在 10～12d，其他地区小于 10d；重旱分布特征呈较明显的纬向分布，约北纬 34°以北的大部分地区较易发生重旱，多年平均大于 8d，豫南一般小于 6d。综合以上分析，豫北春季各等级干旱发生天数都是较高的，而豫南各级干旱发生均较少，这和河南降水量的南多北少是紧密相关的。

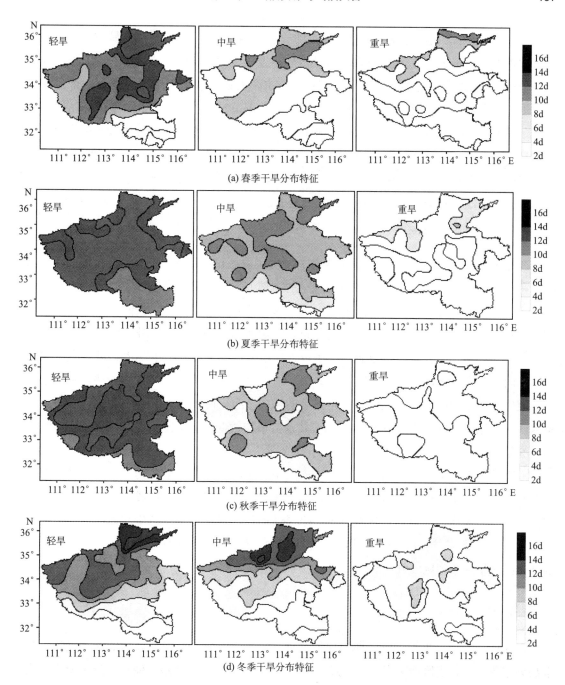

图 5-11　河南各季节不同等级干旱分布特征

夏季干旱（图 5-11b）：全省范围内轻旱发生天数较多，多年平均基本都在 12d 以上，其中豫中、豫西南部分地区大于 20d，说明夏季由于气温高、蒸发量大，全省都易发生一定程度的轻旱；夏季中旱发生天数大于 10d 的范围也很广，分布在除豫南和豫西南小部分地区外的全省范围内，高值中心主要分布在豫西北焦作、郑州北部地区；夏季重旱分布在豫东北有一个高值中心，多年平均发生天数大于 10d，全省其他大部分地区小于 8d，说明夏季不易发生重旱。整体上夏季是全省各地区降水最丰沛的季节,各等级干旱分布没有显著的南北差异。

秋季干旱(图 5-11c):全省大部分地区轻旱发生天数在 12d 以上,豫西北、豫西及豫西南部分地区为高值区,个别站点大于 18d;秋季中旱天数基本在 8~12d,豫西、豫南较小;秋季重旱分布情况全省较为一致且基本小于 6d,秋季是重旱发生最轻的季节。

冬季干旱(图 5-11d):冬季轻旱和中旱呈显著的纬向分布,干旱发生天数南少北多,和降水量的空间分布有较好的负相关性;全省大部分地区重旱天数在 4~8d,说明冬季一般也不会出现特别严重的干旱。整体上来说,冬季豫北、豫中北会发生一定的轻旱或中旱,但全省发生大范围的严重干旱可能性不大,尤其是北纬 34°以南的广大地区冬季发生干旱较少。

2. 干旱发生频率分布

在近 30 年中,分季节统计有干旱事件的发生年份可知:春旱发生频率豫北最高,大部分地区在 72%以上,约十年七遇;豫中和豫东的大部分地区春旱发生频率在 55%~72%之间,约 1~2 年一遇;豫西稍低,约 2~3 年一遇;豫南信阳、驻马店地区最低,约 3~5 年一遇,春旱的发生频率整体呈南小北大的形式分布。除豫南的信阳、驻马店外,河南伏旱发生频率均较高,绝大部分地区在 55%以上,其中以豫中部分地区最高,大于 70%。秋旱发生频率的分布空间差异不显著,全省干旱发生频率在 41%~66%之间,平均约 2 年一遇。冬季是全年干旱发生频率最低的季节,发生频率呈显著的纬向分布,南小北大。其中豫北、豫中北地区及豫西部分地区干旱发生频率大于 55%,其余县市均较低,尤其豫南驻马店、信阳地区大多小于 5 年一遇。

河南的季节连旱,多是包括夏旱在内的两季连旱。北部多春旱和初夏旱的连旱,南部多伏旱和秋旱的连旱。这种季节连旱,周期长,强度大,范围广,常形成大旱。干旱的地区分布具有地带性规律。河南北部属暖温带,干旱多而重,春旱频繁,与华北地区的旱情类似。南部属北亚热带,旱情近似江淮地区,干旱少而轻,多伏旱。东部平原地区的干旱频率较高,西部山区的干旱频率则较低,这显然与地貌条件有关。

四、干热风

干热风是指小麦生长发育后期出现的一种高温、低湿并伴有一定风力的农业气象灾害。干热风在我国北方麦区经常发生,一般年份可造成小麦减产 1~2 成,偏重年份可减产 3 成以上,对小麦产量和品质影响较大。

干热风天气的特点是气温高、湿度小,风速和蒸发量都较大。干热风发生前后气象要素有明显的突变,其次是干热风发生时气象要素昼夜变化不大,白天干热难忍,夜间继续维持干热,使受害小麦没有喘息的机会。在全省春末夏初之交,常常出现干热风。干热风是作物生长期特别是冬小麦生长后期的一种灾害性天气,对小麦产量影响很大。

（一）干热风的形成与分级指标

干热风的形成常与强大的热带大陆性干热气团的移径或停留有关。热带大陆气团的主要源地是北非撒哈拉大沙漠或小亚细亚半岛地区，它经过伊朗高原进入我国西北，自西向东移向华北，影响河南。我国西北、华北等地带，土壤干燥，雨水偏少，太阳光热充足，地面增热很快。在气团到来之时，温度迅速升高。由于气团在移动过程中，变得更干更热，就易于形成干热风。

由于干热风对作物影响程度不同，因此各地确定干热风的指标也不一致。根据霍治国等确定的黄淮海冬麦区干热风灾害等级标准是：14 时气温大于或等于 32℃，相对湿度小于或等于 30%，风速大于或等于 3m/s，属于轻度干热风；如果 14 时气温大于或等于 35℃，相对湿度小于或等于 25%，风速大于或等于 3m/s，属于重度干热风。干热风持续时间愈长，对作物危害愈严重。因此，当春季干旱时，如果再伴随持续时间长的干热风，其对作物的危害就会更加严重。

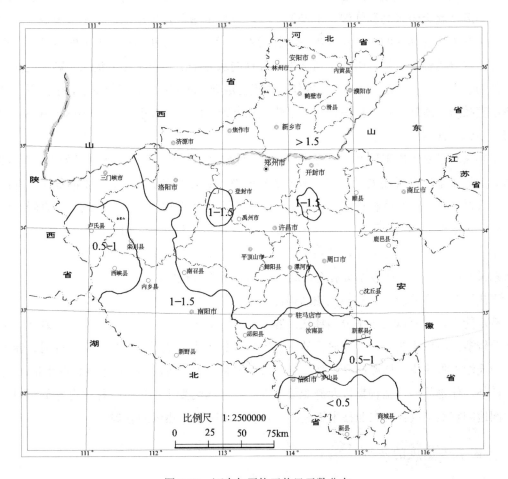

图 5-12 河南年平均干热风天数分布

（二）干热风的地理分布

全省各地每年都有不同程度的干热风发生，以轻度干热风出现的几率较多，重度较少，干热风总的发生规律是南少北多、南轻北重。

近 30 年间，豫中和豫北地区发生干热风较严重，平均每年出现 2d 轻度干热风，豫东地区平均每年出现 1.6d，豫西和豫南地区平均每年出现 1.2d；豫中和豫北地区平均每年出现 0.5d 的重度干热风，豫东和豫西地区平均每年出现 0.3d，豫南地区平均每年出现 0.2d。其分布由南往北、自西向东呈递增趋势。

（三）干热风的危害

全省干热风盛发期常在 5～6 月间，这时正是小麦抽穗至蜡熟阶段，是需水量最多的时期。尤其是小麦乳熟至蜡熟阶段，要求适宜温度为 20～22℃，空气相对湿度在 60%～80%。如果温度过高或过低、湿度过大或过小，都不利于小麦养分的输送和干物质的积累。在这一时期发生干热风，就会带来高温低湿、干燥的空气，致使土壤蒸发量增加，土壤水分减少。因而从土壤中进入作物体内的水分越来越少，补偿不了因空气干燥和刮风而增加的蒸发量，造成植株体内水分的过度亏缺，破坏了植株生理过程的水分平衡和正常热力状况，影响植株营养器官的功能，甚至使营养器官萎缩，致使小麦提前成熟，灌浆不满，籽粒变小，千粒重降低，造成小麦减产、质量变劣。据估计，受干热风危害的地区，一般小麦减产 10%～30%，严重的可达 30%～50%。

干热风对小麦的危害程度，除与其强度和持续时间有关外，还与小麦生长发育前期（3～5 月）的气候条件有直接关系。如春雨过多或过少，都会加重干热风对小麦的危害。春雨过多，土壤过于湿润，小麦植株陡长，而根部呼吸不良，扎根浅，容易烂根或头重脚轻；同时在多雨空气湿度大的情况下，还容易感染锈病，生长发育期推迟。相反，春雨过少，土壤干旱，小麦植株瘦弱，抗逆力差，遇到干热风，造成土壤干旱和空气干燥，使植株失水严重，而根系又不能从干土中吸取水分补充，这就更加重了危害程度。

干热风对作物的影响，还与土壤结构性质有密切关系。如沙土土壤结构比较松散，空隙大，持水能力差，所以土壤水分消耗快，容易干旱。黏土结构比较紧密，持水能力强，土壤中水分较多，所以不易干旱。同时，沙土热容量较黏土小，地温也比黏土高，特别是春末夏初，白天沙土吸热快，地温比黏土高，蒸发量也比黏土大，所以干旱程度就比黏土地严重。

此外，作物品种、播种期以及施肥等条件不同，作物受干热风危害程度也各不相同。因此，因地制宜地采取各种农业技术措施，可以有效地防御干热风的影响。

（四）干热风的防御

干热风的防御需要综合性措施，可归纳为"躲"、"抗"、"防"、"改"。躲：指合

理的作物布局和品种分布，调整作物播种期以避开干热风的危害。抗：指选育抗干热风的品
种、采取相应农技措施增强小麦抗御干热风的能力。防：指干热风来临前采用灌水、喷施防
干热风制剂等措施防御干热风的危害。改：指通过植树造林、改革种植方式等以改变麦田小
气候、改善小麦生长发育的环境条件，防止干热风的危害。

五、大风

大风是河南主要气象灾害之一。冷空气南侵，台风以及强烈的区域性雷雨天气等都会带
来大风，其中以北方冷空气南侵时带来的大风为多。≥8 级的大风直接影响农业生产和社会
建设，可吹跑种子，吹断幼苗，造成"缺苗断垄"，加速蒸发，造成严重的跑墒或刮干幼苗，
大风对高秆作物易造成倒伏减产，并能吹断电杆和电线以及吹坏房屋等。

（一）大风的地理分布

根据全省各月中≥8 级大风出现的天数，制出河南省年平均大风天数分布图（图 5-13）。
从图 13 可看出，河南存在着明显的大风区和大风中心地带。其中全省≥5d 以上的大风区主

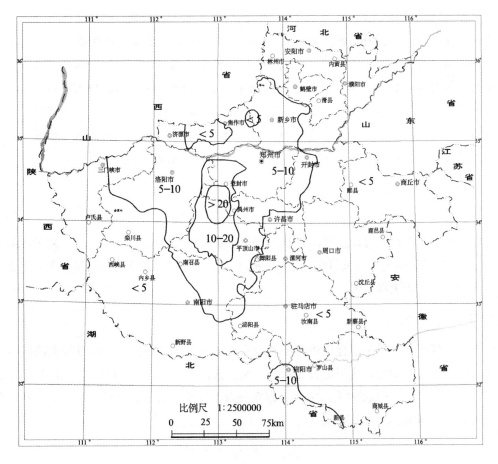

图 5-13 河南年平均大风天数分布

要分布在豫北的新乡大部、焦作东部、济源、郑州东部、许昌西部、平顶山东南部、南阳东北部、洛阳大部、三门峡东部和信阳局部地区。出现≥10d 以上的大风区基本上处于平顶山南部和巩义、偃师等地区，而登封、汝州地区每年出现达 20d 天以上。全省其他大部分地区年平均大风天数均少于 5d。

　　就全省不同地区来说，豫北地区春季多大风，夏季和冬季次之，秋季大风较少；豫东地区春季大风较多，冬季次之，春末和夏初季节较少；豫西地区春季多大风，春末、夏初以及冬季次之；南阳盆地和淮南地区春季和夏季大风相对较多，但出现天数较少，其他季节大风出现极少。

（二）大风的季节变化

　　研究大风出现的季节变化规律，对国民经济建设的各个方面具有重要意义。

1. 春季（3、4、5 月）

　　全省普遍多大风，出现天数较多。豫北和豫中地区春季大风居全省之冠，亦为本区出现天数最多的季节。

　　3 月份大风区（1d 以上）主要包括新乡市的辉县、卫辉、获嘉、新乡市区，开封市的开封、尉氏，焦作地区的孟县、修武、武陟、温县，洛阳地区的偃师，南阳的镇平、方城、社旗，信阳市区，郑州和平顶山的整个区域。大风区的中心地带是郑州、登封、平顶山一带，其中登封是每月 4d，汝州和宝丰，每月出现 2d 以上。4 月份，大风区的分布形势与 3 月份基本一致，豫南地区大风南界北移至鲁山。5 月份，大风区分布在偃师、巩义、登封、汝州、宝丰和鲁山，与 4 月份相比，不但在区域上有所缩小，而且在出现天数上也明显减少，大风区中的大部分地区每月出现大风 2d 左右。整个大风区的中心地带处于嵩山地区。

2. 夏季（6、7、8 月）

　　以豫北和豫中地区出现较多，其他地区出现较少。6 月份大风区分布形势与 5 月份相比有所缩小，主要分布在登封、汝州、宝丰，出现天数一般 2d 左右。到了 7 月，大风区缩小到登封、汝州。全省其他地区大风日均在 1d 以下。8 月份，大风区和 7 月份基本一致，除登封、汝州，全省基本上无大风出现。

3. 秋季（9、10、11 月）

　　全省大风较少，相对来说豫中地区出现较多，其他地区出现较少。9 月份大风区分布形式和 8 月份一致。10 月份，大风区分布形势有所扩大，大风区界南移至宝丰，出现天数在 2d 左右。11 月份，大风区继续扩大，主要分布在登封、汝州、宝丰、汝阳、鲁山、郏县。登封大风天数为 3d，其他地区 2d 左右。

4. 冬季（12、1、2 月）

全省大风增多，大风区仍集中在豫中地区且范围有所扩大。大风区在 12 月份扩大明显，大风区向北移至偃师、巩义、荥阳、新密，向南移至叶县和方城，以及豫西地区的陕县和洛宁。除登封大风天数出现 5d，其余地区均在 2d 左右。1 月份，大风区又有所缩小，主要分布在偃师、登封、汝州、汝阳、宝丰、鲁山。2 月份，大风区继续缩小，主要分布在登封、宝丰、汝州。

河南冬、春季≥8 级大风出现多的原因是与春季西风槽和冷锋活动频繁，以及冬季西伯利亚冷空气长驱直入的整个东亚环流形势密切相关。但是，河南大风区的形成亦与地形特点有一定的关系。从全年和各月的大风分布图上可以看出，河南的大风区处于太行山脉东侧的丘陵和平原区，河南西部的黄河峡谷地带、嵩山地区、豫西丘陵东部和豫东平原东部，而在高耸的伏牛山西段很少出现≥8 级的大风。

根据全省各气象台（站）气象资料中大风灾害的实况记载，大风灾害多出现在下午 1 时到晚上 8 时之间，出现时的风力多在 10 级以下，并常伴有冰雹出现。一年之中，风灾多出现在春夏两季。

六、沙暴

沙暴也称沙尘暴或尘暴，指强风将地面尘沙吹起使空气变得混浊，水平能见度小于 1km 的天气现象。出现时，黄沙滚滚，昏天蔽日，对工业、农业、交通以及科研事业等危害很大。河南地处黄河下游，历史上黄河决口泛滥所形成的沙丘、沙地多分布在豫北和豫东平原之中，为沙暴提供了物质基础，并由大风引起飞沙形成了风沙灾害。

（一）沙暴的地理分布

河南全年沙暴区的分布形势基本上与沙丘、沙地的分布范围相似。沙暴中心地带有郑州市区、中牟、新郑、原阳、封丘和延津等，平均每年出现 0.3 个以上的沙暴日；次高区有新乡、安阳、濮阳、开封大部，郑州、商丘西部，洛阳的宜阳、南阳的方城、驻马店的泌阳和三门峡的灵宝，平均每年出现 0.2 个以上的沙暴日。

（二）沙暴的季节变化

河南沙暴具有明显的季节性，其出现特点是冬春季多，夏秋季少。沙暴出现的季节规律特征同河南春、冬季节干旱少雨和平均风速大等原因密切相关。全省各地平均风速的年变化特征同全省沙暴的年变化特征是一致的。河南各季节沙暴天数，春季最多，为 1.26d，秋季最少，为 0.05d，夏季和冬季分别为 0.11d 和 0.14d。

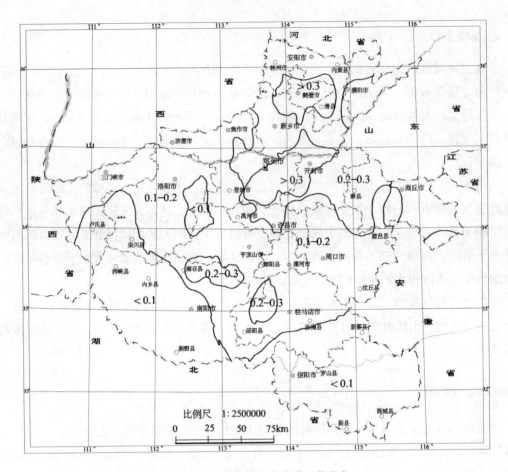

图 5-14　河南年平均沙尘暴天数分布

1. 春季（3、4、5 月）

在一年中，沙暴在春季的 3、4、5 各月明显较多，其中以 4 月份尤为集中。3 月份沙暴区分布在沙丘、沙地和干旱黄土区，豫北滑县、内黄为中心的沙区以及豫西的宜阳县一带，中心地区每月平均出现 0.1d 左右。4 月份，沙暴区分布的范围基本上与沙地的分布范围相同，中心地区在封丘、卫辉，豫西的宜阳县和灵宝市，中心地区每月平均出现 0.2d 以上，其他地区在 0.1d 左右。5 月份，沙暴区分布在豫北地区的卫辉市和浚县，沙暴每月平均出现 0.1d 以上。

2. 夏季（6、7、8 月）

夏初的 6 月份，亦有较多的沙暴日出现。6 月份沙暴区分布在封丘县、新密、获嘉县，月平均出现 0.1d 以上，其他地区都在 0.1d 以下。7 月份，全省沙暴天数普遍减少，只有通许县和新郑地区沙暴天数达到 0.1d 左右，全省其余地区都在 0.1d 以下。到了 8 月份，沙暴普遍极少出现，只有卫辉市和驻马店地区在 0.1d 左右，其他地区基本没有沙暴出现。

3. 秋季（9、10、11月）

9月份沙暴区出现在淇县、睢县、鹿邑县和方城县，月平均沙暴天数接近0.1d，全省其他地区基本没有沙暴天出现。10月份全省只有卫辉市有沙暴天出现。11月份全省无沙暴天出现。

4. 冬季（12、1、2月）

冬季则以1、2月出现较多，12月份较少。12月份，沙暴地区分布在封丘县和尉氏县，月平均沙暴天在0.1d左右。1月份沙暴区分布在南乐县、滑县、封丘县和陕县，其中封丘县月平均沙暴天数在0.1d以上，其他地区在0.1d以下。2月份，沙暴区分布在南乐县、滑县和扶沟县，月平均沙暴天数在0.1d左右。

七、冰雹

冰雹也是全省主要的自然灾害之一。它虽然是各种自然灾害中危害范围较小的一种，但对局部地区来说，危害性却很大。冰雹危害作物主要是机械性损伤，轻者减产，重者颗粒无收。更重要的是降雹时常伴着狂风暴雨，除降雹打伤禾苗和人畜外，伴随的山洪淹没农田，狂风吹倒房屋和树木，引起极大的破坏。由此可见，冰雹对于国民经济建设和人民生命财产安全、特别是对于农业生产威胁很大。

（一）冰雹的地理分布

从历史资料来看，全省绝大部分县、市都有过降雹记录，但降雹次数各地相差悬殊。从1644年至1977年的334年中，发生冰雹的年份有190年，平均不到两年就有一年发生冰雹。其中范围较大的年份，5个县以上的有40年，10个县以上的有17年，20～30个县以上的有5年，40个县以上的有2年；在334年中，有冰雹记录的达1050次，平均每年在三次以上。由此可见，全省有冰雹发生的地区相当广泛，次数比较频繁，故其危害也相当严重。

统计近30年降雹日数可知，全省各地降雹日数发生较多、较集中的地区有以下几个：

（1）豫北的林州、辉县、卫辉、淇县、修武、博爱、焦作市区、获嘉、新乡县、原阳、封丘。该区为全省冰雹集中区，年平均达0.3d以上，其中林州、辉县、修武、获嘉在0.4d左右，其余地区均在0.3d左右。

（2）豫西的宜阳、嵩县等地亦为全省冰雹集中区，年平均在0.3d以上，宜阳年平均为0.5d左右，嵩县年平均为0.3d左右。

（3）豫西南的西峡、方城、社旗等，其中西峡年均次数在0.7d左右，为全省最高，方城县为0.4d左右，社旗县为0.3d左右。

（4）豫中的登封、汝州、宝丰等，其中登封最多，年平均在0.4d左右，汝州、宝丰在0.3d左右。

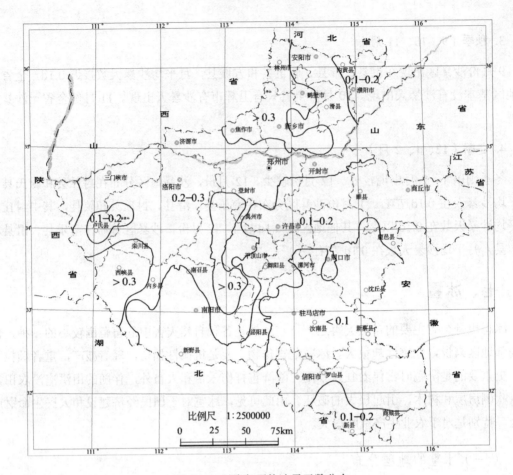

图 5-15　河南年平均冰雹天数分布

全省其他地区，如豫南、豫东和豫西南部分地区年平均冰雹日数较少，大部分地区都在
0.1～0.2d。

总起来看，全省降雹地理分布有以下特点：第一，降雹次数较多的地区，多分布于太行
山东南部、伏牛山地、桐柏大别山北部；第二，北部多于南部，太行山东部山麓平原降雹多
于桐柏大别山北部；第三，山地多于平原，而山地中河谷盆地又多于一般山地。

（二）冰雹的时间分布

1. 降雹的季节变化

全省位于亚热带向暖温带过渡地带，境内自然环境复杂，气流活动频繁，因此全年各月
都有可能形成降雹的条件，但各月出现次数悬殊。全省各地降雹逐月分布情况大致是：豫北
地区多出现于 4～9 月，以 6～7 月次数最多；豫西地区多出现于 3～8 月，以 4～7 月为最多；
豫南和南阳盆地以 2～6 月为最多；豫东平原以 3～6 月最多。因此全省春、夏、秋三季都有
冰雹出现，而以春末和夏季出现机会最多，9 月以后较少，冬季除南部外冰雹几乎绝迹。最
近 30 年中，以 1、2、10、11、12 月较少，基本上无降雹现象；而以 6 月最多。从全年来看，

可分为少雹期、过渡期和集中期三个时期。

（1）少雹期：10～翌年2月，是全年降雹最少时期，降雹次数仅占总日数的1.9%。

（2）过渡期：3月和8～9月，降雹亦较少。这三个月降雹次数只占降雹总日数的18.9%。3月以后降雹日数日益增多，而到9月以后，则又逐渐减少。

（3）集中期：4～7月是全年降雹最频繁的时期，经常有降雹现象发生，降雹次数占总日数的79.2%，尤以6～7月最为集中，占总日数的47.2%。

2. 降雹的日变化

全省降雹现象，除有明显的季节变化外，日变化也很明显。降雹时间多集中于13～18时之间，占降雹总日数的73.1%，尤以16～17时最为集中，占总日数的35%；19～22时降雹次数逐渐减少，约占总日数的18.7%；23～次日12时降雹更少，仅占总日数的8.2%。由此可见，全省降雹多集中于午后至傍晚一段时间，全省各地差异不甚明显。豫北地区多出现于15～18时，豫南地区多在15～19时，但西部山地多集中于13～17时，而东部平原为15～18时。一般夜晚至凌晨，降雹现象较为少见。

全省大冰雹多集中于6～8月，以14～19时出现最多，个别也有夜间降雹，但强度不如午后强盛。这是由于午后地面气温较高，高空气流不稳定，垂直对流作用比较强盛，对大冰雹的形成起着一定的促进作用。如果这时遇有冷锋侵入，就有降大冰雹的可能。

八、霜冻

（一）霜冻的概念与危害

霜是水汽在地面和近地面物体上凝华而成的白色松脆的冰晶，或由露冻结而成的冰珠。如果这时地表温度降低到足以使某种农作物遭受冻害的时候，就叫作霜冻。所以，霜冻实际上是指农作物生长发育过程中可能受到的低温冻害。

根据地表面气温降低的原因，可以把霜冻分为平流霜冻、辐射霜冻和混合霜冻三种。平流霜冻是由于寒潮大量侵入时所引起的低于或接近零度的剧烈降温所致。这种霜冻对生长在地势较高和向风坡面的作物危害尤为严重。辐射霜冻通常是在晴朗无风的夜晚，地表面由于辐射冷却而大量失热，温度骤然降低而产生的。这种霜冻对低洼地、谷地和盆地地形的作物危害比较严重。混合霜冻一般是在天空浓云密雾或含水量很大时，由于地表散失的热量反射回来，减少了地面热的失散，当寒潮过后天气转晴时，夜晚地面温度骤降而形成的。

霜冻是河南的一种气象灾害。根据记载，秋季早霜冻主要危害蔬菜、棉花和红薯的生长发育，春季晚霜冻则主要危害小麦和棉苗。根据有关的实验资料得知，在不同作物的不同发育阶段，其霜冻指标也不相同，表5-21为冬小麦和棉苗的霜冻指标。

表 5-21　冬小麦和棉苗晚霜冻指标（℃）

冬小麦	拔节后天数 指标 受害程度	1～5 天		6～10 天		11～15 天		16 天以上	
		最低气温	叶面最低气温	最低气温	叶面最低气温	最低气温	叶面最低气温	最低气温	叶面最低气温
	轻霜冻	−1.5～−2.5	−4.5～−5.5	−0.5～−1.5	−3.5～−4.0	0.5～−0.5	−2.5～−3.0	1.5～0.5	−3.0
	重霜冻	−2.5～−3.5	−5.5～−8.0	−1.5～−2.5	−4.0～−6.0	−0.5～−1.5	−3.0～−4.5	0.5～−0.5	−4.0

棉苗	受害程度 时间 指标	子叶轻微受冻可恢复		受冻严重（死亡50%）	
		最低气温	地面最低气温	最低气温	地面最低气温
	出苗 7 天内	4	0.5～−0.5	3	−0.5～−1.5
	出苗 7 天后	2～3	−1～−2	2	−2 以下

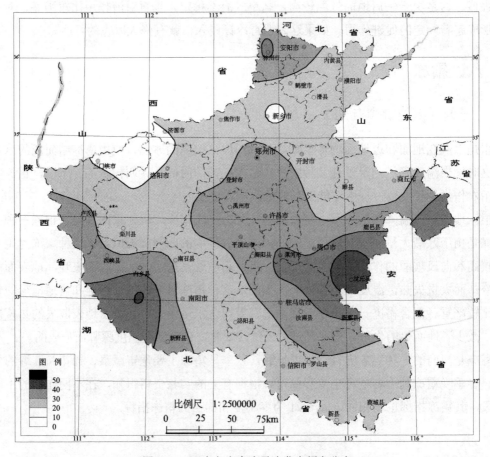

图 5-16　河南冬小麦晚霜冻发生频率分布

（二）霜冻的发生规律及分布

全省冬小麦拔节期多在 3 月份，根据各站小麦拔节后日数和霜冻指标，利用 1981～2010 年各站气象资料，分析河南晚霜冻发生规律及分布情况为：

（1）河南冬小麦晚霜冻平均发生频率为 20.6%，有三个高发中心：东南部以沈丘为中心，西南部以内乡为中心，豫北以林州为中心。

（2）发生频率的时间变化趋势：从全省总体上看，20 世纪 90 年代达到最高，全省平均发生频率达到 31.7%，其中 43% 的站点超过 40%，许昌发生频率最高，达到了 80%。2000 年以后迅速下降，2001～2010 年平均发生频率仅为 14.2%，但沈丘和卢氏两站的发生频率仍处于上升趋势。

根据棉苗子叶受轻冻害可恢复的最低气温指标，结合河南历年棉花平均出苗期（5 月中、上旬）来看，全省棉花苗期受霜冻危害的可能性很小。

第四节　气候分区

河南南北跨五个纬度，处在我国北亚热带向暖温带过渡地带，加上地形复杂，山地、丘陵、平原、盆地等多种地貌共存，形成了各地区气候的明显差异。在全面分析农业气候资源和不利气候条件的基础上，根据各地区光、热、水资源的差别、不利气候条件的特点及其对农业生产的影响，将全省划分为 7 个气候区，见河南省气候分区图（附图 10）。

一、太行山温凉区

该区位于河南西北部，包括济源、卫辉、林州等县（市），海拔在 500m 以上，本区面积较小。该区年降水量 530～600mm，年平均气温 14～15℃，年日照时数 2 000～2 130h，日平均气温≥10℃积温为 4 500～4 700℃。该区热量条件相对丰富，适合多种作物、林果的立体种植，主要适合作物有小麦、玉米、谷子等，林果有苹果、核桃、山楂、柿子等，1 000m 以上可选择抗寒性强的油松、侧柏树种等。

二、豫东北平原多旱区

该区位于黄河以北、太行山脉以东海拔 500m 以下，包括新乡、安阳、焦作、鹤壁、濮阳 5 市，西与太行山地相连，南与东紧邻黄河，北与河北省接壤。区内地形以平原为主，西部边缘有一些丘岗地，地势西高东低，为暖温带气候。

该区年平均气温 13.5～14.6℃，最冷月 1 月平均气温为 -2.0～0.3℃（自西向东降低），是全省寒冷期较长的地区，冬季河流有短时期封冻现象；最热月 7 月平均气温在 26.9～27.1℃，日最高气温≥35℃的日数有 10～14d；日平均气温≥10℃积温 4 500～4 800℃，热量资源可以满足作物一年两熟或两年三熟的需要。

该区年降水量在 530～600mm，东部略多于西部，夏季雨水过于集中且降水强度大，7～8 月份雨量可占年雨量的 55%～64%，该区降水季节性变化大的特点明显多于其他地区，春雨较少，仅占年雨量的 14%～15%。

该区年日照时数 2 000～2 369h，是全省光照最充足的地方，全省最多日照时数就位于该区的台前县。

该区光温充足，适宜小麦、玉米、大豆和棉花生长，加之灌溉条件好，科学种田水平较高，为全省的农业高产区。但该区干旱严重，年干旱频率为全省之冠，尤以春旱最多，初夏旱次之，秋旱多于伏旱；在 7 月底至 8 月份易出现涝灾，重雨涝区集中在该区东部的濮阳市和安阳、新乡的东部县份；5 月中旬至 6 月上旬易出现干热风，频率为 35%～50%；大风较多，尤以春季最多，冬季次之，夏多于秋。

三、伏牛山温凉区

该区位于河南西部，包括西峡、淅川、内乡、南召、卢氏、栾川、汝阳、洛宁、灵宝、鲁山等县（市）海拔 500m 以上的地区。这里是南北气流运行的天然屏障，南北气候差异悬殊，随海拔高度增高气温明显降低。该区年气温分布差异较大，为 12.0～15.0℃。一般海拔高度每增高 100m 气温下降约 0.6℃，1 000m 以下山区年平均气温 12～14℃，1 500m 高度气温已降至 7℃左右，在 2 000m 以上仅 4℃左右。随着高度的增高热量明显减少，日平均气温≥10℃的积温在海拔高度 200m 处为 4 890℃，1 000m 处为 3 680℃，2 000m 处降为 1 850℃；日平均气温≥10℃的持续日数在海拔高度 200m 处为 231d，1 000m 处为 196d，2 000m 处为 117d，上下相差达 114d 之多；日平均气温稳定≥10℃的初日出现在海拔高度 200m 处为 3 月 27 日，1 000m 处为 4 月 16 日，2 000m 处为 5 月 21 日，上部比下部初日晚 55d，而终日却提早 59d。

该区年降水 550～800mm，山区降水多于平原，迎风坡多于背风坡。伏牛山南北坡年降水量差异显著。南坡 300～850m 随高度增高降水量递减，850～1 300m 随高度增高递增，1 300～1 800m 随高度增高递减；北坡 300～1 400m 随高度增高而递增，1 400～1 800m 随高度增高而递减。南北坡降水量最大高度约在 1 300～1 400m，南坡 850m 高度左右出现降水最少值，在 700m 高度以下，南坡降水量多于北坡，700m 高度以上南坡降水量少于北坡，850m 以上南北坡降水量随高度的变化形式均呈抛物线状。

该区年日照时数一般为 2 000～2 100h，日平均气温≥10℃的积温为 4 000～4 700℃，跨度较大。

该区自然条件差异明显，气候复杂多样，生态环境多变，适合多种作物、林果的立体种植。并适宜建立各种商品基地，发展名、特、优产品，主要适合的农作物有小麦、玉米、大豆、棉花、谷子、土豆等，林果有苹果、核桃、山楂、柿子、猕猴桃、油桐等。该区不利的气候条件，主要是气温低、多雨、日照不足，春秋阴雨频率为 10%～20%，夏季暴雨较多，导致山洪暴发，且有一定程度的干旱，初夏旱频率 20%，秋旱频率 18%，春旱多于伏旱。

四、豫东平原光温充裕区

该区位于黄河以南，豫西山地以东，包括郑州市区、中牟、新郑、开封市、商丘市、扶沟、西华、淮阳、许昌市区、鄢陵、临颍、襄城等，属半湿润与半干旱气候。

该区年平均气温 14.2～14.6℃，最冷月 1 月平均气温 0.6～1.0℃，最热月 7 月平均气温为 26.5～27.3℃，日最高气温≥35℃的日数 10～13d；日平均气温≥10℃的积温为 4 500～4 700℃，热量资源可以满足作物一年两熟的需求。

该区年降水量 650～750mm，夏季降水量最为集中，占年降雨总量的 53%～56%，春季占 20%，秋占 22%；夏季降水不仅量多且强度也大，日最大降水量可达 100mm 以上，部分县达 200mm 以上。

该区年日照时数 1 950～2 150h，日照百分率 49%～57%，为全省日照时数较多的地区。该区光温充足，作物一年两熟，适宜发展小麦、棉花、玉米、大豆、花生、烟草等多种粮食和经济作物。不利的气候条件是旱涝、干热风灾害严重，为全省多发区，初夏旱频率 40%，春旱影响小麦后期生长和春播，春夏连旱、夏秋连旱严重危害农业生产，致使粮食减产可达 40%～50%。干热风一般出现在 5 月中旬至小麦收割前，可使小麦减产 10%～30%。年降水量变化大，地势又过于低平，雨涝灾害频繁，夏涝达 50%～60%。冰雹也时有发生，宁陵、民权发生次数多，平均 4 年一遇。

五、南阳盆地热量丰富区

该区位于河南西南部，包括南阳市域全部以及驻马店泌阳县的一部分，处于伏牛山南麓，东、北、西三面临山，南面与湖北的襄樊盆地相连，地势自北向南倾斜，形成一个敞开的扇形盆地，区内有山地、丘陵和倾斜平原。唐河、白河、湍河贯穿盆地，南流汇入汉水。

该区是亚热带北缘地区，既有亚热带气候特征，又有暖温带气候特征，热量资源丰富。年平均气温 14.5～15.7℃，最冷月 1 月平均气温 0.6～2.5℃，西峡、淅川分别为 2.2℃、2.5℃，冬季河流很少封冻；最热月 7 月的平均气温 26.7～27.7℃，日最高气温≥35℃的日数达 9～20d以上；初霜一般出现于 11 月上旬，最早出现在 10 月中、下旬，终霜为 3 月下旬，最晚在 4月上、中旬，无霜期为 220～235d。日平均气温≥10℃的积温为 4 700～5 000℃，淅川 5 000℃以上，为全省热量资源之最多。

该区年降水量 720～850mm，降水量的季节分配不均，夏季最多，春雨与秋雨相当，冬季最少，各季降水量占年降水量的百分比为：夏季 40%～50%，春季 21%～26%，秋季 22%～25%，冬季 3%～6%。年日照时数为 1 700～1 980h，太阳辐射量约为 4 450 MJ·m^{-2}左右。

该区光热水气候资源丰富，各种农作物均能种植，利于发展小麦、玉米、水稻、豆类、棉花等，浅山丘陵盛产板栗、核桃、猕猴桃等；西部可发展油桐、油菜、竹子等。由于该区降水变率较大，加之受地形影响，常有伏旱发生（10 年 3～5 遇）、其次为秋旱（10 年 3～4 遇），影响秋收作物生长发育及高产稳产；全区夏涝 10 年 3～5 遇，其中东部约 10 年 6～7 遇，西峡、淅川较少；秋雨涝多出现在三秋关键农事季节，危害较重。由于秋作物产量不如春、夏作物稳定，当地有"一麦顶三秋"之说。

六、淮北平原温暖易涝区

该区位于沙颍河以南，包括驻马店大部分县，周口、漯河、平顶山市的部分县市。该区属亚热带向暖温带过渡气候，不仅具有亚热带气候特点，还具备暖温带气候特色，地势由西向东倾斜。区内有洪汝河、沙河等多条河流，由西北向东南流入淮河。

该区年平均气温为 14.5～15.2℃，最冷月 1 月平均气温 0.5～1.5℃，冬季比较温暖，日最低气温≤−10℃日数仅有 1d，河流冬季很少封冻；最热月 7 月平均气温 27.0～27.5℃，日最高气温≥35℃的日数 14～19d；初霜一般在 11 月上旬，终霜在 3 月上旬，无霜期长达 210～220d；≥10℃积温一般在 4 600～4 700℃，略少于淮南，可满足作物一年两熟需要。

该区年降水量 800～950mm，虽逊于淮南，但比豫北地区多 200～300mm。本区雨水比较丰富，季节分配仍不均匀，春季雨量占年降雨量的 22%～26%，夏季雨量占年降雨量的 43%～50%，秋季雨量占年降雨量的 22%～24%。

该区年日照时数为 1 860～2 100h，由南向北递增；年太阳辐射量约为 4 600 MJ·m^{-2} 左右，较淮南、南阳盆地和豫西山区多，但少于豫北地区。

该区雨水丰沛，光照充足，尤其在作物生长期内降水分配比较合理，是全省农田水分供需的最佳地区，适宜种植多种农作物，对农业发展十分有利，能满足一年两熟或两年三熟的生长需求，利于发展小麦、大豆、芝麻、棉花、花生、玉米、油菜等粮食和经济作物，具有建立粮、棉、油商品基地的优越条件。但由于夏季雨水过于集中，该区地势平坦且低洼，排泄不畅，常发生洪涝灾害，为全省重雨涝区，洪汝河以南、淮河以北区域雨涝灾害频繁，平均 2～5 年一遇，其中夏季雨涝较多，达 2～3 年一遇，给农业生产和人民生命财产造成一定威胁。

七、淮南温热春雨丰沛区

该区位于河南南部，亚热带北界以南，东与安徽为邻，南与湖北省相接，西至南阳盆地。地跨信阳、驻马店、南阳三市，包括信阳市的全部、驻马店市的正阳、确山、泌阳县的一部分以及南阳市桐柏县的部分。区内处于大别山、桐柏山北麓，有山地、丘陵、盆地和宽广河谷等地貌类型。境内河流众多，纵横交错，淮河横贯东西，以淮河为主干，形成了天然灌溉网，利于发展水稻和养殖业，适宜农林牧渔业发展，是河南水热资源最丰富地区。

该区年平均气温 15.2～15.8℃，最冷月 1 月平均气温 1.5～2.5℃，最热月 7 月平均气温

27.2～27.7℃，日最高气温≥35℃的日数有 8～14d。初霜日出现在 11 月中旬，终霜最晚出现在 3 月底，无霜期 220～230d，淮河以南比淮河以北地区长 20～40d，日平均气温≥10℃的积温为 4 800～4 900℃。

该区年降水量在 960～1 294mm，一年内降水量的季节分布是夏季 40%，春季 30%，秋季 20%，冬季 10%。

该区年日照时数在 1 780～1 900h，太阳辐射量约为 4 500 MJ·m^{-2} 左右，可满足双季稻等喜温作物的生长需求。

该区热量水分条件充足、雨热同期的分配特点，对各种粮食作物和经济林木的生长较为适宜，作物一年两熟，有利于发展水稻、小麦、玉米、大豆、油菜、花生、芝麻等粮食和经济作物，具有建立粮油生产基地的优越条件，并利于发展茶、竹、油桐、松、杉等亚热带植物。该区不利的气候条件是降水变率大，旱涝灾害经常发生，春涝为全省最多区，频率为 20%，夏涝频率为 20%～30%，夏秋连旱频率为 15%～25%，旱涝灾害造成农作物减产甚至绝收。另外，本区温热湿润的气候易于滋生流行性农业病虫害。

参考文献

陈怀亮、邹春辉、付祥建等："河南小麦干热风发生规律分析"，《自然资源学报》，2001 年第 1 期。

程炳岩：《河南气候概论》，气象出版社，1995 年。

付光轩、刘军臣、刘和平："近 40 年河南沙尘暴、扬沙和浮尘气候特征分析"，《河南气象》，2002 年第 1 期。

姬兴杰、朱业玉、顾万龙等："河南大风日数时空分布及对沙尘天气的影响"，《气象与环境学报》，2012 年第 2 期。

贾金明、吴建河、徐巧真等："河南日照变化特征及成因分析"，《气象科技》，2007 年第 5 期。

李树岩、刘荣花、师丽魁等："河南近 40a 气象干旱综合指数特征分析"，《干旱气象》，2009 年第 2 期。

庞天荷：《中国气象灾害大典》，气象出版社，2005 年。

薛昌颖、刘荣花、吴骞："气候变暖对信阳地区水稻生育期的影响"，《中国农业气象》，2010 年第 3 期。

杨晓光、李茂松、霍治国：《农业气象灾害及其减灾技术》，化学工业出版社，2010 年。

肖廷奎等："河南省历史时期干旱的分析"，《地理学报》，1964 年 03 期。

第六章　水文与水资源

水是人类生存不可替代的一种宝贵的基本自然资源。水资源既是经济发展和生态环境维持正常状态下不可或缺的基础物质条件，同时还是一种战略性的经济资源，在国民经济生产中占有极其重要的地位。

第一节　河流水系

一、水系

（一）水系含义

水系是指江、河、湖、海、水库、渠道、池塘等及其附属地物和水文资料的统称。

河道干流的流域是由所属各级支流的流域所组成。流域面积的确定，可根据地形图勾绘出流域分水线，然后求出分水线所包围的面积。河流的流域面积可以计算到河流的任一河段，如水文站控制断面、水库坝址或任一支流的汇合口处。流域里大大小小的河流，构成脉络相通的系统，称为河系或水系。

（二）水系分布

河南地跨海河、黄河、淮河、长江四大流域，其流域面积分别为 $1.53×10^4 km^2$、$3.62×10^4 km^2$、$8.64×10^4 km^2$ 和 $2.76×10^4 km^2$，分别占全省土地总面积的 9.2%、21.9%、52.2%和16.7%。因而河流分属四大水系，自北往南是海河水系、黄河水系、淮河水系、长江水系。

1. 海河水系

海河水系在河南境内的主要河流有卫河及其支流。卫河发源于太行山，是海河主要支流。在河南境内长 400 多千米，卫河的支流很多，在河南境内大小约有 30 多条，其中较大的有安阳河和淇河等。

2. 黄河水系

黄河在河南境内的主要支流均在郑州以西，南侧有较大的支流伊河、洛河。洛河发源于陕西省洛南县，经卢氏县流入河南境内，并在偃师市杨村与发源于栾川县的伊河汇流，所以以下称之为伊洛河。伊洛河至巩义市神北村注入黄河，北侧还有沁河、丹河和漭河。郑州铁路桥以东较大支流有天然文岩渠和金堤河，但均属于间歇性的平原河道。

3. 淮河水系

淮河的支流众多，而且非常集中，仅在河南境内流域面积达 100 km² 以上的就有 271 条之多，且有许多长而大的支流。南侧各支流均发源于豫南大别山地，主要有浉河、竹竿河、泥河、潢河、白露河、史灌河等，其中以史灌河为最大。北侧诸支流大部分发源于豫西山地，小部分发源于黄河堤岸以南的平坡地，自西北向东南流入淮河。其中最大的支流为沙颍河。沙颍河发源于豫西山地，支流众多，其中面积较大的支流有北汝河、澧河、颍河、贾鲁河、新运河、新蔡河、茨河及汾泉河等，其次有沙颍河以南的洪汝河和沙颍河以北的涡河等支流。

4. 长江水系

河南长江水系位于西南部，唐河、白河和丹江是汉水的重要支流，在湖北境内流入汉水。白河发源于嵩县伏牛山玉皇顶，唐河发源于方城县伏牛山东麓，两河于湖北境内汇合，称为唐白河。丹江为汉水最长的支流，发源于陕西境内，东南流向，从荆紫关入河南。

二、河流

全省流域面积超过 100 km² 以上的河流有 493 条，其中海河流域 54 条，黄河流域 93 条，淮河流域 271 条，长江流域 75 条。流域面积超过 10 000 km² 的 9 条，为黄河、洛河、沁河、淮河、沙河、洪河、卫河、白河、丹江；流域面积 5 000～10 000 km² 的 8 条，为伊河、金堤河、史河、汝河、北汝河、颍河、贾鲁河、唐河；流域面积 1 000～5 000 km² 的 43 条；流域面积 100～1 000 km² 的 433 条。

因受地形影响，大部分河流发源于西部、西北部和东南部的山区，流经河南的形式可分为 4 类：穿越省境的过境河流、发源地在河南的出境河流、发源地在外省而在河南汇流及干流入境的河流、全部在河南境内的河流。

（一）海河流域河流

海河水系的主要河流有卫河干支流和徒骇河、马颊河。徒骇河、马颊河属平原坡水河道。卫河及其左岸支流峪河、沧河、淇河、汤河、安阳河源出太行山东麓，坡陡流急，下游进入平原，水流骤缓，宣泄能力低，洪水常沿共产主义渠、良相坡、长虹渠、白寺坡、小滩坡、任固坡等坡洼地行洪、滞洪，并顶托卫河右岸平原支流汛内沟、杏圆沟、硝河、志节沟排涝，常造成较重的洪涝灾害。

1. 卫河

卫河是河南海河流域面积最大的河流，该河发源于山西省陵川县夺火镇,流经河南博爱、焦作、武陟、修武、获嘉、辉县、新乡、卫辉、浚县、滑县、汤阴、内黄、清丰、南乐，入河北省大名县，至山东省馆陶县秤钩湾与漳河相会后进入南运河。省境内以上河长 286km，流域面积 12 911km²。卫河在新乡县以上叫大沙河，1958～1960 年开挖的引黄共产主义渠，1961 年停止引黄后，成为排水河道，该渠在新乡县西永康村与大沙河汇合，沿卫河左岸行，截卫河左岸支流沧河、思德河、淇河后下行至浚县老观嘴，复注入卫河。

漳河有南北两支，南支浊漳河发源于山西省平顺县，为河南、河北两省界河，流经河南林州、安阳，于观台和北支清漳河汇合为漳河，向东至安阳县南阳城入河北转山东注入卫河。省内流域面积仅 624km²，是安阳市的重要水源。

卫河的主要支流有：淇河是卫河最大支流，发源于山西省陵川县，经辉县、林州、鹤壁、淇县，在浚县刘庄入卫河，河长 162km，流域面积 2 142km²；汤河发源于鹤壁市孙圣沟，经汤阴、安阳，于内黄县西元村汇入卫河，河长 73km，流域面积 1 287km²；安阳河发源于林州黄花寺，经安阳县于内黄县入卫河，河长 160km，流域面积 1 953km²。

2. 马颊河、徒骇河

马颊河、徒骇河是独流入渤海的河流。马颊河源自濮阳县金堤闸，流经清丰、南乐进入河北与山东省，省内河长 62km，流域面积 1 034km²。徒骇河发源于河南清丰县东北部边境，流经南乐县东南部边境后入山东省，省内流域面积 731km²。

（二）黄河流域河流

黄河干流在灵宝市进入河南境内，流经三门峡、洛阳、郑州、焦作、新乡、开封、濮阳 7 个市中的 24 个县（市、区）。黄河干流在孟津以西是一段峡谷，水流湍急，孟津以东进入平原，水流骤缓，泥沙大量沉积，河床逐年淤高，两岸设堤，堤距 5～20km，主流摆动不定，为游荡性河流。花园口以下，河床高出人堤背河地面 4～8m，形成悬河，涨洪时期，威胁着下游广大地区人民的生命财产安全，成为防汛的心腹之患。干流流经兰考县三义寨后，转向东北，基本上成为河南、山东的省界，至台前县张庄附近出省，横贯全省长达 711km。黄河在省境内的主要支流有伊河、洛河、沁河、弘农涧、漭河、金堤河、天然文岩渠等。伊、洛、沁河是黄河三门峡以下洪水的主要发源地。

1. 伊、洛河水系

洛河发源于陕西省洛南县，流经河南的卢氏、洛宁、宜阳、洛阳、偃师，于巩义市神北村汇入黄河，总流域面积 19 056km²，省内河长 366km，省内流域面积 17 400km²。主要支流伊河发源于栾川县熊耳山，流经嵩县、伊川、洛阳于偃师市杨村汇入洛河，河长 268km，流域面积 6 120km²。伊、洛河夹河滩地低洼，易发洪涝灾害。

2. 沁河水系

沁河发源于山西省平遥县，由济源辛庄乡进入河南境，经沁阳、博爱、温县至武陟县汇入黄河。总流域面积 13 532km²，省内流域面积 3 023km²，省内河长 135km。沁河在济源五龙口以下进入冲积平原，河床淤积，高出堤外地面 2～4m，形成悬河。主要支流丹河发源于山西省高平市丹珠岭，流经博爱，在沁阳汇入沁河。总流域面积 3 152km²，全长 169km，省内流域面积 179km²，省内河长 46.4km。

3. 弘农涧、漭河

弘农涧和漭河是直接流入黄河的山丘性河流。弘农涧（也称西涧河）发源于灵宝市芋园西，河长 88km，流域面积 2 068km²。漭河发源于山西省阳城县花野岭，在济源市西北的克井乡窟窿山入境，经孟州、温县在武陟城南汇入沁河，全长 130km，流域面积 1 328km²。

4. 金堤河、天然文岩渠

金堤河、天然文岩渠均属平原坡水河道。金堤河发源于新乡县荆张村，上游先后为大沙河、西柳青河、红旗总干渠，自滑县耿庄起始为金堤河干流，流经濮阳、范县及山东莘县、阳谷，到台前县东张庄汇入黄河，干流长 159km，流域面积 5 047km²。天然文岩渠源头分两支，南支称天然渠，北支称文岩渠，均发源于原阳县王禄南和王禄北，在长垣县大车集汇合后称天然文岩渠，在濮阳县渠村入黄河，流域面积 2 514km²。因黄河淤积、河床逐年抬高，仅在黄河小水时，天然文岩渠及金堤河的径流才有可能自流汇入，黄河洪水时常造成两支流顶托，排涝困难。

（三）淮河流域河流

淮河流域的主要河流有淮河干流及淮南支流、洪河、颍河和豫东平原河道。淮河干流及淮南支流均发源于大别山北麓，占省境内淮河流域总面积的 17.5%。左岸支流主要发源于西部的伏牛山系及北部、东北部的黄河、废黄河南堤，沿途汇集众多的二级支流，占省内淮河流域总面积的 82.5%。左右两岸支流呈不对称型分布。山丘区河道源短流急，进入平原后，排水不畅，易成洪涝灾害。

1. 淮河干流及淮南支流

淮河干流发源于桐柏县桐柏山太白顶，向东流经信阳、罗山、息县、潢川、淮滨等地，在固始县三河尖乡东陈村入安徽省境，省界以上河长 417km，淮河干流水系包括淮河干流、淮南支流及洪河口以上淮北支流流域面积 21 730km²。息县以下两岸开始有堤至淮滨河长 99km，河床比降为 1/7 000，河宽 2 000 余米，由于淮河干流排水出路小，防洪除涝标准低，致使沿淮河干、支流下游平原洼地常易发生洪涝灾害。南岸主要支流有：浉河、竹竿河、寨河、潢河、白露河、史河、灌河，均发源于大别山北麓，呈西南—东北流向，河短流急。

2. 洪河水系

洪河发源于舞钢市龙头山，流经舞阳、西平、上蔡、平舆、新蔡，于淮滨县洪河口汇入淮河，全长 326km，班台村以下有分洪道长 74km，流域面积 12 325km²。流域形状上宽下窄，出流不畅，易发生水灾。汝河是洪河的主要支流，发源于泌阳五峰山，经流遂平、汝南、正阳、平舆，在新蔡县班台村汇入洪河，全长222km，流域面积7 376km²。臻头河为汝河的主要支流，发源于确山鸡冠山，于汝南汇入汝河，河长121km，流域面积1 841km²。汝河另一主要支流北汝河，发源于西平县杨庄和遂平县嵖岈山，经上蔡、汝南汇入汝河，河长60km，流域面积1 273km²。

3. 颍河水系

在河南境内，颍河水系也俗称沙颍河水系。颍河发源于嵩山南麓，流经登封、禹州、襄城、许昌、临颍、西华、周口、项城、沈丘，于界首入安徽省。省界以上河长418km，流域面积34 400km²。颍河南岸支流有沙河、汾泉河，北岸支流有清潩河、贾鲁河、黑茨河。沙河是颍河的最大支流，发源于鲁山县石人山，流经宝丰、叶县、舞阳、漯河、周口汇入颍河，河长322km，流域面积12 580km²。其北岸支流北汝河，发源于嵩县跑马岭，流经汝阳、临汝、郏县，在襄城县简城汇入沙河，全长250km，流域面积6 080km²。沙河南岸支流澧河发源于方城县四里店，流经叶县、舞阳，于漯河市西汇入沙河，全长163km，流域面积2 787km²。汾泉河发源于郾城县召陵岗，流经商水、项城、沈丘，于安徽省阜阳市三里湾汇入颍河，省界以上河长158km，流域面积3 770km²。其支流黑河（泥河）发源于漯河市，流经上蔡、项城，于沈丘老城入汾河，河长113km，流域面积1 028km²。清潩河发源于新郑，流经长葛、许昌、临颍、鄢陵，于西华县逍遥镇入颍河，河长149km，流域面积2 362km²。贾鲁河发源于新密圣水峪，流经中牟、尉氏、扶沟、西华，于周口市北汇入颍河，全长276km，流域面积5 896km²。其主要支流双洎河发源于密县赵庙沟，流经新郑、长葛、尉氏、鄢陵，于扶沟县彭庄汇入贾鲁河，全长171km，流域面积1 758km²。颍河其他支流尚有清流河、新蔡河、吴公渠等，流域面积1 000~1 400km²。黑茨河源于太康县姜庄，于郸城县张胖店入安徽，省境内河长107km，流域面积1 214km²，原于阜阳市汇入颍河，现改流入茨淮新河，经怀洪新河入洪泽湖。

4. 豫东平原水系

豫东平原水系主要有涡惠河、包河、浍河、沱河及黄河故道。

涡惠河是豫东平原较大的河系。涡河发源于开封县郭厂，经尉氏、通许、杞县、睢县、太康、柘城、鹿邑入安徽省亳州，省境以上河长179km，流域面积4 226km²。其主要支流惠济河发源于开封市济梁闸，流经开封、杞县、睢县、柘城、鹿邑，进入安徽亳县境汇入涡河，省境以上河长166km，流域面积4 125km²。

包河、浍河、沱河属洪泽湖水系。浍河发源于夏邑县马头寺，经永城入安徽省。省内河长58km，流域面积1 341km²。较大支流有包河，流域面积785km²。沱河发源于商丘市刘口集，经虞城、夏邑、永城进入安徽省，省内河长126km，流域面积2 358km²。较大支流有王引河和虮龙沟，流域面积分别为1 020km²和710km²。

黄河故道是历史上黄河长期夺淮入海留下的黄泛故道，西起兰考县东坝头，沿民权、宁陵、商丘、虞城北部入安徽，省境以上河长136km，流域面积1 520km²，两堤间距平均6~7km，堤内地面高程高出堤外6~8m。主要支流有杨河、小堤河以及南四湖水系万福河的支流黄菜河、贺李河等。

（四）长江流域河流

河南长江流域（汉江水系）的河流有唐河、白河、丹江，各河发源于山丘地区，源短流急，汛期洪水骤至，河道宣泄不及，常在唐、白河下游造成灾害。

白河发源于嵩县玉皇顶，流经南召、方城、南阳、新野出省。省内河长302km，流域面积12 142km²。主要支流湍河发源于内乡县关山坡，流经邓州、新野入白河，河长216km，流域面积4 946km²。其他支流有赵河和刁河。

唐河上游东支潘河，西支东赵河，均发源于方城，在社旗县合流后称唐河，经唐河、新野县后出省。省内干流长191km，流域面积7 950km²，主要支流有泌阳河及三夹河。

丹江发源于陕西省商南县秦岭南麓，于荆紫关附近入河南淅川县，经淅川老县城向南至王坡南进湖北省汇入汉江。省境内河长117km，流域面积7 278km²。主要支流老灌河发源于栾川县伏牛山小庙岭，向西经卢氏县，在卢氏县内折向南经西峡县至淅川老县城北入丹江，河长255km，流域面积4 219km²。支流淇河发源于卢氏县童子沟，于淅川县荆紫关东南汇入丹江，河长147km，流域面积1 498km²。

表6-1　河南主要河流情况

流域名称	序号	河流名称	河流等级	集水面积/km²	起点	终点（或省界）	长度/km
海河	1	卫河	一级支流	15 230	山西陵川县夺火镇	称钩湾与漳河汇合处	399
	2	淇河	二级支流	2 142	山西陵川县	浚县刘庄闸入卫河	162
	3	安阳河	二级支流	1 953	林州黄花寺	内黄马固入卫河	160
	4	马颊河	干流	1 135	濮阳金堤闸	河南山东省界	62
黄河	5	黄河	干流		灵宝市泉村	台前县张庄	711
	6	洛河	一级支流	19 056	陕西洛南县终南山	巩义市神北入黄河	450
	7	涧河	二级支流	1 430	陕县观音堂	洛阳翟家屯入洛河	104
	8	伊河	二级支流	6 120	栾川县熊耳山	偃师市杨村入洛河	268
	9	宏农涧	一级支流	2 068	灵宝市芋园西	灵宝市老城入黄河	88
	10	漭河	一级支流	1 328	山西杨城	入黄河口	130
	11	沁河	一级支流	13 532	陕西沁源霍山南麓	武陟县南贾入黄河	485
	12	丹河	二级支流	3 152	山西高平市丹珠岭	入沁河口	169
	13	天然文岩渠	一级支流	2 514	原阳县王村	入黄河口	159
	14	金堤河	一级支流	5 047	新乡县荆张	台前张庄闸入黄河	159

续表

流域名称	序号	河流名称	河流等级	集水面积/km^2	起点	终点（或省界）	长度/km
淮河	15	淮河	干流	37 752	桐柏太白顶	固始三河尖	417
	16	浉河	一级支流	2 070	信阳韭菜坡	罗山顾寨入淮河	142
	17	竹竿河	一级支流	2 610	湖北袁家湾	罗山张湾入淮河	101
	18	潢河	一级支流	2 400	新县万子山	潢川新台入淮河	140
	19	白露河	一级支流	2 238	新县小界岭	淮滨吴寨入淮河	141
	20	史灌河	一级支流	6 889	安徽金寨	固始三河尖入淮河	211
	21	灌河	二级支流	1 650	商城黄柏山	固始徐营入史河	164
	22	洪河	一级支流	12 303	舞钢市龙头山	淮滨前刘寨入淮河	326
	23	汝河	二级支流	7 376	泌阳五峰山	新蔡班台入洪河	223
	24	臻头河	三级支流	1 841	确山鸡冠山	宿鸭湖	121
	25	汾泉河	二级支流	3 770	漯河郊区柳庄	豫皖交界	158
	26	沙河	一级支流	28 800	鲁山木达岭	界首	418
	27	澧河	二级支流	2 787	方城四里店	漯河入沙河口	163
	28	干江河	三级支流	1 280	方城羊头山	舞阳上澧河店入澧河	99
	29	北汝河	二级支流	6 080	嵩县跑马岭	襄城岔河入沙河	250
	30	颍河	二级支流	7 348	登封少石山	周口孙咀入沙河	263
	31	贾鲁河	二级支流	5 896	新密市圣水峪	周口西桥入沙河	276
	32	双洎河	三级支流	1 758	新密市赵庙沟	扶沟摆渡口入贾鲁河	171
	33	涡河	一级支流	4 246	开封县郭厂	鹿邑蒋营	179
	34	大沙河	二级支流	1 246	民权断堤头	鹿邑三台楼	98
	35	惠济河	二级支流	4 125	开封市济梁闸	豫皖交界	167
	36	浍河	一级支流	1 314	夏邑蔡油坊	永城李口集	58
	37	包河	二级支流	785	商丘张祠堂	安徽宿县	144
	38	沱河	一级支流	2 358	商丘油房庄	豫皖交界	126
	39	王引河	二级干流	1 020	虞城花家	永城汤庙	112
长江	40	唐河	二级支流	7 835	方城县七峰山	河南湖北交界	191
	41	泌阳河	三级支流	1 338	泌阳白云山	入唐河口	74
	42	三夹河	三级支流	1 491	湖北随县	入唐河口	97
	43	白河	二级支流	12 224	嵩县关山坡	唐河白河汇合处	328
	44	湍河	三级支流	4 946	内乡县关山坡	入白河口	216
	45	赵河	四级支流	1 342	镇平南召界五朵山	入湍河口	103
	46	刁河	三级支流	1 006	内乡县磙子岭	入白河口	133
	47	丹江	二级支流	14 714	陕西商南县凤凰坡	淅川县界	117
	48	淇河	三级支流	1 598	卢氏县童子沟	入丹江口	147
	49	老灌河	三级支流	4 220	栾川县小庙岭	入丹江口	255

第二节　地表水

地表水，是指存在于地壳表面，暴露于大气的水，是河流、冰川、湖泊、沼泽四种水体的总称，亦称"陆地水"。

一、地表径流

大气降水落到地面后，一部分蒸发变成水蒸气返回大气，一部分下渗到土壤成为地下水，其余的水沿着斜坡形成漫流，通过冲沟，溪涧，注入河流，汇入海洋，这种水流称为地表径流。

（一）主要河流年径流量

豫南、豫西南偏湿润，豫东、豫北偏干旱。全省的河川径流量主要来自大气降水补给。5月份，豫南开始进入梅雨季节，而北部的黄河、海河流域一般 7～8 月份才进入主汛期。南部和西部山区河流在枯水期可以得到地下水排泄的基流补给，基本不断流；平原河流多为季节性径流河道；东部、北部河流枯水期受引黄退水和城市排污影响较为严重。

1. 淮河流域

河南淮河流域主要河流有淮河、洪汝河、沙颍河、涡河、史河等。其中，淮河水系发源于桐柏山、大别山区，降水量十分充沛，地表径流非常丰富，淮滨控制站多年平均（1956～2000 年）径流量 62.42×10^8 m^3，径流深 390.0 mm，径流系数 0.36。洪汝河发源于伏牛山南部，河川径流量相对比较丰富，班台控制站多年平均径流量 27.59 ×10^{8}m^3，径流深 244.6 mm，径流系数 0.23。沙颍河水系发源于伏牛山中北部地区，也是省内淮河的最大支流，但是沙颍河以北大部分地区地表水资源比较匮乏，周口控制站多年平均径流量 38.03×10^{8}m^3，径流深 147.4mm，径流系数 0.19。涡河及东部惠济河、沱浍河等诸河属于平原季节性河流，年降水量偏少，河川径流量匮乏，涡河玄武控制站多年平均径流量 2.408×10^{8}m^3，径流深 60.0 mm，径流系数 0.09。

2. 黄河流域

黄河东西横穿河南中部地区，省境内主要支流有伊洛河、宏农涧河、沁河、金堤河、天然文岩渠等，黄河南岸伊洛河、宏农涧河支流发源于秦岭山脉，年降水量大于黄河北岸支流；伊洛河黑石关控制站多年平均径流量 31.32×10^{8}m^3，径流深 168.7mm，径流系数 0.26。黄河北岸的支流沁河发源于山西省，武陟控制站以上流域面积 12 880km^2，河南境内集水面积仅 586km^2，多年平均径流量 0.633×10^{8}m^3，径流深 108.0mm，径流系数 0.18。金堤河、天然文岩渠属黄河下游平原河流，枯水季节大量接纳黄河下游干流引水渠的退水量；天然文岩渠大车集控制站多年平均径流量 $1.655×10^8m^3$，径流深 72.5mm，径流系数 0.13。

3. 长江流域

河南长江流域主要河流有老灌河、白河、唐河等。其中，丹江上游的老灌河发源于秦岭山脉东端，末端直接汇入丹江口水库，属于山区河流，源短流急；老灌河西峡站多年平均径流量 $8.467×10^8m^3$，径流深247.7mm，径流系数0.28。汉江水系的白河、唐河发源于伏牛山南麓的暴雨中心带，河川径流较充沛，白河新甸铺控制站多年平均径流量 $24.54×10^8m^3$，径流深224.0mm，径流系数0.27；唐河郭滩控制站多年平均径流量 $16.38×10^8m^3$，径流深215.8mm，径流系数0.25。

4. 海河流域

河南海河流域主要河流有卫河、徒骇马颊河。卫河发源于太行山脉东麓，是豫北地区最大的一条河流，元村集控制站多年平均径流量 $16.32×10^8m^3$，径流深114.3mm，径流系数0.19。徒骇马颊河是豫北东部平原季节性河流，地表径流非常贫乏，而且常年受濮清南灌区引黄灌溉退水和引黄补源水量影响，南乐控制站多年平均径流量 $0.332×10^8m^3$，径流深仅28.4mm，径流系数0.04。

5. 主要控制站径流

1956～2000 年主要控制站径流特征值见表6-2。

表 6-2   主要控制站径流特征值（1956～2000 年）

控制站名称	集水面积/km²	多年平均			
		降水量/mm	径流量/10⁴m³	径流深/mm	径流系数
元村	14 286	617.5	163 239	114.3	0.19
南乐	1 166	556.8	3 316	28.4	0.05
黑石关	18 563	663.8	313 154	168.7	0.25
大车集	2 283	538.5	16 549	72.5	0.13
淮滨	16 005	1 069.8	624 183	390.0	0.36
班台	11 280	914.3	275 909	244.6	0.27
周口	25 800	749.5	380 312	147.4	0.20
玄武	4 014	685.3	24 081	60.0	0.09
西峡	3 418	835.0	84 667	247.7	0.30
新甸铺	10 958	833.6	245 440	224.0	0.27
郭滩	7 591	865.6	163 801	215.8	0.25

（二）年径流量时空分布特征

河南地表径流量时空分布具有地区差异显著、年内分配极不均匀、年际变化大等特点。豫南、豫西山区径流量较丰沛，豫北、豫东平原区地表水资源较为匮乏；全年地表径流量主要集中在汛期，据统计，汛期 4 个月径流量占全年的 60%～70%；最大与最小年径流量相差悬殊，最大与最小倍比值普遍为 10～30 倍。

1. 年径流量地区分布

（1）径流深高值、低值区分布

河南地表径流深分布取决于大气降水量、降雨强度和地形坡度变化。全省多年平均地表径流深分布与降水量分布趋势吻合，呈现 3 个高值区:豫南大别山桐柏山高值区、豫西伏牛山高值区，豫北太行山高值区；2 个相对低值区:豫西南南阳盆地低值区，豫北东部金堤河、徒骇马颊河低值区。

大别山桐柏山地表径流深 300～600 mm，是全省地表产流最丰富地区；其中淮河干流的潢河支流上游、史河的灌河支流上游，径流深超过 600 mm，为全省地表产流最大地区。地处淮河流域（沙颍河上游）、长江流域（白河上游）、黄河流域（伊河上游）的伏牛山分水岭一带，地表径流深 300～500 mm，其中沙颍河水系的太山庙河径流深超过 500 mm。豫北太行山东坡地表径流深 100～200 mm，其中淇河上游径流深超过 250 mm。

南阳盆地唐河、白河下游地表径流深不足 200 mm，为豫西南地表径流的相对低值区。豫北东部平原的金堤河、徒骇马颊河、卫河下游区地表径流深不足 50 mm，其中徒骇马颊河水系、卫河下游区径流深不足 30mm。

全省地表径流分布呈现以 3 个高值区和 2 个相对低值区向外辐射的变化趋势，并具有自南向北、自西向东递减，山区大于平原，河流上游大于下游的分布规律。自南向北多年平均地表径流深由 600 mm 下降至 30 mm，地表产流最大地区是最小地区的 20 倍以上。

（2）主要河流径流深分布

海河流域的卫河支流自上游向下游、自山区到平原径流深为 250～25 mm，山区的地表产流高值区是平原低值区的 10 倍。黄河流域的伊洛河水系自上游向下游递减，径流深为 300～100 mm，上游地表产流是下游的 3 倍。淮河流域的洪汝河水系自山区向平原递减，径流深为 300～200mm，山区地表产流是平原的 1.5 倍；沙颍河水系自上游向下游、自西向东递减，径流深为 500～100 mm，上游区是下游区的 3 倍以上，自南部沙河向北部颍河、贾鲁河递减，径流深为 500～70mm，丰水区是贫水区的 7 倍。长江流域汉江水系的白河支流自山区向盆地、自北向南递减，径流深为 400～200 mm，上游山区是下游盆地的两倍。

（3）主要河流不同系列径流深变化情况

河南主要河流 1956～2000 年与 1956～1979 年系列多年平均径流深比较:海河流域 1956～2000 年比 1956～1979 年系列径流深偏小 4.9%～26.6%。其中卫河支流减幅最大，太行山高值中心区径流深减少约 50 mm，减幅为 16.7%。

黄河流域主要河流的丰枯变化比较同步，1956～2000 年比 1956～1979 年系列径流深偏小 7.5%～8.8%。

淮河流域主要河流 1956～2000 年与 1956～1979 年系列径流深比较，淮河干流、史河因降水量偏丰，径流深分别偏多 0.4%和 2.3%。洪汝河以北河流，1956～2000 年比 1956～1979 年系列径流深均有所减小，减幅 1.8%～24.4%，其中沱浍河减少幅度最大，超过 20%。

长江流域主要河流 1956～2000 年与 1956～1979 年系列径流深比较，变化幅度较小，老灌河、白河、唐河 3 条主要支流的径流深均稍有减小，减幅为 3.4%～4.2%。

主要控制站不同系列径流深变化情况见表 6-3。

表 6-3　主要控制站不同系列径流深情况

控制站名称	集水面积 /km²	多年平均径流深/ mm				
		1956～1979 年	1980～2000 年	1956～2000 年	1980～2000 年与 1956～1979 年丰枯比较（%）	1956～2000 年与 1956～1979 年丰枯比较（%）
元村	14 286	146.0	78.0	114.3	−46.6	−21.7
南乐	1 166	31.4	25.1	28.4	−20.0	−9.3
黑石关	18 563	184.6	150.5	168.7	−18.5	−8.6
大车集	2 283	79.5	64.4	72.5	−19.0	−8.9
淮滨	16 005	388.7	391.4	390.0	0.7	0.3
班台	11 280	249.0	239.6	244.6	−3.8	−1.8
周口	25 800	152.6	141.4	147.4	−7.3	−3.4
玄武	4 014	65.2	54.1	60.0	−17.1	−8.0
西峡	3 418	256.6	237.6	247.7	−7.4	−3.4
新甸铺	10 958	232.3	214.5	224.0	−7.7	−3.6
郭滩	7 591	223.8	206.6	215.8	−7.7	−3.6

2. 年径流量年内分配

河南河川径流主要来自于大气降水补给，受降水量年内分配影响，地表径流呈现汛期集中、季节变化大，最大、最小月径流相差悬殊等特点。与降水量时空分布相比，径流稍滞后于降水，并且普遍比降水量年内分配的集中程度更高。

河南地表径流量主要集中在汛期（6～9 月），淮河干流、史河水系连续最大 4 个月径流量多出现在 5～8 月，海河、黄河和淮河流域的涡河、沱河、浍河支流则多出现在 7～10 月。据统计，多年平均汛期 4 个月径流量占全年的 45%～85%，而且呈现年内集中程度平原河流大于山区河流、河流下游大于上游的分布趋势。

多年平均最小月径流量普遍发生在 1～2 月，淮河、长江流域发生在 1 月份的居多，海河、黄河流域则多发生在 2 月份。

（1）海河

海河流域各主要支流汛期（6～9 月）径流量占全年的 45.4%～84.5%；多年平均连续最大 4 个月多出现在 7～10 月，连续最大 4 个月径流量占全年的 50.6%～84.5%；年内集中程度上游山区高于下游平原，一般山区高于岩溶山区。多年平均最大月径流量与最小月径流量的倍比普遍在 3.2～7.7 倍之间，东部平原河流最大月径流量与最小月径流量的倍比则大于 10 倍，徒骇马颊河为全省地表径流最贫乏的平原季节性河流，枯水期河道断流，所以最大月径流量与最小月径流量倍比达 173.9 倍。

（2）黄河

黄河流域各主要支流汛期径流量占全年的 41.8%～71.5%；多年平均连续最大 4 个月（7～10 月）径流量占全年的 46.5%～71.6%。黄河南岸的伊洛河、宏农涧河连续最大 4 个月径流量占全年的 46.5%～60.1%；北岸山区河流连续最大 4 个月径流量约占全年的 50%，平原河流为 65.8%～71.6%。山区河流多年平均最大月径流量与最小月径流量的倍比为 2.4～8.8 倍，平原河流为 10.5～16.0 倍，最小月径流量发生在 2 月份。

（3）淮河

淮河干流、史河水系汛期径流量占全年的 57.0%～64.4%，多年平均连续最大 4 个月（5～8 月）径流量占全年的 62.7%～64.8%。最小月径流量多出现在 1 月份，多年平均最大月径流量与最小月径流量的倍比为 13.7～17.1 倍。

洪汝河水系汛期径流量占全年的 66.6%～72.1%，多年平均最小月径流量发生在 1 月份，最大月径流量与最小月径流量的倍比为 13.7～18.2 倍。

沙颍河水系径流量年内分配集中程度及最大月径流量与最小月径流量的倍比均呈现自南向北递减趋势，即沙河支流大于颍河支流，颍河支流大于贾鲁河支流。沙颍河水系汛期径流量占全年的 47.4%～68.4%，沙河中下游、颍河、贾鲁河支流连续最大 4 个月多发生在 7～10 月。沙河多年平均最小月径流量发生在 1 月份，颍河、贾鲁河则多出现在 2 月份，最大月径流量与最小月径流量的倍比为 2.7～19.0 倍。

涡河、沱河、浍河汛期径流量占全年的 58.5%～66.6%，连续最大 4 个月多发生在 7～10 月，占全年的 61.5%～68.8%。多年平均最小月径流量发生在 1 月份，最大月径流量与最小月径流量的倍比为 6.4～17.8 倍。

（4）长江

长江流域的老灌河、白河、唐河汛期径流量占全年的 64.0%～72.7%；最大月径流量与最小月径流量的倍比为 7.9～18.4 倍，多年平均最小月径流量发生在 1～2 月。其中，老灌河径流量年内分配相对较为均匀，汛期径流量占全年的 61.0%～64.0%；最大月径流量与最小月径流量的倍比为 7.9～15.3 倍。白河汛期径流量占全年的 68.1%～70.9%；最大月径流量与最小月径流量的倍比为 13.7～18.4 倍。唐河径流量年内分配集中程度相对较高，汛期径流量占全年的 70.1%～72.7%；最大月径流量与最小月径流量的倍比为 13.2～17.1 倍。

3. 径流量年际变化及特征

（1）径流量年际变化

河南河川径流不仅年内集中，而且年际变化也大，最大与最小年径流量倍比悬殊。1956～2000 年系列的最大与最小年径流量倍比普遍为 10～30 倍，并呈现最大与最小年径流量倍比值北部地区大于南部、平原大于山区的分布趋势。豫南及豫西山区一般在 10 倍左右，而豫东和豫北平原多在 20 倍以上。

河南河川径流还存在年际丰枯交替变化频繁的特点。在 45 年系列中，前 22 年系列为偏丰水期，后 23 年为连续偏枯水期。据统计分析，20 世纪 50 年代、60 年代和 70 年代中期分别发生了 3 次较大范围的洪水；在 60 年代、80 年代中期和 90 年代末期也出现过 3 次较大范围的特枯水期。

同时，河南河川径流还具有连丰、连枯的变化特征，在 45 年系列中，1956～1958 年、1963～1965 年为连续丰水年组，1986～1987 年为连续枯水年组。

（2）径流量年际变化特征

1）最大年与最小年径流量倍比悬殊。海河流域主要河流最大年径流量与最小年径流量倍比值东部平原大于西部山区。西部太行山前卫河水系主要代表站最大年径流量与最小年的倍比普遍为 10～20 倍；京广铁路以东平原季节性河道，最大与最小年径流量的倍比超过 20 倍，徒骇马颊河水系的最大年径流量是最小年径流量的 76 倍。海河流域最大年径流量多发生在 1963 年和 1964 年，最小年径流量则多出现在 1986 年。表 6-4 为河南主要河流径流代表站年径流量极值比计算结果。

表 6-4　河南主要河流径流代表站年径流量极值比计算

控制站名称	集水面积/km²	天然年径流量				最大/最小	计算 C_v 值
		最大		最小			
		径流量/10⁴m³	出现年份	径流量/10⁴m³	出现年份		
元村	14 286	648 040	1963	47 024	1986	13.8	0.70
南乐	1 166	19 400	1964	254	1986	76.4	1.16
黑石关	18 563	976 504	1964	119 956	1997	8.1	0.56
大车集	2 283	37 500	1964	3 190	1981	11.8	0.64
淮滨	16 005	1 335 703	1956	176 945	1966	7.5	0.48
班台	11 280	818 360	1975	26 770	1966	30.6	0.77
周口	25 800	1 197 830	1964	89 790	1966	13.3	0.60
玄武	4 014	84 800	1957	5 150	1966	16.5	0.76
西峡	3 418	296 461	1964	24 287	1999	12.2	0.60
新甸铺	10 958	877 369	1964	70 875	1966	12.4	0.58
郭滩	7 591	385 139	1975	32 989	1999	11.7	0.60

黄河流域最大年径流量与最小年径流量倍比值呈现北岸支流大于南岸支流、平原大于山区的分布趋势。花园口以上的山区各河流主要代表站最大与最小年径流量倍比为 10 倍左右；花园口以下平原河流最大与最小年径流量倍比值均大于山区河流，金堤河支流的最大年径流量与最小年径流量的倍比达 246 倍。黄河流域最大年径流量多发生在 1964 年；最小年径流量北岸支流多出现在 1981 年，南岸伊河支流出现在 1986 年，而洛河多出现在 1997 年。

淮河流域最大年径流量与最小年径流量倍比值分布趋势为南部河流小于北部河流，山区河流小于平原河流。淮河干流水系主要代表站最大与最小年径流量的倍比为 10 倍左右；洪汝河水系主要代表站最大与最小年径流量的倍比普遍为 20～40 倍；沙颍河水系主要代表站最大与最小年径流量的倍比则普遍为 15～30 倍，西部山区支流多在 20 倍以下，东部平原支流多在 20 倍以上；涡河及以东平原河流最大与最小年径流量的倍比多在 30 倍以上。淮河干流水系最大年径流量发生在 1956 年，洪汝河水系发生在 1975 年，沙颍河水系及以北河流则发生在 1964 年；淮河流域最小年径流量多出现在 1966 年。

长江流域主要河流最大年径流量与最小年径流量倍比普遍为 10～20 倍。白河支流最大年径流量发生在 1964 年，最小年径流量分别出现在 1966 年和 1999 年；唐河支流最大年径流量则发生在 1975 年，最小年径流量出现在 1999 年。

2）年际丰枯变化频繁。河南年径流丰枯变化地区间差异很大，经常出现南涝北旱或者北涝南旱的极端情况。1956～2000 年 45 年系列中，海河流域出现丰水年份约 10 年，其中 1956、1963 年为特大洪水年；出现偏枯水年约 10 年，其中 1981、1986 年为特枯水年。从 1952～2000 年的 49 年间，全流域 1955～1956 年、1963～1964 年，卫河水系 1975～1977 年，徒骇马颊河水系 1984～1985 年、1989～1990 年为连续偏丰水年组。全流域 1965～1969 年、1979～1981 年，卫河水系 1991～1993 年、1997～2000 年，徒骇马颊河水系 1995～1997 年为连续偏枯水年组。

黄河流域出现丰水年份约 11 年，其中 1958、1964 年为特大洪水年；出现偏枯水年约 13 年，其中 1981、1986、1997 年为特枯水年。在 45 年系列中，全流域 1956～1958 年、1963～1965 年，南岸支流 1982～1985 年，北岸支流 1982～1984 年为连续偏丰水年组；全流域 1959～1960 年、1986～1987 年、1977～1979 年，南岸支流 1991～1995 年，为连续偏枯水年组。

淮河流域地域跨度大，年径流丰枯变化不同步，且变化比较频繁。在 45 年系列中出现丰水年为 8～13 年，洪汝河以南河流出现丰水年为 13 年，沙颍河以北河流出现丰水年为 8～10 年，其中 1956、1964、1975、1987 年为特大洪水年；出现偏枯水年为 10～13 年，其中 1966、1978、1999 年为特枯水年。在 45 年系列中，全流域 1963～1965 年，淮河干流 1968～1970 年，洪汝河 1982～1984 年，沙颍河 1956～1958 年、1982～1984 年，涡河以东平原河流 1984～1985 年为连续偏丰水年组；淮河干流 1961～1962 年，洪汝河 1992～1995 年，沙颍河 1959～1960 年、1970～1972 年、1992～1994 年，涡河以东平原河流 1972～1974 年为连续偏枯水年组。

长江流域出现丰水年约 13 年，其中 1964、1975、2000 年为特大洪水年；出现偏枯水年为 11～16 年，其中 1966，1994，1999 年为特枯水年。在 45 年系列中，1963～1965 年、白河支流 1982～1985 年为连续偏丰水年组；1959～1961 年、1992～1994 年为连续偏枯水年组。

（3）年径流量 C_v 值分布

河川径流的 C_v 值同样反映出年径流量最大、最小值偏离均值的程度，即 C_v 值越大，径流量最大、最小值偏离均值的幅度也越大，反之亦然。全省河川径流 C_v 值分布同样呈现北部地区大于南部、平原大于山区的分布趋势。C_v 值分布为:豫南及豫西山区一般在 0.5～0.7，而豫东和豫北平原在 0.7～1.1。

海河流域的岩溶山区径流 C_v 值较小，接近 0.50，其他区域在 0.65～1.10；黄河流域的花园口以上山区 C_v 值在 0.55～0.65，花园口以下平原在 0.65～1.0；淮河流域的淮河干流水系 C_v 值为 0.50 左右，洪汝河水系在 0.70～0.80，沙颍河水系上游山区在 0.50～0.70，中下游平原区在 0.60～1.0，涡河及东部诸河在 0.75～1.0；长江流域的径流 C_v 值在 0.55～0.70。

二、地表水资源量

地表水资源量是指河流、湖泊、冰川等地表水体中由当地降水形成的、可以逐年更新的动态水量，用河川天然径流量表示。

（一）多年平均水资源量

1. 流域分区地表水资源量

河南 1956～2000 年平均地表水资源量 $303.99 \times 10^8 m^3$，折合径流深 183.6 mm。其中，省辖海河流域地表水资源量相对最贫乏，多年平均为 $16.35 \times 10^8 m^3$，折合径流深 106.6 mm；黄河流域多年平均为 $44.97 \times 10^8 m^3$，折合径流深 124.4 mm；淮河流域多年平均为 $178.29 \times 10^8 m^3$，折合径流深 206.3mm；长江流域地表水资源量相对最丰富，多年平均为 $64.380 \times 10^8 m^3$，折合径流深 233.2mm。

表 6-5　河南流域分区地表水资源量

流域	流域分区	流域面积 /km²	均值		C_V	不同频率地表水资源量/10⁴m³			
			水资源量 /10⁴m³	径流/mm	矩法	20%	50%	75%	95%
海河流域	漳卫河山区	6 042	109 749	181.6	0.60	155 213	93 948	61 478	35 297
	漳卫河平原区	7 589	48 898	64.4	0.80	727 738	36 894	21 033	11 786
	徒骇马颊河区	1 705	4 848	28.4	1.00	7 803	3 360	1 395	249
	小　计	15 336	163 495	106.6	0.60	231 224	139 956	91 584	52 582

续表

流域	流域分区	流域面积 /km²	均值		C_V	不同频率地表水资源量/10⁴m³			
			水资源量 /10⁴m³	径流/mm	矩法	20%	50%	75%	95%
黄河流域	龙门—三门峡区间	4 207	58 372	138.7	0.50	79 558	52 453	36 911	22 636
	三门峡—小浪底区间	2 364	29 405	124.4	0.48	39 744	26 650	19 029	11 860
	小浪底—花园口区间	3 415	37 197	108.9	0.48	50 276	33 712	24 072	15 002
	伊洛河区	15 813	252 639	159.8	0.50	344 333	227 019	259 756	97 972
	沁丹河	1 377	14 450	104.9	0.60	20 801	12 758	8 076	3 672
	金堤河天然文岩渠	7 309	45 344	62.0	0.68	67 259	38 579	22 682	8 862
	花园口以下干流	1 679	12 296	73.2	0.58	17 557	10 948	7 055	3 325
	小　计	36 164	449 704	124.4	0.48	607 829	497 575	291 021	181 373
淮河流域	王蚌区间南岸	4 243	204 619	482.3	0.50	282 121	187 843	129 693	69 893
	王家坝以上南岸	13 205	575 452	435.8	0.52	800 697	524 499	356 064	185 773
	王家坝以上北岸	15 613	388 636	248.9	0.72	584 306	323 934	183 226	65 965
	王蚌区间北岸	46 487	561 757	120.9	0.58	802 125	500 176	322 337	151 891
	蚌洪区间北岸区	5 155	41 646	80.8	0.70	62 200	35 077	20 231	7 592
	南四湖湖西区	1 734	10 789	62.2	0.70	16 114	9 087	5 241	1 967
	小　计	86 428	1 782 889	206.3	0.52	2 480 766	1 625 032	1 103 180	575 572
长江流域	丹江口以上区	7 238	179 291	247.7	0.62	255 199	151 820	97 929	55 695
	丹江口以下区	525	9131	173.9	0.74	13 816	7 529	4 175	1441
	唐白河区	19 426	428 924	220.8	0.64	614 272	359 141	228 367	128 831
	武湖区间	420	26 456	629.9	0.50	36 477	24 287	16 769	9 037
	小　计	27 609	643 803	233.2	0.60	910 504	551 110	360 636	207 056
合　计		165 537	3 039 901	183.6	0.50	4 191 297	2 790 671	1 926 774	1 038 357

2. 各省辖市地表水资源量

河南18个省辖市中，地处京广线以西和沙河以南的省辖市，地表径流深均超过100 mm，豫东、豫北平原均小于100mm。其中，信阳市地表水资源量最丰富，多年平均81.687×10⁸m³，折合径流深432.0mm；其次，南阳、驻马店、平顶山、洛阳、三门峡市，地表水资源量分别为61.689×10⁸m³、36.279×10⁸m³、15.657×10⁸m³、25.995×10⁸m³和16.415×10⁸m³，折合径流深均超过160 mm。而濮阳市地表水资源量相对最贫乏，多年平均1.861×10⁸m³，折合径流深仅44.4 mm。另外，还有开封、商丘、许昌、新乡市，地表水资源量分别为4.044×10⁸m³、7.705×10⁸m³、4.19×10⁸m³、7.521×10⁸m³，折合径流深均不足100mm。各省辖市地表水资源量见表6-6。

表 6-6　河南各省辖市地表水资源量

省辖市名称	面积 /km²	均值		C_V	不同频率地表水资源量/10⁴m³			
		水资源量/10⁴m³	径流/mm	矩法	20%	50%	75%	95%
全省	165 537	3 039 901	183.6	0.50	4 191 297	2 790 671	1 926 774	1 038 357
郑州	7 534	76 781	101.9	0.60	106 410	63 815	43 470	29 816
开封	6 262	40 439	64.4	0.60	58 213	35 704	22 602	10 277
洛阳	15 230	259 950	170.7	0.48	351 354	235 598	168 224	104 842
平顶山	7 909	156 567	198.0	0.66	230 594	134 514	80 591	32 744
安阳	7 354	83 316	113.3	0.60	117 830	71 320	46 671	26 796
鹤壁	2 137	21 853	102.3	0.80	32 507	16 488	9 400	5 267
新乡	8 249	75 212	91.2	0.60	108 270	66 405	42 038	19 115
焦作	4 001	41 534	103.8	0.56	57 933	36 293	24 448	14 364
濮阳	4 188	18 614	44.4	0.80	28 688	14 829	7 735	2 335
许昌	4 978	41 903	84.2	0.78	64 172	33 779	17 989	5 685
漯河	2 694	33 385	123.9	0.76	50 827	27 224	14 796	4 889
三门峡	9 937	164 147	165.2	0.50	223 723	147 501	103 798	63 655
南阳	26 509	616 892	232.7	0.58	866 591	533 633	354 272	205 604
商丘	10 700	77 053	72.0	0.80	144 620	58 138	33 144	18 572
信阳	18 908	816 865	432.0	0.50	1 126 262	749 893	517 752	279 021
周口	11 958	127 116	106.3	0.80	189 091	95 911	54 678	30 639
驻马店	15 095	362 793	240.3	0.74	548 948	299 149	165 891	57 241
济源	1 894	23 652	134.5	0.52	35 009	22 693	15 738	9 505

（二）地表水资源量动态变化

1. 不同系列比较

全省 1956～2000 年平均地表水资源量 303.99×10⁸m³，比 1956～1979 年 318.1×10⁸m³ 偏少 4.5%。1980～2000 年系列比 1956～1979 年系列偏少 9.5%，北部地区减幅大于南部地区，其中，省辖海河流域地表水资源量减幅最大，为 43.9%，淮河流域地表水资源量减幅仅 4.5%。

（1）海河流域。省辖海河流域 1956～2000 年系列比 1956～1979 年系列地表水资源量偏少 20.5%。1980～2000 年系列比 1956～1979 年系列偏少 43.9%，其中，漳卫河山区偏少 45.5%，漳卫河平原区偏少 42.5%，徒骇马颊河区偏少 20.0%。

（2）黄河流域。省辖黄河流域 1956～2000 年系列比 1956～1979 年系列地表水资源量偏少 8.1%。1980～2000 年系列比 1956～1979 年系列偏少 17.3%，其中，龙门—三门峡干流区间偏少 10.8%，三门峡—小浪底干流区间偏少 20.0%，小浪底—花园口干流区间偏少 22.1%，伊洛河区偏少 17.5%，沁河区偏少 20.3%，金堤河天然文岩渠区偏少 17.8%，花园口以下干流区间偏少 18.1%。

（3）淮河流域。省辖淮河流域 1956～2000 年系列比 1956～1979 年系列地表水资源量偏少 2.1%。1980～2000 年系列比 1956～1979 年系列偏少 4.5%，其中，王家坝—蚌埠区间南岸偏少 1.2%，王家坝以上南岸偏多 1.4%；王家坝以上北岸偏少 3.2%，王家坝—蚌埠区间北岸偏少 9.5%，涡东诸河区偏少 33.1%；南四湖湖西区偏少 18.0%。

（4）长江流域。省辖长江流域 1956～2000 年系列比 1956～1979 年系列地表水资源量偏少 3.3%。1980～2000 年系列比 1956～1979 年系列偏少 7.1%，其中，丹江口以上偏少 7.4%，丹江口以下偏少 3.1%，唐白河区偏少 7.6%，武汉—湖口区间偏多 2.8%。

2. 年代变化

从年代变化分析来看，20 世纪 50 年代全省地表水资源量相对最丰，90 年代相对最枯。50 年代比 1956～2000 年多年平均偏多 14.9%，60 年代比多年平均偏多 11.5%，70 年代比多年平均偏少 6.3%，80 年代比多年平均偏多 3.6%，90 年代比多年平均偏少 16.2%。

表 6-7　河南流域分区不同年代地表水资源量统计（$10^4 m^3$）

年代	海河流域	黄河流域	淮河流域	长江流域	全省合计
1956～1960	231 695	591 202	2 028 112	642 599	3 493 608
1961～1970	220 352	533 550	1 911 591	724 081	3 389 574
1971～1980	164 092	382 391	1 662 388	638 571	2 847 442
1981～1990	113 469	491 679	1 880 736	663 733	3 149 617
1991～2000	121 967	320 447	1 554 276	549 427	2 546 117
1956～1979	205 624	489 299	1 820 735	665 842	3 181 498
1956～2000	163 495	449 704	1 782 899	643 803	3 039 901

海河流域 20 世纪 50 年代地表水资源量比 1956～2000 年多年平均偏多 41.7%，60 年代偏多 34.8%，70 年代接近多年平均，80 年代偏少 30.6%，90 年代偏少 25.4%。黄河流域 20 世纪 50 年代比 1956～2000 年多年平均偏多 31.5%，60 年代偏多 18.6%，70 年代偏少 15.9%，80 年代偏多 9.3%，90 年代偏少 28.7%。淮河流域 20 世纪 50 年代比 1956～2000 年多年平均偏多 13.8%，60 年代偏多 7.2%，70 年代偏少 6.8%，80 年代偏多 5.5%，90 年代偏少 12.8%。长江流域 20 世纪 50 年代和 70 年代接近 1956～2000 年多年平均，60 年代偏多 12.5%，80 年代偏多 3.1%，90 年代偏少 14.7%。

3. 年际变化

（1）极值分析

河南处于南方湿润区与北方干旱区的过渡带，既有南方湿润区的特征，同时北方干旱区的特点也非常显著。地表水资源量年际变化大，丰枯非常悬殊。据 1956～2000 年系列计算分析，1964 年全省地表水资源量最多，为 $737.7 \times 10^8 m^3$，而 1966 年最少，仅为 $102.9 \times 10^8 m^3$，丰枯倍比为 7.2 倍。

河南地表水资源量的年际丰枯倍比值呈现北部干旱地区大于南部湿润地区、东部平原地区大于西部山区的分布规律。南部和西部山区的丰枯倍比均小于 10 倍，地处大别山的长江流域武汉—湖口区间的丰枯倍比值最小，为 6.4 倍。东部、北部平原区的丰枯倍比值普遍超过 20 倍，海河流域徒骇马颊河平原区最大，达 969.5 倍。

全省 18 个省辖市中，信阳省辖市地表水资源量的丰枯倍比值最小，为 7.6 倍，另外，还有洛阳、三门峡、济源市的丰枯倍比值也小于 10 倍。濮阳市最大，丰枯倍比值达到 48.9 倍，丰枯倍比值超过 20 倍的还有商丘、许昌、漯河、驻马店市。

表 6-8　河南地表水资源极值

行政区和流域	面积/km²	地表水资源量/10⁴m³					最大与最小倍比值
		均值	最大		最小		
			水量	出现年份	水量	出现年份	
河南	165 537	3 039 901	7 376 759	1964	1 028 888	1966	7.2
郑州市	7 534	76 781	289 784	1964	28 990	1966	10.0
开封市	6 262	40 439	150 646	1964	7 669	1966	19.6
洛阳市	15 230	259 950	800 990	1964	99 936	1999	8.0
平顶山市	7 909	156 567	433 821	1964	22 416	1966	19.4
安阳市	7 354	83 316	347 146	1963	26 242	1986	13.2
鹤壁市	2 137	21 853	111 891	1963	6 130	1986	18.3
新乡市	8 249	75 212	262 019	1963	16 025	1986	16.4
焦作市	4 001	41 534	126 519	1964	11 164	1997	11.3
濮阳市	4 188	18 614	93 232	1963	1 906	1966	48.9
许昌市	4 978	41 903	181 441	1964	6 447	1966	28.1
漯河市	2 694	33 385	111 652	1964	3 932	1978	28.4
三门峡市	9 937	164 147	501 335	1964	53876	1997	9.3
南阳市	26 509	616 892	1 863 663	1964	174411	1999	10.7
商丘市	1 0700	77 053	368 569	1963	15771	1966	23.4
信阳市	18 908	816 865	1 821 063	1956	239 333	1966	7.6
周口市	11 958	127 116	414 238	1984	23 858	1966	17.4
驻马店市	15 095	362 793	998 384	1956	48 428	1966	20.6
济源市	1 894	23 652	75 308	1964	8 350	1991	9.0
海河流域	15 336	163 495	655 485	1963	47 666	1986	13.8
黄河流域	36 164	436 453	1 319 355	1964	166 064	1997	7.9
淮河流域	86 428	1 782 899	4 054 508	1956	408 167	1966	9.9
长江流域	27 609	643 803	1 961 225	1964	178 355	1999	11.0

（2）丰枯同步性分析

河南跨越四大流域，地区间气候差异明显。南部的淮河流域干流水系、长江流域一般 5 月份开始进入梅雨季节，而北部的黄河、海河流域一般 7、8 月份才进入主汛期。因此，全省各流域、各地市的地表水资源量丰枯不同步，常常发生南涝北旱或北涝南旱的情况。如 1991 年洪汝河以南的豫南地区发生较大洪水，当年地表水资源量比多年平均偏多 60%以上，而沙颍河以北地区为枯水年，当年地表水资源量比多年平均减少 50%以上，致使河南中北部的山区人畜饮水和城市供水发生严重危机。1975 年洪汝河发生特大洪水，豫南和豫西山区普遍出现较大洪水，地表水资源量比多年平均普遍增加 30%以上，但是，豫东、豫北平原却出现了严重旱灾，当年地表水资源量比多年平均减少 60%～70%以上。

在 1956～2000 年系列中，黄河以北地区地表水资源量最大值发生在 1963 年，黄河以南多出现在 1964 年，洪汝河以南则分别发生在 1956、1975 年。区域地表水资源量最小值的发生年份更不一致。

从不同年代地表水资源量的丰枯对比也反映出它的不同步性。20 世纪 50 年代为全省地表水资源量的最丰时期，其中，海河、黄河、淮河流域均属于 1956～2000 年系列中的最丰水段，但长江流域却接近常年。80 年代，黄河、淮河、长江流域的地表水资源量均丰于常年，然而，海河流域却比常年偏少了 30%。

三、地表水资源时空分布特点

（一）区域分布

河南河川径流地表水资源主要由降雨形成。全省多年平均降水量为 784mm，其中 76%的降水量由植物吸收蒸腾、土壤入渗以及地表水体蒸发所消耗，另有 24%的降水量形成河川径流量。全省多年平均河川天然径流量为 312.7×10^{8}m^3，折合径流深为 189mm，多年平均年径流深的区域分布与降水的总趋势大体一致。

河南地表水资源量呈现南部多于北部、西部山区多于东部平原的区域分布特点。豫南大别山区地表水资源最丰富，其中，王家坝以上南岸区多年平均地表水资源量 57.545×10^{8}m^3，折合径流深 435.8 mm；王家坝—蚌埠南岸区间，地表水资源 20.462×10^{8}m^3，折合径流深 482.3 mm；武汉—湖口区间地表水资源 2.646×10^{8}m^3，折合径流深 629.9mm。豫北东部徒骇马颊河平原最贫乏，地表水资源量仅为 0.485×10^{8}m^3，折合径流深 28.4mm。地表水资源最丰富的豫南山区径流深是地表水资源最缺水的豫北平原的 15～22 倍。

海河流域漳卫河山区多年平均地表水资源量 10.975×10^{8}m^3，占省境内海河流域的 67.1%，折合径流深 181.6mm。徒骇马颊河区地表径流深仅为 28.4mm，漳卫河山区地表径流深是徒骇马颊河区的 6.4 倍。

黄河流域伊洛河区多年平均地表水资源量为 25.264×10^{8}m^3，占省辖黄河流域的 56.2%，折合径流深 159.8mm。花园口以下干流区间地表水资源量最少，为 1.230×10^{8}m^3，折合径流深 73.2mm；金堤河天然文岩渠区地表径流深最小，为 62.0mm，伊洛河区地表径流深是金堤河天然文岩渠区的 2.5 倍。

淮河流域王家坝以上南岸区地表水资源量最丰富，多年平均 $57.545 \times 10^8 m^3$，占省辖淮河流域的 32.3%，折合径流深 435.8 mm；王家坝—蚌埠南岸区间地表径流深最大，为 482.3 mm。南四湖湖西区地表水资源量最少，为 $1.079 \times 10^8 m^3$，折合径流深 62.2mm，王家坝—蚌埠南岸区间的地表径流深是南四湖湖西区的 7.8 倍。

长江流域唐白河区多年平均地表水资源量 $42.892 \times 10^8 m^3$，占省辖长江流域的 66.6%，折合径流深 220.8mm；武汉—湖口区间地表径流深最大，为 629.9mm。丹江口以下区地表水资源量最少，为 $0.913 \times 10^8 m^3$，折合径流深 173.9mm，武汉—湖口区间地表径流深是丹江口以下区的 3.6 倍。

河南自南向北，按河流水系可划分为地表水资源富水区（年径流深大于 250 mm）、过渡区（年径流深 100~250mm）和贫水区（年径流深小于 100 mm）。

淮河流域的洪汝河及南部河流（王家坝以上区）的地表径流较充沛，属于地表水资源相对的富水区。沙颍河水系及京广铁路线以西的广大山丘地带地表径流深 100~200 mm，为过渡区。沙颍河以北及京广铁路线以东的平原地区地表径流深小于 100 mm，为贫水区。

（二）年内分配

河南地表水资源量主要产生在汛期，连续最大 4 个月出现时间稍滞后于降水量。全省多年平均连续最大 4 个月地表水资源量占全年的 62.5%，发生在 6~9 月；多年平均月最大值出现在 7 月份，月最小值出现在 1 月份，月最大是月最小地表水资源量的 9.5 倍。

1. 淮河流域

淮河流域多年平均连续最大 4 个月发生在 6~9 月，4 个月产生的地表水资源量占全年的 63.6%；多年平均月最大值出现在 7 月份，月最小值出现在 1 月份，月最大与月最小的倍比为 12.9 倍。

淮河流域各分区多年平均连续最大 4 个月发生时间自南向北逐渐推迟，淮河干流南岸的王家坝以上区和王家坝—蚌埠区间南岸出现在 5~8 月，王家坝以上北岸和王家坝—蚌埠区间北岸的上游山区出现在 6~9 月，其他分区则出现在 7~10 月；4 个月产生的地表水资源量占全年的 60%~70%。各分区多年平均月最大值多出现在 7 月份，月最小值多出现在 1 月份，月最大与月最小的倍比为 9~18 倍。

2. 长江流域

长江流域多年平均连续最大 4 个月发生在 7~10 月，4 个月产生的地表水资源量占全年的 67.7%；多年平均月最大值出现在 7 月份，月最小值出现在 2 月份，月最大与月最小的倍比为 13.7 倍。

长江流域各分区多年平均连续最大 4 个月发生时间自东向西逐渐推迟,长江干流武汉—湖口区间出现在 5~8 月,唐河区出现在 6~9 月,白河区及西部地区出现在 7~10 月;4 个月产生的地表水资源量占全年的 55%~72%。多年平均月最大值出现在 7~8 月份,月最小值出现在年初 1~2 月和年末 12 月份,月最大与月最小的倍比为 8~15 倍。

3. 黄河流域

黄河流域多年平均连续最大 4 个月发生在 7~10 月,4 个月产生的地表水资源量占全年的 57.2%;多年平均月最大值出现在 8 月份,月最小值出现在 2 月份,月最大与月最小的倍比为 5.1 倍。

黄河流域各分区多年平均连续最大 4 个月均出现在 7~10 月,4 个月产生的地表水资源量占全年的 50%~78%。多年平均月最大值多出现在 8 月份,月最小值出现在年初 1~2 月和年末 12 月份,月最大与月最小的倍比为 3~24 倍,自西部山区向东部平原其倍比值逐渐增加。

4. 海河流域

海河流域多年平均连续最大 4 个月发生在 7~10 月,4 个月产生的地表水资源量占全年的 59.7%;多年平均月最大值出现在 8 月份,月最小值出现在 2 月份,月最大与月最小的倍比为 6.2 倍。

海河流域各分区多年平均连续最大 4 个月均出现在 7~10 月,4 个月产生的地表水资源量占全年的 50%~64%。各分区多年平均月最大值出现在 8 月份,月最小值出现在 2 月份,月最大与月最小的倍比为 3~8 倍。

四、地表水的水化学特征

(一)评价内容

1. 评价范围

水化学特征分析评价范围涉及省辖四流域的 19 个水资源三级区:海河流域漳卫河平原区、漳卫河山区和徒骇马颊河区;黄河流域龙门—三门峡干流区、三门峡—小浪底干流区、小浪底—花园口干流区、伊洛河区、沁丹河区、金堤河和天然文岩渠区、花园口以下干流区;淮河流域王家坝以上北岸区、王家坝以上南岸区、王蚌区间北岸区、王蚌区间南岸区、蚌洪区间北岸区和南四湖湖西区;长江流域丹江口以上区、丹江口以下区和唐白河区。全省共有水资源三级区 20 个(由于河南境内武汉—湖口区间左岸区面积较小,未对其进行评价)。本次评价按流域和水资源三级区进行水化学特征分析。

2. 评价项目

评价项目有:矿化度、总硬度、钾、钠、钙、镁、重碳酸盐、碳酸盐、氯化物、硫酸盐。

3. 评价标准与水化学类型划分

按照表6-9，根据水质站矿化度、总硬度等指标的含量对省辖四流域及水资源三级区进行评价，从而确定矿化度、总硬度的级别和类型。

表6-9 地表水矿化度与总硬度评价（mg/L）

级别	矿化度	总硬度	类型划分	
一	<50	<25	极低矿化度	极软水
	50～100	25～55		
二	100～200	55～100	低矿化度	软水
	200～300	100～150		
三	300～500	150～300	中等矿化度	适度硬水
四	500～1 000	300～450	较高矿化度	硬水
五	>1 000	>450	高矿化度	极硬水

采用阿列金分类法划分水化学类型，即按水体中阴阳离子的优势成分和离子间的比例关系来确定水化学类型。首先按优势阴离子将天然水划分为三类：重碳酸盐类（$HCO_3^- + CO_3^{2-}$）、硫酸盐类和氯化物类，它们的矿化度依次增加，水质变差。然后，在每一类中又按优势阳离子分为钙组、镁组和钠组（钾加钠）三个组。在每个组内再按阴阳离子间的比例关系分为四个类型。

Ⅰ型：$HCO_3^- > Ca^{2+} + Mg^{2+}$；

Ⅱ型：$HCO_3^- < Ca^{2+} + Mg^{2+} < HCO_3^- + SO_4^{2-}$；

Ⅲ型：$HCO_3^- + SO_4^{2-} < Ca^{2+} + Mg^{2+}$ 或 $Cl^- > Na^+$；

Ⅳ型：$HCO_3^- = 0$。

（二）水化学特征分析

1. 矿化度

矿化度是水中所含无机矿物成分的总量，它是确定天然水质优劣的一个重要指标，水质随着其含量的升高而下降。流域矿化度分布状况见表6-10。

表6-10 河南流域矿化度分布状况

流域	各级矿化度分布面积占本流域评价面积的百分比/%				
	一级	二级		三级	四级
	50～100 mg/L	100～200 mg/L	200～300 mg/L	300～500 mg/L	500～1 000 mg/L
海河				28.9	71.1
黄河				73.0	27.0
淮河	10.7	18.9	26.8	18.4	25.2
长江		3.6	96.4		

省辖海河流域评价面积 15 336 km²，矿化度为三级（即含量在 300～500 mg/L，矿化度中等）的占 28.9%；大部分为四级（即含量在 500～1 000 mg/L，矿化度较高）。

省辖黄河流域评价面积 36 164km²，矿化度大部分为三级，占评价面积的 73%；其余为四级，占 27%。

省辖淮河流域评价面积 86 427km²，矿化度为三级和优于三级的面积占 74.8%，说明本区域天然水质较好。本省淮河流域南部山区部分区域矿化度含量较低，在 100 mg/L 以下，为一级。主要原因除与山区自然条件有关外，还和区域地质条件相关，其土壤大部分为棕壤、黄棕壤和褐土，可溶质少。随着山区向平原地区的过渡，矿化度含量逐渐升高。

省辖长江流域天然水质最好，评价面积 27 189 km²，矿化度均为二级，属低矿化度水，其中含量在 100～200 mg/L 之间的占 3.6%，200～300 mg/L 的占 96.4%。

2. 总硬度

天然水硬度的大小主要取决于钙离子、镁离子的含量，本次评价的总硬度是指地表水中此两种离子的总量。流域总硬度分布状况见表 6-11。

表 6-11　河南流域总硬度分布面积状况

流域	各级硬度分布面积占本流域评价面积的百分比/%				
	一级	二级		三级	四级
	25～55 mg/L	55～100 mg/L	100～150 mg/L	150～300 mg/L	300～450 mg/L
海河				100.0	
黄河				100.0	
淮河		30.4	24.1	45.5	
长江		2.3	43.4	54.3	

省辖海河、黄河流域总硬度含量均在 150～300 mg/L，为三级适度硬水；淮河流域总硬度为二级、三级的面积分别占本流域评价面积的 54.5%、45.5%，为软水和适度硬水；长江流域总硬度为二级和三级，其面积分别占本流域评价面积的 45.7%、54.3%，为软水和适度硬水。

3. 水化学类型

流域水化学类型分布状况见表 6-12。

省辖四流域都是重碳酸盐类水，其中海河流域有 45% 的区域为 C^{Ca}_{II} 型，55% 为 C^{Na}_{II} 型；黄河流域 C^{Ca}_{II} 型占 77.1%，C^{Na}_{II} 型占 22.9%；淮河流域南部山区为 C^{Ca}_{I} 型，水质好，矿化度低、硬度小；由南向北水化学类型由 C^{Ca}_{I} 型转化成 C^{Ca}_{II} 型、C^{Na}_{II} 型；长江流域区有 71.5% 为 C^{Ca}_{I} 型，16.4% 为 C^{Ca}_{II} 型，12.1% 为 C^{Ca}_{III} 型。

表 6-12　河南流域水化学类型分布状况

流域	水化学类型分布面积占本流域评价面积的百分比/%				
	$C^{Ca}_{\ I}$	$C^{Ca}_{\ II}$	$C^{Ca}_{\ III}$	$C^{Na}_{\ I}$	$C^{Na}_{\ II}$
海河		45.0			55.0
黄河		77.1			22.9
淮河	37.9	36.8		2.5	22.8
长江	71.5	16.4	12.1		

4. 水化学特征变化分析

从全省四流域统计结果可以看出，矿化度分布情况大致是山区、山前平原区较低，平原地区由南向北、由西向东逐渐增高。总的分布规律是南部小，北部大，山区小，平原大。山区矿化度低于平原区，主要原因是山区降水量多，气温低，蒸发小，地表水外排条件好；而平原区河流流动缓慢，河水蒸发大并且较长时间与土壤接触，土壤中的盐分溶入水中。随着山区向平原地区的过渡，矿化度含量逐渐升高。

河水总硬度一般随着矿化度的升高而增加，其地区分布规律基本与矿化度相同，即南部小，北部大，山区小，平原大。

水化学类型分布与矿化度有一定关系，随着矿化度的增加，水的化学组分也相应变化，水化学类型就由重碳酸盐钙组变化成重碳酸盐钠组，水型也由 I 型过渡到 II 型或 III 型。

第三节　浅层地下水

浅层地下水是埋藏在地下的一种宝贵资源，具有自然或人为消耗量的可补性。这种可补性，历史上多受自然因素的影响，而现阶段的地下水变化则受人为因素影响越来越大。

一、浅层地下水概况

河南地下水形成条件复杂，受地质、地貌、水文和气候等条件的综合影响。由于这些因素的综合作用，致使地下水类型繁多。因各地水文地质条件的不同，各种类型的地下水区域性差异明显。

河南地下水系统，在垂直方向上划分为浅层地下水系统和深层地下水系统，各自具有明显的输入、输出、储存与调节功能。浅层地下水系统为开放型系统，它直接接受大气降水、地表水、灌溉回渗水等垂直入渗补给输入，通过潜水蒸发、人工开采、侧向径流等排泄输出，地下水水力性质属于潜水—微承压水，其与外部环境条件关系密切，环境条件的改变，直接影响着系统功能的变化，且反应迅速。深层地下水系统以半封闭为主，地下水水力性质为承压水。它不具备直接接受大气降水、地表水等垂直入渗补给输入的条件，在天然状态下，仅有微量侧向径流输入，并通过缓慢的径流和越流输出，在开采条件下，则变为以侧向径流与来自上部的微弱越流补给输入，以人工开采输出为主。

河南南部（以秦岭南坡及淮河干流为界）属北亚热带，北部及中部为南暖温带，显著的气候特点是受季风影响较强，夏季炎热多雨，冬季干寒，降水入渗是西部及南部山区基岩裂隙潜水和东部平原区浅层地下水的主要补给来源，占总补给量的 80% 以上。可见气候条件直接影响到潜水动态的变化。因而每年高水位出现在 6～9 月，低水位出现在 10 月至下年 5 月，与降水年内分配完全相吻合，因而天然状态下地下水动态类型表现为明显降水—蒸发型。

二、浅层地下水的补给、径流和排泄

基岩山区地下水的埋藏深度受地形、地质构造的控制变化极大，一般火山岩、变质岩类分布区，地下水埋藏较浅，泉点很多；碎屑岩类分布区，水位变化较大，在盆地和单斜地区承压性大；碳酸盐岩类分布的中低山区，地下水埋藏较深，但补给区、径流区和排泄区地下水埋藏由深到浅分带明显，当地的侵蚀基准面是地下水埋深的重要标志。

松散岩类孔隙水的埋深，主要受地形的控制，其次是人工开采和地质条件的影响，地下水埋深的规律性很强。黄土梁塬区地下水埋藏较深，一般 20～120m，它的特点是初见水位和抽水后的稳定静止水位有时差几十米；山前岗地，地下水埋藏亦较深，一般小于 30m；平原区地下水位埋深总的规律是由山前向平原，水位埋深变浅。

在基岩山区，断裂、褶皱破碎带、岩溶裂隙为降水入渗、地下水储存、径流、排泄提供了有利条件。裂隙岩溶水的重要特点是降水入渗补给快，地下水径流交替条件好，排泄快而集中，它的补排异地分带性强，在排泄区受阻往往以大泉的形式出流，亦有较大的潜流补给山前，矿坑排水和人工开采亦为重要排泄方式；岩溶分布区的另一个特点是河流在补给区汇集排泄地下水，而到径流区又渗漏补给地下水，即相互转化关系频繁。

基岩裂隙水受降雨入渗补给、地形、裂隙发育程度和植被影响较大，总的特征是潜水径流短、交替强烈，向河流、沟谷、洼地以泉的形式排泄。

在黄土梁塬地区，地下水埋藏较深，主要是降雨通过黄土裂隙孔隙入渗补给，其次是渠渗和灌溉回渗补给。黄土区地形起伏较大，冲沟发育和植被较差，导致降水量流失多，入渗少是黄土丘陵干旱缺水的重要原因之一。它的明显排泄以塬为单位，以泉的形式排入深沟，以径流形式补给河流阶地地下水。

垄岗地区由于沟谷发育、坡降较大，且表层多为黏性土，从而降水多形成地表径流入渗补给地下水较少；局部地带接受山区微弱的径流补给，并以河流、沟谷切割含水层呈泉和渗流的形式排泄于地表。在平原区，不同区段补给源有所不同。

太行山前倾斜平原受山区侧向径流、降水入渗等的补给，地下水水力坡度为 1/1 000～3/1 000，地下径流条件好。前缘黄卫河交接洼地，则水流滞缓，形成一些涝渍地，地下水流向和地形坡向基本一致。

黄淮平原和南阳盆地地下水主要靠降水补给,其次是灌溉回渗,在临黄河及渠道闸区的两侧,河道渗漏是重要的补给源。经试验研究,黄河侧渗影响宽度约 5～10km,侧渗补给总量 $3.6 \times 10^8 m^3/a$,单宽侧渗补给量 $68.96 \times 10^8 m^3/$ (a·km),平原区降水对地下水的补给和潜水蒸发量受包气带岩性、地下水位埋深的影响,其补给、径流、排泄以垂直交替为主,水力坡度极缓,水平径流微弱。天然状况下它的平衡取决于降水和蒸发。近几十年来大面积开采地下水、河道建闸蓄水、引水灌溉等,对地下水的影响日趋扩大,其动态变化决定于降水、蒸发、开采和调蓄之间新的平衡关系。

三、浅层地下水含水层类型与分布

按地下水的赋存条件和含水层组的特征划分为四种基本类型。

(一)松散岩类孔隙含水岩组

主要分布在黄淮海冲积平原、山前倾斜平原和灵三、伊洛、南阳等盆地中,面积约 $12.0 \times 10^4 km^2$,地下水主要赋存在第四系、新第三系砂、砂砾、卵砾石层孔隙中。根据松散岩类含水层的岩性组合及埋藏条件,一般划分为浅层、中深层、深层三个含水层组。

1. 浅层含水层组(埋深<60m)

主要分布在黄淮海冲积平原、太行山前倾斜平原、南阳、伊洛、灵三盆地和淮河及其支流河谷地带,含水层主要为冲积、冲洪积砂、砂砾、卵砾石,结构松散,分选性好,普遍为二元结构,具有埋藏浅、厚度大、分布广而稳定、渗透性强、补给快、储存条件好、富水性好等特点,该含水层组一般为潜水,局部为微承压水。其主要水文地质特征为浅层地下水埋藏浅,一般小于60m,含水层颗粒粗,以砂砾石为主,厚度大,富水性强,水质良好—较好,与河水水力联系密切,补给条件良好,成为城市的主要供水水源。

(1)黄河冲积平原。主要是全新统形成的黄河大型冲积扇,冲积扇始于沁河口,向东北以卫河为界,向东南以贾鲁河—颍河为界。含水层为砂砾石、中粗砂、中细砂、细砂、粉细砂组成,永城南部有亚黏土孔隙裂隙含水层。含水层总变化规律是向前缘和两翼颗粒变细,厚度较薄,层次增多,富水性减弱,矿化度增高。黄河南扶沟—杞县以西、黄河以北濮阳—内黄的西南属黄河冲积扇中上部主流相,含水层以中粗砂含砾石、中细砂为主,厚度 12～25 m,顶板埋深 5～20m,单位涌水量 10～30m³/(h·m),渗透系数 10～30m/d;商丘—民权西南为泛流带相,泛道和边缘相间呈条带状,含水层为中细砂、细砂和粉砂,厚 10～15m,埋深 10～20m,单位涌水量 5～15m³/(h·m);商丘的东北部和范县—长垣一带属冲积扇的前缘相,含水层以粉细砂为主,厚度小于 5m,埋深 10～35m,单位涌水量小于 3m³/(h·m)。地下水流向黄河南为西北—东南向,黄河北为西南—东北向。矿化度自西向东由小于 0.5 g/L 过渡到 2～5 g/L,局部地段大于 5 g/L。

(2)淮河冲洪湖积平原。分布在漯河东南、确山以东、淮河以北至颍河,主要为中上更新统含水层。沙汝河平原上游，含水层为全新统一中更新统砂砾石，厚度 10～44m，单位涌水量大于 25 m³/（h·m），河道带及中游河间地块，含水层厚度 10～20m，西部为砂砾石，东部为中细砂，单位涌水量 5～10m³/（h·m）；平原区含水层主要是中上更新统冲洪湖积细砂、中细砂，局部含泥质和砾石呈带状透镜状穿插，厚度 8～25m，埋深 10～40m，单位涌水量为 5～10m³/（h·m）；山前岗地小河谷中有砂砾、碎石透镜体或宽条状含水层，单位涌水量为 1～3m³/（h·m），大部为黏土裂隙水、风化壳接触带水，单位涌水量小于 1 m³/（h·m）。

（3）太行山山前冲洪积倾斜平原。主要由安阳河、淇河、黄峪河、白涧河、沁河、蟒河等多期冲洪积扇群构成，含水层为上更新统和全新统砂砾石、中粗砂、砂，向前缘变细、变薄，埋深增大，富水性减弱，水质变差。倾斜平原上部为沿太行山前弧形带状岗地，宽 10 km，含水层厚 10～20m，单位涌水量 10～30m³/（h·m）；倾斜平原中部含水层受河流冲积影响较大，古河道带含水层厚度大于 10m，为砂砾石、中粗砂，厚 5～10m，单位涌水量 5～10m³/（h·m）；前缘带具明显的河道带强富水的特征，含水层以中细砂为主，厚 5～30 m，单位涌水量 10～30m³/（h·m），矿化度小于 0.5 g/L。

济源盆地由沁河和蟒河冲洪积扇群组成，含水层由卵砾石和砂砾石组成，在扇群轴部含水层厚达 100m 以上，单井出水量＞5 000m³/d；而在扇的前缘和盆地边缘小于 20m，单井出水量＜1 000m³/d。

（4）灵三盆地。山前为坡洪积和河流冲积物，具明显的分带性。河谷平原是全新统、上更新统砂砾石含水层，黄河滩地、I 级阶地为全新统的粉细砂含水层，厚 10～30m，埋深 2～35m，单位涌水量 5～10m³/（h·m），渗透系数 10m/d 左右；山前坡洪积高斜地，含水层分布不均，多呈槽带状、透镜状，厚度 6～30m，埋深 20～60m，单位涌水量 1～5m³/（h·m），涧口洪积扇达 10m³/（h·m）左右；黄土塬赋存有上层滞水，单位涌水量小于 0.5m³/（h·m）。

灵三盆地地下水强富水区主要分布在宏农涧河谷及 II 级阶地，为全新统、上更新统砂砾石及漂石含水层，厚度 30～50m，单位出水量 10～25 m³/（h·m）；中等富水区多分布在黄河滩区和宏农涧河谷平原地带，细砂、粉细砂含水层厚度 20～40m，单位出水量 5～10m³/（h·m）。

（5）伊洛盆地。周边为黄土丘陵，裂隙发育，局部有砂砾石透镜体和多层钙核层，赋存有上层滞水。山前倾斜平原为中更新世冲洪积扇群构成，含水层厚度 5～25 m，埋深 40～60m，单位涌水量 5～10m³/（h·m）；河谷平原含水层的变化规律是向两侧变细变薄，埋深变大，纵向的变化是由上游至下游由卵砾石、砂砾石变为砂含砾石、砂，厚度由薄变厚，含水层厚 15～40m，单位涌水量 30～100m³/（h·m），单井出水量达 3 000～5 000m³/d，渗透系数 20～34m/d，属极强富水区；矿化度小于 0.5g/L。

（6）南阳盆地。盆地周边岗地为中更新统冲洪积相极弱—弱富水的亚黏土、黏土裂隙含水层，局部有河流冲洪积条带状、透镜状砂、泥质砂砾石含水层，单位涌水量 1～5m³/（h·m）左右；中部平原含水层由上更新统冲湖积砂、砂砾石、泥质砂砾石组成，厚度 6～12m，埋深 6～25 m，单位涌水量 4.3～8.0m³/（h·m），矿化度小于 1.0g/L；沿唐、白河及主要支流呈带状分布的上更新统和全新统洪冲积砂、中细砂、砂砾石含水层，厚 10～25 m，顶板埋深 20～

30m，单位涌水量 10～30m³/（h·m），单井出水量为 2 000～3 000m³/d，为强—极强富水区，具微承压特征。

2. 中深层含水层组（埋深 60～150m，局部达 200m 或小于 60m）

该深度内主要是更新统含水层组。由于构造、古地理、气候及成因不同，各地沉积厚度和埋藏深度差别很大，黄河平原主要是中上更新统冲洪积—冲积砂层，淮河平原、南阳盆地、灵三和洛阳盆地等主要是中下更新统岩层。

（1）黄河冲积平原。主要以中上更新世古黄河冲洪积扇的形式展布，以黄河为轴部，始于沁河口向两翼、前缘含水层颗粒变细、厚度变薄至尖灭，埋深增大。北翼延津—内黄、南翼中牟—开封为冲积扇的中上部主流相，含水层顶板埋深 40～100m，南翼局部达 160m，可见 3～4 层中砂、中细砂，总厚度 30～40m，局部大于 40m，单位涌水量 5～10m³/（h·m），局部大于 10m³/（h·m）；淮阳—长垣一带为冲积扇中下部，含水层顶板埋深 50～100m，可见 4～5 层细砂、粉细砂，局部透镜状，总厚 10～30m，单位涌水量 1～5m³/（h·m）；商丘和周口东部为冲积扇的下部边缘相，含水层民权以西为粉细砂，东部粉细砂呈薄层透镜体，较大面积为亚砂土、亚黏土，含水砂层厚度小于 5m，顶板埋深 120～160m，单位涌水量 1.0m³/（h·m）左右；永城南部顶板埋深 140～160m，含水层主要为细砂、中细砂，厚 20m 左右，单位涌水量 2.68～6.74m³/（h·m）。

（2）淮河冲洪湖积平原。驻马店—沈丘的西部主要是中下更新统冲洪积、冰水和冲湖积含水层，而此线的东南和山前一带主要是下更新统和新第三系河湖相含水层。倾斜平原临颍—漯河—西平以西至襄县、叶县一带，中更新世冲洪积扇和下更新世冰水三角洲发育，含水层以砂卵砾石、中粗砂为主，厚度 25～70m，埋深 40～100 m，单位涌水量 10m³/（h·m）左右，临颍至项城以南、正阳至淮滨以北，含水层以中下更新统中细砂为主，局部含砾石或粉细砂，厚度 10～30m，埋深 60～150m，单位涌水量 5～10m³/（h·m）；商水、项城、沈丘南部含水层埋深大、厚度薄，以粉细砂为主，单位涌水量 1～5m³/（h·m）；淮南垄岗地区，中深含水层不发育，山间河谷和山前一带，含水层主要为下更新统冰水质卵砾石、砂砾石和第三系半胶结的砂、砂砾岩及砂砾层，含水层埋深 40m 左右，总厚度 50～100m，单位涌水量 1～3m³/（h·m）。

（3）灵三盆地。黄河滩地、Ⅰ～Ⅱ级阶地及主要支流的下游，下更新统在百米内可见 30～50m 砂、砂砾石层，顶板埋深小于 70m，单位涌水量 5～10m³/（h·m）；黄河Ⅰ级阶地和源区，含水层粒细、层薄、埋深大，富水程度不均；山前一带为中下更新统冲洪—冰水沉积泥质砂、砂卵石含水层，局部半胶结，沿河道呈带状小面积分布，埋深小于 100m，单位涌水量小于 5m³/（h·m）。

（4）伊洛盆地。除河谷外，大都为中上更新统黄土覆盖，含水层分布和富水性很不均匀，山前、洛阳以西和伊河东岸，含水层为弱富水的微胶结—半胶结砂、砂砾岩，局部夹泥灰岩，顶板埋深 30～120m，厚度 10～30m，单位涌水量 1～4m³/（h·m）；盆地东部在 200m 深度内，可见 30～50m 砂、砂卵石含水层，单位涌水量 5～10m³/（h·m）。

（5）南阳盆地。下更新统为一套冰水、冲湖积沉积物，受古地理条件的控制，山前盆地沉积厚度较薄，而中部沉积厚度大于 350m。下更新统上部近盆地边缘主要是粗颗粒的含泥质砂砾石，顶板埋深 30～80m，局部达百米，含水层 2～3 层，厚 30～70m，到盆地中部则为中细砂、细砂乃至尖灭，由于盆地向中心的交互穿插叠加，可见 3～4 层含水层，厚度 20m 左右，埋深 50～80m，空间分布极不均匀；下更新统下部，含水层顶板埋深 200m 左右，在 350m 深度内可见 2 个含水层，由边部砂砾石向中部过渡为砂层，厚度 50～80m，分布较稳定。盆地中部大致在白河、湍河及其汇流两侧 10～25km 范围，单位涌水量 6～10m³/（h·m），近盆地边缘单位涌水量为 1～5m³/（h·m）。

（二）碳酸盐岩类裂隙岩溶含水岩组

碳酸盐岩类裂隙岩溶含水岩组是基岩山区最有供水意义的含水岩组，岩性主要为震旦系、中上寒武系、奥陶系的灰岩、白云质灰岩、泥质灰岩，分布在太行山、嵩箕山、淅川以南山地。一般沿层面和裂隙发育有溶洞、溶隙等，构成降水、地表水入渗的良好通道，是地下水径流、储存的有利场所。在当地侵蚀基准面以上，为透水不含水的缺水地段，而侵蚀基准面以下的溶洞或溶隙发育地带，有丰富的地下水，一般泉流量达 3.6～60m³/h，中奥陶灰岩单位涌水量为 27.22～36.14m³/（h·m），而上寒武、下奥陶灰岩水量相对较小。在山前排泄地带的有利部位往往形成大泉，如辉县百泉、安阳珍珠泉、小南海泉、鹤壁许家沟泉等，流量都曾在 1 000m³/h 以上，20 世纪 90 年代以来基本断流。碳酸盐岩夹碎屑岩含水岩组主要分布在焦作以西、嵩山南部、箕山东部，外方山东西两端和淅川以北等山地，由下寒武系和部分石炭系组成，富水性极不均一，下寒武系泉流量在 32～314.7m³/h，其他 7.6～20.7m³/h，单位涌水量 1～10m³/h。

（三）碎屑岩类孔隙裂隙含水岩组

碎屑岩类孔隙裂隙含水岩组主要分布于王屋山、新渑山地、嵩山北麓、箕山西南、平顶山及太行山、大别山前和山间盆地等地。含水层主要为二叠系、三叠系、侏罗系、白垩系、古近系、新近系和部分石炭系、震旦系的砂砾岩和砂岩。地下水位变化较大，在盆地和单斜地区承压性大。受岩性、地质构造、补给条件等因素控制，富水性差异较大。淅川县上寺出露泉流量达 540m³/h，安阳、济源、渑池一带泉流量 5.4～18m³/h，而济源以西、宜阳、临汝、大别山北麓泉流量仅 0.004～3.6m³/h。

（四）基岩裂隙含水岩组

系指变质岩和岩浆岩类裂隙含水岩组，分布在伏牛山、桐柏山、大别山区，由花岗岩、片麻岩、片岩、千枚岩、石英岩、白云岩、大理岩组成。地下水赋存在构造质碎带和风化裂隙中，其风化裂隙深度 15～35m，局部达 75 m，泉点较多，泉流量一般为 5.4～20m³/h，栾川三岔口泉最大流量达 122.4m³/h。

四、浅层地下水动态变化

（一）区域浅层地下水动态特征

1. 浅层地下水埋深动态变化

河南区域浅层地下水埋藏深度，在 20 世纪 60 年代之前普遍较浅，80%以上的区域地下水埋深小于 4m，最大埋深不足 8m；70 年代起地下水位逐年下降，到 90 年代初地下水埋深小于 4m 的区域缩小近半，最大水位埋深达到 16m 左右；90 年代末地下水位埋深小于 4m 的区域已较小，埋深在 4～8m 间的区域面积最大，豫北局部地区地下水位埋深达 20～22 m。据 2006 年监测资料，地下水位埋深小于 4m 的区域主要分布在豫南、豫东南的驻马店、信阳、周口及沿黄地带，面积 26 276km²，占平原区面积的 33.2%；埋深在 4～ 8m 的区域主要分布在商丘、开封、许昌、漯河及南阳盆地和豫北的新乡等地，面积 39 355km²，占平原面积的 49.7%；埋深在 8～12m 的区域主要分布在豫北及南阳盆地的周边地带，面积为 6 454km²，占平原区面积的 8.2%；埋深 12～16m 的区域分布在豫北的北部、西部及许昌西部，面积 4 050km²，占平原区面积的 5.1%；埋深大于 16m 的区域主要分布在豫北的南乐、清丰、内黄及温县、孟州等地，面积为 3 033km²，占平原区面积的 3.8%。河南区域浅层地下水位埋深面积变化情况见表 6-13。

表 6-13　河南平原区浅层地下水水位埋深面积变化对比（km²）

埋深分区 ＼ 年份	1976	1991	1999	1999	2010
<4	71 367.4	61 762.9	38 192.0	26 276	
4～8	8 214.9	17 819.4	35 980.7	39 355	7 496
8～16			10 529.3	10 504	
>16				3 033	

河南浅层地下水目前已形成两个降落漏斗，一是安阳—濮阳漏斗，面积达 8 236km²，漏斗中心有两个，一个在南乐、清丰一带，中心水位埋深为 20～22m，一个在滑县东部，水位埋深 18～20m；另一个漏斗为温县—孟州漏斗，面积为 562km²，漏斗中心水位埋深 20～22m。

根据 1991～2010 年区域浅层地下水动态监测资料对比全省平原区地下水位变化分上升和下降两种类型。大部分地区地下水位以下降为主，水位下降区面积为 61 640km²，占平原区面积的 77.9%，平均下降速度为 0～0.4m/a，最大降幅为 1.23m/a；水位上升区主要分布在中部、南部及豫北的新乡等地，上升区面积为 17 527km²，上升幅度为 0～0.4m/a，局部上升幅度达 0.4～0.8m。

表6-14 河南平原区浅层地下水变幅情况（1991～2010 年）

变化类型	年均变幅/m/a	面积/km²	分布区
下降	>1.2	138	安阳北部
	0.8～1.2	473	淇县、孟州
	0.4～0.8	7 360	豫北中部、许昌
	0～0.4	53 669	沿黄地带及黄河以南大部
上升	0～0.4	17 409	新乡、开封东、扶沟、柘城等
	0.4～0.8	118	辉县

2. 浅层地下水动态变化类型

根据 1972 年以来河南区域地下水动态监测资料，依地下水位变化过程及发展趋势，地下水动态演变可分为持续下降型、阶段性下降型、相对稳定型三种基本类型。

（1）超量开采，水位持续下降型。主要分布在豫北的南乐、清丰、内黄、滑县及温县、孟州和郑州等地。自 1972 年以来，浅层地下水位变化特征是水位高程逐渐降低，水位埋深逐年加大，其形成原因是地下水的开采量大于补给量所致，汛期降水入渗补给地下水的量小于枯水期的超额开采量，致使水位年复一年的下降，有时特丰水年份汛期地下水位恢复高于前期水位，但多年平均地下水开采量大于补给量，而总趋势仍改变不了其持续下降的特征，历年平均下降速度为 0.3～0.7m/a。

（2）气象、开采双重因素影响，地下水位呈阶段性下降型。主要分布在黄淮海平原的东部和中部，地下水动态受气象、开采双重因素影响呈阶段性下降状况，20 世纪 80 年代中期以前主要受气象影响有规律的波动变化，而后地下水位随开采量的增加而逐年下降，其中 1986 年到 1987 年下降速度较快，1988 年以后水位下降速度减缓，平稳下降。

（3）气象因素制约，地下水位相对稳定型。主要分布在驻马店东部及沿黄地带，周口南部及鄢陵、西华等地，其地下水埋藏浅，水位变化幅度小，受气象因素明显，开采影响较小，为相对稳定型。1972 年以来地下水位除有小幅的上下波动外，无明显的上升或下降趋势。

（二）城市地下水动态特征

城市地下水动态，除受降水、开采、地表水体影响外，城市所处的自然地理、地质环境条件及城市建设影响亦较大，由西部山区到东部平原由于水文地质条件的变化，其地下水动态特征有较明显的差异。把河南城市划分为西部山地及山间盆地区、中部山前岗地平原区、东部平原区。

1. 西部山地及山间盆地区

主要城市有鹤壁、焦作、三门峡、洛阳、平顶山、南阳等。其中鹤壁、焦作主要开采岩溶水,为典型的降水入渗—开采型,丰水期地下水位上升,枯水期急剧下降,年际间变化较明显,1997 年降水量小,焦作市地下水位平均下降 11.3m,1998 年降水量大,地下水位平均上升 8.6m;洛阳、南阳、平顶山浅层地下水为降水入渗—开采型,由于地下水补给条件好,水量较丰富,水位变动幅度小,年变幅较小;三门峡地下水埋深较大,为开采型,地下水位与三门峡水库联系密切,蓄水期地下水位随水库水位上升而抬高,泄水期地下水位随水库水位下降而回落。

2. 中部山前岗地平原区

主要城市有安阳、新乡、郑州、许昌、漯河、驻马店、信阳等,分布于山前岗地与平原的过渡地带,地下水的补给、径流条件较好,地下水相对较丰富。安阳、新乡主要开采浅层地下水,20 世纪 90 年代初期地下水位下降明显,中期以后地下水位降幅减小,新乡地下水位还略有回升;郑州以开采中深层地下水为主,水位变化较复杂,一是中深层水与浅层水水力联系密切,水位升降基本一致,二是中深层水位变化与开采量关系紧密,目前已形成一个复合型漏斗,1998 年 7 月漏斗面积为 491km^2,中心水位埋深 74.31m;许昌、漯河、驻马店为浅层、中深层、深层地下水综合开采,浅层地下水类型为降水入渗—开采型,中深层、深层地下水为开采型;信阳水资源充沛,地下水开采量很少,埋深小,受气象因素影响明显。

3. 东部平原区

主要城市有开封、濮阳、商丘、周口等,其地下水的补给条件差,含水层富水性相对较弱,特别是深层地下水,侧向径流补给很弱,垂直入渗补给少,开采以消耗弹性储存量为主。浅层地下水为降水入渗—开采型,深层地下水为开采型。商丘以开采浅层、深层地下水为主,中深层地下水为微咸水现未开发,浅层、深层地下水均处于长期超采状态,其中浅层地下水位下降较慢,深层地下水位下降较快,年均降幅为 2~3m;濮阳主要开采浅层地下水,1991 年以来浅层地下水位呈下降趋势,年均降幅为 0.55m;周口浅层地下水位受降水、开采及地表水体影响,目前浅层地下水基本为采补平衡,水位变幅在±0.5m 之间;开封浅层地下水动态受降水及黄河水侧渗补给影响,水位变动不大,为采补平衡状态,深层地下水动态 1996 年以前为下降趋势,近几年略有回升。

表 6-15　河南主要城市地下水水位变化（1992～1998 年）（m）

城市	中深层（深层）地下水								浅层地下水							
	平均	1998年	1997年	1996年	1995年	1994年	1993年	1992年	平均	1998年	1997年	1996年	1995年	1994年	1993年	1992年
鹤壁									-0.07	-0.11	-2.95			+0.96~+1.27		-0.31~-0.58
焦作									-0.92	8.6	-11.30	5.9	3.31	9.54	-6.25	-7.99
三门峡				3.16					-0.13			0.58			-1.09	
洛阳									0.41	1.04	-1.08	2.23	-1.0	0.9	1.55	-0.75
平顶山									-0.01	0.72	-0.80	2.27		+0.7~+0.35		-0.60~-1.20
南阳	0.36	1.82	0.67	2.51	-0.25	-1.44	2.48	-1.09	持平	持平	-1.12	1.3	0.14	-0.18	1.71	-1.11
安阳	-0.27	-0.75	0.56	0.13		-0.17	-3.73		-0.62	-0.29	-0.16	0.2	略降	略升	-4.75	-2.57
新乡	0.05	-1.03	1.06	-2.49	-2.49				-0.29	0.04	0.23			-0.48		-1.08
郑州	-2.17	-1.0	0.76	3.16	1.05	-0.64	-3.37		-0.57	-1.40	-1.28	-0.54	-1.56	0.34	-0.57	-0.28
许昌	+0.22	0.37	1.12	-0.50					-0.02	0.35	0.32	0.07	-0.20	-0.11	-0.38	
漯河	-0.39	1.41	5.42	2.24		+0.64~-4.12			0.12	2.42	0.23	0.6	0.7	-0.37	-0.42~-1.63	
驻马店	-0.29	-1.19	-3.56		0.43		基本稳定		0.15	-0.05	-1.74	1.81	-0.29		1.63	
信阳	基本稳定								持平	持平	略降	略升	略降	基本稳定	基本稳定	
开封	0.28	2.21	1.75	-0.70	-0.47	-0.66			-0.10	持平	-0.40	持平	0.07	-0.17		
濮阳	-1.07	-1.60	-1.27	-1.15	-0.55	-0.49	-0.72	-1.08	-0.55	持平	-1.16	-1.17		-0.26~-0.51		
商丘		-0.72	-3.57	-0.80	-2.23	-2.97	-2.10	-2.17	-0.02	0.73	-0.88			-0.20~-0.50		
周口	0.11	-1.22	2.13		-0.59	0.65	2.68		-0.05	0.2	0.3	持平	-0.70	-0.50	0.2	

表 6-16　河南主要城市地下水降落漏斗情况（2010 年）

城市名称		浅层地下水				中深层地下水			深层地下水		
分区	城市	平均降速 /(m/a)	中心水位埋深 /m	漏斗面积 $/\text{km}^2$	地下水开采量 $/(10^4\text{m}^3/\text{a})$	平均降速 /(m/a)	中心水位埋深 /m	漏斗面积 $/\text{km}^2$	平均降速 /(m/a)	中心水位埋深 /m	漏斗面积 $/\text{km}^2$
西部山地及山间盆地区	鹤壁	0.07	82	2.7	1 754.06						
	焦作	0.36	109.62	38.07	10 249.53						
	三门峡	0.71	92.86	32	1 727.83						
	洛阳	0.41	18.32	13.44	23 761.7						
	平顶山	很小	11.7	25	8 311.05						
	南阳	很小		105	5 472.54						>200
中部山前岗地平原区	安阳	0.62	24.81	107.6	11 907.31	很小	25.71	约140			
	新乡	0.4	13.83	37.61	7 460	2.17	74.31	491.25	2.36	11.6	
	郑州	0.57	32.89	225.89	6 535	0.2	37.34	26.13	4.16	68.53	约140
	许昌	0.13	19.93	23	4 332	0.69	46.21	约100	0.22	76.05	>80
	漯河	很小	11.96	23.15	1 500	0.29	82.19	15			
	驻马店	0.15	4.85	5	867.46						
	信阳		5.63	未形成	540.2						
东部平原区	开封	0.1	16.2	122	8 249	0.28	25.26	84			
	濮阳	1.233	23.38	171	16 233.4	1.28	21.02		0.51	13.24	
	商丘	0.29	18.77	297	4 098				2.25	62.17	520
	周口	0.05	8.75	12	1 106.1	0.17	32.38	750			

五、浅层地下水资源量

（一）平原区地下水资源量

根据平原区地下水资源量评价方法和补给量计算成果，全省平原区地下水资源量为 $124.503\times10^8\text{m}^3/\text{a}$，其中淡水区 $123.860\times10^8\text{m}^3/\text{a}$，微咸水区 $0.643\times10^8\text{m}^3/\text{a}$。按补给项分类，全省平原区地下水资源量中，降水入渗补给量为 $100.962\times10^8\text{m}^3/\text{a}$，约占 81%；地表水体补给量为 $19.690\times10^8\text{m}^3/\text{a}$，约占 16%；山前侧渗补给量为 $3.851\times10^8\text{m}^3/\text{a}$，仅占 3%。

表 6-17　河南平原区浅层地下水资源量（10^4m^3）

行政区和流域	平原区浅层地下水资源量				淡水/ M≤2g/L	微咸水/ M>2g/L
	降水入渗补给量	地表水体补给量	山前侧渗量	合计		
河南	1 009 619	196 902	38 510	1 245 032	1 238 601	6431
郑州市	22 493	14 774	590	37 857	37 857	
开封市	70 886	12 585		83 471	82 999	472
洛阳市	15 410	26 685		42 095	42 095	
平顶山市	26 580	1 419	724	28 723	28 723	
安阳市	27 469	4 942	9 038	41 449	41 272	178
鹤壁市	8 053	988	3 001	12 042	12 042	
新乡市	57 870	46 577	5 560	110 007	106 794	3 212
焦作市	22 040	16 550	5 948	44 538	43 747	790
濮阳市	35 421	15 722		51 143	51 143	
许昌市	36 369	2 987	2 487	41 843	41 843	
漯河市	36 244	1 521		37 765	37 765	
三门峡市	2 244			2 244	2 244	
南阳市	79 972	8 667	5 452	9 4091	94 091	
商丘市	127 342	2 489		129 831	128 052	1 779
信阳市	107 838	22 620		130 458	130 458	
周口市	161 452	9 703		171 155	171 155	
驻马店市	168 633	5 953	2 547	177 133	177 133	
济源市	3 304	2 721	3 163	9 188	9 188	
海河流域	66 261	31 897	20 963	119 120	114 941	4 180
黄河流域	111 029	84 254	5 747	201 030	201 030	
淮河流域	750 651	71 950	6 348	828 949	826 698	2 251
长江流域	81 679	8 802	5 452	95 933	95 933	

（二）山丘区地下水资源量

根据山丘区地下水资源量评价方法和排泄量计算结果，全省山丘区地下水资源量为 $83.109 \times 10^8 m^3/a$，其中一般山丘区 $68.383 \times 10^8 m^3/a$，岩溶山丘区 $14.726 \times 10^8 m^3/a$。按排泄项分类，全省山丘区地下水资源量中，河川基流量为 $65.210 \times 10^8 m^3/a$，约占 78%；开采净耗量为 $14.048 \times 10^8 m^3/a$，约占 17%；山前侧渗量为 $3.851 \times 10^8 m^3/a$，仅占 5%。

表 6-18　河南山丘区地下水资源量（$10^4 m^3$）

行政区和流域	河川基流量	山前侧渗量	开采净耗量	山丘区水资源量
河南	652 100	38 510	140 483	831 093
郑州市	32 036	590	44 224	76 850
洛阳市	97 336		17 805	115 141
平顶山市	40 788	724	10 334	51 846
安阳市	22 117	9 038	8 994	40 149
鹤壁市	4 815	3 001	4 716	12 532
新乡市	11 326	5 560	10 504	27 390
焦作市	7 788	5 948	8 564	22 300
许昌市	11 452	2 487	9 451	23 390
三门峡市	62 336		6 162	68 498
南阳市	155 480	5 452	10 509	171 441
信阳市	164 655		5 640	170 295
驻马店市	32 974	2 547	2 657	38 178
济源市	8 998	3 163	924	13 085
海河流域	42 989	20 963	31 345	95 297
黄河流域	154 147	5 747	36 210	196 104
淮河流域	293 123	6 348	61 711	361 182
长江流域	161 842	5 452	11 217	178 511

（三）分区浅层地下水资源量

根据分区地下水资源量计算方法及平原区、山丘区地下水资源量计算结果，1980~2010 年全省多年平均地下水资源量为 $195.997 \times 10^8 m^3/a$，其中山丘区 $83.109 \times 10^8 m^3/a$，平原区 $124.503 \times 10^8 m^3/a$，山丘区与平原之间地下水的重复计算量 $11.615 \times 10^8 m^3/a$。按矿化度分区，全省淡水区地下水资源量为 $195.443 \times 10^8 m^3/a$（其中矿化度为 1g/L 为 $184.77 \times 10^8 m^3/a$，矿化度 1~2g/L 为 $10.67 \times 10^8 m^3/a$），微咸水区地下水资源量为 $0.555 \times 10^8 m^3/a$。

表 6-19 河南分区浅层地下水资源量（$10^4 m^3$）

行政区和流域	山丘区地下水资源量	平原区地下水资源量	平原区与山丘区之间地下水重复量	分区地下水资源量合计	其中：淡水/$M \leqslant 2g/L$	地下水与地表水重复计算量
河南	831 093	1 245 032	116 149	1 959 975	1 954 429	928 604
郑州市	76 850	37 857	7 122	107 585	107 585	40 278
开封市		83 471	5 584	77 887	77 457	7 001
洛阳市	115 141	42 095	11 474	145 762	145 762	114 325
平顶山市	51 846	28 723	1 012	79 557	79 557	49 831
安阳市	40 149	41 449	11 907	69 690	69 533	24 189
鹤壁市	12 532	12 042	3 603	20 971	20 971	5 201
新乡市	27 390	110 007	26 490	110 906	108 358	36 973
焦作市	22 300	44 538	13 617	53 221	52 577	16 669
濮阳市		51 143	6 965	44 178	44 178	8 757
许昌市	23 390	41 843	3 332	61 901	61 901	13 595
漯河市		37 765	274	37 491	37 491	7 607
三门峡市	68 498	2 244		70 742	70 742	62 336
南阳市	171 441	94 091	7 766	257 766	257 766	187 116
商丘市		129 831	877	128 955	127 186	9 084
信阳市	170 295	130 458	5 946	294 807	294 807	222 882
周口市		171 155	1 970	169 185	169 185	33 701
驻马店市	38 178	177 133	3 768	211 543	211 543	78 618
济源市	13 085	9 188	4 442	17 831	17 831	10 440
海河流域	95 297	119 120	36 354	178 064	174 716	59 495
黄河流域	196 104	201 030	43 003	354 131	344 131	202 924
淮河流域	361 182	828 949	28 996	1 161 134	1 158 936	472 061
长江流域	178 510	95 933	7 796	266 647	266 647	194 124

（四）地下水资源量分布特征

地下水资源区域分布一般采用模数表示。一般来讲，水文地质条件较好的地区，如黄河沿岸影响带、太行山前冲洪积扇、淮河及其较大支流河谷地带等，水资源相对较丰富。

1. 山丘区地下水资源量分布特征

淮河干流以北，一般山丘区的地下水资源量模数基本上都在（5~10）×$10^4 m^3/km^2$，总趋势是南部大、北部小。淮河干流以南的山区，因降水量较大，其地下水资源量模数高于淮河干流以北的一般山丘区，模数值在（10~15）×$10^4 m^3/km^2$。

山区岩溶水分布区，岩溶山区地下水资源量主要受岩溶发育程度的影响，地下水资源丰富。豫北鹤壁、新乡、焦作的太行山一带岩溶发育程度高，地下水资源量相对较丰富，模数在（20~25）×$10^4m^3/km^2$，局部大于 $30×10^4m^3/km^2$；豫中嵩箕山区资源模数一般（15~20）×$10^4 m^3/km^2$，豫西一般（10~15）×$10^4 m^3/km^2$；其他广大基岩地区，地下水资源较贫乏，资源模数一般小于 $5×10^4m^3/km^2$。

2. 平原区地下水资源量分布特征

平原区地下水资源量模数平均为 $12.18×10^4m^3/km^2$，总体分布具有北部大、南部小的特点。淮河干流以南平原区，因年降水量较大，地下水资源量模数一般在（20~25）×$10^4m^3/km^2$ 之间，局部达（25~30）×$10^4m^3/km^2$。

北汝河、沙颍河以南至淮河干流之间的平原区，地下水资源量模数一般在（15~20）×$10^4m^3/km^2$，洪汝河两岸地下水资源量模数在（20~25）×$10^4m^3/km^2$，周口以南的商水、项城一带地下水资源量模数在 $10~15×10^4m^3/km^2$。

豫东平原中部的许昌—商丘一带，地下水资源量模数一般在（10~15）×$10^4m^3/km^2$。

黄河两岸地区，由于大量引黄灌溉，使其模数比邻近平原区要大些，地下水资源量模数一般在（15~20）×$10^4m^3/km^2$，局部为（10~15）×$10^4m^3/km^2$，其中郑州与开封之间因表层土以粉细砂居多，模数达（20~25）×$10^4m^3/km^2$。

黄河影响带南北两侧郑州—新郑—中牟及原阳—长垣—范县一带，地下水资源量模数（15~20）×$10^4m^3/km^2$；济源—焦作—新乡—淮阳北部一带及许昌—尉氏—周口—商丘一带，包气带岩性以亚砂土、亚黏土互层为主，水位埋深北部一般大于 6m，南部为 4~6m，补给条件稍差，地下水资源量模数一般为（10~15）×$10^4m^3/km^2$。

豫北安阳河、沁河等河口冲洪积扇，含水层颗粒粗、厚度大，水位埋藏浅，补给条件优越，地下水资源量模数大于 $30×10^4 m^3/km^2$；豫北濮清南漏斗区、豫东南四湖东部及豫西三门峡河谷地区，因地下水埋深大，降水入渗补给缓慢，故地下水资源量模数较小，介于（5~10）×$10^4m^3/km^2$。

南阳盆地地下水资源量模数大部分在（15~20）×$10^4m^3/km^2$；南阳市区北面及社旗以东山前平原地下水资源量模数较大，分别为（25~30）×$10^4m^3/km^2$ 和（20~25）×$10^4m^3/km^2$；盆地西部及唐河下游地下水资源量模数较小，介于（10~15）×$10^4m^3/km^2$。

在洛阳市以东伊洛河河谷及沁阳以上沁河两岸，因河道渗漏补给量很大，地下水资源量模数高达（30~50）×$10^4m^3/km^2$，属全省地下水资源最丰富的地带。豫西宏农—青龙涧河地下水资源量模数为（10~15）×$10^4m^3/km^2$。

六、浅层地下水的水化学特征与水质

（一）浅层地下水的水化学特征

地下水化学组分受地质、水文地质条件、地貌和气候的控制，依地下水的补给、径流、排泄条件，呈规律性的分布。山区、岗地和山前倾斜平原中上部为溶滤带，地下水交替条件好，一般为重碳酸型低矿化淡水，水质良好；沉积岩地区钙含量高，一般不缺碘；岩浆岩地区钠镁含量高，在豫西、大别山岩浆岩分布区则碘含量低，氟含量高。

平原区由于地下水溶解易溶盐，愈接近前缘，水位变浅，径流滞缓，垂直交替作用强烈，使盐分浓缩，导致浅层地下水由山前向平原水化学见明显的分带性，即由重碳酸型过渡到重碳酸、硫酸、氯化物型，矿化度由低逐步增高，水质由淡水变成微咸、半咸水。黄河冲积扇，上部地下径流相对流畅、水化学属重碳酸型，为淡水；到中下游的新乡、开封东部等地，硫酸盐增高，相间分布有微咸水；前缘地带特别是商丘、安阳东部，地势低平，地下水径流滞缓，蒸发强烈，出现重碳酸、氯化物型水，矿化度 $2\sim3g/L$，且西北东南向呈条带状分布有大于 $3\sim5g/L$ 的半咸水，浅层咸水、半咸水的分布面积为 4 920km^2。平原区中深层地下水封丘、兰考以东的大部分有面状分布的微咸水，矿化度 $2\sim4g/L$，面积约 24 800km^2，其他地区属重碳酸型淡水。

伏牛山、大别山的萤石矿分布带，距地表较近的水体中氟离子含量偏高，一般为 $3\sim4mg/L$，特高区可达 $7\sim8mg/L$。豫北、豫东平原、南阳盆地受水的积聚、蒸发等作用，地下水含氟量一般为 $0.5\sim2.0mg/L$，特高区在 $2mg/L$ 以上。伏牛山、太行山山区，水中含碘量、含硒量偏低，易发生甲状腺肿大及大骨节症等地方病。20 世纪 70 年代以后，随着城镇人口增长，工业污水的排放，农业化肥及农药的广泛使用，水源已受到不同程度的污染，并日趋严重。

（二）浅层地下水的水化学类型

按照地下水矿化度分级，全省范围内矿化度大于 $1g/L$ 的微咸水及半咸水，总面积为 4 920km^2，主要分布在平原区，山区全部为淡水。淡水（$<1 g/L$）、微咸水（$1.0 \sim3.0 g/L$）及半咸水（$3.0 \sim5.0 g/L$）分布面积分别为 16 2087km^2、3 795km^2、1 125km^2，分别占全省总面积的 97 %、2% 及 1%，占平原区总面积的 95%、3% 及 2%。平原区微咸水及半咸水主要集中分布在黄河冲积平原前缘地带，黄河以北主要分布在卫河以东，延津—长垣县以北；黄河以南主要分布在罗王—仇楼—太康县一线以东，鄢陵县以南，周口、淮阳、郸城县以北。

河南平原区浅层地下水设有监测井 307 眼，评价面积为 84 668 km^2，平均 276 km^2 一眼监测井。河南地下水水化学类型主要为 HCO$_3^-$ 型（包括 1～7 型），占评价面积的 80.0%，其他 HCO$_3^-$+Cl$^-$ 型（包括 22～28 型）、HCO$_3^-$ +SO$_4^{2-}$ 型（包括 8～14 型）、HCO$_3^-$+ SO$_4^{2-}$+ Cl$^-$ 型（包括 15～21 型）、SO$_4^{2-}$型（包括 29～35 型）和 SO$_4^{2-}$+ Cl$^-$ 型（包括 36～42 型）所占面积从 13.3%～0.2% 不等，Cl$^-$ 型（包括 43～49 型）未发现。

河南所辖各流域水化学类型的分布状态以 HCO$_3^-$ 型（包括 1～7 型）为主，其分布面积占各流域区面积均在 70% 以上，按百分比由大到小排列，四流域依次为长江流域、淮河流域、海河流域和黄河流域。在 18 个省辖市中，17 个市以 HCO$_3^-$ 型（包括 1～7 型）为主，其分布面积占各市区面积的百分比最低为焦作市，占 50.0%，最高为郑州市、三门峡市、平顶山市，均为 100%，而濮阳市则以 SO$_4^{2-}$+ Cl$^-$ 型（包括 36～42 型）居多，占 57%，其余为 HCO$_3^-$型

（包括 1~7 型），占 43%。

表 6-20　河南各流域地下水水化学类型分布面积统计（km^2）

流域	评价区面积	地下水水化学类型						
		HCO$_3^-$	HCO$_3^-$+SO$_4^{2-}$	HCO$_3^-$+SO$_4^{2-}$+Cl$^-$	HCO$_3^-$+Cl$^-$	SO$_4^{2-}$	SO$_4^{2-}$+Cl$^-$	Cl$^-$
海河	9 294	6 769	480	395	1 170	290	190	
黄河	13 320	9 436	452	80	3 352			
淮河	55 324	45 769	3 105	375	6 075			
长江	6 730	5 749	326		655			
全省	84 668	67 723	4 363	850	11 252	290	190	

（三）浅层地下水水质

1. 矿化度

全省评价面积的 89.9% 矿化度小于等于 1g/L，9.6% 的矿化度在 1~2g/L，矿化度大于 2g/L 的面积仅占 0.5%。分布情况大致是临近山区小，黄泛平原大；由南向北、由西向东逐渐增大。省辖四流域按小于等于 1g/L 面积所占百分比由大到小排列依次为：长江流域、海河流域、黄河流域、淮河流域。18 个省辖市中除濮阳市、周口市、商丘市小于等于 1g/L 面积所占百分比较小，分别为 66.3%、72.0%、76.0% 外，其余 15 市小于等于 1g/L 面积所占百分比均在 90% 以上。

表 6-21　河南各流域地下水矿化度分布面积统计（km^2）

流域	评价区面积	矿化度 M/g/L				
		M≤1	1<M≤2	2<M≤3	3<M≤5	M>5
海河	9 294	8 663	375	21	235	
黄河	13 320	11 836	1 484			
淮河	55 324	48 874	6 277	173		
长江	6 730	6 730				
全省	84 668	76 103	8 136	194	235	

2. 总硬度

全省地下水总硬度含量小于 150 mg/L 的面积占评价区总面积的 1.1%；150 ~300mg/L 之间的占 21.7%；300~450 mg/L 之间的占 55.1%；450~550 mg/L 之间的占 10.7%；大于 550 mg/L 的占 11.4%，也就是说，有 22.1% 面积的总硬度超过 450 mg/L。总硬度的分布情况与矿化度相同，大致为南部小，北部大；临近山区小，黄泛平原大。省辖四流域按超过 450 mg/L

所占面积的百分比由大到小排列依次为:黄河流域、海河流域、淮河流域、长江流域。18 个市中有濮阳市、平顶山市、焦作市、开封市、商丘市、许昌市超过 450 mg/L 面积所占百分比大于全省平均数,濮阳市最高,为 71.7%。

表 6-22 河南各流域地下水总硬度分布面积统计（km²）

流域	评价区面积	总硬度 N/mg/L					
		50<N≤100	100<N≤150	150<N≤300	300<N≤450	450<N≤550	N>550
海河	9 294			515	5 449	715	2 115
黄河	13 320		245	2549	6 306	1 310	2 910
淮河	55 324		545	10 843	32 373	6 930	4 633
长江	6 730	200		4 435	2 500	90	
全省	84 668	200	790	18 342	46 633	9 045	9 658

3. pH 值

全省地下水 pH 值绝大部分在 7.0～8.0,占评价区总面积的 92.5 %,pH 值为 6.5～7.0 和 8.0～8.5 的面积占评价区总面积的 7.1%,而小于 6.5 和大于 8.5 的面积仅占评价区总面积的 0.4%。省辖四流域中,海河流域和黄河流域 pH 值全部在 6.5～8.5,其中 7.0～8.0 海河流域占 92.3%,黄河流域占 93.7%;淮河流域、长江流域 6.5～8.5 之间的分别占 99.4% 、99.9%。18 个省辖市中,除信阳市有 pH 值小于 6.5 的监测井,南阳市有大于 8.5 的监测井外,其余 16 市 pH 值均在 6.5～8.5。

表 6-23 河南各流域地下水 pH 值分布面积统计（km²）

流域	评价区面积	pH 值						
		5.5～ 6.5	6.5～7.0	7.0～7.5	7.5～8.0	8.0～8.5	8.5～9.0	>9.0
海河	9 294				2 627	5 951	716	
黄河	13 320				884	11 600	836	
淮河	55 324		357	4 174	29 253	21 240	300	
长江	6 730	200			6 491	232		7
全省	84 668	200	357	4 174	39 255	39 023	1 852	7

水化学类型、矿化度、总硬度与水文地质条件有较为密切的关系,从山区到平原,随着地下水位埋深变浅,径流滞缓,地下水垂直交替作用强烈,使盐分浓缩,水化学类型亦由重碳酸盐型过渡到重碳酸盐硫酸型、氯化物型,总硬度、矿化度逐步升高。

第四节　深层地下水

一、深层地下水类型与地质条件

河南深层地下水（埋深 150～200m 以下至 350m）可分为两大类型：松散沉积物孔隙水和碳酸盐岩岩溶裂隙水。

（一）松散沉积物孔隙水

由于地质构造与地貌条件的差异可划分 3 类。

1. 山前平原第四系冲洪积砂砾石孔隙浅层水及深层承压水

中深层承压水在山前、盆地主要受侧向径流补给，其次为越流补给；平原区主要是越流和弹性释水补给，径流微弱。消耗主要是开采和径流，由于补给微弱，开采主要消耗静储量。如安阳市、焦作市、平顶山市等，均属于山前平原第四系冲洪积砂砾石孔隙浅层水及深层承压水。其含水层由一系列规模不同、多层叠置的第四系冲洪积扇构成。含水层以砂砾卵石、砂为主，一般厚度 10～55m；自冲洪积扇顶部单一砂砾石层浅层水，向下游变为以多层砂层为主的浅层水—深层承压水，单井出水量为 1000～3000m³/d，属强—极强富水区。该区域多为城市水源地，地下水排泄以人工开采为主。由于集中过量开采，形成地下水位下降漏斗和超采区，加之含水层上覆可以阻滞污染物渗透的黏性土厚度较薄，地下水易受污染，目前已受到一定程度的污染。

2. 黄淮海平原第四系冲积、冲湖积多层砂层孔隙浅层水及深层承压水

黄淮海平原第四系冲积、冲湖积多层砂层孔隙浅层水及深层承压水，具承压性，水头一般高于浅层水，且有含水层埋藏越深水头越高的规律，部分地区自流，郑州、开封、新乡、濮阳、许昌、漯河、商丘、周口、驻马店等城市属主要类型。在郑州、开封、新乡一带，属浅层水极强富水和强富水分布区，含水层由黄河冲积的含砾中粗砂、中砂、中细砂、细砂组成，具有明显下粗上细"二元结构"，厚度由冲积扇轴部的 80～100m 向下游和两翼过渡为 30～80m。在黄河冲积扇及黄河冲积古河道主流带分布区，含水层埋藏浅、厚度大、颗粒粗，单井出水量为 1 000～3 000m³/d，属强富水区。在冲积和冲湖积平原区，多层砂层含水层以中细砂、细砂及少量砂砾石为主，含水层厚度一般 40～80m，在垂直方向上具有多层砂层与多层黏性土为主相间组成的多层结构特征，形成多层深层承压水。单井出水量一般为 1 000～2 000m³/d。深层承压水除接受侧向径流补给外，由于城市区集中过量开采，深层承压水形成了较大面积水位下降漏斗，其水位低于浅层水水位 20～30m，故浅层水越流补给亦成为重要补给源。

3. 豫西黄土地区、各山前缓岗地区和淮河平原深层承压水

主要是第三系含水层，黄海平原南阳盆地主要是下更新统或二者合之。济源至沁阳、内黄至濮阳、洛阳至岳滩、郑州、新郑至中牟及杞县、太康和南阳盆地的社旗一带，含水层为砂砾石、中细砂，厚 $40\sim100m$，单位涌水量 $2\sim10m^3/$（h·m）；开封东部、周口、灵三盆地、伊洛盆地西部，含水层不发育，一般为粉细砂和胶结的砂砾岩，单位涌水量 $1\sim5m^3/$（h·m）。

（二）碳酸盐岩岩溶裂隙水

以岩溶水为主要供水水源的城市有焦作市和鹤壁市，地貌位置处于构造侵蚀和构造剥蚀的中、低山丘陵区，岩性主要为寒武和奥陶系的巨厚层石灰岩，厚 $150\sim550m$。构造裂隙岩溶发育，沿构造带水量极为丰富，单井出水量可达 $2\,600\sim4\,886m^3/d$。

二、深层地下水的补给与排泄途径

深层地下水不能直接接受当地的大气降水垂直方向入渗补给，其补给途径为：一是来自山前的天然地下水侧向补给。但在开采区远离补给边界的情况下，侧向补给量十分有限；二是在开采过程中来自相邻含水层的越流补给；三是因开发利用带来承压水头下降，由此造成含水层和弱含水层的压密而释放的水量（又可分为弹性释放量和黏性土层压缩释放水量）。这部分水量主要是动用的含水层中原有的地下水弹性储存量。

深层地下水的排泄途径为：一是侧向排出区外的地下水量，二是向相邻含水层的越流排泄，三是深层地下水的人工开采。

三、深层地下水资源量计算

计算含水层为下更新统及上第三系上部，顶底板埋深不同地区有所差异，大致划分至中更新统地板深度，一般为 $40\sim100m$，开封凹陷区达 $160m$ 左右，底界深度为一般 $100\sim300m$，局部 $500m$。

评价方法主要采用弹性水头允许降深释放量法。深层地下水资源计算按对应的地下水系统进行计算区域划分，然后分区计算可采资源及弹性储存资源。

（一）计算分区

河南深层地下水资源计算分区见表 6-24。

表 6-24　河南深层地下水资源计算分区

计算区		计算亚区		计算面积/km²
代号	对应地下水系统	代号	对应地下水亚系统	平原
I	卫河地下水系统	I₁	太行山区亚系统	—
		I₂	卫河冲洪积平原亚系统	4 693
II	黄河地下水系统	II₁	宏农—青龙涧河亚系统	—
		II₂	伊洛河亚系统	—
		II₃	沁蟒河亚系统	—
		II₄	黄河冲洪积平原亚系统	43 034
III	淮河地下水系统	III₁	沙颍河上游亚系统	—
		III₂	桐柏—大别山亚系统	—
		III₃	淮河冲洪积平原亚系统	29 142
IV	汉水地下水系统	IV₁	伏牛—桐柏山亚系统	—
		IV₂	南阳盆地亚系统	8 215
		合计		85 084

注：II₄进一步分为 II₄₋₁（黄河北）、II₄₋₂（黄河南）、II₄₋₃（黄河影响带）三个计算段。

（二）可开采资源量计算

为使地下水资源得到可持续利用，不致产生不良环境地质问题，深层地下水计算考虑地面沉降因素，以每年地面沉降量和总允许地面沉降量作为环境约束条件。根据此环境约束条件，深层承压水可开采资源计算，其弹性水头每年按 0.5m 降深计。

深层水可开采量主要由山前侧向径流补给量、浅层水越流量及弹性释放量三部分组成。

1. 山前侧向补给量

主要计算北部、西部及南部山前补给量，南阳盆地因资料欠缺不予计算。

$$Q_{侧}=I \cdot L \cdot T \tag{6-1}$$

式中：$Q_{侧}$—山前侧向补给径流量（m³/d）；I—水力坡度；L—过水断面长度（m）；T—导水系数（m²/d）。

侧向径流补给量计算结果见表 6-25。

表 6-25　河南深层承压水侧向补给量计算表

分区		断面长度	水力坡度	导水系数	径流量
区	亚区	/m		/m²/d	/10⁴m³/a
I	I₂	51 000	0.0012	400	893.52
		39 000	0.001	200	284.70
		123 000	0.0014	80	502.82
	小计				1681.04

续表

分区		断面长度 /m	水力坡度	导水系数 /m²/d	径流量 /10⁴m³/a
区	亚区				
II	II₄₋₁	22 000	0.001	100	80.30
		6 000	0.0007	150	229.95
					310.25
	II₄₋₃	30 000	0.0026	200	569.40
	小计				879.65
III	III₃₋₁	30 000	0.0026	200	569.40
		70 000	0.0018	200	919.80
		160 000	0.001	100	584.00
					2 073.20
	III₃₋₂	37 000	0.0008	40	43.22
	III₃₋₃	140 000	0.0013	40	265.72
	小计				2 382.14
合计					4 942.83

2. 年可开采弹性释放量

为保障地下水资源的可持续利用，计算深层承压水年可开采弹性释放量时，其弹性水头每年按 0.5m 降深计算。弹性释水量计算公式如下：

$$Q_弹 = Ue \cdot Mcp \cdot \Delta h \cdot F \tag{6-2}$$

$$Q_{弱弹} = Ue' \cdot Mcp' \cdot \Delta h \cdot F \tag{6-3}$$

式中：$Q_弹$ 为含水层弹性释放量（m³/a）；$Q_{弱弹}$ 为弱透水层弹性释放量（m³/a）；Ue 为含水层弹性比释水系数；Ue' 为弱透水层弹性比释水系数；Mcp 为含水层平均厚度（m）；Mcp' 为弱透水层平均厚度（m）；Δh 为区域水位降深（计算时采用 0.5m）；F 为计算区面积（m²）。

3. 越流补给量

浅层水越流量按水头差 1.0m 计算，越流量为浅层潜水和承压水的重复量，但其作为深层承压水可开采资源量组成的一部分，故予以计算。计算公式如下：

$$Q_越 = Ke \cdot \Delta h \cdot F \tag{6-4}$$

式中：$Q_越$ 为潜水越流补给量（m³/d）；Ke 为越流系数（1/d）；Δh 为开采层与越流层的水头差（采用 1.0m）；F 为计算区面积（m²）。

4. 深层地下水可开采资源量

根据上述各分项计算，深层地下水可开采资源量计算结果见表 6-26，深层承压水弹性释放量及越流补给量计算结果见表 6-27。从计算结果来看，深层承压水可开采资源量仅为潜水的 1/16。

表 6-26 河南深层承压水可开采资源量

分区		面积/km²	水头降 0.5m 弹性释放量/10⁴m³/a			越流补给量 /10⁴m³/a	侧向 补给量 /10⁴m³/a	可开采量 /10⁴m³/a	可开采 资源模数 /10⁴m³/a
			含水层	弱透水层	合计				
I	I₂	4 693	143.72	2 956.59	3 100.31	3 974.03	1681.04	8 755.39	1.87
II	II₄₋₁	8 988	219.31	4 134.48	4 353.79	9 480.99	310.25	14 145.03	1.57
	II₄₋₂	11 055	784.91	5 593.83	6 378.74	14 526.27	—	20 905.01	1.89
	II₄₋₃	2 991	1 092.20	3 012.12	14 104.32	14 517.67	569.40	29 191.38	1.27
	小计	43 034	2 096.42	12 740.43	24 836.85	38 524.93	879.65	64 241.43	1.49
III	III₃	29 142	981.53	12 971.02	13 952.55	11 916.80	2 382.14	28 251.48	0.97
IV	IV₂	8 215	61.61	126.51	188.12	3 238.35	—	3 426.480	0.42
合计		85 084	3 283.28	38 974.55	42 077.82	57 654.11	4 942.83	104 674.77	1.23

（三）弹性储存资源总量计算

深层承压水弹性储存量，是指地下水系统在地质历史时期积累留下来的、补给来源较少、循环交替相对缓慢的、自含水层顶板算起的压力水头高度范围内的储存量。深层地下水的富水性很大程度地反映在弹性储存量的大小上。计算公式如下：

$$Q_弹 = Ue \cdot Mcp \cdot H \cdot F \tag{6-5}$$

$$Q_{弱弹} = Ue' \cdot Mcp' \cdot H \cdot F \tag{6-6}$$

式中：H 为含水层顶板以上压力水头高度（m）；其他符号意义同前。

计算结果见表 6-28。

四、深层地下水水质

（一）深层地下水水质评价标准及方法

2005 年，河南地质环境监测院对全省地下水水质进行了全面调查与评价，调查区总面积为 $10 \times 10^4 km^2$。综合评价是根据国家《地下水质量标准》（GB/T14848-1993）进行的。参加评价的项目有"色、嗅和味、浑浊度、肉眼可见物、pH 值、总硬度、溶解性总固体、硫酸盐、氯化物、铁、锰、铜、锌、钼、钴、挥发性酚类、阴离子合成洗涤剂、高锰酸盐指数、硝酸盐、亚硝酸盐、氨氮、氯化物、碘化物、氰化物、汞、砷、镉、六价铬、铅、铍、钡、镍"等共计 33 项。具体评价步骤如下：

（1）首先进行各单项指标评价，按照本标准所列分类指标，划分为 5 类，根据从优不从劣的原则，划分组分所属质量级别。

（2）对各类别按表 6-29 分别确定单项组分评价分值 F_i。

表6-27　河南深层承压水弹性释放量及越流量计算

分区		计算面积/km²	平均厚度/m		弹性比释放系数/m⁻¹		水头降0.5m弹性释放量/10⁴m³/a			越流系数/(1/d)	越流计算水头差1.0m 越流量/10⁴m³/a
			含水层	弱透水层	含水层	弱透水层	含水层	弱透水层	合计		
I	I_2	4 693	35	30	1.75×10^{-5}	4.2×10^{-4}	143.72	2 956.59	3 100.31	2.32×10^{-5}	3 974.03
II	II_{4-1}	8 988	40	50	1.22×10^{-5}	1.84×10^{-4}	219.39	4 134.48	4 353.79	2.89×10^{-5}	9 480.99
	II_{4-2}	11 055	40	55	3.55×10^{-5}	1.84×10^{-4}	784.91	5 593.83	6 378.74	3.60×10^{-5}	14 526.27
	II_{4-3}	5 556	30	70	3.55×10^{-5}	6.61×10^{-4}	295.86	2 853.81	13 149.66	1.73×10^{-5}	3 508.34
		17 435	45	80	2.03×10^{-5}	2.27×10^{-6}	796.34	158.31	954.66	1.73×10^{-5}	11 009.33
		22 991*	—	—	—	—	1 092.20	3 012.12	14 104.32	—	14 517.67
小计		43 034	—	—	—	—	2 096.42	12 740.43	24 836.85	—	38 524.93
III	III_3	13 060	25	50	1.38×10^{-5}	1.81×10^{-4}	225.29	5 909.65	6 134.94	1.17×10^{-5}	5 577.27
		8 993	30	85	4.66×10^{-5}	1.54×10^{-4}	628.61	5 885.92	6 514.53	1.08×10^{-5}	3 545.04
		3 082	40	35	1.18×10^{-5}	1.13×10^{-4}	72.74	609.47	682.21	1.08×10^{-5}	1 214.92
		4 007	20	25	1.37×10^{-5}	1.13×10^{-4}	54.90	565.99	620.88	1.08×10^{-5}	1 579.56
小计		29 142	—	—	—	—	981.53	12 971.02	13 952.55	—	11 916.80
IV	IV_2	8 215	25	7	6.00×10^{-6}	4.4×10^{-4}	61.61	126.51	188.12	1.08×10^{-5}	3 238.35
合计		85 084	—	—	—	—	3 283.28	38 794.55	42 077.82	—	57 654.11

注："*" 所在栏数据为对应分区数据小计。

表 6-28　河南深层承压水弹性储存资源量

分区		计算面积/km²	顶板埋深/m	水头埋深/m	平均厚度/m 含水层	平均厚度/m 弱透水层	弹性比释放系数/m⁻¹ 含水层	弹性比释放系数/m⁻¹ 弱透水层	弹性储存资源量/10⁴m³ 含水层	弹性储存资源量/10⁴m³ 弱透水层	弹性储存资源量/10⁴m³ 合计	弹性储存资源模数/10⁴m³/km²
I	I_2	4 693	40	15	35	30	1.75×10^{-5}	4.2×10^{-4}	7 186.16	147 829.50	155 015.56	33.03
II	II_{4-1}	8 988	110	12	40	50	1.22×10^{-5}	1.84×10^{-4}	42 984.21	810 358.08	853 342.29	94.94
	II_{4-2}	9 381	160	10	40	55	3.55×10^{-5}	1.84×10^{-4}	199 815.30	1 424 035.80	1 623 851.10	188.83
		1 674	250	10	40	55	3.55×10^{-5}	1.84×10^{-4}	57 049.92	406 581.12	463 631.04	
		11 055*	—	—	—	—	—	—	256 865.22	1 830 616.92	2 087 482.44	
	II_{4-3}	5 556	100	10	30	70	3.55×10^{-5}	6.61×10^{-4}	53 254.26	2 313 685.08	2 366 939.34	114.76
		9 095	200	10	45	80	2.03×10^{-5}	2.27×10^{-6}	157 857.37	31 381.39	189 238.76	
		8 340	100	10	45	80	2.03×10^{-5}	2.27×10^{-6}	68 567.31	13 630.90	82 198.21	
		22 991*	—	—	—	—	—	—	279 678.94	2 358 697.36	2 638 376.36	
	小计	43 034	—	—	—	—	—	—	579 528.37	4 999 672.36	5 579 200.73	129.65
III	III_3	8 519	80	10	25	50	1.38×10^{-5}	1.81×10^{-4}	20 573.39	539 678.65	560 252.04	65.56
		4 541	80	15	25	50	1.38×10^{-5}	1.81×10^{-4}	10 183.19	267 124.33	277 307.52	
		8 993	80	10	30	85	4.66×10^{-5}	1.54×10^{-4}	88 055.50	824 028.59	912 034.09	
		3 082	80	12	40	35	1.18×10^{-5}	1.13×10^{-4}	9 891.99	82 887.31	92 779.30	
		4 007	70	15	40	35	1.37×10^{-5}	1.13×10^{-4}	6 038.55	62 258.76	68 297.31	
	小计	29 142	—	—	—	—	—	—	134 692.61	1 775 977.64	1 910 670.25	
IV	IV_2	8 215	65	15	25	7	6.00×10^{-6}	4.4×10^{-5}	6 161.25	12 651.10	18 812.35	2.29
合计		85 084	—	—	—	—	—	—	727 568.39	6 936 130.60	7 663 698.99	90.07

注：“*”所在栏数据为对应分区数据小计。

表 6-29　单项组分评价类别与 F_i 分值关系

类别	I	II	III	IV	V
F_i	0	1	3	6	10

（3）再按 1、2 计算综合评价分值 F。

$$F = \sqrt{\frac{\overline{F}^2 + F_{\max}^2}{2}}　　　　（6-7）$$

$$\overline{F} = \frac{1}{N} \sum_{i=1}^{n} F_i　　　　（6-8）$$

式中：$\overline{F}$ 为各单项组分评分值 F_i 的平均值；$F_{\max}$ 为单项组分评分值 F_i 中的最大值；N 为项数。

（4）根据 F 值，按综合评价分值级别表 6-30 划分地下水质量级别。

表 6-30　综合评价分值级别

级别	优良	良好	较好	较差	极差
F	<0.80	0.80~2.50	2.50~4.25	4.25~7.2	≥7.2

（二）中深层地下水水质评价结果

河南中深层地下水可分为水质良好区、水质较好区、水质较差区、水质极差区 4 种类型，优良级水未出现，总的分布规律是由山前向平原、自西向东水质逐渐变差，见河南省中深层地下水水质综合评价图（附图 11）。

（1）水质良好区：在全区分布范围最广，面积最大，从豫北的太行山前到豫南的桐柏—大别山前，从豫西的灵宝到中东部的沈丘，以及南阳盆地都有大面积分布，面积为 $6.04 \times 10^4 km^2$，约占全区（含岗区和平原区）面积的 55.67%。

（2）水质较好区：多分布在水质良好区和较差区的中间地带，面积为 $2.04 \times 10^4 km^2$，约占全区面积的 18.84%。

（3）水质较差区：主要分布在东部平原地区，如豫北的南乐—清丰—长垣—封丘、温县—孟州，豫东的开封—兰考—宁陵—商丘—永城及南部的新蔡—息县—罗山等地，面积 $2.76 \times 10^4 km^2$，约占 25.48%。

（4）水质极差区：只在豫北内黄出现，面积仅仅有 $0.01 \times 10^4 km^2$，约占 0.01%。

由以上结果不难看出，我省绝大部分地区的中深层地下水水质是好的，75%地区的水质在较好级以上，劣质水仅占 25%，远远好于浅层水。

第五节　水资源总量

一、水资源总量及分布

水资源总量指当地降水形成的地表和地下产水量，即地表径流量与地下水资源量之和。河南多年平均地表水资源量 $303.99 \times 10^8 m^3$，地下水资源量 $195.997 \times 10^8 m^3$，扣除降水入渗形成的河道基流排泄量 $96.5 \times 10^8 m^3$，河南水资源总量 $403.5 \times 10^8 m^3$，产水模数 $24.4 \times 10^4 m^3/km^2$，产水系数 0.32。河南水资源总量为全国水资源总量 $28\ 124 \times 10^8 m^3$ 的 1.43%，居全国第 19 位，河南人均、地（耕地）均水资源量相当于全国人均、地均的 1/5，居全国第 22 位。

河南水资源的分布特点是西、南部山丘区多，东、北平原少。豫北、豫东平原 10 个市（安阳、鹤壁、濮阳、新乡、郑州、开封、商丘、许昌、漯河、周口）的水资源量为 $126.6 \times 10^8 m^3$，只占全省水资源总量的约 30%，人均水资源量为 $261 m^3$，每公顷平均水资源量为 $3510 m^3$；而南部、西部山丘区 7 个市（信阳、驻马店、南阳、三门峡、洛阳、平顶山、焦作）的水资源量为 $286.8 \times 10^8 m^3$，占全省水资源总量的约 70%，人均水资源量为 $673 m^3$，每公顷平均水资源量为 $8\ 895 m^3$。

按流域划分，省辖海河流域 $27.6 \times 10^8\ m^3$，产水模数 $18.0 \times 10^4 m^3/km^2$，产水系数 0.30；黄河流域 $58.50 \times 10^8\ m^3$，产水模数 $16.2 \times 10^4 m^3/km^2$，产水系数 0.26；淮河流域 $246.1 \times 10^8\ m^3$，产水模数 $28.5 \times 10^4 m^3/km^2$，产水系数 0.34；长江流域 $71.3 \times 10^8 m^3$，产水模数 $25.8 \times 10^4 m^3/km^2$，产水系数 0.31。

全省各省辖市及流域水资源情况见表 6-31。

表 6-31　河南水资源量及分布表

行政区和流域	面积/km²	统计参数			不同频率水资源总量/10⁴m³			
		均值/10⁴m³	Cv	Cs/Cv	20%	50%	75%	95%
河南	165 537	4 035 326	0.40	2.0	5 310 953	3 834 429	2 871 929	1 799 720
郑州市	7 534	131 844	0.34	2.0	167 345	126 800	99 505	67 726
开封市	6 262	114 797	0.44	2.0	153 753	107 480	77 968	46 094
洛阳市	15 230	284 294	0.50	3.0	384 551	251 568	181 088	124 260
平顶山市	7 909	183 368	0.56	2.0	259 648	164 597	107 955	52 670
安阳市	7 354	130 352	0.46	2.5	174 665	119 112	86 296	54 700
鹤壁市	2 137	37 035	0.52	3.0	50 156	32 248	22 944	15 695
新乡市	8 249	148 800	0.44	2.5	197 600	137 036	100 734	64 983
焦作市	4 001	75 536	0.38	2.5	98 737	71 998	55 272	37 710
濮阳市	4 188	56 779	0.48	2.0	77 550	52 482	36 845	20 494
许昌市	4 978	87 990	0.46	2.0	119 025	81 868	58 430	33 519

续表

行政区和流域	面积/km²	统计参数			不同频率水资源总量/10⁴m³			
		均值/10⁴m³	Cv	Cs/Cv	20%	50%	75%	95%
漯河市	2 694	64 020	0.50	2.0	88 268	58 771	40 578	21 868
三门峡市	9 937	161 933	0.52	2.5	234 646	152 099	105 485	63 708
南阳市	26 509	684 344	0.46	2.0	925 699	636 712	454 427	260 685
商丘市	10 700	198 088	0.42	2.0	262 615	186 570	137 535	83 742
信阳市	18 908	885 557	0.44	2.0	1 186 382	829 332	601 612	355 673
周口市	11 958	264 612	0.46	2.0	357 944	246 200	175 715	100 800
驻马店市	15 095	494 876	0.60	2.0	711 816	436 576	276 377	125 669
济源市	1 894	31 101	0.42	2.5	43 325	30 554	22 788	14 971
海河流域	15 336	276 192	0.46	2.5	370 084	252 376	182 845	115 899
黄河流域	36 164	585 443	0.40	2.5	780 106	559 428	423 315	283 339
淮河流域	86 428	2 460 762	0.46	2.0	3 328 700	2 289 538	1 634 065	937 392
长江流域	27 609	712 929	0.50	2.5	971 125	640 263	450 560	276 311

河南水资源，除本省境内的地表水、地下水以外，还有可供引用的过（入）境水流，如黄河、史河、漳河和梅山、丹江口、岳城等水库的径流以及丹江、洛河、丹河、沁河等上游来水，但这要受流域规划的制约和工程开发的程度而定。

二、水资源可利用量

（一）水资源可利用量概念

水资源可利用量是从资源的角度分析可能被消耗利用的水资源量。

1. 地表水资源可利用量概念

地表水资源可利用量是指在可预见的时期内，在统筹考虑河道内生态环境和其他用水的基础上，通过经济合理、技术可行的措施，可供河道外生活、生产、生态一次性利用的最大水量（不包括回归水的重复利用）。

2. 地下水资源可开采量概念

地下水资源可开采量是指在可预见期内，通过经济合理、技术可行的措施，在不致引起生态环境恶化的条件下允许从地下含水层中获取的最大水量。

3. 水资源可利用总量概念

水资源可利用总量是指在可预见的时期内，在统筹考虑生活、生产和生态环境用水的基础上，通过经济合理、技术可行的措施，在当地水资源中可提供一次性利用的最大水量。

　　水资源可利用总量与水资源总量一样，由当地降水形成的地表、地下可以逐年更新的动态水量的可利用量，不包括外来水（跨区调入水和过境水）。

（二）地表水可利用量

1. 主要河流控制站地表水可利用量

　　主要河流控制站的多年平均径流量减去河道生态环境需水量和多年平均下泄洪水量，求得主要控制站多年平均地表水可利用量。

表 6-32　河南主要河流控制站地表水可利用量（$10^8 m^3$）

流域	河流名称	控制站	面积/km^2	多年平均天然径流量	河道生态环境需水量	多年平均下泄洪水量	地表水资源可利用量
海河流域	卫河	元村	14 286	16.321	2.448	3.66	10.213
	马颊河	南乐	1 166	0.332	0.05	0.045	0.237
黄河流域	伊洛河	黑石关	18 563	31.328	4.699	7.412	19.217
	沁河	山五武区间	583	0.633	0.095	0.078	0.459
	宏农涧河	窄口	903	1.508	0.226	0.307	0.975
	漭河	济源	480	0.838	0.126	0.237	0.475
	天然文岩渠	大车集	2 283	1.653	0.248	0.398	1.007
	金堤河	范县（二）	4 277	2.582	0.387	0.985	1.21
淮河流域	淮河	淮滨	16 005	62.418	9.363	21.175	31.881
	洪汝河	班台	11 280	27.591	4.139	15.141	8.312
	史河	蒋家集	3 755	17.676	2.651	8.532	6.493
	沙颍河	周口	25 800	38.031	5.705	11.874	20.452
	汾泉河	沈丘	3 094	4.342	0.651	1.597	2.094
	涡河	玄武	4 014	2.277	0.342	0.951	0.985
	惠济河	砖桥	3 410	2.2	0.33	0.888	0.982
	沱河	永城	2 237	1.555	0.233	0.452	0.87
	浍河	黄口	1 201	1.136	0.17	0.678	0.288
长江流域	老灌河	西峡	3 418	8.467	1.27	4.925	2.271
	白河	新甸铺	10 958	24.544	3.682	10.848	10.014
	唐河	郭滩	6 877	16.38	2.457	10.596	3.327
合计			134 590	261.812	39.272	100.779	121.968

　　地表水可利用率海河流域为 62.6%～71.4%，黄河流域为 46.8%～72.6%，淮河流域为 30.1%～55.9%，长江流域为 20.3%～40.8%。其中，海河流域的马颊河，黄河流域的沁河、天然文岩渠的地表水利用率偏高，分别为 71.4%、72.6% 和 60.9%。主要原因是马颊河南乐站以上建有 6 座拦河坝，经多级拦蓄后，地表径流下泄量很小，所以利用率高；沁河的山路平、

五龙口至武陟区间处于山前地带，枯季来自岩溶山区侧向补给形成大量河道基流和潜流，所以地表水利用率高；天然文岩渠同样由于黄河侧渗补给产生的基流量大，因而地表水可利用率较高。

2．分区地表水可利用量

全省多年平均地表水可利用量 $121.97 \times 10^8 m^3$，占多年平均天然径流量 $303.99 \times 10^8 m^3$ 的 40.1%。其中，海河流域地表水可利用量为 $9.99 \times 10^8 m^3$，占多年平均天然径流量 $16.35 \times 10^8 m^3$ 的 61.1%；黄河流域地表水可利用量为 $21.50 \times 10^8 m^3$，占多年平均天然径流量 $44.97 \times 10^8 m^3$ 的 49.3%；淮河流域地表水可利用量为 $72.32 \times 10^8 m^3$，占多年平均天然径流量 $178.29 \times 10^8 m^3$ 的 40.6%；长江流域地表水可利用量为 $18.15 \times 10^8 m^3$，占多年平均天然径流量 $64.38 \times 10^8 m^3$ 的 28.2%。

表 6-33　河南分区地表水可利用量（$10^8 m^3$）

水资源分区		面积/km²	多年平均天然径流量	河道生态环境需水量	多年平均下泄洪水量	地表水资源可利用量
一级区	三级区					
海河流域	漳卫河	13 631	15.865	2.448	3.660	9.757
	徒骇马颊河	1 705	0.485	0.073	0.175	0.237
	流域合计	15 336	16.35	2.521	3.835	9.994
黄河流域	龙门—三门峡区间	4 207	5.114	0.767	2.074	2.273
	三门峡—小浪底区间	2 364	2.452	0.367	1.202	0.883
	小浪底—花园口区间	3 415	3.720	0.558	1.822	1.34
	伊洛河区	15 813	25.264	4.699	6.314	14.251
	沁丹河	1 377	1.331	0.200	0.591	0.540
	金堤河天然文岩渠	7 309	4.534	0.677	1.640	2.217
	花园口以下干流	1 679	1.230	0.184	1.046	
	流域合计	36 164	43.645	7.452	14.689	21.503
淮河流域	王家坝以上南岸	13 205	57.545	8.632	22.275	26.638
	王家坝以上北岸	15 613	38.864	5.83	20.957	12.077
	王蚌区间南岸	4 243	20.462	3.069	10.056	7.337
	王蚌区间北岸	46 478	56.176	8.328	24.151	23.697
	蚌洪区间北岸	5 155	4.165	0.734	1.29	2.141
	南四湖湖西区	1 734	1.079	0.162	0.486	0.431
	流域合计	86 428	178.290	26.755	79.215	72.320
长江流域	丹江口以上	7 238	17.929	2.689	10.43	4.810
	丹江口以下	525	0.913	0.137	0.776	
	唐白河区	19 426	42.892	6.42	23.131	13.341
	武汉—湖口区间左岸	420	2.646	0.397	2.249	
	流域合计	27 609	64.381	9.643	36.586	18.151
全省合计		165 537	302.665	46.371	134.325	121.968

（三）浅层地下水可利用量

因山丘区地下水大部分以河川基流量、泉水出露排泄于地表，已计入地表水可供应量中，不宜再纳入地下水可开采量计算中，本次只计算平原区浅层地下水可利用量，采用可开采系数法计算。

全省浅层地下水可利用量（即可开采量）为 $99.546 \times 10^8 m^3$，可开采模数平均为 $13.2 \times 10^4 m^3/km^2$。河南各省辖市和各流域地下水可开采量见表 6-34 和表 6-35。

表 6-34　河南各省辖市地下水可利用量

行政区	计算面积 /km²	总补给量 /10⁸m³	可开采量 /10⁸m³	M≤2g/L 可开采量 /10⁸m³	M>2g/L 可开采量 /10⁸m³	可开采模数 /10⁴m³/km²
郑州市	1 695	4.199	2.989	2.989		17.6
开封市	5 568	9.218	7.105	7.064	0.041	12.7
洛阳市	1 339	4.367	3.613	3.613		27.0
平顶山市	1 783	2.975	2.267	2.267		12.7
安阳市	3 947	4.894	4.138	4.138		10.5
鹤壁市	1 218	1.405	1.166	1.166		9.6
新乡市	5 851	12.030	9.340	8.989	0.351	16.0
焦作市	276	0.962	0.681	0.681		24.7
濮阳市	3 687	5 617	4.390	4.390		11.9
许昌市	2 806	4.499	3.495	3.495		12.5
漯河市	2 425	4.064	3.017	3.017		12.4
三门峡市	321	0.242	0.218	0.218		6.8
南阳市	5 944	9.792	7.479	7.479		12.6
商丘市	9 631	14.144	10.914	10.757	0.157	11.2
信阳市	5 963	13.130	8.220	8.220		13.8
周口市	10 762	17.932	13.410	13.410		12.5
驻马店市	9 725	18.142	12.851	12.851		13.2
济源市	2 407	5.123	4.253	4.177	0.076	17.7
全省合计	75 348	132.736	99.546	98.921	0.625	13.2

表 6-35　河南各流域地下水可利用量

水资源分区		计算面积 /km²	总补给量 /10⁸m³	可开采量 /10⁸m³	M≤2g/L 可开采量 /10⁸m³	M>2g/L 可开采量 /10⁸m³	可开采模数 /10⁴m³/km²
一级区	三级区						
海河流域	漳卫河平原区	6 831	11.883	10.045	9.600	0.445	14.7
	徒骇马颊河区	1 535	1.691	1.407	1.407		9.2
	流域合计	8 366	13.574	11.452	11.007	0.445	13.7
黄河流域	龙门—三门峡干流	321	0.242	0.218	0.218		6.8
	小浪底—花园口干流	1 027	1.961	1.502	1.502		14.6
	伊洛河	1 293	4.410	3.642	3.642		28.2
	沁河	856	1.848	1.537	1.537		17.9
	金堤河天然文岩渠	6 578	11.725	8.791	8.791		13.4
	花园口以下干流	1 138	1.676	1.295	1.295		11.4
	流域合计	11 213	21.861	16.984	16.984		15.1
淮河流域	王家坝以上南岸区	2 509	6.104	3.663	3.663		14.6
	王家坝以上北岸区	11 219.8	20.956	14.646	14.646		13.1
	王蚌区间南岸	1 302	3.299	2.136	2.136		16.4
	王蚌区间北岸	28 480.4	47.898	36.077	35.879	0.198	12.7
	蚌洪区间北岸	4 604	7.268	5.282	5.282		11.4
	南四湖湖西区	1 560.6	1.796	1.499	1.499		9.6
	流域合计	49 712	87.322	63.302	63.105	0. 198	12.7
长江流域	唐白河区	6 057	9.979	7.610	7.610		12.6
	流域合计	6 057	9.979	7.610	7.610		12.6
全省合计		75 348	132.736	99.546	98.921	0.625	13.2

（四）水资源可利用总量

全省水资源总量为 $403.533 \times 10^8 m^3$，可利用总量为 $195.24 \times 10^8 m^3$，可利用模数为 $11.8 \times 10^4 m^3/km^2$，可利用率为 48.4%。其中：地表水可利用量为 $121.968 \times 10^8 m^3$，地下水可利用量为 $99.546 \times 10^8 m^3$，二者重复计算量为 $26.274 \times 10^8 m^3$。

表 6-36　河南分区水资源可利用总量

水资源分区			面积 /km²	水资源总量 /10⁸m³	水资源可利用总量 /10⁸m³	水资源可利用率 /%	水资源可利用模数 /10⁴m³/km²
一级区	二级区	三级区					
海河流域	海河南系	漳卫河区	13 631	25.806	16.958	65.7	12.4
	徒骇马颊河	徒骇马颊河	1 705	1.814	1.232	68.0	7.2
	流域合计		15 336	27.619	18.190	65.9	11.9

续表

水资源分区			面积 /km²	水资源总量 /10⁸m³	水资源可利用总量 /10⁸m³	水资源可利用率 /%	水资源可利用模数 /10⁴m³/km²
一级区	二级区	三级区					
黄河流域	龙门—三门峡	龙门—三门峡干流	4 207	5.641	2.685	47.6	6.4
	三门峡—花园口	三门峡—小浪底干流	2 364	2.506	0.921	36.8	3.9
		小浪底—花园口干流	3 415	5.566	2.621	47.1	7.7
		伊洛河	15 813	28.058	16.407	58.5	10.4
		沁河	1 377	2.561	1.397	54.5	10.1
		二级分区小计	22 969	38.691	21.345	55.2	9.3
	花园口以下	金堤河天然文岩渠	7 309	11.604	7.049	60.7	9.6
		花园口以下干流	1 679	2.608	0.986	37.8	5.9
		二级分区小计	8 988	14.212	8.034	56.5	8.9
	流域合计		36 164	58.545	32.064	54.8	8.9
淮河流域	淮河上游	王家坝以上南岸区	13 205	60.510	28.222	46.6	21.4
		王家坝以上北岸区	15 613	53.742	22.906	42.6	14.7
		二级分区小计	28 818	114.253	51.128	44.7	17.7
	淮河中游	王蚌区间南岸	4 243	22.046	8.457	38.4	19.9
		王蚌区间北岸	46 478	96.902	53.559	55.3	11.5
		蚌洪区间北岸	5 155	10.246	6.442	62.9	12.5
		二级分区小计	55 876	129.194	68.458	53.0	12.3
	沂沭泗河	南四湖湖西区	1 734	2.629	1.659	63.1	9.6
	流域合计		86 428	246.076	121.245	49.3	14.0
长江流域	汉江区	丹江口以上区	7 238	18.134	5.047	27.8	7.0
		丹江口以下区	525	0.981	0.078	8.0	1.5
		唐白河区	19 426	49.532	18.618	37.6	9.6
		二级分区小计	27 189	68.647	23.743	34.6	8.7
	武汉—湖口左岸	武汉—湖口左岸	420	2.646			
	流域合计		27 609	71.293	23.743	33.3	8.6
全省合计			165 537	403.533	195.242	48.4	11.8

（五）水资源可利用量分布特征

1. 地表水可利用量分布

淮河流域地表水可利用量最大，为 72.320×10⁸m³，黄河流域为 21.503×10⁸m³，长江流域为 18.151×10⁸m³，海河流域最小，为 9.994×10⁸m³。地表水可利用量分布一般是山区大于平原，南部大于北部。从三级分区分析，最大是王家坝以上南岸区 26.638×10⁸m³，其次是王家坝—蚌埠区间北岸，23.697×10^{8}m^3，最小是徒骇马颊河区 0.237×10^{8}m^3，南四湖湖西区 0.431×10^{8}m^3。

地表水可利用率分布，一般受地表水径流条件、现状水利工程布局和开发利用情况影响。海河流域最大，为 61.1%，黄河流域 49.3%、淮河流域 40.6%，长江流域最小，为 28.2%。从水资源三级分区分析，最大的区域普遍位于沙颍河以北地区，分别是漳卫河区、伊洛河区、蚌埠—洪泽湖区间北岸区、金堤河天然文岩渠区、徒骇马颊河区；最小的区域则普遍位于沙颍河以南地区，分别是丹江口以上区、唐白河区、王家坝以上北岸区、王家坝—蚌埠区间南岸区。

2. 浅层地下水可利用量分布

地下水资源可利用量的分布采用分区可开采模数分布表示，水资源三级分区可开采模数较大的区域主要分布在豫北平原的山前地带或河谷平原和豫南降水最大的地区，主要有伊洛河区、沁河区、王家坝—蚌埠区间区南岸、漳卫河区、小浪底—花园口干流区。可开采模数较小的区域主要分布在豫北平原的金堤河以北、内黄—滑县以东区域，该地区补给源比较单一，主要以降水补给为主，由于降水量偏小，加上埋深大，导致地下水资源量、可开采量均偏小，如徒骇马颊河区、南四湖湖西区、龙门—三门峡干流区间。

参考文献

王建武：《河南水资源》，黄河水利出版社，2007 年。

甄习春：《河南地下水资源与环境问题研究》，中国大地出版社，2008 年。

第七章　土壤资源

土壤，是整个地理环境（自然环境）中一个重要组成部分，是在地形、成土母质、气候、生物及人类活动等因素长期综合作用下，所形成的一个历史自然综合体，是联系有机和无机之间的一种媒介。因此，土壤与整个地理环境有着密不可分的联系。地理环境影响了土壤的发生与发展；同时土壤的发生与发展，反过来又给整个地理环境以广泛深刻的影响，它积极地推动了地理环境的发展和变化。土壤与地理环境之间，就是这样辩证统一地向前发展着，这种关系也反映了土壤内部物质变化与外界环境条件的统一。

第一节　土壤类型划分与分布

一、土壤类型划分

河南土壤分类参考 1987 年修订出版的《中国土壤》第二版提出的中国土壤分类系统，1988 年全国土壤普查办公室拟定的第二次全国土壤普查汇总的《中国土壤》分类系统表，同时根据 1991 年南京土壤研究所土壤分类课题组制订的《中国土壤系统分类》（首次方案），结合河南第二次土壤普查的实际情况，建立了河南土壤分类系统，即采用土纲、亚纲、土类、亚类、土属、土种、亚种七级分类制，河南土壤分为 7 个上纲，11 个亚纲，17 个土类，42 个亚类，133 个土属，424 个土种，具体见表 7-1。

表 7-1　河南土壤类型

土纲	亚纲	土类	亚类	土属
淋溶土	湿暖淋溶土	黄棕壤	黄棕壤	硅铝质黄棕壤
				砂泥质黄棕壤
				硅质黄棕壤
				硅镁铁质黄棕壤
			黄棕壤性土	硅铝质黄棕壤性土
				砂泥质黄棕壤性土
				硅质黄棕壤性土
		黄褐土	黄褐土	黄土质黄褐土
				洪冲积黄褐土
				钙质黄褐土

土纲	亚纲	土类	亚类	土属
			黏盘黄褐土	黄土质黏盘黄褐土
				红土质黏盘黄褐土
			白浆化黄褐土	黄土质白浆化黄褐土
			黄褐土性土	黄土质黄褐土性土
				洪冲积黄褐土性土
				钙质黄褐土性土
	湿暖温淋溶土	棕壤	棕壤	黄土质棕壤
				硅铝质棕壤
				砂泥质棕壤
				硅镁铁质棕壤
				硅质棕壤
				钙质棕壤
			棕壤性土	黄土质棕壤性土
				硅铝质棕壤性土
				硅镁铁质棕壤性土
				硅钾质棕壤性土
				砂泥质棕壤性土
				钙质棕壤性土
				硅质棕壤性土
			白浆化棕壤	硅铝质白浆棕壤
半淋溶土	半湿暖温半淋溶土	褐土	褐土	黄土质褐土
				洪积褐土
				红黄土质褐土
				钙质褐土
			淋溶褐土	黄土质淋溶褐土
				洪积淋溶褐土
				红黄土质淋溶褐土
				硅铝质淋溶褐土
				硅钾质淋溶褐土
				泥质淋溶褐土
				钙质淋溶褐土
				硅质淋溶褐土
			石灰性褐土	黄土质石灰性褐土
				洪积石灰性褐土
				红黄土质石灰性褐土
				钙质石灰性褐土

土纲	亚纲	土类	亚类	土属
				泥质石灰性褐土
			潮褐土	洪积潮褐土
			褐土性土	黄土质褐土性土
				洪积褐土性土
				红黄土质褐土性土
				堆垫褐土性土
				覆盖褐土性土
				硅铝质褐土性土
				硅钾质褐土性土
				砂泥质褐土性土
				钙质褐土性土
				硅质褐土性土
				硅镁铁质褐土性土
初育土	土质初育土	红黏土	红黏土	红黏土
				石灰性红黏土
		风沙土	草甸风沙土	流动草甸风沙土
				半固定草甸风沙土
				固定草甸风沙土
		新积土	冲积新积土	冲积新积土
				石灰性冲积新积土
	石质初育土	紫色土	中性紫色土	砂质中性紫色土
				泥质中性紫色土
			石灰性紫色土	砂质石灰性紫色土
				泥质石灰性紫色土
		石质土	中性石质土	硅铝质中性石质土
				硅镁铁质中性石质土
				泥质中性石质土
				硅质中性石质土
			钙质石质土	钙质石质土
		粗骨土	中性粗骨土	硅铝质中性粗骨土
				硅镁铁质中性粗骨土
				硅钾质中性粗骨土
				泥质中性粗骨土
			钙质粗骨土	钙质粗骨土
			硅质粗骨土	硅质粗骨土
半水成土	暗半水成土	砂姜黑土	砂姜黑土	砂姜黑土

土纲	亚纲	土类	亚类	土属
				青黑土
				覆盖砂姜黑土
				漂白砂姜黑土
			石灰性砂姜黑土	石灰性砂姜黑土
				石灰性青黑土
				覆盖石灰性砂姜黑土
				洪积石灰性砂姜黑土
		山地草甸土	山地草甸土	硅铝质山地草甸土
				钙质山地草甸土
	淡半水成土	潮土	潮土	砂质潮土
				壤质潮土
				黏质潮土
				洪积潮土
				黑底潮土
			灰潮土	砂质灰潮土
				壤质灰潮土
				黏质灰潮土
				洪积灰潮土
			灌淤潮土	壤质灌淤潮土
				黏质灌淤潮土
			脱潮土	砂质脱潮土
				壤质脱潮土
				黏质脱潮土
			盐化潮土	氯化物盐化潮土
				硫酸盐盐化潮土
			碱化潮土	苏打碱化潮土
				氯化物碱化潮土
				硫酸盐碱化潮土
			湿潮土	冲积湿潮土
				洪积湿潮土
水成土	矿质水成土	沼泽土	草甸沼泽土	洪积草甸沼泽土
盐碱土	盐土	盐土	草甸盐土	硫酸盐草甸盐土
				氯化物草甸盐土
			碱化盐土	氯化物碱化盐土
	碱土	碱土	草甸碱土	氯化物草甸碱土
				硫酸盐草甸碱土

续表

土纲	亚纲	土类	亚类	土属
				苏打草甸碱土
人为土	水稻土	水稻土	潴育型水稻土	黄棕壤性潴育型水稻土
				黄褐土性潴育型水稻土
				潮土性潴育型水稻土
				砂姜黑土性潴育型水稻土
			淹育型水稻土	黄棕壤性淹育型水稻土
				黄褐土性淹育型水稻土
				砂姜黑土性淹育型水稻土
				潮土性淹育型水稻土
			潜育型水稻土	黄棕壤性潜育型水稻土
				黄褐土性潜育型水稻土
				潮土性潜育型水稻土
				沼泽性潜育型水稻土
			漂洗型水稻土	黄褐土性漂洗型水稻土
				砂姜黑土性漂洗型水稻土

二、土壤分布概况

河南土壤分布，从地带性土壤来看，伏牛山脉主脊南侧1 300m以上，东接沙河与汾河一线以北，京广线以西为棕壤与褐土，棕壤多分布在800~1 200m以上，以下多为褐土；该线以南为黄棕壤与黄褐土，黄褐土靠北部与基部，黄棕壤在南部与上部，海拔1 300m以上山峰有棕壤出现。在全省石质低山丘陵区广泛分布着石质土与粗骨土，京广线以东广大黄淮海冲积平原主要分布着非地带性土壤潮土与砂姜黑土，砂姜黑土多分布在平原低洼处。黄河两侧与故道背河洼地，多分布有盐渍化土壤与盐渍土，黄河故道沙丘多分布着风沙土。其他地区河流两岸多有潮土呈带状分布；黄河新滩地，有新积土零星分布；南阳盆地低洼处，亦有大面积的砂姜黑土分布；西峡与卢氏南部有东西向呈带状的紫色土，其他山区有紫色砂页岩的地方亦有紫色土零星分布。河流两岸及河南北部有水源处亦有水稻土的零星分布；在太行山前交接洼地及冲积平原中长期积水洼地有沼泽土的零星分布；在伏牛山、太行山较高山峰的山顶平坦处，一般在2 000m左右，相对高差在1 400m以上，有零星分布的山地草甸土。

（一）土壤水平分布规律

河南土壤水平分布规律，受生物气候条件的影响，全省纬度地带性比较明显，经度地带性则不甚清晰。

1. 土壤纬度地带性

河南地处我国北亚热带与暖温带过渡地区，光、热、水等气候条件与植被均有较大差异。生物气候条件上的较大悬殊，必然导致地带性土壤的相互更替。从河南土壤分布情况看，大致以伏牛山主脉南侧海拔1 300m，东接沙河、汾河一线，为河南地带性土壤的分界线，以南为黄棕壤、黄褐土带，以北为棕壤与褐土带。黄棕壤分布在豫南海拔400m以上的山地，而黄褐土多分布在丘陵垄岗地区；棕壤多分布在豫西和豫北海拔1 000m以上的中山地区，褐土多分布在低山丘陵与黄土丘陵地区。

2. 土壤经度地带性

土壤经度地带性主要由气候干湿交替变化所造成。在河南的北半部，东侧系黄淮海冲积平原，广泛分布着非地带性土壤潮土与风沙土等，京广线以西才有地带性土壤褐土的分布，故河南北半部土壤的经度地带性不明显，南半部东西两侧均有地带性土壤。由于东西生物气候条件的差异，必然导致地带性土壤的不同，在京广线以东淮南地区，北部垄岗地区为黄褐土，淋溶作用较强，铁锰新生体较多，砂姜等石灰新生体在剖面中很少。南部低山丘陵广泛分布着黄棕壤。在京广线以西的南阳盆地则主要分布着黄褐土，淋溶作用稍弱，铁锰新生体含量较少，而石灰新生体在剖面中相当普遍，该地区南部黄棕壤分布面积较少。

（二）土壤垂直分布规律

土壤垂直地带性是土壤受地形高低影响而表现出来的一种特殊地带性现象。全省山地土壤垂直地带性因山地所处地理位置不同而有明显差异。

1. 太行山地土壤垂直分布

太行山由北向南延伸，南至辉县转而向西经修武、博爱、沁阳到济源。其主要山峰有林州市的四方脑，辉县市的南关山，修武的云台山，济源的天台山、鳌背山等。因太行山多为断块山，其岩性多为沉积岩类，石灰岩尤多，故其地貌特点多为悬崖绝壁、光山秃岭、土层较薄，植被稀疏，海拔高度一般1 000m左右，多系中山，因而土壤垂直分布亦较明显。太行山地土壤垂直分布中比较典型的如林州市四方脑土壤垂直分布情况，见图7-1。

2. 豫西山地土壤垂直分布

豫西山地是秦岭向东延续部分，小秦岭是第一分支，最高峰老鸦岔海拔2 413.8m，为全省的最高点。豫西山地山势雄伟，多为1 000m以上中山，因而土壤垂直带谱比较明显，一般在伏牛山主脉以北山地基带土壤为褐土，1 000m左右以上为棕壤，通常因黄土覆盖的高低而影响褐土分布的上界；主脉以南基带土壤为黄褐土，海拔400～500m以上至1 300m为黄棕壤，1300m以上为棕壤，2 000m以上的山峰较平坦处，有山地草甸土的出现。豫西山地土壤垂直分布中比较典型的如小秦岭主峰老鸦岔土壤垂直带谱情况，见图7-2。

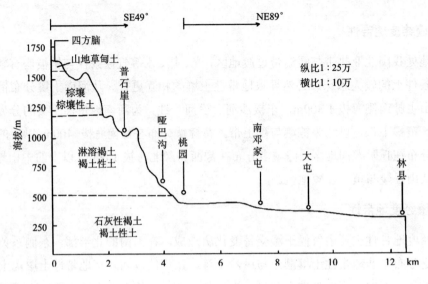

图 7-1　林州市四方脑土壤垂直分布

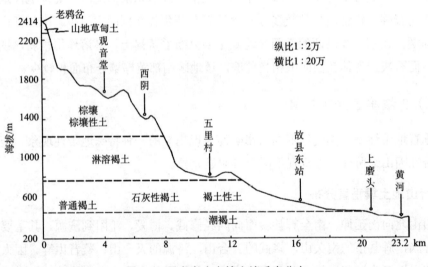

图 7-2　灵宝市小秦岭土壤垂直分布

3. 大别山地土壤垂直分布

河南大别山比较平缓，多低山丘陵，商城县的金刚台海拔 1 584m，为河南大别山的最高峰，山脚下的苏仙石海拔 150m，相对高差 1 434m，土壤垂直分布比较明显。200～500m 多系低山，坡度较大，植被稀疏，人为活动频繁，水土流失严重，土层薄，发育不明显，土壤为黄棕壤性土。500～1 300m 植被覆盖度较大，水土流失较轻，多发育为黄棕壤与黄棕壤性土。1 300m 以上为棕壤，1 500m 以上平缓山顶，有山地草甸土分布。商城县金刚台土壤垂直分布（金刚台到苏仙石）情况，见图 7-3。

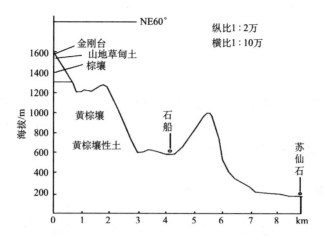

图 7-3　商城县金刚台土壤垂直分布（金刚台到苏仙石）

4. 伏牛山南坡土壤垂直分布

　　豫西南是指从伏牛山主脉以南、桐柏山以西的区域。区内地貌类型有山地、丘陵垄岗、盆地与河流两岸带状平原等。主要土壤有棕壤、黄棕壤、黄褐土、粗骨土、石质土、砂姜黑土等，河流两岸有潮土分布。

　　沿鲁山县尧山，经南召、南阳市至新野一线，海拔 1 300m 以上为棕壤和棕壤性土，400～1 300m 为黄棕壤与黄棕性土，在坡度较陡、植被稀疏处有大面积的石质土与粗骨土，400m 以下的丘陵岗坡，分布着黄褐土，在盆地中心广泛分布着砂姜黑土，在大的河流谷底两侧分布有灰潮土和水稻土，见图 7-4。

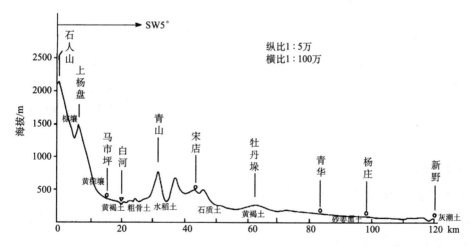

图 7-4　伏牛山南坡土壤分布（尧山至新野）

第二节　土壤类型及特征

本节主要介绍 17 个土类的分布、成土条件及其性状特征。17 个土类中，黄棕壤、黄褐土、褐土、棕壤、潮土、砂姜黑土和水稻土 7 个土类的面积约占全省土壤总面积的 80%，因而对这 7 个土类进行详细介绍，其余 10 个土类进行概述。

一、黄棕壤

黄棕壤是北亚热带地区的地带性土壤，属淋溶土纲，湿暖淋溶土亚纲。

（一）分布与成土条件

黄棕壤分布在桐柏—大别山和伏牛山主脉以南中低山、丘陵地带，上接棕壤，下接黄褐土，不少地区与粗骨土、石质土、水稻土呈复区分布。全省黄棕壤面积约 32 万多公顷，占全省土壤总面积的 2.35%。在行政辖区内，黄棕壤主要分布在信阳市、南阳市，约占 80%，另外，三门峡市、洛阳市、驻马店市、平顶山市有少量分布。

黄棕壤分布区的气候条件是夏季高温多雨，冬季低温干燥，兼有北亚热带和暖温带土壤的特点，雨量、温度、湿度都具有过渡性。成土母质主要为不同地质时期的中、酸性岩类及其他一些岩类的风化物，植被主要为落叶常绿阔叶混交林与针阔叶混交林。

（二）主要性状特征

1. 形态特征

黄棕壤土体多呈 A—B—C 或 A—（B）—C 构型。B 层色泽因母质不同而不一，多棱块和块状结构，结构体表面被覆棕色或暗棕色胶膜，有时有少量铁、锰结核。因黏粒的聚积，质地较黏重，A 层为粒状、团块状结构，疏松多孔，多根。C 层多为岩石半风化物，仍带有基岩本身的色泽。

2. 理化性质

黄棕壤发育在砂岩、页岩和酸性岩母岩及黄土状沉积物上，淋溶作用较强，一般呈酸性或弱酸性反应，pH 值 4.80～6.10。黄棕壤黏土矿物以蛭石、水云母为主，其次为伊利石、高岭石，有的还含有蒙脱石。

3. 养分状况

黄棕壤植被较好，雨量多，湿度大，土壤有机质分解慢，积累多，因此其有机质、全氮含量较丰富。全磷、全钾、速效钾中等，速效磷较缺。有效微量元素硼、钼较缺乏，锌中等，铁、锰、铜较丰富。

4. 成土特征

（1）黏化过程明显。黄棕壤的黏土矿物以水云母、蛭石和高岭石为主，其次为伊利石。由于淋溶作用强烈，黏土矿物处于脱钾与脱硅阶段，盐基离子遭受淋失，黏粒与钙固结机会减少，随水下渗到土体的 20～50cm 处积聚后淀积黏化。

（2）铁锰淋溶与淀积。矿物经过风化，可释放出铁、锰，表现为包被于土粒和结构表面的铁、锰胶膜或是积聚而成的铁、锰结核。

（3）弱富铝化过程。土体中的硅酸盐类矿物被强烈地分解，硅和盐基遭到淋失，而铁、锰等氧化物明显聚积，黏粒与次生矿物不断形成。

（4）有机质积累特点。自然植被下的黄棕壤有薄的枯枝落叶层和灰棕色的腐殖质层。一般针叶林下土壤的腐殖质层最薄，阔叶林下的居中，灌丛草类下的最厚。

（三）主要亚类

根据黄棕壤成土过程和发育阶段的差异，分为黄棕壤和黄棕壤性土 2 个亚类。

1. 黄棕壤亚类

该亚类是黄棕壤典型代表，主要分布在伏牛山主脉以南和桐柏—大别山的中、低山和部分丘陵缓坡及自然植被保存较好地段，土壤面积占本土类面积的 58.16%。全省主要以信阳、三门峡、南阳三市分布面积较大，平顶山市、洛阳市分布面积较小。该亚类上接棕壤，下与黄棕壤性土、黄褐土相连，局部地段与水稻土、粗骨土、紫色土、石质土穿插分布。

该亚类土层厚薄不一，薄层<30cm，中层 30～60cm，厚层>60cm。土体构型在伏牛山南坡多为 A—B—C 型或 A—AB—C 型。在桐柏—大别山多为 A_0—A—B—C 型或 A—AB—C 型。通透性好，抗蚀性差，易形成沟蚀和崩塌。花岗岩发育的黄棕壤 pH 值偏低，而砂泥、页岩发育的黄棕壤较高。

该亚类养分含量中有机质、全氮含量较高，表土层有机质 28.6～42.2g/kg，向下明显减少。黄棕壤的有效铁含量很丰富，全磷、全钾、有效锰、有效锌、有机质、全氮的含量较丰富，速效钾、有效铜的含量中等，有效硼、有效钼、速效磷严重不足。

该亚类分为硅铝质黄棕壤、砂泥质黄棕壤、硅质黄棕壤、硅镁铁质黄棕壤 4 个土属。

2. 黄棕壤性土亚类

黄棕壤性土主要分布在伏牛山南坡与沙河一线以南和桐柏—大别山以北的低山丘陵地区山麓和坡脚及山间谷地，土壤面积占本土类面积的 41.86%。上接黄棕壤亚类或与其呈复区分布，下接黄褐土，有些地区与水稻土、紫色土交错分布。

黄棕壤性土是北亚热带低山丘陵区发育程度较差的黄棕壤，因地形部位和土体厚度差异，分薄、中、厚三种类型。以中层类型为主，薄、厚层较少。土体构型为 A—（B）—C 或 A—（B）—R 型。表土层为灰黄色，壤土至黏土，粒状或碎块状结构，下土层为淡黄棕色或黄棕色，黏壤土至黏土，块状结构。黄棕壤性土亚类的养分含量一般低于黄棕壤亚类。通体无石灰反应，pH 值 6.1～7.5，盐基饱和度 75%～80%。

黄棕壤性土土体厚度差异较大，中、厚层黄棕壤性土多为耕地，养分含量一般，质地砂黏适中，土壤呈弱酸到中性反应，保水保肥能力较强，土壤耕性良好，适耕期长，适于多种作物和树种生长。

该亚类按母质类型分为硅铝质黄棕壤性土、砂泥质黄棕壤性土、硅质黄棕壤性土 3 个土属。

二、黄褐土

黄褐土属淋溶土纲，湿暖淋溶土亚纲。

（一）分布与成土条件

黄褐土分布在伏牛山南坡与沙河一线以南到桐柏—大别山以北广阔的北亚热带地域内的丘陵、垄岗地带和河流阶地，海拔一般在 300m 以下，上接黄棕壤，在水平分布上多与水稻土、潮土、砂姜黑土交错分布。全省黄褐土土壤面积 163 万公顷，占全省土壤面积的 11.83%。在行政辖区内，黄褐土主要分布在南阳市、信阳市、驻马店市、平顶山市，约占 96%，另外，漯河市、三门峡市和周口市有少量分布。

黄褐土受东南季风的影响，夏季高温多雨，冬季寒冷干燥，其成土母质主要是黄土状沉积物，少有其他岩石风化物；已垦殖面积较大，可种植各种作物。

（二）主要性状特征

1. 黏土矿物组成

黄褐土的硅铝率和硅铁铝率分别为 2.99～3.66 和 1.92～2.93，均高于黄棕壤，富铝化程度弱于黄棕壤。黄褐土的黏土矿物各层均以水云母为主，并有少量的绿泥石、高岭石、石英等。全剖面风化程度较一致。

2. 化学性质及养分含量

黄褐土 pH 值在 6.7～7.7，大多数在 7.0 左右；盐基饱和度一般超过 88%，钙饱和度超过60%。黄褐土表（耕）层有机质含量不高，全磷、速效磷含量中等或偏低，全钾、速效钾含量较高；有效微量元素铁、锰、铜较丰富，锌、硼、钼较缺乏。

3. 成土特征

（1）兼有残积与淋淀黏化过程。在高温多雨的气候条件下，岩石矿物风化形成次生黏土矿物的过程快，产生了较多的黏粒，形成了质地黏重，紧实且有光滑面的棱块状或块状结构的黏化层或黏盘层。

（2）铁锰淋淀过程。黄褐土、黄棕壤及褐土在铁的活化度上无明显差异，铁的游离度却有明显差别，黄褐土的脱硅富铁作用及风化程度明显弱于黄棕壤而强于褐土。

（三）主要亚类

根据成土母质和发育程度不同，可分为黄褐土、黏盘黄褐土、白浆化黄褐土、黄褐土性土4个亚类。

1. 黄褐土亚类

该亚类是黄褐土类的代表，分布于沙颍河以南和南阳盆地的丘陵、垄岗地带，土壤面积占本土类面积的79.56%；土体较深厚，剖面呈 A—B_t—C 型，通体无石灰反应，呈中性，pH值6.5～7.5，质地黏壤土至壤质黏土，盐基饱和。B_t 层多在20～70cm出现，黏化率1.34，砂姜含量150～600g/kg。有机质、全氮较低，全钾、速效钾较高，全磷、速效磷缺乏，而有效微量元素铁、锰、铜丰富，锌、钼含量较低，硼为极缺。

根据成土母质的不同，该亚类分为黄土质黄褐土、洪冲积黄褐土、钙质黄褐土3个土属。

2. 黏盘黄褐土亚类

该亚类仅分布于大别山以北至淮河以南的丘岗地带，土壤面积占本土类面积的9.29%。其成土母质为第四纪下蜀黄土。由于经过强烈的淋溶淀积过程，在表土层下具有黏粒和铁锰新生体胶结成的黏盘层，呈黄棕色，群众称"马肝层"，该土称"死马肝土"。通体无石灰反应，pH值6.8～7.1。速效磷、速效钾均较缺乏，有机质、全氮也不高。而有效微量元素含量铁和锰很丰富，铜丰富，锌、硼较缺，钼极缺。

黏盘黄褐土亚类划分为黄土质黏盘黄褐土、红土质黏盘黄褐土2个土属。

3. 白浆化黄褐土亚类

河南白浆化黄褐土只有黄土质白浆化黄褐土一个土属，土壤面积占本土类面积的7.99%，主要分布在微倾斜平岗地，驻马店市面积最大，信阳市其次；该亚类质地较为黏重，黏粒移动明显，全剖面一般为壤质黏土，黏粒的淋淀十分明显。白浆化黄褐土的有机质、全氮、速效钾的含量都不高，速效磷更是缺乏，而有效微量元素的含量铜、铁、锰均很丰富，锌较适量，硼和钼均较缺乏。

4. 黄褐土性土亚类

该亚类面积占本土类面积的3.16%，主要分布在北亚热带地区侵蚀较严重的丘陵坡谷，信阳市分布面积最大；黄褐土性土B层发育不明显，土体为A—（B）—C构型。发育在淋溶程度较弱的黄土状沉积物上，含有石灰结核，呈中性甚至微碱性反应。全钾含量较高，有机质、全氮、速效钾含量中等，速效磷缺乏，有效微量元素铁、锰、铜丰富，锌中等，硼、钼缺乏，交换性能较高。

该亚类可划为黄土质黄褐土性土、洪冲积黄褐土性土、钙质黄褐土性土3个土属。

三、棕壤

棕壤属淋溶土纲，湿暖温淋溶土亚纲。棕壤过去叫"棕色森林土"、"山东棕壤"等。

（一）分布与成土条件

棕壤分布于太行山、伏牛山、桐柏山、大别山海拔1000m以上的山地垂直带谱中。伏牛山北坡及太行山地区，其下与褐土相连；伏牛山南坡及桐柏—大别山地区其下与黄棕壤相衔接。行政区域分布在安阳、焦作、新乡、三门峡、洛阳、郑州、南阳、信阳8个市。多与粗骨土呈复区分布。河南棕壤土壤面积约45万公顷，占全省土壤总面积的3.23%。

棕壤分布区气候年均温8～13℃，年降水量800mm，无霜期150d，气候冬寒夏暖。植被类型较多，太行山及伏牛山北坡是以落叶栎类、油松为主的天然次生林。大别桐柏山地棕壤分布在1 200～1 300m以上山地，主要植被有槲栎与黄山松组成的针阔叶混交林与黄山松纯林。成土母质北部太行山区为石灰岩中低山地，豫西伏牛山地及豫南桐柏—大别山脉主要为花岗岩中、低山地，局部有安山岩、灰岩及泥质岩类。

（二）主要性状特征

1. 养分状况

棕壤表（耕）层有机质、全氮含量丰富，钾素含量中等，磷较缺乏，有效微量元素含量锌、铜、锰中等，铁丰富，硼缺乏，钼极缺。

2. 成土特征

（1）淋溶、黏化作用。淋溶作用使棕壤母岩风化形成的钙、镁、钾、钠等盐基离子被淋湿。土体无石灰反应，一般呈微酸性，除A层复盐基外，盐基不饱和。发育良好的棕壤，黏粒在剖面中有明显的淋溶、淀积。剖面上部形成淋溶层，黏粒含量减少；剖面中下部形成淀积层，黏粒含量增加。B_t层平均黏化率1.374±0.05。棕壤全量、游离和活性铁、铝、锰、氧化物均有明显的淋溶淀积，即含量随深度的增加而增加，其游离度、活化度以B层最高。

（2）生物富积作用。河南棕壤地处山地垂直带谱，气候温湿，具有良好的植被覆盖，地表枯枝落叶层厚1～7cm，地表腐殖质层有机质含量一般在50.0～100.0g/kg。因生物的吸收积累作用，枯枝落叶、残根在其分解后某些元素在土体中有明显的富积。土体钾、锰、铁富积系数（土体或表层/母岩）在2.92以上，表土层钾富积系数达5.53。

（三）主要亚类

棕壤土类分为棕壤、白浆化棕壤、棕壤性土3个亚类。

1. 棕壤亚类

棕壤亚类分布于太行山、伏牛山、桐柏山、大别山海拔 1 000m 以上，植被覆盖率高的山地缓坡。多与棕壤性土、粗骨土呈复区分布，该亚类土壤面积占本土类面积的 30.11%。棕壤全剖面以棕色为主，质地多为砂质壤土至砂质黏壤土，微酸性，pH 值 5.5～6.5。剖面发育明显，呈 A—B_t—C 构型。棕壤黏土矿物组成以蛭石、水云母为主。棕壤植被覆盖度高，因生物富积作用，土体表层养分含量丰富。

棕壤根据母质的岩性及成因类型划分为黄土质棕壤、硅铝质棕壤、砂泥质棕壤、硅镁铁质棕壤、钙质棕壤、硅质棕壤 6 个土属。

2. 棕壤性土亚类

棕壤性土又叫粗骨棕壤、幼年棕壤，是棕壤土类中发育较差的一个亚类。

棕壤性土分布于植被覆盖好的山地陡坡及植被覆盖较差的山地缓坡。多与粗骨土呈复区分布，土壤面积占本土类面积的 68.49%。由于存在水土流失，剖面发育弱，呈 A—（B）—C 或 A—（B）—R 构型。全剖面呈微酸性，pH 值 5.4～6.7，且有从上向下逐渐降低的趋势。

棕壤性土划分为黄土质棕壤性土、硅铝质棕壤性土、硅镁铁质棕壤性土、硅钾质棕壤性土、砂泥质棕壤性土、钙质棕壤性土、硅质棕壤性土 7 个土属。

3. 白浆化棕壤亚类

白浆化棕壤主要分布在三门峡市卢氏县狮子坪、汤河、五里川、朱阳关等乡海拔 1 500m 以上的中山阴坡，与棕壤、棕壤性土呈复区分布。土壤面积占本土类面积的 1.40%。河南白浆化棕壤只有硅铝质白浆化棕壤一个土属。该土属母质为酸性结晶岩类风化残积、坡积物，多分布在海拔 1 500m 以上的阴坡。长期的侧渗漂洗作用，铁、锰与黏粒遭受漂洗，形成白浆层。土体构型为 A_0—A—E—B—C。通体呈微酸性，pH 值 6.0 左右。机械组成以细砂粒和粉粒为主，土壤质地壤土至粉砂质黏壤土。有机质、全氮含量丰富，全磷、全钾与速效钾含量中上等水平，速效磷极缺。

四、褐土

褐土土类属于半淋溶土纲，半湿暖温半淋溶土亚纲，是暖温带典型的地带性土壤。

（一）分布与成土条件

褐土分布广泛，主要分布在伏牛山脉（卢氏县境内的熊耳山）与沙河一线以北、京广铁路以西的广大地区。包括太行山、崤山、小秦岭、熊耳山、外方山、嵩山、伏牛山等山地，以及广大的丘陵、洪积扇、河谷阶地、倾斜平地等。在垂直带谱上，上接棕壤；水平分布上，南与黄褐土相接。部分地区与红黏土、粗骨土、石质土交错分布。河南褐土面积为 238 万公顷，占总土壤面积的 17.25%，是仅次于潮土的第二个大土类。

褐土区属暖温带半湿润季风气候，夏季炎热多雨，冬季寒冷少雨，高温与多湿、寒冷与干燥同期发生。年均气温 13.8～14.7℃，年均降水量 579～735mm，地貌类型有中山、低山、丘陵，还有阶地、山前洪积扇、盆地、岗地等。豫西地区，黄土地貌非常发育，分布有马兰黄土、离石午城黄土和黄土状堆积物，山地母质为多种岩类的残积、坡积物，洪积扇上有洪积母质，另外还有小面积的堆垫母质和二元母质。地下水参与成土过程，使褐土有一定的潮化作用；自然植被为落叶阔叶林等。

（二）主要性状特征

1. 成土特性

黏化特征。黏化过程是褐土主要的成土过程。在温暖湿润的夏季，土体中物理、化学及生物化学过程强烈，特别是土体中部，水热条件比较稳定，土壤中原生矿物的分解和次生矿物的形成有所加强，矿物质颗粒由粗变细，使土体中的黏粒含量逐渐增加，形成颜色鲜艳（棕褐色）、质地较黏重的黏化层。由于季节性的干燥和湿润，黏化层中黏土矿物不断收缩和膨胀，使土体沿结构面产生裂缝，垂直裂缝成为水分下渗的通道，随水下渗时溶解于水的钙、镁等物质黏附于结构面上，形成比较稳定的柱状或棱块状结构，也称为"立槎"结构，是褐土的重要特征之一。

碳酸盐的淋溶与淀积。碳酸钙淀积呈粉末状、假菌丝、石灰斑、石灰结核等多种形态存在于钙积层。淋溶褐土亚类，褐土性土亚类，不能形成假菌丝。只有褐土、石灰性褐土和潮褐土三个亚类才能在结构面上、根孔、虫穴壁上普遍看到假菌丝。褐土和石灰性褐土亚类的土体下部有时能见到石灰结核。淋溶褐土全剖面一般无石灰反应，含少量碳酸钙。石灰性褐土全剖面一般石灰反应强烈。

腐殖质积累。褐土地区生物循环弱，加上气候温和、降水量偏少，土壤微生物活跃，土壤有机质分解速度较快，褐土有机质含量均较低。

2. 养分状况

褐土表（耕）层全钾、全磷和速效钾含量较丰富，有机质、全氮含量中等，速效磷缺乏；有效微量元素含量铜、铁、锰、锌中等，硼和钼较缺。

（三）主要亚类

褐土分为褐土、淋溶褐土、石灰性褐土、潮褐土、褐土性土 5 个亚类。

1. 褐土亚类

褐土亚类又称普通褐土亚类、典型褐土亚类，主要分布在黄土塬、黄土丘陵的平缓地带、山前倾斜平原、洪积扇、河谷阶地及河谷平原两侧的缓岗，在石灰岩地区也有小面积分布。

褐土亚类土壤面积占本土类面积的 25.24%。

褐土亚类土体构型为 A—B$_t$—B$_k$—C 型，颜色以黄橙色、淡棕色为主。发育在马兰黄土母质上的褐土具有垂直节理，土体中钙与镁在剖面中有明显下移现象，氧化铁与氧化铝在黏化层有所增加。该亚类具有少氮、贫磷、富钾的特点；有效微量元素含量铜、铁、锰中等，锌、钼、硼缺乏。

褐土亚类分为黄土质褐土（马兰黄土母质）、洪积褐土（洪积母质）、红黄土质褐土（红黄土母质）和钙质褐土（石灰岩类残积、坡积风化物）4 个土属。

2. 淋溶褐土亚类

淋溶褐土是棕壤与褐土的过渡类型，上接棕壤，下接褐土亚类；南部与黄褐土相邻。豫西、豫北分布在海拔 800～1 000m 的低山地，豫中分布在海拔 500m 以上的低山，褐土类的南缘（沙河以北）则分布在海拔 100～200m 的局部高地上。淋溶褐土区年降水量 800mm 左右，成土母质主要有红黄土及洪积、冲积物、钙质岩类风化物等，硅铝质、硅钾质、泥质、硅质岩类风化物及马兰黄土母质也有一定面积。面积占本土类面积的 8.18%。

淋溶褐土较褐土亚类热量低，降水量高，植被比棕壤稍差，植被覆盖度 50%～80%，长势较好，属落叶阔叶林。淋溶褐土土壤有机质、全氮、速效钾含量较高，速效磷较缺；有效微量元素铁、锰较丰富，铜接近适量，锌、硼、钼较缺乏。

淋溶褐土划分为 8 个土属，即黄土质淋溶褐土（马兰黄土母质）、洪积淋溶褐土（洪积冲积母质）、红黄土质淋溶褐土（红黄土母质）、硅铝质淋溶褐土（酸性结晶岩类风化物）、硅钾质淋溶褐土（中性结晶岩类风化物）、泥质淋溶褐土（泥质岩类风化物）、钙质淋溶褐土（碳酸盐岩类风化物）、硅质淋溶褐土（石英质岩类风化物）。

3. 石灰性褐土亚类

石灰性褐土又称碳酸盐褐土，分布在黄土质低山丘陵的塬头、塬边以及洪积扇的中上部，石灰岩、石灰性泥质岩山地及河流的二级阶地有小面积分布。成土母质为马兰黄土、红黄土、洪积物、冲积物及钙质岩、石灰性泥质岩类风化物，常与褐土亚类呈复域分布。石灰性褐土亚类土壤面积占本土类面积的 20.96%。

该亚类剖面构型为表土层或腐殖质层（A、A$_0$）—弱黏化层（B$_t$）—母质层（C）型，或 A—B—BC 型。通体颜色为黄橙色、淡棕色为主，质地以壤土、壤质黏土为主。通体石灰反应强烈，有少部分通体石灰反应中等，pH 值 7.5～8.5，碳酸钙淀积一般在 30～80cm 出现，多呈菌丝状、粉末状，有时可见到石灰斑或小砂姜。土壤速效钾含量丰富，有机质、全氮含量不高，速效磷缺乏；有效微量元素铜、铁、锰接近适中，锌、硼、钼均缺乏。

该亚类划分为 5 个土属，黄土质石灰性褐土（马兰黄土母质）、洪积石灰性褐土（洪冲积母质）、红黄土质石灰性褐土（红黄土母质）、钙质石灰性褐土（钙质岩类风化物）、泥质石灰性褐土（泥质岩类风化物）。

4. 潮褐土亚类

潮褐土根据成土母质只划分出洪积潮褐土一个土属，主要分布在山前洪积扇的中、下部及较大河流两岸较平坦的地方。潮褐土面积占本土类面积的 11.92%。

潮褐土是褐土向潮土的过渡类型，潮褐土通体质地多为黏壤土。疏松，易耕，心土层比表土层黏粒含量略高。地下水位一般 4～5m，剖面上、中部有褐土化过程，有碳酸钙的淋淀和弱黏化作用，剖面下部在 80～100cm 有轻微的潮化过程。潮褐土除速效磷和有效锌、硼、钼外，各种养分含量均较适中。

5. 褐土性土亚类

褐土性土广泛分布于褐土区中、低山地和丘陵地区水土流失较为严重的地带及堆积频繁的地区。在垂直带谱上常与淋溶褐土、石灰性褐土亚类呈交错分布，在水平分布上，常和红黏土呈复域分布。褐土性土亚类土壤面积占本土类面积的 33.70%。

褐土性土具有微弱的黏化特征，剖面构型为 A—（B）—C 型。土壤颜色、质地、酸碱度、碳酸钙含量随母岩、母质而异，多呈微碱性反应，pH 值 7.5～8.2。土壤有机质、全氮、速效钾含量较丰富，速效磷缺乏；有效微量元素除铁、锰适中外，其余均较缺乏。

该亚类划分为 11 个土属，即黄土质褐土性土、洪积褐土性土、红黄土质褐土性土、堆垫褐土性土、覆盖褐土性土、硅铝质褐土性土、硅钾质褐土性土、砂泥质褐土性土、钙质褐土性土、硅质褐土性土和硅镁铁质褐土性土等。

五、潮土

潮土主要发育在河流沉积物上，过去曾称为冲积土、碳酸盐原始褐土、浅色草甸土、淤黄土等。1978 年将其正式命名为潮土。潮土属于半水成土纲，淡半水成土亚纲的一个土类。

（一）分布与成土条件

潮土主要分布于黄淮海平原和南阳盆地，其分布不受地带性条件的限制，在全省大小河流沉积形成的各类平原上均有潮土分布。与褐土、黄褐土的界线具有明显的分布界线，与其相邻的土类从山丘到平原的组合模式有明显差异。大致西以京广铁路与褐土相连，南以大别山洪积扇与黄褐土为邻，东部及北部达省界与安徽、山东、河北的潮土接壤。其他山地丘陵的河谷盆地也有条、片状分布。潮土是河南分布区域最广，面积最大的一个土类，全省潮土土壤面积为 416 万公顷，占全省土壤面积的 30.21%，是河南最重要的粮、棉、油生产基地。

潮土的形成与气候、成土母质、地形、地下水位以及人类活动都有密切关系。河南气候特点是四季分明，干湿交替，光照充足，热量丰富，这为地下水参与成土作用，形成氧化还原层奠定了环境基础；河流沉积物是形成潮土的物质基础，潮土直接发育在河流沉积物上，成土母质多系近代河流沉积物，为冲积母质，多为砂、壤、黏的复式质地构型。由于冲积母质一般毛管空隙发达，为潮土的形成奠定了基本骨架和物质基础；地下水位埋深是成土形成的重要条件，潮土区地下水位较浅，由于干湿季变化，地下水升降活动频繁，地下水中的溶性物质随地下水向表土移动而引起盐类在土壤表层聚积，毛管作用强的潮土，地下水常在夜间上升至地表，形成夜潮现象。

人类活动对潮土的形成也有一些影响，合理的耕作施肥加速了熟化过程，开挖河道沟渠，降低了地下水位，改善了土壤质地；但不合理的经济活动，可使地下水位上升，导致次生盐渍化。

（二）主要性状特征

1. 形态特征

潮土剖面一般由耕作层、犁底层、心土层和底土层组成。有时出现潜育层。

2. 理化特性

质地越黏重，田间持水量越大。黄河、卫河及其支流沉积物上发育的潮土，富含碳酸钙，土壤pH值为7.5～9.0；淮河、唐白河及其支流沉积物上发育的潮土含碳酸钙少，土壤pH值7.0～7.5。砂质潮土，普遍缺乏有机质及无机胶粒，属肥力偏低的土壤。黏质潮土，母质本身含较多的有机质及无机胶粒，并富含磷、钾矿物元素，属潜在肥力偏高的类型。壤质潮土，质地适中，土壤内部水、热、气、肥等因素较协调，生产性能好，易培育成高产土壤。潮土的有机质、全氮、速效磷、有效锌、有效钼、有效硼缺乏面积较大。

（三）主要亚类

潮土划分为潮土、脱潮土、灰潮土、灌淤潮土、盐化潮土、碱化潮土、湿潮土7个亚类，其中潮土、脱潮土、灰潮土3个亚类面积占潮土类面积的93%以上，其他4个亚类仅有零星分布，面积不足7%。

1. 潮土亚类

潮土亚类是在黄土性冲积物质上形成的土壤，也称黄潮土。该亚类在河南主要分布于暖温带的黄淮海冲积平原，以黄河冲积平原面积最大，西以京广铁路与褐土相连，南以沈丘、项城、临颍一线与砂姜黑土为邻，东部及北部达省界。其他山地丘陵河谷平地亦有条片状分布。全省潮土亚类土壤面积为310万公顷，占全省潮土土壤面积的75.30%。

潮土亚类质地类型较多，夹有胶泥或砂土层，从砂土到砂质黏土，以壤质潮土水分为最好。母质富含碳酸钙，淋淀和钙积现象不明显。土壤呈碱性，pH值8.0～8.5。土壤有机质含量较少，全氮含量也偏低，磷素缺乏，钾素相对较丰富。土壤中有效微量元素的含量，铜较丰富，硼和钼极缺，普遍缺锌，铁、锰中等。

该亚类可分为砂质潮土、壤质潮土、黏质潮土、洪积潮土和黑底潮土5个土属。砂质潮土质地粗，疏松易耕，适耕期长，通透性强，不耐旱，保肥性差，土壤瘠薄，养分含量低；壤质潮土又称"蒙金土"，本土属耕层深厚，质地适中，耕性良好，适种作物广，保肥供肥性能好；黏质潮土潜在肥力高，但由于土壤比较坚实，通气不良，水、肥、气、热不协调，土性凉，耕性不良，适耕期短，湿时黏重；洪积潮土土层深厚，质地多为壤土，保肥和供肥性能良好，耕性好、适耕期长，适种多种作物；黑底潮土的农业性状与壤质潮土、黏质潮土基本相同，应搞好田间水利基本建设工程。

2. 脱潮土亚类

脱潮土是潮土向褐土发育的过渡土壤类型，主要分布在平原中的自然堤，河流高滩地或地势高起的部位。脱潮土面积为42万公顷，占潮土土类土壤面积的10.14%。

脱潮土地下水位埋深在3～5m，排水条件良好，土体的心土层可有假菌丝体。具棱块状结构，有微弱的黏化现象。土壤含水较少，易旱。土壤呈碱性反应，pH值8.0～8.8。有机质积累较少，全氮含量偏低，磷素缺乏，钾素相对较丰富，土壤中微量元素的有效含量，铜、锰属中等，锌、硼、钼均较缺乏。

脱潮土划分为3个土属，即砂质脱潮土、壤质脱潮土和黏质脱潮土。砂质脱潮土有机质及各种养分含量低，交换性能弱；壤质脱潮土耕层质地适中，适耕期长，适种性广，交换性能较高，保蓄、供肥性能较好，水、肥、气、热协调，是高产土壤类型；黏质脱潮土耕层质地黏重，耕作困难，适耕期短，通透性能差。

3. 灰潮土亚类

灰潮土集中分布在中南部，包括淮河干流及其支流沿岸冲积平原，以及长江水系的唐、白河流域的冲积平原，系指淮河以南非黄泛物质发育的潮土，是河南主要粮、棉、油生产基地之一。土壤面积为35万公顷，占潮土土类土壤面积的8.42%。

灰潮土成土母质主要是硅铝质风化物的河流冲积物。呈微酸性至中性反应，pH值6.0～7.5，通体无石灰反应。地下水矿化度较低，没有盐渍化威胁。土壤色泽略为灰暗。灰潮土各种微量元素有效含量的变幅较大，有效钼、硼的含量均低于临界值，属极缺，有效锌属缺乏，有效铜、铁、锰较充足。

灰潮土划分为砂质灰潮土、壤质灰潮土、黏质灰潮土和洪积灰潮土4个土属。砂质灰潮土养分较贫乏，属于低产土壤，质地粗，松散易耕，适耕期长，保肥供肥性能差；壤质灰潮土耕作层深厚，质地适中，结构良好，松散易耕，适耕期长，保肥供肥性能好，肥效长而平稳；黏质灰潮土质地黏重，较紧实，耕性不良，适耕期短，湿时泥泞，干时龟裂；洪积灰潮土的成土母质主要是硅铝质风化物的洪积物，土层深厚，养分含量高，水分状况好，适耕期长，属于高产土壤类型。

六、砂姜黑土

（一）分布与成土条件

河南的砂姜黑土主要分布在黄淮平原、南阳盆地的湖坡洼地，桐柏—大别山、伏牛山、太行山前的交接洼地也有零星分布。全省有砂姜黑土面积127万公顷，占全省土壤面积的9.24%以上。驻马店、南阳、周口和信阳4市砂姜黑土面积占全省砂姜黑土总面积的80%以上，此外漯河市、许昌市、平顶山市、商丘市、安阳市、新乡市、焦作市、洛阳市也有分布。

砂姜黑土分布区属半湿润季风型气候，降水集中在7、8、9三个月，季节分配不均，年蒸发量大于年均降水量将近一倍；地形为古河道湖泊冲积湖积平原、山前交接洼地和南阳盆地中心的湖坡洼地。母质属于第四系上更新统新蔡组与南阳盆地的新野组湖相沉积，为灰黑色亚黏土和灰黄色亚黏土互层。淮北平原砂姜黑土区地下水流向与河水流向基本一致，多自西北向东南呈羽状注淮河干流，地下水排泄不畅，且埋藏较浅，雨季常常有积水现象。南阳盆地的砂姜黑土分布区都在唐白河中下游盆地中心平原洼地和湖坡洼地。

砂姜黑土由草甸潜育过程经脱潜过程和钙化过程发育而成，因有机质的累积，形成了"黑土层"；有明显的淋溶淀积过程，在形成碳酸钙的过程中，往往与土粒胶结而成为大小不一，形状各异的砂姜。一般在古河湖坡洼地的边缘有砂姜出现，经日积月累，逐渐发展为砂姜盘层。因排水不良有"潜育层"。

（二）主要性状特征

1. 形态特征

具有耕作层、犁底层、残余黑土层、脱潜层和砂姜层。质地黏重，胀缩性强，故旱季常裂大缝，失墒快，并形成地面高低不平，耕作层多屑粒状与碎屑状结构，黑土层多棱块状与块状结构，结构面上往往有光滑的黑色与棕黑色胶膜，并有大量铁子与零星砂姜，底土层尤其黏重，多呈块状结构，有大量砂姜出现。

2. 理化性质与养分状况

土质黏重，土层紧实，容重较大，孔隙率小，通气性差。渗透系数小，持水能力低，有效水分少，漏水，易涝，易旱。砂姜黑土的有机质与全氮、全磷含量均属四级，中等稍偏下水平，全钾与速效钾含量三级，速效磷五级，较贫乏。有效锌、铁、锰属三级，中等水平，硼属四级，铜属二级，较丰富，钼极缺乏。

（三）主要亚类

砂姜黑土包括砂姜黑土和石灰性砂姜黑土2个亚类。

1. 砂姜黑土亚类

全省砂姜黑土亚类主要分布在黄淮河冲积扇的边缘及南阳盆地的中南部。即在沙颍河以南，淮河干流以北低平洼地及唐白河流域中下游洼地。该亚类土壤面积占该土类土壤面积的73.17%以上。成土母质为湖相沉积物，土壤表层有机质、全氮、全磷含量中等，属潜在肥力较高的土壤。

该亚类可划分为砂姜黑土、青黑土、覆盖砂姜黑土和漂白砂姜黑土4个土属。

2. 石灰性砂姜黑土亚类

石灰性砂姜黑土亚类占该土类面积的26.83%，集中分布在沙颍河以北的周口市、漯河市、许昌市、商丘市等省辖市黄河冲积平原中的交接洼地、平坡过水洼地和湖坡洼地。该亚类土质偏黏，比较均一，没有明显的沉积层理，盐基高度饱和，阳离子交换量较高，有淋溶淀积现象。游离碳酸钙含量较高，土壤 pH 值多在 8.0。

该亚类可分为石灰性砂姜黑土、石灰性青黑土、覆盖石灰性砂姜黑土和洪积石灰性砂姜黑土4个土属。

七、水稻土

水稻土是人为土纲的一个土类。

（一）分布与成土条件

水稻土几乎遍及全省各地，总面积达 70 万公顷以上，占全省土壤面积的 5.04%，集中分布在淮河以南地区，信阳市最多，水稻土面枳占全省水稻土总面积的 70% 以上，南阳市和驻马店市也有分布；其次是黄河两岸的新乡市、濮阳市和开封市，以上 6 市的水稻土面积占全省水稻土总面积的 98% 以上。其他城市（鹤壁、许昌、漯河、三门峡除外）有零星分布。

水稻土是指发育于各种自然土壤之上，经过长期人为水耕熟化、淹水种稻而形成的耕作土壤。除此之外，水稻土的形成受水热条件、地形、成土母质的影响。

水稻土是水耕熟化作用形成的一种人为水成土，是周期性灌水和排水，使土壤淹水和落干，强烈的氧化还原交替进行，通过水耕，形成微团粒结构，冬耕晒垡，加速矿质养分的释放，促进结构形成，改善土壤理化特性和养分状况，逐渐形成具有独特剖面特征的水稻土。气候条件虽不是水稻土形成的决定条件，但水稻喜温好水，需要稳定的水热条件，由于人为灌溉对水分的控制，缓和了气候对水稻土的直接影响，使得水稻土的分布甚为广泛。地形对水稻土的影响直接表现在对水稻土亚类的分布上，一般在山坡边旁及丘岗顶部的稻田多为淹育型水稻土，冲田和畈田多为潴育型水稻土，冲底或山泉出露处的稻田多为潜育型水稻土与沼泽型水稻土，地势略有倾斜的大畈常有漂洗型水稻土的分布。成土母质对水稻土的形成也有一定影响。淮南地区的水稻土成土母质多为第四纪黄土母质，土体深厚，质地黏重，保水保肥能力强，但通透性差；黄河沿岸的水稻土，是在河流冲积物上发育的水稻土，土体深厚，质地多为沙壤土，养分丰富，但保水保肥能力差。

（二）主要性状特征

1. 成土特性

（1）水稻土中铁、锰等无机物质氧化还原作用强烈。在积水或过湿时，土中缺乏氧气，嫌气性细菌将高价态铁化合物还原为低价铁化合物，土壤棕红色变为暗灰色。低价铁还可以释放磷酸盐和活化磷。积水落干时，土壤中下移的低价铁、锰化合物被氧化为难溶解的高价铁锰化合物，形成铁锈斑纹。

（2）水稻土中黏粒和盐基向下移动，随深度而增加。由于下渗水流运动的影响，上层盐基被带到下层，下层盐基饱和度大于上层，灰分元素的淋溶流失也较旱地为强烈。上层黏粒沿毛管孔隙逐渐下移，随水分下渗时如遇到透水很弱或不透水层，形成临时的上滞水层的犁底层。落水干裂时，土壤结构面具有青灰或棕红色的胶膜。

（3）特有的剖面特征。发育典型的水稻土具有淹育层、潴育层和潜育层。淹育层在剖面的最上层，比下层土壤的空气条件好，干湿变化较频繁，颜色时常改变，氧化还原更迭迅速；潴育层受地下水升降或季节性的"潴积水层"的影响，有铁质大量的淋溶和沉积，在灰色底土中常有较多的斑锈及铁锰结核等新生体；潜育层终年积水，长期处于嫌气性条件，低价铁锰化合物使土层呈青灰色。潜育层的土壤分散度很大，无团粒结构而黏韧。

2. 养分状况

有机质和全氮尽管大于其他耕地土壤，仍属于中等偏下含量，速效磷、速效钾低于全省平均水平。铜、铁、锰含量较高，而有效锌、硼、钼缺乏，甚至低于临界值。

（三）主要亚类

划分为淹育型水稻土、潴育型水稻土、潜育型水稻土和漂洗型水稻土4个亚类。

1. 淹育型水稻土亚类

淹育型水稻土是处于初级阶段的水稻土。主要分布在信阳市、南阳市、驻马店市和近年来旱改水的新发展水稻的地方。在山地丘陵区，一般分布在山丘冲谷的中上部，缓冲的两旁及山间平畈的周围较高地段。土壤面积占水稻土面积的26.28%。淹育层即耕作层，呈灰、浅灰或黄灰颜色，干时一般呈碎屑或屑块状结构。有机质，全氮含量中等偏上，速效养分含量较低，特别是速效磷缺乏，而微量元素除有效铜、铁、锰外均缺乏。

淹育型水稻土亚类划分为黄棕壤性淹育型水稻土、黄褐土性淹育型水稻土、砂姜黑土性淹育型水稻土和潮土性淹育型水稻土4个土属。

2. 潴育型水稻土亚类

潴育型水稻土主要分布在信阳、南阳、驻马店三市的山丘冲谷的中下部和山间的平畈。该亚类具有棕灰色的潴育层，有不同数量的锈纹锈斑、铁锰结核等新生体。土壤结构呈棱块状或小棱块状。耕层养分有机质、全氮、有效铜、有效铁、有效锰含量较丰富，速效磷、速效钾含量偏低，而有效硼、钼较缺乏。

该亚类分为黄棕壤性潴育型水稻土、黄褐土性潴育型水稻土、潮土性潴育型水稻土和砂姜黑土性潴育型水稻土4个土属。

3. 潜育型水稻土亚类

潜育型水稻土亚类主要分布在信阳市、南阳市的山丘冲畈尾部的洼地，水库堰脚下，地下水位高或接近地表，排水不良的地段及人为以田代塘的田块。潜育型水稻土具有稳定的青泥层（潜育层），土壤糊软，土粒分散，无结构或呈大块整体状结构，呈灰至蓝色，群众称为青泥田或乌泥田。土壤质地偏黏，多为黏壤土或黏土，土壤容重一般在 $1.0mg/m^3$ 左右，孔隙度高达 53%～87%，保肥能力强，有机质含量较高，耕层养分含量高，速效养分较低，特别是速效磷，有效硼、钼缺乏。

潜育型水稻土亚类划分为黄棕壤性潜育型水稻土、黄褐土性潜育型水稻土、潮土性潜育型水稻土和沼泽性潜育型水稻土4个土属。

4. 漂洗型水稻土亚类

漂洗型水稻土是具有漂白层段的水稻土，仅分布在信阳市、驻马店市的黄褐土和砂姜黑土母土的区域内。该亚类有以粉砂粒为主的漂白土层（亦称白散土层），厚度一般为10～50cm。漂白层的颜色，在地势较高的部位多呈白色或暗灰黄色，在地势较低的部位多呈灰白色或灰色。漂白层的机械组成以粉砂粒为主，有机质含量较低，土壤的交换性能差，供肥能力弱，保肥性差，肥效不能持久，作物易缺肥。养分含量最低，而速效养分更缺乏，特别是速效磷和有效锌、硼、钼处于临界状态。

漂洗型水稻土亚类划分为黄褐土性漂洗型水稻土和砂姜黑土性漂洗型水稻土2个土属。

八、盐碱土（盐土与碱土）

（一）盐土

盐土是土壤中水溶性盐的含量达到抑制多数植物正常生长的一类土壤。当硫酸盐盐土 0～20cm 含盐量达到12g／kg，氯化物盐土达到10g／kg，苏打盐土达到7g／kg时即确定为盐土。

1. 分布与成土条件

主要分布在黄河两岸的背河洼地，包括开封市、商丘市、新乡市、濮阳市等，往往与盐化潮土、碱化潮土、草甸碱土及潮土插花与零星分布。

河南盐土区属于暖温带半干旱季风区,年降水量 600～700mm,年蒸发量 1 500～2 000mm,有明显的干湿季节,形成春旱、秋涝,旱涝交错使土壤蒸发强烈,有强烈的上行水流,促使盐分迅速向地表聚集。盐土分布区地形开阔平坦,背河洼地,受黄河侧渗水的影响很大,土壤盐化最重。干旱季节为积盐期,呈白色结晶状态存在,雨季脱盐呈溶解状态被淋溶至深层。

2. 主要类型

盐土划分为草甸盐土与碱化盐土两个亚类,草甸盐土亚类有氯化物草甸盐土与硫酸盐草甸盐土两个土属,碱化盐土只有氯化物碱化盐土一个土属。

(1)草甸盐土亚类。草甸盐土土壤中的盐分以氯化物或硫酸盐为主,地下水位 1～2m,底土可见到锈纹锈斑,主要分布在黄河浸润区及封闭洼地。

草甸盐土剖面没有明显发育,多数为通体壤质,有的在剖面中下层有黏土夹层,土壤有机质含量不高,氮磷养分缺乏,土壤呈碱性反应,表土土壤盐分含量高,向下急剧减少,盐分沿剖面的分布呈蘑菇形。

(2)碱化盐土亚类。碱化盐土含有重碳酸盐和碳酸盐(苏打盐土),土壤的碱化度大于10%,碱性强。多分布在现黄河背河洼地和古背河洼地,积水坑塘的周围。一般植物不能生长,生长有碱蓬、碱蒿、盐吸、柽柳等耐盐植物。碱化盐土只有氯化物碱化盐土一个土属。

(二)碱土

1. 分布与成土条件

碱土主要分布在沙颍河以北,京广路以东,古黄河背河洼地两侧和现黄河的背河洼地,多呈斑块状分布在其他盐渍土与潮土中。主要分布在商丘市和濮阳市。

碱土分布地区年降水量为 600～800mm,7、8、9 三个月占全年降水量的 50%～60%,年蒸发量 1 800mm 左右。形成春旱夏涝、涝后又旱、旱涝交错。干旱加剧土壤蒸发,雨涝抬高地下水位,土壤内溶液的上升下降频繁交替。土壤水分蒸发量大于入渗量,产生耕层盐碱的积累。土壤盐分在土壤内随水分作纵横方向的运行,碳酸钠在土壤溶液中的移动和累积,促进土壤的碱化过程。碱土分布区地势平缓,中小地形岗坡洼起伏不平;其成土母质为黄河沉积物。

2. 主要性状特征

草甸碱土表层为灰白色坚实的结壳,表面光滑似瓦块,故又叫瓦碱,有盐积层出现。土壤呈强碱性反应,pH 值 9.5 左右,碱化度 45%～83%。

3. 主要类型

碱土仅有草甸碱土一个亚类,又分为 3 个土属,即氯化物草甸碱土、硫酸盐草甸碱土和苏打草甸碱土。该亚类分布于黄河故道两侧的背河洼地、槽形洼地、蝶形洼地边缘。主要分布在商丘市的睢阳区、民权县、宁陵县、夏邑县、虞城县和濮阳县。该亚类土壤 0～20cm 土层，碱化度一般＞45%，含盐量＜10g／kg，阴离子以 Cl⁻、SO_4^{2-}、CO_3^{2-}为主。

九、红黏土与紫色土

（一）红黏土

红黏土属初育土土纲，土质初育土亚纲，全省仅有红黏土一个亚类。

1. 分布与成土条件

红黏土主要分布在地壳较稳定的崤山与熊耳山两侧的低丘台地，邙山一带的残丘中上部，南阳盆地的周边岗地和淮河以南的垄岗地区。另外，太行山区也有零星分布。

集中分布在洛阳、三门峡两市的汝阳、伊川、新安、洛宁、孟津、宜阳、栾川、嵩山、偃师、陕县、义马等县市，占全省红黏土面积的 85%以上。另外，信阳市、南阳市、平顶山市、郑州市、鹤壁市、新乡市等也有少量零星分布。

成土母质为第三纪和第四纪红色黏土，由于气候温暖湿润，气温高，雨量多，风化作用强烈，土壤发生较强的富铝化作用，氧化铁在土体中积累即成红色风化壳。红色风化壳在自然成土因素及人为作用的综合作用下，发育成为现今的红黏土。

2. 主要性状特征

质地黏重通体以黏土为主。碳酸钙含量无或很少，无石灰反应，土体不含碳酸钙，pH 值 7.0 左右。因受母质影响，磷极缺乏，钾丰富，有机质和全氮属中等，在微量元素中，大多数土壤的锰、铜、铁元素丰富或适量，锌偏低，硼、钼极缺乏。

3. 土属划分

红黏土亚类全省有两个土属，即红黏土和石灰性红黏土。

（二）紫色土

紫色土是紫色岩风化物上发育的一种岩性土。

1. 分布与成土条件

紫色土主要分布于豫西和豫南低山丘陵区的洛阳市、三门峡市、郑州市、平顶山市、南阳市、信阳市等，该土壤面积较小，不足 6 万公顷，不足全省土壤面积的 5%。

紫色土成土母质是第三纪红色砂岩、紫色砂岩、紫色页岩；白垩纪紫色砂页岩、砖红色砂岩；侏罗纪棕紫色砂页岩和红紫色泥岩。主要分布区的气候属北亚热带和暖温带湿润和半湿润型，其特点是水热同季，昼夜温差大，夏季暖热多雨，冬季寒冷干旱。年平均温度 14～

15℃，≥10℃的积温为 4 500～4 700℃。年降水量 700～1 100mm，年内降水量分配不均。其植被现在多为人工植被。

2. 主要性状特征

紫色土因含砾石较多，土体疏松，大孔隙多，结构性差，通透性强，极易漏水漏肥和水土流失。紫色土多呈紫红色或紫棕色、淡红色。全剖面色泽较均一。土体发育层次不明显。河南紫色土中除速效磷、微量元素硼、钼以外，其他养分含量均较丰富。呈中性或微碱性反应，pH 值 6.5～8.5。河南紫色土有机质、全氮、速效钾的含量变幅很大，速效磷则大部分比较缺乏。微量元素的含量变幅较小，土壤缺硼和缺钼的面积较大，占 80%以上，缺锌面积约占一半。

3. 主要类型

河南的紫色土可分为中性紫色土和石灰性紫色土两个亚类。

（1）中性紫色土亚类。主要分布在大别山、伏牛山脉的低山丘陵地段的商城、固始、西峡、内乡、淅川、镇平、南召、鲁山、汝州、伊川、新安、嵩县、汝阳等县和嵩箕山脉的巩义、登封、新密等地。土壤呈中性反应，pH 值 6.5～7.5，全剖面无石灰反应或微弱。表（耕）层全钾和速效钾含量较高，有机质、全氮较低，速效磷缺乏。

紫色土结持力、抗蚀力弱，植被覆盖度低，易遭受侵蚀。因此必须实行土、水、林综合治理，改坡地为梯田，采用横坡耕种，实行等高种植，选择耐瘠、耐旱适应性强的树种造林，种植牧草。增施有机肥，培肥土壤，深耕培土，加厚活土层。划分为砂质中性紫色土和泥质中性紫色土两个土属。

（2）石灰性紫色土亚类。主要分布在卢氏、新安、孟津、伊川、栾川、宜阳、巩义、登封、新密、内乡、西峡、镇平、淅川等县（市）低山丘陵区。表（耕）层有一定的腐殖质积累，其下为 C 层。土体多为 A—C 构型。土层厚度一般在 9～100cm，平均 85cm。石灰性紫色土亚类，土壤 pH 值＞7.5。碳酸钙含量大于 30g／kg，整个土体有石灰反应。在其成土过程中，常有紫色砂页岩半风化物的补充，因此总是处于幼年阶段。现有植被覆盖度低。矿质养分含量较丰富，但土壤有机质、全氮含量低，速效磷缺乏。

紫色土母质松脆，易于风化分解，稍加耕锄也能种植作物，目前农用耕地约占该类土壤面积的 1/3，适种多种作物。因植被覆盖度低，易遭受侵蚀，必须实行土、水、林综合治理。通过广辟肥源，积极发展旱地绿肥，增加有机肥和氮肥，特别要增施磷肥，改善土壤理化性质。在改坡地为梯田的基础上，必须培肥土壤，深耕培土，加厚活土层。分为砂质石灰性紫色土和泥质石灰性紫色土两个土属。

十、风沙土与新积土

（一）风沙土

风沙土类属初育土纲。分布于河南的风沙土是在河流冲积物经风力的搬运、堆积形成的沙丘、沙垄上发育而成的土壤。多为林地和沙荒地。

1. 分布与成土条件

主要分布在河南东部、东北部黄河故道两侧及现代黄河河漫滩的高滩区，全省共有 8.3 万公顷。漳河、卫河的泛道风沙土带面积最大，占全省风沙土面积的 42.2%。其中新乡县、延津、卫辉、滑县、内黄、濮阳县面积较大。

在黄河向东注入黄海的河道的汴水泛道风沙土带，开封县、兰考县、民权县、商丘市等有面积不等的风沙土分布；涡河泛道流经通许、杞县、柘城、鹿邑等县的涡河泛道风沙土带，仅个别地方有风沙土分布；颍水泛道风沙土带流经中牟、尉氏、扶沟等县至西华入颍河，在中牟、尉氏等县形成风沙土；黄河河漫滩风沙土带主要分布在灵宝、原阳、封丘、长垣等县的黄河高滩区。

风是成土重要因素，其次是降水和蒸发。风沙土区冬春降水量很少，而且蒸发量远远大于降水量。沙丘、沙垄上常处于干旱状态，使砂粒在风的作用下较易发生移动。黄河携带的砂质冲积物是其成土母质。

2. 主要性状特征

土壤以砂粒（0.02～2mm）为主，约占 890～900g/kg 以上，黏粒很少。有机质含量少，养分缺乏，土壤保水性差，土质疏松，易耕作，透水性好。

3. 主要类型

河南只有草甸风沙土一个亚类，又分为流动草甸风沙土土属、半固定草甸风沙土土属、固定草甸风沙土土属。20 世纪在黄河故道和黄泛区分布很广泛，但经过近十几年的土地综合整治，流动性和半流动性沙丘、沙垄基本不复存在。

（二）新积土

1. 分布与成土条件

全省新积土主要分布在河滩地，干河滩及洪积扇上部的滩地，包括焦作市、三门峡市、开封市、新乡市、安阳市、鹤壁市。占全省土壤总面积的 0.15%。

新积土的成土母质为新近流水沉积物，部分有卵石、砾石。土壤发育过程微弱，没有或有稀疏的植物生长。在全省该土类均为非耕地。

2. 主要性状特征

河南只有一个冲积新积土亚类，根据其有无石灰反应又分冲积新积土和石灰性冲积新积土两个土属。

（1）冲积新积土。该土属分布在三门峡市卢氏老灌河、淇河的河床内和渑池、义马的石河滩，前者属花岗岩区，后者属石英岩、石英砂岩区，无石灰反应。冲积新积土的机械组成以砂粒为主，其次是粉粒。有机质、全氮、全磷的含量均属中等，速效磷含量极缺。

（2）石灰性冲积新积土。石灰性冲积新积土约占新积土面积的95%。主要分布在安阳市、鹤壁市、焦作市、新乡市、三门峡市、开封市等。质地一般为壤土。通体石灰反应强烈。有机质、全氮、速效磷均极缺乏，全磷、全钾含量中等，各层碳酸钙含量较高。由于新积土不断被河水淹没，农作物往往种不保收，新积土均为非耕种土壤。

十一、石质土、粗骨土、山地草甸土与沼泽土

（一）石质土

1. 分布与成土条件

石质土主要分布在豫南、豫西和豫西北。该土类以土层薄、石砾含量多为特点。其内还有大面积的裸岩，是农业难利用的一类土壤，全部为非耕地。

石质土是以各种类型的岩石为母岩，进行初期发育的始成土类，其土层小于10cm，剖面构型为A—R型，在薄层A下为基岩R层。土壤发育微弱，由于植被稀少，水土流失严重，土体中未显物质的淋溶与淀积，剖面发育微弱，土层薄。

2. 分类及其性状特征

根据成土母岩的岩性不同，石质土分为中性石质土和钙质石质土两个亚类。

（1）中性石质土亚类。该亚类发育在硅铝质、硅镁铁质、硅质以及泥质岩类风化物上，A层厚10cm左右，砾石含量在700g／kg以上，很薄的A层之下为基岩层，土体无石灰反应。该亚类面积占该土类面积的55%以上。该亚类分为硅铝质中性石质土、硅镁铁质中性石质土、泥质中性石质土和硅质中性石质土四个土属。

（2）钙质石质土亚类。该亚类发育在石灰岩为主的岩石风化母质上。钙质石质土亚类剖面呈A—R型，土层仅有10cm左右，含大量的砾石，基岩为石灰岩类，不少面积为裸岩，土体有石灰反应。在本省仅有一个钙质石质土土属。

（二）粗骨土

粗骨土也属初育土纲、石质初育土亚纲，与石质土呈复区分布。

1. 分布与成土条件

粗骨土主要分布在广大山区，以各种类型的岩石为母质，进行着原始成土过程。土壤发育差，植被稀少或无植被保护，水土流失严重，表层多碎屑物质，土壤剖面发育微弱，土层薄，表层下为母岩风化层。土壤表层有机质明显高于母质层，即 A 层与 C 层有机质含量的差异大，有时 A 层比 C 层多数倍。

粗骨土比石质土的利用价值高。目前，该类土壤利用水平很低，大面积为疏林草地，农业用地占比例很小，关键问题是植被覆盖度低，土壤侵蚀严重，生态平衡失调，存在着旱、粗、薄等障碍因素，但有一定的生产潜力。

2. 分类及其性状特征

粗骨土是一种幼年土壤，按照母岩岩性的不同，将粗骨土划分为中性粗骨土、钙质粗骨土和硅质粗骨土三个亚类。

（1）中性粗骨土亚类。该亚类是发育在硅铝质、硅镁铁质、硅钾质、泥质岩类风化后的残积、坡积物母质上，土体无石灰反应。面积占粗骨土面积的 75%以上。本亚类又分为硅铝质中性粗骨土、硅镁铁质中性粗骨土、硅钾质中性粗骨土、泥质中性粗骨土。

（2）钙质粗骨土亚类。该亚类发育在石灰岩类风化的残积、坡积物母质上。钙质粗骨土，养分含量较高，但其土层薄，水土流失严重，农业难以利用。应注意保护自然植被，有计划植树造林，并结合工程和生物措施，进行小流域治理，进行水土保持，发展林牧业生产。

（3）硅质粗骨土亚类。母质为石英岩类风化物，砾石含量较多，但土壤质地较细，肥力基础尚好，土壤侵蚀严重，多为林草地。

（三）山地草甸土

1. 分布与成土条件

山地草甸土属半水成土纲，是山地土壤，分布于海拔 1 500m 以上的山顶平台及缓坡处，只有山地草甸土一个亚类，又分为硅铝质山地草甸土与钙质山地草甸土两个土属，其中钙质山地草甸土占 85%，均为非耕地，呈零星状分布于嵩县、栾川县和林州市。

山地草甸土主要分布在山地部位较高的台地容易滞水的地方。植被覆盖度高达 80%以上，母质为基岩风化的残积、坡积物。成土过程主要是草甸腐殖化过程。由于周期性的积水与脱水，土壤经常处于氧化还原交替进行的状态，使一些易变价元素如铁、锰形成氧化态的锈纹锈斑，甚至铁锰结核在土体中聚积起来，这是草甸化的一个重要形态特征。

2. 理化性状

山地草甸土质地偏黏。壤质土至黏壤质土，表层有机质 30～60g／kg，高的可达260g／kg，全氮 2～4g／kg，全磷 0.5～1g／kg，全钾 24g／kg 左右，土壤腐殖质组成以胡敏酸为主。

山地草甸土自然肥力较高，但海拔高，气候寒冷，多雨潮湿，仅能生长草甸植物及低矮的灌木。植物繁盛，不仅可以涵养水源，防止水土流失，而且提供了优质牧草，有利于发展畜牧业，但由于面积太小，且多零星分布，目前还没单独作为一种土壤资源开发利用。

（四）沼泽土

沼泽土分布面积很小。只有草甸沼泽土一个亚类，该亚类只有洪积草甸沼泽土一个土属。

1. 分布与成土条件

沼泽土主要分布在太行山前交接洼地的碟形洼地中。沼泽土可以在各种气候带形成，只要地势低洼，地表积水或地下水位高，土壤经常处于季节性或长期积水状态，生长喜湿的水生植物条件下，都可形成沼泽土。

2. 理化性状

沼泽土上有一层覆盖的洪积黏质土层，下为埋藏的泥炭腐殖质层，再下为潜育层，有机质含量高，该土松软粗糙，吸水性强，比重小。

沼泽土的泥炭层厚度达 2m 左右，可以开采作为肥料。在利用上，应注意排水、防止内涝，还应注意耕作，疏松土壤，促使好气性微生物活动，加速养分转化，提高养分利用率。

第三节　土壤分区

土壤分区主要反映土壤的地理分布规律。它是依据生物、气候、地形、土壤等自然条件及农业生产特点，按照土壤地带性原则，研究土壤分布的规律性，探求其相似性与差异性，通过划分不同的土壤区域单元，利用区域内的有利条件，防止和改造区域内的有害因素，以达到因土种植，因土改良，因土施肥，从而提高农业生产水平。

一、土壤分区原则

土壤分区应遵循以下原则：以农林牧副诸业为服务对象，特别以服务农业为重点；以土壤地带性作为土壤分区的理论基础，同时应结合土壤的水平地带性、垂直地带性以及土壤区域性作指导；分区界限应保持完整的地理区域特点，尽量与自然条件相一致；省级土壤分区应与全国土壤分区在大区上相一致，并与省内各部门进行协调。

二、土壤分区依据与方案

省级土壤分区是全国土壤分区的一部分，根据全国土壤分区的结果，将河南土壤划分为土壤地带和土壤区两级。

土壤地带是土壤分区的最高级单元，它包括一个或一个以上的土壤地带。研究证明，气候是影响土壤特性和各种成土过程的主要因素。河南土壤地带主要根据气候和土壤纬度地带性来划分，地带性土壤组合从土纲或亚纲一级来区分，以较大的山脉或河流等自然界线为分界，相当于全国土壤分区的二级区。河南土壤分为两个地带，其命名采用"气候—植物—主要土类"的形式。

河南地跨北亚热带和暖温带两个不同的气候生物地带，伏牛山主脉及沙河、汾泉河一线以北为暖温带落叶阔叶林棕壤和干旱森林草原褐土地带，以南为北亚热带含常绿阔叶树种的落叶阔叶林黄棕壤、黄褐土地带。同一土壤地带具有近似的热量和水分条件，地带性植被类型与地带性土壤类型是相同的，农业发展方向也是一致的。

土壤区是土壤分区的次级单元，是土壤地带内的一部分，它反映了土壤地带内地形地貌、水文地质、母岩母质类型等区域性因素的差异，以土壤类型组合（1～2个土类为主）为依据进行划分，相当于全国土壤分区的三级区。土壤区多具有一个或一个以上的土壤组合类型或土壤复区成分，有相应一致的农业利用方向，其命名采用"区域名称—地貌—主要土类或亚类"的形式，全省分为11个土壤区。

河南土壤分区结果见表7-2和河南省土壤分区图（附图12）。

表 7-2　河南土壤分区系统

土壤地带	土壤区
I 暖温带落叶阔叶林棕壤和干旱森林草原褐土地带	I$_1$ 豫北太行山地棕壤褐土区
	I$_2$ 豫西北低山丘陵褐土、红黏土区
	I$_3$ 豫西伏北山地棕壤褐土区
	I$_4$ 豫东、豫北平原潮土区
	I$_5$ 豫东北沿黄岗洼风沙土、盐碱土区
II 北亚热带含常绿阔叶树种的落叶阔叶林黄棕壤、黄褐土地带	II$_1$ 豫西南伏南山地黄棕壤区
	II$_2$ 豫西南丘陵岗地黄褐土区
	II$_3$ 南阳盆地砂姜黑土区
	II$_4$ 淮北平原洼地砂姜黑土区
	II$_5$ 豫南丘陵岗地黄褐土、水稻土区
	II$_6$ 豫南桐柏—大别山地黄棕壤区

三、土壤分区概述

（一）暖温带落叶阔叶林棕壤和干旱森林草原褐土地带

1. 土壤地带概述

本地带南以伏牛山主脊与沙河、汾泉河一线为界，北、西、东至省界，总面积约占全省土地总面积的 60%。

本地带属暖温带大陆性季风型气候，日均温≥10℃积温为 4 500～4 700℃，年平均温度为 12.4～14.8℃，北部较低，南部较高；无霜期约为 200～230d，山区较短，平原地区较长。年降雨量约为 600～800mm，年际变化大。

该地带西部为伏牛山，西北部为太行山，东部是广阔的平原，地势西高东低，区域内地貌类型齐全，山地、丘陵、平原、洼地具有，东部黄河两翼为黄河冲积扇，形成风沙地貌。

母岩与母质类型复杂，豫北太行山地以沉积岩为主，豫西山地以岩浆岩与变质岩为主，伏牛山以北广泛分布着厚数十米的黄土，豫东北平原为第四纪全新世松散河流沉积物。母质类型山区多为残积、坡积物，山前丘陵缓岗多为洪积物，豫西黄土丘陵与黄河故道沙丘为风积物，豫东北黄淮海冲积平原为河流沉积物。

土壤类型繁多，地带性土壤主要是褐土，山区有山地棕壤的分布，2 000m 以上较平坦的山顶有零星山地草甸土分布，豫东、豫北平原地区多系黄河冲积物上发育的潮土，黄河背河洼地分布有盐碱土，黄河故道沙丘多为风沙土，豫东南浅平洼地主要分布着砂姜黑土，黄土丘陵与红土丘陵广泛分布着褐土与红黏土等。地带性植被以落叶阔叶林、草本植被为主，以栎、榆、杨、柿、蒿类、飞燕草、羽茅为多，作物以小麦、玉米、棉花、烟叶、油料等为主，种植制度多为一年两熟或两年三熟，平地和丘陵地多为农田，而且耕种历史悠久，天然植被极少。

2. 土壤区分述

本地带包括 5 个土壤区，即豫北太行山地棕壤褐土区，豫西北低山丘陵褐土、红黏土区，豫西伏北山地棕壤褐土区，豫东、豫北平原潮土区，豫东北沿黄岗洼风沙、盐碱土区。

（1）豫北太行山地棕壤褐土区

本土壤区位于豫北太行山地，北起林州，南至济源市，沿省界呈东北—西南向的狭长地带。本区气候条件干旱寒冷，气温较低，年均温 12.7℃左右，雨量较同纬度稍多，年降水量 690mm 左右。地形多为断块山地，垂直壁立，海拔多为 300～400m 以上，母岩多为石灰岩与砂页岩类，植被主要为落叶林和针、阔叶混交林，代表树种有麻栎、栓皮栎、檞栎、油松、华山松等及各种果树，为本省主要林业生产基地。农业方面，主要作物有小麦、玉米、红薯等。

土壤类型的垂直分布十分明显，1 000～1 200m 以上的中山多为山地棕壤，以下至海拔 500m 左右处多为淋溶褐土。母岩为石灰岩类，风化程度较差，土层较薄时，往往有褐土性土出现；在石质低山丘陵区，往往形成石质土与粗骨土，土层薄，石砾含量多。

该土壤区主要问题是浅山区的水土流失，应全面规划，合理安排，因地种植，积极提倡植树造林。深山区要封山育林，营造用材林；浅山区以营造经济林、沟头防护林为主，对于不合理辟为农田的应弃耕还林，制止陡坡开荒，防止乱砍滥伐。

（2）豫西北低山丘陵褐土、红黏土区

本土壤区位于河南西北部，地理位置在京广铁路以西、汝河以北的低山丘陵、黄土丘陵区。气候条件为暖温带大陆性季风型气候，气温南高北低，黄河峡谷一带稍高，年均温 14.5℃，雨量南高北低，东高西低，年降水量在 602～720mm，≥10℃活动积温 4 725.2℃，无霜期 220d 左右。

地形地貌黄河以北属于太行山山前低丘、缓岗与倾斜平原，海拔多在 200m 以下；黄河以南属于黄土丘陵地貌形态。成土母质黄河以北为洪冲积物，以南主要是黄土及黄土状物质，黄土状物质分布面积较大。

土壤类型主要有红黏土、褐土、石灰性褐土、褐土性土、潮褐土等。红黏土主要分布在西部偏北，土层深厚，土质黏重，土色暗红，土体中有大量的铁锰胶膜与斑块，同时亦有砂姜的存在，故土壤水分条件差，肥力低；褐土主要分布在黄土丘陵中下部的阶地缓岗等较平坦的地形部位，土壤发育程度良好，有明显的发生层次；石灰性褐土在本土区分布部位较褐土为高，发育程度亦较好，土壤肥力中上等；褐土性土是本土区分布面积最广的土壤类型，广泛分布于黄土丘陵的中上部，土壤发育程度较差，土壤肥力属中等偏低水平；潮褐土主要分布在低丘缓岗，由褐土向潮土的过渡地区。本土区种植制度多一年两熟，自然森林植被由于长期耕垦已不复存在，自然灌丛与草本植物与西部黄土丘陵近似，人工林木有刺槐、毛白杨、旱柳、榆、椿、槐等，经济林木有苹果、梨、柿、核桃、山楂等。

本土壤区土壤与农业生产的主要问题是水土流失与干旱，土质黏重，肥力瘠薄。应大力进行农田基本建设，修筑梯田，提高保水保土能力，采取防旱保墒措施，同时深耕结合大量施用有机肥料，逐步培肥土壤。在西部黄土丘陵地区应以防旱保墒与防止水土流失为主。北部缓岗地区，应以农田基本建设为主，修建沟渠，打井开采地下水，做到井渠并举，规划田块，平整土地，做到沟、渠、路、林、井、田结合。

（3）豫西伏北山地棕壤褐土区

本土壤区位于伏牛山主脊以北海拔 400～500m 以上的中、低山区，气候属暖温带大陆性季风气候，气温较低，如栾川县年均温 12.2℃，中山区气温更低，通常在 10℃ 以下，雨量稍多，如卢氏县年降水量为 649mm，中山区年降水量达 1 000mm 左右，无霜期短，约为 183d。地形地貌多为褶皱与褶皱断块山地，海拔 400～2 000m，不少山峰在 2 000m 以上。母岩多为岩浆岩与变质岩，部分地区为沉积岩。山前以坡积物为主，山间峡谷有洪积物。自然植被垂直带谱明显，海拔 1 400m 以上为槲栎林、华山松林等，海拔 1400m 以下多为短柄袍林，栓皮栎林与油松林等。

土壤类型主要为棕壤与褐土，其次还分布有少量的山地草甸土、石质土与粗骨土。土壤的垂直带谱明显，山地草甸土大多分布在 2 000m 以上平缓山顶，海拔 1 000m 以上，主要为棕壤与棕壤性土，在海拔 1 500m 以上的缓坡地形，有白浆化棕壤出现。石质土多分布在陡坡地段，土层较薄，通常均在 30cm 以内，有时仅 10cm，表土层下即为未经风化的岩石层。粗骨土多与石质土成复区分布，海拔 400～500m 以上，直到 1 000m 左右，土壤类型变为淋溶褐土、褐土、褐土性土、粗骨土与石质土等。

本土壤区的主要问题山高坡陡，土薄石厚。在治理上一方面应扩大建立自然保护区，保护生物资源，一方面加强林木基地建设，大力营造水保林、用材林及特种经济林。低山区应采取工程措施与生物措施相结合防止水土流失，丘陵岗地区应引种良种牧草，改良自然草场，发展草食家畜。

（4）豫东、豫北平原潮土区

本土壤区大致位于京广铁路以东，沙河和黑河以北，属于河南黄淮海冲积平原主体。气候属暖温带大陆性季风型气候，温度与雨量均是南高北低，北部安阳市年均温 13.6℃，南部周口市年均温 14.6℃，南北相差 1.0℃，≥10℃的活动积温 4 615.9～4 820.6℃，年降水量北部安阳市为 588.4mm，南部周口市为 768.6mm，南北相差 180.2mm，年蒸发量在 2 000mm，相当于降水量的 3 倍左右；无霜期南部较北部略长，北部安阳市为 201d，南部周口市为 219d，南北相差 18d。地形地貌为黄淮海冲积大平原，地形平坦，黄河故道地形稍有起伏，母质为黄淮河冲积物，多来源于黄土丘陵与石质山地，仅东南部有少量河湖沉积物。钙、钾含量比较丰富，地下水位西部较深，一般在 3～5m 以下。地下水质西部矿化度较低，多为重碳酸钙水，东部矿化度较高。

土壤类型主要有潮土、潮褐土，在黄淮平原的东南部边缘有部分石灰质砂姜黑土。潮土是分布面积最大的土壤类型，无明显的发育层次，以壤质与黏质潮土为多。壤质潮土分布在北部，黏质潮土分布在南部。壤质潮土由沙壤、轻壤土和中壤土两种，沙壤及轻壤土即"小两合"，分布面积最大，遇水易板结，影响土壤通气透水及根系下扎，肥力稍差；中壤土为"大两合"，分布面积较前者小，但沙、粉、黏粒含量适中，通透性与保水肥性均佳，土壤肥力较高，适宜多种作物。本土区自然植被已全部消失，杂草有马唐、狗牙根、狗尾草、白茅、刺儿菜、苍耳、蒿、画眉、稗草等。人工林有毛白杨、旱柳、白榆、刺槐、槐、楝、椿、沙兰杨、侧柏、泡桐等。经济林木有苹果、梨、葡萄、杏、桃、李、枣等，农作物有小麦、玉米、棉花、花生、芝麻、大豆、西瓜等。

本土壤区土壤与农业生产上的主要问题是旱、涝、盐、瘠问题。应当在治涝的基础上，大力发展井灌，灌溉应以井渠并举，降低地下水位，防止土壤盐渍化的发生。

（5）豫东北沿黄岗洼风沙土、盐碱土区

本土壤区位于豫东、豫北黄河两侧的背河洼地，呈条带状分布。气候属暖温带大陆性季风型气候，有明显的干湿季节，冬春干旱多风，夏秋多雨炎热，年水量 600～700mm，日均温≥10℃积温 4 600℃。地下水位较高，一般埋深 1.5～3m，地下水丰富。黄河大堤外侧数百米之内，埋深在 0.5～1m，形成沿堤带状盐碱土壤。本土区土壤有风沙土、盐土和碱土等。土壤多呈碱性，pH 值 7.5～8.0，有机质含量低，土壤肥力差。该区地形有黄河故道的沙丘、沙垄，也有平沙地。黄泛冲积物是近代黄河屡次泛滥和改道自上游携带泥沙至中、下游而成。由于沉积条件（流速、时间、地形等）的不同，沉积层的厚度一般沿河两岸淤积较厚，而距河床愈远，则淤积愈薄。黄河及故道两侧，有不连续的带状槽形洼地和零星碟形洼地。沙性沉积物受风力搬运，局部地区形成带状沙丘。本区成土母质主要是河流冲积物，故道沙质沉积物为大风再度搬运沉积，即为风积物。

土壤类型主要有风沙土、盐碱土，风沙土主要分布在黄河故道，均为草甸风沙土，多与砂质潮土成复区分布。盐碱土主要分布在黄河故道及现黄河河道两侧的槽形洼地。自然植被多为耐沙与耐盐碱的灌丛与杂草，如柽柳、杞柳、沙打旺、沙蓬、猪毛菜、罗布麻及多种藜科植物等，人工植被有毛白杨、沙兰杨、侧柏、泡桐、旱柳、小叶杨、刺槐、紫穗槐等，主要作物有小麦、大麦、棉花、高粱、碱谷、水稻、花生等。

经过多年的风沙治理，尤其是近十几年的农业综合开发和土地开发整理，昔日的沙丘、沙垄多数已不复存在，变成了良田。但阻碍本区农业发展的主要因素仍是盐碱与风沙的危害。盐碱土改良必须采取以水肥为中心，水利与农业措施相结合，排水与施肥互相促进的综合措施；其次，利用黄河淡水冲洗盐碱和种植绿肥；第三，采用果粮间作，林粮间作，进行翻淤压沙，改沙土为两合土，以改善土壤结构。除种植粮食作物外，西瓜、花生是本区的特产，应大力发展。

（二）北亚热带含常绿阔叶树种的落叶阔叶林黄棕壤、黄褐土地带

1. 土壤地带概述

本地带位于伏牛山主脉及沙河、汾泉河一线以南，包括南阳盆地、伏南山地、淮南山地及淮北平原等。

气候兼有北亚热带和暖温带的特点，年均温为 14~16℃，无霜期 220~250d，年雨量在 800~1200mm，日均温≥10℃的年积温为 4 500~5 000℃，生长期较长。

地形有山地、丘陵、平原、盆地，本地带西北部为伏牛山地，山体高大，东南部为大别山地。山地外缘为丘陵垄岗，淮河干流以北为低洼的淮北平原，海拔一般为 40~50m。南阳盆地北高南低。

成土母质类型比较复杂，伏南山区以岩浆岩与变质岩的风化残积物、坡积物为主，桐柏—大别山区以岩浆岩、变质岩风化物为主，山前丘陵垄岗，广泛分布着洪积物，南阳盆地中心与淮北平原大面积分布着湖相沉积物。

自然植被以落叶阔叶林为主，混生常绿阔叶树种。伏南山地主要树种有栓皮栎、麻栎、马尾松、乌桕、漆树、油桐等，灌丛有杜鹃、猕猴桃、胡枝子等，草本植物以禾本科与蒿类为主，桐柏—大别山地主要树种有马尾松、黄山松、麻栎、栓皮栎、杉木、化香茶、油茶、油桐、乌桕、猕猴桃等；淮河沿岸及其以南地区，因降雨及河流库塘较多，水源充足，长期以来，种植作物均以水稻为主。

土壤类型繁多，淮北平原为黄褐土与砂姜黑土，淮南地区为水稻土与黄褐土，大别—桐柏山区多水稻土与黄棕壤，个别较高山峰为棕壤。南阳盆地多砂姜黑土，黄褐土；伏南山区 1200m 左右以上为棕壤，300~400m 至 1 200m 左右为黄棕壤，300~400m 以下低山丘陵为黄褐土，诸大河流沿岸灰潮土呈带状分布。

2. 土壤区分述

本地带包括 6 个土壤区，即豫西南伏南山地黄棕壤区，豫西南丘陵岗地黄褐土区，南阳盆地砂姜黑土区，淮北平原洼地砂姜黑土区，豫南丘陵岗地黄褐土、水稻土区，豫南桐柏—大别山地黄棕壤区。

（1）豫西南伏南山地黄棕壤区

本土壤区位于伏牛山主脊以南的中、低山区，南部界限为海拔 400m 以上的低山。气候条件属北亚热带的北部边缘，山麓部位气温较高，在 1 000m 的中山区，气温亦较低。年均温为 12.2～15.1℃，≥10℃活动积温为 4 400～4 500℃。雨量低山区较少而中山区较多，年降水量为 800～900mm，无霜期 200d，因此本土区气候具有寒冷湿润的特点。地形多为褶皱与褶皱断块山地，多数山峰海拔超过 2 000m。母岩为岩浆岩和变质岩为主。

土壤类型主要为棕壤与黄棕壤，大致以海拔 1 200m 左右为分界，黄棕壤下限约为海拔 400m，下与黄褐土为界；棕壤多分布在 1 200m 以上山地，在缓坡地区，土壤发育为棕壤，土壤剖面有明显的发生层次，土层厚度一般 50cm，有机质层厚 10cm 以上，土壤肥力较高；海拔 400～1 200m 为黄棕壤，其枯枝落叶层厚度较薄，肥力一般；在陡坡与植被较差处，分布有较大面积的石质土与粗骨土。

本土壤区土壤的主要问题是山高坡陡，气温较低，低山区植被差，土层薄易遭干旱，影响农业生产。中山区应进行封山育林，建立与扩大自然保护区，增加水土保持林面积，防止水土流失；低山区应发展畜牧业和林果业为主，应大力发展经济林与果树，严禁陡坡开荒，将已垦陡坡农田退耕还林还牧，恢复地表覆盖。

（2）豫西南丘陵冈地黄褐土区

本土壤区位于伏牛山地以南，南阳盆地周围，地形为丘陵岗地，东部包括桐柏山地北缘的一部分丘陵岗地，海拔一般在 200～400m。气候条件属北亚热带的北缘，年均温 15.0℃左右，≥10℃的活动积温 4 800℃（个别背风向阳处可达 5 000℃左右），年降水量 710mm。土壤主要是黄褐土，土层深厚，有明显的 A、B、C 发生层次，全剖面无石灰反应。土壤水分物理性极差，通透性不良，地表形成径流，表土多被冲蚀。土壤养分状况贫瘠，是河南主要低产土壤之一。沿河两岸有潮土分布，水肥条件较好，是当地高产稳产土壤。

本土壤区土壤的主要问题是水土流失严重，土壤肥力瘠薄，土质黏重，易受旱涝灾害。

（3）南阳盆地砂姜黑土区

本土壤区西、北、东三面环山，地势向南倾斜，构成向南开口的"南襄盆地"，发源于山地丘陵的唐河、白河水系密布全区，犹如扇状汇流入汉水。本区气候具有明显的过渡性，既有大陆性暖温带季风气候特点，又有北亚热带气候特色。夏季炎热多雨，冬不酷寒而少雨雪。年降水量 800～1 100mm，季节分配不均，年际变化大。热量资源丰富，年均温在 15℃以上，日均温≥10℃的积温为 4 800℃以上，作物生长期长达 230d～240d。植被具有明显的过渡类型，既有北方的落叶阔叶树种，又有南方的常绿树种，植物资源较丰富。

本土壤区土壤也具有过渡性特征，土壤类型主要是砂姜黑土与黄褐土，较大河流沿岸有潮土。砂姜黑土主要分布在河间与岗间低平洼地，土壤剖面有较明显的发生层次，心土层土质黏重，有较多的铁锰新生体，呈铁子，斑块与胶膜状态，同时有大小、多少不等的砂姜出现。土壤 pH 值 7.0 左右，无石灰反应，由于土质黏重，黏着、黏结与可塑性强，耕作困难，干缩湿胀，往往形成较大裂缝，失墒较易，但因底土层黏重且夹砂姜，渗透性极差，因而往往形成上层滞水，引起涝渍灾害，群众称为"上浸地"。黄褐土的分布部位有两种情况，一种是在垄岗的上部与半坡，因地形部位稍高，通体均为下蜀黄土母质，土壤质地稍黏重。另一种是在河流沿岸，土体中有明显的铁锰新生体出现，多为壤质。在近河流沿岸还有少量的潮土分布。

本土壤区土壤的主要问题是地势低洼易涝，上浸面积大，是影响农业生产的障碍。

（4）淮北平原洼地砂姜黑土区

本土壤区位于淮河干流以北，气候属北亚热带与暖温带的过渡类型，雨量、气温均有北低南高趋势，年均温为 14.7℃，≥10℃ 活动积温 4 800℃，年降水量 981mm，无霜期 219d。地貌类型属淮河冲积平原，西高东低，地面坡降为 1/4000～1/6000。地势低洼，排水不畅，夏季往往形成涝灾。土壤母质低洼处多为河湖相沉积物，颜色暗灰，而地势稍高处多为洪积物及河流冲积物，颜色灰黄。

土壤类型主要有砂姜黑土、黄褐土、潮土等。较低洼的部位分布着砂姜黑土，缓岗部位分布着黄褐土，而河流两岸多为潮土。黄褐土的土质尤为黏重，底土层为下蜀黄土母质，土体很少有砂姜出现。砂姜黑土剖面层次较明显，无覆盖性沉积物，黑土层裸露地表，耕层土壤质地多为重壤。耕层以下为腐泥层，黑土层以下往往出现潜育层，该土层中淀积有大量的砂姜，黏土夹杂砂姜，极其坚实，通透性极差。砂姜黑土的养分含量虽属中等，因地形低洼，雨季往往形成涝渍，严重影响作物产量。

本土壤区主要问题是地势低洼，土质黏重，内外排水不良，涝渍严重，土壤肥力瘠薄。

（5）豫南丘陵岗地黄褐土、水稻土区

本土壤区主要位于大别山与桐柏山的山前丘陵岗地部位，北到淮河干流。气候属于亚热带类型，雨量充沛，气温较高，水热资源丰富，适宜水稻和多种亚热带植物的生长。本区年均温 15.1℃，全年没有低于 0℃ 的月份，生长期比豫北长 15～25d，日均温≥10℃ 的活动积温接近 5 000℃。水资源较丰富，降水量在 900～1 200mm，年径流深度可达 400～600mm。地形地貌系丘陵岗地和河流阶地，一般海拔多在 300～400m 以下，北部地面略有起伏，称波状平原。土壤母质南部为中更新世洪积物，北部为晚更新世洪积物，河流沿岸有带状河流沉积物。

土壤类型主要有水稻土、黄褐土、潮土等。水稻土类有潴育型、潜育型、漂洗型、淹育型等亚类，潴育型水稻土分布面积最广。黄褐土主要分布在丘陵垄岗的上部，多为旱地；潮土主要分布在河流两岸，土壤肥力高。

本土壤区的主要问题是土质黏重，耕层浅，土壤养分低、有机肥缺乏、肥料配比失调。

（6）豫南桐柏—大别山地黄棕壤区

本土壤区位于河南最南部的桐柏—大别山地，南以桐柏、大别山主脊与湖北分界，东以大别山脉的主脊金刚台等山峰与安徽接壤，西止于桐柏山地，北与豫南丘陵岗地相邻。

本土壤区位于北亚热带，气候比较暖湿，年均温 15℃左右，≥10℃活动积温 5 000℃左右，年降水量 1 100mm 以上，无霜期 223d 左右。地形地貌多为侵蚀、剥蚀中山低山，海拔一般为 400～800m，个别山峰在 1 000m 以上。成土母质山地多为残积、坡积物，较宽阔的河谷与山间盆地多为洪积物，河流冲积物仅在较大河流沿岸呈带状分布。自然植被中林木以马尾松、黄山松、杉木、麻栎、槲栎为主，灌丛以杜鹃、胡枝子、山胡椒、连翘等为多，草本植物多黄背草、白茅等，经济树种有茶、油茶、油桐、板栗等，农作物以水稻、小麦为主，旱地种植玉米、豆类、花生、油菜、甘薯等。

土壤类型主要是黄棕壤、水稻土、潮土、石质土、粗骨土，棕壤亦有少量分布。黄棕壤分布面积最广，是本土区的地带性土壤；潮土分布于河流沿岸；石质土与粗骨土多分布在山坡较陡、水土流失严重处；棕壤仅分布在海拔 1 200m 以上的较高山地；水稻土多分布在河谷盆地水源条件好的地方。

本土壤区的主要问题是水土流失严重，灌排系统不健全。

参考文献

河南土壤肥料工作站、河南土壤普查办公室：《河南土种志》，中国农业出版社，1995 年。

河南土壤普查办公室：《河南土壤》，中国农业出版社，2004 年。

魏克循：《河南土壤地理》，河南科学技术出版社，1995 年。

第八章 土地资源

第一节 土地资源类型

一、土地资源类型的概念

土地资源类型是地质、地貌、气候、水文、植被等因素，长期相互影响、相互作用下，同时也受到过去和现在人类经济活动的影响所形成的自然—历史综合体；就其空间分布来看，它是占据着一定的地域范围、结构复杂程度不同、属性特征各异的土地资源类型个体。土地资源类型的含义可以归纳为5点：①土地资源类型具有特定的用途。②土地资源类型是一个综合自然地理的概念，它是地表某一地段包括地质、地貌、气候、水文、土壤、植被等全部自然要素在内的自然综合体。农业土地资源类型的性质取决于全部组成要素的综合特征，而不从属于其中任何一个单独的要素。③土地资源类型具有一定的空间范围（水平和垂直范围），土地资源类型的单位有高低和大小之别，复杂程度也不一样。对土地资源类型这个自然综合体可以进行分级和分类。④土地资源类型是一个自然社会历史的产物，有其发生和发展的过程，具有不断变化的动态特征。所谓某一地段的土地资源类型特征，只是土地资源类型发展过程中某一阶段的瞬间状况。研究土地资源类型不仅要了解它的空间分布、结构格局，而且要掌握它的历史、现状，并推测其演替方向，达到认识土地资源类型的本质，为评价和制定土地利用规划等提供依据。⑤土地资源类型是一种重要的自然资源，是人类生产劳动的对象，人类生产和生活活动离不开土地，农业生产过程可以说是人类利用和改造土地的过程。所以土地资源类型与人类生产活动息息相关，它的一些特征是人类长期作用后的产物。由于土地资源类型长期作为人类利用的自然资源、生产资料和改造的对象，因此土地资源类型具有社会经济利用的特点。对土地资源类型的研究主要是通过对土地分级和分类来实现。

二、土地资源类型分级与分类

（一）土地资源分级

地球表面上的土地分布格局包含了一系列不同规模的自然土地单位，这就是土地个体"单位的等级系统"。其中，高级个体单位包含着低级个体单位，不同单位个体的规模大小和内部复杂程度不同，因此，对于类型的抽象概括只能在同一级别的土地个体中进行，不同级别的土地个体不能归入同一个土地资源类型系统。

土地分级实际上是土地个体的规模划分问题，因而也是确定调查制图的详细程度和制图比例尺问题，这和地理学中常常面临的解析水平同属一类。一般来说，高级的土地个体包含着若干低级的土地个体，因而具有比低级个体更大的面积。但规模与面积并不完全是同步的，同一级的各个土地个体，面积可能有极大差别。规模的本质在于反映内部复杂的程度，从高级土地单位到低级土地单位，内部差异性减少，一致性增大，土地分级的理论基础是地域分异规律，尤其是地方性或局部性的地域分异规律，主要是由地势、地貌差异引起，所以地貌应是土地分级的主导标志。

土地分级应具有科学性和简明性，具体要求是：①土地个体单位内部相对一致，与相邻个体有明显差异。而不同级别的土地个体单位应有不同的相对一致性和差异性。高级单位划分指标的量级较大，低级单位划分指标的量级较小。②划出的土地单位必须易于识别，不仅在野外易于看到，在土地资源类型图上也能识别。不仅土地工作者能够识别，使用者也能识别。③分级系统应当简明严谨。土地单位的级别变换是连续的，但仍有从量变到质变的转折点，只要能区别基本性质特征，就可确定基本分级。

（二）土地资源分类

分类就是根据研究对象的共同点和差异点，将对象区分为不同种类的科学研究方法。分类是以比较为基础的，通过比较识别出事物之间的共同点和差异点，根据共同点将事物归并为较大的类，根据差异点将事物划分为较小的分类，从而将事物整理成具有一定从属关系的不同等级的系统。这样，科学研究所面临的大量复杂材料得以条理化、系统化，为进一步的科学研究创造了条件。同时，科学的分类系统反映了事物内部规律性的联系，因而具有科学的预见性，能够为人们寻找或认识某一具体事物提供认识上的向导，能够将个别对象上取得的研究成果加以外推和预测。

土地分类指对土地分级单位进行类型研究，按其属性进行不同程度的概括，区分出性质不同、级别有高低和各具特色的土地资源类型单位。这些单位都是抽象的范畴，分类级别越低，其分类标志的共同性越多，越高则越少。对土地进行分类研究是土地资源类型学的重要任务。土地个体单位是多级的，就要对各级个体单位分别进行分类，以使得土地分类单位具有多系列的特点。土地个体单位的多级性和分类单位的多系列性，使土地资源类型制图具有一定的优点，避免了出现于土壤学和地植物学中复区分类和制图的困难。鉴于此，大多数地理学家认为土地分级和土地分类是明确区分的，并强调在一定个体分级单位的基础上建立分类等级系统。

为了保证分类的科学性，分类系统必须符合一定的逻辑法则。每一类型都可看作一个集合，因此，任何对象不能同时分派给两种类型；每一步分类都必须将分类对象详尽无遗；分类必须按照一定的层次逐级进行，不能出现越级分类的逻辑错误。为了保证逻辑法则的实现，分类指标相应地必须具有互斥性、详尽性和层次性。每一步分类都根据一定指标，选择对象的什么性质或属性来作分类指标，主要取决于分类的目的。

三、河南土地资源分类系统

（一）土地资源分类原则及方法

1. 分类原则

（1）综合性原则

土地既然是一个自然综合体，其分类当然应取决于全部自然要素相互作用所形成的综合特征，而不是仅仅考虑其中个别的单独要素。贯彻这一原则就是根据地理相关分析，将部门分类指标加以综合，即分析各自然地理成分之间的相互关系及相互作用，得出能反映土地综合特征的指标，据此将土地分类。

（2）主导因素原则

根据土地资源类型自身发生发展过程和发展条件的相似性划分原则。同级土地资源类型的主导分异因素，突出了该土地资源类型的主要自然特征，又反映和制约了其他许多自然因素，同时也指出了生产上的改造利用等关键问题。例如地貌分异因素在我省土地内部分异和地表结构方面起着主导分异作用，正是它重新分配和组合了土地资源类型其他因素，引起了土地内部的再分异作用。

（3）地域分异原则

所谓地域分异原则，是指土地资源类型随地质、地貌以及由此引起的水文、植被、土壤等特征所发生的地域变化的规律性。土地资源类型不能脱离开地理外壳而独立存在，土地资源类型是不同自然地理区域内的特定地貌部位上，在自然地理过程作用下，经过自己的发展变化，逐渐分异成复杂程度不等、各具特色的自然综合体。这些自然综合体强烈地反映出地域性的差异，即地方性分异规律。

（4）生产实践原则

分类指标的选取离不开分类目的，为农业、工业、交通、军事等目的服务的土地分类各有不同的分类指标，即使目的限于农业，若分别针对耕作业、林业、牧业，分类指标也不尽相同，甚至对不同作物而言，土地分类的指标也有所区别。因此土地分类应按不同生产需要而选取不同的分类指标。河南土地分类主要是为大农业服务，所取指标皆与农、林、牧等生产密切相关。

2. 分类方法

依据上述原则把河南省内土地资源类型分为 3 级：首先，以水、热条件的组合情况及其对比关系将省内土地划分为 2 个自然地带，即北亚热带落叶阔叶林与常绿针叶阔叶混交林地带和暖温带半旱生落叶阔叶林地带，这是进行土地资源类型划分的出发点；二级土地资源类型称为土地纲，是分别在两个自然地区内，以引起土地资源类型分异主导因素的大（中）地貌结构为主体，结合自然地区的温度和水分状况的地域差异为划分依据；三级土地资源类型称为土地类，是依据引起次一级土地资源类型分异的主导因素而划分。三级土地资源类型划分原则：在山地区以土壤亚类或植被类型为主结合所处地貌部位；在平原区是以土壤亚类为主结合微地貌形态；在黄土区以地表的形态特征为主；同时结合土地利用现状和合理的开发利用方向进行划分。

（二）分类系统

依据上述原则与方法，河南土地资源共划分为 2 个一级类型，16 个二级类型，94 个三级类型。分类系统见表 8-1。

表 8-1　河南土地资源分类系统

一级类型 （自然地带）	二级类型 （土地纲）	三级类型 （土地类）
1.北亚热带落叶阔叶林与常绿针叶阔叶混交林地带	11.洼地纲	111 潮土杂草地 112 水稻土水田 113 砂姜黑土旱地 114 灰潮土旱地
	12.平地纲	121 水稻土水田 122 砂姜黑土旱地 123 砂姜黑土水浇地 124 黄棕壤旱地 125 黄棕壤水浇地
	13.沟谷地纲	131 河谷高滩水田 132 沟谷水稻土水田 133 平畈水田 134 河川水稻土水田 135 河川潮土旱地 136 冲田水田 137 河谷黄棕壤旱地
	14.岗地纲	141 平岗水田 142 平岗黄棕壤旱地 143 垄岗黄棕壤旱地 144 垄岗黄棕壤林地 145 垄岗黄棕壤疏林草地
	15.丘陵地纲	151 黄棕壤坡旱地 152 低丘黄棕壤经济林地 153 低丘黄棕壤疏林草地 154 高丘黄棕壤混交林地 155 高丘黄棕壤疏林草地

续表

一级类型 （自然地带）	二级类型 （土地纲）	三级类型 （土地类）
		156 丘陵粗骨性黄棕壤灌丛草地
		157 丘陵粗骨性黄棕壤针叶林地
		158 丘陵粗骨性黄棕壤混交林地
	16. 低山地纲	161 低山梯级旱地
		162 低山粗骨性黄棕壤经济林地
		163 深低山粗骨性黄棕壤混交林地
		164 深低山粗骨性黄棕壤阔叶林地
		165 深低山粗骨性黄棕壤针叶林地
		166 深低山粗骨性黄棕壤疏林灌丛草地
		167 浅低山黄棕壤混交林地
	17. 中山地纲	171 棕壤阔叶林地
		172 棕壤混交林地
		173 棕壤疏林灌丛草地
2.暖温带半旱生落叶阔叶林地带	21.低洼潮湿地纲	211 湿生杂草地
		212 水稻土旱地
		213 盐碱土旱地
		214 砂姜黑土旱地
		215 潮土旱地
	22.平地纲	221 水稻土水田
		222 盐碱土旱地
		223 黄潮土水浇地
		224 黄潮土旱地
		225 砂姜黑土水浇地
		226 砂姜黑土旱地
	23.倾斜平地纲	231 垆土水浇地
		232 褐土水浇地
		233 褐土旱地
		234 褐土性土旱地
		235 粗骨褐土旱地
	24.沟谷河川地纲	241 水稻土水田
		242 潮土水浇地
		243 潮土旱地
		244 垆土水浇地
		245 垆土旱地
		246 褐土旱地
		247 沙砾杂草地

续表

一级类型 （自然地带）	二级类型 （土地纲）	三级类型 （土地类）
	25.古河道地纲	251 平缓砂土旱地
		252 起伏砂土旱地
		253 沙丘沙垄灌丛林地
	26.台塬地纲	261 黄土塬水浇地
		262 黄土塬旱地
		263 黄土台水浇地
		264 黄土台旱地
		265 黄土梯田旱地
		266 黄土残塬旱地
	27.丘岗地纲	271 垄岗褐土旱地
		272 平岗褐土旱地
		273 平岗粗骨性褐土旱地
		274 低丘褐土旱地
		275 低丘粗骨性褐土疏林草地
		276 低丘粗骨性褐土混交生次林地
		277 高丘粗骨性褐土混交林地
		278 高丘褐土阔叶林地
		279 黄土丘陵旱地
	28.低山地纲	281 浅低山褐土混交林地
		282 浅低山褐土阔叶林地
		283 浅低山粗骨性褐土针叶林地
		284 深低山粗骨性褐土疏林草地
		285 低山砾质土林草地
		286 低山石质疏林灌丛草地
		287 黄土低山林草地
	29.中山地纲	291 粗骨性棕壤阔叶林地
		292 粗骨性棕壤疏林灌丛地
		293 粗骨性棕壤针叶林地
		294 褐土混交林地
		295 褐土阔叶林地
		296 淋溶褐土混交林地
		297 石质灌丛草地

四、土地资源类型基本特征

这里仅对两个自然地带内的二级土地资源类型(土地纲)的基本特征和利用方向进行概述。

(一)北亚热带落叶阔叶林与常绿针叶阔叶混交林地带

1. 洼地纲

洼地分别以条带状和碟状分布于淮河南岸和南阳盆地,都处于区内的最低部位,系淮河及唐、白河的冲积淤积作用而成。地势低平,坡降较缓,常受雨涝和洪涝威胁。以水稻土、灰潮土和砂姜黑土为主,有机质含量较高,水源充足,灌溉方便,土地生产潜力较大。

2. 平地纲

处于洼地纲的外围,系洼地向岗丘的过渡地区,淮南分布零星,南阳盆地面积较大,呈簸箕状向南开口,地表有明显倾斜,但一般不超过5°,地貌上属于河流冲积洪积扇的中下部。地下水位一般在4~5m,有的可在10m以上,地表排灌条件较好。南阳盆地的倾斜平地虽属黄棕壤土类,但表层潜育化的黄褐土较多,土质黏重,底土层紧实,80cm以下常有砂姜和黏土结成致密的隔水层,通常又称为砂姜黑土地,雨季呈现上浸,对农作物影响较大。但从总体来看,尽管有些不利因素,本土地纲仍是重要的农业区,应加强农田基本建设,提高单位面积产量。

3. 沟谷地纲

它是山丘地区的一种土地综合体,呈负地形状态,起着汇集山地降雨及排水的作用,虽然堆积和冲蚀都较强烈,但在一定时期后者更为明显,是面积小、数量最多、形状最繁杂的一个土地资源类型纲。通常情况下,从沟头到沟口,坡降减缓,高度渐低,宽度加大,堆积层增厚,水热土肥条件变优,土地的利用价值和生产潜力都在逐渐增高,是山地丘陵区重要的粮食生产区域。

4. 岗地纲

多为山前冲积洪积扇的中上部,后被水流作用进一步割切而成。岗面比较平坦,但边缘一般有急坡或陡坎,已完全不受地下水影响,洪积层深厚,质地黏重,主要受地表水利条件制约。自流灌区,以种植水稻为主,逐渐形成水稻土;无灌溉水源区进行旱作,活土层薄,通透性差,有机质含量较低,在耕层下多有黄棕壤黏盘,加之季节性干旱影响,粮食产量往往是低而不稳。一般来说应以林粮并重为宜,林业主要是果木林和亚热带经济林,少部分质地较粗的岗地可发展为牧坡。

5. 丘陵地纲

海拔高度120~300m,相对高度50~150m,坡度10~15°,地表风化壳较厚,多达1~

1.5m，随着坡度变陡，疏松层逐渐变薄，中、下部常有基岩出露。该土地纲土壤肥力低，坡地面积大，极易水土流失。除了现有的水稻田和水平梯田外，其余地段应大力发展用材林、经济林和牧坡。

6. 低山地纲

海拔高度 300～800m，相对高度 200～400m，主要分布在大别山地北坡、桐柏山地和伏牛山南坡中下部及其东延部分。低山土地纲的形态特征、风化坡积层的厚度、基岩裸露状况和林木生长的立地条件等，都与组成山地的岩性密切相关。由石灰岩和花岗岩组成的山体，其形态特征，迥然有别，前者陡峻峭拔，后者显缓浑圆。同是基岩裸露或薄层风化的山坡、石灰岩地区的林木生长立地条件较优。变质岩区则普遍风化层变厚，植被状况较好。本土地纲受人类活动干扰较大，天然的次生林和人工幼林占据较大面积，植被覆盖较好，适于针叶阔叶混交和常绿阔叶及落叶阔叶等多种树种生长，在其中、下部还适宜于亚热带多种经济林木生长。

7. 中山地纲

海拔高度在 800m 以上，相对高度大于 500m，主要分布于大别山和桐柏山的脊轴部分以及伏牛山南坡的低山区域以北。多系变质岩和花岗岩组成，坡度多在 25～30°以上，风化层相应加厚，质地较细，枯枝落叶层厚，有机质含量高，植物生长繁茂，顶部有面积不大的山顶草甸，陡坡处系疏林灌丛，其他大部分地区为针阔叶混交林。发展林业立地条件较好，是主要的天然次生林区。

（二）暖温带半旱生落叶阔叶林地带

1. 低洼潮湿地纲

处于平原相对低洼部位，大致沿河流方向延伸，按成因类型划分，有山前交接洼地、沿黄背河洼地和河流冲蚀洼地及碟形湖盆洼地。地下水位高，雨季可有临时积水，成土过程受水体制约，经常受到雨涝和盐碱灾害的威胁、贻误农时，产量低而不稳。但土层深厚，有机质含量较高，水源充足，灌溉方便，适于种植水稻。沿黄背河洼地引黄种稻，可以同时起到增产、改土、抬高地面和分水疏沙等多种效果。

2. 平地纲

在东部平原上分布面积较广，图斑也较完整。无论是冲积扇平原区或冲积低平缓平原区，该土地纲都占主导地位，海拔高度一般是 30～80m，巨厚的松散沉积物质，都系河流冲积堆积而成，自西向东海拔在降低，坡降在变缓，物质细粒在增加，但从成因、形态和地表组成物质等总体来看，仍呈现出河流冲积平地的突出特征，地面平坦，总坡降 1/2 000～1/5 000。由于垦殖年代长久，耕地面积相当大，土地生产潜力大。

3. 倾斜平地纲

主要分布于太行山和豫西山地东麓山前与东部平原交接的过渡地带，由山前洪积倾斜平原和冲积洪积缓倾斜平原组成，地面倾斜明显，坡降多在 1/100～1/500，沿山麓呈条带状分布。海拔高度 80～180m，由上到下洪积物成分在减少，冲积物质在增加，物质粒度亦由粗到细，以褐土为主。该土地纲土层深厚，土质肥沃，地下水位较低，水质好，排灌方便，可灌水源保证率相应较高，为省内稳产高产农田的集中建设区域。

4. 沟谷河川地纲

本土地纲一般为负地形穿插散布于山间沟洼和沿河谷地中，只有黄河人工大堤内侧的沿河滩地，地势高出大堤外侧土地。沟谷河川地的所处部位，形态特征，规模大小，组成物质以及利用状况有明显差异。海拔高度从几十米到近千米都有分布，形态千差万别，但总趋势成为树枝状网罗汇接，自成系统，长度从几十米到数百千米，宽度由十几米到十几千米，组成物质颇显悬殊。但作为整个土地纲来说，仍是山地丘陵区的精华所在。

5. 古河道地纲

主要分布在东部平原，系黄河泛滥改道冲积而成。局部地区受到后期风力作用的影响，因此，在形态上有平沙地、起伏沙地和沙丘、沙垄之分。一般都沿古河道呈条带状延伸，质地主要是细沙或粉细沙，在主流河道区有少量的中细沙或粗沙分布。凡早期冲积的沙地，都有程度不同的成壤作用，细黏粒都有明显增加，防风、储水、保肥和养苗能力都有相应提高。沙地形态不同，利用效果各异，平沙地在有农田防护林的保护下可以作为耕地，且利用合理，能够获得一般的产量，有些地方实行桐农、枣农间作，经济效果亦很明显。起伏沙地应以发展用材林、果林为主，苹果、葡萄、花生、西瓜等均宜种植。

6. 台塬地纲

本土地纲为黄土台塬地，集中分布在太行山和豫西山地的东麓山前地带以及山间谷地内，其中以黄河和伊洛河谷地分布最广、厚度最大。形态特征是以下复基岩为基本骨架，表面被流水作用所雕塑的黄土台塬地貌覆盖。地表多为浅黄色的晚更新世时期堆积的马兰黄土，局部地表有棕红色的老黄土，即中更新世时期堆积的离石黄土出露。当前虽以农耕业为主，但因水源缺乏，地表残破，干旱和水土流失影响农业生产。

7. 丘岗地纲

海拔高度 180～400m，之所以把丘陵、岗地放在一个土地纲内，因为后者范围较小，且自然特征、所处部位、利用状况等差别不很显著。岗地所处位置较低，多在山前洪积扇的中上部，后被流水切割而成。丘陵分布于岗地上边，以相对高度小，起伏和缓，没有明显的脉络，形态散乱等区别于山地。其表面多有厚度不同的残积坡积风化的物质覆盖。现代的外力作用主要是侵蚀剥蚀，所以水土流失严重，土壤瘠薄，旱灾频繁，是河南旱薄地的集中地区。

8. 低山地纲

海拔高度 400～1 000m，相对高度 200～500m，多分布在山地边缘区域的相应部位，也常与丘陵呈交错分布。山体被各种谷地分割成多种形态。组成岩性复杂，石英岩、石灰岩、砂岩、页岩和火成岩等都有出露，山地形态、风化壳厚度和坡度等都同岩性紧密相关。

9. 中山地纲

海拔高度在 1 000m 以上，山地相对高度 500～1 000m 以上，山体高峻雄伟，挺拔奇特。山坡陡峭且变化较大，坡度一般 35～45°，部分地区可达 45～60°，甚至呈近于直立的悬崖陡壁，时有笔直的石柱屹立，山势险要，断崖连绵。热量条件降低而降雨量则明显增加，植被覆盖度大，多在 60% 以上，以天然次生林为主，尚有小面积残存的天然原始林，为省内山区成材林的集中分布区。从可利用方面看，山高坡陡，风大低温，但松散的风化层较厚，有枯枝落叶层，土壤有机质含量高，降水较多，适于林木生长的立地条件较好，尤其距离居民点远，人类经济活动干扰较小，成为主要的用材林生长基地。

五、土地资源类型分异规律

土地资源类型是土地资源自然属性的反映，分析土地资源类型的分异与特征是研究土地资源特征和利用方向的基础，它决定了土地资源合理利用的方式和利用程度。因此，土地利用是否合理很大程度上取决于土地资源类型的形成、特征、演化和分布规律等自然特征的研究深度。

（一）引起土地资源类型分异的主导因素

在长期自然因素和人类活动的共同作用下，形成了较为复杂的土地资源类型。在影响土地资源类型形成的众多因素中，省内地貌分异是土地资源类型分异的主导因素。

地质构造格局奠定了地表形态的发育基础，形成相应的大中地貌类型，并表现出一定程度的区域分异特征。以京广铁路为界，东部为广阔平原，西部除南阳盆地外，多为山地丘陵区，另外在南部边境为大别—桐柏山地。这种地貌轮廓是形成河南各种土地资源类型及其相互关系的基础。在内外营力作用下，平原与山地形成了各自独特的地貌类型组合，并组成了河南复杂多样的地貌类型。东部平原是黄淮海平原的组成部分，主要为黄河、淮河冲积形成，并以黄河冲积为主导，整个平原由洪积倾斜平原、洪积冲积缓平原、冲积扇形平原及冲积低平原等地貌类型组成。地势以黄河河道为脊轴分别向东北和东南倾斜。且自西而东依次降低，海拔高度大致在 180m 以下，最低点在史河入淮处的三河尖附近。南阳盆地是长期冲积湖积作用的产物，以洪积冲积倾斜平原和冲积湖积缓平原等地貌类型为主。山地丘陵分布和地质构造密切相关，内部地貌类型也因地质构造基础的差异而分异为山地、丘陵、台地和平原等不同类型。在空间分布上，因海拔高度不同形成相应的地貌垂直带分异。自山区至平原依次呈中山、低山、丘陵、岗地、平原的组合，其中岗地多为山前洪积扇被水流切割而成。沟谷地散布于山地丘陵地，是山地丘陵区不可多得的粮食产地，其特征是面积小、数量多、分布零散，但有些地区也有相当规模，如伊洛河谷地，在洛宁以下的沿河地带，普遍发育有宽阔平坦的河流冲积阶地，它们与河滩地综合呈现为山间平川地，有伊洛河冲积平原之称。

（二）土地资源类型分异规律

由于地理纬度、距海远近和地貌条件的不同，直接引起了热量、水分、土壤和植被等方面的区域差异，这些自然要素相互作用和彼此结合形式的差异，决定了河南土地资源类型的分异。

1. 水平地带性分异规律

这种规律在地貌形态单一的东部黄淮平原区尤为明显，水分、热量、植被和土壤的分布大致反映了地带性特征。自北向南，年均温从 13.5℃增至 15.5℃，≥10℃年平均积温由 4 600℃增加到 5 000℃以上，年均降水则从 600mm 增加到 1 200mm。土壤和植被类型分布也具有水平地带性。

2. 垂直地带性分异规律

一般说来，陆地表面随着地势的升高、降水量增加而气温递减，相应地使土壤和植被等自然地理要素以及自然综合特征发生分异。省内占据垂直空间近 2 400m，所引起的各自然要素的带状分异综合形成了土地资源类型随地势高低的分异。例如嵩山和宁陵都位于北纬34°30′，而年均降水量后者仅为前者的 74%，但年均温度及≥10℃的积温则分别比嵩山高 40%和 59%。土壤自下而上在暖温带有山地褐土、淋溶褐土、山地棕壤、灰化棕壤和山地草甸土的分布，在北亚热带有黄褐土、黄棕壤、棕壤、灰化棕壤和山地草甸土的分异带谱。植被自下而上也有落叶阔叶林、针阔叶混交林、疏林灌丛、草甸的垂直分异规律。

3. 地方性分异规律

主要表现在地貌单元内部明显的地貌差别，如地势高低差异、地表形态差异、地表物质特性差异等，或者因地貌部位差异和地方性气候差异相结合，使得地貌单元内部的热量、降水、地表水系、地下水埋藏条件、成土母质的性质、自然植被的形成和一系列自然地理过程等都有差异，从而造成局部地区的土地资源类型具有较强的地域特殊性，和前两种分异规律不同甚至相反。

六、土地资源类型结构

土地资源类型结构是指土地资源类型在水平空间组合的形式，如果说土地资源类型是研究土地个体的划分，那么土地结构应是着重研究土地群体的划分。尽管土地结构具有一定的地域性，由于地表形态和反映水热条件的植被土壤组合形式是多样的，土地资源类型组合成的土地结构也必然是多样的，所以又可称为土地结构类型，它对深入认识土地的自然属性，揭示其合理利用方向具有重要的理论和实践意义。

（一）阶梯式结构

在全省范围内，明显的阶梯式土地组合结构，以不同的规模和形式分布。从宏观上，全省呈现为两级台阶，大致以东经114°为界分为西部山地和东部平原，分属于全国第二和第三级阶梯面，海拔高度由近2 000m的山峰突降至海拔不到200m的平原，如此的结构形式，所引起的土地质量差异和利用方向的不同是可想而知的。中型的土地阶梯式结构，在南部大别山北坡的淮南地区最为典型，即从北边的淮河谷地至南界的大别山脊，依次成阶梯状上升，台阶面作东西方向延伸，其下界海拔高度分别为30m、60m、120m和300m。海拔30m以下的沿淮地区，洪涝危害显著，农、林、牧业生产低而不稳，但土地生产潜力较大。海拔30～60m的台面，由洪积冲积的倾斜平地组成，排灌条件好，热量资源丰富，为粮食生产主要基地。60～120m、120～300m以及300m以上的三级台阶面，分别是由侵蚀切割岗地，侵蚀剥蚀浅山丘陵以及侵蚀山地等土地结构所组成。这样有机联系的五级阶梯，存在着物质和能量上的依次交换，构成适于农、林、牧各业发展的完整区域，在合理利用综合治理时，必需全面考虑整个土地结构的形式及相互关系，才能达到预期效果。至于小型的土地阶梯式结构，在谷地和山前等局部地区都有明显表现。

（二）扇式结构

主要分布于西部山地向东部平原过渡的山前地带，系河流的冲积洪积作用形成。土地扇式结构的规模十分悬殊，主要视河流大小、水量及含沙量而定，大者在数千平方千米以上，小者在一平方千米以下，不管是伸延百里，还是屈居一隅，土地型类组合的结构形式具有很大的一致性：由扇顶到扇缘依次分布着褐土倾斜平地、缓倾斜平地、微倾斜平地、潮土缓平地等；从中轴到两侧则分别是沙质河滩地、潮土河川地、倾斜平地等。土地的扇式结构，从上向下，地下水条件变好，土壤质地渐细，坡度变缓，土地肥力增高。所包含的土地资源类型农业利用程度高，土地质量好，尤其在中下部，水、肥、气、热均较优越，是稳产、高产田的集中分布地区之一。但最顶部易旱，在尾端边缘地区，多有与平原的交接洼地，形成一定内涝。

（三）同心圆式结构

这是盆地土地结构的常见形式，尤以断陷的南阳盆地最为典型。以新野县为中心，四周依次出现冲积湖积倾斜平原、落叶阔叶针叶林黄棕壤丘陵、落叶阔叶针叶林黄棕壤低山和落叶阔叶针叶林棕壤中山。这些土地资源类型在封闭的盆地中，几乎呈圆环状逐渐抬升，水、肥、气、热条件随着部位的抬高而降低，侵蚀和水土流失强度在增高。在这样一个特定的土地结构区域中，各土地资源类型之间的水分、热量以及地表物质的迁移都有密切联系。上部的强度侵蚀是中心迅速淤积抬高的前提，盆底的雨季洪涝又是周围高地降水大量流失的必然结果。所以，土地利用要兼顾各类型之间的关系。

（四）条带式结构

多分布在东部平原上，系河流的冲积堆积作用形成。这类土地结构为彼此近乎平行，而高低宽窄有别呈条带状延伸，土地资源类型的组合形式大体有两种，一种是地下河在平原上淤积改道后的遗弃河道，土地资源类型依次为砂质槽状洼地、砂壤质坡地和壤质平地；另一种是地上河决口改道后的遗弃河道，由中间向两侧依次出现：砂质槽状浅平洼地、砂壤质低平地、壤质高平地、人工堤、背河盐碱洼地、潮土平地。一组条带式的土地结构类型，往往包括少者三、五条，多则八、九条质量和利用都不相同的土地资源类型，规模由几百米到上百千米不等。许多已是彼此交叉较为零乱，有的受人工活动影响外观已有改变，但总的结构骨架依然存在，清晰可辨。这些土地结构应该是堆积类型形成的基础。不同形态和组成物质是当今土地资源类型分异的重要依据。在这些条带状结构的土地资源类型中，除壤质土地面积大，利用条件好以外，还有程度不同的风沙、盐碱和内涝等限制性因素的影响。

（五）树枝状结构

主要指山地丘陵区沟谷地的土地结构而言，该类型结构是形态变化大，支叉数量多，纵横穿插于各级土地资源类型之间，其中尤以黄土丘陵地区的沟谷最为发育，如在伊洛河谷地已多呈脉络状分布。尽管存在着一定区域性差异，但总改变不了树枝状的结构形式，从下到上的土地资源类型分布是：沙质河滩地、潮土河川地、潮土沟谷地、褐土沟谷地、黄土沟谷地等，从沟口溯源而上，宽度变窄，坡度和高度变大，粒度变粗，侵蚀度增强，堆积量减弱。该土地结构在山地丘陵中，水、热、土、肥条件最好。

第二节　土地利用

一、20 世纪的土地利用调查

根据国务院《关于进一步开展土地资源调查工作的报告的通知》（国发〔1984〕（70）号），全国性的第一次土地利用调查（土地详查）工作于 1980 年起试点，1984 年 5 月全面开展，到 1997 年底结束。河南的土地利用调查工作 1984 年开始，1995 年 4 月全面完成。

第一次土地利用调查结果表明，1995 年河南土地总面积为 1 655.8×10^{4}hm^2，其中耕地面积为 845.5×10^{4}hm^2，占全省土地总面积的 51.06%；园地 20.1×10^{4}hm^2，占 1.21%；林地面积 276.6×10^{4}hm^2，占 16.71%；牧草地 1.4×10^{4}hm^2，占 0.08%；居民地及工矿用地 172.3×10^{4}hm^2，

占 10.41%；交通用地 35.1×10⁴hm²，占 2.12%；水域 116.6×10⁴hm²，占 7.05%；未利用土地 188.2×10⁴hm²，占 11.37%。各省辖市第一次土地利用调查一级分类面积见表 8-2。

表 8-2　河南各省辖市（地区）第一次土地利用调查一级分类面积（1995 年）（10⁴hm²）

行政区域	辖区面积	耕地	园地	林地	牧草地	居民点及工矿用地	交通用地	水域	未利用地
河南	1 655.8	845.5	20.1	276.6	1.4	172.3	35.1	116.6	188.2
郑州市	75.3	36.2	1.2	6.2	0.1	10.5	1.3	5.8	14
开封市	62.6	43.4	1	2.4	0	8.4	1.8	4.5	1.1
洛阳市	152.3	46.9	1.1	55.8	0	9.9	2	6	30.6
平顶山市	88.3	39.5	2.4	12.4	0	9.8	2.1	6.7	15.4
安阳市	73.5	42.9	1.1	6.3	0	8.4	1.6	2.5	10.7
鹤壁市	21.4	11.1	0.3	0.6	0	2.4	0.6	1.2	5.2
新乡市	82.7	47.9	0.6	5.3	0	9.9	2.2	8.2	8.6
焦作市	58.9	26.4	1	8	0.1	6.2	1.3	5.3	10.6
濮阳市	42	27.7	0.3	1.3	0	6.7	1	3.8	1.2
许昌市	40.6	28.8	0.4	0.9	0	5.9	1.1	1.3	2.2
漯河市	26.9	19.5	0.2	0.5	0	4	0.9	1.6	0.2
三门峡市	99.4	22.2	2.6	37.9	0	3.9	1.1	3.1	28.6
商丘地区	107.1	75.1	1.4	4.5	0	15.4	3	6.6	1.1
周口地区	119.6	86.3	1.5	5.1	0	15.2	3.3	7.2	1
驻马店地区	151	92.9	0.5	11	0	18.3	4.5	12.4	11.4
南阳地区	265.1	109.4	1.9	77.4	0.4	19.6	4.8	18.8	32.8
信阳地区	189.1	89.3	2.6	41	0.8	17.8	2.5	21.6	13.5

资料来源：《河南土地资源》，河南科技出版社，1998 年 7 月第一版。

二、21 世纪初的土地利用调查[①]

1996～2006 年，是我国经济社会发展变化较快的十年，我国的土地利用状况发生了重大变化，土地资源数据不能真实反映土地利用现状。土地资源是经济社会发展的重要资源之一，经济社会发展要求必须全面、准确掌握全国及各区域的各类土地利用数据的真实情况，为经济社会发展提供决策依据。为此，2006 年 12 月 7 日，国务院下达了《国务院关于开展第二次全国土地调查的通知》（国发〔2006〕38 号），通知要求，自 2007 年 7 月 1 日起在全国范围内开展第二次土地调查工作。这是继 1996 年完成的土地利用调查以来，又一次对全国土地利用状况的全面调查。河南第二次土地调查于 2009 年 12 月底全面完成。

---

① 第二次土地利用调查数据均来自"河南省第二次土地利用调查报告"。

第二次土地利用调查结果表明，截至 2009 年年底，全省土地总面积 16 566 364.64hm²，其中耕地面积 8 192 007.67hm²，占土地总面积的 49.36%；园地面积 231 045.89hm²，占土地总面积的 1.38%；林地面积 3 506 908.02hm²，占土地总面积的 21.13%；草地面积 679 907.83hm²，占土地总面积的 4.09%；城镇村及工矿用地面积 2 052 354.94hm²，占土地总面积的 12.52%；交通运输用地面积 429056.87hm²，占土地总面积的 2.56%；水域及水利设施用地面积 1 054 307.03hm²，占土地总面积的 6.42%；其他土地面积 420 776.39hm²，占土地总面积的 2.54%。各省辖市土地总面积和一级地类面积见表 8-3。

表 8-3　各省直辖市土地利用现状一级分类面积（2009 年）（10⁴hm²）

行政区域	辖区面积	耕地	园地	林地	草地	城镇村及工矿用地	交通运输用地	水域及水利设施用地	其他土地
河南	1 656.64	819.20	23.11	350.69	67.99	205.24	42.91	105.43	42.08
郑州市	75.67	34.05	1.18	9.36	4.93	15.91	2.66	5.00	2.59
开封市	62.40	41.76	0.44	4.32	0.07	9.44	1.89	3.95	0.53
洛阳市	152.36	43.51	1.38	64.23	13.91	13.16	2.29	6.18	7.71
平顶山市	79.10	32.37	0.32	18.17	8.42	9.18	2.01	5.26	3.38
安阳市	73.52	41.14	0.59	6.99	3.58	10.23	1.97	2.15	6.87
鹤壁市	21.40	12.44	0.13	1.07	0.22	2.81	0.59	0.85	3.30
新乡市	82.91	47.54	0.67	9.37	0.59	12.14	2.87	6.43	3.31
焦作市	39.73	19.56	0.39	6.22	1.11	6.94	1.28	3.58	0.64
濮阳市	42.71	28.25	0.19	1.90	0.13	7.18	1.06	3.37	0.63
许昌市	49.79	34.50	0.05	1.81	1.01	8.68	1.50	1.44	0.79
漯河市	26.92	19.07	0.07	0.96	0.00	4.56	0.95	1.23	0.09
三门峡市	99.36	17.76	5.35	53.74	11.24	5.29	1.31	2.07	2.61
南阳市	265.12	105.99	2.98	91.86	13.15	21.84	6.29	18.48	4.53
商丘市	107.04	70.90	1.41	7.82	0.03	18.35	3.31	5.09	0.13
信阳市	189.16	83.98	6.74	43.22	5.94	21.37	3.90	21.94	2.07
周口市	119.61	86.21	0.54	4.47	0.01	18.38	3.60	6.24	0.15
驻马店市	150.86	95.48	0.28	16.26	3.13	17.97	4.97	10.93	1.85
济源市	18.99	4.72	0.40	8.93	0.53	1.80	0.45	1.26	0.91

资料来源：河南省国土资源厅："河南第二次土地利用调查报告"，2010 年。

从表 8-3 看出，土地总面积中，南阳、信阳、洛阳、驻马店、周口和商丘 6 个省辖市面积较大，6 个市土地面积占全省土地总面积的 59.41%，鹤壁市、漯河市和济源市面积较小，3 个市土地面积仅占全省土地总面积的 4.07%。

耕地面积在土地总面积中比重最大，耕地总面积占土地总面积的 49.45%，其次是林地占 21.17%，城镇村及工矿用地所占比例也较大，比重为 12.39%，园地和其他土地所占比例最小，分别为 1.39%、2.54%。

三、土地利用类型结构与分布

（一）耕地构成与分布

1. 耕地构成

2009 年年底，河南耕地面积 8 192 007.67hm^2，占全省土地总面积的 49.45%，在全省各用地类型中所占比重最大。由于气候和地理条件的影响，河南耕地类型多样，包含水田、水浇地、旱地 3 个二级类，其中水浇地面积最大，为 4 612 437.41hm^2，占全省耕地总面积的 56.30%；其次为旱地，面积为 2 820 536.26hm^2，占全省耕地总面积的 34.43%；水田面积最小，为 759 034.00hm^2，占全省耕地总面积的 9.27%。

2. 耕地总体分布

河南耕地集中分布在黄淮海平原、南阳盆地。在全省 18 个省辖市中，南阳市耕地面积最多，为 1 059 895.95hm^2，占全省耕地总面积的 12.94%；其次是驻马店市，耕地面积 954 750.12hm^2，占全省耕地总面积的 11.65%；济源市耕地面积最少，为 47 161.57hm^2，占全省耕地总面积的 0.58%。

耕地面积占本辖区面积比例最大的省辖市是周口市，占辖区土地总面积的 72.08%；其次是漯河市和许昌市，分别为 70.82% 和 69.29%；再次是济源市和洛阳市，分别为 24.84% 和 28.56%；三门峡市占比最小，仅占 17.87%。

表 8-4　各省辖市耕地面积

行政区域	耕地			其中		
	面积/hm^2	垦殖率/%	占全省耕地面积比例/%	水田/hm^2	水浇地/hm^2	旱地/hm^2
河南	8 192 007.67	49.45	100.00	759 034.00	4 612 437.41	2 820 536.26
郑州市	340 506.87	45.00	4.16	1 290.69	217 156.47	122 059.71
开封市	417 568.39	66.92	5.10	6 402.51	391 158.90	20 006.98
洛阳市	435 087.03	28.56	5.31	1 763.08	88 646.87	344 677.08
平顶山市	323 656.12	40.92	3.95	1 111.62	222 564.73	99 979.77
安阳市	411 377.85	55.96	5.02	36.52	334 872.14	76 469.19
鹤壁市	124 420.36	58.13	1.52	0.00	114 496.78	9 923.58
新乡市	475 359.78	57.34	5.80	42 158.15	413 230.29	19 971.34
焦作市	195 601.63	49.24	2.39	3 069.62	178 644.14	13 887.87
濮阳市	282 489.41	66.14	3.45	25 394.82	254 626.26	2 468.33
许昌市	344 980.99	69.29	4.21	1.58	257 354.29	87 625.12

续表

行政区域	耕地			其中		
	面积/hm²	垦殖率/%	占全省耕地面积比例/%	水田/hm²	水浇地/hm²	旱地/hm²
漯河市	190 682.25	70.82	2.33	0.00	190 100.41	581.84
三门峡市	177 555.29	17.87	2.17	68.18	31 211.37	146 275.74
南阳市	1 059 895.95	39.98	12.94	27 087.58	308 342.90	724 465.47
商丘市	709 042.40	66.24	8.66	0.19	569 936.04	139 106.17
信阳市	839 749.17	44.39	10.25	629 343.90	2 830.59	207 574.68
周口市	862 122.49	72.08	10.52	374.30	815 087.66	46 660.53
驻马店市	954 750.12	63.29	11.65	20 931.26	204 562.98	729 255.88
济源市	47 161.57	24.84	0.58	0.00	17 614.59	29 546.98

3. 耕地二级地类及分布

（1）旱地

河南的旱地主要分布在豫西和东部沙颍河以南以及南阳盆地。豫西多为山地丘陵岗地，坡耕地多，不易灌溉，加上降水较少，旱地所占比例较高；东部沙颍河以南地区和南阳盆地年降水量800mm左右，正常年份降水可以满足作物一年两熟的需要，基本不用灌溉，所以旱地也比较多，这就是驻马店和南阳旱地较多的原因。

旱地在全省各省辖市均有分布，其中以驻马店市面积最大，占全省旱地总面积的25.86%；南阳市仅次于驻马店市，占全省旱地总面积的25.69%；洛阳市旱地数量亦为数不少，占全省旱地总面积的12.22%。

旱地面积占辖区耕地面积比例最大的是三门峡市，为82.38%，洛阳市为79.22%，驻马店市为76.38%；南阳市、济源市旱地面积占辖区耕地面积在50%以上。

黄河以北地区天然降水较少，但灌溉农业发达，故旱地较少。濮阳市旱地面积仅占全省旱地总面积0.09%。旱地面积占辖区耕地面积在10%以下的省辖市由高到低依次为鹤壁市、焦作市、周口市、开封市、新乡市、濮阳市、漯河市，其余各省辖市旱地面积占辖区耕地面积的比例均在18%～40%。

（2）水浇地

水浇地面积在耕地中占有较大的比重，全省共有水浇地4 612 437.41hm²，占全省耕地总面积的56.30%，是面积最大的二级地类。多年来河南一直重视水利建设，一大批水利配套工程及大型水库建设，极大地改变了农业生产条件。

水浇地主要分布在豫北、豫中、豫东平原地区以及南阳盆地，豫北地区蒸发量大于降水量，干旱较多，但豫北地区重视农田水利建设，农田灌溉设施齐全，因而形成了一大批旱涝保收的高产稳产田。济源市、三门峡市、洛阳市地处黄土低山丘陵地带，土质疏松，水分渗漏严重，因而水浇地较少。

全省水浇地面积最大的省辖市是周口市，达 815 087.66hm²，占本市耕地面积的 94.54%；其次为商丘市，569 936.04hm²，占本市耕地面积 80.38%。水浇地面积在 300 000hm² 以上的省辖市还有新乡市、开封市、安阳市、南阳市。水浇地面积最小的省辖市是信阳市，只有 2 830.59hm²，仅占本市耕地总面积的 0.34%。

水浇地面积占本辖区耕地面积 90% 以上的有漯河市、周口市、开封市、鹤壁市、焦作市、濮阳市，其中漯河市最大，水浇地面积占本市耕地总面积的 99.69%；占 70%～90% 的有新乡市、安阳市、商丘市、许昌市；占 60%～70% 的有郑州市和平顶山市；占 40% 以下的有济源市、南阳市、驻马店市、洛阳市、三门峡市、信阳市。由此可见，河南水浇地面积在各省辖市之间存在较大差异，形成这一状况的原因除各省辖市的地形条件和气候条件不同外，与当地农业投入强度有密切关系。

（3）水田

全省水田 759 034.00hm²，占全省耕地面积的 9.27%。河南水田集中分布在淮河两岸及其以南地区和黄河两岸背河洼地。

水田在耕地中所占比重最大的是信阳市，约占本市耕地面积的 74.94%，占河南水田面积的 82.98%；其次为濮阳市，水田面积占本市耕地总面积的 8.99%；再次为新乡市，水田面积占本市耕地总面积的 8.87%，但从总量上看新乡市水田面积比濮阳多 16 367.33hm²，其余省辖市的比重较小，均在 2.60% 以下。商丘市、许昌市水田面积分别仅为 0.19hm² 和 1.58hm²。

淮河两岸的信阳市处于北亚热带，水热资源丰富，多年来，进行了大规模水利开发，修筑了一批骨干配套工程和大、中型水库，为灌溉水田的形成和发展提供了优越条件，特别是息县、光山、潢川、淮滨、罗山等县，大部分为平原或微倾斜平原，地势比较平坦，其发展灌溉水田的条件优越。

南阳和驻马店两市，处于北亚热带和北暖温带分界线两侧，雨量丰沛，河流较多，地下水和地表水都比较丰富，而且气候温和湿润，在一些平坦的地方形成了水田。

黄河两岸背河洼地，地势平坦，水资源虽不及信阳市丰富，但引用黄河水较方便，为旱地改造成水田提供了良好条件。因此，新乡市、濮阳市、开封市、焦作市所属的且处于黄河两岸的部分县已将大面积的旱地改造为水田。

4. 耕地坡度状况

（1）坡耕地概况

整体而言，河南耕地较为平坦，坡度小于 2° 的平地占绝对优势坡度，小于 2° 的耕地面积为 6 987 997.58hm²，占全省耕地总面积的 85.30%。这些耕地不仅具备优越的水热资源，而且有良好的地貌条件，适宜于机械化作业和发展农田水利灌溉，为发展现代农业和提高农业集约化提供了优越的条件。

坡度在 2°～6°的耕地面积为 572 900.02hm²，占全省耕地总面积的 6.99%，其中坡地面积为 194 259.46hm²，梯田面积为 378 640.56hm²。2～6°的耕地大多数为平缓的坡地，进行土地开发平整的难度不大，略加平整或者通过等高种植，即可成为利用条件较好，既便于机械化耕作，又便于水利灌溉的农田。目前 2～6°的耕地中，已有 34%以上的土地平整为梯田。这一部分耕地也是发展集约化农业的重要组成部分。

坡度在 6～15°耕地面积为 492 839.11hm²，占全部耕地的 6.02%，其中坡地面积 352 432.52hm²，梯田面积 140 406.59hm²。6～15°之间的耕地数量不多，主要分布在西部的山区和低山丘陵区。在这一部分耕地中，已经进行过平整或修筑为梯田的耕地达到 28%以上。从水土保持角度来看，已经属于超强度利用，用等高种植的方法控制水土流失已经相当困难，平整土地和修筑梯田所投入的资金、劳力又较多，开发利用和提高土地利用水平具有一定的难度，而且不利于农业机械化。

坡度在 15～25°耕地面积为 122 680.24hm²，占全部耕地面积的 1.50%，其中坡地面积为 85 916.96hm²，梯田面积 36 763.28hm²。15～25°的耕地，虽然只占全省耕地的 1.5%，且其中梯田已接近 30%，但这部分土地多在山区呈零星分布，田块面积一般都很小，且土层浅薄，肥力低下，种植业利用效益较低，但却是山区不可多得的耕地。

坡度＞25°的耕地面积最少，为 15 590.72hm²，占全省耕地总面积的 0.19%，其中坡地面积为 11 186.81hm²，梯田面积为 4 403.91hm²。大于 25°的耕地，多为山区农民在荒山陡坡上开垦的小块耕地，尽管只占全省耕地面积的 0.19%，但容易造成水土流失，对生态环境危害很大。这些土地的土层薄，肥力低，只能种一些花生之类的作物，且种不保收，属于退耕还林或退耕还牧的耕地。

（2）坡耕地分布

坡度耕地的分布，与河南地貌条件基本相对应。坡度小于 2°的耕地多分布在黄淮海平原、太行山山前平原、南阳盆地及河谷地带，全省除洛阳、三门峡市、济源市以外，其余 15 个省辖市的耕地坡度构成中，均以坡度小于 2°平地为主。开封市、濮阳市、漯河市、商丘市和周口市全部是小于 2°的平地。平地在耕地中的比重达到 90%以上的还有新乡市、许昌市、焦作市；占 80%～90%的有平顶山市、安阳市、鹤壁市、许昌市、南阳市、信阳市；郑州市平地的比重为 62%；洛阳市、三门峡市和济源市平地在耕地中的比重均不到 50%，其中以三门峡市为最少，平地在耕地中的比重仅有 19%。

（3）梯田分布

凡有坡地的省辖市，均有不少坡地被平整为梯田。梯田在坡地中所占比重超过 50%的省辖市有焦作市、鹤壁市、安阳市、平顶山市，分别为 78.9%、77.5%、60.3%、59.0%。南阳市梯田在坡地中所占比重为 40.04%，许昌市达到 11.65%，其他市的比重较小。坡地改为梯田不但防止了水土流失，也提高了土地收益。

表 8-5　各省辖市耕地坡度分级面积（hm²）

行政区域	耕地面积	其中				
		≤2°	2~6°	6~15°	15~25°	>25°
河南	8 192 007.67	6 987 997.58	572 900.02	492 839.11	122 680.24	15 590.72
郑州市	340 506.87	212 234.03	55 058.83	57 924.6	14 649.95	639.46
开封市	417 568.39	417 568.39	0	0	0	0
洛阳市	435 087.03	121 071.26	107 707.64	161 435.56	39 201.78	5 670.79
平顶山市	323 656.12	261 455.05	41 082.69	17 773.19	3 101.51	243.68
安阳市	411 377.85	352 578.74	29 675.13	25 093.79	3 415.45	614.74
鹤壁市	124 420.36	106 556.96	10 758.96	6 162.62	879.72	62.1
新乡市	475 359.78	464 299.62	6 650.61	3 221.9	991.4	196.25
焦作市	195 601.63	182 859	6 245.56	5 823.23	626.01	47.83
濮阳市	282 489.41	282 489.41	0	0	0	0
许昌市	344 980.99	303 974.32	21 409.48	16 086.52	3 382.23	128.44
漯河市	190 682.25	190 682.25	0	0	0	0
三门峡市	177 555.29	33 026.11	37 909.28	64 334.69	36 792.79	5 492.42
南阳市	1 059 895.95	850 687.39	127 701.42	67 255.93	12 272.29	1 978.92
商丘市	709 042.4	709 042.4	0	0	0	0
信阳市	839 749.17	719 754.59	80 835.01	34 231.72	4 559.9	367.95
周口市	862 122.49	862 122.49	0	0	0	0
驻马店市	954 750.12	896 799.23	41 887.88	15 773.54	285.64	3.83
济源市	47 161.57	20 796.34	5 977.53	17 721.82	2 521.57	144.31

5. 基本农田构成及分布

全省基本农田总面积为 6 786 877.99hm²，其中耕地面积为 6 680 116.52hm²，占全省基本农田的 98.43%；非耕地面积为 106 761.47hm²，占 1.57%。

基本农田耕地中的水浇地面积最大，为 3 767 307.26hm²，占基本农田耕地面积的 56.40%；其次为旱地，2 290 851.11hm²，占 34.29%；水田为 621 958.14 hm²，占 9.31%。

各省辖市基本农田占耕地比重最小的鹤壁市为 72.36%，其余各省辖市均在 80% 左右。其中三门峡市最高，比重为 96.05%，主要是因为三门峡地处山区，集中连片的耕地较少，加上农业结构调整，基本农田种植了大量果树，作为可调整园地仍作为耕地。

基本农田分布与耕地分布类似，二级地类中水浇地比例较大，集中分布在东部平原和南阳盆地。三门峡市、洛阳市、驻马店市、南阳市、济源市旱地比例较大，水田集中分布在信阳市，濮阳市、新乡市、开封市、郑州市和焦作市沿黄背河洼地也有分布。

表 8-6　各省辖市基本农田面积

行政区域	耕地/hm²	基本农田/hm²	基本农田中耕地/hm²	基本农田中非耕地/hm²	基本农田比例/%
河南	8 192 007.67	6 786 877.99	6 680 116.52	106 761.47	82.85
郑州市	340 506.87	271 049.90	250 175.25	20 874.65	79.60
开封市	417 568.39	365 936.86	354 338.14	11 598.72	87.64
洛阳市	435 087.03	374 889.27	364 958.77	9 930.50	86.16
平顶山市	323 656.12	268 522.45	267 838.76	683.69	82.97
安阳市	411 377.85	346 955.00	346 722.80	232.20	84.34
鹤壁市	124 420.36	90 028.42	89 415.88	612.54	72.36
新乡市	475 359.78	387 963.73	385 233.35	2 730.38	81.61
焦作市	195 601.63	161 421.73	160 832.43	589.30	82.53
濮阳市	282 489.41	226 257.90	225 998.26	259.64	80.09
许昌市	344 980.99	289 737.77	289 736.75	1.02	83.99
漯河市	190 682.25	159 167.58	158 814.69	352.89	83.47
三门峡市	177 555.29	170 540.57	135 262.78	35 277.79	96.05
商丘市	709 042.40	612 201.22	603 314.67	8 886.55	86.34
周口市	862 122.49	720 263.81	714 973.25	5 290.56	83.55
驻马店市	954 750.12	759 238.98	759 238.98	0.00	79.52
南阳市	1 059 895.95	854 482.52	849 477.19	5 005.33	80.62
信阳市	839 749.17	688 688.13	686 447.41	2 240.72	82.01
济源市	47 161.57	39 532.15	37 337.16	2 194.99	83.82

表 8-7　各省辖市基本农田中耕地二级地类面积

行政区域	基本农田中耕地/ hm²				占耕地面积比例/%		
	小计	水田	水浇地	旱地	水田	水浇地	旱地
河南	6 680 116.52	62 1958.14	3 767 307.26	2 290 851.11	9.31	56.40	34.29
郑州市	250 175.25	686.06	152 259.48	97 229.71	0.27	60.86	38.86
开封市	354 338.14	5 306.38	334 623.63	14 408.13	1.50	94.44	4.07
洛阳市	364 958.77	1 494.54	56 722.94	306 741.29	0.41	15.54	84.05
平顶山市	267 838.76	1 003.34	189 899.46	76 935.96	0.37	70.90	28.72
安阳市	346 722.80	35.63	278 513.55	68 173.62	0.01	80.33	19.66
鹤壁市	89 415.88	0.00	83 595.95	5 819.93	0.00	93.49	6.51
新乡市	385 233.35	34 035.44	333 749.99	17 447.92	8.84	86.64	4.53
焦作市	160 832.43	2 356.88	150 183.46	8 292.09	1.47	93.38	5.16
濮阳市	225 998.26	22 880.63	201 077.06	2 040.57	10.12	88.97	0.90
许昌市	289 736.75	0.05	214 932.16	74 804.54	0.00	74.18	25.82
漯河市	158 814.69	0.00	158 479.05	335.64	0.00	99.79	0.21

续表

行政区域	基本农田中耕地/ hm²				占耕地面积比例/%		
	小计	水田	水浇地	旱地	水田	水浇地	旱地
三门峡市	135 262.78	1.59	13 267.64	121 993.55	0.00	9.81	90.19
商丘市	603 314.67	0.19	488 191.27	115 123.21	0.00	80.92	19.08
周口市	714 973.25	76.96	675 690.51	39 205.77	0.01	94.51	5.48
驻马店市	759 238.98	17 335.55	173 078.23	568 825.20	2.28	22.80	74.92
南阳市	849 477.19	19 893.74	249 196.64	580 386.81	2.34	29.34	68.32
信阳市	686 447.41	516 851.16	1 718.67	167 877.58	75.29	0.25	24.46
济源市	37 337.16	0.00	12 127.57	25 209.59	0.00	32.48	67.52

（二）园地构成及分布

河南园地面积 231 045.89hm²，占全省土地总面积的 1.39%，河南的园地构成是以果园为主，其次为茶园。信阳市园地最多，达 67 416.08hm²，占全省园地面积的 29.18%，多为茶园；其次为三门峡市，占全省园地面积的 23.15%，多为苹果园。许昌市园地面积最少，只有522.78hm²，占全省园地总面积的 0.23%。

表 8-8　各省辖市园地面积

行政区域	土地总面积/ hm²	园地面积/ hm²	占辖区土地总面积比例/%	占全省园地比例/%
河南	16 566 364.64	231 045.89	1.39	100.00
郑州市	75 6718.42	11 766.29	1.55	5.09
开封市	624 022.2	4 405.73	0.71	1.91
洛阳市	1 523 584.62	13 786.28	0.90	5.97
平顶山市	791 012.21	3 177.43	0.40	1.38
安阳市	735 154.45	5 877.03	0.80	2.54
鹤壁市	214 043.03	1 342.41	0.63	0.58
新乡市	829 089.12	6 704.39	0.81	2.90
焦作市	397 258.16	3 930.88	0.99	1.70
濮阳市	427 116.28	1 915.53	0.45	0.83
许昌市	497 882.84	522.78	0.11	0.23
漯河市	269 241.31	736	0.27	0.32
三门峡市	993 573.89	53 485.08	5.38	23.15
南阳市	2 651 148.06	29 772.97	1.12	12.89
商丘市	1 070 355.4	14 082.14	1.32	6.09
信阳市	1 891 561.35	67 416.08	3.56	29.18
周口市	1 196 104.33	5 399.66	0.45	2.34
驻马店市	1 508 627.79	2 758.08	0.18	1.19
济源市	189 871.18	3 967.13	2.09	1.72

（三）林地构成及分布

河南林地总面积有 3 506 908.02hm²，占全省土地总面积的 21.17%。河南有大面积成片林地分布，西部、南部多，东部、北部少。西部的伏牛山和南部的桐柏山、大别山区的洛阳、信阳、南阳、三门峡、平顶山等市，山地面积广大，林地分布较多。林地面积占辖区土地总面积的比例最大的三门峡市，达 54.08%，济源市为 47.01%，洛阳市为 42.16%，南阳市为 34.65%。

由于东部和东北部平原垦殖率高，几乎没有较大面积的林地，仅有小片林地和"四旁"树（即村旁、宅旁、路旁和水旁）。濮阳市、周口市、许昌市和漯河市林地面积较少，占辖区总面积的比例均小于 5%。

林地面积占全省林地面积的比例，以南阳市最多，达 918 568.82hm²，占全省林地面积的 26.19%；洛阳市、三门峡市、信阳市的林地面积分别占全省林地面积的 18.32%、15.32%、12.32%。漯河市林地面积全省最少，仅有 9 558.86hm²，占全省林地总面积的 0.27%。

表 8-9　各省辖市林地面积

行政区域	土地总面积/ hm²	林地面积/ hm²	占辖区土地总面积比例/ %	占全省林地比例/ %
河南	16 566 364.64	3 506 908.02	21.17	100.00
郑州市	756 718.42	93 641.75	12.37	2.67
开封市	624 022.2	43 186.50	6.92	1.23
洛阳市	1 523 584.62	642 331.59	42.16	18.32
平顶山市	791 012.21	181 693.82	22.97	5.18
安阳市	735 154.45	69 917.04	9.51	1.99
鹤壁市	214 043.03	10 694.56	5.00	0.30
新乡市	829 089.12	93 720.36	11.30	2.67
焦作市	397 258.16	62 158.41	15.65	1.77
濮阳市	427 116.28	19 006.02	4.45	0.54
许昌市	497 882.84	18 084.81	3.63	0.52
漯河市	269 241.31	9 558.86	3.55	0.27
三门峡市	993 573.89	537 363.87	54.08	15.32
南阳市	2 651 148.06	918 568.82	34.65	26.19
商丘市	1 070 355.4	78 206.04	7.31	2.23
信阳市	1 891 561.35	432 215.71	22.85	12.32
周口市	1 196 104.33	44 729.05	3.74	1.28
驻马店市	1 508 627.79	162 563.68	10.78	4.64
济源市	189 871.18	89 267.13	47.01	2.55

（四）草地构成及分布

河南草地总面积 679 907.83hm²，占全省土地总面积的 4.1%。其中，牧草地 366.85hm²，占全省草地总面积的 0.05%；其他草地 679 540.98hm²，占全省草地总面积的 99.95%，主要分布在丘陵山区，分布面积最大的省辖市是洛阳市。

表 8-10　各省辖市草地面积

行政区域	面积/ hm²	占全省草地面积比例/%	天然牧草地/ hm²	其他草地/ hm²
河南	679 907.83	100	366.85	679 540.98
郑州市	49 278.09	7.25	5.44	49 272.65
开封市	686.55	0.1	5.84	680.71
洛阳市	13 9049.09	20.45	0	139 049.09
平顶山市	84 184.36	12.38	71.76	84 112.6
安阳市	35 807.98	5.27	3.85	35 804.13
鹤壁市	2 173.93	0.32	0.36	2 173.57
新乡市	5 848.17	0.86	0.23	5 847.94
焦作市	11 126.53	1.64	0	11 126.53
濮阳市	1 337.74	0.2	0	1 337.74
许昌市	10 125.48	1.49	145.19	9 980.29
漯河市	0.53	0	0	0.53
三门峡市	112 405.88	16.53	55.92	112 349.96
南阳市	131 494.76	19.34	60.76	131434
商丘市	290.03	0.04	2.24	287.79
信阳市	59 348.83	8.73	15.26	59 333.57
周口市	116.14	0.02	0	116.14
驻马店市	31 330.09	4.61	0	31 330.09
济源市	5 303.65	0.78	0	5 303.65

河南土地开发利用历史悠久，垦殖率较高，天然牧草地面积不多，天然牧草地和人工牧草地面积共计 366.85hm²。

其他草地主要指荒草地，多零星分布在山坡和梯田的田角上，洛阳市、南阳市、三门峡市分布较多，漯河市、周口市、商丘市分布较少。

（五）城镇村及工矿用地构成及分布

河南城镇村及工矿用地总面积 2 052 354.94hm²，占全省土地总面积的 12.39%，在全省土地总面积中所占的比重仅次于耕地、林地，位居第三。其中，城市用地 176500.3hm²，占全省城镇村及工矿用地面积的 8.60%；建制镇用地 205 409.55hm²，占 10.01%；村庄用地 1 539 712.6hm²，占 75.02%；采矿用地 99978.02hm²，占 4.87%；风景名胜及特殊用地 30 754.47hm²，占 1.50%。

表 8-11   各省辖市城镇村及工矿用地面积

行政区域	面积/ hm²	占辖区总面积的比例/%	占全省同地类比例/%	城市/ hm²	建制镇/ hm²	村庄/ hm²	采矿用地/ hm²	风景名胜及特殊用地/ hm²
河南	2 052 354.94	12.39	100.00	176 500.3	205 409.55	1 539 712.6	99 978.02	30 754.47
郑州市	159 067.48	21.02	7.75	42 282.77	16 142.61	89 158.42	8 734.98	2 748.7
开封市	94 427.07	15.13	4.60	6 477.57	9 406.51	72 150.23	4 354.39	2 038.37
洛阳市	131 575.85	8.64	6.41	16 705.43	14 856.42	89 579.23	8 797.08	1 637.69
平顶山市	91 815.92	11.61	4.47	5 584.97	9 333.63	64 515.19	10 784.37	1 597.76
安阳市	102 278.12	13.91	4.98	8 278.07	9 591.21	79 073.53	4 420.85	914.46
鹤壁市	28 045.82	13.1	1.37	4 198.25	2 221.55	19 124.01	2 199.94	302.07
新乡市	121 424.56	14.65	5.92	16 628.88	13 724.71	83 955.53	5 165.96	1 949.48
焦作市	69 424.4	17.48	3.38	11 770.9	9 041.09	43 526.38	3 562.13	1 523.9
濮阳市	71 776.07	16.8	3.50	6 052.14	7 256.6	54 435.77	3 617.04	414.52
许昌市	86 842.85	17.44	4.23	10 018.61	7 006.03	63 431.54	4 132.82	2 253.85
漯河市	45 550.31	16.92	2.22	5 625.3	6 051.38	31 514.38	1 692.1	667.15
三门峡市	52 920	5.33	2.58	5 703.52	5 129.24	33 732.05	7 473.22	881.97
南阳市	218 438.19	8.24	10.64	9 443.49	23 898.98	170 068.91	12 388.04	2 638.77
商丘市	183 495.97	17.14	8.94	5 870.19	18 887.58	153 691.24	4 198.21	848.75
信阳市	213 701.83	11.3	10.41	6 760.76	19 135.67	174 929.3	6 614.26	6 261.84
周口市	183 844.62	15.37	8.96	6 161.1	16 518.91	157 343.71	3 023.8	797.1
驻马店市	179 712.24	11.91	8.76	5 289.38	14 487.15	149 453.34	7 421.29	3 061.08
济源市	18 013.64	9.49	0.88	3 648.97	2 720.28	10 029.84	1 397.54	217.01

河南各省辖市城镇村及工矿用地占辖区土地面积的比例差异较大，高于全省平均值的有 11 个省辖市，低于全省平均值的有 7 个省辖市。城镇村与工矿用地面积占辖区土地面积的比重基本反映了省辖市城镇化水平和工业发展水平。所占比重较大的有郑州市、焦作市、许昌市、商丘市，其中郑州市最高，比重为 21.02%，其次是焦作市，为 17.48%，许昌市为 17.14%，最低的是三门峡市，为 5.33%，南阳市也较低，为 8.24%。

城镇村及工矿用地占辖区土地面积的比例与省辖市经济发展水平、区位条件、土地总面积、人口密度、农村人口多少等密切相关。郑州市、焦作市经济水平、城镇化水平较高，城镇建设用地比例高；商丘市是典型的农业区，农村人口密度大，农村居民点用地较多；三门峡市和南阳市山地面积大，土地总面积较多，人口稀疏，所以该类土地占比重较低。

城镇面积的大小一是与省辖市土地总面积大小相关，二是与城镇化水平有关。在各省辖市中，郑州市城镇用地面积最大，为 58 425.38hm²，占辖区本地类面积的 36.73%；面积最小的是济源市，城镇用地面积为 6 369.25hm²。

村庄用地占较大的比重，全省平均为 75.02%，周口市、商丘市、驻马店市、信阳市，村庄用地在城镇村及工矿用地中的比重均超过了 80%，其中周口市最高，为 85.59%，除郑州市和济源市外（济源市为 55.68%，郑州市为 56.05%），其余省辖市这一比重均在 60% 以上。

各省辖市的采矿用地差异较大，南阳市最多，为 12 388.04hm²；其次是平顶山市，为 10 784.37hm²；漯河市最少，为 1 692.1hm²。采矿用地占本辖区城镇村及工矿用地总面积的比重最大的是三门峡市，为 14.12%，其次是平顶山，为 11.75%，比重最小的是周口市，为 1.64%，比重较小的是商丘市，为 2.29%。

风景名胜及特殊用地面积在城镇村及工矿用地中所占比例较小，各省辖市均在 3% 以下，其中信阳市面积最大，为 6 261.84hm²，济源市面积最小，仅为 217.01hm²。

（六）交通运输用地构成及分布

河南交通运输用地面积为 429 056.87hm²，其中铁路用地面积 17 562.80hm²，占交通运输用地面积的 4.09%；公路用地面积 124 455.21hm²，占 29%；农村道路用地面积 285 852.92hm²，占 66.62%；机场用地面积 1030.75hm²，占 0.24%；管道运输用地 140.25hm²，占 0.03%；港口码头用地面积 14.94hm²，占比很小。

表 8-12　各省辖市交通运输用地面积

行政区域	面积/hm²	占辖区总面积比例/%	占全省同地类比重/%	铁路用地/hm²	公路用地/hm²	农村道路/hm²	机场用地/hm²	港口码头用地/hm²	管道运输用地/hm²
河南	429 056.87	2.59	100	17 562.8	124 455.21	285 852.92	1 030.75	14.94	140.25
郑州市	26 583.39	3.51	6.2	2 136.51	12 587.58	11 121.68	736.45	0	1.17
开封市	18 916.19	3.03	4.41	644.88	5 209.84	13 061.47	0	0	0
洛阳市	22 914.28	1.50	5.34	1 600.85	7 992.33	13 147.5	150.77	6.43	16.4
平顶山市	20 103.39	2.54	4.69	829.49	7 548.05	11 724.55	0.04	0.21	1.05
安阳市	19 739.97	2.69	4.6	682.92	6 283.81	12 770.04	0	0	3.2
鹤壁市	5 936.55	2.77	1.38	351.09	2 151.29	3 434.17	0	0	0
新乡市	28 694.39	3.46	6.69	1 092.48	9 160	18 439.9	0	0	2.01
焦作市	12 820.81	3.23	2.99	602.65	5 022.16	7 181.34	0	0	14.66
濮阳市	10 630.75	2.49	2.48	176.36	3 982.45	6 458.76	0	0	13.18
许昌市	14 946.32	3.00	3.48	555.41	5 633.14	8 750.07	0	0	7.7

行政区域	面积 / hm²	占辖区 总面积 比例/%	占全省 同地类 比例/%	铁路 用地 / hm²	公路用地 / hm²	农村道路 / hm²	机场用地/ hm²	港口码头用地/ hm²	管道运输用地/ hm²
漯河市	9 498.68	3.53	2.21	817.26	3 422.65	5 256.69	0	0	2.08
三门峡市	13 086.79	1.32	3.05	1886.8	3 451.84	7 729.96	14.47	2.24	1.48
南阳市	62 878.32	2.37	14.66	1 822.48	12 590.06	48 274.29	119.44	0	72.05
商丘市	33 055.81	3.09	7.7	913.6	9 468.08	22 674.03	0	0	0.1
信阳市	39 021.75	2.06	9.09	1 718.93	8 657.68	28 644.6	0	0	0.54
周口市	35 981.4	3.01	8.39	499.08	9 521.95	25 946.5	9.58	4.09	0.2
驻马店市	49 706.8	3.29	11.59	922.21	9 828.6	38 949.59	0	1.97	4.43
济源市	45 41.28	2.39	1.06	309.8	1 943.7	2 287.78	0	0	0

河南交通优势明显，是全国承东启西、连南贯北的重要交通枢纽，拥有铁路、公路、航空、水运、管道等相结合的综合交通运输体系。京广、京九、太焦、焦柳、陇海、侯月、新月、新菏、宁西 9 条铁路干线经过河南，形成了纵横交错、四通八达的铁路网。郑州北站是亚洲最大的列车编组站之一，郑州站是全国最大的客运站之一。高速铁路客运专线建设步伐加快，郑州即将成为全国铁路路网中的"双十字"中心。2009 年年底，全省公路通车总里程达到 24.4 万 km；高速公路通车总里程达到 5 016km，连续五年位居全国首位；干线公路总里程达 1.8 万 km；农村公路通车总里程达到 22 万 km。民航事业快速发展，拥有郑州新郑国际机场、洛阳机场和南阳机场三个民用机场；郑州新郑国际机场是 4E 级机场和国内一类航空口岸，年旅客吞吐量达到 870 万人次。由于河南为内陆省份，境内主要河流水位季节变化很大，不能通航，港口、码头占地很少。

在各省辖市中，交通运输用地多少与辖区面积大小有关，最大的是南阳市，占全省交通运输用地的 14.66%，其次是驻马店市，占 11.59%。最少的是济源市和鹤壁市，分别占 1.06% 和 1.38%。

铁路在全省各省辖市均有分布，郑州由于其特殊的地理位置，铁路用地面积为 2 136.51hm²；铁路用地面积均在 1 000hm²以上的还有三门峡市、南阳市、信阳市、洛阳市、新乡市；铁路用地面积最小的为濮阳市，仅有 176.36hm²，其次是济源市，为 309.8hm²。

公路用地在全省分布普遍，面积最大的是南阳市 12 590.06hm²，占全省公路用地总面积的 10.12%；其次是郑州市，为 12 587.58hm²，占 10.11%。济源市和鹤壁市公路用地较少，分别为 1 943.7hm²、2 151.29hm²，分别占全省公路用地总面积 1.56%、1.73%。

公路用地面积占辖区交通运输用地比重最大的为郑州市，比重为 47.35%；其次是济源市，比重为 42.80%；比重较小的为驻马店市、南阳市、信阳市、三门峡市，比重分别为 19.77%、20.02%、22.19%、26.38%。这是因为这些省辖市地处山地丘陵地带，发展交通难度大，公路密度较低。

（七）水域及水利设施用地构成及分布

河南水域及水利设施用地面积为 1 054 307.03hm²，其中有河流水面 247 679.62hm²，占全部水域及水利设施用地面积的 23.49%；水库水面 151 417.21hm²，占 14.36%；坑塘水面 183 577.63hm²，占 17.41%；内陆滩涂 243 148.25hm²，占 23.06%；水工建筑用地 31 012.794hm²，占 2.94%；沟渠 195 873.6hm²，占 18.58%；其他地类 1 597.93hm²，占 0.15%。

表 8-13　各省辖市水域及水利设施用地面积/（hm²）

行政区域	水域及水利设施用地总面积	河流水面	水库水面	坑塘水面	内陆滩涂	沟渠	水工建筑用地	其他
河南	1 054 307.03	247 679.62	151 417.21	183 577.63	243 148.25	195 873.6	31 012.79	1 597.93
郑州市	49 968.47	11 002.38	3 403.02	10 282.74	18 094.97	5 272.51	1 865.14	47.71
开封市	39 534.01	7 117.05	518.01	5 572.25	12 489.29	11 226.62	2 609.91	0.88
洛阳市	61 765.08	14 184.22	14 044.41	2 695.81	26 276.31	3 243.46	1 319.63	1.24
平顶山市	52 568.8	13 984.16	15 233.01	3 282.22	10 646.36	8 479.96	936.84	6.25
安阳市	21 488.31	5 744.27	1 408.06	1 803.67	6 150.09	5 264.82	1 116.39	1.01
鹤壁市	8 457.77	1 636.3	578.8	347.2	2 678.73	2 712.45	503.65	0.64
新乡市	64 272.17	14 761.38	730.98	5 107.53	26 788.94	13 474.41	3 408.3	0.63
焦作市	35 830.2	7 292.63	663.83	1 336.68	19 433.09	4 622.48	2 481.49	0.00
濮阳市	33 710.99	6 957.12	98.03	5 048.68	12 189.29	6 287.92	3 129.95	0.00
许昌市	14 435.69	4 794.38	598.97	2 259.43	2 740.3	3 432.94	605.13	4.54
漯河市	12 289.06	4 174.86	0	2 034.16	1 684.11	2 715.15	1 680.78	0.00
三门峡市	20 647.53	8 846.21	6 096.91	355.89	4 054.39	1 092.23	199.54	2.36
南阳市	184 757.68	49 414.17	53 624.73	13 252.24	34 388.61	33 023.17	1 053.81	0.95
商丘市	50 928.22	12 427.08	250.87	10 664.55	10 117.65	13 473.99	3 718.03	276.05
信阳市	219 369.97	38 847.87	27 752.64	85 972.24	30 686.58	33 308.41	2 319.46	482.77
周口市	62 439.6	15 461.15	0	17 747.66	9 999.18	16 708.46	1 760.62	762.53
驻马店市	109 293.13	24 799.45	21 728.52	15 612.01	14 421.66	30 574.33	2 146.79	10.37
济源市	12 550.35	6 234.94	4 686.42	202.67	308.7	960.29	157.33	0.00

（八）其他土地构成及分布

河南其他土地面积为 420 776.39hm²，占全省土地总面积的 2.54%。其中设施农用地 42 121.04hm²，占其他土地用地面积的 10.01%；田坎面积 166 223.93hm²，占 39.50%；裸地面积 183 159.97hm²，占 43.53%；其他地类面积 29271.45hm²，占 6.96%。

表 8-14　各省辖市其他土地面积

行政区域	面积/ hm²	占全省同地类面积比例/%	占辖区总面积比例/%	设施农用地 / hm²	田坎 / hm²	裸地 / hm²	其他地类 / hm²
河南	420 776.39	100	2.54	42 121.04	166 223.93	183 159.97	29 271.45
郑州市	25 906.08	6.16	3.42	3 683.22	18 513.38	3 670.72	38.76
开封市	5 297.76	1.26	0.85	1 639.22	5.3	9.46	3 643.78
洛阳市	77 075.42	18.32	5.06	2 419.6	45 523.7	29 103.93	28.19
平顶山市	33 812.37	8.04	4.27	1 696.57	7 970.16	24 116.42	29.22
安阳市	68 668.15	16.32	9.34	2 994.67	8 424.22	46 896.31	10 352.95
鹤壁市	32 971.63	7.84	15.40	1 511.85	2 371.99	28 896.33	191.46
新乡市	33 065.3	7.86	3.99	4 021.2	1 572.14	18 025.35	9 446.61
焦作市	6 365.3	1.51	1.60	2 721.66	1 839.49	1 804.15	0
濮阳市	6 249.77	1.49	1.46	1 474.66	22.84	0.08	4 752.19
许昌市	7 943.92	1.89	1.60	845.05	5 317.29	1 715.55	66.03
漯河市	925.62	0.22	0.34	919.12	0	0	6.5
三门峡市	26 109.45	6.21	2.63	709.58	22 869.59	2 163.78	366.5
南阳市	45 341.37	10.78	1.71	4 658.14	26 691.29	13 954.91	37.03
商丘市	1 254.79	0.3	0.12	958.52	3.89	108.23	184.15
信阳市	20 738.01	4.93	1.10	4 431.68	14 321.08	1 957.43	27.82
周口市	1 471.37	0.35	0.12	1 433.07	0	12.28	26.02
驻马店市	18 513.65	4.4	1.23	5 064.53	6 896.65	6 505.07	47.4
济源市	9 066.43	2.15	4.78	938.7	3 880.92	4 219.97	26.84

第三节　耕地质量

　　土地质量是土地各种属性综合影响效应的总和，是土地的综合属性，是土地维持或发挥其功能的能力。土地质量是土地资源的核心，耕地是土地资源的精华，其质量状况对国家粮食安全具有重要意义。

一、耕地质量评价概述

（一）有关术语

　　耕地质量等别：在全国范围内，按照标准耕作制度，在自然质量条件、平均土地利用条件、平均土地经济条件下，根据规定的方法和程序进行的耕地质量综合评定，包括自然质量等、利用等和经济等。

　　基准作物：是理论标准粮的折算基准，指全国比较普遍的主要粮食作物，如小麦、玉米、水稻，按照不同区域生长季节的不同，进一步区分的春小麦、冬小麦、春玉米、夏玉米、一季稻、早稻和晚稻 7 种粮食作物。

指定作物：指行政区所属耕作区标准耕作制度中所涉及的作物。

因素指标区：对区域内决定耕地自然质量的各种因素和因素组合，依主导因素原则和区域分异原则划分的区域，是区别于其他指标区的最小单元。

评价单元：是耕地等级评定和划分的基本空间单位，单元内部土地质量相对均一，单元之间有较大差异。

产量比系数：以国家指定的基准作物为基础，按当地各种作物单位面积实际产量与基准作物实际产量之比。

土地利用系数：是正常投入水平下作物的实际产量与该作物的自然生产潜力之比，用来修正土地的自然质量，使达到接近土地的实际产出水平的系数，计算公式：$K_{Lj} = Y_j/Y_{j,\ max}$（K_{Lj} 为某样点的第 j 种指定作物土地利用系数；Y_j 为样点的第 j 种指定作物单产；$Y_{j,\ max}$ 为第 j 种指定作物的省级二级区内最高单产）。

"产量—成本"指数：单位投入所获得的收入（粮食产量）。计算公式为：$a_j=Y_j/C_j$（a_j 为第 j 种指定作物的"产量—成本"指数，单位为 kg/元；Y_j 为样点的第 j 种指定作物实际单产，单位 kg/hm^2；C_j 为样点的第 j 种指定作物实际成本，单位为元/hm^2）。

土地经济系数：土地经济系数指的是当地作物实际的产量—成本指数与当地作物最大产量—成本指数的比值，反映农用地生产经济效益水平。计算公式：$K_{cj}= a_j/ A_j$（K_{cj} 为样点的第 j 种指定作物土地经济系数；a_j 为样点第 j 种指定作物"产量—成本"指数；A_j 为第 j 种指定作物"产量—成本"指数的省级二级区内最大值）。

标准耕作制度：在当前的社会经济水平、生产条件和技术水平下，有利于生产或最大限度发挥当地土地生产潜力，未来仍有较大发展前景，不造成生态破坏，能够满足社会需求，并已为（或将为）当地普遍采纳的农作方式。由于各地养地方式难以统一，因此这里的标准耕作制度主要指种植制度。

光温生产潜力：在农业生产条件得到充分保证，水分、CO_2 供应充足，其他环境条件适宜情况下，理想作物群体在当地光、热资源条件下，所能达到的最高产量。

气候生产潜力：在农业生产条件得到充分保证，其他环境因素均处于最适宜状态时，在当地实际光、热、水气候资源条件下，农作物群体所能达到的最高产量。即在光温生产潜力基础上进一步考虑降水的限制作用后，农作物的理论产量。

（二）耕地质量评价的原理

1. 自然质量评价的原理与全国可比的思路

耕地质量等级划分的理论依据是作物生产力原理，即各种作物在各自固定的光合作用速率及投入管理水平最优的状况下，作物的生产量由土地质量所决定的，而土地质量是光照、温度、水分、土壤、地形等因素综合影响的结果。根据这一原理，可以首先假设评价工作区域内各处的土地社会利用投入管理已是最佳状态，然后用影响作物生产量的各因素的优劣和组合状况定量推算地上作物生产量的高低，以作物生产量的高低最终评定土地质量等级。

实现土地质量等级全国相互可比的关键是要评出土地作物生产量的差异，在影响土地质量的各因素中，气候因素（更确切地说是光照和温度因素）在宏观空间尺度上具有渐变的、连续的影响，并可以在全国范围内与作物生产量形成准确对应的函数关系。因此，可以在全国范围内用气候因素初步推算作物生产量，以此作为"铺满"全国的、连续的"土地质量背景值曲面"或"土地质量下垫面"，然后分区域选取其他有效的土地因素对这一"曲面或下垫面"进行修正，体现各因素对作物生产量的共同影响，最终得到有差异的、能划分土地质量等级的作物生产量。尽管各区域的修正因素不同（即指标体系不同），因素组合不同，但土地质量评定始终是以作物生产量为纽带进行的，所以得到的土地质量等级是可比的。

2. 利用评价的原理

通过光温生产潜力指数、土地质量因素修正、标准耕作制度、基准作物、指定作物及理论产量换算等，解决了适宜性评价和潜力评价的问题，实现了全国等级横向比较。但因农耕历史和人类经济活动强度的区域差异，使基本相似的气候、近似的土地条件，发挥土地潜力的社会平均水平不同，土地质量还会有差异。因此运用土地利用评价的方法对土地质量等级进行土地利用状况修正。

土地质量评价只是反映土地自然质量的高低，并不反映人们对土地质量利用到何种程度。土地利用评价就是揭示土地质量和人们利用土地质量的能力间的关系，从而寻求出最佳的利用途径，其作用是可以分析各地土地利用强度和土地的生产潜力，寻求土地利用的最佳方式，为调整土地利用结构和布局提供依据。

反映人们利用土地能力的指标是相同质量土地的利用水平。而土地利用水平的高低，受控于三种因素：一是土地质量，二是利用方式，三是经营水平。土地利用评价是在土地质量评价基础上进行的。

按土地利用状况对土地质量等进行修正评价的理论依据是经济学的生产要素理论，即劳动、土地和资本等因素或条件是进行社会物质生产的基本要素，生产产品的数量及其价值量取决于生产要素的相互结合、共同作用。根据这一原理，当土地自然质量一定、经济条件相似时，作物生产量就取决于生产条件、农耕知识和技能水平、劳动态度等等。按照土地自然质量状况评定出来的潜力等级，只是土地的可能的生产量，并非土地的实际生产量，土地实际生产量还受到当地长时间形成的农耕水平、用地强度、种植技能、劳动态度的限制。因此，需要以区域平均实际产量与潜在理论产量的比值构造土地利用系数。运用不同土地上的利用系数，将一定光温水土生产力指数（即作物的理论生产量）修正为作物的实际生产量，体现相同土地质量、相同土地潜力等级上的利用水平不同造成的等级差异。

3. 经济评价的原理

相同的土地潜力和土地利用水平,使土地体现出同样的质量,然而这只意味着土地上会有相同的作物生产量,但并不意味在土地上一定会有相同的经营收益。社会经济条件不同会导致投入产出水平不同,使同样土地上获得的土地收益不同。对经济活动来说,如收取集体内部公共基础设施的费用等,仅以农作物产量来收取是不够恰当的,应该把基数建立在土地的收入上。因为决定土地经济收入高低的因素有四个:一是土地质量,二是利用水平,三是区域位置,四是土地的人口承载力。这四种因素反映了土地的生产能力、人们对土地的利用能力、土地在周围经济环境中的地位和土地的稀缺程度。

为满足经济活动的需要,土地评价必须考虑农业生产的产投比以及效益问题,采用土地经济评价的方法进一步对土地等级进行土地投入产出方面的修正。

按土地投入产出状况对土地质量等级进行修正评价的理论依据是土地报酬递减率理论。即在技术条件不变的情况下,向单位土地连续投入一个或多个要素,土地报酬递增,在到一定程度后,必然出现报酬递减。根据这一原理,当土地自然质量一定、利用水平相似、技术条件不变时,土地收益率与对土地连续投入的时间和总量有关。粗放经营产生的是低产低收益;随投入增加,逐步带来高产高收益;达到精耕细作后,投入的增加又变成了高产低收益。因此,高产未必高收益,甚至可能是高产低收益,需要以区域平均投入产出与最优平均投入产出的比值构造土地经济系数。运用不同土地上的经济系数,将土地利用等指数修正为包含土地投入产出效益的土地综合等指数,体现相同土地潜力、相同利用水平因经济收益不同造成的等级差异。

质量评价揭示的是土地特性和土地用途的关系,利用评价揭示土地质量和人们利用能力的关系,经济评价则是揭示土地对人类的价值。

(三)耕地质量评价的原则

1. 综合分析原则

土地质量是各种自然因素、社会经济因素综合作用的结果,耕地质量评价应以造成等别差异的各种相对稳定因素的综合分析为基础。

2. 分层控制原则

耕地质量评价以建立全国范围内的统一等别序列为目标。在实际操作上,耕地质量评价是在国家、省、县三个层次上展开,分层控制,逐级平衡汇总。

3. 主导因素原则

耕地质量评价应根据相对稳定的影响因素及其作用的差异,重点考虑对土地质量及土地生产力水平具有重要作用的主导因素,突出主导因素的作用。

4. 土地收益差异原则

耕地质量评价应反映不同区域土地自然质量条件、土地利用水平、社会经济水平的差异对区域土地生产力水平的影响，也应反映区域土地收益水平的影响。

5. 定量分析与定性分析相结合的原则

耕地质量评价应把定性的、经验的分析进行量化，以定量计算为主。对现阶段难以定量的自然因素、社会经济因素采用必要的定性分析，定性分析的结果可用于耕地质量评价成果的调整和确定工作中，提高耕地质量评价成果的精度和可操作性。

（四）方法与步骤

1. 评价方法

河南耕地质量评价采用因素法，即根据每个影响因素的影响程度，赋予其一定的分值和权重，经过累加获得单元内各种因素综合影响程度的数据，依此确定耕地的等别。

2. 评价步骤

资料收集整理与外业调查，划分评价单元，划分评价指标区，确定指标区评价因素并计算耕地自然质量分；查指定作物的光温（气候）生产潜力指数并计算耕地自然质量等指数，划分耕地自然质量等别；计算土地利用系数和利用等指数，划分耕地利用等别；计算土地经济系数和经济等指数，划分耕地经济等别；耕地自然等别、利用等别、经济等别校验，成果整理与验收等。

（五）确定标准耕作制度和参评作物

1. 标准耕作制度

标准耕作制度，是指根据当地正常的气候和土壤条件所确定的当地多年稳定的种植制度。按照国家《农用地质量分等规程（GB/T28407-2012）》（以下简称《规程》）和河南温度与降水分布的实际，绝大多数地区为一年两熟，西部和西北部深山区内的局部地区为二年三熟。

2. 基准作物

基准作物是指小麦、玉米、水稻等三种主要粮食作物中的一种，是《规程》所称标准粮的折算基准。根据统计，河南冬小麦播种面积多年平均为 500～550 万公顷，占夏收粮食作物播种面积的 98%，确定基准作物为冬小麦。

3. 指定作物

指定作物是指所属耕作区标准耕作制度中所涉及的作物。河南淮河以北地区夏玉米播种面积多年平均为 220 万公顷，占秋收粮食作物播种面积的 55%；淮河以南地区水稻播种面积多年平均为 40 万公顷，占淮河以南地区秋收粮食作物播种面积的 80%以上。因此确定淮河以北指定作物为夏玉米，淮河以南指定作物为水稻。

4. 各县光温或气候生产潜力的确定

按《规程》给出的值计算。

（六）划分评价因素指标区

采用因素法计算耕地自然质量分，需要划分评价因素指标区（以下简称指标区）。指标区是依据主导因素原则和区域分异原则划分的评价因素体系一致的区域。《规程》中，河南隶属于黄淮海区、长江中下游区、黄土高原区 3 个一级区，燕山太行山山前平原区、冀鲁豫低洼平原区、黄淮平原区、鄂豫皖丘陵山地区、豫西山地丘陵区 5 个二级区。

按照《规程》提出的指标区划分原则和有关技术要求，根据河南的地貌分布格局和评价因素体系一致性原则，在二级分区的基础上，将全省划分为 9 个三级评价因素指标区。各指标区的分布范围见表 8-15。

表 8-15　河南耕地质量评价指标区分布范围

一级指标区	二级指标区	三级指标区	所辖县（市、区）	县（市、区）个数
黄淮海区	燕山太行山山前平原区	太行山地丘陵区	林州市、辉县市、焦作市山阳区、解放区、中站区、马村区、修武县、博爱县、沁阳市、济源市	10
		豫北山前平原区	安阳市文峰区、北关区、殷都区、龙安区、安阳县、汤阴县、鹤壁市鹤山区、山城区、淇滨区、淇县、新乡市红旗区、卫滨区、凤泉区、牧野区、新乡县、卫辉市、获嘉县、武陟县、温县、孟州市、洛阳市吉利区	22
	冀鲁豫低洼平原区	豫东北低洼平原区	南乐县、濮阳市华龙区、清丰县、濮阳县、范县、台前县、内黄县、滑县、长垣县、封丘县、原阳县、延津县、浚县	12
	黄淮平原区	淮北平原区	平顶山市新华区、卫东区、湛河区、叶县、舞阳县、漯河市郾城区、源汇区、召陵区、西平县、商水县、项城市、沈丘县、上蔡县、遂平县、平舆县、汝南县、新蔡县、正阳县、驻马店市驿城区、确山县、息县、淮滨县	22
		豫东平原区	郑州市惠济区、管城区、金水区、二七区、中原区、新郑市、中牟县、开封市龙亭区、顺河区、鼓楼区、禹王台区、金明区、开封县、兰考县、杞县、通许县、尉氏县、商丘市梁园区、睢阳区、虞城县、民权县、宁陵县、睢县、夏邑县、柘城县、永城市、周口市川汇区、扶沟县、西华县、太康县、鹿邑县、郸城县、淮阳县、许昌市魏都区、长葛市、鄢陵县、许昌县、襄城县、临颍县	39

续表

一级指标区	二级指标区	三级指标区	所辖县（市、区）	县（市、区）个数
长江中下游区	鄂豫皖丘陵山地区	淮南山地丘陵区	信阳市浉河区、平桥区、固始县、潢川县、罗山县、光山县、商城县、新县、桐柏县	9
		南阳盆地区	泌阳县、舞钢市、唐河县、社旗县、方城县、新野县、南阳市卧龙区、宛城区、邓州市、镇平县、淅川县、西峡县、内乡县、南召县	14
黄土高原区	豫西山地丘陵区	豫西山区	卢氏县、栾川县、灵宝市、洛宁县、嵩县	5
		豫西黄土丘陵区	三门峡市湖滨区、义马市、陕县、渑池县、洛阳市涧西区、西工区、廛河区、老城区、洛龙区、新安县、孟津县、偃师市、伊川县、汝阳县、宜阳县、上街区、荥阳市、巩义市、登封市、新密市、禹州市、郏县、宝丰县、鲁山县、汝州市、石龙区	26

（七）确定评价因素及权重

1. 评价因素及权重值的确定

河南耕地评价因素及权重的确定采用特尔斐法，结果见表 8-16 和表 8-17。

表 8-16　各指标区评价因素

指标区名称	分 等 因 素
太行山山地丘陵区	有效土层厚度、表层土壤质地、土壤有机质含量、地形坡度、灌溉保证率、土壤砾石含量、土壤酸碱度
豫北山前平原区	表层土壤质地、土壤有机质含量、灌溉保证率、有效土层厚度、地形坡度、土壤酸碱度、土壤砾石含量
豫东北低洼平原区	表层土壤质地、剖面构型、盐渍化程度、土壤有机质含量、土壤酸碱度、排水条件、灌溉保证率
豫东平原区	表层土壤质地、剖面构型、盐渍化程度、土壤有机质含量、土壤酸碱度、障碍层深度、排水条件、灌溉保证、地形坡度
淮北平原区	表层土壤质地、剖面构型、土壤有机质含量、障碍层深度、排水条件、灌溉保证率、土壤酸碱度、地形坡度
南阳盆地区	有效土层厚度、表层土壤质地、土壤有机质含量、地形坡度、障碍层深度、灌溉保证率、土壤砾石含量、土壤酸碱度
淮南山地丘陵区	有效土层厚度、表层土壤质地、土壤有机质含量、土壤酸碱度、地形坡度、灌溉保证率、土壤砾石含量、障碍层深度
豫西黄土丘陵区	表层土壤质地、土壤有机质含量、土壤酸碱度、地形坡度、灌溉保证率、排水条件、障碍层深度、土壤剖面构型
豫西山地区	有效土层厚度、表层土壤质地、土壤有机质含量、土壤酸碱度、地形坡度、灌溉保证率、土壤砾石含量

表 8-17　各指标区评价因素指定作物权重值

评价因素	太行山山地丘陵区 小麦	太行山山地丘陵区 玉米	豫北山前平原区 小麦	豫北山前平原区 玉米	豫东北低洼平原区 小麦	豫东北低洼平原区 玉米	豫东平原区 小麦	豫东平原区 玉米	淮北平原区 小麦	淮北平原区 玉米	南阳盆地区 小麦	南阳盆地区 玉米	淮南山地丘陵区 小麦	淮南山地丘陵区 水稻	豫西黄土丘陵区 小麦	豫西黄土丘陵区 玉米	豫西山区 小麦	豫西山区 玉米
表层土壤质地	14	12	18	17	17	16	15	14	15	14	15	13	16	18	16	14	13	12
有机质含量	11	10	15	13	12	11	12	11	14	13	12	12	13	11	13	11	13	11
灌溉保证率	17	18	21	23	19	20	18	19	20	22	16	18	13	11	19	17	18	20
土壤酸碱度	5	8	6	7	8	9	7	6	7	9	7	8	6	8	7	8	6	8
地形坡度	24	24	16	16			5	8	6	6	16	16	19	18	22	24	20	18
土层厚度	20	20	16	15							15	14	17	18			20	20
障碍层次							7	6	10	9	10	10	6	6	7	8		
土壤砾石含量	9	8	8	9							9	9	10	10			10	11
剖面构型					12	11	11	11	11	10					9	10		
排水条件					18	21	14	16	17	17					7	8		
盐渍化程度					14	12	11	9										
合计	100	100	100	100	100	100	100	100	100	100	100	100	100	100	100	100	100	100

2. 编制"指定作物—分等因素—质量分"作用分值表

依据《规程》，确定不同指标区"指定作物—分等因素—质量分"关系表。

3. 编制分等因素作用分值图

分等因素作用分值图的编制可采用绝对值法或相对值法。绝对值法是根据调查资料直接在底图上标绘出该因素指标值空间分布情况；相对值法是根据调查资料，对照"指定作物—分等因素—自然质量分"关系表，把某因素针对某种指定作物的相对质量分反映在底图上，形成各指定作物分等因素作用分值图。河南耕地质量分等因素分值图编制采用了相对值法。

（八）划分评价单元

评价单元是计算耕地各等别指数的基本空间单位，单元是由线状地物和权属界线封闭的地块，单元内部土地质量（性质）相对均一，单元之间有较大的差异。划分评价单元遵循以下原则：

（1）主导因素差异的原则。不同地貌部位的土地不划为同一单元，山脉走向两侧水热分配有明显差异的不划为同一单元，地下水、土壤条件等土地因素指标有明显差异的不划为同一单元。

（2）相似性原则。土地评价单元边界不跨评价因素指标控制区和土地利用系数、经济系数等值区。

（3）边界完整性原则。单元内同一因素的分值差异不超过 100/（N+1），其中 N 为等别数。

《规程》中推荐的评价单元划分方法有叠置法、地块法、网格法和多边形法等，各种方法都有一定的适用区和优缺点。河南耕地质量评价采用多边形法划分评价单元，其精度满足《规程》规定的评价技术要求。

二、耕地自然质量评价

（一）计算评价单元指定作物自然质量分

1. 读取指定作物评价因素作用分值

采用多边形法划分评价单元，可直接借助计算读取各评价单元指定作物评价因素作用分值。

2. 计算评价单元指定作物自然质量分

采用加权平均法计算各单元指定作物自然质量分 C_{Lij}。计算公式如下：

$$C_{Lij} = [\sum w_k \times f_{ijk}]/100 \qquad (8\text{-}1)$$

$$(i=1, 2, \cdots, p; j=1, 2, \cdots, n; k=1, 2, \cdots, m)$$

式中：Σ 为求和运算符；C_{Lij} 为评价单元指定作物自然质量分，为无量纲数；w_k 为评价因素的权重；i 为评价单元编号；j 为指定作物编号；k 为评价因素编号；p 为评价单元的数目；n 为指定作物的数目；m 为评价因素的数目；f_{ijk} 为第 i 个评价单元内第 j 种指定作物第 k 个评价因素的指标分值，在 $0\sim100$ 取值。

（二）产量比系数的确定

河南主要作物的轮作方式大体以淮河为界，两大自然地理区间存在较大差异，淮河以北是小麦、玉米轮作，淮河以南是小麦、水稻轮作。经过调查，全省产量比系数可以分为两个区进行计算，即淮河以北统一选择小麦、玉米的最大单产，淮河以南统一选择小麦、水稻的最大单产。

产量比系数采用两种方法分别计算，然后综合确定。第一种方法采用《规程》规定的方法，计算公式如下：某区内指定作物产量比系数=区内基准作物最大单产/区内指定作物最大单产。第二种方法采用回归分析法；最终综合两种计算结果和实际确定，结果见表8-18。

表8-18　作物最高单产与产量比系数

产量比系数		最高单产/kg/hm²			产量比系数		
分区范围		小麦	玉米	水稻	小麦	玉米	水稻
淮河以北	实际产量法	9 400	10 500		1.0000	0.8952	
	回归分析法				1.0000	0.8850	
	综合结果				1.0000	0.8901	
淮河以南	实际产量法	6 750		9 000	1.0000		0.7500
	回归分析法				1.0000		0.9624
	综合结果				1.0000		0.8562

（三）计算耕地自然质量等指数

耕地自然质量等指数是按照标准耕作制度所确定的各指定作物，在耕地自然质量条件下，所能获得的按产量比系数折算的基准作物产量指数。

按照《规程》规定，第 j 种指定作物的自然质量等指数由下式定义：

$$R_{ij} = \alpha_{tj} \times C_{Lij} \times \beta_j \qquad (8-2)$$

耕地自然质量等指数由下式定义：

$$R_i = \sum R_{ij} \qquad (8-3)$$

其中：R_i 为第 i 个评价单元的耕地自然质量等指数；R_{ij} 为第 i 单元第 j 种指定作物的自然质量等指数；α_{tj} 为第 j 种作物的光温生产潜力指数；C_{Lij} 为第 i 个评价单元内种植第 j 种指定作物的耕地自然质量分；β_j 为第 j 种作物的产量比系数。

（四）划分耕地自然质量等

经过计算，全省耕地自然质量等指数在 736～3205。根据河南自然等指数的分布情况，采用 200 分的间距划分耕地自然质量等，全省共划分为 14 个等别，等别范围为 4～17 等。等别越高，质量越好。把 4～11 等称为低等地，所占面积比例为 13.64%；12～13 等为中等地，所占比例为 55.82%；14～17 等为高等地，所占比例为 30.54%，因此，从自然质量等来看，河南耕地以中等地为主。各等别面积结果见表 8-19。

表 8-19   河南耕地自然质量等别划分结果

等别	等指数范围	等别面积/hm²	等别面积比例/%
4 等	<800	327.34	0.004
5 等	800～999	1731.66	0.02
6 等	1 000～1 199	33 553.56	0.41
7 等	1 200～1 399	99 487.73	1.22
8 等	1 400～1 599	117 130.54	1.44
9 等	1 600～1 799	277 220.28	3.4
10 等	1 800～1 999	207 950.47	2.55
11 等	2 000～2 199	375 320.73	4.6
12 等	2 200～2 399	1 557 510.84	19.09
13 等	2 400～2 599	2 996 785.43	36.73
14 等	2 600～2 799	1 431 750.12	17.55
15 等	2 800～2 999	1 009 124.74	12.37
16 等	3 000～3 199	50 805.52	0.62
17 等	≥3200	9.21	0.0001
合计		8 158 709	100

注：耕地面积系 2011 年变更调查数据。

三、耕地利用评价

（一）计算土地利用系数

1. 初步划分土地利用系数等值区

外业调查前，对收集到的指定作物产量统计数据进行整理，以行政村为单位，将指定作物的实际单产折合成单位面积标准粮产量，初步划分综合土地利用系数等值区。各等值区满足以下条件：1）等值区间实际单产水平有明显差别；2）等值区的边界不打破村级行政单位的完整性。

通过对调查资料的统计分析，将全省初步划分为 5 个土地利用系数等值区。

2. 计算各行政村（样点）土地利用系数

依据初步划分的等值区，按照以下步骤计算各行政村（样点）土地利用系数：

（1）依据标准耕作制度和产量比系数，计算样点的标准粮实际产量；

（2）根据河南各指标区农作物最高单产、产量比系数，可得指定作物的区域最高单产，依据标准耕作制度和产量比系数，计算出各指标区最大标准粮单产；

（3）计算各行政村（样点）的综合土地利用系数：

$$K_{Lij} = Y_{ij}/Y_{jmax} \qquad (8\text{-}4)$$

式中，K_{Lij} 为各行政村（样点）的综合土地利用系数；Y_{ij} 为各行政村（样点）的标准粮实际产量；Y_{jmax} 为指标区内最大标准粮单产。

3. 计算等值区土地利用系数

根据初步划分的等值区内各行政村的土地利用系数，采用加权平均的方法计算等值区的土地利用系数。

4. 修订土地利用系数等值区

以土地利用系数基本一致为原则，参考其他自然、经济条件的差异，对初步划分的等值区进行边界订正。订正后的等值区满足：（1）等值区内各村级土地利用系数在 X±2 S 之间（X表示平均值；S表示方差）；（2）等值区间土地利用系数平均值有一定差值；（3）等值区边界两边的土地利用系数值具有明显差异。

表 8-20　指定作物土地利用系数等值区

等级	小麦等值区间	玉米等值区间	水稻等值区间
1	[0.5～0.6]	[0.5～0.6]	[0.5～0.6]
2	[0.6～0.7]	[0.6～0.7]	
3	[0.7～0.8]	[0.7～0.8]	[0.7～0.8]
4	[0.8～0.9]	[0.8～0.9]	
5	[0.9～1.0]	[0.9～1.0]	

注："上含下不含"。

5. 编制土地利用系数等值区图

通过修订，调整个别行政村土地利用系数，小麦、玉米最终划分 5 个土地利用系数等值区，水稻划为 2 个等值区。根据修订后的土地利用系数等值区，编制成等值区图。

（二）计算耕地利用等指数

耕地利用等指数是按照标准耕作制度所确定的各指定作物，在耕地自然质量条件和耕地所在土地利用分区的平均利用条件下，所能获得的按产量比系数折算的基准作物产量指数。

耕地利用等指数由下式定义：

$$Y_i = R_i \times K_L \qquad (8\text{-}5)$$

其中：Y_i 为第 i 个评价单元耕地利用等指数；

　　　　R_i 为第 i 个评价单元的自然质量等指数；

K_L 为单元所在等值区综合土地利用系数。

（三）划分耕地利用等

经过计算，全省耕地利用等指数在 409～2 825。根据河南利用等指数的分布情况，按照全省统一标准，采用 200 分的间距划分河南耕地利用等，全省共划分为 13 个等别，等别范围为 3～15 等。等别越高，质量越好。把 3～8 等称为低等地，占耕地面积的 23.6%；9～10 等为中等地，占 52.36%；11～15 等为高等地，占 24.04%。划分结果见表 8-21。

表 8-21　河南耕地利用等别划分结果

等别	等指数范围	等别面积/hm²	等别面积比例/%
3 等	409～599	9 291.04	0.11
4 等	600～799	95 087.1	1.17
5 等	800～999	177 294.5	2.17
6 等	1 000～1 199	311 372.7	3.82
7 等	1 200～1 399	438 227.5	5.37
8 等	1 400～1 599	894 488.4	10.96
9 等	1 600～1 799	1 610 286	19.74
10 等	1 800～1 999	2 662 646	32.64
11 等	2 000～2 199	1 262 616	15.48
12 等	2 200～2 399	457 439.1	5.61
13 等	2 400～2 599	116 370.2	1.43
14 等	2 600～2 799	118 794.7	1.46
15 等	2 800～2 825	4 795.78	0.06
合计		8 158 709	100

注：耕地面积系 2011 年变更调查数据。

四、耕地经济评价

（一）计算土地经济系数

1. 初步划分土地经济系数等值区

外业调查前，要根据收集到的统计资料，以行政村为单位计算单位面积标准粮"产量—成本"指数，按照各村"产量—成本"指数的大小，初步划分土地经济系数等值区。各等值区要满足以下条件：1）等值区间"产量—成本"指数有明显差别；2）等值区的边界不打破村级行政单位的完整性。

通过对调查资料的统计分析，将全省初步确定为 4 个土地经济系数等值区。

2. 计算土地经济系数

依据初步划分的等值区,在所有的行政村内分不同产量水平,分层设置一定数量的样点,并根据以下步骤计算出样点的综合土地经济系数:

(1)根据标准耕作制度和产量比系数,计算样点的标准粮实际产量($Y = \sum Y_j \times \beta_j$)和标准粮实际成本($C = \sum C_j$),再计算出样点的综合"产量—成本"指数($a = Y / C$);

(2)根据河南指定作物小麦、玉米、水稻的最大产量成本指数,折算成标准粮的最大产量成本指数 A;

(3)计算样点的综合土地经济系数:

$$K_C = a / A \tag{8-6}$$

式中,K_C 为样点的综合土地经济系数;a 为样点的综合"产量—成本"指数;A 为标准粮"产量—成本"指数的区域最大值。

3. 计算等值区土地经济系数

计算村内各样点土地经济系数的加权平均数,作为该村的土地经济系数;根据初步划分的等值区内各村的土地经济系数,采用加权平均的方法计算等值区的土地经济系数。

河南小麦、玉米、水稻土地经济系数等值区见表 8-22。

表 8-22 指定作物土地经济系数等值区

等级	小麦等值区间	玉米等值区间	水稻等值区间
1	[0.6~0.7]	[0.6~0.7]	[0.6~0.7]
2	[0.7~0.8]	[0.7~0.8]	[0.7~0.8]
3	[0.8~0.9]	[0.8~0.9]	[0.8~0.9]
4	[0.9~1.0]	[0.9~1.0]	

注:"上含下不含"。

4. 修订土地经济系数等值区

以土地经济系数基本一致为原则,参考其他自然、经济条件的差异,对初步划分的等值区进行边界订正。订正后的等值区要满足:1)等值区内各村土地经济系数值 X±2S 之间(X 表示平均值;S 表示方差);2)等值区间土地经济系数平均值有一定差值;3)等值区边界两边的经济系数值具有明显差异。

5. 编制土地经济系数等值区图

通过修订,调整个别行政村土地经济系数,小麦、玉米最终划分 4 个土地经济系数等值区,水稻划分为 3 个等值区。根据修订后的土地经济系数等值区,编制成等值区图。

（二）计算耕地经济等指数

耕地经济等指数是由耕地利用等指数经过土地经济系数修正而得，耕地经济等指数由下式计算：

$$G_i = Y_i \times K_C \tag{8-7}$$

式中：G_i 为第 i 个评价单元的耕地经济等指数；Y_i 为第 i 个评价单元的耕地利用等指数；K_C 为综合土地经济系数。

（三）初步划分耕地经济等

经过计算，全省耕地经济等指数在 276～2 222。根据河南经济等指数的分布情况，按照全省统一标准，采用 200 分的评价间距划分河南耕地经济等，共划分为 11 个等别。各等别面积结果见表 8-23。

表 8-23　河南全省耕地经济等别划分结果

等别	等指数范围	等别面积/hm²	等别面积比例/%
2 等	276～399	1 420.15	0.02
3 等	400～599	113 838.3	1.4
4 等	600～799	218 348.9	2.68
5 等	800～999	501 987	6.15
6 等	1 000～1 199	1 091 221	13.37
7 等	1 200～1 399	1 775 750	21.77
8 等	1 400～1 599	2 996 455	36.73
9 等	1 600～1 799	1 071 259	13.13
10 等	1 800～1 999	257 093.2	3.15
11 等	2 000～2 199	131 096	1.61
12 等	2 200～2 222	240.51	0.003
合计		8 158 709	100

注：耕地面积系 2011 年变更调查数据。

五、耕地等别分布规律分析

（一）自然等

河南自然质量等主要集中分布在 11～14 等，占全省耕地面积的 80% 以上。其中：13 等面积最多，占耕地总面积的 30.63%；最高等 17 等，面积占 0.17%；最低等 4 等，面积所占比例仅为 0.09%。

1. 自然等分布整体分析

自然质量分所反映的自然条件是实现光温或气候生产潜力的基本条件，具有地带变化特征的光温或气候理论生产潜力，经过自然质量分的修正生成具有实践意义的生产潜力—自然等指数（土地的可能生产力），依据自然等指数划分的自然等是实际存在的、稳定的、有比较明确的且可以辨别的自然分界线的单元，它是客观存在的，只是我们按照一定的标准对其进行评价归纳，使其等级化。所以自然质量分对光温或气候生产的修正是关键、基础性的，它反映的是土地自然属性的差异。耕地自然质量等别结果反映了河南耕地自然属性的空间变化规律：耕地的高等别主要分布在平原区，低等别主要分布在山地区，从山地到平原随着海拔高度和地形条件的变化，耕地等别表现出由低到高逐渐变化的规律，这一变化规律与全省自然条件的变化规律一致，说明耕地自然等别科学地反映了土地质量的宏观差异。

从 5 个指标区的自然等别分布差异来看，鄂豫皖山地丘陵区整体较高，豫西山地丘陵偏低，其他三个区整体差异不大。这是因为鄂豫皖山地丘陵区是河南唯一的亚热带地区，水热条件最好的区域，而豫西地区则是水热条件最差的地区。其他三区都是平原，自南向北受降水的影响，黄淮平原土地质量好于冀鲁豫低洼平原。太行山前平原由于处于山前洪积冲积平原的后部，地下水丰富、土壤肥沃，所以整体土地质量好于冀鲁豫低洼平原，是河南农业生产条件较好的区域。

2. 自然等各等别特征描述

耕地自然质量等别反映了耕地自然属性的空间变化规律，各等地的主要特征表述如下：

14～17 等地主要分布在洪积、冲积缓倾斜平原和河流宽阔阶地，以豫东平原和淮北平原最多。这些等别的耕地土层深厚，地形平坦，地面坡降 1∶2000～1∶5000，田面平整，沙黏适中，结构良好，耕性好，耕层厚度＞100cm，适耕期长，浅层地下水埋深适度，农田水利设施配套，灌排条件良好，土壤养分含量丰富，保水、保肥性能好，抵御自然灾害能力较强，无明显的障碍因素，是全省粮、油等作物的高产稳产田。土地利用存在的主要问题是人口稠密，人地矛盾突出，利用强度大，应注意用养平衡。

12～13 等地主要分布在豫北山前平原、豫东北低洼平原、淮河两岸等。该等耕地除灌溉条件稍差于 14～17 等地，有机质稍低外，其他条件相似，土层深厚，地形平坦，土壤质地基本良好，适耕期长，浅层水丰富，农田水利设施基本配套，土壤养分丰富，土壤保水、肥性能好，生产潜力大，抵抗自然灾害的能力较强，也是全省粮、棉、油作物生产的主要基地。利用上的主要问题是地下水位较浅，地表有次生盐渍化威胁，土壤养分状况不够协调，而且含量亦较低，应加强物质投入。

11 等地主要分布在冲积平原碟形洼地和山地丘陵与平原过渡地带。该等土地耕层厚度15～20cm，田面基本平整，土壤质地轻重不一，壤土至壤质黏土，土壤养分尚丰富，有机质1%左右，但不够协调，有一定的排灌条件，但农田水利设施不够配套，抗御自然灾害能力较弱，受自然因素制约较明显。利用中的主要问题有土壤有机质含量低，排灌设施不配套，内涝与干旱较频繁等。

10 等地分布有两部分,一是冲积平原及沙地的浅平洼地,湖积平原低洼地;二是低山丘陵的沟谷阶地、塬面。该等耕地土层厚薄不一,质地较轻,地形起伏不平,田面高低不平,土壤养分含量低且比例失调,排灌条件差,灌溉保证率低,土壤障碍因素较多,抗御自然灾害能力低,粮、棉产量较低而不稳。改善农田基本建设条件,排除障碍因素,增加投入,提高土壤肥力是利用中的主要措施。

8～9 等地基本无灌溉条件,排水不畅的洼地或丘陵、塬、垄岗地,因分布在不同地区,其养分差异较大,存在易涝或水土流失等主要障碍因素。

7 等地主要分布在低山丘陵区,具有较多的障碍因素,坡度大,水土流失严重,耕作困难,产量低,适度压缩种粮面积。

4～6 等地主要分布在豫西和豫北中山和石质丘陵区。地势较高,气温较低、作物一年一熟,地面坡降较大,水土流失较重,土壤砾石含量较多,一般难以耕作,仅适合发展林牧业。

(二)利用等

全省耕地利用等主要集中分布在 7～11 等,占全省耕地面积的 80%。其中 9 和 10 等面积最多,占耕地总面积的 47.68%;最高等 13 等面积占 0.18%,最低等 3 等面积所占比例仅为0.46%。

1. 利用等分布整体分析

耕地自然质量等经过土地利用状况修订后,得到耕地利用等。由于利用系数表现的是不同土地单元实际产出的差异,自然等经过土地利用系数修正,进而划分的利用等,实际上只是在土地的自然属性中融入了部分社会经济因素的影响,耕地利用等别结果就反映了耕地利用水平的空间分布,因此利用等是依附于自然等而存在的,与自然等相比,它在自然界中的边界不太清晰,它是一种较高层次的、比较抽象化的等别序列。耕地利用等主要特征与分布规律表述如下:

(1)耕地利用等别分布与土地自然质量等的分布存在着高度的正相关关系。最高的耕地利用等出现在太行山前平原和伏牛山前向豫东平原过渡区域,主要包括焦作市、新乡市的西部、许昌市、漯河市等。这些区域地形平坦、土壤肥沃,耕作条件优越,农田基本建设也较好,农作物单位面积产量较高。而最差的等别则出现在太行山、伏牛山、大别山的深山区,这些区域坡度大、水土流失严重,耕作条件最差。

(2)耕地利用等别分布与投入的多少存在着高度的正相关关系。从小麦单位播种面积的投入与小麦单位面积产量的分布曲线也可以看出这一点。

(3)指标区分析。从区域整体分析,土地利用水平较高的区域是太行山前平原、黄淮平原和南阳盆地,次高的区域是冀鲁豫低洼平原、淮北平原以及豫西黄土丘陵的东部边缘。利用水平较低的仍然是太行山地、伏牛山地和大别山地,说明土地利用水平不但与土地的自然质量、耕作条件有着密切的关系，而且受到区域社会经济发展水平的影响。太行山前平原不仅土地自然质量好，而且该区经济发达，农业生产水平较高。

2. 利用等各等别特征描述

11～15 等地是土地利用水平最高的区域，主要分布在豫北山前平原、伏牛山前平原和南阳盆地中部。该区域土层深厚，地形平坦，田面平整，沙黏适中，结构良好，耕性好，适耕期长，浅层地下水丰富，地下水埋深适度，农田水利设施配套，灌排条件良好，土壤养分含量丰富，保水、肥性能好，抵御自然灾害能力较强，无明显的障碍因素，是全省粮、棉、油等作物高产稳产的区域。

8～10 等地占耕地总面积的 60%以上，这是土地利用水平次高的区域，主要分布在豫东北低洼平原、黄淮平原。该区域土层深厚，地形平坦，土壤质地基本良好，耕性好，适耕期长，浅层水丰富，地下水较浅，农田水利设施基本配套，土壤养分丰富，土壤保水、肥性能好，生产潜力大，抵抗自然灾害的能力较强，也是全省粮、棉、油作物生产的主要基地。

5～8 等地占耕地总面积的 15.66%，这是土地利用水平一般的区域，主要分布在豫西山间盆地和黄土丘陵的东部边缘的缓坡地。该等耕地土层较深厚，地形较平坦，田面基本平整，土壤质地轻重不一，土壤养分尚丰富，但不够协调，有一定的排灌条件，但农田水利设施不够配套，灌溉保证率低，土壤保水、肥能力较差，抗御自然灾害能力较弱，农作物产量不稳，受自然因素制约较明显，障碍因素较多等。

3～4 等地占耕地总面积的 1.44%，这是土地利用水平较低的区域，位于太行山地、伏牛山地和大别山地的中山区域。该区域土层厚薄不一，土壤质地砂性较大，砾石多，障碍层次突出，如砾石盘层、砂姜盘层等，土壤养分含量低且比例失调，土壤有机质含量低，阳离子代换量小，保水、肥性差，土壤 pH 过高或过低，地形岗洼不平，排水状况不良，无灌排条件，经常有旱涝灾害发生。

（三）经济等

全省经济等主要集中分布在 6～8 等，占全省耕地面积的 70 以上%。其中 8 等面积最多，占耕地总面积的 32.99%；最高等 9 等面积占 11.82%，最低等 3 等面积所占比例仅为 0.2%。

1. 经济等分布整体分析

耕地利用等经过土地经济系数修订，得出耕地经济等别，反映了耕地利用效益的空间差异。土地经济系数反映的是土地投入产出的对比状况，由于评价指数中融入了更多的社会经济因素的影响，所以评价结果更加抽象化，其自然边界进一步虚化。主要特征表现在以下方面：

（1）耕地经济等别的空间分布仍然有土地质量、利用水平的影响。从全省整体看，耕地等别的空间分布是平原好于山地。

（2）耕地等别的空间分布不但受土地质量、利用水平的影响，更重要的是受土地利用效益的影响较大。因为利用水平的高低没有考虑投入成本，而利用效益则是单位投入下的产出（粮食产量）。高投入下的高产量利用效益不一定就高，低投入下的低产量利用效益不一定就低，只有在低投入下的高产量才能有高效益。这就是有些产量高的区域、利用等别较高而经济等别较低，而有些产量较低、利用等别较低却经济等别较高的原因。这在城市郊区土地上体现最为明显。

（3）粮食生产的投入与产出不成正比。一是投入与产量不成正比，二是投入与收益不成正比。夏粮生产成本投入比秋粮高，但收益低。2003 年，全省每 50kg 主产品小麦生产成本36.11 元，而玉米生产成本为 25.68 元，中粗稻生产成本为 21.88 元，小麦比玉米高出 40.62%，比中粗稻高出 65.04%。反过来每 50kg 主产品小麦、玉米、中粗稻的纯收益为 8.6 元、12.74 元、16.16 元，玉米是小麦的 1.48 倍，中粗稻是小麦的 1.88 倍。

（4）耕地利用等别比自然质量等别减少 1 个等别，耕地经济等别比自然质量等别减少 3 个等别、比耕地利用等别减少 2 个等别，这充分说明自然质量等别主要与自然因素有关，而利用等别和经济等别与区域社会发育水平、区域经济发展水平、区域技术水平等因素有较大的关系，在自然—利用—经济等别序列中，等别在逐渐综合，不同的自然等别可以是相同的利用等别或相同的经济等别，等别的区域性在增强，尤其是经济等别表现出以行政区域（乡或县）一致的现象，因为在同一个行政区域内经济、技术、物价、政策等因素非常接近或一致，说明在我国行政区域对社会经济的影响是非常深远的，土地利用也是如此。

2. 经济等各等别特征描述

9～12 等耕地，9 等占较大比例，主要分布在洪积、冲积缓倾斜平原和河流宽阔阶地，以豫东平原、太行山前倾斜平原和南阳盆地最多。该区域不但自然条件优越，而且经济技术状况也较好，农田水利设施配套，灌排条件良好，抵御自然灾害能力较强，是全省粮、油等作物的高产稳产田。

8 等地主要分布在豫北山前平原、豫东北低洼平原，淮河两岸等。该等耕地除灌溉条件和土壤有机质含量稍差外，其他条件相似，也是全省粮、棉、油作物生产的主要基地。

7 等地主要分布在冲积平原碟形洼地和山地丘陵与平原过渡地带。该等土地土层较深厚，地面坡降 1/2 000～1/7 000，田面基本平整；土壤质地轻重不一，壤土至壤质黏土，土壤养分尚丰富，有机质 1%左右，但分布不够均匀；有一定的排灌条件，但农田水利设施不够配套，抗御自然灾害能力较弱，受自然因素制约较明显。

6 等耕地主要分布在山地和平原的交接部位。该等土层厚薄不一，质地较轻，地形起伏不平，土壤养分含量低且比例失调，排灌条件差，土壤障碍因素较多，抗御自然灾害能力低，产量较低而不稳，利用上的主要问题是改善农田基本建设条件，排除障碍因素，增加投入，提高土壤肥力。

5 等地主要分布在低山丘陵区。基本无灌溉条件，土壤养分差异较大，存在易涝或水土流失等主要障碍因素。

4 等地主要分布在山地丘陵的河流谷地。具有较多障碍因素的土壤，坡度大，水土流失明显，耕作困难，产量低，适度压缩种粮面积。

3 等地主要分布在低山和石质丘陵区，以豫西和豫北山地丘陵区最多。地势较高，地面坡降较大，水土流失较重，土壤砾石含量较多，一般耕作困难，适合发展林牧业。

2 等地主要分布在深山区，地势高、坡度大，水土流失严重，多为土层薄、砾石多难易利用的土壤，应因地制宜的发展林牧业。

第四节　中低产田

中低产田是指存在各种制约农业生产的障碍因素、产量相对低而不稳的耕地。

一、中低产田划分

参考耕地地力评价规程指标体系和农用地分等结果，邀请有关专家，采用特尔斐法，选取了耕地产量水平、土壤肥力状况、耕地分等指数 3 个因素层，9 个指标层，建立了河南中低产田划分指标，并确定了各因素指标的影响权重和划分标准，具体见表 8-24。

表 8-24　河南中低产田划分标准

评价指标		权重		划分标准		
		因素	权重	高产田	中产田	低产田
标准产量/kg/hm²	标准总产量	0.499	0.195	>9 750	9 750~7 500	<7 500
	小麦标准产量		0.165	>6 000	6 000~3 750	<3 750
	玉米、水稻标准产量		0.139	>6 750	6 750~4 500	<4 500
等指数	自然等指数	0.25	0.078	>2 500	2 200~2 500	<2 200
	利用等指数		0.113	>1 900	1 500~1 900	<1 500
	农地等指数		0.059	>1 500	1 200~1 500	<1 200
土壤肥力	有机质/ g/kg	0.251	0.115	>15.0	10.0~15.0	<10.0
	全氮/ g/kg		0.073	>0.9	0.7~0.9	<0.7
	速效磷/ mg/kg		0.063	>15.0	10.0~15.0	<10.0

资料来源：杨建波、王莉、马军成等："基于综合整理的河南中低产田划分研究"，《中国农学通报》，2012 年。

根据河南中低产田划分中的多因素、多指标的特点，以河南分等数据库为基础，采用加权综合法来划分中低产田。

全省高产田面积约占全省耕地总面积的 49.29%，主要分布于黄淮海平原的中、东部、太行山山前平原及南阳盆地，山地丘陵河川的谷地也有零星分布，如博爱、孟州、沁阳、温县、武陟、修武，扶沟、鹿邑、商水、太康、西华、项城，长葛、魏都区，长垣、获嘉、卫辉、宁陵、睢阳、永城、柘城、淇县、浚县等。这些区域土层深厚、土质肥沃，田面平整，土壤沙黏适中，耕作性好，保水、保肥性能好，抵御自然灾害能力强，无明显障碍因素，耕地的生产能力较高。

中产田约占全省耕地总面积 31.25%。中产田分布广泛而零星，其与高产田、低产田相穿插，与高产田相比质量有所下降，土壤质量限制及水分限制成为中产田的主要限制性因素，中产田利用类型多为旱地。

低产田约占全省耕地总面积 19.45%。主要分布在豫西伏牛山区、豫北太行山区、大别山地丘陵区。如栾川、嵩县、洛宁、汝阳、新安、宜阳，西峡、淅川、南召，信阳的商城、新县、潢川，渑池、卢氏、灵宝、陕县、义马，林州、内黄，济源市的大部分等，这些区域土层厚度不一，土壤养分失调，水土流失严重，耕作困难，限制因素较多，耕地的生产能力很差。

二、中低产田类型与分布

根据主导障碍因素及改良主攻方向把全省耕地共划分为 9 个中低产田类型[①]。

（一）干旱灌溉型

由于降雨量不足或季节分配不合理，缺少必要的调蓄工程，以及由于地形、土壤原因造成的保水蓄水能力缺陷等，在作物生长季节不能满足正常水分需要，同时又具备水资源开发条件，可以通过发展灌溉加以改造耕地，这部分耕地可以发展为水浇地，提高水源保证率，增强抗旱能力。其主导障碍因素为干旱缺水；改造方向为提高水资源开发潜力、引水蓄水工程及现有田间工程配套情况等。该类型涉及范围较大，豫西、豫北山地丘陵褐土和红黏土区，主要分布于中低山区、岗坡丘陵和洪积扇上部，坡度较大，土壤质地以砂质壤土、黏土为主，土壤 50～100cm 有障碍层次出现，产量在 1 500～4 500kg/hm^2。

（二）渍涝潜育型

渍涝潜育型是指由于冷浸水、季节性洪水泛滥及局部地形低洼，排水不良及土质黏重，耕作制度不当引起滞水潜育的现象，需加以改造的水害性稻田。其主导障碍因素为土壤潜育化、渍涝积水，改造方向为排水脱潜，消除有害物质等。该类型主要分布在豫南水稻种植区，其地形部位从河网平原、沿湖低平地、河床低阶地到山间峡谷，丘陵低谷地，狭小山冲，山垄上部，封闭洼地等地方都有分布。成土母质有黏质江湖冲积物、丘陵谷底冲积物、山丘谷底冲积物、坡积物等，潜育层出现部位从 10cm 到 60cm 不等，耕层土壤在 11～17cm，质地

有黏壤土、壤质黏土、粉砂质黏土等，区域内土壤排水不畅，产量水平较低。

（三）盐碱耕地型

由于耕地可溶性盐含量和碱化度超过限量、影响作物正常生长的多种盐碱化耕地。其主导障碍因素为土壤盐渍化，以及与其相关的地形条件、地下水临界深度、含盐量、碱化度、pH等；改造方向为工程洗盐、压盐和排盐，以及通过耕作措施、生物措施等改善土壤物理性状。该耕地类型多分布在各种地貌的低洼地带，主要分布在豫东及豫东北的黄河背河洼地和故道低洼区，地面坡降小于1/3 000，灌排条件差，多排水不畅，区域内地下水埋藏较浅，土体内盐分主要以硫酸盐和氯化物为主，耕层pH值属弱碱性，雨季地下水上升，盐分暴露地表，对农作物危害极大，产量水平在1 500～4 500kg/hm²。

（四）坡地梯改型

由于地形、降雨等原因造成水土流失，影响作物正常生长，需通过修筑梯田、梯埂等田间水保工程加以改良治理的坡耕地。其主导障碍因素为土壤侵蚀，及与其相关的地形、地面坡度、土体厚度、土体构型与物质组成、耕作熟化层厚度等；改造方向为平整土地、加厚土层、修筑石埂或土埂梯田、合理配置田间排灌工程，以及采取相应的耕作和水保设施等。该类型耕地在豫西、豫北山地丘陵区和豫南山地丘陵区都有分布，主要位于豫西的黄土丘陵区，耕地坡度多在10～25°，区域内的耕地有一定的梯田工程，但多数未达到水平梯田标准。

（五）渍涝排水型

由于局部地形低洼，排水不畅等，造成河湖水库沿岸、堤坝水渠外侧、天然汇水盆地等常年或季节性渍涝的旱耕地。其主导障碍因素为土壤渍涝，以及与其相关的地形条件、地下水深度、土体构型、质地、排水系统的宣泄能力等；改造方向为工程排水，消除渍涝等。在豫南砂姜黑土区的河漫滩，低阶地、岗间洼地，蝶形洼地上，地形坡度小于1°，地下水位浅，潜育层部位25cm上下，农田内骨干工程和田间工程水平较差，多有秋涝出现；豫东黄河冲积平原上，该类型耕地多有盐碱相伴出现，地形部位属平原或河谷平原浅洼地，剖面构型有均质或有夹砂、夹黏、夹砾等，区域内地下水位在3m以内，排水条件较差，早期有农苗缺苗的情况，产量水平在3 000～7 500kg/hm²。

（六）沙化耕地型

由于沙性成土母质、气候干旱的原因，加上不合理耕作，在风力侵蚀与搬运下，土壤已沙化的耕地。其主导障碍因素为风蚀沙化，土壤贫瘠。沙化耕地主要分布在豫东平原的老黄河故道上，其剖面构型以耕层沙质为主或1m土体内夹壤、夹黏层、通体沙质等，产量较低。改造的主要措施应是增加植被覆盖度，培肥地力，引淤压沙，加强农田水利建设，发展灌溉农业，以及采取相应的耕作措施等。

（七）障碍层次型

由于土壤剖面构型上存在严重缺陷，如土体过薄、耕层过黏过沙，剖面 1m 左右内有沙漏、砾石、黏盘、铁子、铁盘、砂姜等障碍层次的耕地。其主导障碍因素为在耕地不同部位出现不同程度的障碍等。该类型在淮北湖积平原砂姜黑土区有分布，区域内耕地地面坡度在 4~10°，腐殖质层厚度在 25cm 以内，障碍层以白浆、钙积、黏盘等发育层次为主，粮食产量在 3 000~6 000kg/hm^2；豫南山地丘陵黄褐土区的障碍层次主要以黏盘、钙积等为主，耕地坡度在 15~20°，耕层质地以砂质壤土至砂质黏土、砂质黏土、黏土为主，多为中度侵蚀区。

（八）瘠薄培肥型

由于气候、地形、开垦年代以及距离居民点远，施肥不足，耕作粗放等原因，导致耕层浅薄（小于 15cm），土壤结构不良，养分含量低的耕地。其主导障碍因素为瘠薄，改造方向为加深耕作层，增施有机肥，以及改革耕作制度等。该类型耕地多出现在河谷阶地、塬面、墚面平地和缓坡地及沟谷、墚、峁、坡上，区内灌溉条件不完善。农田有梯田和条田，土壤侵蚀较严重，耕层理化性状较差，质地多为粉砂质壤土、壤土、黏壤土，区内粮食作物为一年一熟或二年三熟，多分布在豫西黄土岗地区。

（九）失衡补素型

由于土壤本身缺乏某一种或几种营养元素，使养分供应失调，导致产量低的耕地，其主导障碍因素为养分失衡。改造方向为测土配方施肥，并辅以相应的耕、水利措施等。该类型耕地分布范围较大，在豫东弱潮土区，其主要障碍因素是缺少微量元素钼，有效钼的含量在 0.10mg/kg 以下，低于临界值（0.15mg/kg）；在豫南稻田区，主要障碍因素是缺少微量元素硼，有效硼的含量在 0.30mg/kg 以下，低于临界值（0.50mg/kg），严重影响耕地的地力和产量。

参考文献

王国强、王令超：《河南土地资源结构与可持续利用》，西安地图出版社，2000 年。

王国强、张荣军：《河南农用地分等研究》，中国财政经济出版社，2005 年。

第九章　植物资源

河南位于我国中东部，地处北亚热带向暖温带的过渡地带，优越的自然条件，孕育了河南丰富多彩的自然植被和植物资源。据《河南植物志》和《河南树木志》等资料统计，河南全省有维管束植物 199 科，1 107 属，3 800 余种。其中，蕨类植物 29 科，73 属，255 种；裸子植物 10 科，25 属，75 种；被子植物 160 科，1 009 属，3 500 种。

在河南现已查明的裸子植物和被子植物中，共有树木资源 92 科，320 属，1 134 种（含亚种）。其中，裸子植物 8 科，24 属，42 种；被子植物 84 科，296 属，1 092 种。

第一节　植物资源概况

一、植物资源特点

（一）植物种类众多，植物资源丰富

河南植物区系属泛北极植物区、中国—日本森林植物亚区，由于地处南北植物的交汇地带，种类相当丰富。全省有维管束植物 199 科，1 107 属，3 800 余种。其中，河南分布的较大的科主要有蔷薇科（34 属、301 种），菊科（90 属、244 种），禾本科（95 属、210 种），毛茛科（24 属、103 种），莎草科（12 属、102 种），百合科（32 属、100 种），杨柳科（2 属、80 种）等。

河南的各类植物资源都很丰富。据初步统计，河南主要的用材树种资源 46 科，132 属，300 余种；野生果树植物资源有 22 科，60 余属，300 余种；淀粉植物资源有 23 科，47 属，100 余种；纤维植物资源有 26 科，40 余属，300 余种；芳香油植物资源有 26 科，50 余属，200 余种；野菜植物资源有 21 科，36 属，400 余种；药用植物资源有 100 余科，1 200 余种。

（二）木本植物种类多样

森林植被是河南的主要自然植被，从大别山到太行山，几乎涵盖了北亚热带和暖温带的所有植被类型。如桐柏—大别山区的马尾松林 Form. Pinus massoniana、黄山松林 Form. Pinus taiwanensis、化香林 Form. Platycarya strobilacea、青冈栎林 Form. Quercus glauca 等，伏牛山区和太行山区的华山松林 Form. Pinus armandii、油松林 Form. Pinus tabulaeformis、栓皮栎林 Form. Quercus variabilis、锐齿栎林 Form. Quercus acutidentata 等，均是该区域的典型地带性植被。木本植物是森林植被的重要构成成分。据资料统计，河南现有木本资源 92 科，320 属，

1 134 种（含亚种），约占全国木本植物种类的 14%。其中，裸子植物 8 科，24 属，42 种；被子植物 84 科，296 属，1 092 种。如在构成森林植被的主要成分中，我国共有松、杉、柏科植物 23 属，130 余种，河南就分布有 18 属，43 种，分别占全国属数的 78.2%和种数的 33%；壳斗科 Fagaceae 栎属 Quercus 植物是温带森林植被的重要构成成分，河南共有栎属植物 23 种（含变种），占全国栎属植物的 16.4%；槭树科 Aceraceae 植物全为木本，也是森林植被的重要组成成分，全世界仅 2 属 202 种，我国有 2 属 150 余种，其中的金钱槭属 Dipteronia 2 种为我国特有种属，河南分布有 2 属，26 种，分别占全国属数的 100%和种数的 17%。

（三）珍稀树种和古树名木资源繁多

据统计，在河南分布的 1 134 种树木中，各级珍稀、濒危保护树种就有 88 种，占总数的 7.8%。在这些树种中，许多是起源于第三纪古热带植物区系的残遗种，如香果树 Emmenopterys henryi、银鹊树 Tapiscia sinensis、猬实 Kolkwitzia amabilis 等，还有许多单种属、单种科及寡种属植物，如银杏 Ginkgo biloba、水青树 Tetracentron sinense、香果树、青檀 Pteroceltis tatarinowii、猬实、连香树 Cercidiphyllum japonicum、金钱槭 Dipteronia sinensis、杜仲 Eucommia ulmoides、山白树 Sinowilsonia henryi、领春木 Euptelea pleiospermum 等。这些孤寡的原始类群，在系统发育上处于原始和孤立的地位，或表现出分类上的奇特性和古老性。

河南古树名木资源丰富。根据国家绿化委和国家林业局的技术标准调查统计，河南全省现有古树名木 4 万余株。其中，国家一级古树 2 988 株，国家二级古树 3 947 株，国家三级古树 3 万余株，名木 237 株，在分类上分属于 28 科，36 属，90 余种。

（四）区系成分复杂，过渡性特征突出

河南植物的区系地理成分复杂多样。据资料统计分析，河南植物包含 15 种区系地理成分，其中泛热带、热带亚洲和热带美洲间断分布等各种热带成分共 386 属，占全省植物总属数的 33.5%，如冬青属 Ilex、木姜子属 Litsea、合欢属 Albizia、楠木属 Phoebe 等；北温带分布、旧世界温带分布等各种温带成分共 582 属，占全省植物总属数的 52.1%，如栎属 Quercus、桦木属 Betula、鹅耳枥属 Carpinus、槭属 Acer、侧柏属 Platycladus、杭子梢属 Campylotropis 等。说明热带成分虽然占有一定地位，但仍以温带成分为主，显示出北亚热带与南暖温带过渡的植被特征。

二、植被分布规律

河南地形复杂，气候变化大，形成了差别明显的环境条件。因而，植被分布也具有明显的水平地带性和垂直地带性。

（一）水平地带性分布规律

1. 纬度地带性规律

河南植被纬度地带性分布规律较经向分布规律明显。河南从南到北跨越约 5 个纬度，各地植被分布的纬度地带性变化规律是：以从豫西伏牛山主脉至豫东南淮河干流为分界线，该线以北为暖温带落叶阔叶林地带，该线以南为亚热带常绿、落叶阔叶混交林地带。两个植被地带内，植被分布的规律因地区不同而有差异。

（1）暖温带落叶阔叶林地带。该地带包括豫东平原、伏牛山主脊以北的豫西山地、豫北太行山地等。该带西北高，东南低，地形复杂。该区山地的森林植被以华北植物区系的植被类型为主，主要有锐齿槲栎 *Quercus aliena var. acuteserrata*、短柄枹 *Q. glandulifera var. brevipetiolata*、白桦 *Betula platyphylla*、坚桦 *B. chinensis*、山杨 *Populus davidiana*、华山松 *Pinus armendii*、白皮松 *P. bungeana*、油松 *P. tabulaeformis*、侧柏 *Platycladus orientalis*、千金榆 *Carpinus cordata*、椴树类 *Tilia spp.*、毛白杨 *Populus tomentosa*、旱柳 *Salix matsudana*、榆 *Ulmus pumila*、桑 *Morus alba* 等。还含有山胡椒 *Lindera glauca*、三桠乌药 *L. obtusiloba*、箭竹 *Sinarundinaria nitida*、猬实 *Kolkwitzia amabilis*、天目琼花 *Viburnum sargentii* 等少量的华中、华西区系成分，以及蒙古椴 *Tilia mongolica* 等东北区系成分。此外，还有一些高山耐寒植物如太白冷杉 *Abies sutchuenensis*、铁杉 *Tsuga chinensis*、红桦 *Betula albo-sinensis* 等。豫东平原及豫西北黄土丘陵地区主要以人工栽培植被为主，农作物以小麦、玉米、棉花、花生、烟草为主。豫东平原还有大面积的农桐间作及果园等。在沙荒、沙丘地上营造有刺槐 *Robinia pseudoacacia*、白蜡 *Fraxinus chinensis*、紫穗槐 *Amorpha fruticosa*、簸箕柳 *Salix suchowensis* 等防风固沙及农田防护林。盐碱地上生长有柽柳 *Tamarix chinensis*、碱蓬 *Suaeda glauca* 等耐盐碱植物。

（2）北亚热带常绿、落叶阔叶林地带。包括伏牛山南坡、桐柏及大别山地、南阳盆地及淮南平原等。由于西部伏牛山区和西南部的南阳盆地及南部的大别山区的地理位置和环境条件不同，因而植被的分布规律也有一定的差异。

在该地带西部的伏牛山南坡，主要植被以落叶阔叶林为主体，在不同高度的山坡及山脊上分布有麻栎 *Quercus acutissima*、栓皮栎 *Q. variabilis*、短柄枹、锐齿槲栎、白桦、山杨、化香 *Platycarya strobilacea*、漆树 *Toxicodendron vernicifluum* 等，还杂有常绿的杜鹃花 *Rhododendron simsii*、满山红 *R. mariesii* 等。低山区阔叶树种以麻栎为多，针叶树以油松、马尾松为主；高海拔山地除了耐寒的太白冷杉林和云杉 *Picea asperata* 林外，还有亚热带高海拔山地的铁杉林，林下有许多亚热带灌丛，如山胡椒、三桠乌药、箭竹、天目琼花等。栽培的亚热带经济林有油桐 *Aleuritea fordii*、柑橘 *Citrus reticulate* 等。在低山丘陵或撂荒地分布有大量的拟金茅 *Eulaliopsis binata*、斑茅 *Saccharum arundinaceum* 和芒草 *Miscanthus sinensis* 等植被类型。以上这些植被类型反映了该植被带由暖温带向亚热带过渡的特点。位于该区的南阳盆地气候温暖湿润，以人工植被为主，主要农作物有小麦、玉米、棉花、花生、芝麻、红薯、烟草等。

在该地带南部的桐柏—大别山区是河南水热资源最丰富的地区，其植被明显反映出北亚热带常绿、落叶阔叶林的地带性特征。阔叶林主要为麻栎林和栓皮栎林，但含有一定数量的常绿成分，如青冈栎 *Quercus glauca*、青栲 *Q. myrsinaefolia*。在沟谷地带则分布着亚热带的地带性植物，如大叶楠 *Machilus ichangensis*、黑壳楠 *Lindera megaphylla*、豹皮樟 *Actinodaphne chinensis*、枫香 *Liquidambar formosana*、望春玉兰 *Magnolia biondii*、山胡椒等。在低山、丘陵地带植被主要有茶林 *Camellia sinensis*、油茶林 *C. oleifera* 和油桐林等。针叶林主要有马尾松、黄山松 *Pinus taiwanensis*、杉木 *Cunninghamia lanceolata* 和少量的水杉 *Metasequoia glyptostroboides*、柳杉 *Cryptomeria fortunei* 等亚热带地带性森林植被。林下灌木多为亚热带区系成分，如芫花 *Daphne genkwa*、黄杜鹃 *Rhododendron molle*、光叶海桐 *Pittosporum glabratum*、冬青 *Ilex chinensis* 等。

2. 经度地带性规律

河南植被水平地带的经度地带性规律不及纬度地带性规律明显，但由于受夏季东南季风的影响，也导致有些植被类型呈经度地带性分布。如东南部的大别山地受东南季风影响较大，降水量较多，此地区的针叶林为黄山松，阔叶林虽仍以落叶栎林为主，但森林的组分则有一些要求水湿条件较高的白栎 *Quercus fabri*、青冈栎和樟科 *Lauraceae* 植物，这些植被具有华东区系植被的特征。而西部和西北部降水量较少，油松林、华山松林取代了黄山松林，阔叶林中没有喜温湿的华东区系成分，反而林下灌木和草本植物则含有很多华西区系的成分，如天目琼花、箭竹、猬实等。此外，尚有一些华西区系组成的常绿灌丛，常见有秀雅杜鹃 *Rhododendron concinuum*、河南杜鹃 *R. henanensis* 灌丛等。

（二）垂直地带性分布规律

河南山地植被分布的垂直带谱是明显的，随着山体的高度变化，其垂直带谱数量也有较大差别，最高的豫西小秦岭含有 6 个垂直植被带，最低的大别山含有 3 个垂直植被带。

小秦岭山地植被垂直带谱代表着河南西部及西北部植被垂直分布的规律，海拔 600m 以下为基带，植被为农田或侧柏林和荆条 *Vitex negundo*、酸枣 *Ziziphus jujuba* 灌丛；在海拔 600～1 000m 的中低山为栓皮栎林和油松林带；海拔 1 000～1 400m 为短柄枹林带；海拔 1 400～1 800m 为锐齿槲栎林带，其中含有少量的华山松林；海拔 1 800～2 200m 的中山区为华山松林、云杉林和秀雅杜鹃矮曲林带；海拔 2 200m 以上为亚高山灌丛带，含有黄花柳 *Salix caprea* 灌丛、绣线菊 *Spiraea chinensis* 灌丛、华西银蜡梅 *Potentilla glabra* 灌丛和山顶草甸等植被类型。

大别、桐柏山地植被垂直带谱代表着河南南部的植被垂直分布规律。由于大别山和桐柏山海拔一般在 1 000m 以下，所以植被垂直带谱较少，但因所处地理位置在北亚热带向暖温带的过渡地区，所以每个垂直带内的植被类型较省内其他山体垂直带更为复杂多样，植被类型的亚热带色彩更为鲜明。海拔 400m 以下为农田（水稻、小麦等）或马尾松林、杉木林带，并含有油茶林、油桐林、桂竹林 *Phyllostachys bambusoides* 和茶园；海拔 400～800m 为栓皮栎林和马尾松林带，其中含有麻栎林、枫香林、杉木林和毛竹林；海拔 800m 以上为黄山松林带，内含栓皮栎林、杉木林和毛竹林等。

表 9-1 河南各主要山体指示性自然植被垂直分布

分布海拔（m） \ 自然植被带 \ 山体名称	太行山	小秦岭	熊耳山	伏牛山	大别山
亚高山灌丛草甸	＞1 800	＞2 200			
华山松林带	1 000～1 800	1 800～2 200	＞1 800	＞1 700	
黄山松林带					＞800
锐齿槲栎林带	1 100	1 200	1 400～1 800	1 300～1 700	
短柄枹林带		1 000～1 400	1 000～1 400	1 100～1 500	
栓皮栎和油松林带	600～1 000	600～1 400	500～1 400	500～1 300（北坡）	
栓皮栎和马尾松林带				500～1 100（南坡）	400～800
常绿针叶阔叶林带				200～500（南坡）	200～400
	暖温带				北亚热带

三、植被分区

根据河南各地的自然条件和植物分布特点，将河南植被划分为两个植被带，即北亚热带常绿落叶阔叶林带和暖温带落叶阔叶林带。在这两个植被带中又细分为四个植被区，即桐柏—大别山地丘陵平原常绿落叶阔叶林植被区、伏牛山南坡山地丘陵盆地常绿落叶阔叶林植被区、伏牛山北坡太行山地丘陵台地落叶阔叶林植被区和黄淮海平原栽培植被区，见河南省植被分区图（附图 13）。

（一）桐柏—大别山地丘陵平原常绿落叶阔叶林植被区

本区位于河南淮河干流以南，北临淮河，东与安徽为邻，南和湖北接壤，西与南阳盆地相连，主要包括桐柏山地、大别山地北部及南阳盆地东部丘陵地带和淮南平原。

本植被区以亚热带植被类型占优势，由于地形复杂，山地植被垂直分布明显。海拔 400m 以下的基带为农作物区，种植水稻、小麦、玉米、豆类、棉花等；山坡上小片杂木林，常见树种有麻栎、枫香等；河岸、路边有枫杨 *Pterocarya stenoptera*、桑、乌桕 *Sapium sebiferum*、刺槐、小叶杨 *Populus simonii*、梓树 *Catalpa ovata*、河柳 *Salix chaenomeloides*、榆、楝 *Melia azedarach* 等，有些地方柑橘生长良好；灌木有芫花、映山红、山胡椒、八角枫 *Alangium chinense* 等；草本植物以田间杂草为主，如狗尾草 *Setaria viridis*、马齿苋 *Portulaca oleracea*、萎陵菜 *Potentilla chinensis*、蟋蟀草 *Eleusine indica*、稗子 *Echinochloa crusgalli* 等；水生植物有莲 *Nelumbo nucifera*、荸荠 *Heleocharis tuberosa*、茭笋 *Zizania caduciflora*、宽叶菖蒲 *Acorus latifolius*、芦苇 *Phragmites australis*、满江红 *Azolla imbricata* 等。海拔 400m～900m 为马尾松与栓皮栎混交林、马尾松与枫香混交林，另外还有栓皮栎林、化香林、枫香林及其他杂木林等；灌木有华瓜木 *Alangium platanifolium*、野桐 *Mallotus tenuifolius*、杜鹃、芫花、八角枫、钓樟 *Lindera umbellata*、清风藤 *Sabia japonica*、紫金牛 *Ardisia japonica*、枸骨 *Ilex cornuta*、黄杜鹃等；草本植物有白茅 *Imperata cylindrica*、荩草 *Arthraxon hispidus*、乌头类 *Aconitum ssp.*、土牛膝 *Achyranthes aspera* 等；山坡上还有杉木林、油茶林、毛竹林及茶园等；在无林的山坡上成片生长着连翘、杜鹃等灌丛。海拔 900m 以上的植被主要有槲栎、麻栎或栎类与黄山松组成的针阔混交林以及黄山松纯林；林下灌木有野山楂 *Crataegus cuneata*、连翘 *Forsythia suspensa*、黄栌 *Cotinus coggygria*、绣线菊、三桠乌药、乌饭树 *Vaccinium bracteatum* 等；草本植物常见的黄背草 *Themeda triandra*、白茅、大油芒 *Spodiopogon sibiricus*、野古草 *Arundinella hirta* 等。淮南平原水热资源丰富、土壤肥沃，除种水稻外，尚有旱作物小麦、蚕豆、油菜、棉花、麻类等。垄岗地区有马尾松、栓皮栎人工林。塘边有成片的竹林，主要竹种有桂竹、刚竹 *Phyllostachys bambusoides* 等。村边、河岸、道旁生长有乌桕、刺槐、榆、枫杨、楝、桑等；草本植物以田间杂草为最多，常见的有稗子、马唐 *Digitaria sanguinalis*、莎草 *Cyperus rotundus* 等。水生植物有莲、慈姑 *Sagittaria sagittifolia*、藻类 *Algae*、浮萍 *Lemna minor* 等。

（二）伏牛山南坡山地丘陵盆地常绿落叶阔叶林植被区

本区位于河南西南部，北以豫西伏牛山主脊为界，南与湖北相连，西至陕西，东邻桐柏、大别山地。包括西峡、淅川、内乡、镇平、南召、方城、泌阳、南阳、唐河、新野等县和邓州市。

本区植被主要为北亚热带常绿、落叶阔叶林及针叶林。该区伏牛山地的植被呈明显的垂直分布，海拔 500m 以下的低山、丘陵为基带，植被为旱作物，主要有小麦、玉米、棉花、高粱、豆类、甘薯、芝麻、烟草等；山坡上土壤瘠薄处多为柞蚕坡，有萌生的麻栎、栓皮栎林，灌木主要有荆条、酸枣、柘 *Cudrania tricuspidata*、小果蔷薇 *Rosa microcarpa*、马桑 *Coriaria sinica*、野山楂等，草本主要有白羊草、黄背草 *Themeda japonica*、白茅、画眉草 *Eragrostis pilosa*、斑茅 *Saccharum arundinaceum*、莎草 *Cyperus rotundus*、翻白草 *Potentilla discolor*、桔梗 *Platycodon grandiflorus*、鸡眼草 *Kummerowia striata* 等，特别是西峡、淅川县的龙须草 *Eulaliopsis binata* 对水土保持起良好的作用；村旁、河岸、沟谷处有钻天杨 *Populus nigra var. italica*、加杨、小叶杨 *P. simonii*、刺槐、枫杨 *Pterocarya stenoptera*、油桐、乌桕 *Sapium sebiferum*、漆树、桃树、李 *Prunus salicina*、杏、枣等；水热、土壤条件较好处有油茶、柑橘。500m～

1 100m 多为栓皮栎林、麻栎林、油松林等，林中乔木还有槲树、化香、黄檀子 *Quercus baronii*、千金榆、山槐 *Albizzia kalkora*、盐肤木 *Rhus chinensis*、青冈、冬青等；林下灌木和藤本主要有映山红 *Rhododendron simsii*、胡枝子 *Lespedeza bicolor*、连翘 *Forsythia suspensa*、珍珠梅 *Sorbaria sorbifolia*、黄栌 *Cotinus coggygria*、六道木 *Abelia biflora*、猕猴桃 *Actinidia chinensis*、鹅绒藤属 *Cynanchum ssp.*等；另外，在海拔较低的山坡上还有马尾松林，在西峡、淅川、内乡、南召等县有以棱果海桐 *Pittosporum truncatum*、冬青和小果卫矛 *Euonymus microcarpus* 为主的常绿灌丛；在背风阳坡和河岸沟谷两旁有人工油桐林，局部土壤水肥条件好且背风处有杉木林及名贵中药材山茱萸 *Cornus officinalis*、天麻 *Gastrodia elata*、望春玉兰等。1 100m～1 500m 的中山区多分布有天然次生林，主要树种有短柄枹、栓皮栎、山杨、五角枫 *Acer mono*、鹅耳枥 *Carpinus turczaninowii*、野胡桃 *Juglans cathayensis*、山槐、漆树等；灌木有金银木 *Lonicera maackii*、山梅花 *Philadelphus incanus*、胡枝子、卫矛 *Euonymus alata*、短梗六道木 *Abelia engleriana*、灰栒子 *Cotoneaster acutifolia*、茅莓 *Rubus parvifolius*、天门冬 *Asparagus cochinchiensis* 等。1 500m～1 800m 为锐齿槲栎林带，乔木层主要树种为锐齿槲栎、千金榆、青榨槭 *Acer davidii*、领春木等；林下有胡枝子、连翘、绣线菊及芒草、蕨 *Pteridium aquilinum*、披针苔草 *Carex lancifolia* 等灌木和草本植物。在 1 800m 以上的山地为华山松林带，主要树种有华山松、太白冷杉、野核桃 *Juglans cathayensis*、刺楸 *Kalopanax septemlobus*、青檀、三桠乌药等；灌木和草本层有忍冬 *Lonicera japonica*、灰栒子、接骨木 *Sambucus willamsii*、天目琼花、羊胡子草 *Carex rigescens*、筋骨草 *Ajuga ciliata*、龙芽草 *Agrimonia pilosa* 等。

（三）伏牛山北坡太行山地丘陵台地落叶阔叶林植被区

本区北以河北、山西为界；西与陕西为邻，南达伏牛山主脉，东至京广线。具体包括西北部的太行山区、豫西的小秦岭、崤山、熊耳山、外方山、嵩山及伏牛山山脊以北的山地和黄土丘陵台地的广大地区。

本植被区地形极为复杂，成为多种植物区系交汇场所。本区的中、低山地区以华北植物区系成分为主，如栎类的栓皮栎、麻栎、槲栎 *Quercus aliena* 等；针叶类的油松、白皮松等；杂木类的榆树、槐树、泡桐、臭椿、侧柏等；灌木类的照山白 *Rhododendron micranthum*、太行菊 *Opisthopappus taihangensis*、蚂蚱腿子 *Myripnois dioica* 等。华西植物区系成分有华西银蜡梅、猬实、秦岭小檗 *Berberis circumserrata*、鬼灯檠 *Rodgersia aesculifolia*、串果藤 *Sinofranchetia chinensis*、米面翁 *Buckleya henryi*、华山松、红桦、秦岭翠雀 *Delphinium giraldii*、糙苏 *Phlomis umbrosa*、川赤芍 *Paeonia veitchii* 等。东北植物区系成分有白桦、蒙古栎、蒙桑 *Morus mongolica*、胡桃楸 *Juglans mandshurica*、水曲柳 *Fraxinus mandshurica*、大叶朴 *Celtis koraiensis* 等。西北植物区系成分有蒺藜 *Tribulus terrestris*、西北栒子 *Cotoneaster zabelii*、绳虫实 *Corispermum declinatum*、锦鸡儿 *Caragana sinica*、马脚刺 *Sophora davidii*（*viciifolia*）、达乌里胡枝子 *Lespedeza davurica*、阿尔泰狗娃花 *Heteropappus altaicus* 等。另外，还有众多国家或省级重点保护植物，如连香树 *Cercidiphyllum japonicum*、山白树 *Sinowilsonia henryi*、

太行花 *Taihangia rupestris*、缘毛太行花 *T. rupestris var. ciliata*、猬实、领春木 *Euptelea oleiospermum*、青檀 *Pteroceltis tatarinowii*、金钱槭 *Dipteronia sinensis*、银杏 *Ginkgo biloba*、杜仲 *Eucommia ulmoides*、天麻 *Gastrodia elata*、华榛 *Corylus chinensis*、大果青杆 *Picea neoveitchii*、垂枝云杉 *P. brachytyla*、野大豆 *Glycine soja* 等。丘陵、台地及河谷平川地带多为栽培植被，主要农作物有小麦、玉米、棉花、马铃薯、谷子、豆类、红薯等；木本粮油类有核桃 *Juglans regia*、文冠果 *Xanthoceras sorbifolia*、茅栗 *Castanea seguinii*、板栗 *C. mollissima* 等；还有栽培的竹林，如博爱的斑竹 *Phyllostachys bambusoides* 林、卫辉市的甜竹林、洛宁的淡竹林等；在荒坡、荒地、路边等地有一些零星灌丛，如荆条、酸枣、柘树 *Cudramia tricuspidata* 与达乌里胡枝子、白茅、狗尾草、白羊草 *Bothriochloa ischaemum*、野菊花 *Dendrathema indicum* 等植物组成的灌草丛；在河漫滩有野菊花、白茅等植物组成的草丛；在季节性积水地区，有水生、湿生植物群落，如荆三棱 *Scirpus yagara*、蓼属 *Polygonum*、芦苇、东方香蒲等；在河岸两旁、村庄周围散生树种有楸树 *Catalpa bungei*、刺槐、侧柏、皂角 *Gleditsia sinensis* 等；果树有柿、苹果、桃、梨、杏 *Prunus armeniaca* 等。

（四）黄淮海平原栽培植被区

本区西起京广铁路，南至淮河干流，北、东至省界。以行政区划而言，包括濮阳市、开封市、商丘市、周口市的全部及安阳、新乡、郑州、许昌、驻马店、信阳等市的部分区域。全区地势平坦，由西向东逐渐降低，海拔高度在 40～100m，是由黄河、淮河、海河冲积而成的平原。由于黄河多次改道和泛滥，在平原上形成不同的土壤类型，主要有潮土、砂姜黑土、风沙土和盐碱土等。本区气候冬冷夏热，雨热同季，对植物生长极为有利，但夏季雨量过于集中，易使平原洼地造成涝灾。

本区主要为农业区，自然植被已破坏殆尽，但栽培植被类型较多。主要农作物有小麦、玉米、谷子、红薯、棉花、芝麻、大豆等。在野生植物中田间杂草很多，约有 100 多种，主要是禾本科 Gramineae、莎草科 Cyperaceae、菊科 Compositae、眼子菜科 Potamogetonacea、十字花科 Cruciferae、石竹科 Caryophyllaceae、旋花科 Convolvulaceae 等一些种类。常见的有狗尾草 *Setaria viridis*、马唐 *Digitaria sanguinalis*、莎草 *Cyperus rotundus*、米瓦罐 *Silene viridis*、荠菜 *Capsella bursa-pastoris*、刺儿菜 *Cirsium segetum*、马齿苋 *Portulaca oleracea*、播娘蒿 *Descurainia sophia*、打碗花 *Calystegia hederacea*、猪毛菜 *Salsola collina* 等。在一些沟旁、路边、河堤有由狗牙根 *Cynodon dactylon*、结缕草 *Zoysia japonica*、白茅 *Imperata koenigii* 等植物组成的各类中生植被；沙丘、沙荒地上有碱蓬、沙蓬 *Agriollphylum squarrosum*、沙打旺 *Astragalus adsurgens*、猪毛菜及多种藜类 *Chenopodium ssp.* 植物组成的沙生植被；在盐碱土地区常见的有柽柳、罗布麻 *Apocynum venetum*、碱蓬、蓝花刺豆 *Oxytropis coeuulea* 等植被组成的盐生植被；在低洼积水地区常见的湿生、水生植物有芦苇 *Phragmites communis*、灯心草 *Juncus effusus*、东方香蒲 *Typha orientalis*、金鱼藻 *Ceratophyllum demersum*、莲 *Nelumbo nueifera*、浮萍 *Lemna minor*、茨藻 *Najas marina* 等。本区基本上实现了农田林网化，采取农桐、农枣、

农果、农条间作的种植方式，同时营造了农田防护林、防风固沙林、堤岸林等，"四旁"栽植的树种基本上都是温带落叶树种，主要树种有多种杨树 *Populus spp.*、垂柳 *Salix babylonica*、旱柳、泡桐属 *paulownia*、臭椿 *Ailanthus altissima*、楝树 *Melia azedarach*、槐树 *Sophora japonica*、桑树 *Morus alba*、圆柏 *Sabina chinensis*、侧柏、榆树等，其次是枣树 *Ziziphus jujuba*、苹果树 *Malus pumila*、梨树 *Pyrus spp.*、桃树 *Prunus persica*、葡萄 *Vitis spp.* 等果树，条子主要是白蜡 *Fraxinus chinensis*、紫穗槐 *Amorpha fruticosa*、簸箕柳等。另外，本区还分布有面积大小不等的竹园，其种类主要有淡竹 *Phyllostanhys glauca*、筼竹 *P. glauca 'yunzhu'*、甜竹 *P. flexuosa* 等。

四、植物资源分类

为了更好地研究、认识和利用植物资源，需要对其进行系统分类。我国对植物资源的研究和利用历史悠久，古代仅研究植物资源的书籍就达几百种。较有影响的有东汉时期的《神农本草经》，是我国最早利用植物资源的著作，收载药物 365 种，并把药物按其功能分成上、中、下三品；明代李时珍的《本草纲目》收载植物类药物 1 100 余种，并按用途分为草、谷、菜、果、木等。1960 年，我国植物学家在全国资源植物普查的基础上，编写了《中国经济植物志》，书中记述了 2 411 种植物，按用途分为，中药类、纤维类、油料类、饲料类、野菜类、野果类、蜜源类、观赏类等 20 余类。1983 年我国著名植物学家吴征镒教授把植物资源分为栽培植物和野生植物两大类，按用途又进一步分为食用植物资源、药用植物资源、工业用植物资源、防护及观赏植物资源和植物种质资源 5 类。

根据河南植物资源的具体情况，参考吴征镒教授分类系统的原则和方法，将河南植物资源分为野生植物资源和栽培植物资源两大类。野生植物类再细分为用材树种、野果植物、淀粉植物、纤维植物、芳香油植物、野菜植物、药用植物、园林花卉植物、油脂植物、其他类植物；栽培植物类分为粮食作物、经济作物、果树资源。对于珍稀濒危类植物资源及古树名木资源由于其特殊性和重要性，单列介绍。

第二节 主要植物资源

一、野生植物资源

（一）用材树种资源

1. 用材树种资源概况

河南木本植物有 1 100 余种。在这些木本植物中，主要的用材树种就有 300 余种，不乏材质优良、价值较高的用材树种，如杉木、马尾松、华山松、油松、栓皮栎、麻栎、槲栎、五角枫、水曲柳、泡桐、杨、柳、榆、刺槐等。

2. 主要用材树种资源

（1）杉木 *Cunninghamia lanceolata*，为常绿乔木树种。主要分布在大别山和桐柏山区，伏牛山南坡有少量分布。多生长在海拔 400～700m 的山谷或背风阴坡的砂性土壤上，是一种优良的建筑用材。河南的杉木速生丰产林主要规划在大别山区的信阳、罗山、光山、新县、商城等县市。

（2）马尾松 *Pinus massoniana*，为常绿乔木树种。主要分布在大别山、桐柏山及伏牛山南坡的浅山丘陵区，以信阳、商城、新县、西峡、桐柏、南召、淅川等县市较多。一般生长于海拔 200～800m 山坡或山谷地带，多形成纯林、松杉混交林或针阔混交林。性喜光，喜温暖湿润气候，喜肥沃深厚的沙质壤土，但亦能生长在干旱瘠薄的红壤及石砾土上。是豫南地区荒山造林先锋树种之一。

（3）华山松 *P. armandii*，为常绿乔木树种。主要分布于济源、卢氏、栾川、嵩县、南召、西峡等县市的中山地带，生长于海拔 1 000～1 800m 的山顶或山脊。喜温凉湿润气候及酸性黄壤、黄褐土或钙质土，亦能生长于石灰岩裂缝中。其材质优良，生长较快，为豫北太行山和豫西伏牛山区主要造林树种之一。

（4）油松 *P. tabulaeformis*，为常绿乔木树种。主要分布于太行山的济源、修武和伏牛山北坡的卢氏、嵩县等县，多生长于海拔 600～1 500m，甚至 2 000m 的山坡或山脊上，是山区森林植被主要树种之一，亦是河南北部和西部山区的主要造林树种。

（5）栎类 *Quercus spp.*，多为暖温带阔叶林树种，是河南的主要硬杂木用材树种。栓皮栎 *Q. variabilis* 和麻栎 *Q. acutissima* 是暖温带和北亚热带山区的地带性树种，在河南太行山、伏牛山、桐柏山和大别山均有大面积分布。槲栎 *Q. aliena* 一般分布在海拔 1 000～1 500m 之间的中山阳坡，如济源、辉县、林县、修武、灵宝、卢氏、栾川等县的山地，在北亚热带的大别、桐柏山区也有零星分布。枹树 *Q. glandulifera* 分布在海拔 1 000～1 400m 的向阳山坡，在新县、商城、信阳、桐柏、西峡、南召等县市山区常见，鲁山、嵩县、灵宝、卢氏也有分布。锐齿槲栎 *Q. aliena var. acutiserrata* 主要分布在大别、桐柏山和伏牛山海拔 1 000～1 500m 的山坡或山脊，在伏牛山南坡生长最好。栎类树种除提供用材外，亦是河南各山区水源涵养林的主要构成树种。

（6）五角枫 *Acer mono*、水曲柳 *Fraxinus mandschurica*，落叶乔木树种。主要分布在豫西、豫北海拔 800～1 500m 的中山区，如老君山、龙池曼、黄石庵、黑烟镇、大块地以及太行山的一些山谷中，为当地主要森林树种之一。

（7）泡桐 *Paulownia spp.*，是河南乡土速生用材树种。主要分布在豫东黄泛古道沙质壤土区，是实行农林间作的理想树种。全省农桐间作面积约有 $66.7 \times 10^4 hm^2$，主要分布在商丘、民权、兰考、睢县、西华等县市。沙区实行大面积农林间作，能防风固沙，改善农田小气候，实现沙区农田稳产高产。泡桐还可作行道树和庭院绿化树种。河南自然分布的泡桐有 4 个种和 1 个变种。①楸叶泡桐 *P. catalpifolia* 多分布在伏牛山以北及太行山地区的浅山丘陵区，东部平原较少；②白花泡桐 *P. fortunei* 主要分布于豫南大别山区的罗山，生长于山沟、村旁，黄淮平原地区有栽培；③兰考泡桐（*P. elongata*）为河南特有树种，原集中分布在黄河故道的开封、商丘、周口、许昌及新乡市的东部，现已在全省各地广泛栽培，是河南泡桐树中分布最广、资源数量最多的一种；④毛泡桐 *P. tomentosa* 分布在黄河流域，河南西部山区有野生，近年来全省各地均有栽培。

（8）杨类 *Pipulus spp.*，杨属树种在河南有 21 种，8 个变种，4 个变型及 7 个栽培变种。其中分布在海拔 1 000m 以上的有山杨 *Populus davidiana*、楸皮杨 *P. siupi*、冬瓜杨 *P. purdomii*、青杨 *P. cathayan*、小青杨 *P. pseudo-simonii*、椅杨 *P. wilsonii* 等；生长于海拔 1 000m 以下的有清溪杨 *P. rotundifolia* var. *duclouxiana*、伏牛杨 *P. funiushanensis*、响叶杨 *P. adenopoda* 等；分布在平原地区的有大官杨 *P. dakuanensis* 等。栽培的杨属树种，主要有加杨 *P.canadensis*、钻天杨 *P.nigra* var. *italica*、箭杆杨 *P.nigra* var.*thevestina*、毛白杨等 7 种。杨属树种多数速生，且材质优良，可供建筑、家具、造纸等用。

（9）柳类 *Salix spp.*，柳属树种河南有 31 种，3 个变种及 3 个变型。其中生长在海拔 1 500m 以上有杜鹃柳 *Salix wangiana*（*S. rhododendroides*）、川鄂柳 *S. fargesii*、甘肃柳 *S. kansuensis*、庙王柳 *S.biondiana*、周至柳 *S.tangii*、康定柳 *S. paraplesia* 等；生长于海拔 1 000～1 500m 的有兴山柳 *S. mictotricha*、翻白柳 *S. hypoleuca*、紫枝柳 *S. heterochroma*、皂柳 *S.wallichiana*、三蕊柳 *S.triandra* 等；生长于海拔 1 000m 左右的有狭叶柳 *S.melea*、崖柳 *S.xerophila*、山毛柳 *S.permollis*、紫柳 *S.wilsonii*、大别柳 *S.dadeshanensis* 等；生长于海拔 1 000m 以下的有鸡公柳 *S.chikungensis*、簸箕柳 *S.suchowensis*、河南柳 *S.honanensis* 等。在平原地区栽培的柳属树种有旱柳 *S.matsudana*、垂柳 *S.babylonica*、杞柳 *S.integra* 等。柳属树种多数枝条柔韧，可编簸箕、箩、箱子、安全帽等各种用具，也是固沙造林树种之一。

（10）白榆（家榆）*Ulmus pumila*，广泛分布于全省各地，在乡村常零星栽培或野生于村边和宅旁。其木材坚硬，可供建筑、车辆、农具等用。

（11）刺槐 *Robinia pseudoacacia*，原产北美，19 世纪引进我国，在河南栽培已达百年历史，现已遍及全省各地，尤以豫西黄土丘陵区、豫东及豫东北的沙区为多。刺槐生态适应性强，耐干旱瘠薄，生长速度较快，是河南荒山造林及沙荒地防风固沙林的重要树种。

（二）野果植物资源

野果植物是指可作为干鲜果品食用或制作饮料及酿造的野生植物资源。我国野生果树资源十分丰富，而且还是世界重要果树物种起源中心之一。据调查，全国共有野生或半野生果树 1 076 种。河南野生果树资源有 300 余种及变种，约占全国的三分之一。按科属分，蔷薇科、虎耳草科、葡萄科、猕猴桃科、桑科、胡颓子科 6 科是河南野生果树资源的优势科。按果实性质可将河南野生果树分为以下 7 类。

（1）坚果类，是指食用干燥种仁部分的果实。包括紫杉科的香榧 *Torrya grandis*，桦木科的榛 *Corylus heterophylla*、华榛 *C.chinensis*，胡桃科的野核桃 *Juglans cathyensis* 和核桃楸

J.mandshurica 等，种仁含油量 50%～70%。壳斗科的茅栗 *Castanea seguinii*、板栗 *C.mollissima* 等，淀粉含量 60%～70%。其中香榧、榛子、茅栗等已作为干果开发利用。

（2）核果类，是指食用果皮肉质部分的野果。如蔷薇科的山桃 *Prunus davidiana*、野杏 *P.armeniaca*、山杏 *P.armeniaca* var.*ansu*、野李 *P.salicina*、毛樱桃 *P.tomentosa* 等，其鲜果含糖量 8%左右，其中毛樱桃鲜果含糖量达 15.2%。这类果实可生食或制罐头、果脯。鼠李科的酸枣 *Ziziphus jujuba* 鲜果维生素 C 含量达 800mg/100g、糖 6%，是制醋、酿酒、饮料的优质资源。胡颓子科的沙棘 *Hippophae rhamnoides*、胡颓子 *Elaeagnus pungens*、牛奶子 *E.umbellata* 等果实富含维生素 C、维生素 B、17 种氨基酸和磷、钙、铁、锌等多种微量元素，这类果实可生食或制饮料。

（3）浆果类，是指复雌蕊或离生心皮单雌蕊发育而成的肉质多浆类野果。包括猕猴桃科的美味猕猴桃 *Actinidia deliciosa*、中华猕猴桃 *A.chinensis*、软枣猕猴桃 *A.arguta*、河南猕猴桃 *A.henanensis* 等 14 种，果实富含维生素 C、糖类、脂肪、蛋白质及多种氨基酸，其中美味猕猴桃与中华猕猴桃鲜果维生素 C 含量达 549mg/100g、糖 21%以及 12 种氨基酸，果实可生食、制果酱、果汁、罐头、果脯、果干等。虎耳草科的刺梨 *Ribes burejense*、山麻子 *R.manshuricum* 等 15 种及变种，葡萄科的复叶葡萄 *Vitis piasezkii*、山葡萄 *V.amurensis* 等 15 种，木通科的三叶木通 *Akebia trifoliata*、木通 *A.quinata* 等 8 种，木兰科的五味子 *Schisandra chinensis*、华中五味子 *S.sphenanthera* 等 4 种，柿树科的软枣 *Diospyros lotus*、野柿 *D. kaki* 2 种，这类果实均营养丰富，可鲜食、制饮料、制醋、酿酒等。

（4）聚合果类，是指离生心皮单雌蕊发育成的果实，以肉质花托或果皮为食用部分。包括蔷薇科蔷薇属的金樱子 *Rosa laevigata*、黄蔷薇 *R.hugonis*、黄刺玫 *R.xanthina* 等 17 种蔷薇果，悬钩子属的高粱泡 *Rubus lambertianus*、悬钩子 *R. palmatus* 等 26 种，这类果实富含糖、蛋白质、有机酸、多种维生素、18 种氨基酸等营养成分，可鲜食、酿酒、制果醋及饮料。

（5）梨果类，是指花筒和子房一起发育而成的假果。包含蔷薇科山楂属的湖北山楂 *Crataegus hupehensis*、野山楂 *C. cuneata* 等 7 种。梨属的豆梨 *Pyrus calleryana*、棠梨 *P. betulaefolia* 等 7 种，苹果属的山荆子 *Malus baccata*、湖北海棠 *M. hupehensis*、河南海棠 *M. honanensis* 等 8 种，这类果实含糖、蛋白质、脂肪以及其他矿物质营养，可生食、酿酒或制果酱、饮料等。

（6）聚花果类，是指由花序发育而成的一类果实，又称复果。包含山茱萸科的四照花 *Dendrobenthamia japonica* var.*chinensis*、桑科的薜荔 *Ficus pumila*、桑 *Morus alba* 等 8 种，果可生食、酿酒、制果酱等。

（7）拐枣类，是指果序分枝肥厚增粗为食用部分的"果实"。仅有鼠李科枳椇、北枳椇（拐枣）*Hovenia dulcis* 2 种。富含蔗糖、葡萄糖和果糖，总含糖量达 41.4%，经霜后可生食或酿酒、熬糖等。

（三）淀粉植物资源

1. 淀粉植物资源概况

淀粉植物资源是指植物体含有食用或工业用淀粉和糖类的一类植物。淀粉不但是人类的主要食物，还是医药工业的主要辅料、酿造工业的重要原料，其糖浆、葡萄糖制品还是现代食品工业中不可或缺的增稠剂、胶体生成剂、保潮剂、乳化剂、胶粘剂等。我国野生淀粉植物资源极为丰富，据相关资料统计，我国种子植物中有野生淀粉植物 34 科，71 属，270 余种，从种类数量上看，壳斗科、桦木科、禾本科、蓼科、菱科、豆科等为淀粉资源大科。

据初步统计，河南自然分布的淀粉类植物资源共有 23 科，100 余种。其中主要集中于桦木科、壳斗科、蔷薇科、豆科、百合科、禾本科 6 个科中。按科、属排列主要有，银杏科的银杏 *Ginkgo biloba*，桦木科的榛 *Corylus heterophylla*、华榛 *Corylus chinensis* 等 6 种，壳斗科的板栗 *Castanea mollissima*、茅栗 *Castanea seguinii*、麻栎 *Quercus acutissima*、栓皮栎 *Quercus variabilis* 等 27 种，檀香科的米面蓊 *Buckleya lanceolata*、秦岭米面蓊等 2 种，蓼科的珠芽蓼 *Polygonum viviparum*、何首乌 *Polygonum multiflorum* 等 4 种，睡莲科的芡 *Euryale ferox*、莲 *Nelumbo nucifera* 等 2 种，毛茛科的芍药 *Paeonia lactiflora*、牡丹 *Paeonia suffruticosa* 等 2 种，防己科的粉防己 *Stephania tetrandra*、木防己 *Cocculus orbiculatus*（*trilobus*）等 4 种，虎耳草科的鬼灯檠 *Rodgersia aesculifolia*，蔷薇科的野山楂 *Crataegus cuneata*、山荆子 *Malus baccata* 等 5 种，豆科的葛藤 *Pueraria lobata*（*pseudo-hirsuta*）等 10 多种，葡萄科的白蔹 *Ampelobsis japonica* 等，菱科的菱 *Trapa bispinosa*、丘角菱 *T. japonica* 等 5 种，柿树科的柿树 *Diospyros kaki*、君迁子 *Diospyros lotus* 等 2 种，葫芦科的瓜蒌 *Trichosanthes kirilowii* 等，桔梗科的桔梗 *Platycodon grandiflorus*、羊乳 *Codonopsis lanceolata* 等 3 种，泽泻科的慈姑 *Sagittaria trifolia* 等，禾本科的野燕麦 *Avena fatua*、稗子 *Echinochloa crusgallii* 等 20 余种，天南星科的天南星 *Arisaema ambiguum*、魔芋 *Amorphophallus rivieri* 等 2 种，百合科的百合 *Lilium brownii var.viridulum*（*colchesteri*）、绵枣儿 *Scilla scilloides* 等 16 种，菝葜科的菝葜 *Smilax china* 等 4 种，石蒜科的石蒜 *Lycoris radiata*、黄花石蒜 *Lycoris aurea* 等 3 种，薯蓣科的山药 *Dioscorea batatas*、穿龙薯蓣 *Dioscorea nipponica* 等 3 种。

2. 重点淀粉类植物

（1）榛 *Corylus heterophylla*，落叶灌木。分布全省各山区，生长于山坡、沟谷。种子含丰富的淀粉、蛋白质、油脂和维生素。淀粉含量 20%～25%，蛋白质含量 16.2%～18%。种仁可生食或炒食，风味佳，也可制作糕点。同属植物河南还有华榛 *C. chinense*、刺榛 *C. ferox var. thibetica*、角榛 *C.mandshurica*、披针叶榛 *C. fargesii* 和川榛（变种）等，种子性质和用途同榛。

（2）板栗 *Castanea mollissima*，落叶乔木。分布河南各山区，生长于山坡或山谷向阳处。多人工栽培。坚果含淀粉 56.8%～70.0%，蛋白质 5.7%～10.7%，脂肪 2.0%～7.4%，还含有维生素 B 和丰富的钙、磷、铁等矿物质元素。生食或炒食均可，香甜且富有营养。河南同属

植物还有茅栗子 *C. seguinii*，坚果小，种子含淀粉 60%～70%。

（3）麻栎 *Quercus acutissima*，落叶乔木。分布全省各山区，生长于海拔 1 000m 以下山坡或山谷。种子含淀粉 50.4%～62.9%，粗脂肪 2.07%～5.36%，粗纤维 4.67%，灰分 1.4%。去涩后可酿酒、制作豆腐或浆纱。河南同属植物还有槲栎 *Q. aliena*、栓皮栎 *Q. variabilis* 等 22 种及变种，均是很好的淀粉植物。

（4）野山楂 *Crataegus cuneata*，落叶灌木。分布全省各山区。果实成熟后含淀粉糖 10%，蛋白质 0.7%，脂肪 0.2%，灰分 0.6%，还含有维生素和柠檬酸。可生食、制果酒或药用。河南同属植物还有山楂 *C. pinnatifida*、湖北山楂 *C. hupehensis* 等 6 种，果实成分及用途同野山楂。

（5）葛藤 *Pueraria pseudohirsuta*，木质藤本。分布全省各山区，以伏牛山南坡和大别山为最多。根粗壮，干根含淀粉 37%。切片碾碎可提制白色葛根粉，供食用或酿酒。

（6）菱 *Trapa bispinosa*，一年生水生草本。分布豫南信阳市各县。果实淀粉含量高达 68.46%。秋季成熟后采摘，食用或提制菱粉，也可用于酿酒。

（7）野燕麦 *Avena fatua*，一年生草本。分布全省各地，生长于麦田及荒野。颖果含淀粉 60%，可磨粉、制糖、酿酒等。同属植物河南还有莜麦 *A. chinensis* 等 4 种（或变种），用途同野燕麦。

（8）魔芋 *Amorphophallus rivieri*，多年生草本，河南各山区都有栽培。球茎含淀粉 35%～42.1%，蛋白质 3%，还有甘露糖蛋白质 0.06%，脂肪 0.01%，灰分 0.37%等。淀粉可制作凉粉、魔芋豆腐；胶质可浆纱或制作涂料。

（9）百合 *Lilium brownii var.viridulum*，多年生草本，分布河南各山区。鳞茎含淀粉 70.78%，是贵重食品，可煮食，也可提制百合粉。同属植物河南还有卷丹 *L.lancifolium*、药百合 *L. speciosum* 等 14 种及变种，用途同百合。

（四）纤维植物资源

1. 纤维植物资源概况

纤维植物资源是指植物体内含有大量纤维组织的一群植物。纤维或纤维植物可以直接利用，编织绳索、草帽、鞋、蓑衣、麻袋、席、筐、箩，或作填充物；植物茎干和木材可用于建筑房屋、架桥、造车、造船和家具；纤维也是纺织和造纸的重要原料。我国纤维植物资源种类多，分布广。据统计，全国可作为纤维植物开发利用的有 55 属，30 多科，480 多种。

河南分布的纤维植物资源也很多，初步统计主要的有近 300 种及变种，其中木本有 189 种及变种。种类数量较多的科、属有，裸子植物中松科 Pinaceae 的松属 *Pinus*，被子植物中杨柳科 Salicaceae 的杨属 *Populus* 和柳属 *Salix*，胡桃科 Juglandaceae 的胡桃属 *Juglans* 和枫杨属 *Pterocarya*，榆科 Ulmaceae 的榆属 *Ulmus* 和朴属 *Celtis*，桑科 Moraceae 的桑属 *Morus* 和构属 *Broussonetia*，荨麻科 Urticaceae 的苎麻属 *Boehmeria*，豆科 Leguminosae 的胡枝子属 *Lespedeza*

和葛藤属 *Purearia*，大戟科 Euphorbiaceae 的野桐属 *Mallotus*，椴树科 Tiliaceae 的椴树属 *Tilia*，马鞭草科 Verbenaceae 的牡荆属 *Vitex*，禾本科 Gramineae 的竹亚科 Bambusoideae、黍亚科 Panicoideae 和早熟禾亚科 Pooideae 等。

2. 主要纤维植物

（1）山杨 *Populus davidiana*，落叶乔木。分布河南伏牛山、太行山区，生长于 1 000m 以上山坡、山脊及沟谷地带。山杨木材可以生产机制纤维，木材和树皮均可作造纸原料。树皮内纤维含量达 48.62%，纤维长 0.975～1.020mm，宽 19～30μm；木材含纤维素 55.05%，纤维平均长 1.28mm，平均宽 0.93μm。河南杨属 *Populus* 还有 21 种 8 变种，栽培品种众多，用途多与本种相近。

（2）旱柳 *Salix matsudana*，落叶乔木。分布全省各地，多栽培。旱柳的树皮和枝条纤维可代麻用，并可作造纸原料，还可直接编制筐、篮等用具。茎枝皮部含纤维素 15%～23%，α-纤维素 20%，木质素 22%，单宁 3.5%。纤维长 4～6mm，最长 9.2mm。同属植物河南还有簸箕柳 *S. suchowensis*、垂柳 *S. babylonica* 等与本种用途近似。

（3）枫杨 *Pterocarya stenoptera*，落叶大乔木。分布全省各山区，生长于海拔 1 500m 以下的沟谷、河溪沿岸，平原地区有栽培。枫杨树皮坚韧，其纤维可用作造纸或人造棉原料，也可作麻类代用品制绳索或编织用；木材绵韧，也可作造纸原料。树皮出麻率 38%，含纤维素 28.15%，半纤维素 32.50%，木质素 4.37%。纤维长度 0.28～0.6mm，宽度 2.5～27.5μm，纤维束强力 11～30kg。同属河南还有湖北枫杨 *P. hupehensis*、云南枫杨 *P. delavayi* 等，用途同枫杨。

（4）紫弹朴 *Celtis biondii*，落叶乔木。分布伏牛山南坡、桐柏—大别山区，生长于山坡或沟谷林中。紫弹朴枝条绵韧，纤维可供造纸和人造棉原料。含纤维素 21.3%，半纤维素 16.02%，木质素 24.24%，灰分 9.9%。同属植物河南还有朴树 *C. sinensis*、大叶朴 *C. koraiensis* 等 5 种，纤维特性及用途同紫弹朴。

（5）青檀 *Pteroceltis tatarinowii*，落叶乔木。分布河南各山区，多生长于山谷溪流两岸或山坡岩石缝中。青檀茎干和枝条的韧皮纤维是我国特产宣纸的必需原料。青檀纤维浑圆，强度较大，制成纸后不易产生应力集中现象，因而宣纸具有非凡的拉力。青檀产皮率一般为 8%～12%，纤维素含量为 58.67%，木质素 7.06%。纤维长度可达 4.2mm，平均长度 2.15mm，宽度 7.17μm，平均为 11μm，长宽比值 205。河南具有丰富的青檀资源。但由于受利益驱动和管理不善，近年部分山区青檀资源破坏严重，应加强科学利用和保护。

（6）榆树 *Ulmus pumila*，落叶乔木。分布全省各地，平原多栽培。榆树茎枝树皮纤维坚韧，可代麻制绳索、麻袋或人造棉。树皮一般出麻率 10%～16.1%。含纤维素 56.29%，纤维平均长度 3.7mm，宽度 19.8μm。河南榆属 *Ulmus* 还有 8 种、3 变种及 5 栽培变种，均是优良的纤维资源。

（7）苎麻 *Boehmeria nivea*，多年生草本或亚灌木。分布河南伏牛山南部、大别山和桐柏山区，生长于山沟、宅旁、路边等阴湿地方。有人工栽培。苎麻的茎皮纤维细长强韧，洁白而有光泽，具有抗湿、耐用、质轻、耐热、绝缘等特性，在纺织工业、国防工业和橡胶工业用途广泛。苎麻纤维可单纺，适于织夏布、人造棉、人造丝等，也可与羊毛、棉花混纺成高级布料。苎麻纤维长度 120～150mm，最长达 600mm，最短 60mm，宽度 40～60μm，长宽比值达 1 200～3 000；平均比重 1.5；拉力强度很高，平均 35～45g，其弹性和扭力均高于所有纤维。河南产苎麻属 *Boehmeria* 还有 6 种，都是很重要的纤维植物资源。

（8）葛藤 *Pueraria lobata*，多年生木质藤本。分布全省各山区，生长于山坡、路旁及疏林中。葛藤茎纤维自古就用来编绳索，皮纤维织粗布，名"葛布"，也可做造纸原料。葛藤茎皮含纤维 38.4%，纤维素含量 41.3%，水分 16.28%，果胶 3.14%，灰分 2.96%。单纤维长 0.45～2.42mm，宽 7.5～25μm，束纤维拉力 11.7kg，扭力 20.54 转/cm。

（9）五角枫 *Acer mono*，落叶乔木。分布全省各山区，生长于山沟或山坡杂木林中，平原有栽培。五角枫材质坚硬细密，树皮含纤维素 56.62%。木材纤维长 0.456～0.879mm，宽 12～29μm。可供造纸及生产人造棉。槭属 Acer 植物仅河南还分布有 20 余种，均为乔木树种，多数都可用于造纸或生产人造棉。

（10）糠椴 *Tilla mandshurica*，落叶乔木。分布河南太行山和伏牛山区，生长于山坡或山沟杂木林中。椴树茎皮纤维强韧，可制人造棉，编织绳索、麻袋，或作火药导火索；椴树木材为工业用材，也可做造纸原料。椴树树皮出麻率 36.97%，含纤维素 65.01%，其中纤维素 76.85%，半纤维素 10.73%，灰分 0.65%。单纤维长度 1.184mm，宽 22μm。木材单纤维长 0.932～1.626mm，宽 16.6～35.1μm。椴属 *Tilia* 河南各山区还分布有华椴 *T. chinensis*、大椴 *T. nobilis*、毛糯米椴 *T.henryana* 等 8 种 3 变种，均是优良的纤维植物资源。

（11）毛竹 *Phyllostachys pubescens*，产于豫南信阳各县。生长于河滩、村旁、山基及山坡土层肥厚之地。常用竹材，供建筑、做竹椅、竹器、水管等，秆是造纸原料。茎秆外壁纤维长 0.9～4.28mm，宽 5.3～21.0μm，长宽比值为 165；茎秆内壁纤维长 0.45～4.13mm，宽 5.3～28.1μm，长宽比值 161～177。同属植物河南还有 15 种 2 变种，如桂竹 *P. bambusoide*s、淡竹 *P. glauca* 等，纤维性质与毛竹近似，均可做竹器或造纸原料。

（12）芦苇 *Phragmites communis*，多年生草本。分布平原和山区，最高海拔可达 1 800m，多生长于池沼、河岸、溪流、湿地及沙滩等处。芦苇茎秆坚韧光滑，可供编织用，茎秆纤维还是优良的造纸原料和人造丝原料。茎含纤维 20.2%～39.0%，纤维长度 2.5～2.9mm，最长 3～3.4mm，宽度 9.55～18.87μm，长宽比值 71.0～136.9。纤维素含量为 25.0%～45.0%，半纤维素 9.2%～14.2%，木质素 15.0%～22.0%，强度比值 5.0～24.4。

（五）芳香油植物资源

1. 芳香油植物资源概况

芳香油植物是指植物体含有挥发性物质的一类植物，芳香油亦称为精油或挥发油。植物芳香油是香精、香料工业的主要原料来源，广泛应用于化妆品和食品工业。近代药物学研究证明，芳香油还具有显著的药用功效，具有防暑、祛寒、杀菌、消炎、镇痛等作用，不少植物精油具有抗肿瘤作用。我国芳香油植物资源十分丰富，资料显示，在世界上已知的 3 000 多种植物香精中，我国产有 1 000 多种，分属于种子植物的 60 多科 170 多属。

据调查，河南主要的芳香油植物资源约有 26 科，200 余种，主要为松科、柏科、木兰科、樟科、蔷薇科、芸香科、伞形科、唇形科、马鞭草科、菊科 10 个科。

裸子植物。松科的油松 *Pinus tabulaeformis*、华山松 *P. armandii*、马尾松 *P. massoniana* 等，杉科的柳杉 *Cryptomeria japonica*、杉木 *Cunninghamia lanceolata* 等，柏科的侧柏 *Platycladus orientalis*、圆柏 *Sabina chinensis* 等。

被子植物。金粟兰科的银线草 *Chloranthus japonicus*，马兜铃科的细辛 *Asarum sieboldii* 等，木兰科的厚朴 *Magnolia officinalis*、望春玉兰 *M. biondii*、辛夷 *M. liliflora* 等，五味子科的五味子 *Schisandra chinensis* 等，蜡梅科的蜡梅 *Chimonanthus praecox* 等，樟科的香樟 *Cinnamomum camphora*、木姜子 *Litsea pungens*、香叶子 *L. fragrans*、黑壳楠 *L. megaphylla* 等，金缕梅科的枫香 *Liquidambar formosana* 等，蔷薇科的小果蔷薇 *Rosa cymosa*、玫瑰 *R. rugosa*、多花蔷薇 *R. multiflora* 等，豆科的刺槐 *Robinia pseudoacacia*、草木樨 *Melilotus suaveolens* 等，芸香科的花椒 *Zanthoxylum bungeanum*、朵椒 *Z. molle* 等，楝科的香椿 *Toona sinensis*，瑞香科的毛瑞香 *Daphne odora var.atrocaulis*，五加科的刺五加 *Acanthopanax senticosus*、楤木 *Aralia chinensis*、土当归 *A. cordata* 等，伞形科的小茴香 *Foeniculum vulgare*、胡萝卜 *Daucus carota*、藁本 *Ligusticum sinense* 等，马鞭草科的黄荆 *Vitex negundo*、单叶蔓荆 *V. trifolia var.simolicifolia* 等，唇形科的藿香 *Agastache rugosa*、木香薷 *Elsholtzia stauntoni*、紫苏 *Perilla frutescens*、薄荷 *Mentha haplocalyx* 等，败酱科的缬草 *Valeriana pseudo-officinalis*，菊科的黄花蒿 *Artemisia annua*、艾蒿 *Artemisia argyi*、野菊花 *Dendranthema indicum* 等，莎草科的香附子 *Cyperus rotundus* 等，天南星科的石菖蒲 *Acorus tatarinowii* 等，百合科的铃兰 *Convallaria majalis*、百合 *Lilium brownii var.colchesteri*、山丹 *Lilium concolor* 等，姜科的姜 *Zingiber officinale*，兰科的兰花 *Cymbidium virescens*、蕙兰 *Dymbidium faberi* 等。

2. 主要芳香油植物

（1）圆柏 *Sabina chinensis*，常绿乔木。分布全省各地，为城乡主要绿化树种。树根、树干、枝叶均含挥发油，根、干含油 2%～3%。油为棕色黏稠液体，折光率（20℃）为 1.5110。油的主要成分为柏木烯醇、香柏油烃及蒎烯等。该挥发油经分离和化学合成，可加工成柏木烯醛、柏木烷酮、乙烯基柏木烯和环氧柏木烷等单体香料。

（2）细辛 *Asarum sieboldii*，多年生草本。分布全省各山区。根和根茎含芳香油 2.21%。油的主要成分是甲基丁香酚（47%）、黄樟油素、芹子油萜酮及一些酚类物质。细辛芳香油主要为药用原料。

（3）蜡梅 *Chimonanthus praecox*，落叶乔木。分布伏牛山南坡、大别山，鄢陵栽培普遍。

花入药。鲜花香气浓郁，用于提取芳香浸膏和芳香油。蜡梅花浸膏得率 0.19%～0.6%，提取的净油比重为（15℃）0.9243，折光率（20℃）1.4714。油的主要成分是 1，8-桉叶油素、龙脑、樟脑、松油烯、苄醇、乙酸苄酯、芳樟醇、金合欢醇和松油醇等。蜡梅浸膏可用于调配日用化妆品香精。

（4）香樟 *Cinnamomum camphora*，常绿大乔木。豫南栽培较多。香樟的树根、树干、树皮和叶子均含精油。一般成年樟树根含芳香油 5%～6%，树干（木材）3%～5%，枝叶 1.5%～3.5%，果实 1.5%。香樟精油的比重为（15℃）0.915～0.960，折光率（20℃）1.470～1.480。油的主要成分是樟脑（30%～35%）、桉叶素（14%～22%）、黄樟油素（＜10%）。其他还含有单萜类、倍半萜类、松油醇、香叶醇、柠檬烯等。用樟油提取的天然樟脑，用作杀虫防蛀剂，在医药上是制造维生素樟脑、樟脑醛、溴化樟脑的原料，用途广泛。

（5）枫香 *Liquidambar formosana*，落叶乔木。分布伏牛山南坡、桐柏—大别山区。叶含芳香油 0.05%～0.2%。油中主要含蒎烯 60%，龙脑和莰烯等成分。从树干割取的枫树脂为棕黄色黏性半固体液，有松脂香味，可提取 50%～70%的香浸膏。用蒸馏法从枫脂中提取的枫油，比重为（15℃）0.8955，折光率（20℃）1.4795。枫香浸膏和枫油可以调配多种香精，是很好的定香剂。

（6）玫瑰 *Rosa rugosa*，灌木。原产我国北部，现河南各地多人工栽培。玫瑰鲜花含油0.03%。黄色或绿黄色液体，比重为（30℃）0.8480～0.8686，折光率（25℃）1.4538～1.4646。油的主要成分是香茅醇、香叶醇、橙花醇、丁香酚和苯乙醇等。玫瑰油价值极高，用途极广，是各种高级香水、香皂和化妆香精中必不可少的香料，是调配多种花型香精的主剂，也是重要的食品香精。

（7）花椒 *Zanthoxylum bungeanum*，落叶灌木或小乔木。分布全省各山区，以豫西浅山丘陵区较多，平原地区有栽培。花椒是我国北方著名的香料和油料树种，还有药用和杀虫功效。果实含芳香油 4%～9%。油的比重是 0.8660～0.8663，折光率 1.4670～1.4690。油的主要成分有花椒烯、水茴香萜、香叶醇及香茅醇等。花椒油经处理后可用于调配香精。花椒叶也含芳香油。

（8）黄荆 *Vitex negundo*，落叶灌木或小乔木。分布全省各山区，以浅山丘陵区最多。枝叶含芳香油 0.5%～1.0%，油的比重（15℃）0.9305，折光率（20℃）1.4974。干果含芳香油0.05%，油的主要成分是桉脑、L-桧萜、莰烯、苎烯等。黄荆油可供药用，也可用于制造痱子粉、消毒剂、驱虫剂等，对止咳化痰也有效果，可用于止咳糖浆的原料。

（9）香薷 *Elsholtzia ciliata*，一年生草本。分布全省各山区。全草含芳香油，鲜茎叶含油率 0.26%～0.59%，干茎叶含油 0.8%～2.0%。油中主要成分为香薷酮（含量 85%左右），还有苯乙醇、日苏酮、桉叶油素、辛醇、辛烯和樟脑等。香薷油主要供药用。

（10）薄荷 *Mentha haplocalyx*，多年生宿根草本。分布全省各山区，生长于海拔 300m～1 500m 山沟溪边，平原地区多有栽培。全草含芳香油。茎叶含油 0.5%～0.8%，油的比重（25℃）0.895～0.910，折光率（20℃）1.4580～1.4710。油的主要成分为 L-薄荷脑（77%～87%）、薄荷酮（8%～12%）、乙酸薄荷脂、丙酸乙酯等。薄荷脑和薄荷油用于牙膏、口腔卫生、食品、糖果、烟草、饮料、酒、化妆品及香皂加香。

（11）缬草 *Valeriana pseudo-officinalis*，多年生草本。分布于太行山区的济源和伏牛山区的灵宝、栾川、嵩县、南召、西峡等县，生长于海拔 1 000m 以上的山坡草地或疏林下。根状茎含油 0.5%～2.0%，油的比重（20℃）0.9557，折光率（20℃）1.5003。油的主要成分为缬草烯酮、α-缬草烯、β-缬草烯、γ-缬草烯、δ-缬草烯、L-龙脑、L-蒎烯、L-樟脑烯等。缬草芳香油供调配烟、酒、食品、化妆品、香水香精使用，也可供药用。

（12）野菊花 *Dendranthema indicum*，多年生草本。分布全省各山区。叶、花含芳香油0.1%～0.2%。油的比重（15℃）0.9930，折光率（20℃）1.4898。油的主要成分为白菊醇和白菊酮等。野菊花油供药用或杀虫。

（六）野菜植物资源

1. 野菜植物资源概况

野菜植物是指可以作为蔬菜直接食用或用于加工的野生植物类群。野菜植物一般具有营养价值高，医疗或保健功能强，无公害污染，风味独特，食用方法多样，商品价值高等特点。目前，我国野生菜用植物资源达 7 000 余种，其中具有开发潜力且品质优良的种类有 200 余种，分属于不同科属。据统计，河南野生菜用资源也有 400 余种，仅目前已经开发利用的种类就有 100 多种，以蕨类植物中的凤尾蕨科和紫萁科，被子植物中的十字花科、苋科、藜科、菊科、唇形科、百合科等包含的种类较多。

河南分布的各类野菜植物按科属排列有蕨类植物凤尾蕨科的蕨 *Pteridium aquilinum var. latiusculum* 等，蹄盖蕨科的东北蹄盖蕨 *Athyrium brevifrons* 等，紫萁科的紫萁 *Osmunda japonica* 等；被子植物类的白花菜科的白花菜 *Cleome gynandra*，十字花科的碎米荠类 *Cardamine spp.*、独行菜类 *Lepidium spp.*、葶苈类 *Draba spp.*、二月兰 *Orychophragmus violaceus* 等，三白草科的鱼腥草 *Houttuynia cordata* 等，堇菜科的多种堇菜 *Viola spp.* 等，苋科的牛膝 *Achyranthes bidentata*、野苋菜类 *Amaranthus spp.* 等，马齿苋科的马齿苋 *Portulaca oleracea*，毛茛科的唐松草类 *Thalictrum spp.*、升麻类 *Cimicifuga spp.* 等，败酱科的多种败酱 *Patrinia spp.* 等，伞形科的变豆菜 *Sanicula chinensis*、防风 *Saposhnikovia divaricata*、水芹类 *Oenanthe spp.* 等，蓼科的萹蓄 *Polygonum aviculare*、何首乌 *P. multiflorum*、水蓼 *P. hydropiper*、虎杖 *P. cuspidatum*、酸膜类 *Rumex spp.* 等，车前科的各种车前草 *Plantago spp.* 等，五加科的多种楤木 *Aralia spp.*、刺楸 *Kalopanax septemlobus* 等，蔷薇科的地榆 *Sanguisorba officinalis*、多种萎陵菜 *Potentilla spp.*、多种白鹃梅 *Exochorda spp.* 等，豆科的多种野豌豆 *Vicia spp.*、多种苜蓿 *Medicago spp.*、黄檀 *Dalbergia hupeana*、葛藤 *Pueraria pseudo-hirsuta* 等，菱科的菱 *Trapa bispinosa*、丘角菱 *T. japonica* 等，酢浆草科的多种酢浆草 *Oxalis spp.* 等，桔梗科的光叶党参 *Codonopsis cardiophylla*、轮叶沙参 *Adenophora tetraphylla*、桔梗 *Platycodon grandiflorus* 等，百合科的多种野韭菜和野

葱 *Allium spp.*、多种萱草 *Hemerocallis spp.*、多种百合 *Lilium spp.*、绵枣儿 *Scilla scilloides* 等，薯蓣科的山药、穿龙薯蓣 *Dioscorea nipponica*，旋花科的多种打碗花 *Calystegia spp.*，藜科的灰灰菜类 *Chenopodium spp.*、地肤 *Kochia scoparia*、猪毛菜 *Salsola collina* 等，唇形科的地笋 *Lycopus lucidus*、甘露子 *Stachys sieboldii*、野薄荷 *Mentha haplocalyx*、野芝麻类 *Lamium spp.* 等，菊科的东风菜 *Doellingeria scaber*、多种鬼针草 *Bidens spp.*、多种蒿类 *Artemisia spp.*、苦荬菜类 *Ixeris spp.*、牛蒡 *Arctium lappa*、刺儿菜类 *Cephalanoplos spp.*、蒲公英类 *Taraxacum spp.* 等，茄科的枸杞 *Lycium chinense*、龙葵 *Solanum nigrum* 等，商陆科的商陆 *Phytolacca acinosa*、美国商陆 *P. americana* 等，水鳖科的水鳖 *Hydrocharis dubia*、水车前 *Ottelia alismoides* 等，大戟科的铁苋菜 *Acalypha australis*，省沽油科的省沽油 *Staphylea bumalda*，马鞭草科的臭常山 *Orixa japonica*，萝摩科的杠柳 *Periploca sepium*，景天科的土三七 *Sedum aizoon*，楝科的多种香椿 *Toona spp.*，香蒲科的多种香蒲 *Typha spp.*，报春花科的珍珠菜 *Lysimachia clethroides* 等，鼠李科的冻绿 *Rhamnus utilis*，石竹科的麦瓶草 *Silene conoidea*、繁缕 *Stellaria media* 等。

2. 主要野菜植物

（1）蕨菜 *Pteridium aquilinum var. latiusculum*，分布河南各山区，生长于荒坡草地及林缘。主要食用早春呈拳卷状态的幼叶。每 100g 鲜品含蛋白质 1.6g，脂肪 0.4g，碳水化合物 10g，粗纤维 1.3g，胡萝卜素 1.68mg，维生素 C 35mg，氨基酸种类达 16 种以上。干品中蛋白质和氨基酸总含量为 15.19%，还含有丰富的钙、磷、铁、铜、锌、锰和锶等微量元素。

河南还有同属植物毛蕨 *P.revolutum*，紫萁科的紫萁 *Osmunda japonica*，蹄盖蕨科的东北蹄盖蕨 *Athyrium brevifrons* 等几种也作蕨菜食用。

（2）鱼腥草 *Houttuynia cordata*，多年生草本。分布河南伏牛山、桐柏山和大别山区，生长于山谷湿地、水田边或阴湿林下。主要食用地下茎和嫩茎叶。每 100g 鱼腥草地下茎鲜品含蛋白质 2.2g，脂肪 0.4g，碳水化合物 6g，粗纤维 1.3g，胡萝卜素 2.5mg，维生素 B0.21mg，维生素 C6mg，挥发油 0.49mg。干品中每 1g 含钾 36mg，钙 6.4mg，镁 2.61mg，磷 8.1mg，钠 0.51mg，铁 14.1mg，锰 5.9mg，锌 3.5mg。鱼腥草传统上多作药用。作野菜不宜一次食用过多，否则易产生不良反应。

（3）马齿苋 *Portulaca oleracea*，一年生草本。分布河南全省各地，生长于田间、路边、住宅旁等。主要食用地上嫩茎叶。每 100g 鲜品含水 92g，蛋白质 2.3g，脂肪 0.5g，碳水化合物 3g，粗纤维 0.78g，胡萝卜素 2.23mg，维生素 $B_1$0.03mg，维生素 $B_2$0.11mg，维生素 C23mg。干品中每 1g 含钾 44mg，钙 10.7mg，镁 11.57mg，磷 4.43mg，钠 21.77mg，铁 484μg，锰 40μmg，锌 72μg，铜 21μg。另外，马齿苋茎叶中富含重要的营养成分 ω-3 脂肪酸，含量是菠菜的 6～7 倍，同时含 L-去甲肾上腺素等活性成分。

（4）反枝苋 *Amaranthus retroflexus*，一年生草本。分布河南全省各地，生长于田间、地埂、荒地及路边等。主要食用幼苗及幼嫩茎叶。每 100g 可食鲜茎叶含胡萝卜素 70mg，核黄素 3.55mg，维生素 C 1 530mg，烟酸 100mg，蛋白质 5.52g，粗纤维 1.61g，糖类 8g，钙 610mg，磷 93mg，铁 5.4mg。同属植物河南分布还有刺苋 A.spinosus 等 5 种，均为百姓喜食的野菜品种。

（5）荠荠菜 Capsella bursa-pastoris，一年或二年生草本。分布河南全省各地，生长于田间、路旁、草地等处。荠荠菜为河南人民喜食的传统野菜，主要食用地上嫩苗或嫩茎叶。每 100g 鲜茎叶含蛋白质 5.38g，脂肪 0.48g，碳水化合物 6.0g，粗纤维 1.4g，胡萝卜素 3.20mg，维生素 $B_1$0.14mg，维生素 $B_2$0.19mg，维生素 $B_3$0.7mg，维生素 C55mg，钙 420mg，磷 73mg，铁 6.3mg。

（6）香椿 Toona sinensis，落叶乔木。分布全省各地，伏牛山、大别山有野生，平原地区多栽培。主要食用早春未展开的嫩芽。每 100g 嫩芽含水分 83.3g，蛋白质 5.7g，脂肪 0.4g，碳水化合物 7.2g，粗纤维 1.5g，灰分 1.4g，胡萝卜素 0.93mg，维生素 $B_1$0.21mg，维生素 $B_2$0.13mg，维生素 $B_3$0.7mg 维生素 C58mg，钙 110mg，磷 120mg，铁 3.4mg。香椿是我国特产树种，其嫩芽既是美味的大众野菜，又是上好的食疗保健品种，应进行规模化人工栽培和深加工。

（7）藿香 Agastache rugosa，多年生草本。分布河南伏牛山、大别山和桐柏山区，生长于山坡、林缘及路边草丛中，有人工栽培。藿香为著名芳香调味菜，主要食用幼苗、嫩茎叶及花序。每 100g 鲜品含蛋白质 8.6g，脂肪 1.7g，碳水化合物 10g，粗纤维 1.5g，胡萝卜素 6.38mg，维生素 $B_1$0.1mg，维生素 $B_2$0.38mg，维生素 $B_3$1.2mg，维生素 C23mg，钙 580mg，磷 104mg，铁 28.5mg。此外，藿香地上部分含挥发油 0.28%～0.36%，主要成分为胡椒酚甲醚（80%以上），具促进胃液分泌，增强消化力等作用。

（8）蒲公英 Taraxacum mongolicum，多年生草本。分布河南各地，生长于 300～1 500m 荒野山地及平原的田间、路旁、果园等处。主要食用早春地上嫩苗。每 100g 嫩叶含蛋白质 4.8g，脂肪 1.1g，碳水化合物 5g，粗纤维 2.1g，胡萝卜素 7.35mg，维生素 $B_1$0.03mg，维生素 $B_2$0.39mg，维生素 $B_3$1.9mg，维生素 C47mg。每 1g 干品含钾 41mg，钙 12.1mg，镁 4.26mg，磷 3.97mg，钠 0.29mg，铁 233μg，锰 39μg，锌 44μg，铜 14μg。河南分布的蒲公英属还有白花蒲公英 T.leucanthum 等 3 种，均为很好的野菜资源。

（9）枸杞 Lycium chinense，蔓生性落叶灌木。分布河南全省各地，主要生长于山坡、荒地、田边、路旁等，有人工栽培。枸杞的嫩苗、嫩尖、嫩叶、果实均可食用。每 100g 嫩苗中含蛋白质 5.8g，脂肪 1g，碳水化合物 6g，粗纤维 2g，胡萝卜素 5.9mg，维生素 $B_1$0.23mg，维生素 $B_2$0.33mg，维生素 C69mg，钙 155mg，磷 67mg，铁 3.4mg。

（10）诸葛菜 Orychophragmus violaceus，1～2 年生草本植物。分布河南各山区，生长于山坡林缘、草地、路边等。诸葛菜为早春常见山野菜，其嫩茎叶营养丰富。每 100g 鲜嫩幼苗中含胡萝卜素 3.32mg，维生素 $B_2$0.16mg，维生素 C59mg。种子含油量 50%以上，油中亚油酸比例较高，是很好的食用油植物。河南野生分布的同属植物还有湖北诸葛菜 O. violaceus var. hupehensis 等，其嫩茎叶也是很好的野菜。

（11）灰灰菜 Chenopodium album，一年生草本。分布河南各地，生长于田野、荒地、路边、住宅附近和杂草丛中。灰灰菜为世界性分布植物，主要食用幼苗及嫩茎叶。每 100g 鲜嫩幼苗中含蛋白质 3.5g，脂肪 0.8g，粗纤维 1.2g，碳水化合物 6g，胡萝卜素 5.36mg，维生素 $B_1$0.13mg，维生素 $B_2$0.29mg，维生素 C69mg。每 100g 鲜花蕾中含胡萝卜素 1.95mg，维生素 $B_1$0.118mg，维生素 C131mg，钙 209mg，铁 0.9 mg。另外，灰灰菜全草还含有挥发油、藜碱、甜菜碱、谷子淄醇、氨基酸、脂肪酸等。

河南分布的藜科藜属植物还有刺藜 *C. aristatum*、灰绿藜 *C. glaucum* 等 12 种 2 变种。多数都是人们喜食的野菜植物资源，应加强开发和利用。

（12）小黄花菜 *Hemerocallis minor*，多年生宿根草本。分布全省各山区，平原地区有栽培。主要食用将开而未开的花蕾和嫩苗。每 100g 鲜嫩幼苗中含蛋白质 2.63g，脂肪 0.89g，粗纤维 3.59g，胡萝卜素 0.3mg，维生素 $B_2$0.77mg，维生素 C340mg。每 100g 鲜花蕾中含胡萝卜素 1.95mg，维生素 $B_2$0.118mg，维生素 C131mg。每 100g 干花蕾含钾 2420mg，钙 660mg，镁 227mg，磷 588mg，钠 45mg，铁 96 mg，锰 8.7 mg，锌 5.2 mg，铜 1.1 mg。黄花菜鲜花蕾因含有有毒成分秋水仙碱，故一般不宜鲜食，经干制或盐渍后可去除毒素。河南同属植物还有黄花菜 *H. citrine*、北黄花菜 *H. lilioasphodelus* 等 5 种，营养成分和小黄花菜相近，也可作为野菜食用。

（七）药用植物资源

1. 药用植物资源概况

药用植物资源是指经过人类使用证明，可以作为治病、防病和具有保健价值的一类植物资源。我国药用植物种类多，分布广。根据 1985～1989 年全国中药资源普查，收录于 1995 年版的《中国中药资源》中的植物药共有 11 118 种（含变种），其中常用药材约 600 余种。

据不完全统计，河南主要的药用植物有 1 200 余种，遍布全省，但以山区为多。如盛产于河南的石斛、天麻、贝母、山萸肉、辛夷、柴胡、桔梗、连翘、金银花、香附子、天冬、益母草、五味子、杜仲、山药、地黄等均为地道药材；产于豫北古怀庆府一带的地黄、山药、牛膝、菊花为著名四大怀药，曾畅销海内外。河南主要的药用植物资源按其药理功效分，主要有以下四大类。

第一类为清热解表、退烧药。堇菜科的紫花地丁 *Viola philippica*，伞形科的白芷 *Angelica dahurica*、柴胡 *Bupleurum chinense*、牛尾独活 *Heracleum hemsleyanum*、短毛独活 *Heracleum moellendorffii*、藁本 *Ligusticum sinense*、前胡 *Peucedanum dacussivum*、白花前胡 *Peucedanum praeruptorum*、防风 *Saposhnikovia divaricata*，木樨科的连翘 *Forsythia suspensa*，马鞭草科的大青 *Clerodendrum cyrtophyllum*，唇形科的薄荷 *Mentha haplocalyx*、留兰香 *Mentha spicata*、牛至 *Origanum vulgare*、紫苏 *Perilla frutescens*、香茶菜 *Rabdosia amethystoides*、荆芥 *Schizonepeta tenuifolia*、黄芩 *Scutellaria baicalensis*，车前科的车前草 *Plantago asiatica*，忍冬科的金银花 *Lonicera japonica*，菊科的茵陈蒿 *Artemisia capillaris*、紫菀 *Aster tataricus*、鬼针草 *Bidens bipinnata*、野菊 *Dendranthema indicum*、苦荬菜 *Ixeris denticulata*、马兰 *Kalimeris indica*，

禾本科的香茅 *Cymbopogon citratus*、淡竹叶 *Lophatherum gracile*，百合科的川贝母 *Fritillaria cirrhosa*、舞阳贝母，鸢尾科的射干 *Belamcanda chinensis* 等。

第二类为活血化瘀、镇痛药。银杏科的银杏 *Ginkgo biloba*，五味子科的华中五味子 *Schisandra sphenanthera*，苋科的牛膝 *Achyranthes bidentata*、土牛膝 *Achyranthes aspera*，毛茛科的乌头 *Aconitum carmichaeli*、紫斑牡丹 *Paeonia suffruticosa var.papaveracea*，木通科的大血藤 *Sargentodoxa cuneata*，小檗科的八角莲 *Dysosma versipellis*、南天竹 *Nandina domestica*，罂粟科的延胡索 *Corydalis yanhusuo*、杜仲科的杜仲 *Eucommia ulmoides*，蔷薇科的山楂 *Crataegus pinnatifida*、花红 *Malus asiatica*，远志科的远志 *Polygala tenuifolia*，卫矛科的南蛇藤 *Celastrus orbiculatus*、苦皮藤 *Celastrus angulatus*，伞形科的川芎 *Ligusticum chuanxiong*、窃衣 *Torilis scabra*，鹿蹄草科的鹿蹄草 *Pyrola rotundifolia*，萝摩科的徐长卿 *Cynanchum paniculatum*，马鞭草科的臭牡丹 *Clerodendrum bungei*、海州常山 *Clerodendrum trichotomum*，唇形科的益母草 *Leonurus japonicus*、地笋 *Lycopus lucidus var.hirtus*、夏枯草 *Prunella vulgaris*、丹参 *Salvia miltiorrhiza*，茄科的曼陀罗 *Datura stramonium*、洋金花 *Datura metel*，玄参科的洋地黄 *Digitalis purpurea*，菊科的大蓟 *Cirsium japonicum*、旋复花 *Inula japonica*、豨莶 *Siegesbeckia orientalis*，天南星科的石菖蒲 *Acorus tatarinowii*，百合科的延龄草 *Trillium tschonoskii*、藜芦 *Veratrum nigrum*、铃兰 *Convallaria majalis*、重楼 *Paris polyphylla* 等。

第三类为滋补理气、养生药。五味子科的五味子 *Schisandra chinensis*，核桃科的胡桃 *Juglans regia*，睡莲科的莲 *Nelumbo nucifera*，毛茛科的芍药 *Paeonia lactiflora*，小檗科的淫羊藿 *Epimedium brevicornum*，蔷薇科的插田泡 *Rubus coreanus*，豆科的黄芪 *Astragalus membranaceus*、甘草 *Glycyrrhiza uralensis*、葛藤 *Pueraria lobata*，鼠李科的枣 *Ziziphus jujuba*，五加科的刺五加 *Acanthopanax senticosus*，伞形科的当归 *Angelica sinensis*、蛇床 *Cnidium monnieri*、胡萝卜 *Daucus carota*、茴香 *Foeniculum vulgare*，山茱萸科的山茱萸 *Macrocarpium chinense*，旋花科的菟丝子 *Cuscuta chinensis*，茄科的枸杞 *Lycium chinense*，玄参科的地黄 *Rehmannia glutinosa*、玄参 *Scrophularia ningpoensis*、川续断科的川续断 *Dipsacus asper*、续断 *Dipsacus japonicus*，桔梗科的沙参 *Adenophora stricta*、党参 *Codonopsis pilosula*，菊科的苍术 *Atractylodes lancea*、白术 *Atractylodes macrocephala*、醴肠 *Eclipta prostrata*、水飞蓟 *Silybum marianum*，百合科的知母 *Anemarrhena asphodeloides*、百合 *Lilium brownii var.viridulum*、麦冬 *Ophiopogon japonicus*、玉竹 *Polygonatum odoratum*、黄精 *Polygonatum sibiricum*，薯蓣科的薯蓣 *Dioscorea opposita*，兰科的石斛 *Dendrobium nobile*、天麻 *Gastrodia elata* 等。

第四类为抗菌消炎、杀虫药。三白草科的蕺菜 *Houttuynia cordata*，核桃科的胡桃 *Juglans regia*、胡桃楸 *Juglans mandshurica*、枫杨 *Pterocarya stenoptera*、化香树 *Platycarya strobilacea*，榆科的榆树 *Ulmus pumila*，蓼的虎杖 *Polygonum cuspidatum*、萹蓄 *Polygonum aviculare*，马齿苋科的马齿苋 *Portulaca oleracea*，毛茛科的翠雀 *Delphinium grandiflorum*、白头翁 *Pulsatilla chinensis*、打破碗花 *Anemone hupehensis*，小檗科的首阳小檗 *Berberis dielsiana*、秦岭小檗 *Berberis circumserrata*，罂粟科的博洛回 *Macleaya cordata*，蔷薇科的地榆 *Sanguisorba filiformis*，

豆科的苦参 *Sophora flavescens*，芸香科的黄檗 *Phellodendron amurense*、花椒 *Zanthoxylum bungeanum*，苦木科的臭椿 *Ailanthus altissima*，大戟科的泽漆 *Euphorbia helioscopia*、乌桕 *Sapium sebiferum*，马桑科的马桑 *Coriaria sinica*，萝摩科的杠柳 *Periploca sepium*，卫矛科的苦皮藤 *Celastrus angulatus*、扶芳藤 *Euonymus fortunei*，马钱科的醉鱼草 *Buddleia lindleyana*，马鞭草科的黄荆 *Vitex negundo*，茄科的曼陀罗 *Datura stramonium*、龙葵 *Solanum nigrum*，茜草科的水杨梅 *Adina rubella*，菊科的黄花蒿 *Artemisia annua*、艾蒿 *Artemisia argyi*、天名精 *Carpesium abrotanoides*、苣荬菜 *Sonchus arvensis*、苦苣菜 *Sonchus oleraceus*、苍耳 *Xanthium sibiricum*，天南星科的天南星 *Arisaema heterophyllum* 等。

另外，还分布有具有抗肿瘤活性的植物药，如三尖杉科的三尖杉 *Cephalotaxus fortunei*、粗榧 *C. sinensis* 等，红豆杉科的红豆杉 *Taxus chinensis*，唇形科的香茶菜类 *Rabdosia spp.* 等。具有治疗冠心病的植物药，如杜仲科的杜仲 *Eucommia ulmoides*，唇形科的丹参 *Salvia miltiorrhiza*、夏枯草 *Prunella vulgaris* 等。具有对艾滋病（HIV）显示活性的植物药，如乌毛蕨科的贯众 *Cyrtomium fortunei*，忍冬科的金银花 *Lonicera japonica*，菊科的牛蒡 *Arctium lappa* 等。

2. 主要药用植物

（1）柴胡 *Bupleurum chinense*，多年生草本。分布全省各山区。有人工栽培。根入药。根含挥发油、皂苷类和黄酮类化合物。性味苦、辛、微寒。有退热、消炎、解毒、镇痛、抗菌、抗病毒功效。用于治疗感冒发烧、胸肋胀痛、头疼目眩、胆道感染、疟疾等症。

（2）连翘 *Forsythia suspense*，落叶灌木。分布全省各山区。果实入药。果实含白桦脂酸、熊果酸、齐墩果酸、连翘酚、牛蒡子苷、连翘苷、连翘脂等，还有少量生物碱。性味苦，微寒。有清热解毒、消炎等功效。用于治疗各种传染性热病、淋巴炎、结核等。

（3）薄荷 *Mentha haplocalyx*，多年生草本。全省各地均有野生及栽培。全草入药。鲜叶含挥发油 0.8%～1.0%，干茎叶含 1.3%～2.0%。油中含薄荷脑、薄荷酮、乙烯薄荷脂、柠檬烯、薄荷烯酮、多种氨基酸等。性味辛、凉。有祛风、散热、清神、消炎、解毒等功效。用于治疗风热感冒、头疼、目赤、咽喉肿疼、食滞气胀、口疮、牙疼等症。

（4）黄芩 *Scutellaria baicalensis*，多年生草本。分布全省各山区。全草入药。根含黄芩苷 4%～5.2%，黄芩素，汉黄芩苷，新黄芩素，黄芩酮 A、B、C 等；叶含高山黄芩苷 8.4%～10.3%。性味苦、寒。有清热解毒、泻火、安胎等功效，其提取物还具有降压及广谱抗菌效果。

（5）金银花 *Lonicera japanica*，多年生半常绿藤本。分布全省各山区，封丘、原阳、新密等县有较大面积栽培。花蕾、茎叶供药用。含木樨草素、肌醇 1%、皂苷、绿原酸 1.32%～5.87%、挥发油及鞣质等。叶含忍冬苷、番木鳖苷和忍冬黄酮类化合物。性甘、寒。有清热解毒功效。用于治疗伤风感冒、咽炎、腮腺炎、肺炎、痢疾等症。

（6）茵陈蒿 *Artemisia capillaris*，多年生草本。分布全省各地。茎叶供药用。含挥发油 0.13%，主要成分有茵陈炔、茵陈烯、冰草烯、茵陈色酮、茵陈素、香豆素及胆碱等。性味苦、辛、微寒。有清热退湿、利胆退黄等功效。主要用于治疗急性黄疸、肝炎、胆囊炎、小便赤短、疮疥及皮肤炎症。

（7）华中五味子 *Schisandra sphenanthera*，木质藤本。分布全省各山区。果实入药。根茎、种子含木脂体类化合物。性味辛、甘、平。具敛肺滋肾，敛汗生津，固精止泻，宁心安神等功效，用于治疗肺虚久咳，气短喘促，津伤口渴，自汗盗汗，肾虚滑精，神经衰弱，肝炎等症。

（8）牛膝 *Achyranthes bidentata*，一年生草本。分布全省各山区，焦作各县种植较多。根入药。含牛膝淄酮、苷类和生物碱等。味苦、酸、平。具散瘀血、消肿痛、补筋骨等功效。用于治疗肢体麻木、腰腿酸痛、跌打损伤、痈肿等。

（9）杜仲 *Eucommia ulmoides*，高大乔木。分布河南伏牛山、大别山和桐柏山区。各地有人工栽培。树皮入药。含杜仲胶、树脂和多种糖苷，如杜仲苷、杜仲醇、珊瑚苷等。性甘、微辛、温。有降血压、补肝肾、强筋骨、安胎等功效。

（10）益母草 *Leonurus japonicus*，多年生草本。分布全省各山区。全草入药。含益母草碱约 0.05%、水苏碱、芸香苷、延胡索酸、益母草定、益母草宁及维生素 A 等。性味苦、辛、微寒。有活血调经、利尿消肿、清肝明目功效。用于治疗月经不调、闭经、头晕、目赤、肾炎水肿等。

（11）重楼 *Paris polyphylla*，多年生草本。分布全省各山区。根茎入药。含多种皂苷类化合物，如薯蓣皂苷和偏诺皂苷等。性味苦、微寒、有毒。具散瘀、消肿、解毒、镇静功效。药理研究证明，有解痉、消炎、镇咳和抑菌效果。

（12）淫羊藿 *Epimedium brevicomum*，多年生草本。分布全省各山区。全草供药用。含淫羊藿苷、挥发油、蜡醇、三十一烷、植物淄醇和鞣质等。性味甘、辛、温。有补肾壮阳、祛风、强筋骨等功效。药理研究表明，淫羊藿具有催淫、降血压和抑菌作用。主要用于体虚、腰膝软弱、四肢麻木、风湿关节炎、阳痿等的治疗。

（13）枸杞 *Lycium chinense*，灌木。分布全省各地。有人工栽培。果实入药。含甜菜碱，玉米黄质，酸浆红素，枸杞淄酮，多种氨基酸，胡萝卜素，维生素 B_1、B_2、C，烟酸和矿物元素等。性味甘、平。有滋肾养血、养肝明目功效。用于血虚阴亏、腰脊酸痛、头晕等症。根皮也入药，有清热、凉血功效。

（14）刺五加 *Acanthopanax senticosus*，灌木。分布全省各山区。根皮入药。含挥发油（主要成分 4-甲基水杨醛）、D-芝麻素、洒维宁、定向苷、异秦皮素葡萄糖苷、胡萝卜淄醇和木质体等。性味辛、温、微苦。有祛风除湿、活血祛瘀、壮筋骨功效。用于治疗风寒湿痹、筋骨挛痛、半身不遂、跌打损伤等。

（15）山茱萸 *Macrocarpium chinense*，乔木。分布伏牛山、桐柏山，以伏牛山南坡为多。果肉入药。含莫罗忍冬苷、当药苷、獐芽菜苷、番木鳖苷、熊果酸、苹果酸、没食子酸、维生素 A 等。性味酸、涩、微温。具补肝肾、涩精、敛汗功效。用于体虚、腰膝酸痛、阳痿、尿频、月经不调等症。

（16）百合 *Lilium brownii var.viridulum*，多年生草本。分布全省各山区。多人工栽培。鳞茎入药。含淀粉、蛋白质、多糖及黏质。味微苦、平。有润肺、养阴、清心安神功效。

（17）虎杖 *Polygonum cuspidatum*，多年生草本。分布全省各山区。有栽培。根、茎入药。含蒽醌苷、大黄素、大黄酚等。性味苦、寒。有活血定痛、消炎功效。

（18）黄檗 *Phellodendron amurense*，乔木。分布伏牛山、桐柏山区。树皮入药。含黄檗碱、小檗碱、药根碱、掌中防己碱等。性味苦、寒。有清热解毒、燥湿、消炎杀菌功效。

（19）艾蒿 *Artemisia argyi*，多年生草本。分布全省各山区，部分平原地区有人工栽培。茎叶供药用。含挥发油，主要成分有樟脑、龙脑、桉叶油素、乙酸乙酯、蒿醇、松油烯、水芹烯、香芹酮等。性味苦、辛、温。有温络、理气、消炎、止疼、驱蚊蝇功效。药理研究证明，其有平喘、消炎、抑菌和驱虫作用。

（20）天南星 *Arisaema heterophyllum*，多年生草本。分布全省各山区。块茎入药。性味苦、辛、温、有毒。有燥湿、化痰、消肿散结功效。用于治疗瘰疬、痈疮、虫蛇咬伤、杀虫等。

（八）园林花卉植物资源

1. 园林花卉植物资源概况

园林花卉植物是指那些适用于城乡绿化、美化环境，有观赏价值的植物。我国有高等植物 26 000 余种，是世界上植物种类最丰富的国家之一，被誉为"世界园林之母"。如我国是杜鹃花科、木兰科、兰科、蔷薇科、毛茛科的芍药属、山茶科、槭树科等很多科属的起源中心和现代分布中心，种质资源极为丰富。这些丰富的野生园林花卉植物资源，不但是我国苗木花卉产业发展和生态建设的基础，而且还为世界观赏植物栽培和庭院绿化做出了巨大贡献。

河南野生园林花卉资源有 1 000 余种。按植物科属分，包含种类较多的科属主要有松科 Pinaceae 松属 *Pinus*，柏科 Cuperssaceae 的圆柏属 *Sabina*，木兰科 Magnoliaceae 的木兰属 *Magnolia*，毛茛科 Ranunculaceae 的芍药属 *Paeonia*、铁线莲属 *Clematis*，虎耳草科 Saxifragaceae 的溲疏属 *Deutzia*、绣球属 *Hydrangea* 和山梅花属 *Philadelphus*，蔷薇科 Rosaceae 的绣线菊亚科 Spiraeoideae、蔷薇亚科 Rosoideae、梨亚科 Pomoideae 和李亚科 Prunoideae 等，豆科 Leguminosae 的紫荆属 *Cercis*、合欢属 *Albizzia*、紫藤属 *Wisteria*、国槐属 *Sophora* 和胡枝子属 *Lespedeza* 等，冬青科 Aquifoliaceae 的冬青属 *Ilex*，卫矛科 Celastraceae 的卫矛属 *Euonymus*，槭树科 Aceraceae 的槭属 *Acer*，葡萄科 Vitaceae 的爬山虎属 *Parthenocissus*，瑞香科 Thymelaeaceae 的瑞香属 *Daphne*、荛花属 *Wikstroemia* 和结香属 *Edgeworthia* 等，山茱萸科 Cornaceae 的四照花属 *Dendrobenthamia*、梾木属 *Swida*，木犀科 Oleaceae 的白蜡属 *Fraxinus*、女贞属 *Ligustrum*、丁香属 *Syringa*、流苏属 *Chionanthus* 等，杜鹃花科 Ericaceae 的杜鹃花属 *Rhododendron*，野茉莉科 Styracaceae 的野茉莉属 *Styrax* 和秤锤树属 *Sinojackia*，马鞭草科 Verbenaceae 的紫珠属 *Callicarpa* 和莸属 *Caryopteris*，忍冬科 Caprifoliaceae 的忍冬属 *Lonicera*、

荚蒾属 *Viburnum*、猬实属 *Kolkwitzia* 等，菊科 Compositae 的向日葵族 Heliantheae、紫菀族 Astereae 等，禾本科 Graminae 的刚竹属 *Phyllastachys*，百合科 Liliaceae 的百合属 *Lilium*、大百合属 *Cardiocrinum*、萱草属 *Hemerocallia*、沿阶草属 *Ophiopogon* 等，兰科的兰属 *Cymbidium*、杓兰属 *Cypripedium*、石斛属 *Dendrobium* 等。其中蔷薇科、豆科、木樨科、忍冬科、菊科、百合科和兰科 7 科，是河南野生园林花卉植物种质资源最丰富的类群。

2. 主要园林花卉植物

（1）白皮松 *Pinus bungeana*，常绿乔木。分布河南太行山和伏牛山区，生长于石灰岩山地。白皮松因树皮灰白而得名，为中国特产的珍贵树种。其枝叶青翠，树形古雅，树干斑驳，白色、锈红色、青色镶嵌分布，观之独具特色，是华北地区城市和庭园绿化、美化的著名树种。同属植物河南还分布有华山松 *P. armandi*、油松 *P. tabulaeformis* 等近 10 种，均是很好的绿化树种。

（2）牡丹 *Paeonia suffruticosa*，落叶灌木。分布河南伏牛山区的西峡、卢氏、栾川等县和登封的嵩山，生长于海拔 1 000m 以上山坡灌丛中。各地有栽培。牡丹花大且美，香色俱佳，故被誉为"国色天香"、"花中之王"等。牡丹常作专类花园及重点美化用，也可盆栽或做切花。牡丹的变种和品种很多。野生牡丹是珍贵的种质资源，应加强保护和培育。

（3）太平花（京山梅花）*Philadelphus pekinensis*，落叶灌木。分布河南各山区，生长于山坡疏林或灌丛中。京山梅花是一种美丽的花灌木。花色乳白，花朵繁密，花香浓郁，花期较长，为初夏优良观花灌木。河南山梅花属还分布有 3 种 2 变种，均为优良观花灌木。

（4）李叶绣线菊 *Spiraea prunifolia*，落叶灌木。分布于河南大别山各县，生长于山坡林缘或灌丛。李叶绣线菊是一种较好的园林和庭院观赏植物。花大洁白，又为重瓣，花容圆润丰富，如笑脸初靥，是美丽的早春观花灌木。无论丛植或大片群植均很美观。河南绣线菊属有 25 种及 7 变种，多为优良花灌木。

（5）巨紫荆 *Cercis gigantea*，落叶乔木。分布于河南伏牛山南北坡和大别山区。主要生长于海拔 600m～1 000m 的山坡杂木林中。巨紫荆是河南的一种乡土树种，也是近几年新引种驯化的观花观果乔木。巨紫荆树形高大，树冠伞形，叶片心形硕大，嫩叶淡紫红色，枝繁叶茂；春季花先叶开放，淡红色、淡紫红色花朵繁繁密密，缀满枝头，十分美丽；荚果紫红色，挂果期长达 5～6 个月，绿叶红果，雅趣十足；是一种叶、花、果均具观赏性的速生乔木树种。

（6）紫藤 *Wistaria sinensis*，木质藤本。分布于河南各山区，生长于山坡灌丛或林缘。紫藤为我国著名的垂直绿化植物。紫藤枝叶茂密，庇荫效果好，春季花先叶开放，穗大而美，有芳香，是优良的棚架、门廊、枯树及坡面绿化材料。也可制作盆景或盆栽供室内观赏。本属除紫藤外，还有多花紫藤 *W. floribunda* 、藤萝 *W. villosa* 等 2 种，也是垂直绿化的好材料。

（7）西南卫矛 *Euonymus hamiltonianus*，落叶乔木。分布于河南伏牛山、桐柏山和大别山区，以伏牛山区分布较为集中，常生长于海拔 1 000m 以下的山坡及山谷落叶阔叶林中。西南卫矛树姿优美，枝叶茂密，叶色浓绿，叶面光亮，夏秋粉红色的蒴果挂满枝头，绿叶红果，妙趣横生，是一种优良的观枝、观叶、观果树种。西南卫矛是河南新引种驯化的优良野生园林树种之一，观赏价值高，生态适应性强，应加强保护和开发利用。

（8）血皮槭 *Acer griseum*：落叶乔木。主要分布于河南伏牛山、桐柏山和太行山区，多生长于海拔 1 000m～1 800m 的山崖或山坡杂木林中。血皮槭树皮殷红色或桃红色，奇特而壮观。秋叶经霜红艳，远观或如丹霞映红片片山崖，或如篝火点缀于万绿丛中，美轮美奂，是河南伏牛山、太行山等山区秋叶最为红艳美丽的树种。血皮槭是我国特产的一种珍贵野生景观树种，分布范围狭窄，应加强资源保护。

（9）四照花 *Dendrobenthamia japonica*，落叶乔木。分布于河南伏牛山、大别山和桐柏山区，生长于海拔 600m～2 100m 的山坡或山谷杂木林中。四照花因其花序有 4 枚白色花瓣状总苞片，花开时节，光彩四照而得名，是我国的一种传统乡土花木。四照花树姿秀丽，叶片碧绿光亮，初夏玉花满树，层层叠叠，微风拂动，如群蝶漫舞，引人入胜。果实圆球形，初为绿色，渐变为黄色，成熟时变为紫红色，红艳可爱，观之远胜荔枝，给人带来一种硕果累累、丰收喜悦的气氛。秋末，片片绿叶变为褐红色，给秋天的山野更增加了一份艳丽。

（10）女贞 *Ligustrum lucidum*，常绿乔木。分布于河南伏牛山南坡和大别山区，生长于山坡杂木林中。现全省普遍栽培。女贞枝叶清秀，终年常绿，夏日满树白花，芳香扑鼻。适于作为行道树、庭院树或工矿区的抗污染树种。女贞属河南还分布有 5 种 1 变种，多可作为园林绿化树种利用，也可作盆景材料。

（11）流苏 *Chionanthus retusus*，落叶乔木。分布河南各大山区，多生长于海拔 500m～1 600m 的向阳山谷、悬崖、陡坡等杂木林中，或零星散生，或形成优势群落。流苏树形优美，枝繁叶茂；盛花时节，满树白花，远观似白雪压树，蔚为壮观；近看花瓣纤细如丝，气味芳香，清雅宜人，是优美的观赏树种。流苏是河南野生的一种珍贵乡土树种，历来还是嫁接桂花的良好砧木。近几年野生资源破坏严重，应加强保护和管理。

（12）秤锤树 *Sinojackia xylocarpa*，落叶小乔木。原记载分布河南大别山区新县黄毛尖、商城黄柏山等地。但近 20 年来，河南省内外专家在原分布区组织过几次野外考察，均未发现其踪迹，怀疑已绝迹。秤锤树花瓣洁白，花梗细长下垂，绿叶白花相映成趣，观之令人赏心悦目；夏秋时节，串串红褐色的果实，似秤锤、赛陀螺，颇为奇特；是一种美丽的观花观果树种。秤锤树为我国特有种属植物，野生资源稀少，应加强保护和研究，尽快扩大资源量。

（13）猬实 *Kolkwitzia amabilis*，落叶灌木。分布河南太行山、伏牛山区，以济源黄楝树林场最为集中，生长于海拔 350m～1 500m 的山坡、山脊灌木林中或林缘。猬实是我国特有的单种属植物，因果实密被刺刚毛，状如刺猬而得名。猬实花色娇艳，开花繁密，花团锦簇，是一种具有很高开发价值的观花灌木。20 世纪初，猬实即被美国引种栽培，被誉为"美丽的灌木"。现在世界上许多国家广泛引种用于庭院美化，而我国反而应用很少。由于猬实分布范围狭窄，资源稀少，再加上人为采挖、破坏严重，使其处于濒危状态，所以，应在加强保护和管理的基础上，加速培育和发展，扩大其种群规模。

（14）暴马丁香 *Syringa amurensis*，落叶灌木或小乔木。分布河南太行山、伏牛山区，生长于海拔 1 000m 以上山坡或山脊林中。暴马丁香枝繁叶茂，花团锦簇，花序洁白硕大，开花清香怡人，令人神清气爽。宜作行道树或庭院绿化树。我国丁香属植物共有 27 种，是该属的世界分布中心。河南还自然分布有 9 种 3 变种，开发利用潜力很大。

（15）映山红 *Rhododendron simsii*，落叶灌木。分布河南伏牛山、桐柏山和大别山区，生长于海拔 1 500m 以下山坡、山脊灌丛或林中。杜鹃花是我国闻名世界的三大名花之一。杜鹃花花色丰富，粉红、深红、水红、淡紫等。每当盛花时节，满山怒放，灿烂似锦，是河南伏牛山、桐柏山等旅游景区初夏的主要观赏花木之一。河南杜鹃花属还有 6 种 1 亚种，均为美丽花灌木。

（16）香果树 *Emmenopterys henryi*，落叶乔木。分布河南伏牛山南坡及桐柏山和大别山区，多生长于海拔 300m～1 000m 的中低山区的阴坡或半阴坡的山谷、溪流两旁及乱石堆中。香果树为我国特产树种，也是我国的珍稀濒危树种之一，列为国家一级珍贵树种和国家二级重点保护野生植物。香果树是一种珍奇的园林景观树种，英国植物学家威尔逊（E.H.Wilson）在他的《华西植物志》中，把香果树描述为"中国森林中最美丽动人的树"。其树体通直高大，树姿雄伟壮观；冠大荫浓，枝叶茂密，叶片大型，叶色浓绿，叶面光亮；花黄萼白，形成"玉叶金花"的奇观；果形奇特，红褐色纺锤形蒴果尾部托 1 宿存的大苞片，似尾似翅。夏秋时节，翠绿的树叶与奇特的花果交相辉映，令人叹为观止。

（17）紫珠 *Callicarpa dichotoma*，落叶灌木。分布河南伏牛山南坡、桐柏山和大别山区，生长于海拔 1 000m 以下灌丛或林缘。紫珠为园林中花果兼美的观赏树种。入秋果实串串，亮紫如珠，为庭院中不可多得的观果灌木。果枝还可用作切花。河南紫珠属还分布有 5 种 1 变种，均为美丽的观果花灌木。

（18）天目琼花 *Viburnum sargentii*，落叶灌木。分布河南太行山和伏牛山区，生长于海拔 1 000m～2 100m 的杂木林中或林缘。天目琼花枝叶繁茂，叶形美观；花朵繁密，花色乳白，端庄典雅；秋季果实累累，晶莹剔透，红艳夺目；秋叶经霜紫红一片；是一种观姿、观花、观果、观叶俱佳的花灌木树种。荚蒾属河南还自然分布有 15 种 1 亚种 2 变种，多可作为园林花灌木栽培利用。

（19）卷丹 *Lilium lancifolium*，多年生草本。分布河南各山区，生长于山坡灌木林下、草地或水边。卷丹花大而多，具黑色斑点，花被片反卷，花姿微垂，婀娜多姿；花腋之珠芽，状如龙吐珠，落地生根，极富诗情画意；是很好的观花草本植物。或植于树下、林缘坡地，或配置花坛装饰花径，或植于公园、庭院构筑花境，均很适宜。河南百合属还分布有 10 种 4 变种，都是美丽的观赏花卉和珍贵的种质资源，应加强保护和开发利用。

（20）麦冬 *Ophiopogon japonicus*，多年生常绿草本。分布全省各山区，生长于海拔 2 000m 以下山坡阴湿处、林下或溪旁。平原地区有栽培。麦冬植株低矮，四季常绿，耐踩踏，繁殖快，生态适应性强，为优良的耐阴湿型观花观叶地被植物。作为地被植物和基础种植材料，广泛应用于城市绿化带、公园及庭院绿化。麦冬属植物河南还分布有沿阶草 *O. bodinieri* 等 2

种,以及相近的山麦冬属 *Liriope* 的山麦冬 *Liriope spicata* 等 4 个种都是很好的庭院观赏植物。

（九）油脂植物资源

1. 油脂植物资源概况

油脂是油和脂的总称。油脂植物资源是指植物体内含有油脂的一类植物。油脂既是人类食物的主要营养成分之一，也是重要的工业原料，尤其是油脂水解后提取的脂肪酸和甘油，更是广泛应用于食品、医药、化妆品、纺织、皮革、橡胶、国防等工业。近年来，植物油脂被视为一种可再生能源资源而备受关注。在我国丰富的植物资源中，油脂植物资源有近千种，分别隶属于 100 多科。根据国内最近的研究资料统计，种子或种仁含油 20%以上的种类有 300 多种，其中含油在 30%以上的有 250 多种，含油 40%以上的有 120 多种，有的含油高达 60%～70%，开发潜力很大。从种类数量上看，漆树科、樟科、芸香科、山茱萸科、山茶科、豆科、十字花科等种类最为丰富。

河南富含油脂的植物科、属主要有裸子植物中松科 Pinaceae 的松属 *Pinus*，柏科 Cupressaceae 侧柏属 *Platycladus*，三尖杉科 Cephalotaxaceae 的三尖杉属 *Cephalotaxus* 等。被子植物中漆树科 Anacardiaceae 的黄连木属 *Pistacia* 和漆树属 *Rhus*，五加科 Araliaceae 的楤木属 *Aralia* 和刺楸属 *Kalopanax*，卫矛科 Celastraceae 的卫矛属 *Euonymus* 和南蛇藤属 *Celastrus*，菊科 Compositae 的蒿属 *Artemisia*，大戟科 Euphorbiaceae 的野桐属 *Mallotus*、油桐属 *Vernicia* 和乌桕属 *Sapium*，胡桃科 Juglandaceae 的胡桃属 *Juglan*s 和山胡桃属 *Carya*，樟科 Lauraceae 的樟属 *Cinnamomum*、山胡椒属 *Lindera* 和木姜子属 *Litsea*，蔷薇科 Rosaceae 的李属 *Prunus*，芸香科 Rutaceae 的花椒属 *Zanthoxylum* 和吴茱萸属 *Euodia*，山茶科 Theaceae 的茶属 *Camellia*，山茱萸科 Cornaceae 的梾木属 *Swida*，无患子科 Sapindaceae 的文冠果属 *Xanthoceras*，豆科 Leguminosae 大豆属 *Glycine*，十字花科 Cruciferae 的独行菜属 *Lepidiun* 和遏蓝菜属 *Thlaspi* 等。

2. 主要油脂植物

（1）三尖杉 *Cephalotaxus foytunei*，乔木或灌木。分布伏牛山、桐柏山和大别山区，生长于海拔 1 000m 以下山坡或沟谷。三尖杉种子（仁）含油 61.4%～66.1%。油的比重（25℃）0.9310，折光率（20℃）1.4783，碘值 109.1～129.8，皂化值 180.3～190.5。油中脂肪酸组成含棕榈酸 6.6%～10.5%，硬脂酸 2.4%～5.0%，葵酸 0～0.4%，月桂酸 0～0.7%，肉豆蔻酸 0～0.7%，油酸 37.6%～49.3%，亚油酸 25.7%～43.9%，未定酸 0～4.4%。三尖杉种子油为干性油，主要用于制肥皂、制漆、制蜡及硬化油。

（2）华山松 *Pinus armandii*，常绿乔木。分布伏牛山、太行山区，生长于海拔 1 000m 以上山坡及山脊，多形成纯林或针阔混交林。华山松种子含油 20.9%，仁含油 56.1%～58.1%，为干性油。油的碘值 146.7～157.9，皂化值 189.8～191.8。油中脂肪酸组成含棕榈酸 4.5%～5.9%，硬脂酸 1.9%～2.2%，十六碳烯酸零至微量，油酸 23.4%～28.7%，亚油酸 43.5%～48.1%，十八碳二烯[5，9]酸 0～4.1%，十八碳三烯[5，9，12]酸 13.9%～21.2%，二十碳三烯[5，11，14]酸 0～1.5%，未定酸 0～0.6%。华山松子为著名食品。种子油供食用和工业用。

（3）野胡桃 *Juglans cathayensis*，落叶乔木。分布河南各山区，生长于海拔 800m～2 000m 山坡及山谷林中。野胡桃种仁含油 68.6%。油的碘值 154.9，皂化值 193.3。油中脂肪酸组成含棕榈酸 3.5%，硬脂酸 0.8%，油酸 21.9%，亚油酸 64.4%，亚麻酸 9.3%。野胡桃果仁是营养价值很高的干果。

（4）玉兰 *Magnolia denudata*，落叶乔木。分布伏牛山、桐柏—大别山区，平原多栽培。种子含油 20.5%。油的碘值 117.3，皂化值 193.6。油中脂肪酸组成含棕榈酸 15.6%，硬脂酸 2.9%，肉豆蔻酸 0.2%，十六碳烯酸 0.3%，油酸 24.6%，亚油酸 55.5%，亚麻酸 0.9%。果肉含油 53.6%。油的脂肪酸组成肉豆蔻酸 0.2%，棕榈酸 30.1%，硬脂酸 2.8%，十六碳烯酸 3.0%，油酸 46.8%，亚油酸 15.5%，亚麻酸 1.6%。

（5）山胡椒 *Lindera glauca*，落叶灌木或小乔木。分布全省各山区，生长于海拔 800m 左右山坡林中。山胡椒果核含油 41.84%，出油率 33%～34%。油的比重（20℃）0.9259，折光率（20℃）1.4685，碱化值 207.1，碘值 83.6，酸值 12.6，乙酰值 18.64，不皂化物 4.84%，可溶性脂肪酸 0.67%，不溶性脂肪酸 82.2%。

（6）山桃 *Prunus davidiana*，落叶乔木。分布全省各山区。山桃种子（仁）含油 50.9%。油的碘值 109.5，皂化值 199.1，酸值 1.1，不皂化物 0.8%。油中脂肪酸组成含棕榈酸 7.5%，硬脂酸 1.5%，十六碳烯酸 1.8%，油酸 71.5%，亚油酸 17.6%。山桃种子可作干果食用或药用，种子油可食用。

（7）臭辣树 *Euodia fargesii*，落叶乔木。分布全省各山区。生长于山坡或山沟杂木林中。种子含油 33.5%～37.8%。油的比重（28℃）0.9264，折光率（25℃）1.4690，碘值 73.2～120.4，皂化值 199.7～209.6。油的脂肪酸组成中含月桂酸零至微量，棕榈酸 10.7%～16.1%，硬脂酸 1.2%～1.9%，十六碳烯酸 8.9%～35.1%，油酸 31.7%～40.4%，亚油酸 5.4%～25.3%，亚麻酸 1.3%～19.4%。个别油中还含有少量花生酸及二十碳烯酸等。臭辣树种子油主要供制肥皂或工业用。

（8）臭椿 *Ailanthus altissima*，落叶乔木。分布全省各地。臭椿种子含油 24.9%～33.4%。油的折光率（40℃）1.4670，碘值 111.6～129.6，皂化值 181.3～192.1。油的脂肪酸组成中含肉豆蔻酸微量，棕榈酸 2.7%～4.8%，硬脂酸 0.4%～2.3%，十六碳烯酸 0.5%～1.0%，油酸 40.7%～56.0%，亚油酸 33.8%～56.2%，亚麻酸 0～1.8%。臭椿种子油可作钟表及精密仪器润滑油。

（9）乌桕 *Sapium sebiferum*，落叶乔木。分布伏牛山、桐柏山和大别山区，多生长于低山丘陵及田埂、路边。乌桕种皮和种仁含油率均较高。种子含油 22.8%～41.6%。油的折光率（20℃）1.4570～1.4765，碘值 90.6～163.4，皂化值 194.1～211.8，酸值 4.1。油的脂肪酸组成中含癸酸零至微量，肉豆蔻酸零至微量，月桂酸 3.1%～6.2%，棕榈酸 12.0%～36.0%，硬脂酸微量至 1.9%，十六碳烯酸零至微量，油酸 16.6%～25.6%，亚油酸 14.9%～26.7%，亚麻酸 16.2%～39.7%，未定酸 0～3.1%。乌桕种皮含油 26.0%～70.3%。油的碘值 22.1～26.1，皂化值 203.4～205.0。脂肪酸主要是棕榈酸 68.9%～76.5% 和油酸 23.5%～31.1%。乌桕种子外有一层白蜡，可提取桕蜡，供作蜡烛、肥皂。种子油称桕油或梓油，工业上供制油漆、润滑油、油墨、蜡纸油及化妆品原料，也可药用，作药膏及缓泻剂。

（10）油桐 *Vernicia fordii*，落叶小乔木。分布伏牛山、桐柏山和大别山区。多人工栽培。油桐是我国极为重要的特产木本油料植物。种子（仁）含油 33.2%～71.5%。油的折光率（20℃）1.5080～1.5213，比重（20℃）0.9566，碘值 163.9～235.2，皂化值 172.6～194.3，酸值 0.2。油的脂肪酸组成中含肉豆蔻酸 0～0.3%，月桂酸 0～0.3%，棕榈酸 3.9%～9.6%，硬脂酸 1.7%～9.3%，花生酸 0～3.0%，十六碳烯酸 0～0.6%，油酸 11.3%～20.0%，二十碳烯酸 0～9.4%，亚油酸 12.1%～26.2%，亚麻酸 0～1.7%，桐酸 42.1%～69.0%，未定酸 0～2.1%。桐油作油漆及印刷用油墨原料，也可供药用。

（11）黄连木 *Pistacia chinensis*，落叶乔木。分布河南各山区，生长于杂木林中。黄连木种子含油 25.6%～52.6%。油的折光率（20℃）1.4818，比重（40℃）0.9273，碘值 103.4～108.9，皂化值 183.7～192.8。油的脂肪酸组成中含肉豆蔻酸微量至 0.1%，棕榈酸 12.1%～17.2%，硬脂酸 0.8%～1.6%，花生酸 0～1.7%，山嵛酸零至微量，十六碳烯酸 0～1.3%，油酸 37.8%～39.8%，亚油酸 27.3%～43.7%，二十四碳烯酸 0～0.1%，二十二碳二烯酸 0～0.2%。果壳含油 3.28%。黄连木种子油可制肥皂、润滑油，也可加工后食用，还可作为生物柴油利用。

（12）文冠果 *Xanthoceras sorbifolia*，落叶灌木或小乔木。分布太行山和伏牛山区。文冠果种仁含油率高达 59.9%。油的碘值 114.9，皂化值 187.7。油的脂肪酸组成中含肉豆蔻酸微量，棕榈酸 5.0%，硬脂酸 2.0%，花生酸微量，山嵛酸微量，二十碳烯酸 7.2%，油酸 30.4%，芥酸 9.1%，亚油酸 42.9%，二十四碳烯酸 2.6%，二十碳二烯酸 0.9%，亚麻酸 0.3%。文冠果油可食用，也可用于润滑油、防锈剂和制肥皂的原料。

（13）油茶 *Camellia oleifera*，常绿灌木或小乔木。分布河南大别山区，现多栽培。油茶种仁含油率 39.9%～58.7%，通常为 45%～55%。油的折光率（20℃）1.4590～1.4691，比重（20℃）0.9145～0.9206，碘值 77.8～86.1，皂化值 190.6～201.2，酸值 0.7～8.2。油的脂肪酸组成中含肉豆蔻酸 0～2.4%，棕榈酸 8.4%～13.8%，硬脂酸微量至 2.2%，花生酸 0～2.2%，油酸 70.7%～84.4%，亚油酸 5.5%～16.3%，亚麻酸 0～0.8%。种子含油 36.6%。油茶为我国重要的木本油料植物。茶油主要供食用和润发、调药，也可以制蜡烛或肥皂，还可作机油的代用品。

（十）其他类植物资源

除以上九类植物资源外，河南还分布有较为丰富的以下种类植物资源。植物蛋白质及氨基酸类植物资源，如桑科 Moraceae 的构树 *Broussonetia papyrifera*、苋科 Amaranthaceae 的野苋菜 *Amaranthus viridis* 等；维生素类植物资源，如猕猴桃科 Actinidiaceae 的猕猴桃类 *Actinidia spp.*、桑科的桑树 *Morus alba*、茄科 Solanaceae 的枸杞 *Lycium chinense* 等；糖与非糖甜味剂植物资源，如鼠李科 Rhamnaceae 的北枳椇 *Hovenia dulcis*、胡桃科 Juglandaceae 的青钱柳

Cyclocarya paliurus、槭树科 Aceraceae 的五角枫 *Acer mono* 等；蜜源类植物资源，著名的有椴树科 Tiliaceae 的多种椴树 *Tilia spp.*、豆科 Leguminosae 的刺槐 *Robinia pseudoacacia*、鼠李科的枣树 *Ziziphus jujuba* 等；农药类植物资源，如马桑科 Coriariaceae 的马桑 *Coriaria nepalensis*、大戟科 Euphorbiaceae 的狼毒 *Euphorbia fischeriana*、楝科 Meliaceae 的苦楝 *Melia azedaricha* 等；能源类植物资源，如漆树科 Anacardiaceae 的黄连木 *Pistacia chinensis*、大戟科的乌桕 *Sapium sebiferum*、山茱萸科 Cornaceae 的梾木类 *Swida spp.* 等；色素类植物资源，如蔷薇科 Rosaceae 的火棘 *Pyracantha fortuneana*、豆科的木蓝 *Indigofera tinctoria*、唇形科 Labiatae 的紫苏等。这里不再一一赘述。

二、栽培植物资源

（一）粮食作物

河南粮食作物主要有小麦、水稻、玉米、薯类、豆类、谷子、高粱等。

1. 小麦

河南是我国最主要的冬小麦产区之一。随着国家对粮食生产的日益重视以及一系列粮食工程的实施，河南小麦播种面积不断增大，小麦产量不断提高。据统计，2011 年河南小麦播种面积为 $532.333 \times 10^4 hm^2$，占全国总播种面积的 21.9%；小麦总产达 $3\ 123.00 \times 10^4$ t，占全国小麦总产的 26.6%。不论播种面积，还是总产量均占全国首位。

推广优良品种，对促进小麦高产起着很重要的作用。目前，河南应用和推广的小麦良种主要有温麦 19、焦麦 668、郑麦 9023、太空 6 号、豫麦 41 号、豫麦 58、豫麦 49-198、西农 979、漯麦 8 号、漯麦 9 号、漯麦 4 号、周麦 16、周麦 18、周麦 21、周麦 22、周麦 23、新麦 26 等。

由于本省气候条件很适宜种植冬小麦，因此，小麦在全省各地都有分布。但因气候及土壤水肥条件的差异，小麦产量水平地区差异性较大。一般在太行山前冲积平原、京广铁路沿线、豫东、豫北平原大部地区、沿河平原区等，小麦单产较高；而豫东和豫北平原的部分低洼易涝及盐碱土地区、西部山丘地区，小麦单产水平较低。

2. 水稻

水稻是河南第二大细粮作物。随着农田基础设施的不断改善，在沿黄地区水稻面积呈逐年扩大趋势。据统计，2011 年河南水稻播种面积为 $63.8 \times 10^4 hm^2$，总产达 474.50×10^4 t。河南稻田面积集中分布在豫南的信阳市和沿黄两岸的背河洼地引黄淤灌稻改区。其次，在驻马店市东南部、周口市西南部低洼易涝地区，也有一定种植面积。

信阳市处于北亚热带的边缘，应属于双季稻区，但由于季风气候影响，常出现春季低温连雨，秋季干旱，直接影响双季稻的产量。因此，目前除了新县、商城等少数深山区仍保持部分双季稻外，其广大丘陵和平原区多实行水稻—小麦两熟或水稻—油菜连作。

目前，河南各稻区推广种植的水稻良种主要有豫粳 6 号、水晶 3 号、郑稻 18、长粳 1 号、方欣 1 号、国丰 1 号、丰优 293、优 1511、协优 332、珍优 202 等。

3. 玉米

玉米是河南主要的传统秋粮作物，也是河南的第二大粮食作物。玉米的地理分布，除了淮南因秋粮以水稻为主外，已由过去西部山地丘陵区逐渐扩大到东部平原区，特别是豫北平原。据统计，2011 年河南玉米播种面积为 $302.5 \times 10^4 \text{hm}^2$，玉米总产达 $1\,696.50 \times 10^4$ t，其播种面积和总产量分别占全国的 9.0% 和 8.8%，均处于全国第四位。而且随着养殖业的快速发展，玉米价格不断攀升，河南玉米的播种面积也呈逐年增加趋势。河南适宜高水肥地区的主要玉米品种有豫玉 25、豫玉 32、郑单 21、郑单 136、郑单 958、浚单 22、浚单 26、洛玉 4 号、洛玉 1 号、粟玉 2 号、平玉 8 号、秋乐 151、天泰 58、泽玉 17 等。

4. 谷子

谷子是河南主要旱地作物之一。谷子集中分布地区，一是豫西北的太行山低山丘陵区，包括安阳、焦作、鹤壁及济源的部分地区；二是豫西黄土丘陵区，包括洛阳、郑州、三门峡的部分地区；三是以许昌、平顶山部分县市为中心的伏牛山前缓倾斜平原区。豫南地区和豫东平原区谷子种植很少。河南谷子分布范围很大，但播种面积多年一直维持在 $3.5 \times 10^4 \text{hm}^2$ 左右，而且总产呈逐年减少趋势，应引起高度重视。因为小米营养丰富，是深受我国人民喜爱的传统食粮，而且谷草还是畜生的好饲料。

5. 高粱

河南高粱主要分布在豫东平原区，特别是沿黄背河盐碱洼地区和淮河干流的低洼易涝盐碱地区分布尤多。近年来，随着玉米、水稻播种面积的不断扩大，高粱面积和产量已大为下降。今后应在低洼易涝盐碱地区适当保持一定面积的高粱种植面积，这不仅是因为高粱适应性强，比较稳产，而且高粱还是酿酒的主要原料之一。

6. 豆类作物

河南是全国重要的豆类产区之一，主要有大豆、黑豆、绿豆和小杂豆。大豆既是粮食作物，又是主要的油料作物，其营养丰富、用途广阔，主要集中分布在黄淮平原的驻马店市和周口市，商丘市和南阳市也有部分种植。据统计，2011 年河南大豆播种面积为 $44.569 \times 10^4 \text{hm}^2$，大豆总产达 88.04×10^4 t，其播种面积仅次于小麦、玉米和水稻，为河南第四大粮食作物。全省各地还零星生产绿豆、黑豆和各种小杂豆（如红豆、豇豆、扁豆）等，豫东平原相对较多。目前，适宜河南推广种植的大豆品种主要有郑交 107、郑 92116、郑 90007、豫豆 2 号、豫豆 3 号、豫豆 7 号、豫豆 8 号、豫豆 10 号、豫豆 12 号、豫豆 13 号、豫豆 29 号等。

7. 薯类作物

主要有红薯和马铃薯。红薯既是人们的传统食粮，又是淀粉加工和酿造工业的重要原料。

据统计，2011 年河南红薯播种面积为 $29.865 \times 10^4 hm^2$，红薯总产达 $139.17 \times 10^4 t$，在区域上以南阳市和周口市种植最多，其次为商丘、平顶山、许昌、驻马店等市，而豫南的信阳市和豫北的新乡市、安阳市种植的较少。目前，河南重点推广种植的红薯良种主要有红香蕉、苏薯 8 号、安平 1 号、徐薯 22、徐薯 27、徐薯 34、豫红 2 号、豫薯王、豫薯 7 号、豫薯 12 号、豫薯 13 号、豫薯 18 号、日本川山紫、烟紫薯 176、脱毒北京 553、脱毒郑红 11 等。

马铃薯（即土豆），既是一种粮食作物，又是一种主要的蔬菜产品。目前，河南在豫西山区、各大中城市郊区等有少量种植，规模小，产量低，而市场销售的大量土豆主要由外省调入。因此，今后应统筹规划，适当扩大土豆种植规模，增加土豆产量。

（二）经济作物

河南的经济作物以棉花、烟叶、芝麻、花生、油菜、红麻、蚕茧等为主。根据其用途，分属于纤维、油料、糖料、饮料等植物类别。

1. 棉花

河南的气候条件很适宜棉花生长，历来是我国重要产棉区之一，20 世纪 80 年代，河南棉花种植面积约占全国棉田面积的 1/8，产量占全国棉花产量的 1/10。进入 21 世纪后，由于棉花价格波动大，棉花生产投入大，小麦、玉米、花生等作物价格一路上扬等因素影响，河南的棉花播种面积和产量急剧下滑。2011 年，河南棉花播种面积为 $39.667 \times 10^4 hm^2$，棉花总产为 $38.24 \times 10^4 t$，与 2006 年相比，其播种面积和总产量分别减少了 47.0% 和 52.8%。目前，河南推广种植的棉花品种主要有秋乐五号、河南 79、河南 69、豫棉 6 号、豫棉 8 号、GS 豫棉 9 号、豫棉 11 号、GS 豫棉 15 号、豫棉 18 号、GS 豫棉 19 号、GS 豫棉 21 号、GS 豫棉 22 号、中棉所 46 号、中棉所 50 号、中棉所 56 号等。

2. 麻类

麻类（指黄麻、红麻、大麻等）是我国轻工业重要原料之一。主要分布在河南南部的信阳、周口、驻马店、南阳 4 市。据统计，2011 年河南麻类播种面积 $0.81 \times 10^4 hm^2$，总产达 $4.4 \times 10^4 t$。其中以信阳市的固始县播种面积最大，栽植历史悠久。固始麻具有纤维长、耐磨和吸水、散水、散热快等特点，色泽白玉、质地优良，在国内外市场上享有盛誉。麻类作物适应性较强，投资小，见效快，收益大。应充分利用丘陵岗坡、村旁宅地，大力发展麻类作物，以增加农民的经济收入。

此外，豫东平原的夏邑、柘城，鹿邑、郸城，豫南地区的商城等地过去就有植桑养蚕的传统，可适宜发展桑蚕业。在豫西伏牛山浅山丘陵区有近 $50 \times 10^4 hm^2$ 的栓皮栎、麻栎树林，适宜放养柞蚕，其中以南召、方城、鲁山、泌阳等县最为集中，是河南柞蚕的集中产区。

3. 油菜

油菜的播种面积，近年来有发展趋势。油菜不仅在东部平原旱作区与冬小麦间作套种，而且在豫南水稻产区，随着冷浸田的改良，油菜面积也有逐年扩大趋势。

河南油菜的分布，过去主要集中在南阳、信阳、驻马店 3 市。目前油菜生产已由南往北发展，遍及全省，特别是豫东的商丘、开封等市发展较快。

4. 芝麻

河南是我国最主要的芝麻集中产区之一。据统计，2011 年河南芝麻产量达 24.1×10^4t，占全国总产的 39.8%。不管是播种面积还是单产量、商品量均占全国首位。芝麻主要分布在洪汝河流域的驻马店市和周口市以及唐白河流域的南阳盆地。尤其是驻马店市各县生产的芝麻，具有皮薄、籽饱、出油率高等特点。今后，除了合理调整作物布局、恢复和扩大芝麻生产外，还必须正确处理粮油矛盾，推广优良品种。目前，河南推广种植的芝麻优良品种有豫芝 1 号、豫芝 5 号、豫芝 8 号、豫芝 9 号、豫芝 11 号、郑芝 97C01、郑芝 98N09、郑杂芝 H03、郑芝 12 号、郑杂芝 3 号、郑黑芝 1 号、郑芝 13 号、郑芝 14 号等。

5. 花生

花生在河南主要分布于三大区域，一是黄河以北、卫河以东的古黄河故道区；二是黄河大堤以南、贾鲁河以东的近代黄河泛滥冲积平原沙土地区；三是淮河流域沙质土区的息县、淮宾等县。除此以外，在豫北、豫西的浅山丘陵区也有零星栽培。

花生对土壤适应能力较强，除盐碱地不能种植外，其他各种土壤均可种植，但以排水良好的沙质土壤最为适宜。河南有 100×10^4hm² 的沙土地，花生种植大有可为。目前，河南推广种植的花生优良品种主要有豫花 9327、豫花 1 号、豫花 4 号、豫花 6 号、豫花 7 号、豫花 8 号、豫花 11 号、豫花 14 号、豫花 15 号、远杂 15 号、远杂 9102 号、远杂 9307 号等。

6. 向日葵

向日葵亦是经济价值很高的油料作物，含油率一般在 30%左右，高的达 40%～50%，出油率达 40%左右，高于大豆 2～3 倍。向日葵油质好，主要含油酸和亚油酸，油色澄清透明，油味清香适口，耐贮不易腐，食用价值很高。同时，由于其理化性质好，又是重要的工业原料。

向日葵对自然条件的要求不严格，适应性很强。不仅四旁宅地、河渠、路旁都可以种植，甚至在盐碱瘠薄地上亦可生长。河南各地均可种植。

7. 烟草

河南是我国烟叶生产基地省之一。据统计，2011 年河南烟草种植面积 12.47×10^4hm²，总产 29.2×10^4 t，分别占全国的 8.5%和 9.3%。特别是许昌市和平顶山市相邻地区的自然条件非常适合于烟草生长，是我国烟草生产最早和最为集中的产区之一，栽培和烘烤技术水平也较高。该地烟叶优点突出，一是上中等优质高产烟占的比重大；二是烟叶叶片组织细嫩，厚薄适中，油分足，含糖分较高，内含烟碱中等，气味柔和，调剂后烟味浓香。

河南烟叶生产在区域分布上相对集中，形成以襄县、禹县、郏县一带为中心的种植区，专业化特征明显。此外，邓州、登封、汝州等县市也有烟草种植，产量虽然不大，但质量较高。

8. 甜菜和甘蔗

河南的糖料植物不占主要地位。20 世纪 80 年代以来，在开封、民权、安阳、通许、商水等县市盐碱土区和沙壤土区，曾进行少量甜菜引种生产，但种植分散，单产不高，产品含糖量仅约 10%，没有形成生产规模。河南的甘蔗主要种植于淮河沿岸各县。据统计，2011 年河南甘蔗种植面积 $0.4 \times 10^4 hm^2$，产量达 26.7×10^4 t。但因水肥和热量资源不能满足要求，甘蔗长的个小秆低，含糖量低，只能鲜食零售，无榨糖意义。

此外，在豫东、豫北盐碱地区，也曾引进一些甜高粱，因面积小，产量低，加工困难，未能很好推广利用。

（三）果树资源

河南栽培果树资源相当丰富，主要有枣、柿、梨、苹果、葡萄、桃、杏、李、梅、樱桃、核桃、板栗等。尤其是灵宝的苹果、孟津和宁陵一带的梨、荥阳的柿子、新郑的枣、确山的板栗、郑州和封丘的石榴、西峡的猕猴桃等最为著名，除供应国内市场外，还远销海外。

1. 梨树

梨树（*Pyrus spp.*）主要分布在孟津、宁陵、泌阳、永城、新密、林县、镇平等县市，省内其他各县市也有零星栽培。目前，河南推广种植的梨树品种很多，按成熟期早晚分，早熟品种有早白蜜、七月酥、早美酥、绿宝石、华酥、翠伏、翠冠等；中熟品种有黄冠、金星、圆冠等；晚熟品种有中华玉梨、黄金、爱宕等。另外目前种植的红梨品种主要有红梨 1 号、红梨 2 号、红香酥、红香蜜、考西亚、满天红、红酥脆、美人酥等。

2. 苹果

苹果（*Malus pumila*）主要分布在太行山前的林县，豫西的灵宝、陕县、卢氏、洛宁、栾川以及黄河故道沙壤土地区的兰考、西华、民权和省内各大中城市的郊区。目前，河南推广种植的苹果主要品种有红星、新红星、首红、富士及富士系列、嘎拉、中秋王、早红、华玉、红露、津轻、金冠、华冠、华帅、陆奥、粉红女士、澳洲青苹等。以豫西灵宝、卢氏、陕县、洛宁等地为河南苹果的集中产区，所产苹果颜色鲜，品质好，是河南的商品苹果生产基地。

3. 葡萄

葡萄（*Vitis spp.*）在河南的栽培相当广泛。豫东黄河故道地区的民权、兰考、中牟、商丘等地曾经是河南的葡萄生产基地，为原民权葡萄酒厂供应原料，栽培品种以加工品种为主。目前，葡萄在河南多呈分散零星种植为主，以各城市的郊区相对较多，栽培品种以鲜食葡萄为主。葡萄品种较多，分属于欧洲葡萄 *Vitis vinifer* 和美洲葡萄 *V.labrusca* 等，按成熟期分早熟、中晚熟和无核三类。早熟品种有超宝、维多利亚、矢富罗莎（粉红亚都蜜）、早黑宝等；中晚熟品种有户太八号、美人指、温克（魏可）、巨玫瑰、巨峰、摩尔多瓦、红地球、金手指、秋红宝、白罗莎里奥、醉金香等；无核品种有夏黑、早熟红无核、红宝石无核、郑佳等。葡萄不仅富含葡萄糖、果糖，而且还含有机酸、果胶、维生素和各种矿物质养分等，是极好的果品和酿酒原料。

4. 核桃和板栗

核桃（*Juglans regia*）和板栗（*Castanea mollissima*）是河南主要干果，传统的核桃品种有锦仁、夹仁之分。锦仁核桃主要分布在豫北太行山区的林县、辉县等，质量较好；夹仁核桃主要分布在豫西的卢氏、栾川、嵩县等县，质量次于锦仁核桃。近十几年来，随着核桃栽培技术和新品种的推广应用，河南核桃生产迎来了新的发展高潮。目前，在豫北太行山区的济源、林县，豫西的伏牛山区的洛阳、三门峡、平顶山等许多县市，都把发展核桃种植、建设核桃生产基地作为中低山区及浅山丘陵区农林业发展的重点方向，成效显著。河南目前推广种植的核桃品种主要有清香、香玲、绿波、新疆薄壳、辽核系列、中核系列等。

板栗在河南四大山区均产，以大别山区产量最大，而品质上以确山产的"油栗"为上乘，具有皮薄、肉饱、面甜等优点，畅销国内外。

5. 柿树

柿树（*Diospyros kaki*）广泛分布于河南全省各地，常见于海拔 1 000m 以下的山坡、田边、山脚、村庄附近，以荥阳、襄城所产的柿子为最佳。柿子为阳性树种，生态适应性较强。柿子可鲜食，也可加工成柿饼，柿霜、柿蒂可入药，柿树嫩叶还可制成柿叶茶。柿叶茶含大量维生素 C，有软化血管、防治动脉硬化功能。

6. 大枣

大枣（*Ziziphus jujuba*）是河南主要土特产之一。河南枣园主要分布在以下四个区域，一是黄河以北卫河以东古道沙区，以安阳地区的内黄、清丰、濮阳、滑县为主；二是黄河以南新郑、尉氏、兰考、永城、西华、扶沟等地，尤其新郑"鸡心枣"最著名，产量居全省首位；三是豫西黄土丘陵区，以灵宝所产的"灵枣"为最佳；四是伏牛山区，以镇平县广洋一带所产广洋红枣最有名，在明朝时曾定为贡品。

7. 柑橘

柑橘（*Citrus spp.*）为亚热带植物，河南从 1969 年开始引种，目前在南阳市的淅川和信阳市的固始、商城等县有少量种植，是我国柑橘栽培的北界。由于气候、土壤等生态条件限制，柑橘在河南不宜盲目大面积发展。

8. 猕猴桃

猕猴桃（*Actinidia spp.*）为新引种驯化的野生水果植物，其果实不仅可鲜食，还可加工制成果干、果酱、果汁、果脯、果酒、糖水罐头等；它的根、藤、叶、果均可入药；枝、茎纤维是很好的造纸原料。河南野生猕猴桃资源广泛分布于各个山区，以西峡、鲁山、嵩县、新县、商城等较多。尤其是伏牛山南坡的西峡县，得天独厚的地理位置和优良的生态条件，使西峡成为猕猴桃最佳生长区之一。目前，全县拥有野生猕猴桃资源 2.7×10^4hm²，年可利用产量约 1×10^4t，居全国县级之首；全县猕猴桃人工种植面积已达 0.67×10^4hm²，年产量 10×10^4t，面积和产量均居全国第二，被誉为"猕猴桃之乡"。目前，河南在生产上推广应用的猕猴桃品种主要有三个类群，一是猕猴桃类，包括红宝石星、天源红、琼露、中猕 1 号；二是美味猕猴桃类，包括米良一号、海沃德、秦美、徐香；三是中华猕猴桃，包括武植 5 号、早鲜、全红型红阳、琼浆等。

第三节　珍稀濒危植物与古树名木资源

一、珍稀濒危植物资源

（一）国家级重点保护野生植物资源

根据 1999 年 8 月 4 日国务院批准公布的《国家重点保护野生植物名录（第一批）》统计，河南自然分布的国家级重点保护野生植物共 15 科，28 种，其中国家 I 级有银杏 *Ginkgo biloba*、红豆杉 *Taxus chinensis*、南方红豆杉 *Taxus mairei* 和华山新麦草 *Psathyrostachys huashanica* 等 4 种，国家 II 级有 24 种，如秦岭冷杉 *Abies chensiensis*、连香树 *Cercidiphyllum japonicum*、香果树 *Emmenopterys henryi* 等，河南引种栽培的国家级保护植物有 13 种。

表 9-2　河南国家级重点保护野生植物

类别	序号	植物名称	科别	保护级别	自然分布
自	1	银杏 *Ginkgo biloba*	银杏科	I	济源市、嵩县、商城
然	2	红豆杉 *Taxus chinensis*	红豆杉科	I	大别山、伏牛山
分	3	南方红豆杉 *Taxus mairei*	红豆杉科	I	大别山、伏牛山、太行山
布	4	华山新麦草 *Psathyrostachys huashanica*	禾本科	I	灵宝小秦岭
种	5	大别五针松 *Pinus dabeshanensis*	松科	II	商城金刚台 900～1 100m
类	6	金钱松 *Pseudolarix amabilis*	松科	II	商城、固始、新县
	7	金毛狗 *Cibotium barometz*	蚌壳蕨科	II	伏牛山、大别山
	8	秦岭冷杉 *Abies chensiensis*	松科	II	伏牛山 1 800m 以上
	9	香榧 *Torreya grandis*	红豆杉科	II	商城黄柏山
	10	球果香榧 *Torreya farges*	红豆杉科	II	伏牛山南部、大别山

续表

类别	序号	植物名称	科别	保护级别	自然分布
	11	连香树 *Cercidiphyllum japonicum*	连香树科	II	太行山、伏牛山
	12	浙江樟 *Cinnamomum japonicum*	樟科	II	伏牛山、大别山、桐柏山
	13	楠木 *Phoebe zhennan*	樟科	II	伏牛山、大别山
	14	闽楠 *Phoebe bournei*	樟科	II	大别山
	15	润楠 *Machilus pingii*	樟科	II	大别山
	16	花榈木 *Ormosia henryi*	豆科	II	伏牛山、大别山、桐柏山
	17	红豆树 *Ormosia hosiei*	豆科	II	伏牛山、大别山、桐柏山
	18	野大豆 *Glycine soja*	豆科	II	全省各地
	19	厚朴 *Magnolia officinalis*	木兰科	II	商城、新县
	20	水青树 *Tetracentron sinense*	木兰科	II	伏牛山、大别山
	21	水曲柳 *Fraxinus mandshurica*	木樨科	II	伏牛山 1 500m 以上
	22	香果树 *Emmenopterys henryi*	茜草科	II	伏牛山、大别山、桐柏山
	23	川黄檗 *Phellodendron chinense*	芸香科	II	伏牛山、大别山、桐柏山
	24	秤锤树 *Sinojackia xylocarpa*	安息香科	II	商城黄柏山
	25	榉树 *Zelkova schneideriana*	榆树科	II	河南各山区
	26	莲 *Nelumbo nucifera*	睡莲科	II	全省各地
	27	大果青杆 *Picea neoveitchii*	松科	II	内乡宝天曼 1 700m
	28	中华结缕草 *Zoysia sinica*	禾本科	II	伏牛山、大别山、桐柏山
引种栽培种类	29	苏铁 *Cycas revoluta*	苏铁科	I	华南至西南地区
	30	水杉 *Metasequoia glyptostroboides*	杉科	I	湖北、四川、湖南等
	31	水松 *Glyptostrobus pensilis*	杉科	I	福建、两广、云南
	32	秃杉 *Taiwania flousiana*	杉科	II	台湾、贵州、云南
	33	普陀鹅耳枥 *Carpinus putoensis*	桦木科	I	浙江舟山
	34	伯乐树 *Bretschneidera sinensis*	伯乐树科	I	华东、华中及西南地区
	35	香樟 *Cinnamomum camphora*	樟科	II	长江流域以南
	36	凹叶厚朴 *Magnolia biloba*	木兰科	II	华东及华南各省
	37	鹅掌楸 *Liriodendron chinensis*	木兰科	II	长江流域以南
	38	毛红椿 *Toona sureni var. pubescens*	楝科	II	华东、华南及西南各省
	39	喜树 *Camptotheca acuminata*	蓝果树科	II	华东、华中及西南地区
	40	珙桐 *Davidia involucrata*	蓝果树科	I	湖北、四川、贵州
	41	黄檗 *Phellodendron amurense*	芸香科	II	东北及华北

资料来源：《国家重点保护野生植物名录（第一批）》，《植物》杂志，1999 年。

（二）省级重点保护植物资源

河南省人民政府 2005 年公布了《河南省重点保护植物名录》。该名录共列出河南省级重点保护植物 35 科，98 种，其中木本植物 26 科，65 种，如巴山冷杉 *Abies fargesii*、青檀 *Pteroceltis tatarinowii*、金钱槭 *Dipteronia sinensis* 等，见表 9-3。

表 9-3 河南重点保护植物名录

代码	中文名	学 名
	蕨类植物	Pteridophyta
	铁线蕨科	Adiantaceae
1	团羽铁线蕨	*Adiantum capillus-junonis* Rupr.
	蹄盖蕨科	Athyriaceae
2	蛾眉蕨	*Lunathyrium acrostichoides* Sw.Ching
	铁角蕨科	Aspleniaceae
3	过山蕨	*Camptosorus sibiricus* Rupr.
	球子蕨科	Onocleaceae
4	荚果蕨	*Matteuccia struthiopteris*（L.）Todaro
5	东方荚果蕨	*Matteuccia orientalis*（Hook.）Trev.
	裸子植物	Gymnospermae
	松科	Pinaceae
6	巴山冷杉	*Abies fargesii* franch.
7	铁杉	*Tsuga chinensis* Pritz.
8	白皮松	*Pinus bungeana* Zucc.ex Endl.
	柏科	Cupressaceae
9	高山柏	*Sabina squamata* Ant.
	粗榧科	Cephalotaxaceae
10	三尖杉	*Cephalotaxus fortunei* Hook.f.
11	中国粗榧	*Cephalotaxus sinensis*（Rehd.et Wils.）Li
	被子植物	Angiospermae
	桦木科	Betulaceae
12	河南鹅耳枥	*Carpinus funiushanensis* P.C.Kuo
13	铁木	*Ostrya japonica* Sarg.
14	华榛	*Corylus chinensis* Franch.
	壳斗科	Fagaceae
15	米心水青冈	*Fagus engleriana* Seem.
16	石栎	*Lithocarpus glaber* Nakai
	胡桃科	Juglandaceae
17	胡桃楸	*Juglans mandshurica* Maxim.
18	青钱柳	*Cyclocarya paliurus*（Batal.）Iljinsk.
	榆科	Ulmaceae
19	大果榉	*Zelkova sinica* Schneid.
20	青檀	*Pteroceltis tatarinowii* Maxim.
21	太行榆	*Ulmus taihangshanensis* S.Y.Wang

续表

代码	中文名	学 名
	领春木科	Eupteleaceae
22	领春木	*Euptelea pleiospermum* Hook.f.et Thoms.
	蓼科	Polygonaceae
23	河南蓼	*Polygonum honanense* Kung
	毛茛科	Ranunculaceae
24	紫斑牡丹	*Paeonia papaveracea* Andr.
25	杨山牡丹	*Paeonia ostii* T.Hong et J.X.Zhang
26	矮牡丹	*Paeonia jishanensis* T.Hong et W.Z.Zhao
27	金莲花	*Trollius chinensis* Bunge
28	铁筷子	*Helleborus thibetanus* Franch.
29	灵宝翠雀	*Delphinium lingbaoensis* S.Y.Wang et Q.S.Yang
30	河南翠雀	*Delphinium honanense* W.T.Wang
31	黄连	*Coptis chinensis* Franch.
	木兰科	Magnoliaceae
32	黄山木兰	*Magnolia cylindrica* Wils.
33	望春花	*Magnolia biondii* Pamp.
34	朱砂玉兰	*Magnolia diva* Stapf.
35	野八角	*Illicium lanceolatum* A.C.Smith
36	黄心夜合	*Michelia martinii*（Levl.）L'evl.
	樟科	Lauraceae
37	猴樟	*Cinnamomum bodinieri* Levl.
38	川桂	*Cinnamomum wilsonii* Gamble
39	天竺桂	*Cinnamomum japonicum* Sieb.
40	大叶楠	*Machilus ichangensis* Rehd.et Wils
41	紫楠	*Phoebe sheari*（Hemsl.）Gamble
42	竹叶楠	*Phoebe faberi*（Hemsl.）Chun
43	山楠	*Phoebe chinensis* Chun
44	天目木姜子	*Litsea auriculata* Chien et Cheng
45	黄丹木姜子	*Litsea elongta*（Wall.ex Nees）Benth. et Hook.f.
46	豹皮樟	*Litsea coreana* Levl.var.sinensis（Allen）Yang et P.H.Huang
47	黑壳楠	*Lindera megaphylla* Hemsl.
48	河南山胡椒	*Lindera henanensis* Tsui
	金缕梅科	Hamamelidaceae
49	枫香	*Liquidambar formosana* Hance
50	山白树	*Sinowilsonia henryi* Hamsl.
	杜仲科	Eucommiaceae

续表

代码	中文名	学　名
51	杜仲	*Eucommia ulmoides* Oliv.
	蔷薇科	Rosaceae
52	红果树	*Stranvaesia davidiana* Dcne.
53	椤木石楠	*Photinia davidsoniae* Rehd.
54	太行花	*Taihangia repestris* Yu et Li
55	河南海棠	*Malus honanensis* Rehd.
	槭树科	Aceraceae
56	金钱槭	*Dipteronia sinensis* Oliv.
57	杈叶槭	*Acer robustum* Pax
58	重齿槭	*Acer maximowiczii* Pax
59	飞蛾槭	*Acer oblongum* Wall.ex DC.
	七叶树科	Hippocastanaceae
60	七叶树	*Aesculus chinensis* Bunge
61	天师栗	*Aesculus wilsonii* Rehd.
	清风藤科	Sabiaceae
62	柯楠树	*Meliosma beaniana* Rehd.et Wils.
63	暖木	*M.veitchiorum* Hemsl.
	鼠李科	Rhamnaceae
64	铜钱树	*Paliurus hemsleyanus* Rehd.
	猕猴桃科	Actinidiaceae
65	河南猕猴桃	*Actinidia henanensis* C.F.Liang
	山茶科	Theaceae
66	紫茎	*Stewartia sinensis* Rehd. et Wils.
67	陕西紫茎	*Stewartia shanxiensis* Chang
	省沽油科	Staphyleaceae
68	银鹊树	*Tapiscia sinensis* Oliv.
	五加科	Araliaceae
69	刺楸	*Kalopanax septemlobus*（Thunb.）Koidz.
70	大叶三七	*Panax japonica* C.A.Mey
	杜鹃花科	Ericaceae
71	河南杜鹃	*Rhododendron henanense* Fang
72	太白杜鹃	*R. purdomii* Rehd.et Wils.
73	灵宝杜鹃	*R.henanense* Fang ssp.Lingbaoense Fang
	野茉莉科	Styracaceae
74	玉铃花	*Styrax obassia* Sieb. et Zucc.
75	郁香野茉莉	*Styrax odoratissima* Champ.

代码	中文名	学 名
	忍冬科	Caprifoliaceae
76	猬实	*Kolkwitzia amabilis* Graebn.
	菊科	Compositae
77	太行菊	*Opisthopappus taihangensis* Shih
	百合科	Liliaceae
78	万年青	*Rohdea japonica*（Thunb.）Roth
79	七叶一枝花	*Paris polyphylla* Sm.
80	延龄草	*Trillium tschonoskii* Maxim.
	兰科	Orchidaceae
81	扇叶杓兰	*Cypripedium japonicum* Thunb.
82	毛杓兰	*Cypripedium franchetii* Wils.
83	大花杓兰	*Cypripedium macranthum* Sw.
84	天麻	*Gastrodia elata* Blume
85	独花兰	*Changnienia amoena* Chien
86	霍山石斛	*Dendrobium huoshanense* C.Z.Tang et S.J.Cheng
87	细茎石斛	*D. moniliforma*（L.）Sw.
88	细叶石斛	*D. hancockii* Rolfe
89	曲茎石斛	*D. flexicaule* Z.H.Tsi，S.C.Sun et L.G.Xu
90	河南石斛	*D. henanense* J.L.Lu et L.X.Gao
91	黑节草	*D. officinale* Kimura et Migo
92	河南卷瓣兰	*Bulbophyllum henanense* J.L.Lu
93	建兰	*Cymbidium ensifolium*（L.）Sw.
94	多花兰	*C. floribundum* Lindl.
	葫芦科	Cucurbitaceae
95	绞股蓝	*Gynostemma pentaphyllun*（Thunb.）Makino
	冬青科	Aquifoliaceae
96	大果冬青	*Ilex macrocarpa* Oliv.
97	小叶冬青	*Ilex purpurea* Hassk.
	虎耳草科	Saxifragaceae
98	独根草	*Oresitrophe rupifraga* Bunge

资料来源："河南省人民政府关于公布河南省重点保护植物名录的通知"，豫政〔2005〕1 号。

（三）地域分布

从地域分布来看，河南自然分布的国家级和省级珍稀植物主要集中于太行山区、伏牛山区、桐柏山区及大别山区，而面积占全省近一半的广大平原地区却很少。伏牛山由于山体高大，沟壑纵横，南北坡气候过渡交错，集中了河南省珍稀植物的大部分种类；大别山由于特殊的地形地貌及丰沛的雨热条件，也保存和分布着较丰富的珍稀植物资源；桐柏山和太行山由于海拔较低、山体较小或水热等气候条件相对较差，分布或保存的珍稀植物类群相对较少。

（四）珍稀濒危植物资源形成的原因

1. 内在原因

在物种的系统发育过程中，由于其本身遗传特性及其与生境长期自然选择的结果，形成了生态适应性差、适生生境狭窄、自然繁殖能力下降等特性，成为许多珍稀树种的共性，这也是珍稀植物种群衰退的主要原因。许多种类常年不开花，或开花不结实，或虽结实但种胚不发育或发育不全，致使天然繁殖、更新困难。如香果树种子是具休眠特性的光敏种子，在林分郁闭下不能发芽；连香树、天目木姜子等为雌雄异株树种，由于种群数量稀少，雌树不能很好授粉，使其有性繁殖受阻。

2. 人为因素

人类各项经济活动是珍稀植物致濒的主要外因，而且随着经济的快速发展，人为因素的影响越来越严重。首先，表现在各项经济开发活动干扰带来的或即将带来的天然植被的破坏及植物生境的改变，如各种公路铁路的修建、山区旅游开发、矿产开发等活动，都将直接或间接造成周围珍稀植物的灭绝，如在桐柏山旅游区建设中，由于修路和修建旅游设施对植被的破坏，直接导致仅有 1 株的珍稀树种川黄檗灭绝死亡；在伏牛山的多处旅游开发中，人为活动导致大片秦岭冷杉的死亡。其次，为了获取木材或其他林副产品有选择性的砍伐和采挖，是导致珍稀植物灭绝的直接原因。如南阳部分山区百姓把紫茎作为烙花筷的上等原料，进行选择性的砍伐，威胁着这种珍稀树种的生存；山区农民为了采种而砍伐或毁损红豆杉、刺楸、铜钱树、香果树等珍稀树种的事件时有发生；不法商人为满足城市园林绿化的畸形需求而大肆盗挖连香树、金钱槭、七叶树、猬实等珍稀树种。另外，缺乏科学规划，用不断扩大的人工林种群替代天然森林植被、盲目引种造成的外来物种入侵等因素也对珍稀植物濒危有重要影响。

3. 自然灾害

自然灾害同样是珍稀植物致濒的一个重要外因。严重的森林火灾会毁掉大面积的森林植被，珍稀植物的生境会遭到毁灭性破坏，使其陷入濒危状态。森林病虫害大发生会严重影响珍稀植物的正常生长发育及开花、结实，使原本就繁殖、更新比较困难的珍稀植物更加困难，如河南仅有几株的大果青杆，年年开花结果，而种子全被云杉象鼻虫蛀食，虽树下果球遍地，但却见不到一株更新小苗。晚霜会使即将或正在开花的树木产生冻害，造成种实绝收。另外，全球气候变暖、降水量的持续减少等大范围的气候变化对珍稀植物的生存也将产生严重影响。

（五）河南珍稀植物资源的保护与开发利用对策

1. 加大宣传教育力度，减少人为因素对植物资源的威胁

如前所述，人类的各项经济活动直接或间接导致植物赖以生存的自然生态系统遭到严重破坏，是大量植物物种面临灭绝威胁的主因。为此，在经济快速发展的今天，我们首先要借助全国建设社会主义生态文明的契机，要抓住河南退耕还林、天然林保护、生物质能源林建设等重大林业生态工程建设的机遇，通过形式多样的宣传教育，普及《森林法》、《野生植物保护条例》、《自然保护区条例》等法律法规知识，强化民众的生态环境保护意识和法制观念。其次，要通过广泛的宣传教育，使公众认识到植物资源是维持人类生存、维护国家利益和保障生态安全的物质基础，是实现可持续发展战略的重要宝贵资源，从根本上认识到保护植物资源的重要性。

2. 结合自然保护区建设，加强主要植物资源的就地保护

目前，河南全省林业系统共建有各类自然保护区 19 处，自然保护区总面积 26 4784hm^2，占全省总土地面积的 1.585%。保护区的建设为各种植物资源的就地保护和研究提供了有利的条件。但由于机构、体制和人员配置等的不合理，自然保护区在植物保护和研究方面的主要功能和潜力还有待发挥和挖掘，要尽快改进和完善，使自然保护区真正变成各种野生植物的摇篮。首先，要加强对各种珍稀濒危植物栖息地环境和现有资源的保护，要对珍稀濒危植物分布集中的区域进行重点专类保护；其次，在保护区的旅游线路、服务设施等建设中，要尽量避免对自然生境的破坏；第三，要加强营林措施和对脆弱种群的抚育管理，改善各珍稀濒危植物的群落结构，增强其自然更新能力。

3. 加强植物园及引种驯化基地建设，搞好植物资源的迁地保护

迁地保护是植物资源保护的有效方式之一。迁地保护的方法主要有活体栽培、种子库、离体保存和 DNA 库等。其中，建立植物园是植物迁地保护的最主要方法。河南地处中原，具有优越的自然环境条件，是我国南北植物引种驯化的天然场所。所以，无论从河南社会经济的可持续发展需要还是从生态系统及植物科学研究的客观要求来看，都需要建立一个国家级植物园，组建专业植物科研团队，搭建专业植物科研平台，并加入全国植物园系统和植物引种驯化试验网络。以植物园建设为龙头和核心，以各自然保护区、林场和苗木繁育基地为辅助，构建河南植物资源引种驯化网络，为河南植物资源的迁地保护提供坚实的实践平台。

4. 加强植物资源的科学研究工作

植物资源的科学研究工作是一项长期的、具有战略意义的工作，是生物多样性保护和研究的重要内容，是国家生态环境建设和农林业发展的基础。植物资源科学研究要主攻以下研究方向：①植物资源保护研究。主要包括植物种质资源的调查与评价；系统学、生态学及群落学研究，开展群落学调查，探讨种群演替动态，摸清各植物，尤其是珍稀濒危植物的致濒机理及影响因素；保护对策研究，从社会、经济、政策、法律等宏观层面开展研究，为制定切实可行的保护对策提供依据。②植物资源引种驯化及栽培技术试验研究。综合运用现代生物技术进行植物资源的繁殖技术研究，探讨各种植物资源繁殖及种群扩大的机理；广泛开展引种驯化试验，探讨植物资源在人工栽培条件下的生态适应性、抗逆性、遗传变异特性和生长发育规律。③植物资源开发利用价值与途径研究。面向经济建设，开展各种植物资源的药用、生物质燃料油、芳香油、高蛋白、高维生素等用途的开发利用研究，开发新工艺、新用途，挖掘植物新资源；面向生态环境建设，开展各植物资源的生态及园林景观价值评价研究，开发其园林应用途径。

二、古树名木资源

（一）概念

古树名木通常是指在人类历史过程中保存下来的生长年代久远或具有重要科研、历史文化价值的一类树木。古树指树龄 100 年以上的树木；名木指在历史上或社会上有重大影响的中外历代名人、领袖人物所植或者具有极其重要的历史文化价值和纪念意义的树木。

（二）古树名木的资源价值

河南现存的古树名木，不少已有千年的历史。古树名木不但是一种独特的自然和历史景观资源，而且还刻烙着一个地方自然条件的沧桑巨变，承载着该区域厚重的文化和历史。古树名木是人类历史社会发展的佐证者，对于研究古植物、古地理、古水文和古历史文化都有重要的科学价值。

古树是一种活文物。古树之贵就贵在"古"字上，它的存在历史常与文化古迹、名人轶事相连。如登封嵩岳书院的"将军柏"，系汉武帝刘彻所封，是殷周时代的古树，历史渊源久远；封丘陈桥驿的"系马槐"，相传为赵匡胤发生兵变时的系马树。如此种种，每一株古树都是祖国文化遗产的组成部分。

古树名木是名山大川、名胜古迹的佳景之一。它与山水、建筑一样具有景观价值，是重要的风景旅游资源。它苍劲挺拔、风姿多彩，镶嵌在名山峻岭之中，与山川、古建筑、园林融为一体，吸引着人们去游览欣赏，使历代文人学士为之吟咏感怀。如登封嵩岳书院的"将军柏"，就有明、清文人赋诗 30 余首。人们直观看到的是树，但得到的是文化、历史。

古树是研究古代气象水文的好材料。树木的年轮是按照每年气候的干润和雨季的早晚不同而有宽窄不同的变化，由此可以推断出过去年代气候干湿冷暖的变化。尤其在干旱、半干旱的少雨地区，古树年轮在古气象水文研究上的参考价值更大。古树还是研究古地理的重要补充和佐证，是研究古植物的"活化石"资源。

古树是树木资源中的"老寿星"，是珍贵的树木种质资源。古树一般都具有根系发达、萌发力强、寿命长、生态适应性强等优良特性，是园林或林业育种不可多得的珍贵材料。另外，每株古树都是一定地域内林木与自然环境高度适应、融合的结果，所以，在现实的植树造林或园林绿化的树种规划、树种选择中具有重要参考价值。

（三）古树名木资源

按照国家绿化委和国家林业局的技术规定，古树分为 3 级，即国家一级古树树龄应在 500 年以上，国家二级古树树龄在 300～499 年，国家三级古树树龄在 100～299 年。国家名木不受树龄限制，不分级别。根据这一标准，河南林业主管部门于 2001～2002 年对全省的古树名木进行了一次全面普查，结果显示，河南现有古树名木 43 658 株，包括散生古树 4 077 株，古树群 69 群，共 39 581 株。其中，国家一级古树 2 988 株，国家二级古树 3 947 株，国家三级古树 3 万余株，名木 237 株，见表 9-4。

表 9-4　河南主要古树名木及其分布

树种名称	科属名称	分布区域
银杏 *Ginkgo boloba*	银杏科银杏属	全省各市县
侧柏 *Platycladus orientalis*	柏科侧柏属	全省各市县
桧柏 *Sabina chinensis*	柏科圆柏属	全省各市县
白皮松 *Pinus bungeana*	松科松属	修武、沁阳、林州、卢氏、嵩县、栾川等
南方红豆杉 *Taxus chinensis var. mairei*	红豆杉科红豆杉属	济源天台山、修武云台山、卢氏五里川
国槐 *Sophora japonica*	豆科槐属	全省各市
皂角 *Gleditsia sinensis*	苏木科皂角属	伏牛山各县、桐柏山、大别山等
七叶树 *Aesculus chinensis*	七叶树科七叶树属	济源、栾川、西峡、卢氏、嵩县等
毛白杨 *Populus tomentosa*	杨柳科杨属	济源、登封、卢氏、安阳等
黄连木 *Pistacia chinensis*	漆树科黄连木属	伏牛山各县、中牟、长葛等
文冠果 *Xanthoceras sorbifolia*	无患子科文冠果属	灵宝、陕县、封丘、武陟等
大果榉 *Zelkova sinica*	榆科榉属	修武、辉县、郏县、卢氏等
栓皮栎 *Quercus variabilis*	壳斗科栎属	伏牛山各县、遂平、信阳、商城等
槲栎 *Quercus aliena*	壳斗科栎属	陕县、卢氏、西峡等
橿子栎 *Quercua baronii*	壳斗科栎属	登封、济源、西峡、宝丰、郏县、伊川等
板栗 *Castanea mollissima*	壳斗科栗属	林州、罗山等
桑树 *Morus alba*	桑科桑属	新野、卢氏、方城、登封、洛阳等
柘树 *Cudrania tricuspidata*	桑科柘树属	柘城、方城等
朴树 *Celtis sinensis*	榆科朴属	西平、淮阳等
枣树 *Ziziphus jujuba*	鼠李科枣属	新郑、方城、镇平等
酸枣 *Ziziphus jujuba var. spinosa*	鼠李科枣属	宝丰、林州、新密、滑县等
山楂 *Crataegus pinnatifida*	蔷薇科山楂属	辉县、林州等
柿树 *Diospyros kaki*	柿树科柿树属	卢氏、鲁山、郏县、永城等
核桃 *Juglans regia*	胡桃科胡桃属	栾川、卢氏等

续表

树种名称	科属名称	分布区域
珂楠树 *Meliosma beaniana*	清风藤科泡花树属	卢氏县
楸树 *Catalpa bungei*	紫葳科梓属	西峡、沈丘、商丘、伊川等
枫杨 *Pterocarya stenoptera*	胡桃科枫杨属	西峡、南召、商城、信阳等
榔榆 *Ulmus parvifolia*	榆科榆属	清丰、宜阳、卢氏、郏县、西峡等
望春玉兰 *Magnolia biondii*	木兰科木兰属	南召、鲁山、镇平、栾川等
桂花 *Osmanthus fragrans*	木樨科木樨属	内乡、镇平、西峡、桐柏等
山茶 *Camellia japonica*	山茶科山茶属	光山县
河南杜鹃 *Rhododendron henanense*	杜鹃花科杜鹃花属	灵宝、栾川、嵩县、西峡等

资料来源: 卢炯林:《河南古树志》,河南科学技术出版社,1988 年;王照平:《河南古树名木》,河南科学技术出版社,2010 年。

从分类上看,河南古树名木分属 28 科,36 属,90 多种,以蝶形花科、苏木科、银杏科、桑科、柏科、杨柳科、壳斗科、卫矛科为最多。除少数为裸子植物树种外,绝大多数为被子植物树种。在形态上看,全省古树名木以乔木最多,如七叶树、银杏等,灌木类的较少,如酸枣等;落叶树种居多,如国槐、栓皮栎等,常绿树种次之,如侧柏、桧柏等,还有少数半常绿的树种,如橿子栎。

从地域分布来看,河南古树名木遍布全省各地。虽山区、丘陵、平原均有生长,但以山区居多,因为平原地区人为活动频繁、生境类型单调而分布的较少。从起源来看,生长在寺庙、村庄、宅院的古树名木多为人工栽植;而众多生长于人迹罕至的深山野林中的孤立木或古树群落则为天然林,如生长于栾川龙峪湾海拔 1 800m 以上的野生杜鹃林、嵩县龙池曼山的古银杏树群、济源天台山的南方红豆杉古树等。

(四)古树名木生存现状及保护工作

1. 古树名木生存现状

河南古树名木的生存现状大致可以分为以下三种情形:一是生长力旺盛,枝叶繁茂。这类古树虽然有百年以上树龄,但仍枝叶茂盛,树冠庞大,树干圆满完整,躯干无伤残枯损,保持良好的生长态势。二是生长已达衰老期的古树。树木长势显著衰退,树形苍劲衰老,树干常有空洞或劈裂,树体常有主枝枯死现象,新梢生长极短。这种类型较多,约占古树总量的半数以上。三是生长濒临枯死状态。从形态看,这类古树一般都缺顶梢枯,大枝干枯,枝叶零落,树形残缺不全,几无新梢生长。

影响古树名木生存的因素主要有两方面:一是自然灾害,包括狂风暴雨、暴雪等极端天气和各种病虫害。二是人为破坏,包括受利益驱使对古树名木的掠夺性开发利用、大量建设工程对古树名木的直接破坏或对其生存环境的间接破坏、"大树进城"之风导致的盗挖倒卖古树等。相比较而言,自然灾害的影响是有限的,而人为的破坏则是毁灭性的,因此,河南古树名木保护工作任重而道远。

2. 古树名木保护措施

河南人民政府历来非常重视古树名木的保护工作。在 1981～1987 年，河南环保局曾组织河南农业大学、河南大学、河南科学院等单位专家对全省的古树名木资源进行过一次较为系统的调查，为河南古树名木的保护奠定了基础。2001～2002 年，河南绿化委员会又组织各省辖市对全省古树名木进行了一次较为详尽的普查，统一编号、登记造册、建立档案，初步摸清了河南古树名木的"家底"。

今后在对古树名木的管护上应采取以下措施：①应把古树名木当作文物来看待，像保护管理国家文物那样来保护和管理古树名木；②要明确古树名木保护管理责任制，制定和建立有效的管理机制；③各级政府要订立古树名木养护管理方案，负责定期培训古树养护人员，提高管护能力；④对现已查清的古树，要实行挂牌管理，并采取相应的保护措施；⑤对衰老古树要进行树势复壮工作；⑥要加强对古树的科学研究工作。

参考文献

戴宝合：《野生植物资源学》，中国农业出版社，2003 年。

朱太平、刘亮、朱明：《中国资源植物》，科学出版社，2003 年。

宋朝枢：《伏牛山自然保护区科学考察集》，中国林业出版社，1994 年。

卢炯林：《河南古树志》，河南科学技术出版社，1988 年。

孟庆法、田朝阳：《河南珍稀树种引种与栽培》，中国林业出版社，2009 年。

丁宝章、王遂义等：《河南植物志（第一册）》，河南科学技术出版社，1988 年。

丁宝章、王遂义等：《河南植物志（第二册）》，河南科学技术出版社，1990 年。

丁宝章、王遂义等：《河南植物志（第三册）》，河南科学技术出版社，1997 年。

丁宝章、王遂义等：《河南植物志（第四册）》，河南科学技术出版社，1998 年。

王遂义：《河南树木志》，河南科学技术出版社，1994 年。

王照平：《河南古树名木》，河南科学技术出版社，2010 年。

第十章　动物资源

第一节　动物资源及分类概述

动物资源是生物圈中所有动物的总称。通常包括驯养动物资源（如牛、马、羊、猪、驴、骡、骆驼、家禽、兔、珍贵毛皮兽等）、水生动物资源（如鱼类资源、海兽等）及野生动物资源（如野生无脊椎动物、兽类和鸟类等）。动物与人类的经济生活关系密切，不仅可提供肉、乳、皮毛和畜力，而且是发展食品、轻纺、医药等工业的重要原料。同时动物资源在维持生物圈的生态平衡中起到非常重要的作用。

河南地处中原，位于北亚热带向暖温带过渡地带，气候条件多样，地貌类型千差万别，地理环境复杂，河流众多，为各种生物物种提供了优越的栖息繁育条件，形成了丰富的生物多样性。河南目前有分布记载的野生动物资源有 8 545 种，其中无脊椎动物 7 883 种，脊椎动物 662 种。

动物资源丰富多彩，要识别成千上万种动物，给予其适当的名称，进行适当的顺序排名，这就要求对动物资源进行分类。动物资源的分类是以动物的形态和解剖构造的相似程度为基础，把具有某些共同特征的动物归为一类，把具有另外一些共同特征的动物归为另一类，并由此设立了界、门、纲、目、科、属、种七个从大到小，由高到低的从属等级。所有的动物都属于动物界，再根据不同的特征分为不同的门，同一个门内的动物，又可以根据另一些不同的特征分成不同的纲。有时一个等级内的动物种类繁多，根据需要，还可以在上述除界以外的六个等级前冠以"总"或"亚"字，增加分类等级。通常增加的等级可有亚门、总纲、亚纲、总目、亚目、总科、亚科、亚属、亚种等。

全球动物资源根据动物身体背侧有无脊椎骨分为无脊椎动物和脊椎动物。无脊椎动物是背侧没有脊椎骨的动物，其种类数占动物总种类数的 95%。它们是动物的原始形式，包括原生动物门、多孔动物门（海绵动物门）、腔肠动物门、扁形动物门、线形动物门、软体动物门、环节动物门、节肢动物门、棘皮动物门和半索动物门。其中节肢动物门为第一大门，软体动物门为第二大门。脊椎动物是背侧有脊椎骨的动物，这一类动物一般体形左右对称，全身分为头、躯干、尾三个部分，躯干又被横膈膜分成胸部和腹部，有比较完善的感觉器官、运动器官和高度分化的神经系统，包括鱼类、两栖动物、爬行动物、鸟类和哺乳动物 5 大类。

第二节　无脊椎动物资源

无脊椎动物的种类和数量不但在整个动物界中占主要地位，在全部生物中亦占优势，全世界已描述的种数 132.5 万个（Groombridge，1992），占全部动物种数的 96.71%，占全部生物已描述种数的 76.19%。中国地域广大，物种丰富，无脊椎动物种数约占全球总数的 10%左右。

河南无脊椎动物 12 类 7 883 种，其中原生动物 42 种、多孔动物 2 种、腔肠动物 4 种、扁形动物 2 种、轮虫动物 89 种、环节动物 15 种、软体动物 32 种、昆虫类动物 7 110 种、蜘蛛类动物 385 种、蜱螨类动物 116 种、甲壳类（含蛛形纲蝎目、脚须目）动物 81 种、多足类动物 5 种。其他类群缺系统的调查和研究。

一、原生动物

原生动物是一类最原始、最简单、最低等的单细胞动物，在其细胞内具有特化了的各种胞器，具有维持生命和延续后代所必需的一切功能。原生动物分布很广，只要有生命所需要的水分，就有原生动物的分布足迹。自然状态下原生动物分布在海洋、淡水、盐水、土壤、冰、雪及温泉中，空气中也有它的分布。至于寄生的原生动物，世界上所有的动物都可能被原生动物寄生，甚至植物也可能成为原生动物的寄主。目前全世界已记载的原生动物有 68 000 种，约 34 000 种为化石种类，独立生活的种类为 22 600 种，寄生种类为 11 300 种。中国已报道的原生动物种类约为 6 800 种。

河南的原生动物种类报道有 42 种（和振武，1993），分布全省各地，绝大多数为浮游生活，也有底栖的。原生动物繁殖力强，在一定水体内数量繁殖增加较快，在发展水产养殖业中占有重要地位。

河南原生动物种类分属于鞭毛纲，金滴虫目的合尾滴虫（*Synura arellia*）、变形棕滴虫（*Ochromonas mutabilis*）、钟虫（*Dinobryon sertulania*）。隐滴虫目的卵形隐滴虫（*Cryptomonas ovata*）。檀滴虫目的衣滴虫（*Chiamydomonag reinnaridi*）、团藻（*Volvox aurens*）、盘藻（*Gonium sociale*）、实球藻（*Pandorina morum*）、空球藻（*Eudorina elegans*）。眼虫目的绿眼虫（*Eugiena viridis*）、梭眼虫（*E.acus*）、长眼虫（*E.deses*）、螺纹眼虫（*E.spirogyra*）、园扁眼虫（*Phacus orbicularia*）、尖尾扁眼虫（*P.acuminatus*）、漂眼虫（*Astasia klebsi*）、杆囊虫（*Peranema trichophorum*）。腰鞭目的角鞭虫（*Ceratium hirundinella*）。肉足纲，变形虫目的大变形虫（*Amoeba protcus*）、发变形虫（*A.gorgonia*）、放射变形虫（*A.radiosa*）、晚星变形虫（*A.vespertilio*）、无恒变形虫（*A.dubia*）、泥生变形虫（*A.limicola*）。有壳目的铺壳虫（*Arcella discoides*）、砂壳虫（*Difflugia oblonga*）。太阳目的太阳虫（*Actinophyrus sol*）、辅球虫（*Actinosphaerium eichhorni*）。纤毛纲，全毛目的双环节毛虫（*Didinium nasutum*）、毛板壳虫（*Coleps hirtus*）、

长吻虫（*Lacrymaria olor*）、片状漫游虫（*Lionotus fasciola*）、大斜体虫（*Loxobes megnus*）、大草履虫（*Paramecium caudatum*）、双核草履虫（*P.aurelia*）、绿草履虫（*P.bursaria*）、肾形虫（*Colpeda inflata*）。旋唇目的多态喇叭虫（*Stentor polymorphus*）、游跃虫（*Halteria grandinclla*）、棘尾虫（*Stylongchia pustulata*）、游朴虫（*Euplotes charon*）。缘毛目的钟虫（*Vorticella campanula*）。

原生动物很微小，人们用肉眼难以观察，但这类动物却直接或间接地与人类有着密切的关系。有的对人类有益，如草履虫能吞食细菌，净化污水；太阳虫、钟虫可以做鱼的饵料；有的有害，如痢原虫、痢疾内变形虫会使人得痢疾等。

二、多孔动物

多孔动物又称海绵动物，是一类体表多孔，水中营固着生活，体呈不对称或辐射对称，具两胚层和水沟系，无消化腔和神经系统的最原始的多细胞动物。多孔动物绝大多数生活在海洋，生活在淡水中的淡水海绵在我国缺乏系统调查。多孔动物河南分布有 2 种（和振武，1993），分属于普通海绵纲，单轴目的日本轮海绵（*Ephydatia japonica*）、脆针海绵（*Spongilla fragilis*）。

三、腔肠动物

腔肠动物全为水生，全世界约有 10 000 种，其中绝大部分栖息在海洋中，只有淡水水螅和桃花水母等少数种类生活在淡水中。他们分布广，几乎所有水域以及各种水深都有其存在，而以热带和亚热带水域更为丰富。河南分布有 4 种（和振武，1993），分属于水螅纲，螅形目的寡柄水螅（*Pelmatohydra oligactis*）、普通水螅（*Hydra vulgaris*）、绿水螅（*Chlorohydra viridissima*）；淡水水母目的信阳桃花水母（*Craspedacusta sowerbyi xinyangensis*）。

腔肠动物身体中央生有空囊，整个动物体形有的呈钟形，有的呈伞形，分为水螅型（口朝上）和水母型（口朝下）。腔肠动物的触手十分敏感，上面生有成组的被称为刺丝囊的刺细胞。如果触手碰到可以吃的东西，末端带毒的细线就会从刺丝囊中伸出，刺入猎物体内，麻痹或杀死猎物。桃花水母生殖腺呈红色，常发生在桃花盛开的季节，水母在水中漂游，清水呈红色，酷似桃花。产于水库、湖泊中，因桃花水母的盛发期正值鱼类产卵期，对鱼苗有一定的危害性。

四、扁形动物

扁形动物世界上已记录 380 多种，我国报道 7 种，河南有 2 种（和振武，1993），分属于涡虫纲，三肠目的日本三角涡虫（*Dugesia japonica*）、土蛊（*Bipalium sp.*）。扁形动物营自由生活或寄生生活，自由生活的种类（如涡虫纲）分布于海水、淡水或潮湿的土壤中，肉食性。寄生生活的种类（如吸虫纲和绦虫纲）则寄生于其他动物的体表或体内，摄取该动物的营养，一些种类是人畜共患的重要寄生虫。

五、轮虫动物

轮虫动物前端有一头冠，并着生 1、2 列或更多的纤毛环，当头冠伸出的时候，左右 2 个纤毛环不断地摆动，形似毡轮，因此人们叫这类动物为轮虫。轮虫动物全世界约有 2 000 种，河南分布有 89 种（和振武，1993），分属于双巢目和单巢目。

双巢目（Digononta）6 种。懒轮虫（*Rotaria tardigrada*）、转轮虫（*R. rotatoria*）、长足轮虫（*R. neptunia*）、巨环旋轮虫（*Philodina megalotrocha*）、红颜旋轮虫（*P. crythrophathlma*）、尖刺间盘轮虫（*Dissotrocha aculeata*）。

单巢目（Monogononta）83 种。钳形猪吻轮虫（*Dicranophorus forcipatus*）、尾猪吻轮虫（*D. caudatus*）、前突额吻轮虫（*Erignatha clastopis*）、截头柔轮虫（*Lindia truncata*）、钩状狭甲轮虫（*Colurella uncinata*）、尖尾鞍甲轮虫（*Lepadella acuminate*）、盘状鞍甲轮虫（*L. patella*）、台杯鬼轮虫（*Trichotria pocillum*）、方块鬼轮虫（*T. tetractis*）、角突臂尾轮虫（*Brachionus angularis*）、萼花臂尾轮虫（*B. calyciflorus*）、剪形臂尾轮虫（*B. forficula*）、蒲达臂尾轮虫（*B. budapestiensis*）、花篋臂尾轮虫（*B. capsuliflorus*）、 壶状臂尾轮虫（*B. urceus*）、短形臂尾轮虫（*B. leydigi*）、裂足轮虫（*Schizocerca diversicornis*）、四角平甲轮虫（*Platyias quadricornis*）、管板细脊轮虫（*Lophocharis salpina*）、板胸细脊轮虫（*L. oxysternon*）、剑头棘管轮虫（*Mytillina mucronata*）、台氏合甲轮虫（*Diplois daviesiac*）、竖琴须足轮虫（*Euchlanis lyra*）、大肚须足轮虫（*E. dilatata*）、裂痕龟纹轮虫（*Anuracopsis fissa*）、螺形龟甲轮虫（*Keratella cochlcaris*）、矩形龟甲轮虫（*K. quadrata*）、曲腿龟甲轮虫（*K. valag*）、鳞状叶轮虫（*Notholca squumula*）、唇形叶轮虫（*N. labis*）、尖削叶轮虫（*N. acuminata*）、前额犀轮虫（*Rhinoglena frontalis*）、椎尾水轮虫（*Epiphanes senta*）棒状水轮虫（*E. clavulatus*）、蹄形腔轮虫（*Lecane ungulata*）月形腔轮虫（*L. luna*）、尖棘腔轮虫（*L. arcula*）、尾片腔轮虫（*L. ieontina*）、甲腔轮虫（*L. inermis*）、钝齿单趾轮虫（*Monstyla crenata*）、四齿单趾轮虫（*M. quadridentata*）、尖角单趾轮虫（*M. hamats*）、尖趾单趾轮虫（*M.closterocerca*）、爪趾单趾轮虫（*M. lunaris*）、月形单趾轮虫（*M. lunaris*）、囊形单趾轮虫（*M. bluua*）、梨形单趾轮虫（*M. pyriformis*）、精致单趾轮虫（*M. elachis*）、长刺盖氏轮虫（*Kellicottia longispina*）、前节晶囊轮虫（*Asplanchna priodonta*）、盖氏晶囊轮虫（*A. girodi*）、卜氏晶囊轮虫（*A. brightwelli*）、巨长肢轮虫（*Monommata grandis*）、耳叉椎轮虫（*Notommara aurita*）、拟番犬椎轮虫（*N. pseudocerberus*）、环形沟栖轮虫（*Taphrocampa annulosa*）、眼镜柱头轮虫（*Eosphora najas*）、纵长柱头轮虫（*Eothinia elongata*）、小链巨头轮虫（*Cephalodella catallina*）、尾棘巨头轮虫（*C. sterea*）、凸背巨头轮虫（*C. gibba*）、小型腹尾轮虫（*Gastropus minor*）、弧形采胃轮虫（*Chromogaster testudo*）、舞跃无柄轮虫（*Ascomorpha saltans*）、没尾无柄轮虫（*A. ecaudis*）、对棘同尾轮虫（*Diurella stylata*）、三突异尾轮虫（*Trichocerca bicristata*）、冠饰异尾轮虫（*T. lophoessa*）、暗小异尾

轮虫（*T. pusilla*）、针簇多肢轮虫（*Polyarthra trigla*）、真翅多肢轮虫（*P. euryptera*）、颤动庞毛轮虫（*Synchaeta tremula*）、梳状庞毛轮虫（*S. pectinata*）、长圆庞毛轮虫（*S. oblonga*）、盘镜轮虫（*Testudinella patina*）、锯切镜轮虫（*T. emarginula*）、扁平泡轮虫（*Pompholyx complanata*）、厅异巨腕轮虫（*Pedalia mira*）、长三肢轮虫（*Filinia longiseta*）、跃进三肢轮虫（*F. passa*）、迈氏三肢轮虫（*F. maior*）、脾状四肢轮虫（*Tetramastix opoliensis*）、敞水胶鞘轮虫（*Collotheca pelagica*）。

轮虫动物淡水种类多，分布广，是池塘、湖泊、水库、河流中浮游动物的重要组成之一，是许多经济鱼类和名贵动物的优质食物。中国特有的青鱼、草鱼、鲢鱼、鳙鱼，半咸水的梭鲻鱼，海水的牙鲆、黑鲷、对虾等，在培育幼苗中均以轮虫作为幼体的主要食物。轮虫供应数量的多少决定着鱼苗生长的快慢和成活率的高低。由于进行孤雌生殖，种群增长极为迅速，是理想的人工培养饲料。

六、环节动物

环节动物体外有由表皮细胞分泌的角质膜，体壁有一外环肌层和一内纵层。通常有几丁质的刚毛，按节排列。有头或口前叶，附肢有或无。闭管式循环系统，血液通常有呼吸色素。体腔按节由隔膜分成小室。环节动物分布广，见于各类生境，尤其在海洋、淡水或湿土中。世界已知环节动物约有 13 000 种，常见的有蚯蚓、蚂蟥、沙蚕等。陆生种类蚯蚓，为土壤中的生物资源，世界上有 1 800 多种，我国已发现 24 属 191 种，河南有 9 种（和振武，1993），分属于寡毛纲的威廉环毛蚓（*Preretima guillelmi*）、湖北环毛蚓（*P.hupeiensid*）、直隶环毛蚓（*P.tschiliensis*）、秉氏环毛蚓（*P.pingi*）、赤子爱胜蚓（*Eisenia foctida*）、背暗异唇蚓（*Allolobophora caliginosa typica*）、微小双胸蚓（*Bimastus parvus*）、日本杜拉蚓（*Drawinda japonica*）、无锡杜拉蚓（*D.gisti*）。

蛭类动物通称蚂蟥，这一类动物除少数肉食性的蛭类外，大多数种类危害人、畜。世界已知约 600 种，中国大约有 70 种。山蛭生活在温湿山区，系东洋种类，我国已发现 11 种，均分布于长江以南，河南在商城和济源有分布，使山蛭的分布推移至黄河以北地区。蛭类动物河南分布有 6 种（和振武，1993），分属于蛭纲，吻蛭目的宽身扁蛭（*Glossiphonia lata*）、喀什米亚扁蛭（*Hemiclepsis kasmiana*），鄂蛭目的光润金钱蛭（*Whitmania haevig*）、日本医蛭（*Hirudo nipponica*）、天目山蛭（*Haemadipas tianmushana*）；咽蛭目的巴蛭（*Barbronia weberi*）。

七、软体动物

软体动物的形态结构变异较大，但基本结构是相同的。身体柔软，具有坚硬的外壳，身体藏在壳中，借以获得保护，由于硬壳会妨碍活动，所以它们的行动都相当缓慢。不分节，可区分为头、足、内脏团三部分，体外被套膜，常常有贝壳。软体动物分布很广，从热带到寒带、平原到高山、海洋以及湖泊河川到处可见。全世界大约 10 万种以上。

河南有 32 种（许人和，1995），分布全省各地。分属于腹足纲，中腹足目的褐带环口螺（*Cyclophorus martensianus*）、狭窄圆螺（*Cyclotus stenomphalus*）、中国圆田螺（*Cipangopaludina chinesis*）、中华圆田螺（*C.cathayensis*）、方形环棱螺（*Bellamya quadrata*）、梨形环棱螺（*B.purificata*）、铜锈环棱螺（*B.aeruginosa*）、长角涵螺（*Alocinma longicornis*）、纹沼螺（*Parafossarulus striatulus*）；基眼目的耳萝卜螺（*Radix auricularia*）、烟台萝卜螺（*R.chefooensis*）、锥实螺（*Lymnaea sp.*）、小土蜗（*Galba pervia*）、梯状土蜗（*G.laticallosiformis*）；柄眼目的滑懈果螺（*Cochlicopa lubirca*）、索形奇异螺（*Mirus funiculus*）、同型巴蜗牛（*Bradybaena similaris*）、灰巴蜗牛（*B.ravida*）、江西巴蜗牛（*B.kiangsinensis*）、条华蜗牛（*Cathaica fasciola*）、蒙古华蜗（*C.mongolica*）、野蛞蝓（*Agriolimas agrestis*）、黄蛞蝓（*Limax flavus*）、双线嗜黏液蛞蝓（*Philomycus bilinealul*）；真瓣鳃目的圆顶珠蚌（*Unio douglasiae*）、剑形矛蚌（*Lanceolaria gladiola*）、背瘤丽蚌（*Lamprolula leai*）、背角无齿蚌（*Anodonta woodiana woodiana*）、背圆无齿蚌（*A. woodiana pacifia*）、钳形无齿蚌（*A.arcaeformin*）、河蚬（*Cobicula fluminea*）、截状豌豆蚬（*Pisidium subtruncatum*）。

海产的软体动物鲍、玉螺、香螺、红螺、东风螺、泥螺、蚶、贻贝、扇贝、江珧、牡蛎、文蛤、蛤仔、蛏、乌贼、枪乌贼、章鱼；淡水产的田螺、螺蛳、蚌、蚬；陆地栖息的蜗牛等肉味鲜美，具有很高的营养价值。鲍的贝壳叫海巴，乌贼的贝壳叫海螵蛸，蚶、牡蛎、文蛤、青蛤等的贝壳等都是中药的常用药材。从鲍鱼、凤螺、海蜗牛、蛤、牡蛎、乌贼等可以提取抗生素和抗肿瘤药物。淡水产量多的小型软体动物可以做农田肥料或饲料，河蚬可以饲养淡水鱼类。软体动物的贝壳是烧石灰的良好原料。珍珠层较厚的贝壳（如蚌、马蹄螺等）是制纽扣的原料。很多贝类的贝壳有独特的形状和花纹，富有光泽，绚丽多彩，是古今中外人士喜欢搜集的玩赏品。

陆生的软体动物蜗牛、蛞蝓等吃植物的叶、芽，危害蔬菜、果树、烟草等。在淡水和陆生的软体动物中，椎实螺是肝片吸虫的中间宿主，豆螺是华支睾吸虫的中间宿主，扁卷螺是姜片虫的中间宿主，短沟螺是肺吸虫的中间宿主，钉螺是日本血吸虫的中间宿主，对人类的危害十分严重。

八、昆虫

昆虫的身体分为头、胸、腹三部分，通常有两对翅和六条足，翅和足都位于胸部，身体由一系列体节构成，进一步集合成 3 个体段（头、胸和腹），通常具两对翅。1 对触角头上生，骨骼包在体外部；一生形态多变化，遍布全球，是节肢动物中种类最多的一种。昆虫纲不但是节肢动物门中最大的一纲，也是动物界中最大的一纲。最近的研究表明，全世界的昆虫可能有 1 000 万种，约占地球所有生物物种的一半。但目前已记载的昆虫种类仅 100 万种，占动物界已知种类的 2/3～3/4。由此可见，世界上的昆虫还有 90%的种类我们不认识。

昆虫在自然生态中起重要作用。它们帮助细菌和其他生物分解有机质。昆虫和花一起进化，因为许多花靠虫传粉。某些昆虫提供重要产品，如蜜、丝、蜡、染料、色素，因而对人有益，但有些种类由于取食各类农作物，对农业造成巨大危害。害虫毁坏自然界或贮存的谷物或木材，在谷物、家畜和人之间传播有害微生物。

我国幅员辽阔，自然条件复杂，是世界上唯一跨越两大动物地理区域的国家，因而是世界上昆虫种类最多的国家之一，昆虫种类占世界种类的 1/10。世界已定名的昆虫种类为 100 万种，我国定名的昆虫有 10 万种左右。河南昆虫种类总数（申效诚，2004）为 406 科、3 010 属、7 110 种。

表 10-1　河南昆虫种类分布统计

目　别	科　数	属　数	种　数	种数占全国的比例/%
原尾目	4	9	13	7.9
弹尾目	7	14	21	10.9
双尾目	2	2	3	5.9
石蛃目	1	1	2	15.4
衣鱼目	1	1	1	5.0
蜉蝣目	7	13	17	6.8
蜻蜓目	13	59	104	26.1
襀翅目	5	14	28	8.9
蜚蠊目	3	5	9	3.8
等翅目	2	7	21	3.8
螳螂目	3	7	15	12.5
革翅目	3	6	10	4.8
直翅目	18	112	241	12.4
竹节虫目	2	6	20	6.6
啮虫目	3	3	6	0.5
食毛目	3	8	10	1.1
虱目	5	5	9	9.4
缨翅目	3	36	75	22.1
同翅目	37	268	569	19.0
半翅目	28	225	391	12.6
广翅目	2	4	6	8.6
蛇蛉目	2	3	4	44.4
脉翅目	6	13	42	6.3
鞘翅目	58	488	1 200	6.5
捻翅目	1	2	2	8.7
长翅目	2	3	15	8.2
双翅目	43	299	793	8.6
蚤目	4	9	9	1.4
毛翅目	15	30	54	6.2
鳞翅目	64	977	2 356	14.1
膜翅目	59	381	1 064	12.9
合计	406	3 010	7 110	10.6

九、蜘蛛

蜘蛛隶属于节肢动物门、蛛形纲、蜘蛛目，是现在陆地上多样性最丰富的捕食者类群之一。通常蜘蛛是主要以猎捕活体昆虫为食，大型种类还能捕食其他小型动物。

全球已报道的蜘蛛已达110科、3 618属、39 112种（Platniek，2006）。我国已记载蜘蛛2 540余种，隶属于60科、460属。河南蜘蛛已报道37科、161属、385种（朱明生，2011）。其中古北界115种、东洋界112种、共有种128种，符合河南过渡性、兼容性、多源性的区系特点。同时具有科、属较丰富，种类相对较少的特点。

目前发现河南的特有类群有30种，主要集中分布在豫西的伏牛山脉和豫南的大别山脉。

表 10-2　河南蜘蛛种类分布统计

科	属数	种数
节板蛛科 Liphistiidae	1	1
地蛛科 Atypide	2	3
颠当蛛科 Ctenizidae	1	1
线蛛科 Nemesiidae	1	1
幽灵蛛科 Pholcidae	1	7
类石蛛科 Segestriidae	1	1
拟壁钱科 Oecobiidae	1	1
长纺蛛科 Hersiliidae	1	1
妩蛛科 Uloboridae	3	5
类球蛛科 Nesticidae	1	1
球蛛科 Theridiidae	15	40
皿蛛科 Linyphiidae	19	35
络新妇科 Nephilidae	1	1
肖蛸科 Tetragnathidae	6	22
园蛛科 Araneidae	17	40
狼蛛科 Lycosidae	7	37
盗蛛科 Pisauridae	2	4
漏斗蛛科 Agelenidae	3	6
栅蛛科 Hahniidae	2	3
卷叶蛛科 Dictynidae	2	4
暗蛛科 Amaurobiidae	5	10
隐石蛛科 Titanoecidae	1	1
褛网蛛科 Psechridae	1	1
猫蛛科 Oxyopidae	1	3
光盔蛛科 Lioeranidae	2	2

续表

科	属数	种数
米图蛛科 Miturgidae	1	6
管巢蛛科 Clubionidae	1	19
圆颚蛛科 Corinnidae	3	4
转蛛科 Trochanteriidae	1	2
异足蛛科 Sparassidae	2	3
平腹蛛科 Gnaphosidae	8	21
拟扁蛛科 Selenopidae	1	1
栉足蛛科 Ctenidae	1	2
狼栉蛛科 Zoridae	1	1
逍遥蛛科 Philodromidae	3	11
蟹蛛科 Thomisidae	16	36
跳蛛科 Salticidae	26	48
合计	161	385

河南的蜘蛛 385 种，中纺亚目（Mesothelae）1 科、1 属、1 种，后纺亚目（Opisthothelae）36 科、160 属、384 种，其中：原蛛下目（Infraorder Mygalomorphae）3 科、4 属、5 种，新蛛下目（Infraorder Araneomophae）33 科、156 属、379 种。跳蛛科、球蛛科和园蛛科种类数量最为丰富，分别为 48 种、40 种和 40 种，占河南蜘蛛区系成分的 12.47%、10.39% 和 10.39%，为本地区的优势成分；狼蛛科 37 种、蟹蛛科 36 种、皿蛛科 35 种、肖蛸科 22 种和平腹蛛科 21 种，分别占河南蜘蛛区系成分的 9.6%、9.35%、9.09%、5.71% 和 5.46%，为河南蜘蛛区系的主要组成成员；暗蛛科、管巢蛛科、盗蛛科、猫蛛科、异足蛛科、圆颚蛛科、节板蛛科、地蛛科、颠当蛛科、线蛛科、幽灵蛛科、类石蛛科、拟壁钱科、长纺蛛科、妩蛛科、络新妇科、类球蛛科、漏斗蛛科、栅蛛科、卷叶蛛科、隐石蛛科、褛网蛛科、光盔蛛科、米图蛛科、转蛛科、拟扁蛛科、栉足蛛科、狼栉蛛科、逍遥蛛科数量较少。

农田蜘蛛对人类的贡献而言，主要是益虫。在农田中蜘蛛捕食的大多是农作物的害虫，许多中药，都有蜘蛛入药的记载，因此，保护和利用蜘蛛具有重要的意义。在防治农作物病虫害中，提倡使用高效低毒农药，开展生物防治，保护天敌。对于有益蜘蛛的保护，可以有效地维护生物种群的平衡，减少农田化学农药的使用，保障人畜安全，降低农业生产成本，达到增产增收。

十、蜱螨类动物

蜱螨类是蛛形纲的小型节肢动物，外形有圆形、卵圆形或长形等。小的虫体长仅 0.1mm 左右，大者可达 1cm 以上，多两性卵生，发育阶段雌雄有别，雌性经过卵、幼螨、第一若螨、第二若螨到成螨；雄性则无第二若螨期。有些种类进行孤雌生殖。繁殖迅速，一年最少2~3代，最多20~30代。此类动物对人类和农作物、果树危害很大。

河南蜱螨类有28科、68属、116种分布。常见的种类有棉叶螨（*Tetranychus telarius*）、山楂叶螨（*T.viennensis*）、麦圆蜘蛛（*Penthaleus major*）、麦长蜘蛛（*Petrobia scabiei*）、人疥螨（*Sarcoptes scabiei*）。

十一、甲壳类动物

甲壳类动物的身体由50个体节组成，但是大部分的高等甲壳动物只有19个体节。身体通常由头部、胸部和腹部组成。甲壳动物通过产卵的方式繁殖。淡水里面的幼年甲壳动物，除了身体比成年的小一些之外，长得与成年甲壳动物很相似。

全世界的甲壳类动物约有3万种，河南甲壳类（含蛛形纲蝎目、脚须目）动物有81种（许人和，1995），分属于10目。

表10-3　河南甲壳类（含蛛形纲蝎目、脚须目）动物种类

目名称	种名称
无甲目 Anostraca	肖丰年虫（*Branchinella kugenumaensis*）
背甲目 Notostraca	中华鲎虫（*Apus sinensis*）
双甲目 Diplostraca	隐妇蚌壳虫（*Caenestheriella kawamurai*）、透明薄皮溞（*Leptodora kindti*）、晶莹仙达溞（*Sida crystallina*）、额突仙达溞（*Limnoside frontosa*）、双棘伪仙达溞（*Pseudosida bidentata*）、短尾秀体溞（*Diaphanosoma brachyurum*）、长肢秀体溞（*D. leuchtenbergianum*）、多刺秀体溞（*D. sarsi*）、澳洲壳腺溞（*Latonopsis australis*）、大型溞（*Diphnia magna*）、鹦鹉溞（*D. psittacea*）、隆线溞（*D. carinata*）、平突船卵溞（*Scapholeberis mucronata*）、老年低额溞（*Simocephalus vetulus*）、直额裸腹溞（*Moina rectirostris*）、微型裸腹溞（*M. micrura*）、短型裸腹溞（*M. brachiata*）、多刺裸腹溞（*M. macrocopa*）、远东裸腹溞（*M. weismanni*）、近青裸腹溞（*M. affinis*）、双态拟裸腹溞（*Moinodaphnia macleayii*）、长额象鼻溞（*Bosmina longirostris*）、脆弱象鼻溞（*B. fatlis*）、简弧象鼻溞（*B. coregoni*）、颈沟基合溞（*Bosminopsis deitersi*）、宽角粗毛溞（*Macrothrix laticornis*）、直额弯尾溞（*Camptocercus rectirostris*）、龟状笔纹溞（*Graptoleberis testudinaris*）、方形尖额溞（*Alone quadrangularis*）、秀体尖额溞（*A. diaphana*）、短性尖额溞（*A. rectangula*）、点滴尖额溞（*A. guttata*）、肋形尖额溞（*A. costata*）、圆形盘肠溞（*Chydorus sphaericus*）、卵形盘肠溞（*C. ovalis*）、小型锐额溞（*Alone exigua*）、吻状异尖额溞（*Dissparalona rostrata*）、镰吻弯额溞（*Rhynchotalona falcata*）、瘦尾细额溞（*Oxyurella tenuicandis*）、棘齿平直溞（*Pleuroxus denticudis*）、卵形伪盘肠溞（*Pseudochydorus globosus*）、异形单眼溞（*Monospillis dispar*）
哲水蚤目 Catanoida	细巧华哲水蚤（*Sinocalanus tenellus*）、汤匙华哲水蚤（*S. dorrii*）、稚肢蒙镖水蚤（*Mongolodiaptomus subquadratus*）、特异荡镖水蚤（*Neurodiaptomus incongruens*）、肠突荡镖水蚤（*N. genogibbosus*）翼状荡镖水蚤（*N. alatus*）、长江新镖水蚤（*Neodiaptomus yangysekiangensis*）
剑水蚤目 Cyclopoida	中华咸水剑水蚤（*Halicyclops sinensis*）、棕色大剑水蚤（*Macrocyclops fuscus*）、闻名大剑水蚤（*M. distinctus*）、白色大剑水蚤（*M. albidus*）、如愿真剑水蚤（*Eucyclops speratus*）、微小近剑水蚤（*Tropocyclops parvus*）、短刺近剑水蚤（*T. brevispinus*）、胸饰外剑水蚤（*Eclocyclops phaleratus*）、英勇剑水蚤（*Cyclops strenus*）、近邻剑水蚤（*C. vicinus*）、草绿刺剑水蚤（*Acanthocyclops viridis*）、跨立小剑水蚤（*Microcyclops varicams*）、长尾小剑水蚤（*M.longiramus*）、爪哇小剑水蚤（*M. javanus*）、等刺温剑水蚤（*Thermocyclops kawamurai*）

续表

目名称	种名称
等足目 Isopoda	鼠妇（*Porcellio sp.*）、白粉脂鼠妇（*Porcellionides pruinosus*）
端足目 Amphipoda	钩虾（*Gammarus gregoryi*）
十足目 Dccapoda	中华新米虾（*Neocaridina denticulata sinensis*）、细足米虾（*Caridina nilotica geacilipes*）、中华小长臂虾（*Palaemonetes sinensis*）、日本沼虾（*Macrobranchium nipponense*）、锯齿华溪蟹（*Sinopotamon denticulatum Denticulatum*）、河南华溪蟹（*S. denticulatum honanese*）、陕西华溪蟹（*S. shensinence*）、凹肢华溪蟹（*S. depressum*）、桐柏华溪蟹（*S. yangtsekiense tongpaiense*）、陕县华溪蟹（*S. yangtsekiense shenxianense*）、细肢华溪蟹（*Parapotamon gracilipodum*）
蝎目 Scorpionida	东亚钳蝎（*Buthus martensi*）
脚须目 Pedipalpida	鞭蝎（*Typopeltis stimpsonii*）

体型小的甲壳类动物作为鱼类的主要食物十分重要。龙虾、蟹和虾对于人类是非常好的食物。甲壳类动物也被用作"清洁工"，它们有助于保持海滩和溪水的清洁。另一方面，一些甲壳动物是很危险的害虫，它们破坏农作物或者钻进码头和海堤里面进行破坏。

十二、多足类动物

多足类动物身体长形，分头和躯干两部分，一般背腹扁平。头部有 1 对触角，多对单眼。口器由 1 对大颚及 1~2 对小颚组成。躯干部由许多体节组成，每节有 1~2 对前足。用气管呼吸，排泄为马氏管。多足类为陆生动物，栖息隐蔽，行动缓慢，性喜阴暗潮湿，常栖息于树皮、落叶、石头或苔藓下面的洞穴中。多以腐烂的植物、霉菌和其他真菌为食。居住在洞穴中的种类也有以动物尸体为食，若干种类因吃植物新生的嫩芽、嫩根而成为农业的害虫。蜈蚣为重要的中药材，整体干制可入药，已进行人工养殖。

多足类动物已知 10 000 多种，河南常见的有 5 种，少棘蜈蚣（*Scolopendra subspinipes mutilan*）、多棘蜈蚣（*S. subspinipes mutidens*）、花蚰蜒（*Thereuonema tuberculata*）、巨马陆（*Prospirobolus jannsi*）、雅丽酸马陆（*Oxidus gracilis*）。

第三节　脊椎动物资源

河南脊椎动物有 6 类 662 种，其中鱼类动物 105 种、两栖类动物 29 种、爬行类动物 44 种、鸟类动物 385 种、哺乳类 99 种。

一、鱼类

鱼类是脊椎动物中生活在水域里的最大的一个类群，全世界现有 25 000 种，我国海洋鱼类约有 2 100 种，淡水鱼类约有 800 余种，其中，鲤科属种最多，有 400 余种，约占全部淡水鱼的 1/2；鲶科和鳅科的属种也不少，两科共有 200 余种，约占全部淡水鱼的 1/4；其他科如虾虎科、鳢科、合鳃科等科共有 200 余种，约占全部淡水鱼的 1/4。

河南鱼的种类和区系分布比较复杂，有古北界的江河平原区的种类和西北高原区的种类，还有东洋界和怒澜界的种类。本省平原面积广大，江河平原区鱼类占优势。据初步调查，全省鱼类现已发现的有 105 种，分属于 10 目、17 科、63 属。江河平原区鱼类占鱼类总数的 78%，并以鲤科鱼类最多。鲤（*Cyprinus carpio*）、鲫（*Carassius auratus*）、马口鱼（*Opsariichthys uncirostris*）、赤眼鳟（*Squaliobarbus curriculus*）、草鱼（*Ctenopharyngodon idellus*）、青鱼（*Mylopharyngodon piceu s*）、宽鳍鱲（*Zacco platypus*）等为优势种。东洋界的代表鱼类有鲮（*Hemibagrus elongatus*）、斗鱼（*Macropodus opercularis*）、鳗鲡（*Anguilla japonica*）等；怒澜界的代表鱼类有乌鳢（*Ophiocephalus argus*）、黄鳝（*Monopterus albus*）、鲶鱼（*Silurus asotus*）、黄颡鱼（*Pseudobagrus fulvidraco*）、开封鲴（*Leiocassis kaifenensis*）等。但西北高原区的鱼类和黑龙江区的鱼类较少。

二、两栖类动物

两栖动物是最原始的陆生脊椎动物，是从水生过渡到陆生的脊椎动物，具有水生脊椎动物与陆生脊椎动物的双重特性。它们既保留了水生祖先的一些特征，如生殖和发育仍在水中进行，幼体生活在水中，用鳃呼吸，没有成对的附肢等；同时幼体变态发育成成体时，获得了真正陆地脊椎动物的许多特征，如用肺呼吸，具有五趾型四肢等。既有适应陆地生活的新的性状，又有从鱼类祖先继承下来的适应水生生活的性状。多数两栖动物需要在水中产卵，发育过程中有变态，幼体（蝌蚪）接近于鱼类，而成体可以在陆地生活，但是有些两栖动物进行胎生或卵胎生，不需要产卵，有些从卵中孵化出来几乎就已经完成了变态，还有些终生保持幼体的形态。两栖动物大都具有五趾型的四肢，成体可在水陆两种环境栖息。分布在我国的两栖类动物约有 279 种，约占全世界两栖类的 7%。

河南两栖动物 29 种，隶属于 2 目、9 科、21 属。从分布上看，古北界的有 7 种，东洋界的有 16 种，同时分布于古北界和东洋界有 6 种，分别占总种数 24.14%、55.17%、20.69 %。河南两栖动物区系，基本上属于东洋界和古北界的混合体，以东洋界成分占优势。河南分布的两栖动物种类为：大鲵（*Andrias davidianus*）、秦巴拟小鲵（*Pseudohynobius tsinpaensis*）、豫南小鲵（*Hynobius yunanicus*）、极北鲵（*Salamandrella keyserlingii*）、巫山北鲵（*Ranodon shishi*）、商城肥鲵（*Pachyhynobius shangchengensis*）、东方蝾螈（*Cynops orientalis*）、陕齿突蟾（*Scutiger ningshanens*）、中华蟾蜍指名亚种（*Bufo gargarizans*）、花背蟾蜍（*B.raddei*）、

中国雨蛙（*Hyta chinensis*）、无斑雨蛙（*H.immaculata*）、中国林蛙（*Rana chensinensis*）、镇海林蛙（*R.zhenhaiensis*）、泽陆蛙（*Fejervarya multistriata*）、黑斑侧褶蛙（*Pelophylax nigromaculatus*）、金线侧褶蛙（*P.plancyi*）、阔褶水蛙（*Hylarana latouchii*）、沼水蛙（*H.guentheri*）、太行隆肛蛙（*Feirana taihangnicus*）、川氏肛刺蛙（*Yeranagen eranayei*）、花臭蛙（*Odorrana schmackeri*）、虎纹蛙（*Hoplobatrachus rugulosus*）、树蛙（*Rhacophorus dennysii*）、斑腿泛树蛙（*Polypedates megacephalus*）、北方狭口蛙（*Kaloula borealis*）、饰纹姬蛙（*Microhyla ornata*）、合征姬蛙（*M.mixtura*）、小弧斑姬蛙（*M.heymonsivogt*）。

　　两栖类动物有着类似的生活方式，从食性上来说，除了一些无尾目的蝌蚪食植物性食物外，均食动物性食物。两栖动物虽然也能适应多种生活环境，但是其适应力远不如更高等的其他陆生脊椎动物，既不能适应海洋的生活环境，也不能生活在极端干旱的环境中，在寒冷和酷热的季节则需要冬眠或者夏蛰。

三、爬行类动物

　　爬行动物的皮肤干燥且表面覆盖着保护性的鳞片或坚硬的外壳，这使它们能离水登陆，在干燥的陆地上生活。在恐龙时代，爬行动物曾主宰着地球，对动物的进化产生了重大影响。目前，世界上的爬行动物共有 6 000 多种，主要分龟鳖目、鳄目和有鳞目 3 目。大多数爬行动物生活在温暖的地方，因为它们需要太阳和地热来取暖。很多爬行动物栖居在陆地上，但是海龟、海蛇、水蛇和鳄鱼等多生活在水里。

　　河南地处中原，受大陆季风气候影响较大，与地形、气候、水文、土壤、植被等自然性地理条件相适应，河南爬行动物地理分布的生境多样，区系成分复杂，南北过渡地带特征非常显著，分布有44种爬行动物种类，即乌龟（*Chinemys reevesii*）、黄缘盒龟（*Cistoclemmys flavomarginata*）、鳖（*Pelodiscus sinensis*）、无蹼壁虎（*Gekko swinhonis*）、丽纹攀蜥（*Japalura splendida*）、米仓山龙蜥（*Japalura micangshanensis*）、丽斑麻蜥（*Eremias argus*）、山地麻蜥（*E.brenchleyi*）、北草蜥（*Takydromus septent rionalis*）、蓝尾石龙子（*Eumeces elegans*）、铜蜒蜥（*Sphenomorp husindicus*）、锈链腹链蛇（*Amphiesma craspedogaster*）、草腹链蛇（*A.stolata*）、钝尾两头蛇（*Calamaria septentrionalis*）、黄脊游蛇（*Coluber spinalis*）、翠青蛇（*Cyclophi ops major*）、丽纹蛇（*Calliophis macclellandi*）、平鳞钝头蛇（*Colubridae Pareas*）、黄链蛇（*Dinodon flavozonatum*）、赤链蛇（*D.rufozonatum*）、赤峰锦蛇（*Elaphe anomala*）、双斑锦蛇（*E.bimaculata*）、王锦蛇（*E.carinata*）、白条锦蛇（*E.dione*）、灰腹绿锦蛇（*E.frenata*）、斑锦蛇（*E.mandarina*）、紫灰锦蛇（*E.porphyarcea*）、红点锦蛇（*E.rufodorsata*）、黑眉锦蛇（*E.taeniura*）、双全白环蛇（*Lycodon fasciatus*）、黑背白环蛇（*Lycodon ruhstrati*）、颈棱蛇（*Macropi sthodonrudis*）、中国小头蛇（*Oligod onchinensis*）、斜鳞蛇（*Pseudoxenodon macrops*）、花尾斜鳞蛇（*P.stejnegeri*）、虎斑颈槽蛇（*Rhabd ophistigrinus*）、黑头剑蛇（*Sibynophi schinensis*）、赤链华游蛇（*Sinonatrix annularis*）、华游蛇（*S.percarinata*）、乌梢蛇（*Zaocys dhumnades*）、短尾蝮（*Gloydius brevicaudus*）、菜花原矛头蝮（*Protobothrop sjerdonii*）、山烙铁头蛇（*Ovop hismonticola*）、福建竹叶青蛇（*Trimeresurus stejnegeri*）。分布在东洋界的有 31 种，古北界的有 5 种，东洋界和古北界的有 8 种，分别占河南已知爬行动物物种总数的 70.46%、11.36%和 18.18%。

四、鸟类动物

鸟类由爬行动物进化而来，世界上现存的鸟类共有 9 000 多种，它们都有翅膀和羽毛，就连那些已经失去飞行能力的鸟类（如鸵鸟、企鹅等）也不例外。绝大多数鸟类具有飞行能力，因此能主动迁徙以适应多变的生存环境。鸟类能保持较高且恒定的体温，以满足飞行时能量的需要，特殊的肺部构造使它们能持久地飞行而不会感到呼吸困难。鸟类没有牙齿，却长有角质的喙，鸟喙可用于捕食、筑巢和梳理羽毛。鸟类善于筑巢，它们能用搜集到的各种材料建造各式各样的巢。

我国有鸟类 1 380 种左右，河南鸟类共有 385 种（刘继平等，2008），隶属 17 目、54 科、188 属。其中属国家 I 级重点保护 11 种，国家 II 级重点保护 64 种，属省重点保护 23 种，属河南国家保护有益或有重要经济、科学研究价值的 287 种。按鸟类居留型分，夏候鸟 88 种，占 22.9 %；冬候鸟 45 种，占 11.7 %；留鸟 101 种，占 26.2 %；旅鸟和迷鸟 151 种，占 39.2 %。依鸟类地理区划分，古北界种 213 种，占 55.3 %；东洋界种 99 种，占 25.7 %，广布界种 73 种，占 19.0%。

表 10-4　河南鸟类动物种类

科	属数	种数	I 级保护种数	II 级保护种数	省重点保护种数
1.䴙䴘科 Podicipedidae	1	5		2	1
2.鹈鹕科 Pelecanidae	1	2		2	
3.鸬鹚科 Phalacrocoracidae	1	1			
4.鹭科 Ardeidae	10	17		2	2
5.鹳科 Ciconiidae	2	4	2		1
6.鹮科 Threskiornithidae	2	2		2	
7.鸭科 Anatidae	9	30		4	2
8.鹰科 Accipitridae	11	24	4	20	
9.隼科 Falconidae	2	8		8	
10.雉科 Phasianidae	7	7		3	
11.三趾鹑科 Turnicidae	1	1			
12.鹤科 Gruidae	2	6	3	3	
13.秧鸡科 Rallidae	7	9			
14.鸨科 Otidae	1	2	2		
15.雉鸻科 jacanidae	1	1			

续表

科	属数	种数	Ⅰ级保护种数	Ⅱ级保护种数	省重点保护种数
16.彩鹬科 Rostratulidae	1	1			
17.鸻科 Charadriidae	3	10			1
18.鹬科 Scolopacidae	6	19		1	3
19.反嘴鹬科 Recurvirostridae	3	3			
20.燕鸻科 Glareolidae	1	1			
21.鸥科 Laridae	4	8			
22.鸠鸽科 Columbidae	4	7		1	
23.杜鹃科 Cuculidae	4	9		1	3
24.鸱鸮科 Strigidae	8	14		14	
25.夜鹰科 Caprimulgidae	1	1			1
26.雨燕科 Apodidae	2	3			
27.翠鸟科 Alcedinidae	3	5			1
28.蜂虎科 Meropidae	1	1			1
29.佛法僧科 Coraciidae	1	1			1
30.戴胜科 Upupidae	1	1			
31.啄木鸟科 Picidae	5	7			1
32.八色鸫科 Pittidae	1	1		1	
33.百灵科 Alaudidae	3	5			
34.燕科 Hirundinidae	3	4			
35.鹡鸰科 Motacillidae	3	8			
36.山椒鸟科 Campephagidae	2	4			
37.鹎科 Pycnonotidae	4	5			
38.太平鸟科 Bombycillidae	1	2			
39.伯劳科 Laniidae	1	7			
40.黄鹂科 Oriolidae	1	1			1
41.卷尾科 Dicruridae	1	3			
42.椋鸟科 Sturnidae	2	4			
43.鸦科 Corvidae	7	12			1
44.河乌科 Cinclidae	1	2			
45.鹪鹩科 Troglodytidae	1	1			
46.岩鹨科 Prunellidae	1	2			
47.鸫科 Muscicapidae					3
鸫亚科 Turdinae	14	28			
画眉亚科 Timaliinae	5	12			
莺亚科 Sylviinae	8	23			
鹟亚科 Muscicapinae	5	9			

续表

科	属数	种数	Ⅰ级保护种数	Ⅱ级保护种数	省重点保护种数
48.山雀科 Paridae	2	9			
49.鸭科 Sittidae	2	2			
50.攀雀科 Remizidae	1	1			
51.太阳鸟科 Nectariniidae	1	1			
52.绣眼鸟科 Zosteropidae	1	2			
53.文鸟科 Ploceidae	2	3			
54.雀科 Fringillidae	9	24			
合　计	188	385	11	64	23

森林是构成地球植被的重要组成部分，许多生物以林地为生息繁衍地，鸟类是其中最重要成员之一。在森林生态系统中，植物是生产者，各种昆虫和一些以植物为食的哺乳动物是消费者，鸟类一方面作为消费者参与了林地生态的活动，另一方面又抑制着对植物有破坏作用的生物。森林为鸟类提供了栖息地，而鸟类保护了植物的正常生长，它们处在不同的食物链上的不同环节，成为森林生态系统的骨干。很多鸟类是植物花粉及种子的传播者，以植物种子为食的鸟类，对于许多树种的扩散有贡献，是自然界的"植树造林"能手。

五、哺乳类动物

哺乳动物是动物世界中形态结构最高等、生理机能最完善的动物。与其他动物相比，哺乳动物最突出的特征在于其幼仔由母体分泌的乳汁喂养长大。

世界上现存的哺乳动物有 4 100 多种，分布于我国的哺乳类动物有 13 目 490 种。其中种类最多的为啮齿目，约占全国哺乳类动物的 36%，该目大部分种类对农、林、牧业有害，并传播疾病，少部分可提供毛皮、医药和科研实验材料；其次是翼手类，约占哺乳类动物全部种类 18%；食虫类和食肉类种数相近，约占 11%。

河南约有哺乳动物 99 种，分属于 8 目、22 科、65 属。其中食虫类动物 12 种、翼手类动物 26 种、灵长类动物 1 种、鳞甲类动物 1 种、兔类动物 3 种、啮齿类动物 27 种、食肉类动物 20 种、偶蹄类动物 9 种。

从分布来看，广布种 17 种，广大平原农作区除野兔、黄鼬、猪獾等广布种外，以鼠类众多为特征，大多数哺乳动物都集中于山区，栖息于森林、灌丛内。

（一）食虫类动物

食虫动物是一类最早和最原始的有胎盘类哺乳动物，外形似鼠，但吻尖细而长，体形小，最小者体重仅 2 g，四肢短小，通常有 5 趾，具锐利的爪，适于掘土，营地栖或地下穴居生活，少数种类营半水生生活，多数夜间活动，主食昆虫及蠕虫。鼹鼠、猬和一些相关的动物属于此类。全世界约有 450 种食虫动物，包括猬、鼩鼱、鼹等。我国共记录食虫动物 2 目、3 科、23 属 74 种，其中东洋界为主的种类 46 种，占 62.2%；古北界为主的种类 26 种，占 35.19%；广布两界种类 2 种，占 2.7%。

河南食虫类动物有 12 种，分属于 2 目、3 科、7 属。分布的种类为猬科的普通刺猬（*Erinaceus europaeus*）、东北刺猬（*E. anurensis*）、短翅猬（*Hemiechinus dauuricus*）；鼩鼱科的中鼩鼱（*Sored caecutieus*）、普通鼩鼱（*S. araneus*）、小麝鼩（*Crocidura suaveolens*）、灰鼩鼱（*C.attenuata*）、水鼩鼱（*Chimmarogale platycephala*）；鼹科的大缺齿鼹（*Mogera robusta*）、小缺齿鼹（*M. wogura*）、华南缺齿鼹（*M. latouchei*）、麝鼹（*Scoptochirus moschatus*）。食虫目动物毛皮品质良好。河南从北部的太行山到南部的大别山都有食虫类动物分布。

（二）翼手类动物

翼手类动物通称蝙蝠，是哺乳动物里面除啮齿类外种类最多的。全世界共有 2 亚目、16 科、185 属、962 种。我国分布的翼手类动物 125 种。河南分布有 26 种（牛红星，2008），隶属 3 科、10 属，占全国总种数的 20.8%。其种类有普氏蹄蝠（*Hipposidero pratti*）、马铁菊头蝠（*Rhinoloph ferrumequinu*）、中菊头蝠（*R.affinis*）、角菊头蝠（*R. cornutus*）、大耳菊头蝠（*R.macrotis*）、大菊头蝠（*R.luctus*）、皮氏菊头蝠（*R. pearsoni*）、菲菊头蝠（*R.pusillus*）、长尾鼠耳蝠（*Myotis frater*）、水鼠耳蝠（*M. daubentonii*）、毛腿鼠耳蝠（*M.fimbriatus*）、北京鼠耳蝠（*M. pequinius*）、大足鼠耳蝠（*M.ricketti*）、西南鼠耳蝠（*M.altarium*）、绯鼠耳蝠（*M.formosus*）、褐大耳蝠（*Plecotus auritus*）、白腹管鼻蝠（*Murina leucogaster*）、金管鼻蝠（*M. aurata*）、大棕蝠（*Eptesicus serotinus*）、褐山蝠（*Nyctalus noctula*）、大山蝠（*N.aviator*）、萨氏伏翼（*Pipistrellus savii*）、东亚伏翼（*P.abramus*）、爪哇伏翼（*P.javanicus*）、东亚蝙蝠（*Vespertilio superans*）、亚洲长翼蝠（*Miniopterus schreibersii*）。古北界种 4 种，占 15.4%；东洋界种 11 种，占 42.3%；广布种 11 种，占 42.3%，河南的翼手类以东洋界种和广布种为主，主要分布在山区，山区的种类多，数量集中。平原地区种类少，数量大，但分布不集中。

（三）灵长类动物

灵长类动物是目前动物界最高等的类群。大脑发达，眼眶朝向前方，眶间距窄，手和脚的趾（指）分开，大拇指灵活，多数能与其他趾（指）对握。包括原猴亚目和猿猴亚目，主要分布于世界上的温暖地区。全世界灵长类动物分 11 科、51 属、180 种。中国现有灵长类动物 22 种，分属于 3 科、6 属。猕猴（*Macaca mulloatta*）分布于河南。

（四）鳞甲类动物

鳞甲类动物通称穿山甲，该类动物的共同特点是没有牙齿，舌发达，头骨粗大，呈圆锥形，鼻骨大，上枕骨也大，耳壳呈环形，头顶、头侧、颈部、身体和尾巴均覆盖大而呈复瓦状排列的硬角质厚鳞片。颌部、颈部下方及腹部具毛而无鳞片。爪长，尤其是前足中趾的爪特长，尾扁而阔。鳞甲类动物属穿山甲科，现存 1 属、7 种，其中亚洲 3 种，非洲 4 种。

河南的鳞甲类动物是中华穿山甲（*Manis pentadactyla*）的指名亚种。鳞甲类动物栖息于森林、灌丛、开阔地带或大草原，陆栖或树栖。以白蚁、蚂蚁等为食。

（五）兔类动物

兔类动物是兔形目全体动物的统称。短尾，长耳，头部略像鼠，上嘴唇中间裂开，尾短而向上翘，后腿比前腿稍长，善于跳跃，跑得很快。有家养的和野生的。兔形目兔科动物全世界共 9 属、43 种。分布于欧洲、亚洲、非洲、美洲、澳洲。陆栖，见于荒漠、荒漠化草原、热带疏林、干草原和森林。中国有 9 种。人工饲养兔的品种有很多，全世界的纯种兔大约有 45 个品种，按用途分食用兔、毛用兔、皮用兔、实验兔和宠物兔。

河南野生兔类动物有 3 种，鼠兔科的黄河鼠兔（*Ochotona huangensis*）和藏鼠兔（*O.thibetana*）；兔科的草兔（*Lepus capensis*）。

（六）啮齿类动物

全世界啮齿类动物有 34 科、359 属、1 721 种。中国啮齿类动物计有 13 科（不含国外引入的豚鼠科 Caviidae、毛丝鼠科 Chinchillidae、硬毛鼠科 Capromyidae）、68 属、212 种。

河南啮齿类动物计有 5 科（不含兔科、鼠兔科）、19 属、27 种（路纪琪等，2012），占全国啮齿类动物总数的 14.2%。其中鼠科 10 种，仓鼠科 9 种，松鼠科 5 种，鼯鼠科 2 种，豪猪科 1 种。古北界种类有 16 种，占 59.3%；东洋界种类有 9 种，占 33.3%；广布种类有 2 种，占 7.4%。河南啮齿类动物区系居于我国北方和南方动物区系之间，兼有过渡性的特点，并以古北界动物区系成分为主。

表 10-5　河南啮齿动物种类

科	种类
豪猪科 Hystricidae	豪猪（*Hystrix hodgsoni*）
鼯鼠科 Petauristidae	小飞鼠（*Pteromys volans*）、复齿鼯鼠（*Trogopterus xanthipes*）
松鼠科 Sciuridae	达乌尔黄鼠（*Spermophilus dauricus*）、花鼠（*Eutamias sibiricus*）、隐纹花松鼠（*Tamiops swinhoci*）、赤腹松鼠（*Callosciurus erythraeus*）、岩松鼠（*Sciurotamias davidianus*）
仓鼠科 Cricetidae	甘肃仓鼠（*Cansumys canus*）、大仓鼠（*Cricetulus triton*）、黑线仓鼠（*C. barabensis*）、长尾仓鼠（*C. longicaudatus*）、东北鼢鼠（*Myospalax psilurus*）、罗氏鼢鼠（*M. rothschildi*）、岢岚绒鼠（*Eothenomys inez*）、棕色田鼠（*Microtus mandarinus*）、子午沙鼠（*Meriones meridianus*）
鼠科 Muridae	黑线姬鼠（*Apodemus agrarius*）、中华姬鼠（*A.draco*）、大林姬鼠（*A.peninsulae*）、小家鼠（*Mus musculus*）、褐家鼠（*Rattus norvegicus*）、大足鼠（*R.nitidus*）、黄胸鼠（*R.flavipectus*）、社鼠（*Niviventer confucianus*）、安氏白腹鼠（*N.andersoni*）、小泡巨鼠（*Leopoldamys edwardsi*）

啮齿动物是哺乳动物中种类最多、分布范围最广的类群，除了少数种类外，一般体型均较小，数量多，繁殖快，适应力强，能生活在多种多样生境中，其中大多数种类为穴居性，从进化角度来讲，它们是现存哺乳类中最为成功的类群。啮齿动物善于利用洞穴作它们的隐蔽所，以躲避天敌，保护幼仔，储存食料，适应不良的气候条件。啮齿动物与人类的关系极为密切，有许多种类对农、林、牧、粮食、仓库、建筑、运输等有害。有的种类还能传染多种疾病，危害人类生命健康。但也有不少种类具有经济价值，不仅可供肉、毛皮和科学实验用，而且对于人类的生产建设、卫生防疫、资源利用、环境保护和科学研究等方面也具有重要的实际和理论意义。在自然界中啮齿类动物是许多食肉动物的主要食物来源，是陆地上的许多类型的生态系统中的食物链的重要环节，对于维持生态平衡起到了不可替代的作用。

（七）食肉类动物

食肉类动物俗称猛兽或食肉兽，牙齿尖锐而有力。食肉类动物的一些成员位于食物链的顶端，其重要性无可替代，但是由于人类的活动，几乎所有的顶级食肉动物的生存都处于濒危状态，小型的肉食动物也有不少受到了一定的威胁。食肉目成员并非全食肉，还有杂食性甚至主要食植物的成员，适应从海洋到陆地的不同生存环境，分布几乎遍及世界各地。

食肉类动物全世界现有 262 种，我国有 55 种，河南分布 20 种，分属于 4 科、17 属。其种类为：犬科的豺（*Cuon alpinns*）、狼（*Canis lupus*）、赤狐（*Vulpes vulpes*）、貉（*Nyctereutes procyonoides*）；鼬科的水貂（*Mustla vison*）、黄喉貂（*Martes flavigula*）、黄腹鼬（*Mustela kathiah*）、黄鼬（*Mustela sibirica*）、艾虎（*M. eversmanni*）、狗獾（*Meles meles*）、猪獾（*Arctonyx collaris*）、水獭（*Lutra lutra*）、鼬獾（*Melogale moschata*）；灵猫科的小灵猫（*Vicerricula indica*）、大灵猫（*Viverra zibetha*）、果子狸（*Paguma larvata taivana*）；猫科的豹猫（*Felis bengalensis*）、金猫（*F. temmincki*）、猞猁（*F. lynx*）、金钱豹（*Panthera pardus*）。

（八）偶蹄类动物

偶蹄动物因四肢末端的蹄均呈双数而得名。头上大多有角；胸腰部椎骨较奇蹄目少股骨，无第 3 转子；四肢中第 3、第 4 趾同等发育支持体重，胃大都为复室性，盲肠短小。

偶蹄动物全世界现存 10 科、75 属、184 种，我国现存 41 种，河南分布有 9 种，分属于 3 科、8 属。其种类为猪科的野猪（*Sus scrofa*）；鹿科的小鹿（*Muntiacus reevesii*）、原麝（*Moschus moschiferus*）、林麝（*M.berezowskii*）、梅花鹿（*Cervus nippon*）、河麂（*Hydropotes inermis*）、狍（*Capreolus capreolus*）；牛科的斑羚（*Nemorhaedus goral*）、鬣羚（*Capricornis sumatraensis*）。

第四节 动物资源分区特征

一、动物区系划分

世界陆栖动物一般分为古北界、新北界、东洋界、热带界、新热带界、大洋洲界6个界。中国陆地动物区划分属于世界动物地理分区的古北界与东洋界。

古北界，包括欧洲大陆、北回归线以北的阿拉伯半岛及撒哈拉沙漠以北的非洲、喜马拉雅山脉与秦岭山脉以北的亚洲。主要山脉东西走向。作为面积最大，且气候、自然环境、生态栖息地类型等非常多样的动物区系，古北界的范围在史前时期曾经是很多动物类群的演化中心，但是很多地区在冰期受到较大的影响，则拥有大面积的寒冷和干旱地区，自然条件比较恶劣，动物种类相对贫乏。

东洋界，包括亚洲南部喜马拉雅山脉和秦岭以南地区、印度半岛、中印半岛、斯里兰卡、马来半岛、菲律宾群岛、苏门答腊岛、爪哇岛及加里曼丹岛等。地处热带、亚热带，降水丰富、植被类型多样，具有以热带和亚热带雨林为主，季雨林、干旱热带森林、灌丛、热带草原及沙漠等多种环境，使得本界动物区系复杂多样。

上述两界在我国境内的分界线西起横断山脉北部，经过川北的岷山与陕南的秦岭，向东至淮河南岸，直抵长江口以北。我国动物区系根据陆栖脊椎动物特别是哺乳类和鸟类的分布情况，又分东北区、华北区、蒙新区、青藏区、西南区、华中区、华南区7个区，其中前4个区属于古北界，后3个区属于东洋界。

河南陆栖动物分属于世界动物地理区划中的古北界和东洋界（时子明，1983）。古北界和东洋界在河南的分界线沿伏牛山主脉向东南倾斜至淮河，即大体沿淮河主干全省界。此线以北属于古北界东北亚界，是我国动物地理区划中的华北区；此线以南属于东洋界中印亚界，是我国动物地理区划中的华中区。华北区在河南动物地理区划中又分为太行山地丘陵亚区、黄土丘陵亚区、伏牛山北坡山地丘陵亚区和黄淮平原亚区；华中区在河南动物地理区划中又分为伏牛山南坡山地丘陵亚区、南阳盆地岗地平原亚区和桐柏、大别山地丘陵亚区以及淮南平原亚区。具体见河南省动物分区图（附图14）。

二、河南华北区系动物分布与特征

（一）区系概述

河南动物华北区系面积广大，约占全省面积的四分之三。该区位于暖温带，大陆性季风气候明显，冬季寒冷干燥，夏季炎热多雨，西部山区动物种类和数量较多，尤其是大型哺乳动物全集中于山区，东部平原区以小型动物为主。突出的华北区系动物兽类有狍（*Capreolus capreolus*）、麝（*Moschus moschiferus*）、斑羚（*Naemorhedus goral*）、貉（*Nyctereutes procyonoides*）、狗獾（*Meles meles*）、普通刺猬（*Erinaceus europaeus*）、野猪（*Sus serofa*）；啮齿类华北区种有 16 种，占全部种类 59.3%，代表性的种类有田鼠（*Microtus gregalis*）、纹背仓鼠（*Cricetulus barabensis*）、大仓鼠（*Cricetulus triton*）、东北鼢鼠（*Myospalax psilurus*）、岩松鼠（*Sciurotamias davidianus*）等；鸟类华北区种有 213 种，占全部种类 55.3%，代表性的种类有石鸡（*Alectotis graeca*）、勺鸡（*Pucrasia macrolopha*）、白骨顶（*Fulica atra*）、岩鸽（*Columba rupestris*）、灰喜鹊（*Cyanopica cyana*）、红嘴山鸦（*Pyrrhocorax pyrrhocorax*）等；爬行类华北区种有 5 种，占全部种类 12.5%，代表性的种类有丽斑麻蜥（*Eremias argus*）、山地麻蜥（*Eremias brenchleyi*）、白条锦蛇（*Elaphe dione*）、红点锦蛇（*Elaphe rufodorsata*）、虎斑游蛇（*Natrix tigrina lateralis*）等；两栖类华北区种有 7 种，占全部种类 35%，代表性的种有花背蟾蜍（*Bufo raddei*）、北方狭口蛙（*Kaloula borealis*）等；蜘蛛类华北区种有 115 种，占全部种类 29.87%，代表性的种有双钩球蛛（*Theridion pinastri*）、珍珠齿螯蛛（*Enoplognatha margarita*）、静栖科林蛛（*Collinsia inerran*）、镜斑后鳞蛛（*Metleucauge yunohamensis*）、裂尾艾蛛（*Cyclosa senticauda*）、刺舞蛛（*Alopecosa aculeate*）、埃比熊蛛汉（*Arctosa ebicha*）、拟荒漠豹蛛（*Pardosa paratesquorum*）、吉林管巢蛛（*Clubiona mandschurica*）、珍奇扁蛛（*Plator insolens*）、中华平腹蛛（*Gnaphosa sinensis*）、草皮逍遥蛛（*Philodromus cespitum*）、平行绿蟹蛛（*Oxytate parallela*）、韦氏拟伊蛛（*Pseudicius wesolowskae*）等；昆虫类华北区种有 2 193 种，占全部种类 28.62%。

（二）亚区特征

1. 太行山地丘陵亚区

本区为太行山脉的南段，地势西北高，东南低，海拔 500～1 500m，冬季至夏初干旱少雨，气候寒冷干燥、森林植被稀少的环境，造成了本区动物种类贫乏，数量稀少，特别是典型的森林动物稀少。

兽类普通种仅有普通刺猬、田鼠、褐家鼠（*Rattus norvegicus*）、黑线姬鼠（*Apodemus agrarius*）、社鼠（*Rattus confucianus*）、黄胸鼠（*Rattus fiavipectus*）、野猪等。典型森林动物如豹猫（*Felis bengalensis*）、斑羚（*Naemorhedus goral*）、鹰、麝、黄喉貂（*Martes flavigula*）等极稀少。突出的优势种有岩松鼠、金花鼠（*Eutamias sibiricus*）、黄鼬（*Mustela sibirica*）、草兔（*Lepus capensis*）、狐（*VuIpes vulpes*）、獾、猕猴（*Macaca mulatta*）等。

鸟类中石鸡、岩鸽、灰喜鹊为代表，成为本区动物区系特征的优势种。还有鸢（*Milvus korschun*）、苍鹰（*Accipiter gentilis*）、雀鹰（*Accipiter nisus*）、金雕（*Aquila chrysaetos*）、秃鹫（*Aegypius monachus*）、黄爪隼（*Falco naumanni*）、环颈雉（*Phasianus colchicus*）、楼燕（*Apus apus*）、凤头百灵（*Galerida cristata*）、红嘴山鸦、鹪鹩（*Troglodytes troglodytes*）、山麻雀（*Passer rutilans*）等。此外，华中区系的鸟类如棕头鸦雀（*Paradoxornis webbianus*）、黑脸噪鹛（*Garrulax perspicmatus*）等亦有分布。

爬行类有丽斑麻蜥、山地麻蜥、赤链蛇（*Dinodon rufozonatum*）、颈棱蛇（*Macropisthodon rudis*）、虎斑游蛇等。其中麻蜥为本区优势种。另外，无蹼壁虎（*Gekko swinhonis*）、红点锦蛇、蝮蛇（*Agkistrodon halys*）等亦有分布，但蛇类数量少。

两栖类稀少，无特殊种，主要有分布于全省的中华大蟾蜍（*Bufo gargarizans*）、花背蟾蜍、泽蛙（*Rana limnocharis*）、黑斑蛙（*Rana nigromaculata*）等。

2. 黄土丘陵亚区

本区位于伏牛山北侧山地丘陵和太行山地之间，黄土覆盖深厚，沟壑纵横，大部分已开垦为耕地，气候温和少雨，植物以农作物为主，在灵宝一带有成片的苹果园和枣林，具有农作区动物区系的分布特征。

本区兽类普通种有狐、狼（*Canis lupus*）、狗獾、果子狸（*Paguma larvata*）、大仓鼠等。但金花鼠、猪獾（*Arctonyx collaris*）、黄鼬、草兔等分布广，数量亦多。

鸟类除了华北常见的灰喜鹊、红嘴山鸦等外，优势种有石鸡、岩鸽、楼燕等。鹰类、隼类、红腹锦鸡（*Chrysolophus pictus*）、蓝翡翠（*Halcyon pileata*）、凤头百灵、鹪鹩、蓝矶鸫（*Monticola solitaria*）、山麻雀等本区亦有分布。

爬行类有全省广泛分布的白条锦蛇、红点锦蛇、虎斑游蛇、菜花烙铁头（*Trimeresurus jerdonii*）等。

两栖类有中华大蟾蜍、花背蟾蜍、泽蛙、黑斑蛙、北方狭口蛙等。

3. 伏牛山北坡山地丘陵亚区

本区位于伏牛山主脉以北和黄土丘陵亚区以南，本区在地势、气候、植被各方面为动物的栖息提供了较好条件，因而森林动物资源比较丰富。兽类普通种有普通刺猬、夜蝠（*Nyctalus noctula*）、狼、狐、黄鼬、猪獾、狗獾、金钱豹（*Felis pardus*）、豺（*Cuon alpinus*）、松鼠（*Sciurus vulgaris*）、赤腹松鼠（*Callosciurus erythraeus*）、飞鼠（*Pteromys volans*）等。优势种有黄喉貂、水獭（*Lutra lutra*）、果子狸、鹰、麝、斑羚、野猪、貉、岩松鼠、花松鼠（*Tamiops swinhoei*）等。较稀有的种有小麂（*Muntiacus reevesi*）、豪猪（*Hystrix hodgsoni*）等。

鸟类中以森林鸟较多。常见有鸳鸯（*Aix galericulata*）、勺鸡、红腹锦鸡、普通夜鹰（*Caprimulgusindicus*）、楼燕、冠鱼狗（*Ceryle lugubrit*）、山鹡鸰（*Dendronanthus indicus*）、发冠卷尾（*Dicrurus hottentottus*）、红嘴蓝鹊（*Cissa erythrorhyncha*）、红嘴山鸦、鹪鹩、蓝额红尾鸲（*Phoenicurus frontalis*）、黑背燕尾（*Enicurus leschenaulti*）、棕颈钩嘴鹛（*Pomatorhinus ruficollis*）、画眉（*Garrulax carlorus*）、棕头鸦雀、红头山雀（*Aegithalos concinnus*）、红翅旋壁雀（*Tichodroma muraria*）、山麻雀、灰头鹀（*Emberiza spodocephala*）等。

爬行类有无蹼壁虎、蓝尾石龙子（*Eumeces elegans*）、丽斑麻蜥、山地麻蜥、黄脊游蛇（*Coluber spinalis*）、赤链蛇、黑眉锦蛇（*Elaphe taeniura*）、虎斑游蛇、翠青蛇（*Opheodrys major*）、蝮蛇等。

两栖类有花臭蛙（*Rana sch mackeri*）及全省分布的中华大蟾蜍、花背蟾蜍、泽蛙、黑斑蛙等。大鲵（*Megalobatrachus davidianus*）的数量亦较多。

4. 黄淮平原亚区

本区位于淮河以北，包括太行山、伏牛山以东的平原地区，海拔在 100m 以下。夏季炎热多雨，冬季寒冷干燥，本区是全省主要的农业区，无天然植被，只有零星分布防护林和果园。

本区动物以耕作区的动物为主要特征，动物区系为干旱平原型，无大型森林动物。兽类种类非常贫乏，黄鼬、草兔是本区优势种，数量大，仓鼠、田鼠等鼠类的数量亦很多。此外，还有稀少的普通刺猬、狐、猪獾等。

鸟类中以华北区系种类占优势，灰喜鹊为突出优势种，秃鼻乌鸦（*Corvus frugilegus*）、喜鹊（*Pica pica*）较占优势。此外，还有雁、鸭、白骨顶、小田鸡（*Porzana pusilla*）、黑水鸡（*Gallinula chloropus*）、白腰杓鹬（*Numenitls arquata*）、大沙锥（*Capella megala*）、海鸥（*Larus canus*）、须浮鸥（*Chlidonias hybrida*）、普通燕鸥（*Sterna hirundo*）、楼燕、白腰雨燕（*Apus pacificus*）、凤头百灵、云雀（*Alauda arvensis*）、牛头伯劳（*Lanius bucephalus*）、黑卷尾（*Dicrurus macrocercus*）、红嘴山鸦、蓝歌鸲（*Luscinia cyane*）、红胁蓝尾鸲（*Tarsiger cyanurus*）、山麻雀等。

爬行类以丽斑麻蜥、山地麻蜥为优势种。蛇类中有全省常见的黄脊游蛇、赤链蛇、白条锦蛇、红点锦蛇、虎斑游蛇等。还有少量的鳖（*Trionyx sinensis*）、乌龟（*Chinemys reevesii*）等。

两栖类数量较多，如中华大蟾蜍、花背蟾蜍、泽蛙、北方狭口蛙等。

三、河南华中区系动物分布与特征

（一）区系概述

华中区面积较小，约占全省面积的四分之一，位于北亚热带北部，温暖湿润，水热资源丰富，自然条件优越，森林植被较繁茂，为动物栖息提供了比较良好的环境条件。本区动物种类，尤其是鸟类、爬行和两栖类较丰富。突出的华中区系代表动物兽类有缺齿鼹（*Mogera robusta*）、菊头蝠（*Rhinolophus ferrumequinum*）、花松鼠、豪猪、社鼠、果子狸、金钱豹等。河南鸟类共有 385 种，属东洋界种 99 种，占全部种类 25.7 %，本区分布的典型种类有苍鹭（*Ardea cinerea*）、池鹭（*Ardeola bacchus*）、牛背鹭（*Bubulcus ibis*）、大白鹭（*Egretta alba*）、白鹭（*Egretta garzetta*）、中白鹭（*Egretta intermedia*）、灰胸竹鸡（*Bambusicola thoracica*）、白冠长尾雉（*Syrmaticus reevesii*）、白胸苦恶鸟（*Amaurornis phoenicurus*）、水雉（*Hydrophasianus chirurgus*）、红翅凤头鹃（*Clamator coromandus*）、噪鹃（*Eudynamys scolopacea*）、栗头蜂虎（*Merops viridis*）、三宝鸟（*Eurystomus orientalis*）、姬啄木鸟（*Picumnus innominatus*）、蓝翅八色鸫（*Pitta brachyura*）、粉红山椒鸟（*Pericrocotus roseus*）、黄臀鹎（*Pycnonotus xanthorrhou*）、白头鹎（*Pycnonotus sinensis*）、绿鹦嘴鹎（*Spizixos semitorques*）、虎纹伯劳（*Lanius tigrinus*）、灰卷尾（*Dicrurus leucophaeus*）、发冠卷尾、丝光椋鸟（*Sturnus sericeus*）、八哥（*Acridotheres cristatellus*）、红嘴蓝鹊、黑背燕尾、乌鸫（*Turdus merula*）、锈脸钩嘴鹛（*Pomatorhinus erythrogenys*）、棕颈钩嘴鹛、画眉、短翅树莺（*Cettia diphone*）、寿带鸟（*Terpsiphone paradisi*）、白腰文鸟（*Lonchura striata*）等。分布在河南东洋界的爬行动物有31种，占河南已知爬行动物物种总数的70.46%，本区分布的爬行类主要有黄缘闭壳龟（*Cuora flavomarginata*）、北草蜥（*Takydromus septentrionalis*）、双斑锦蛇（*Elaphe bimaculata*）、紫灰锦蛇（*Elaphe porphyracea porphyracea*）、乌游蛇（*Natrix percarinata*）、小头蛇（*Oligodon chinensis*）、黑头剑蛇（*Sibinophis chinensis*）、乌梢蛇（*Zaocys dhumnades*）、菜花烙铁头等。河南两栖动物分布在东洋界的有 16 种，占总种数 55.17%，本区两栖类种类分布的有大鲵（*Andrias davidianus*）、豫南小鲵（*Hynobius yunanicus*）、极北鲵（*Salamandrella keyserlingii*）、巫山北鲵（*Ranodon shihi*）、商城肥鲵（*Pachyhynobius shangchengensis*）、东方蝾螈（*Cynops orientalis*）、无斑雨蛙（*Hyla arborea immaculata*）、金线蛙（*Rana plancyi plancyi*）、虎纹蛙（*Rana tigrina rugulosa*）、饰纹姬蛙（*Microhyla ornata*）等。

分布在河南东洋界的翼手类11种，占全部种类42.3%；啮齿类有11种，占全部种类37.93%；蜘蛛类112种，占全部种类29.09%；昆虫类3 290种，占全部种类46.27%。

（二）亚区特征

1. 伏牛山南坡山地丘陵亚区

本区位于南阳盆地北部，伏牛山主脉以南，地势北高南低，植被为针阔叶混交林，农作物有小麦、玉米、红薯等。

兽类动物有狐、狼、貉、黄喉貂、黄鼬、狗獾、猪獾、水獭、豹猫、金钱豹、果子狸、松鼠、赤腹松鼠、岩松鼠、花松鼠、大仓鼠、中华鼢鼠（*Myospalax fontanieri*）、黑线姬鼠、黄胸鼠、社鼠、野猪、麝、小麂、斑羚等。

鸟类与伏牛山北坡相比较，华中区系的鸟类如灰胸竹鸡、噪鹛、三宝鸟、绿鹦嘴鹎、八哥、黑背燕尾、画眉、寿带鸟、白腰文鸟等更占优势。

爬行类有蓝尾石龙子、丽斑麻蜥、双斑锦蛇、白条锦蛇、黑眉锦蛇、锈链游蛇（*Natrix craspedogaster*）、草游蛇（*Natrix stolata*）、虎斑游蛇、翠青蛇等。本区蛇类种类和数量均比伏牛山北坡更丰富。

两栖类有中国林蛙、金线蛙及全省分布的蛙和蟾蜍等。

2. 南阳盆地岗地平原亚区

本区地势东、西、北高，南部和中间低平，海拔在 100～500m，无天然森林植被，为全省重要的粮食产区之一。动物区系具有平原型特征。

本区兽类普通种有普通刺猬、狐、褐家鼠、小家鼠（*Mus musculus*）、纹背仓鼠、长尾仓鼠（*Cricetulus longicaudatus*）、短耳仓鼠（*Cricetulus eversmanni*）、黑线姬鼠等。黄鼬、草兔较多，鼠科和仓鼠科种类分布极广。

鸟类有白胸苦恶鸟、水雉、剑鸻（*Charadrius hiaticula*）、白腰杓鹬、火斑鸠（*Oenopopelia tranquebarica*）、凤头百灵、黑卷尾、八哥、白腰文鸟等。其中，火斑鸠和黑卷尾是本区最突出的优势种。

爬行类鳖分布广泛，还有乌龟、无蹼壁虎以及分布于全省的黄脊游蛇、赤练蛇、双斑锦蛇、红点锦蛇、虎斑游蛇等。

两栖类有中华大蟾蜍、泽蛙、金线蛙等。

3. 桐柏—大别山地丘陵亚区

本区位于河南最南部，包括桐柏山、大别山及其丘陵地带，海拔在 400～800m，气候温暖湿润，无霜期长，植被具有北亚热带的特点，主要农作物有水稻、小麦、豆类等。区内山地多，耕地少，水热资源条件优越，天然植被较繁茂，动物种类较多，特别是鸟类更为丰富。

本区动物具有华中区系动物的特征，其种类和数量均占优势，华北区系动物种类和数量却有明显减少。

兽类有缺齿鼹、菊头蝠、狗獾、猪獾、金钱豹、果子狸、狐、貉、黄喉貂、豹猫、水獭、野猪、松鼠、黄鼬、草兔、中华鼢鼠、针毛鼠（*Rattus fulvescens*）、黑线姬鼠等。兽类种类不如伏牛山区丰富。

鸟类有苍鹭、池鹭、白鹭、中白鹭、苍鹰、雀鹰、灰胸竹鸡、环颈雉、白腰雨燕、冠鱼狗、金腰燕（*Hirundo daurica*）、山鹪莺、绿鹦嘴鹎、虎纹伯劳、牛头伯劳、发冠卷尾、八哥、红嘴蓝鹊、红点颏（*Luscinia calliope*）、红胁蓝尾鸲、蓝额红尾鸲、黑背燕尾、斑鸫（*Turdus naumanni*）、锈脸钩嘴鹛、黑脸噪鹛、画眉、棕头鸦雀、红头（长尾）山雀、红翅旋壁雀、白腰文鸟、黄胸鹀（*Emberiza aureola*）、灰头鸡、田鹀（*Emberiza rustica*）等。白冠长尾雉、姬啄木鸟等为本区特有的华中区系鸟类。

爬行类以蛇类特别多，主要为华中区系蛇类，如王锦蛇（*Elaphe carinata*）、锈链游蛇、乌游蛇、小头蛇、翠青蛇、斜鳞蛇（*Pseudoxenodon macrops sinensis*）、黑头剑蛇、乌梢蛇等。乌龟、黄缘闭壳龟、鳖、蓝尾石龙子、北草蜥的数量亦较多。

两栖类有大鲵、东方蝾螈、无斑雨蛙、中国林蛙、金线蛙、虎纹蛙、饰纹姬蛙等。豫南小鲵、极北鲵、巫山北鲵、商城肥鲵、东方蝾螈是本区特有种。

4. 淮南平原亚区

本区位于桐柏—大别山以北，淮河以南，地势低平，海拔在100m以下。气候温暖湿润，无天然森林，是全省水稻的主要产区。

本区耕作不同于黄淮平原亚区，因而在动物方面亦有很大差异。华中区系动物种类和数量均见增多。兽类主要有草兔、黄鼬、狐、獾、褐家鼠、长尾仓鼠、短耳仓鼠等。菊头蝠为本区特有动物。

　　鸟类以华中区系的种类较多，作为本区代表的鸟类有池鹭、白鹭、白胸苦恶鸟、水雉、噪鹃、虎纹伯劳、丝光椋鸟、八哥、白腰文鸟等。

　　爬行类以龟、鳖最为常见。有南方特有的黄缘闭壳龟，还有本省广泛分布的无蹼壁虎、黄脊游蛇、赤链蛇、红点锦蛇、乌游蛇，虎斑游蛇、小头蛇等。蛇的数量较大。

　　两栖类中以无斑雨蛙、金线蛙、虎纹蛙、饰纹姬蛙等为本区的突出代表。

第五节　动物资源开发利用

一、野生动物资源开发利用

　　野生动物资源开发利用按用途主要分为肉用、毛用、皮用、药用、观赏用、狩猎用、役用、茧丝用等。我国野生经济动物资源十分丰富，据不完全统计人工养殖的野生经济动物包括52个种，140多个亚种，1 200多个品种（类型）。

　　由于河南所处的地理位置和气候等自然条件优越，造成了适宜许多不同区系动物生长繁殖的环境，因而动物种类较多，动物资源丰富。野生动物是自然资源中的一部分，许多珍贵的毛皮、工艺品的原材料、鲜美的野味品、名贵的药材和稀有奇特的观赏动物都来自野生动物。其中有许多野生动物是捕食农林害兽、害鸟和害虫的能手，必须加以保护；也有些野生动物对人畜有害无益，应加以控制，保持生态平衡；还有些野生动物，既有益也有害，要充分利用其有益的一面，防止其有害的一面。

　　河南野生动物饲养及产品加工地主要集中于清丰县、郏县、兰考县、漯河市区、三门峡市区、新乡市区、宁陵县等地。大多是对本饲养场饲养的野生动物或产品进行加工，如将毛皮动物加工成毛皮原料，将药用动物进行炮制或用其他方法加工成中药材，将肉用动物加工成肉食品等。普遍存在加工规模小、产品档次低。主要加工的对象有果子狸、蓝狐、银狐、貉、猪獾、狗獾、草兔、梅花鹿、马鹿、海狸鼠、鸵鸟、雉鸡、鹌鹑、乌梢蛇、王锦蛇、蝮蛇等。

（一）毛皮兽

　　毛皮兽是一种经济价值很高的野生动物，按哺乳动物分类河南有以下几类。

1. 食肉类毛皮兽

　　大多数毛皮兽都属于这类动物，其中以鼬科较多。黄鼬分布于全省各地，以信阳、驻马店等地区较多。黄鼬皮具有很高的经济价值，是制造皮衣的上等材料。黄鼬捕食鼠类，对农林牧业有好处，但也伤害家禽。

　　猪獾、狗獾分布于全省各地，以太行山、伏牛山、桐柏山和大别山地丘陵区较多。獾皮可制褥垫，毛可制刷毛和画笔，脂肪可供药用，肉可食。但其危害农作物，吃玉米、花生、豆类和瓜类等，还掘土挖穴破坏堤坝，影响很大。水獭主要分布于伏牛山、大别山和桐柏山地区，其他地区亦有少量分布。水獭皮是极珍贵的毛皮。水貂是现在饲养较为广泛的一种珍贵毛皮兽。皮是制皮衣的上等毛皮。河南各地均有饲养，但以洛阳、信阳、南阳等地较多。

2. 犬科

犬科中有狼、狐、貉、豺等。狼主要分布于黄土丘陵区和伏牛山地丘陵区等地。其毛皮可利用，肉可食。但狼伤害家畜、家禽，对畜牧业及狩猎业危害很大。狐在全省各地均有，是著名的毛皮兽之一，毛皮品质优良，肉可食。狐也捕食野鼠。貉主要分布于伏牛山和大别山等地，以信阳地区为多。貉的毛皮具有经济价值，可制皮衣及其他制品，肉可食，亦捕食野鼠。豺分布于伏牛山地区，皮毛可利用，但价值不高，肉可食。豺危害家禽或狩猎野兽，对畜牧业和狩猎业有危害。

3. 灵猫科

灵猫科中有果子狸等，主要分布于伏牛山、大别山和桐柏山等山地，以信阳、南阳等地区最集中。毛皮可制皮衣，肉可食，味鲜美。

4. 猫科

猫科中有狸猫、金钱豹、虎等。狸猫主要分布于伏牛山地区，其他地方也有。其毛皮可制皮革。金钱豹分布于桐柏山、大别山和伏牛山地区。豹皮质量良好，可制褥垫和皮衣，豹骨等可制药，肉可食，还是观赏动物。

5. 啮齿类动物

啮齿类动物以松鼠科较多，有松鼠、岩松鼠、花松鼠、金花鼠等。松鼠主要分布于太行山、伏牛山等山地丘陵区。毛皮轻而暖，经济价值很高。伏牛山还有岩松鼠，金花鼠等。岩松鼠皮可用，但质量不佳，可作饰皮。其食坚果，对果树有一定危害。花松鼠的毛纹美丽，毛皮可作饰皮用。金花鼠毛皮质量较好，而且美观。

6. 兔形类动物

兔形类动物以兔科中的草兔为最多。草兔分布于全省各地，皮毛可用，肉可食，但对农业有一定危害。

7. 偶蹄类动物

偶蹄类动物中猪科的野猪分布于伏牛山、太行山、大别山和桐柏山区，以伏牛山区为最多。野猪皮可制革，猪鬃是制造毛刷的材料，胆囊为药材，肉可食。野猪对农业危害很大。

8. 鹿科

鹿科中麝分布于伏牛山，毛皮可制褥垫，肉可食，其麝香是珍贵药材和香料。麂主要分布于伏牛山区，太行山区亦有。毛皮可制褥垫，肉可食，味鲜美。小麂分布于伏牛山区，麂皮是高级的皮革原料，肉可食，味鲜美。

9. 牛科

牛科中的斑羚主要分布于伏牛山、太行山等山区，大别山区亦有。斑羚的毛皮价值高，可制皮衣，肉可食，味鲜美。

10. 食虫类动物

食虫类动物有缺齿鼹科和鼩鼱科，其毛皮品质良好。从北部的太行山到南部的大别山都有食虫类动物分布。刺猬是捕食大量害虫的益兽，其皮、胆、胃可入药，但也危害农作物。

（二）鸟类

河南经济价值大的鸟类很多，鸟类资源丰富。供肉食的鸟类有小䴙䴘（*Podicep S ruficollis*）、鸿雁（*Anser cygnoides*）、豆雁（*Anser fabalis*）、绿翅鸭（*Arias crecca*）、花脸鸭（*Anas formosa*）、罗纹鸭（*Anas falcata*）、绿头鸭（*Anas platyrhynchos*）、石鸡、鹌鹑（*Coturnix coturnix*）、灰胸竹鸡、环颈雉、白冠长尾雉、白胸苦恶鸟、黑水鸡、白骨顶、自腰杓鹬、大沙锥、岩鸽、山斑鸠（*Streptopelis orientalis*）、珠颈斑鸠（*Streptopelis chinensis*）、火斑鸠、冠鱼狗、松鸦（*Garrulus glandarius*）、斑鸫等。其中绿头鸭、鹌鹑、红腹锦鸡、岩鸽、斑鸠、鹧鸪等还是上等野味佳品。

供饰羽用的鸟类有小䴙䴘、苍鹭、池鹭、牛背鹭、大白鹭、白鹭、中白鹭、夜鹭（*Nycticorax nycticorax*）、鸿雁、豆雁、绿翅鸭、花脸鸭、罗纹鸭、绿头鸭、金雕、秃鹫、环颈雉、普通翠鸟（*Alcedo atthis*）、蓝翡翠、红嘴蓝鹊等。尤其是雁、鸭的绒羽质轻，富于弹性，保温性能良好，为优良的枕、垫、褥、被的填充材料，许多羽翎还是发展工艺美术品的重要材料。

供观赏的鸟类有鸳鸯、秃鹫、鹌鹑、白冠长尾雉、红腹锦鸡、蓝翡翠、云雀、绿鹦嘴鹎、八哥、红嘴蓝鹊、蓝矶鸫、锈脸钩嘴鹛、棕颈钩嘴鹛、黑脸噪鹛、画眉、金翅（*Carduelis sinica*）、黑尾蜡嘴雀（*Eophona migratoris*）、锡嘴雀（*Coccothraustes coccothraustes*）、三道庸草鹀（*Emberiza cioides*）等。

捕食害虫的鸟类有牛背鹭、中自鹭、红脚隼（*Falco vespertinus*）、红隼（*Falco tinnunculus*）、白胸苦恶鸟、四声杜鹃（*Cuculus micropterus*）、大杜鹃（*Cuculus canorus*）、红角鸮（*Otus scops*）、长耳鸮（*Asio otus*）、普通夜鹰、楼燕、白腰雨燕、栗头蜂虎、三宝鸟、戴胜（*Upupa epops*）、姬啄木鸟、黑枕绿啄木鸟（*Picus cantls*）、斑啄木鸟（*Dendrocopos major*）、星头啄木鸟（*Dendrocopos canicapillus*）、家燕（*Hirundo rustica*）、金腰燕、白鹡鸰（*Motacilla alba*）、绿鹦嘴鹎、白头鹎、虎纹伯劳、红尾伯劳（*Lanius cristatus*）、黑枕黄鹂（*Oriolus chinensis*），黑卷尾、灰卷尾、发冠卷尾、灰椋鸟（*Sturnus cineraceus*）、八哥、灰喜鹊、红嘴山鸦、秃鼻乌鸦、褐河鸟（*Cinelus pallasii*）、鹪鹩、蓝歌鸲、红胁蓝尾鸲、红尾水鸲（*Rhyacornis fuliginosus*）、

紫啸鸫（*Myiophoneus Caeruleus*）、斑鸫、锈脸钩嘴鹛、棕颈钩嘴鹛、画眉、棕头鸦雀、大苇莺（*Acrocephalus arundinaceus*）、黄眉柳莺（*Phylloscopus inornatus*）、极北柳莺（*Phylloscopus borealis*）、乌鹟（*Muscicapa sibirica*）、沼泽山雀（*Parus palustrist*）、红头长尾山雀、暗绿绣眼鸟（*Zosterops japonica*）、金翅、黑尾蜡嘴雀、三道眉草鹀、小鹀（*Emberiza pusilla*）等。还有些鸟如噪鹛、云雀、松鸦、喜鹊、大嘴乌鸦（*Corvus macrorhynchus*）、麻雀（*Passer montanus*）、锡嘴雀等，既食害虫，也食粮食。

捕食鼠类的鸟类有苍鹰、鸢、红隼、长耳鸮等。此外，苍鹰、雀鹰、金雕、燕隼（*Falco subbuteo*）等，驯化后可为人们猎捕雉、兔等。

（三）爬行类

河南经济价值大的爬行动物有乌龟、黄缘闭壳龟、鳖、壁虎、黑眉锦蛇、王锦蛇、乌梢蛇、蝮蛇等。

乌龟肉可食，有滋补作用、腹甲（称龟板）可入药。鳖的肉味鲜美，背甲入药，称鳖甲。壁虎捕食蚊蝇、飞蛾等，其肝可入药。黑眉锦蛇和王锦蛇捕食鼠类，并可食用。乌梢蛇是我国传统中药材"乌蛇"的主要原料，制成蛇干入药称为"乌蛇"或"乌梢蛇"。蝮蛇也可作药用。

大多数爬行动物都是杂食或肉食类，蜥蜴和蛇类通过大量捕食昆虫及鼠类等摄入能量而有益于农牧业生产，在生态系统中充当着次级消费者的角色。蛇肉味美、富有营养、含脂肪22.1%，蛋白质18%，并有多种氨基酸成分，是对人类身体有滋补和治病作用的食品。蛇皮的皮质轻薄，富有韧性，花纹美观，不但可以制作皮革、皮带、皮鞋、提包、钱袋等工艺品，也能用作胡琴、手鼓、三弦的琴膜及鼓皮等民族乐器。蜥蜴、鳖甲和龟板、蛇肉、蛇胆、蛇蜕、蛇毒都可入药，蛇胆可加工成蛇胆川贝液、蛇胆陈皮、蛇胆半夏液等中成药，治风湿关节痛、咳嗽多痰等病。蛇蜕的中药名叫龙衣，入药有杀虫祛风的功能，可治疗喉痹、疥癣和难产。蛇毒对于减轻晚期癌痛、三叉神经和坐骨神经痛、风湿性关节痛、脊髓病、带状疱疹等病人的剧痛，都有明显的效果。目前由于乱捕滥猎，已导致资源严重破坏，必须加以控制。

（四）两栖类

经济价值较大的两栖类动物有大鲵、中华大蟾蜍及蛙等。大鲵主要分布于卢氏、西峡、嵩县、商城、新县等地的山区河流之中。其肉白而嫩、味鲜美。中华大蟾蜍的干蟾可入药。虎纹蛙能捕食昆虫，也可食用。蛙还是科研上的实验材料，应大力保护。

（五）药用动物

按药用动物的物种来划分，我国已知可作药用的动物已达900余种，跨越了动物界中的11个门，从低等的海绵动物到高等的脊椎动物都有。河南的药用动物资源相当丰富，河南的药用脊椎动物记录了药用鸟类 52 种、药用兽类 48 种、药用爬行动物 25 种、药用两栖动物 10 种、药用无脊椎动物（不包括昆虫）64 种。按入药的部位来划分，有全身入药的，如全蝎、蜈蚣、海马、地龙、白花蛇等；部分的组织器官入药的，如鸡内金、海狗肾等；分泌物、衍生物入药的，如麝香、羚羊角、蜂王浆、蟾酥等；生理的、病理的产物入药的，如蛇蜕为生理的产物，牛黄、马宝为病理的产物等。

二、饲养动物资源开发利用

河南是我国主要的农业区之一，盛产多种农作物，有大量的农业副产品，还有宜牧的草坡、滩地、沙荒和库、塘、河、湖等，为饲养动物的发展提供了有利条件。饲养动物除可为农业提供役力和大量的优质有机肥料外，还能为人们提供肉、禽、蛋、奶等含蛋白质高的动物性食品和皮毛等畜产品。饲养动物是农业的一个重要组成部分，随着经济建设的发展，饲养动物的产值在农业生产总值中所占的比重会越来越大，这对于从根本上改变人民的食物构成，充分满足人民日益增长的食品需求具有重大意义。

（一）家畜家禽

1. 资源概况

河南是畜牧业大省，拥有丰富的畜禽品种资源。信阳水牛、小尾寒羊、大尾寒羊、萨能奶山羊、伏牛白山羊、豫西脂尾羊、河南奶山羊、槐山羊、太行黑山羊、河南斗鸡、卢氏鸡、淮南麻鸭、固始白鹅、固始鸡、正阳三黄鸡、淮南猪、南阳黑猪、河南毛驴、泌阳驴、长垣驴、淮阳驴、安阳灰兔、牛腿山羊、开封青山羊、新密细毛羊、豫新长毛兔、豫丰黄肉鸡、济源白山羊、永泰黄鸡等河南地方家畜家禽品种。秦川牛、鲁西黄牛、皮埃蒙特牛、利木赞牛、夏洛来牛、西门塔尔牛、波尔山羊、德国肉用美利奴羊、夏洛来羊、杜洛克猪、长白猪、迪卡猪、约克夏猪、罗曼蛋鸡、迪卡鸡、伊莎蛋鸡、哈伯德肉鸡、樱桃谷鸭、绍兴麻鸭、日本大耳灰、塞北兔、哈白兔、比利时兔、新西兰兔、布丹坦尼亚兔、浙江镇海兔、喀蜂和意蜂 28 个品种为近年来从国外或省外引进的优良品种，这些品种的引进为河南畜牧业快速发展做出了重大贡献。

河南畜禽品种有些已列入国家或省级保护名录。南阳牛被列入国家品种资源保护名录；河南斗鸡作为中国斗鸡的主要品系；小尾寒羊、黄淮海黑猪、皖西白鹅列入国家品种资源保护名录；郏县牛、泌阳驴、南阳黑猪、固始鸡等 15 个品种被列入省级畜禽品种资源保护名录。

河南针对不同品种研究制定不同的保种及开发利用方案，以市场为导向，保种与利用相结合，眼前利益与长远利益相结合，围绕"名、优、特、新、稀"为指导思想，充分利用地方优良畜禽品种资源，促进畜牧业健康、稳定发展。经过全省畜牧工作者的共同努力，河南地方品种的保护、育种工作有了新的突破，由原来单纯的保种转化为保种与利用相结合，初步走出了一条良性互动的路子，取得了丰硕成果。

南阳牛、郏县红牛、淮南猪、固始鸡、槐山羊、小尾寒羊等地方优良品种都划定保护区或建有保护场，经过多年的选育，种群质量都有不同程度的提高。同时，为适应市场经济的发展和人民消费需求的变化，培育了一批适合我省自然和社会经济条件的、优秀的畜禽新品种（系），如南阳牛4号、28号品系、泛农花猪、固始鸡、河南奶山羊等，生产性能得到提高，在畜牧业的发展中发挥重要作用。

河南在加强地方畜禽品种保护与利用的同时，根据社会发展和市场需求，先后引进了大批国内外优良畜禽品种，丰富了我省畜禽品种资源。2000年以来，河南先后从国内外引进了夏洛来牛、利木赞牛、西门塔尔牛、德国黄牛、比利时蓝白花牛、红安格斯牛、杜洛克猪、长白猪、大约克猪、夏洛来羊、波尔山羊以及蛋鸡、肉鸡和肉鸭的配套系等优良畜禽品种，充分利用畜禽良种进行杂交改良，如利用皮埃尔蒙牛杂交改良本地黄牛，波尔山羊杂交改良本地山羊等，有效改善了河南畜牧业生产结构和品种结构，大幅度提高了河南畜禽良种供种制种能力、畜禽生产性能和良种覆盖率，提高了生产水平，有力地推动了我省畜牧业的迅猛发展。

2. 家畜饲养

河南饲养的主要家畜有牛、马、驴、骡、猪、羊、家兔、狗和猫等。黄牛在河南各地均有。其中，南阳、唐河、邓州、新野、镇平、方城、社旗、宛城区和泌阳部分地区所产的南阳黄牛，体格高大，结构紧凑，皮薄毛细，肌肉发达，四肢端正，役用能力强，并耐粗放饲养，是我国优良役用牛地方品种之一。郏县红牛也是河南的优良品种之一。其体形匀称，肌肉丰满，役用和肉用性能十分优良，主要产于郏县、鲁山、宝丰等县。从外地引进的优良品种有秦川牛、鲁西黄牛、延边牛等。从荷兰引进的黑白花奶牛是有名的乳用牛，产乳量大，泌乳期长，适于城市郊区及奶牛场饲养。水牛主要产于淮河以南地区。

马以外地引进为主，主要有蒙古马、俄罗斯重挽马、伊犁马等。河南培育的杂交马有河南轻挽马。

泌阳驴产于泌阳县，是有名的大型驴，性情温驯，易饲养，役用能力和抗病能力很强。河南小毛驴数量多，分布广。此外，还有从陕西引进的关中驴。

羊有豫西白山羊、板皮山羊（槐山羊）、寒羊、萨能山羊等。豫西白山羊是地方品种肉用羊，分布于新乡、安阳两地区的西部山区，特别是林州、辉县、修武等县较多。羊的绒毛和皮具有很高的经济价值，特别是板皮山羊驰名中外。板皮山羊主要产于周口、商丘和驻马店等地区。寒羊属于半细毛羊，产于安阳、新乡、开封、商丘等地区的平原沙区，周口地区北部亦有饲养。半细毛是国家目前急需产品，河南已列为全国半细毛羊基地。寒羊经过改良又发展成为一种细毛羊；萨能山羊（奶山羊）是著名的乳用山羊，原产于瑞士，郑州、洛阳、开封等地饲养较多。

猪在饲养业中占有很大比重。河南优良地方品种猪有项城猪、淮南猪、宛西八眉猪等。项城猪主要产于项城、沈丘、上蔡等县。淮南猪主要产于商城、固始、新县等县。宛西八眉猪主要产于淅川、内乡，中心产区在内乡县师岗，数量少。河南引进的优良品种猪较多，有巴克夏猪、约克夏猪、俄罗斯大白猪、长白猪、杜洛克及宁乡猪等。周口黄泛区农场还培育有肉脂兼用型泛农花猪。信阳、驻马店等地区是河南生猪较集中的产区。郾城、扶沟、汝南、西平、遂平、息县、潢川等县是河南外贸生猪饲养基地县。

河南各地均养兔，以毛用兔安哥拉兔、德系长毛兔为主，还有皮用兔力克斯兔及皮肉兼用型的中国兔和日本大耳兔等。清丰、内黄、南乐三县是河南肉用兔和皮用兔的主要产区。唐河、南阳、社旗等县是河南毛用兔的主要产地。

3. 家禽饲养

禽的饲养在河南最为普遍。经过长期的自然选择和人工精心培育，河南已培育出许多优良的地方品种。固始鸡是全国著名的蛋肉兼用型地方良种鸡，经济价值高，原产于固始县及邻近的商城、潢川、淮滨等县，主要分布于信阳地区及驻马店地区，现已推广到全国许多省市，为国内十多个著名的地方良种鸡中数量最多的一个鸡种。正阳黄鸡也是蛋肉兼用型优良地方鸡种，经济价值较高，原产于正阳、确山、汝南三县，中心产区位于这三县交界处，邻近的上蔡、新蔡、信阳、罗山、息县、平舆县亦有少量分布。卢氏县的卢氏鸡，是一种蛋用鸡的原始品种鸡。河南斗鸡以开封、郑州、洛阳、周口及安阳等地区为多。泰和鸡在河南各地均有饲养。从国外引进的良种鸡有白来航鸡、澳洲黑鸡、白洛克鸡、科尼什鸡等。河南淮南多养鸭，其他地区也有饲养，优良品种有北京鸭、樱桃谷鸭等。鹅的饲养较少，以白鹅为主要品种，信阳地区是鹅的主要产地，其他地区有零星饲养。

（二）鱼类

河南分布广、数量多、经济价值较高的鱼类约有 40 余种，如鲤、鲫、鳤（*Ochetobius elongatus*）、刀鲚（*Coilia ectenes*）、草鱼、铜鱼（*Coreius cetopsis*）、鲶鱼、鳗鲡、黄鳝等，都是人们喜食的肉味鲜美的鱼类。主要经济鱼类有青鱼、草鱼、鳡（*Elopichthys bambusa*）、马口鱼、宽鳍鱲、赤眼鳟、鳘条（*Hemiculter leucisculus*）、长春鳊（*Parabramis pekinensis*）、红鳍鲌（*Culter erythropterus*）、三角鲂（*Megalobrama terminalis*）、银鲴（*Xenocypris argentea*）、黄尾密鲴（*Xenocypris davidi*）、唇鲷（*Hemibarbus labeo*）、花鲷（*Hemibarbus maculatus*）、麦穗鱼（*Pseudorasbora parva*）、棒花鱼（*Abbottina rivularis*）、长蛇鮈（*Saurogobio dumerili*）、鲤、鲫、鳙（*Aristichthys nobilis*）、白鲢（*Hypophthalmichthys molitrix*）、鲶鱼、黄颡鱼、乌鳢、泥鳅（*Misgurnus anguillicaudatus*）等。卫河水系还有鳜等，黄河水系还有开封半鳘（*Hemiculterella kaifenensis*）、铜鱼、刀鲚等，特别是黄河鲤鱼驰名全国，丹江水库还有鳤，豫东平原是鳗鲡的主要分布区，豫南是黄鳝的主要产地，淇河还产一种鲫鱼，当地称为双背鲫鱼。河南的鱼类绝大部分分布于全省各地，分布区狭窄的鱼类很少。但随着自然条件的变异，鱼的种类和数量有自南向北减少的趋势。

河南气候温和，热量资源丰富，年平均水温 14℃～16℃，无霜期 200d 以上。水域面积大，发展养鱼的条件优越。目前在水库和坑塘饲养的鱼主要有鲤、鲫、草、青、鳙、白鲢、鲂、鳊、鲴、鳖、鳝鱼等。

（三）无脊椎动物

河南进行人工饲养的无脊椎动物较多，比较普遍，主要有蚕、蜜蜂、蚯蚓、中华绒螯蟹、土元、蚂蚁、蝎子、白蜡虫、五倍子虫等。

1. 蚕

驰名中外的南阳柞蚕，历史悠久，产量高，仅次于辽宁和山东，而且质量优良。南召、方城是南阳柞蚕的集中产地，鲁山、宝丰、内乡、西峡、泌阳、栾川、嵩县等地也养柞蚕。

桑蚕的饲养比较普遍，以商丘、周口等地区比较集中，蚕种主要从江苏引进。养蚕不误农时，不占耕地，也不需要大量资金，饲养期短，而且无须全劳力，是一种很有发展前途的饲养业。

2. 蜜蜂

中国蜜蜂和意大利蜜蜂是河南饲养的主要蜂种。蜂产业是河南的一个传统特种养殖产业。河南拥有丰富的蜜源植物，一年中春、夏、秋三季有蜜源，养蜂的潜力很大，蜂蜜年产量在近30年来增长了近20倍。信阳地区和驻马店部分地区主要产紫云英蜜。枣花蜜产于新郑、中牟、灵宝和内黄等枣区。河南各地均产槐花蜜。近年来，大量发展油菜，菜花蜜会越来越多。养蜂的经济价值高，主要蜂产品有蜂蜜、王浆、蜂蜡、蜂胶和蜂毒等。蜜蜂还帮助作物传粉，可提高作物产量。

3. 蚯蚓

养殖蚯蚓可以改土造肥、处理有机废物，防止污染，保护环境。蚯蚓在土壤中营穴居生活，在田野、菜园、果园都很多，他们能疏松土壤，改进团粒结构，把酸性土壤或碱性土壤改变成适于农作物生长的中性土壤，有利于土壤中微生物的繁殖和作物根系的生长。另外，通过蚯蚓的消化作用还能使土壤中的腐殖质含量提高。蚯蚓除用于家禽、家畜和鱼的饵料外，蚯蚓的蛋白质含量十分丰富，可用于解决禽畜的蛋白质饲料。此外，蚯蚓可入药，全虫入药，性寒味咸，有清热、利尿等功能，蚯蚓及其提取物能松弛平滑肌和降低血压的作用，蚯蚓药材在南方称"广地龙"，在北方称"土地龙"，是著名的解热药。人工养殖蚯蚓早在国外引起了重视，国外已将蚯蚓引入食品之中，河南已开始起步。

4. 中华绒螯蟹

中华绒螯蟹又称河蟹、毛蟹、清水蟹、大闸蟹或螃蟹，味道鲜美，营养丰富，是一种经济蟹类，是中国传统的名贵水产品之一。分布以长江水系产量最大，口感最鲜美。

5. 土元

土元是一种重要的药用昆虫，生活于阴暗、潮湿、腐殖质丰富的松土中，怕阳光，白天潜伏，夜晚活动，生长最适温度28～30℃，低于0℃或高于38℃会引起成虫和若虫的大量死亡，下降到8℃就停止活动，进入休眠期。

土元药材为雌虫干燥体。捕捉后，置沸水中烫死，晒干或烘干。性味咸，寒，有小毒，归肝经。主治破瘀血，续筋骨。用于筋骨折伤，瘀血经闭，症瘕痞块。

土元是野生昆虫，但野生的远远不能满足国内药用和出口的需要，为了广开药源，近年全国许多地方进行了人工饲养，河南已有人工饲养，取得了显著效果，人工饲养的土元是可以大量繁殖的。实践证明，人工养殖土元是一项成本低、收益高、管理方便、设备简单、食料广泛、繁殖力强、适应性广、不与粮棉争地、不同作物争肥、利国利己的副业项目，集体、家庭和个人都可饲养，很有发展前途。

6. 蚂蚁

蚂蚁在人们治疗、保健、养生中，可以起到均衡营养、平衡机体的作用。而其药食两用的特质，可以让我们融合蚂蚁滋补营养、健脾补肾、通经活络、益气活血、双向调节免疫、抗病毒、抗炎、镇痛镇静等功能，用于治疗风湿、类风湿、乙肝、咳喘、糖尿病等虚损性疑难杂症。此外，它还有提高机体耐力，抗疲劳，增强性功能，延缓衰老等保健养生功效。

蚂蚁在河南人工饲养的品种有拟黑多刺蚁和鼎突多刺蚁。蚂蚁一生经历卵、幼虫、蛹和成虫四个阶段，是完全变态的昆虫。蚂蚁对温度、湿度的要求较高，蚁后适宜温度24～30℃；卵适宜温度26～30℃；幼虫适宜温度24～32℃；蛹适宜温度24～30℃。蚁巢土表适宜湿润度20%、空气相对湿度70%～85%。在人工饲养环境下动物性饲料有黄粉虫幼虫、蝇蛆、蚯蚓、松毛虫、蚕蛹粉和其他昆虫。植物性饲料有玉米、花生、甜菜叶。矿物质饲料有食盐、锌、硒。

7. 蝎子

蝎子（东亚钳蝎）是一种重要的中药材，在河南淅川、内乡、辉县等地曾有饲养，常用以入药的为东亚钳蝎。药材为东亚钳蝎的干燥体。春末至秋初捕捉，除去泥沙，置沸水或沸盐水中，煮至全身僵硬，捞出，置通风处，阴干。功效为：息风镇痉，攻毒散结，通络止痛。用于小儿惊风，抽搐痉挛，中风口歪，半身不遂，破伤风，风湿顽痹，偏正头痛。

东亚钳蝎原为野生，一年生一胎，后经人工养殖，通过保持一定的温、湿度，促使东亚钳蝎正常生长发育，现一年可生二胎，它是一种珍贵的药用动物。人工养蝎投资少，占地小，业余时间管理即可，室内外都可饲养。

8. 白蜡虫

白蜡虫也是一种重要的中药材。在河南有白蜡树的地方可以大量养殖。白蜡实为白蜡虫的分泌物，为中国特产。白蜡虫为昆虫中的一种介壳虫，雌雄异形。雌虫发育成熟后营固定生活；雄虫有一对翅，但生命短促，在野外不易发现。分泌蜡主要靠白蜡虫幼虫，一龄雌幼虫不分泌蜡；二龄雌幼虫能分泌微量蜡粉。一龄雄幼虫能分泌微量蜡丝，白蜡虫产蜡以二龄雄幼虫为主。

9. 五倍子虫

五倍子虫是不可缺少的重要中药材。五倍子为倍蚜科昆虫角倍蚜或倍蛋蚜在其寄主盐肤木、青麸杨或红麸杨等树上形成的虫瘿。盐肤木虫瘿含大量五倍子鞣酸及树脂、脂肪、淀粉。具有敛肺，涩肠，止血，解毒的作用。

三、珍稀动物资源利用与保护

珍稀动物是指来自野生动物资源可开发利用的、珍贵的、稀少的具有较高经济价值的动物。主要包括毛皮动物、药用动物、观赏动物、特禽、伴侣动物等，既有驯养的、可开发利用的，也含有受保护的濒危野生动物。珍稀动物养殖作为我国现代畜牧业的重要组成部分，在遵循《濒危野生动植物种国际贸易公约》的原则下，大力提倡饲养繁育珍稀野生动物，有利于回归自然、科学实验以及供人们观赏，满足不同层次消费者对不同生活消费品日益增长的需要，促进野生动物资源的保护与合理的开发利用，促进经济和社会的发展。

（一）河南珍稀动物资源特点

1. 分布具有明显的地带性

河南珍稀动物的地带性分布特点明显，属于华北区和华中区的过渡地带。在河南境内，南、北方类型及南北广布的动物种类都有分布。河南还是候鸟迁徙的主要通道，候鸟种类很多，每年春季，到河南以北繁殖的鸟类就会路过歇息、休整；秋季，在北方繁殖的一些鸟类也会路过河南，一部分继续南迁，有一部分留了下来，在河南越冬。黄河两岸的宽阔滩地、黄河故道及其他湿地为冬候鸟或旅鸟提供了理想的越冬地或停歇地。

2. 动物种群的脆弱性

河南人口众多，由于人类的活动，使许多珍稀的野生动物被迫退缩残存在边远的山区，分布区已极其狭窄，常被分割成互不连接的独立群体，近亲繁殖，品种日益退化，形成了河南珍稀陆生脊椎动物有相当比例的"单属型"和"单科型"，具有省内种属唯一性的特点，反映了河南珍稀陆生野生动物资源种类组成具有一定的脆弱性。

3. 资源量偏小

河南珍稀动物的种群数量稀少，且继续呈下降趋势。大型动物种群个体数少，濒危程度高，数量减少较快；小型动物种群个体数较多，濒危程度尚低，野外数量减少稍慢。动物分布区域或活动区域窄的，数量下降较快，分布区域或活动区域宽的，数量下降较慢。河南大多数种类珍稀种群数量不大，珍稀濒危种类所占比例高。引起资源量偏小的原因有两个方面，一是猎取量大，二是生境质量不高。

4. 资源分布过于集中

河南珍稀野生动物资源主要集中分布在深山区及省内重要湿地上，特别是集中在现有的自然保护区上。随着人们生活水平的提高对野生动物资源需求的不断增加，而资源过于集中在某些区域，使资源利用与资源培育这对矛盾愈加突出。

5. 孤岛状分布种类较多

河南分布的猕猴、白冠长尾雉、商城肥鲵、黄缘闭壳龟等物种不仅与省外分布区已形成一定的隔离，同时省内分布区也渐趋萎缩，形成不相连接的块状。

6. 栖息环境的变化

森林是众多野生动物最复杂的、多层的、立体的生活环境，能满足动物个体觅食、隐蔽、休眠等维持自下而上的必要条件，亦能为动物个体提供种类延续的繁殖条件。因此，森林的变化直接影响全省动物资源的消长。另外林木种类结构单一和林龄偏小使全省森林难以形成完善的结构和功能，从而影响动物资源的消长。两栖爬行动物相对于鸟兽来说，对环境的依赖程度更高，更直接受气候条件的限制。近年来，由于气候异常，许多河流、山溪、坑塘干枯，加之全省普遍水污染严重，这些是影响两栖爬行动物数量变化的主要原因。有些处于食物链顶端的某些大型动物，由于它们的种群数量本身就不多，所以一旦遇到食物和栖息地的破坏和急剧变化，很容易变成濒危种类。

7. 人为破坏

人为破坏包括直接猎（捕）杀，如投毒、设网、下套、猎枪等。网捕种类主要有斑鸠、金翅等其他观赏鸟类和猛禽；投毒猎捕种类主要是绿头鸭、斑嘴鸭等水鸟。利益驱动非法倒卖倒买野生动物，每年都有查处非法收购、运输和倒卖青蛙、蛇类、雉鸡、果子狸等野生动物的行为。

（二）珍稀动物资源利用前景

自20世纪90年代起，河南珍稀动物养殖业发展较快，已经形成了特种毛皮兽类、特种禽类、特种水产以及其他珍稀动物养殖齐头并进的良好局面。

1. 珍稀禽类

随着生活水平的提高，人们对禽类肉质要求越来越高。目前，雉鸡、肉鸽、鹌鹑、鹧鸪、贵妃鸡等传统特禽存栏不足。被誉为"造肉之王"、"草食野味珍品之冠"的火鸡以瘦肉率高、肉质细嫩、肉味鲜美、高蛋白、低脂肪等诸多优点被众多消费者青睐。

2. 珍稀毛皮兽类

狐、貉、貂、水獭、獭兔等兽的毛皮，由于消费量较大，开发利用前景较好。

3. 提供肉食类动物

人工饲养的野猪是由野猪与家猪杂交的改良新品种。肉质鲜嫩，瘦肉率高，脂肪含量低，并且富含抗癌物质锌和硒等元素，是一种理想的滋补、保健绿色食品。作为猪家族的新品种，特种野猪养殖已纳入国家科技星火计划项目。

陆栖腹足类蜗牛肉是一种高蛋白低脂肪，营养价值极高的美味食品。同时蜗牛还具有药用价值，具有清热、解毒、滋补等功效，是我国传统处方中可以治多种疾病的有效成分。蜗牛可制成优质的蛋白质饮料和饵料，蜗牛壳可作艺术装饰品。河南各地引进了一种产于热带的褐云斑玛瑙螺，种牛价格昂贵，越冬不易；而河南也产有中型的食用蜗牛，如江西巴蜗牛，褐带环口螺等。

（三）珍稀动物资源保护管理

1. 强化宣传教育，提高全民意识

要加大保护野生动物法律、法规和野生动物宣传，加强野生动物知识宣传，提高全民保护动物意识，要把保护野生动物宣传工作深入到千家万户，做到家喻户晓，提高民众对保护野生动物意义的认识。

2. 严格控制野生动物驯养、经营及食用，坚决取缔和打击野生动物非法交易

一是要采取强有力的措施，保护珍贵、濒危野生动物；二是采取科学、适度、有序的方法，促进野生动物驯养业的发展，保证科研和丰富的药材、毛皮、肉制品、工艺品等市场需求，禁止非法加工、食用国家重点保护动物及其产品；三是坚决刹住食用野生动物的现象，不捕、不售、不食用野生动物。

3. 积极开展科学研究

高校、科研机构、动物园和自然保护区等单位要紧密合作，加强信息沟通和交流，开展濒危物种迁徙地保护、生物学特性、野生动物救护技术等各项科研工作，促进河南野生动物保护水平的提高。

参考文献

蔡伯岐等："河南陆栖腹足类初报"，《河南师范大学学报（自然科学版）》，1992 年第 3 期。

邓大军等："河南特种养殖现状、存在问题与发展对策"，《河南畜牧兽医》，2012 年第 9 期。

段海生等："中国食虫动物名录修定及分布"，《华中师范大学学报（自然科学版）》，2011 年第 3 期。

甘雨等：《河南野生动植物资源调查与保护》，黄河水利出版社，2004 年。

谷艳芳等："河南药用无脊椎动物的初步研究"，《河南大学学报（自然科学版）》，1996 年第 3 期。

和振武等："河南无脊椎动物调查（Ⅰ）"，《河南师范大学学报（自然科学版）》，1993 年第 1 期。

金鉴明等：《中国自然资源丛书野生动植物卷》，中国环境科学出版社，1995 年。

瞿文元等："河南爬行动物地理区划研究"，《四川动物》，2002 年第 3 期。

刘继平等："河南鸟类资源区系特点分析"，《中南林业调查规划》，2008 年第 4 期。

路纪琪等：《河南啮齿动物区系与生态》，郑州大学出版社，2012 年。

申效诚："河南昆虫种类再报"，《当代昆虫学研究》，2004 年。

吴淑辉等："河南两栖动物区系初步研究"，《新乡师范学院学报》，1984 年第 1 期。

许人和等："河南无脊椎动物调查（Ⅱ）"，《河南师范大学学报（自然科学版）》，1995 年第 3 期。

朱明生等：《河南蜘蛛志——蛛形纲: 蜘蛛目》，科学出版社，2011 年。

第十一章　旅游资源

第一节　旅游资源概述

一、旅游、旅游资源的定义

到目前为止，中外学术界还没有就"旅游"、"旅游资源"形成唯一的、广泛认可的定义，不同的组织、学者、不同的文献所使用的定义不尽相同。

世界旅游组织和联合国统计委员会对"旅游"的定义："旅游指为了休闲、商务或其他目的离开他（她）们惯常环境，到某些地方并停留在那里，但连续不超过一年的活动。旅游目的包括六大类：休闲、娱乐、度假，探亲访友，商务、专业访问，健康医疗，宗教、朝拜，其他。"中国大百科全书（精华本）（中国大百科全书出版社，2002年）对"旅游"的定义十分简洁："旅游就是旅行游览活动"。但又作了进一步的解释："旅游是一种复杂的社会现象，一方面要实现旅行游览活动，必然要涉及社会的政治、经济、文化、历史、地理、法律等各个社会领域；另一方面为提供旅游交通、住宿、饮食、游览、购买生活必需品和旅游纪念品，也必然会形成各种各样的社会交往。"从不同版本的定义中，可以看出旅游的本质：首先是一项人类的社会活动。这种社会活动在不同的历史阶段，参与主体、活动目的、经济价值等都有所不同，比如在改革开放之前，我国的旅游是作为外事接待活动对待的，其参与的主体是外宾，活动的目的是接待和对外宣传，没有什么经济意义，而现在的旅游已经成为大众的一种生活方式，社会大众成了参与的主体，活动的目的是为了愉悦身心和开阔视野，大众的旅游活动具有重大的经济价值。其次是离开常住地，这是分别旅游与日常生活的关键。第三是目的的多样性，包括休闲度假、探亲访友、商务研修、健康医疗、宗教朝圣、观光购物等等，旅游目的也是旅游分类的重要依据。第四是复杂性，旅游可能是一项最为复杂的人类活动。英国林肯大学亚德里恩·布尔说："能够同时引起经济学者、地理学者、环境科学者、心理学者、社会学者、政治和管理研究人员关注的人类活动少之又少，而旅游就是其中之一。"[①] 实际上关心、关注旅游活动的群体远不止这些。第五是涉及面广，如果将旅游作为一个行业来看，没有哪个行业能像旅游业一样几乎涉及社会的各个方面。这一特性可能就是难以给"旅游"下定义的原因。

因为"旅游"的定义难以统一，致使"旅游资源"的定义也是五花八门、莫衷一是，仅国内学者所下的定义至少有十几种，在此也没有必要一一列举。在我国颁布的《旅游资源调

---

① 亚德里恩·布尔（Adrian Bull）（英）著，龙江智译：《旅游经济学》（第二版），东北财经大学出版社，2004年10月。

查、分类与评价》和《旅游规划通则》中对"旅游资源"定义是："自然界和人类社会凡能对旅游者产生吸引力，可以为旅游业开发利用，并可产生经济效益、社会效益和环境效益的各种事物和因素。"该定义具有权威性和实践指导意义。它含有几重含义：旅游资源可以产生于自然界（自然旅游资源），也可以来自于人类社会（人文旅游资源）；旅游资源可以是有形的物（山景、建筑），也可以是无形的事（神话、故事），或者是有利的因素（阳光）；旅游资源的核心价值是具有吸引力；旅游资源要有开发价值（经济价值）；旅游资源是可以产生效益的，包括经济效益、社会效益和环境效益。但是，能否产生效益取决于多种因素，不仅仅决定于旅游资源本身。

二、旅游资源的特征

"资源"的经济学概念是"社会经济活动中人力、物力和财力的总和，是社会经济发展的基本物质条件"[①]。资源又分为自然资源和社会资源。"自然资源是指存在于自然界，在现代经济技术条件下能为人类利用的自然条件。自然资源既是人类赖以生存的重要基础，又是人类社会生产的原料或燃料以及人类生活的必要条件和场所。自然资源的内涵随时代而变化，随社会生产力的提高和科学技术的进步而扩展。"[②]传统意义上的自然资源不包括旅游资源，随着现代旅游业的兴起旅游资源逐步受到重视，并被列为一种新的自然资源。作为一种自然资源，旅游资源的内涵也随时代而变化，随社会生产力的提高和科学技术的进步而扩展。经济学家又将资源划分为自由资源和稀缺资源。"自由资源非常丰富，不需要任何机制将它们配置给使用者，而从整体上来说，稀缺资源的供应相对于实际的或潜在的需求是有限的"。[③]旅游资源有些资源是用之不竭的，有些资源是有限的，所以说旅游资源既是自由资源又是稀缺资源。根据以上分析可以看山，旅游资源不同于其他资源，是一个非常复杂的系统，具有以下一些特征。

（一）吸引力

吸引力是旅游资源的核心价值，也是旅游资源最为显著的特征。在管理心理学中，吸引力是指能引导人们沿着一定方向前进的力量。当人们对组织目标或可能得到的东西有相当的兴趣和爱好时，这些东西就会形成对人们的吸引力。该理论完全可以运用在旅游资源学的研究中。衡量某一种事物能否成为旅游资源，首先要看其是否具有吸引游客从常驻地前往观赏、体验、享用的力量，若有就应该被视为旅游资源。旅游资源所具有的吸引力的大小，决定了其品质的高低和开发的潜力，也决定了其旅游市场影响力和知名度。

---

① 《中国大百科全书》（精华本），第 5340 页，中国大百科全书出版社，2002 年 10 月。

② 同上，第 5359 页。

③ 亚德里恩·布尔（Adrian Bull）（英）著，龙江智译，《旅游经济学》（第二版），东北财经大学出版社，2004 年 10 月。

（二）功能性

所谓的功能性是指旅游资源所具有的开发效益，包括经济效益、社会效益和环境效益。一般来说，对旅游资源的开发追求的目标应该是"三大效益"同步。在实际开发过程中，开发者往往是注重经济效益，在无意识的状态下能够实现社会效益，而对于环境效益多是重视不够。目前大多数景区的开发都存在着对生态环境的破坏问题，特别是生态环境脆弱的自然风景区，应当引起主管部门与业界的高度重视，因为它关系到旅游资源的可持续利用问题。

（三）地域性

旅游资源的地域性特征主要表现在两个方面：一是空间分布遵循地域分异规律所表现出的地域差异性，二是旅游资源的区位条件具有优劣之分。无论是自然旅游资源还是社会旅游资源都会表现出空间分布的差异性，并且具有不可移动性。这是旅游资源与其他资源最大的本质区别。这种差异性和不可移动性决定了旅游资源的所在地与消费地不可分割，也决定了旅游空间活动的基本特征。

（四）双重性

资源分为自然资源和社会资源，而旅游资源中既有自然旅游资源又有人文旅游资源；有的旅游资源是有形的物质，有的则是无形的事件；有的旅游资源是稀缺资源，有的又是自由资源。所以说旅游资源具有双重性质。

（五）综合性

旅游资源是一个体系庞杂、内涵广泛、类型众多的巨系统，涉及自然、历史、文化、经济、政治、军事等诸多领域，具有极强的综合性特征。即使是具体到一个区域、一个旅游景区，其旅游资源也是比较复杂的大系统，不可能是纯粹的、简单的一件物品、一个事件，多数都具有跨界性，并且还涉及许多的因素和条件。旅游资源的综合性特征要求在对旅游资源进行调查、分析和研究时，必须要用综合与辩证的方法进行，否则其结论就可能是不正确或不全面的。

（六）可变性

可变性是旅游资源的显著特征之一，旅游资源的可变性特征表现在 4 个方面。一是质的变化（即资源与非资源的相互转化）。随着社会经济条件的发展以及旅游市场的变化，旅游资源和非旅游资源是可以相互转化的。近年来，随着旅游业的迅猛发展，也出现了泛资源化的倾向，很多不具备开发条件的所谓旅游资源也被开发，造成了巨大的投资浪费与环境破坏。二是空间的变化。空间变化包括地域变化、距离变化以及观赏视角的变化等。同一类的旅游资源在不同地域可以表现出不同的美学价值和使用价值，同时这种价值随着与消费市场距离的增加而逐步衰减。同一个单体旅游资源，其观赏价值也会因为观赏视角的不同而不同，"横看成岭侧成峰，远近高低各不同"就是这个道理。三是时间的变化。多数自然旅游资源都有季节性变化，气候与植被的季节性变化最为明显，所以自然景区在一年四季表现出不同的自然景观。人文类旅游资源多数会随着时代的变化而变化，比如登封少林寺，就是由汉传佛教禅宗祖庭演变成为河南重要旅游资源。四是因素与条件的变化。旅游资源的价值随着其他相关的因素和条件的变化而变化，比如战争与社会动乱对旅游资源的价值具有决定性影响。

（七）可持续性

游客对旅游资源的消费方式是观赏和体验，这种消费方式不会造成旅游资源的消耗，从这个意义上来讲，旅游资源具有可持续性特征。但是，在对旅游资源的开发、利用过程中存在被破坏的风险，需要在规划、建设、管理、经营、观赏等各个环节注重对旅游资源的保护，以期保证旅游资源的永续利用。

（八）不可移动性

旅游资源在世界上呈现出不均衡的分布状态，大多数旅游资源也是不可移动的（仿造与复制也正是这种特征所决定的）。旅游资源的不可移动性是旅游资源所在地与消费地高度一致的根本原因。所以，也有人将旅游资源的不可移动性视为垄断性，即区域垄断性。旅游资源的不可移动性是旅游活动呈现出单向流动的主因。

（九）可塑性

旅游资源与其他类型的资源相比具有较大的可塑性。可塑性与可变性不同，可塑性是指旅游资源的基本价值在良好的创意策划、规划建设、市场营销和运营管理等措施下可以实现价值的倍增，反过来讲，缺乏良好的创意、规划、营销和管理，旅游资源的价值就会降低，达不到应有的预期效果。因此，在旅游资源开发过程的每一个环节都要重视，要用科学的、符合客观规律的态度与理念作为指导，使旅游资源的价值实现最大化。

（十）脆弱性

旅游资源的脆弱性包含两方面的意思，一是旅游资源本身的脆弱性，比如世界文化遗产和世界自然遗产类旅游资源、濒危动植物资源、湿地等都是具有极高观赏价值的旅游资源，但是，这类旅游资源却十分脆弱，极易遭到破坏。针对这类资源必须慎重开发。二是旅游资源容易受其他因素与条件的影响，如交通道路、周边环境、卫生条件、安全因素、物价水平、文明程度、当地好客度以及气候气象等，任何一种不利的因素和条件都会影响到旅游资源的自身价值、开发成本与开发效益。

三、旅游资源的分类

旅游资源分类的目的是为了加深对区域旅游资源整体属性的认识，掌握其特点、规律，为进一步开发利用、保护及科学研究服务。不同的分类依据、原则、方法有不同的分类方案，不同的学科和部门也有不同的分类体系，因此，旅游资源的分类方法和方案比较多。而国家旅游局颁发的《旅游资源分类、调查与评价》（GB/T 18972-2003）是一个体系较为完整的分类方案，其特点是分类依据客观、层次分明，具有开放性和较强的可操作性，是全国各级行政区、不同规模的旅游景区旅游资源调查和旅游规划编制的指导性文件。

《旅游资源分类、调查与评价》（GB/T 18972-2003）将旅游资源分为 2 个类型和 3 个层次。2 个类型即自然旅游资源和人文旅游资源；3 个层次即"主类"（8 个）、"亚类"（31 个）、"基本类型"（155 个）。该分类方案所述的旅游资源单体是"可作为独立观赏或利用的资源基本类型的单独个体，包括独立型旅游资源单体和由同一类型独立单体结合在一起的集合型旅游资源单体"。旅游资源基本类型是"根据旅游资源分类标准所划分出的基本单位"，并对基本类型进行了简要解释，详见表 11-1。

表 11-1　旅游资源分类系统

主类	亚类	代码	基本类型	简要说明
A 地文 景观	AA 综合自然 旅游地	AAA	山丘型旅游地	山地丘陵区内可供观光游览的整体区域或个别区段。
		AAB	谷地型旅游地	河谷地区内可供观光游览的整体区域或个别区段。
		AAC	沙砾石地型旅游地	沙漠、戈壁、荒原内可供观光游览的整体区域或个别区段。
		AAD	滩地型旅游地	缓平滩地内可供观光游览的整体区域或个别区段。
		AAE	奇异自然现象	发生在地表面，一般还没有合理解释的自然界奇特现象。
		AAF	自然标志地	标志特殊地理、自然区域的地点。
		AAG	垂直自然地带	山地自然景观及其自然要素（主要是地貌、气候、植被、土壤）随海拔呈递变规律的现象。
	AB 沉积与 构造	ABA	断层景观	地层断裂在地表面形成的明显景观。
		ABB	褶曲景观	地层在各种内力作用下形成的扭曲变形。
		ABC	节理景观	基岩在自然条件下形成的裂隙。
		ABD	地层剖面	地层中具有科学意义的典型剖面。
		ABE	钙华与泉华	岩石中的钙质等化学元素溶解后沉淀形成的形态。
		ABF	矿点矿脉与矿石积聚地	矿床矿石地点和由成景矿物、石体组成的地面。
		ABG	生物化石点	保存在地层中的地质时期的生物遗体、遗骸及活动遗迹的发掘地点。
	AC 地质地貌 过程形迹	ACA	凸峰	在山地或丘陵地区突出的山峰或丘峰。
		ACB	独峰	平地上突起的独立山丘或石体。
		ACC	峰丛	基底相连的成片山丘或石体。

主类	亚类	代码	基本类型	简要说明
		ACD	石（土）林	林立的石（土）质峰林。
		ACE	奇特与象形山石	形状奇异、拟人状物的山体或石体。
		ACF	岩壁与岩缝	坡度超过60°的高大岩面和岩石间的缝隙。
		ACG	峡谷段落	两坡陡峭、中间深峻的"V"字形谷、嶂谷、幽谷等段落。
		ACH	沟壑地	由内营力塑造或外营力侵蚀形成的沟谷、劣地。
		ACI	丹霞	由红色砂砾岩组成的一种顶平、坡陡、麓缓的山体或石体。
		ACJ	雅丹	主要在风蚀作用下形成的土墩和凹地（沟槽）的组合景观。
		ACK	堆石洞	岩石块体塌落堆砌成的石洞。
		ACL	岩石洞与岩穴	位于基岩内和岩石表面的天然洞穴，如溶洞、落水洞与竖井、穿洞与天生桥、火山洞、地表坑穴等。
		ACM	沙丘地	由沙堆积而成的沙丘、沙山。
		ACN	岸滩	被岩石、沙、砾石、泥、生物遗骸覆盖的河流、湖泊、海洋沿岸地面。
	AD 自然变动遗迹	ADA	重力堆积体	由于重力作用使山坡上的土体、岩体整体下滑或崩塌滚落而形成的遗留物。
		ADB	泥石流堆积	饱含大量泥沙、石块的洪流堆积体。
		ADC	地震遗迹	地球局部震动或颤动后遗留下来的痕迹。
		ADD	陷落地	地下淘蚀使地表自然下陷形成的低洼地。
		ADE	火山与熔岩	地壳内部溢出的高温物质堆积而成的火山与熔岩形态。
		ADF	冰川堆积	冰川后退或消失后遗留下来的堆积地形。
		ADG	冰川侵蚀遗迹	冰川后退或消失后遗留下来的侵蚀地形。
	AE 岛礁	AEA	岛区	小型岛屿上可供游览休憩的区段。
		AEB	岩礁	江海中隐现于水面上下的岩石及由珊瑚虫的遗骸堆积成的岩石状物。
B 水域风光	BA 河段	BAA	观光游憩河段	可供观光游览的河流段落。
		BAB	暗河河段	地下的流水河道段落。
		BAC	古河道段落	已经消失的历史河道段落。
	BB 天然湖泊与池沼	BBA	观光游憩湖区	湖泊水体的观光游览区域段落。
		BBB	沼泽与湿地	地表常年湿润或有薄层积水，生长湿生和沼生植物的地域或个别段落。
		BBC	潭池	四周有岸的小片水域。
	BC 瀑布	BCA	悬瀑	从悬崖处倾泻或散落下来的水流。
		BCB	跌水	从陡坡上跌落下来落差不大的水流。
	BD 泉	BDA	冷泉	水温低于20℃或低于当地年平均气温的出露泉。
		BDB	地热与温泉	水温超过20℃或超过当地年平均气温的地下热水、热气和出露泉。
	BE 河口与海面	BEA	观光游憩海域	可供观光游憩的海上区域。
		BEB	涌潮现象	海水大潮时潮水涌进景象。
		BEC	击浪现象	海浪推进时的击岸现象。

续表

主类	亚类	代码	基本类型	简要说明
	BF 冰雪地	BFA	冰川观光地	现代冰川存留区域。
		BFB	常年积雪地	长时间不融化的降雪堆积地面。
C 生物 景观	CA 树木	CAA	林地	生长在一起的大片树木组成的植物群体。
		CAB	丛树	生长在一起的小片树木组成的植物群体。
		CAC	独树	单株树木。
	CB 草原与 草地	CBA	草地	以多年生草本植物或小半灌木组成的植物群落构成的地区。
		CBB	疏林草地	生长着稀疏林木的草地。
	CC 花卉地	CCA	草场花卉地	草地上的花卉群体。
		CCB	林间花卉	灌木林、乔木林中的花卉群体。
	CD 野生动物 栖息地	CDA	水生动物栖息地	一种或多种水生动物常年或季节性栖息的地方。
		CDB	陆地动物栖息地	一种或多种陆地野生哺乳动物、两栖动物、爬行动物等常年或季节性栖息的地方。
		CDC	鸟类栖息地	一种或多种鸟类常年或季节性栖息的地方。
		CDD	蝶类栖息地	一种或多种蝶类常年或季节性栖息的地方。
D 天象与气 候景观	DA 光现象	DAA	日月星辰观察地	观察日、月、星辰的地方。
		DAB	光环现象观察地	观察虹霞、极光、佛光的地方。
		DAC	海市蜃楼现象多发地	海面和荒漠地区光折射易造成虚幻景象的地方。
	DB 天气与 气候现象	DBA	云雾多发区	云雾及雾凇、雨凇出现频率较高的地方。
		DBB	避暑气候地	气候上适宜避暑的地区。
		DBC	避寒气候地	气候上适宜避寒的地区。
		DBD	极端与特殊气候显示 地	易出现极端与特殊气候的地区或地点，如风区、雨区、热区、寒区、旱区等典型地点。
		DBE	物候景观	各种植物的发芽、展叶、开花、结实、叶变色、落叶等季变现象。
E 遗址 遗迹	EA 史前人类 活动场所	EAA	人类活动遗址	史前人类聚居、活动场所。
		EAB	文化层	史前人类活动留下来的痕迹、遗物和有机物所形成的堆积层。
		EAC	文物散落地	在地面和表面松散地层中有丰富文物碎片的地方。
		EAD	原始聚落遗址	史前人类居住的房舍、洞窟、地穴及公共建筑。
	EB 社会经济 文化活动 遗址遗迹	EBA	历史事件发生地	历史上发生过重要贸易、文化、科学、教育事件的地方。
		EBB	军事遗址与古战场	发生过军事活动和战事的地方。
		EBC	废弃寺庙	已经消失或废置的寺、庙、庵、堂、院等。
		ECD	废弃生产地	已经消失或废置的矿山、窑、冶炼场、工艺作坊等。
		EBE	交通遗迹	已经消失或废置的交通设施。
		EBF	废城与聚落遗迹	已经消失或废置的城镇、村落、屋舍等居住地建筑及设施。
		EBG	长城遗迹	已经消失的长城遗迹。
		EBH	烽燧	古代边防报警的构筑物。

续表

主类	亚类	代码	基本类型	简要说明
F 建筑与 设施	FA 综合人文 旅游地	FAA	教学科研实验场所	各类学校和教育单位、开展科学研究的机构和从事工程技术实验场所的观光、研究、实习的地方。
		FAB	康体游乐休闲度假地	具有康乐、健身、消闲、疗养、度假条件的地方。
		FAC	宗教与祭祀活动场所	进行宗教、祭祀、礼仪活动场所的地方。
		FAD	园林游憩区域	园林内可供观光游览休憩的区域。
		FAE	文化活动场所	进行文化活动、展览、科学技术普及的场所。
		FAF	建设工程与生产地	经济开发工程和实体单位，如工厂、矿区、农田、牧场、林场、茶园、养殖场、加工企业以及各类生产部门的生产区域和生产线。
		FAG	社会与商贸活动场所	进行社会交往活动、商业贸易活动的场所。
		FAH	动物与植物展示地	饲养动物与栽培植物的场所。
	FB 单体活动 场馆	FBA	聚会接待厅堂（室）	公众场合用于办公、会商、议事和其他公共事物所设的独立宽敞房舍，或家庭的会客厅室。
		FBB	祭拜场馆	为礼拜神灵、祭祀故人所开展的各种宗教礼仪活动的馆室或场地。
		FBC	展示演示场馆	为各类展出演出活动开辟的馆室或场地。
		FBD	体育健身场馆	开展体育健身活动的独立馆室或场地。
		FBE	歌舞游乐场馆	开展歌咏、舞蹈、游乐的馆室或场地。
	FC 景观建筑 与附属型 建筑	FCA	佛塔	通常为直立、多层的佛教建筑物。
		FCB	塔型建筑物	为纪念、镇物、表明风水和某些实用目的的直立建筑物。
		FCC	楼阁	用于藏书、远眺、巡更、饮宴、娱乐、休憩、观景等目的而建的二层或二层以上的建筑。
		FCD	石窟	临崖开凿，内有雕刻造像、壁画，具有宗教意义的洞窟。
		FCE	长城段落	古代军事防御工程段落。
		FCF	城（堡）	用于设防的城体或堡垒。
		FCG	摩崖字画	在山崖石壁上镌刻的文字，绘制的图画。
		FCH	碑碣（林）	为纪事颂德而筑的刻石。
		FCI	广场	用来进行休憩、游乐、礼仪活动的城市内的开阔地。
		FCJ	人工洞穴	用来防御、储物、居住等目的而建造的地下洞室。
		FCK	建筑小品	用以纪念、装饰、美化环境和配置主体建筑物的独立建筑物，如雕塑、牌坊、戏台、台、阙、廊、亭、榭、表、舫、影壁、经幢、喷泉、假山与堆石、祭祀标记等。
	FD 居住地与 社区	FDA	传统与乡土建筑	具有地方建筑风格和历史色彩的单个居民住所。
		FDB	特色街巷	能反映某一时代建筑风貌，或经营专门特色商品和商业服务的街道。
		FDC	特色社区	建筑风貌或环境特色鲜明的居住区。
		FDD	名人故居与历史纪念建筑	有历史影响的人物的住所或为历史著名事件而保留的建筑物。
		FDE	书院	旧时地方上设立的供人读书或讲学的处所。
		FDF	会馆	旅居异地的同乡人共同设立的馆舍，主要以馆址的房屋供同乡、同业聚会或寄居。

续表

主类	亚类	代码	基本类型	简要说明
		FDG	特色店铺	销售某类特色商品的场所。
		FDH	特色市场	批发零售兼顾的特色商品供应场所。
	FE 归葬地	FEA	陵寝陵园	帝王及后妃的坟墓及墓地的宫殿建筑,以及一般以墓葬为主的园林。
		FEB	墓（群）	单个坟墓、墓群或葬地。
		FEC	悬棺	在悬崖上停放的棺木。
	FF 交通 建筑	FFA	桥	跨越河流、山谷、障碍物或其他交通线而修建的架空通道。
		FFB	车站	为了装卸客货停留的固定地点。
		FFC	港口渡口与码头	位于江、河、湖、海沿岸进行航运、过渡、商贸、渔业活动的地方。
		FFD	航空港	供飞机起降的场地及其相关设施。
		FFE	栈道	在悬崖绝壁上凿孔架木而成的窄路。
	FG 水工 建筑	FGA	水库观光游憩区段	供观光、游乐、休憩的水库、池塘等人工集水区域。
		FGB	水井	向下开凿到饱和层并从饱和层中抽水的深洞。
		FGC	运河与渠道段落	正在运行的人工开凿的水道段落。
		FGD	堤坝段落	防水、挡水的构筑物段落。
		FGE	灌区	引水浇灌的田地。
		FGF	提水设施	取水、引水设施。
G 旅游 商品	GA 地方旅游 商品	GAA	菜品饮食	具有跨地区声望的地方菜系、饮食。
		GAB	农林畜产品及制品	具有跨地区声望的当地生产的农林畜产品及制品。
		GAC	水产品及制品	具有跨地区声望的当地生产的水产品及制品。
		GAD	中草药材及制品	具有跨地区声望的当地生产的中草药材及制品。
		GAE	传统手工产品与工艺品	具有跨地区声望的当地生产的传统手工产品与工艺品。
		GAF	日用工业品	具有跨地区声望的当地生产的日用工业品。
		GAG	其他物品	具有跨地区声望的当地生产的其他物品。
H 人文 活动	HA 人事 记录	HAA	人物	历史和现代名人。
		HAB	事件	发生过的历史和现代事件。
	HB 艺术	HBA	文艺团体	表演戏剧、歌舞、曲艺杂技和地方杂艺的团体。
		HBB	文学艺术作品	对社会生活进行形象的概括而创作的文学艺术作品。
	HC 民间 习俗	HCA	地方风俗与民间礼仪	地方性的习俗和风气,如待人接物礼节、仪式等。
		HCB	民间节庆	民间传统的庆祝或祭祀的节日和专门活动。
		HCC	民间演艺	民间各种表演方式。
		HCD	民间健身活动与赛事	地方性体育健身比赛、竞技活动。
		HCE	宗教活动	宗教信徒举行的佛事活动。
		HCF	庙会与民间集会	节日或规定日子里在寺庙附近或既定地点举行的聚会,期间进行购

续表

主类	亚类	代码	基本类型	简要说明
				物和文体活动。
		HCG	特色饮食风俗	餐饮程序和方式。
		HCH	特色服饰	具有地方和民族特色的衣饰。
HD		HDA	旅游节	定期和不定期的旅游活动的节日。
现代		HDB	文化节	定期和不定期的展览、会议、文艺表演活动的节日。
节庆		HDC	商贸农事节	定期和不定期的商业贸易和农事活动的节日。
		HDD	体育节	定期和不定期的体育比赛活动的节日。

第二节　旅游资源结构与分布①

河南旅游资源的总体特征是资源丰富，类型齐全，资源品位高，不乏世界级旅游资源；自然旅游资源和人文旅游资源并重，人文资源更加突出；空间分布不均，依山、沿河分布特征明显，山地与平原的过渡带是旅游资源富集区。

一、旅游资源类型结构

（一）类型概况

据调查，河南旅游资源拥有 8 个主类、30 个亚类、155 个基本类型。

表 11-2　河南旅游资源类型与全国的对比（个）

区　域	大　类	主类	亚类	基本类型
	自然旅游资源	4	17	71
全　国	人文旅游资源	4	14	84
	合　计	8	31	155
	自然旅游资源	4	16	68
河　南	人文旅游资源	4	14	87
	合　计	8	30	155
	自然旅游资源	齐全	缺少 1 个	缺少 3 个
对　比	人文旅游资源	齐全	齐全	增加 3 个
	总　体	齐全	缺少 1 个	相等

---

① 本节有关数据来源：河南省旅游资源调查领导小组办公室：《河南省旅游资源调查报告》（简编本），2004 年 1 月。

与全国相比，自然旅游资源的主类齐全，缺少 1 个亚类、缺少 3 个基本类型，原因是河南地处中纬度的内陆地区，远离海洋，缺少河口与海面亚类及其所属的基本类型。总体来讲，河南的自然旅游资源的类型、数量也很丰富，近年来以云台山为代表的山水型旅游区的迅猛发展，从市场的角度也证明了河南自然旅游资源的优秀品质。人文旅游资源方面，不但主类和亚类齐全，而且比全国多 3 个基本类型，说明河南是人文旅游资源大省名副其实。

（二）类型总体结构

调查报告显示，河南旅游资源单体数量 39 802 个，其中自然旅游资源单体数量为 14 479 个，占单体总数的 36.4%，人文旅游资源单体数量 25 323 个，占单体数量的 63.6%。两大类资源的结构为 36.4∶63.6，人文资源的数量占绝对优势，这是由河南地处中原的地理位置和中华文明中心发源地的历史地位所决定的。自然旅游资源单体数量也占到总量的三分之一以上，说明河南自然旅游资源在旅游资源构成中也具有重要的分量，反映了河南旅游资源是自然与人文兼具、人文资源突出的总体结构特征。

按照 8 个主类资源单体数量在调查资源总量中所占比重的大小进行排序，依次为建筑与设施（36.6%）、地文景观（20.4%）、人文活动（11.7%）、遗址遗迹（9.4%）、生物景观（8.2%）、水域风光（7%）、旅游商品（5.9%）、天象与气候景观（0.8%）。所以，从主类构成来看，河南旅游资源是以建筑与设施、地文景观为主体，以人文活动、遗址遗迹、生物景观、水域风光、旅游商品为补充的总体特征，天象与气候景观的单体数量微不足道。

（三）大类结构

河南省旅游资源的大类结构总体特征是：自然资源与人文资源兼具、人文资源更加突出。人文旅游资源的数量占绝对优势，具有极高的品位和吸引力，是河南省入境游市场的核心资源；自然旅游资源单体数量占到总量的三分之一以上，具有较高的品位，是国内旅游市场和区域旅游市的重要资源。

1. 自然旅游资源类型结构

河南自然旅游资源单体为 14 479 个，有 4 个主类，其中地文景观主类资源单体 8 108 个，水域风光单体 2 800 个，生物景观单体 3 246 个，天象与气候景观单体 325 个，分别占自然旅游资源单体总数的 56%、19.34%、22.4%、2.26%。从此可以看出，河南自然旅游资源是以地文景观为主体、以生物景观和水域风光类为补充的结构特征。河南自然旅游资源的结构特点是由其自然地理环境决定的：河南地质构造复杂、地貌类型多样，产生了丰富多样的地文景观资源。河南省大部分地区降雨量较少，地表水资源匮乏，难以出现大量自然水域风光。河南地处中纬度内陆地区，属于大陆性季风气候区，最高海拔不足 2 500m，人口密集，难以形成奇特的天象与气候景观。

表 11-3　河南自然旅游资源类型结构

主　类		A 地文景观	B 水域风光	C 生物景观	D 天象与气候景观	合计
单体数量/个		8 108	2 800	3 246	325	14 479
占比/%	自然旅游资源	56	19.34	22.4	2.26	100
	总　　体	20.4	7	8.2	0.8	36.4

2. 人文旅游资源类型结构

河南人文旅游资源单体为 25 323 个，占全部旅游资源单体总量的 63.6%，包含 4 个主类，其中遗址遗迹主类旅游资源单体 3 740 个，建筑与设施主类单体 14 556 个，旅游商品主类单体 2 350 个，人文活动主类单体 4 677 个，分别占人文旅游资源单体总数的 14.77%、57.48%、9.28%、18.47%。可见河南人文旅游资源是以建筑与设施为主体、以人文活动与遗址遗迹为补充的结构特征，这种类型结构特征支撑了河南人文旅游资源大省的地位。建筑与设施主类"一枝独秀"的原因，一是河南悠久的历史和厚重的文化留下了大量的历史建筑和设施，二是随着社会的快速发展新的建筑和设施大量涌现，因此这类资源单体数量将随着社会经济的发展而不断增加，三是《旅游资源分类、调查与评价》的分类体系中，建筑与设施主类包罗万象，将不同时代、不同门类的建筑与设施都包含在此类之中，客观上也造成了此类资源单体数量的膨胀。旅游商品类占比很低，一方面说明其他人文资源丰富，同时也反映出河南旅游商品的资源基础较差，挖掘、开发的力度不够，成为河南旅游业发展的短板。

表 11-4　河南人文旅游资源类型结构

主　类		E 遗址遗迹	F 建筑与设施	G 旅游商品	H 人文活动	合计
单体数量/个		3 740	14 556	2 350	4 677	25 323
占比/%	人文旅游资源	14.77	57.48	9.28	18.47	100
	总　　体	9.4	36.6	5.9	11.7	63.6

（四）主类结构

按照 8 个主类资源单体数量在资源总量中所占比重的大小排序，依次为建筑与设施（36.6%）、地文景观（20.4%）、人文活动（11.7%）、遗址遗迹（9.4%）、生物景观（8.2%）、水域风光（7%）、旅游商品（5.9%）、天象与气候景观（0.8%）。

1. 地文景观

河南地文景观主类旅游资源单体总数为 8 108 个，共有 5 个亚类，其中综合自然旅游地亚类单体 846 个，沉积与构造亚类单体 626 个，地质地貌过程形迹亚类单体 6 471 个，自然变动遗迹亚类单体 111 个,岛礁亚类单体 54 个,分别占地文景观资源单体总数的 10.4%、7.7%、79.8%、1.4%、0.7%。在地文景观主类中,地质地貌形迹亚类的单体数量占地文景观单体总数的近 80%,占自然旅游资源单体总数的 44.7%,占所有调查旅游资源单体总数的 16.3%,说明该亚类旅游资源在河南旅游资源结构中占有十分重要的地位。河南山地面积较大,地质构造复杂、山地地貌类型多样,在亿万年地史演化过程中形成了许多优美的山、峰、谷、洞、峡、崖等奇特景观,这类旅游资源是河南山岳观光旅游的重要基础。

表 11-5　河南地文景观资源结构

亚　　类		综合自然旅游地	沉积与构造	地质地貌形迹	自然变动遗迹	岛礁	合计
单体数量/个		846	626	6 471	111	54	8 108
占比/%	地文	10.4	7.7	79.8	1.4	0.7	100
	自然	5.8	4.3	44.7	0.8	0.4	56
	总体	2.1	1.6	16.3	0.3	0.1	20.4

2. 水域风光

河南水域风光类旅游资源单体总数为 2 800 个,共有 5 个亚类,其中河段亚类旅游资源单体为 424 个,天然湖泊与池沼亚类旅游资源单体为 1 016 个,瀑布亚类旅游资源单体为 944 个,泉亚类旅游资源单体为 408 个,河口与海面亚类资源单体为 0,冰雪地亚类旅游资源单体为 8 个,分别占水域风光类旅游资源单体总数 15.1%、36.3%、33.7%、14.6%、0%、0.3%。水域风光资源匮乏,主要是河南是缺水地区,天然湖泊极少,多数是人工修建的水库,除了防洪、灌溉、发电的功能,多数水库还兼具城乡居民饮水源地的功能,旅游开发利用受到极大地限制。河南中部和北部地区的河流多数是季节性河流,枯水期河流的旅游利用价值很低。随着地下水位的降低,众多泉水都已经枯竭,失去了观赏价值,几乎所有的温泉不再喷涌、变成了地热水,出水量渐小,成为制约温泉度假区开发的瓶颈。

表 11-6　河南水域风光资源结构

亚　　类		河段	天然湖泊与池沼	瀑布	泉	河口与海面	冰雪地	合计
单体数量/个		424	1 016	944	408	0	8	2 800
占比/%	水域风光	15.1	36.3	33.7	14.6		0.3	100
	自　然	2.9	7.0	6.5	2.8			19.2
	总　体	1.1	2.6	2.4	1.0			7.1

3. 生物景观

河南生物景观主类游资源单体总数为 3 246 个，共有 3 个亚类，其中树木亚类资源单体数 2 503 个，占生物景观资源单体总数的 77.1%；草原与草地亚类资源单体数 96 个，花卉地亚类资源单体数 292 个，野生动物栖息地亚类资源单体数 355 个，分别占该类资源单体总数的 3%、9%、10.9%。

表 11-7　河南生物景观资源结构

亚　类		树木	草原与草地	花卉地	野生动物栖息地	合计
单体数量/个		2503	96	292	355	3 264
占比/%	生物景观	77.1	3.0	9.0	10.9	100
	自　　然	17.3	0.6	2.0	2.5	22.4
	总　　体	6.3	0.2	0.7	0.9	8.1

4. 天象与气候景观

河南天象与气候景观主类旅游资源单体数量为 325 个，其中光现象亚类资源单体 97 个，天气与气候现象亚类资源单体 228 个，二者分别占该主类资源单体总量的 29.8%、70.2%。该类资源数量仅占自然旅游资源单体量的 2.26%，占调查资源总量不足 1%，不是河南旅游资源的主体。

表 11-8　河南天象与气候景观资源结构

亚　类		光现象	天气与气候	合计
单体数量/个		97	228	325
占比/%	天象与气候景观	29.8	70.2	100
	自　　　　然	0.7	1.6	2.3
	总　　　　体	0.2	0.6	0.8

5. 遗址遗迹

河南遗址遗迹旅游资源单体总计 3 740 个，有 2 个亚类，其中史前人类活动场所亚类资源单体 730 个，社会经济文化活动遗址遗迹亚类资源单体 3 010 个，分别占该主类资源单体总量的 19.5%、80.5%。在该类资源中，社会经济文化活动遗址遗迹亚类为主要构成类型，同时也是人文旅游资源类的主要构成类型，即使是在总体旅游资源中，该亚类也占 7.6%，具有重要的地位。主要原因是河南地处中原，在历史上曾经是中国政治、经济、文化的中心，留下来大量的历史遗迹。

表 11-9　河南遗址遗迹资源结构

亚　类		史前人类活动场所	社会经济文化活动遗址遗迹	合计
单体数量/个		730	3 010	3 740
占比/%	遗址遗迹	19.5	80.5	100
	人　文	2.9	11.9	14.8
	总　体	1.8	7.6	9.4

6. 建筑与设施

　　河南建筑与设施主类旅游资源单体 14 556 个，共有 7 个亚类，其中综合人文旅游地亚类资源单体 3 512 个，单体活动场馆亚类资源单体 1 707 个，景观建筑与附属型建筑亚类资源单体 5 178 个，居住地与社区亚类资源单体 1 228 个，归葬地亚类资源单体 1 285 个，交通建筑亚类资源单体 671 个，水工建筑亚类资源单体 974 个，分别占该主类资源单体总量的 24.1%、11.7%、35.6%、8.4%、8.8%、4.6%、6.7%。景观建筑与附属型建筑居于首位，是河南旅游资源的主体。

表 11-10　河南建筑与设施资源结构

亚　类		综合人文旅游地	单体活动场馆	景观建筑与附属型建筑	居住地与社区	归葬地	交通建筑	水工建筑	合计
单体数量/个		3 512	1 707	5 178	1 228	1 285	671	974	14 556
占比/%	建筑与设施	24.1	11.7	35.6	8.4	8.8	4.6	6.7	100
	人　文	13.9	6.7	20.4	5.1	5.1	2.6	3.7	57.5
	总　体	8.8	4.3	13.0	3.2	3.2	1.7	2.4	36.6

7. 旅游商品

　　河南旅游商品主类的资源单体为 2 350 个，即地方旅游商品 1 个亚类。表明河南旅游商品虽然有了长足的发展，但与国内其他省市相比，还存在较大的差距。

8. 人文活动

　　人文活动主类的资源单体数量 4 673 个，共有 4 个亚类，人事记录亚类资源单体 2 819 个，艺术亚类资源单体 571 个，民间习俗亚类资源单体 1 144 个，现代节庆亚类资源单体 139 个，分别占人文活动主类资源单体总量的 60.3%、12.2%、24.5%、3.0%。人事记录亚类的资源单体数量具有举足轻重的分量，并且占人文旅游资源总量的 11.1%、占调查资源单体总量的 7.1%，说明人事记录资源在河南旅游资源构成中也具有较高的地位。其次是民间习俗亚类，占近四分之一的总量。河南地处中原，是历代胸怀大志者必争之地，产生了许多历史人物与事件，因此人事记录资源比较丰富。河南是中华文明的发源地之一，许多传统文化与古老习俗保持至今，所以有许多民间习俗类的资源单体。

表 11-11 河南人文活动资源结构

亚 类		人事记录	艺术	民间习俗	现代节庆	合计
单体数量/个		2 819	571	1 144	139	4 673
占比/%	人文活动	60.3	12.2	24.5	3.0	100
	人 文	11.1	2.3	4.5	0.5	18.4
	总 体	7.1	1.4	2.9	0.3	11.7

（五）主要亚类

河南旅游资源共有 30 个亚类，根据每个亚类的单体数量在总体、大类、主类等不同层级中所占的比重，可以比较清晰地看出该亚类在各级分类中的地位和不同分类级别旅游资源的基本构成。

表 11-12 河南旅游资源亚类单体数量及其占比

序号	亚类	单体数量/个	占比/%		
			总体	大类	主类
1	AA 综合自然旅游地	846	2.1	5.8	10.4
2	AB 沉积与构造	626	1.6	4.3	7.7
3	AC 地质地貌过程形迹	6 471	16.3	44.7	79.8
4	AD 自然变动遗迹	111	0.3	0.8	1.4
5	AE 岛礁	54	0.1	0.4	0.7
6	BA 河段	424	1.1	2.9	15.1
7	BB 天然湖泊与池沼	1 016	2.6	7.0	36.3
8	BC 瀑布	944	2.4	6.5	33.7
9	BD 泉	408	1.0	2.8	14.6
10	BF 冰雪地	8			0.3
11	CA 树木	2 503	6.3	17.3	77.1
12	CB 草原与草地	96	0.2	0.6	3.0
13	CC 花卉地	292	0.7	2.0	9.0
14	CD 野生动物栖息地	355	0.9	2.5	10.9
15	DA 光现象	97	0.2	0.7	29.8
16	DB 天气与气候现象	228	0.6	1.6	70.2
17	EA 史前人类活动场所	730	1.8	2.9	19.5
18	EB 社会经济文化活动遗址遗迹	3 010	7.6	11.9	80.5
19	FA 综合人文旅游地	3 512	8.8	13.9	24.1

续表

序号	亚类	单体数量/个	占比/%		
			总体	大类	主类
20	FB 单体活动场馆	1 707	4.3	6.7	11.7
21	FC 景观建筑与附属型建筑	5 178	13.0	20.4	35.6
22	FD 居住地与社区	1 228	3.2	5.1	8.4
23	FE 归葬地	1 285	3.2	5.1	8.8
24	FF 交通建筑	671	1.7	2.6	4.6
25	FG 水工建筑	974	2.4	3.7	6.7
26	GA 地方旅游商品	2 350	5.9	9.3	100
27	HA 人事记录	2 819	7.1	11.1	60.3
28	HB 艺术	571	1.4	2.3	12.2
29	HC 民间习俗	1 144	2.9	4.5	24.5
30	HD 现代节庆	139	0.3	0.5	3.0

从旅游资源的总体来看，单体资源数排在前 10 位的亚类为：地质地貌形迹（6 471 个、占 16.3%）、景观建筑与附属型建筑（5 178 个、占 13%）、综合人文旅游地（3 512 个、占 8.8%）、社会经济文化活动遗址遗迹（3 010 个、占 7.6%）、人事记录（2 819 个 7.1%）、树木（2 503 个、6.3%）、地方旅游商品（2 350 个、占 5.6%）、单体活动场馆（1 707 个、占 4.3%）、归葬地（1 285 个、占 3.2%）、居住地与社区（1 228 个、占 3.2%），这 10 个亚类的单体资源总数为 30 063 个，占所有调查资源总数的 75.51%，是河南旅游资源的主体。排在前 10 名的亚类中人文类占 8 个，自然类仅占 2 个，也反映出河南是人文旅游资源大省的特点。

在自然旅游资源中，单体资源数量排在前 10 的亚类：地质地貌过程形迹、树木、天然湖泊与池沼、瀑布、综合自然旅游地、沉积与构造、河段、泉、野生动物栖息地、花卉地，10 个主要亚类的单体资源总数为 13 885 个，占自然旅游资源的 95.9%，占调查资源总数的 34.9%。

在人文旅游资源中，单体资源数量排在前 10 的亚类：景观建筑与附属型建筑、综合人文旅游地、社会经济文化活动遗址遗迹、人事记录、地方旅游商品、单体活动场馆、归葬地、居住地与社区、民间习俗、水工建筑，10 个主要亚类的单体资源总数为 23 207 个，占人文旅游资源的 91.6%，占调查资源总数的 58.3%。

表 11-13　主要亚类在各级中的排序

排序	总　体	自　然	人　文	主　类
1	AC 地质地貌过程形迹	AC 地质地貌过程形迹	FC 景观建筑与附属型建筑	GA 地方旅游商品
2	FC 景观建筑与附属型建筑	CA 树木	FA 综合人文旅游地	EB 社会经济文化活动遗址遗迹
3	FA 综合人文旅游地	BB 天然湖泊与池沼	EB 社会经济文化活动遗址遗迹	AC 地质地貌过程形迹

续表

排序	总　体	自　然	人　文	主　类
4	EB 社会经济文化活动遗址遗迹	BC 瀑布	HA 人事记录	CA 树木
5	HA 人事记录	AA 综合自然旅游地	GA 地方旅游商品	DB 天气与气候景观
6	CA 树木	AB 沉积与构造	FB 单体活动场馆	HA 人事记录
7	GA 地方旅游商品	BA 河段	FE 归葬地	BB 天然湖泊与池沼
8	FB 单体活动场馆	BD 泉	FD 居住地与社区	FC 景观建筑与附属型建筑
9	FE 归葬地	CD 野生动物栖息地	HC 民间习俗	BC 瀑布
10	FD 居住地与社区	CC 花卉地	FG 水工建筑	DA 光现象

（六）主要基本类型

在自然旅游资源中单体数量排在前 10 位的基本类型有奇特与象形山石类资源单体 3 366 个、独树 1 458 个、潭池 852 个、岩石洞与岩穴 798 个、林地 760 个、山岳型旅游地 539 个、凸峰 535 个、悬瀑 473 个、岩壁与岩缝 410 个、冷泉 356 个。10 个基本类型的单体数量共计 9 847 个，占自然旅游资源总量 68%，占调查资源总量的 24.7%。10 个基本类型构成了河南自然旅游资源的主体，也是河南旅游资源的重要组成部分，涵盖了河南自然山水旅游资源的精华。

人文旅游资源中单体数量前 10 位的基本类型有建筑小品类资源单体 2 113 个、人物 1 959 个、碑碣（林）1 735 个、宗教与祭祀活动场所 1133 个、墓（群）1 085 个、祭拜场馆 988 个、事件 849 个、菜品饮食 736 个、建筑工程与生产地 671 个。10 个基本类型的单体数量共计 11 269 个，占人文类旅游资源单体总量的 44.5%，占调查资源总量的 28.3%。10 个基本类型占据河南人文旅游资源的半壁江山，是河南旅游资源的重要组成部分。

二、旅游资源等级结构

（一）旅游资源评价方法

《旅游资源分类、调查与评价》（GB/T 18972-2003）制定了一套较为完善的旅游资源评价方法。根据计分方法和等级划分原则，将旅游资源单体评价得分划分为 5 个级别，评价分值越高表示资源品质越好。90 分以上为第五级资源，75～89 分为第四级资源，60～74 分为第三级资源，45～59 分为第二级资源，30～44 分为第一级资源，低于 30 分为未获等级资源。第一、二级称为"普通级旅游资源"，第三、四、五级称为"优良级旅游资源"（其中五级又称为"特品级旅游资源"）。

（二）旅游资源等级结构

河南五级旅游资源（特品级）946个，占等级旅游资源单体总数的2.4%；四级3 982个，占10%；三级11 321个，占28.4%；二级13 736个，占34.5%，一级7845个，占19.7%；未获等级资源1 972个，占5%。河南旅游资源单体中，优良级旅游资源单体16 249个，占资源单体总数的40.82%。

河南旅游资源等级呈现"正态分布"特点，二级和三级资源数量巨大，占总量的62.9%，一级和四级数量次之，占总量的29.7%，未获等级资源和五级资源的数量都很少，合计占到总量的7.4%

表11-14　河南旅游资源等级结构

等级	单体数量/个	占比/%	等级	单体数量/个	占比/%
五级	946	2.4	二级	13 736	34.5
四级	3 982	10	一级	7 845	19.7
三级	11 321	28.4	未获等级	1 972	5

（三）优良级自然旅游资源

河南优良级自然旅游资源单体总计5 272个，占等级自然旅游资源总数的31.9%，其中五级旅游资源单体304个、四级旅游资源1 332个、三级旅游资源3 636个，分别占等级自然旅游资源单体总数的2.1%、9.2%和25.1%。

1. 五级自然旅游资源

河南五级自然旅游资源单体304个，分布在4个主类、14个亚类、24个基本类型。其中生物景观90个、地文景观39个、天象与气候景观16个、水域风光10个。比较集中的亚类是树木71个、地质地貌形迹过程16个、天气与气候14个、野生动物栖息地13个、综合自然旅游地12个。富集的基本类型有独树37个、林地21个、峡谷段落16个、丛树13个、奇异自然现象7个、陆生野生动物栖息地7个、悬瀑6个、云雾多发区6个、自然标志地5个、物候景观5个。

2. 四级自然旅游资源

河南四级自然旅游资源单体1 332个，其中地文景观数量最多，其次是生物景观。亚类中单体数量依次为地质地貌过程形迹、树木、自然综合旅游地、沉积与构造、花卉地、河段、天然湖泊与池沼、瀑布。单体数量排名位于前列的基本类型有奇特与象形山石、独树、山岳型旅游地、钙华与泉华、林地、凸峰、峡谷段落、峰丛、岩壁与岩缝、谷地型旅游地等。

3. 三级自然旅游资源

河南三级自然旅游资源单体 3 636 个，以地文景观主类居多，单体数量集中的亚类依次是地质地貌过程形迹 1 926 个、树木 464 个、综合自然旅游地 112 个、沉积与构造 111 个、瀑布 110 个、花卉地 101 个、天然湖泊与池沼 93 个、河段 59 个。三级资源富集的基本类型有奇特与象形山石 1 100 个、独树 256 个、岩石洞与岩穴 231 个、凸峰 160 个、林地 156 个、峡谷段落 141 个、山岳型旅游地 112 个、钙华与泉华 111 个、峰丛 110 个、林间花卉 101 个。

（四）优良级人文旅游资源

河南等级人文旅游资源的单体 25 323 个，优良级人文旅游资源单体 10 977 个，占等级人文资源单体的 43.3%，其中五级旅游资源单体 642 个、四级旅游资源单体 2 650 个、三级旅游资源单体 7 685 个，分别占等级人文旅游资源单体总数的 2.5%、10.5%和 30.3%。

1. 五级人文旅游资源

河南五级人文旅游资源单体 642 个，分布在 4 个主类，数量集中的亚类依次是人事记录、景观建筑与附属型建筑、社会经济文化活动遗迹、居住地与社区、归葬地、地方旅游商品、综合人文旅游地等。五级资源比较富集的基本类型包括人物、墓（群）、碑碣（林）、废城与聚落遗址、佛塔、名人故居与历史纪念建筑、宗教祭祀与活动场所、石窟、建筑小品、书院等。五级人文旅游资源是河南旅游资源的精华，对境外游客具有较大的吸引力。

2. 四级人文旅游资源

河南四级人文旅游资源单体 2 650 个，在 4 个主类中均有分布，数量较多的亚类有景观建筑与附属型建筑、人事记录、地方旅游商品、单体活动场馆、归葬地、综合人文旅游地、艺术、民间习俗、社会经济文化活动遗址遗迹等。四级人文资源集中的基本类型有人物、碑碣（林）、建筑小品、宗教与祭祀活动场所、事件、农林畜产品及制品、文学艺术作品、墓（群）、传统手工产品与工艺品、展示演示场馆、祭拜场馆、民间健身活动与赛事、 石窟、废城与聚落遗址、陵寝陵园等。

3. 三级人文旅游资源

河南三级人文旅游资源单体 7 685 个，在 4 个主类中均有分布，建筑与设施主类的数量最多。数量较多的亚类有景观建筑与附属型建筑、综合人文活动地、人事记录、单体活动场馆、地方旅游商品、居住地与社区、归葬地、社会经济文化活动遗址遗迹、水工建筑、艺术、交通建筑、民间习俗。三级资源单体集中的基本类型建筑小品 937 个、碑碣（林）593、人物 491 个、墓（群）313 个、宗教与祭祀活动场所 296 个、祭拜场馆 276 个、名人故居与历史纪念建筑 233 个、建设工程与生产地 228 个、水库观光游憩区段 178 个、菜品饮食 149 个、展示演示场馆 143 个、传统手工产品与工艺品 142 个、文学艺术作品 139 个、农林畜产品与制品 132 个。

（五）优良级旅游资源集中度分析

优良旅游资源的集中度反映了该类旅游资源在各个类型中的密集程度。通过分析优良级旅游资源单体在不同类型中的构成状况，可以明晰旅游资源的等级结构，进一步分析河南优良级旅游资源单体的类型集中度，可以确定河南优势旅游资源与重点开发领域。优良级旅游资源单体富集的 10 个基本类型就反映了优良级旅游资源的类型集中度，通过与基本类型总量的对比可以看出，多数旅游资源的数量与质量（品质）呈正比关系，即单体数量多的基本类型其优良级资源单体的数量也较多。当然，也有不成正比的现象。

1. 自然旅游资源集中度

自然旅游资源中，资源单体数量排在前 10 位的基本类型：奇特与象形山石 1 352 个、独树 1 458 个、潭池 852 个、岩石洞与岩穴 789 个、林地 760 个、山岳型旅游地 539 个、凸峰 535 个、悬瀑 473 个、岩壁和岩缝 410 个、冷泉 356 个。优良级（第三、四、五级）单体数量排在前 10 位的基本类型：奇特与象形山石 1 352 个、独树 419 个、林地 252 个、岩石洞与岩穴 231 个、凸峰 220 个、峡谷段落 209 个、钙华与泉华 191 个、峰丛 159 个、山岳型旅游地 112 个、林间花卉 101 个。

单体数与优良级数量均在前 10 位的基本类型有奇特与象形山石、独树、林地、岩石洞与岩穴、凸峰、山岳型旅游地 6 个基本类型，说明这几个基本类型的旅游资源的数量与品质成正比关系。单体数量排在前 10 位、而优良级数量未进入前 10 位的基本类型是潭池、悬瀑、岩壁与岩缝、冷泉，说明这 4 个基本类型的自然旅游资源具有的单体数量较多，但是其优良级资源单体不多，其中有 3 个基本类型属于水域风光资源，表明河南水域风光类旅游资源的数量大、品质较低。峡谷段落、钙华与泉华、峰丛、林间花卉 4 个基本类型的总量不在前 10 位行列，但是优良级资源单体数量位列前 10 位，特别是峡谷段落基本类型，优良级资源数量排在第 6 位，说明这些基本类型的优良级资源的占比较大。

五级（特品级）自然旅游资源中前 10 名的基本类型有独树 37 个、林地 21 个、峡谷段落 16 个、丛树 13 个、奇异自然现象 7 个、陆生野生动物栖息地 7、悬瀑 6 个、云雾多发区 6 个、自然标志地 5 个、物候景观 5 个。这 10 个基本类型的分布：生物景观占 4 个、地文景观占 3 个、天象与气候景观占 2 个、水域风光占 1 个。

2. 人文旅游资源集中度

河南人文旅游资源单体数量排在前 10 位的基本类型是建筑小品类资源单体 2 113 个、人物 1 959 个、碑碣（林）1 735 个、宗教与祭祀活动场所 1 133 个、墓（群）1 085 个、祭拜场馆 988 个、事件 849 个、菜品饮食 736 个、建筑工程与生产地 671 个。优良级人文资源数量最多的基本类型中，排在前 10 位的是建筑小品 1 128 个、碑碣（林）847 个、人物 822 个、宗教与祭祀场所 431 个、祭拜场馆 276 个、名人故居与历史纪念建筑 244 个、建筑工程与生产地 228 个、水库观光游憩区段 178 个、传统手工产品与工艺品 96 个、展示演示场馆 85 个。资源单体总量与优良级单体数量均排在前列的基本类型有建筑小品、人物、碑碣（林）、宗教与祭祀活动场所、祭拜场馆、建筑工程与生产地 6 个，说明这 6 个基本类型的品质与数量成正比关系。单体总量多而优良级较少的基本类型有墓（群）、事件、菜品饮食 3 个，优良级数量多而单体数量较少的基本类型有名人故居与历史纪念建筑、水库观光游憩区段、传统手工产品与工艺品、展示演示场馆 4 个。

表 11-15　河南优良级自然资源十大基本类型（个）

排序	单体数量前 10 位的基本类型	优良级单体数量前 10 位的基本类型			
		优良级	五级	四级	三级
1	奇特与象形山石 3 666	奇特与象形山石 1 352	独树 37	奇特与象形山石 252	奇特与象形山石 1 100
2	独树 1 458	独树 419	林地 21	独树 126	独树 256
3	潭池 852	林地 252	峡谷段落 16	山岳型旅游地 94	岩石洞与岩穴 231
4	岩石洞与岩穴 798	岩石洞与岩穴 231	丛树 13	钙华与泉华 80	凸峰 160
5	林地 760	凸峰 220	奇异自然现象 7	林地 75	林地 156
6	山岳型旅游地 539	峡谷段落 209	野生动物栖息地 7	凸峰 60	峡谷段落 141
7	凸峰 535	钙华与泉华 191	悬瀑 6	峡谷段落 52	山岳型旅游地 112
8	悬瀑 473	峰丛 159	云雾多发区 6	峰丛 49	钙华与泉华 111
9	岩壁与岩缝 410	山岳型旅游地 112	自然标志地 5	岩壁与岩缝 41	峰丛 110
10	冷泉 356	林间花卉地 101	物候景观 5	谷地型旅游地 37	林间花卉 101

五级人文旅游资源单体数量排在前 10 位的基本类型是人物 56 个、墓（群）19 个、碑碣（林）17 个、废城与聚落遗址 14 个、佛塔 11 个、名人故居与历史纪念建筑 11 个、宗教祭祀与活动场所 10 个、石窟 8 个、建筑小品 8 个、书院 8 个。这些特品级人文旅游资源特点是人物类多（占五级总数的 8.7%），实物资源体量小（碑、塔、小品较多），废城、遗址占比较大，与宗教有关的多（佛塔、祭祀、石窟），符合河南的历史文化特点。

表 11-16　河南优良级人文资源十大基本类型（个）

排序	单体数量前 10 位的基本类型	优良级单体数量前 10 位的基本类型			
		优良级	五级	四级	三级
1	建筑小品 2 113	建筑小品 1 128	人物 56	人物 275	建筑小品 937
2	人物 1 959	碑碣（林）847	墓（群）19	碑碣（林）237	碑碣（林）593
3	碑碣（林）1 735	人物 822	碑碣（林）17	建筑小品 183	人物 491
4	宗教与祭祀活动场所 1 133	宗教与祭祀活动场所 431	废城与聚落遗址 14	宗教与祭祀活动场所 125	墓（群）313
5	墓（群）1 085	祭拜场馆 276	佛塔 11	事件 118	宗教与祭祀活动场所 296

续表

排序	单体数量 前 10 位的基本类型	优良级单体数量前 10 位的基本类型			
		优良级	五级	四级	三级
6	祭拜场馆 988	名人故居与历史纪念建筑 244	名人故居与历史纪念建筑 11	农林畜产品及制品 103	祭拜场馆 276
7	事件 849	建筑工程与生产地 228	宗教与祭祀活动场所 10	文学艺术作品 101	名人故居与历史纪念建筑 233
8	菜品饮食 736	水库观光游憩区段 178	石窟 8	墓（群）97	建设工程与生产地 228
9	建筑工程与生产地 671	传统手工产品与工艺品 96	建筑小品 8	传统手工产品与工艺品 96	水库观光游憩区段 178
10		展示演示场馆 85	书院 8	展示演示场馆 85	菜品饮食 149

三、旅游资源空间分布

旅游资源空间分布与自然地理环境、区域发展历史有密切的关系。河南西部、西北部和南部为山区，中部、东部为平原，因此自然旅游资源多分布在西部、西北部和南部山区。在山地与平原的过渡带、黄河两岸地区、山间盆地、宽阔的河谷地带，自古就是人类生息之所、城邑之地，也是近代、现代社会经济文化发达地区，所以人文旅游资源比较丰富。

（一）单体数量分布

河南旅游资源单体总数为 39 802 个，18 个省辖市资源单体数及占总数量的比重见表 11-17。

表 11-17　河南省各辖市旅游资源数量与比重

省辖市	单体数量/个	占　比/%	省辖市	单体数量/个	占　比/%
郑州市	2 733	6.9	许昌市	1 299	3.3
开封市	1 065	2.7	漯河市	1 065	2.7
洛阳市	6 391	16.1	三门峡市	1 331	3.3
平顶山市	4 215	10.6	南阳市	2 875	7.2
安阳市	2 311	5.8	商丘市	1 245	3.1
鹤壁市	1 162	2.9	信阳市	1 273	3.2
新乡市	3 443	8.7	周口市	1 334	3.4
焦作市	4 489	11.3	驻马店市	2 533	6.4
濮阳市	405	1.0	济源市	633	1.6

旅游资源单体最多的是洛阳市 6 391 个，单体数量超过 2 000 个有焦作市、平顶山市、新乡市、南阳市、郑州市、驻马店市、安阳市，最少的是濮阳市，仅有 405 个。

1. 自然旅游资源分布

自然旅游资源分布差异较大，最多的洛阳市与最少的濮阳市相差百倍。洛阳市拥有 2 948

个位居第一，平顶山市 2 719 个，焦作市 2 232 个，南阳市 1 415 个，新乡市 1 195 个，驻马店市 614 个，郑州市 610 个，安阳 596 个，三门峡市 574 个，其余地市都不足 500 个。上述 9 个省辖市包含了河南大部分山区，自然地理条件复杂，地貌类型多样，天然植被面积较大，大自然的恩泽使这些地区拥有河南 90%的自然旅游资源。

2. 人文旅游资源分布

与自然旅游资源空间分布相比，人文旅游资源的地区差别较小。洛阳市依然是高居榜首，其人文旅游资源单体 3 443 个，数量最少的是濮阳市 374 个（济源市面积小，没有可比性），二者相差近 10 倍。焦作市 2 257 个，新乡市 2 248 个，郑州市 2 123 个，驻马店市 1 919 个，安阳市 1 715 个，平顶山市 1 496 个，周口市 1 280 个，商丘市 1 160 个，许昌市 1 047 个，开封市 1 006 个，这 11 个省辖市人文资源单体数量占全省人文资源单体总量的 83.5%。濮阳市人文资源单体数量较少，其原因是濮阳市地处黄河古道，历史上黄河在此多次溃决、改道，致使地表的历史遗存很少。

表 11-18　河南主要基本类型旅游资源的分布（个）

省辖市	A 地文景观	B 水域风光	C 生物景观	D 天象与气候	自然资源单体	E 遗址遗迹	F 建筑与设施	G 旅游商品	H 人文活动	人文资源单体	合计
郑州市	299	97	200	14	610	347	1 449	66	261	2 123	2 733
开封市	3	17	29	10	59	38	555	168	245	1 006	1 065
洛阳市	1 581	490	815	62	2 948	485	2 159	419	380	3 443	6 391
平顶山市	1 926	465	301	27	2 719	279	882	96	239	1 496	4 215
安阳市	342	137	101	16	596	209	909	124	473	1 715	2 311
鹤壁市	138	41	49	11	239	137	573	50	163	923	1 162
新乡市	580	195	378	42	1 195	196	1 541	237	274	2 248	3 443
焦作市	1 214	601	372	45	2 232	212	1 372	208	465	2 257	4 489
濮阳市	0	14	16	1	31	34	160	40	140	374	405
许昌市	110	62	70	10	252	186	591	23	247	1 047	1 299
漯河市	7	19	52	8	86	148	446	78	307	979	1 065
三门峡市	358	120	85	11	574	182	445	43	87	757	1 331
南阳市	763	251	378	23	1 415	210	995	163	92	1 460	2 875
商丘市	15	25	42	3	85	151	537	110	362	1 160	1 245
信阳市	270	94	110	12	486	129	451	69	138	787	1 273
周口市	1	15	38	0	54	263	464	149	404	1 280	1 334
驻马店市	360	99	139	16	614	496	804	283	336	1 919	2 533
济源市	141	58	71	14	284	38	223	24	64	349	633
合计	8 108	2 800	3 246	325	14 479	3740	14 556	2 350	4 677	25 323	38 902

（二）等级分布特征

等级分布特征可以反映各省辖市旅游资源品质的差异，分析优良级旅游资源的分布特征即可反映出这种差异。

从优良级旅游资源单体的总量来看，排在前 10 位的省辖市的是洛阳市 3 599 个、郑州市 2019 个、焦作市 1 698 个、安阳市 1 314 个、南阳市 1 278 个、新乡市 940 个、驻马店市 790 个、平顶山市 764 个、信阳市 708 个、周口市 549 个、开封市 544 个。

优良级自然旅游资源单体数量排在前 10 位的是洛阳市 1626 个、南阳市 676 个、焦作市 665 个、郑州市 425 个、安阳市 398 个、平顶山市 377 个、驻马店市 257 个、信阳市 208 个、新乡市 205 个、三门峡市 150 个。10 个省辖市全部位于京广铁路沿线及以西的地区。排在后几位是濮阳市 5 个、漯河市 16 个、开封市 17 个、周口市 19 个，全部是东部平原区。

优良级人文旅游资源单体数量排在前 10 位的是洛阳市 1 973 个、郑州市 1 594 个、焦作市 1 033 个、安阳市 916 个、新乡市 735 个、南阳市 602 个、驻马店市 533 个、周口市 530 个、开封市 527 个、信阳市 500 个。

不管是自然旅游资源还是人文旅游资源，洛阳市的单体总量以及优良级单体数量都高居榜首，是河南旅游资源数量与品质"双高"地区。其次，郑州市、焦作市、南阳市、安阳市、新乡市、平顶山市、信阳市的数量排名和优良级旅游资源排名比较稳定。第三，自然旅游资源或人文旅游资源只有一种资源比较突出，如开封市、周口市、商丘市、漯河市是人文旅游资源的数量与品质较高，但是自然旅游资源很弱。三门峡市自然旅游资源优于人文旅游资源。第四，许昌市、鹤壁市数量排名比较落后，但不是资源匮乏地区。第五，旅游资源比较匮乏的地区，如濮阳市，无论是数量上还是等级、不管是自然旅游资源还是人文旅游资源，与其他地区都有较大的差距。济源市的旅游资源类型多样，品质优良，城乡环境优美，社会经济发达，是北方地区不可多得的度假、观光目的地，但其辖区面积小，数量排名居后。

表 11-19　河南优良级旅游资源分布特征（个）

省辖市	优良级单体数	自然旅游资源				人文旅游资源			
		五级	四级	三级	小计	五级	四级	三级	小计
郑州市	2 019	34	238	153	425	90	640	864	1 594
开封市	544	0	2	15	17	51	82	394	527
洛阳市	3 599	67	568	991	1 626	88	599	1 286	1 973
平顶山市	764	18	44	315	377	28	66	293	387
安阳市	1 314	16	37	345	398	42	143	731	916
鹤壁市	333	0	18	28	46	30	51	206	287
新乡市	940	0	36	169	205	32	102	601	735
焦作市	1 698	22	89	554	665	22	143	868	1 033
濮阳市	101	0	0	5	5	13	19	64	96

续表

省辖市	优良级单体数	自然旅游资源				人文旅游资源			
		五级	四级	三级	小计	五级	四级	三级	小计
许昌市	380	3	10	33	46	24	69	241	334
漯河市	231	0	4	12	16	16	48	151	215
三门峡市	389	17	15	118	150	26	60	153	239
南阳市	1 278	42	109	525	676	51	113	438	602
商丘市	406	9	6	20	35	32	95	244	371
信阳市	708	16	43	149	208	29	100	371	500
周口市	549	0	4	15	19	36	169	325	530
驻马店市	790	23	96	138	257	19	131	383	533
济源市	184	15	13	51	79	13	20	72	105
合　计	16 227	282	1 332	3 636	5 250	642	2 650	7 685	10 977

第三节　自然旅游资源分区

一、分区的目的与意义

（一）分区的目的

旅游资源分区的目的是为了了解和区分各个旅游区的性质与特征，揭示旅游资源的地域分布规律，确定各旅游区优势和发展方向，以利于合理组织不同区域的旅游活动，为旅游资源的开发、利用、保护及制定旅游发展战略提供科学依据。自然地理环境的区域分异规律是旅游资源分区的理论基础。

（二）分区的意义

（1）有助于全面认识区域旅游资源特征，准确把握各旅游区旅游资源的优势和开发利用方向，确定各旅游区的性质、特征和地位，为科学制定各级旅游资源开发利用规划提供依据。

（2）有助于塑造鲜明的区域旅游形象，以便有针对性地进行市场开拓。

（3）有助于建立旅游地域分工体系，为区域旅游的有序和健康发展奠定基础。

二、分区原则

（一）综合性和整体性原则

旅游业是一个涉及很多行业的综合性产业，而旅游业的效益也要从生态、社会和经济等方面的全方位考察。另外，旅游资源的类型多种多样，空间分布千差万别，因此，在旅游资源分区时，首先要综合分析各种旅游资源在空间组合上的共同特征，即从旅游资源的总体特征出发，找出旅游资源区域组合特征的相似和差异。因此，旅游区划必须综合考虑，整体衡量。

（二）主导因素原则

任何一个旅游区，一般都包含各种类型和各个层次的旅游资源，但是总有一两种旅游资源在旅游区的主体形象方面发挥主导作用，在旅游者的心目中具有"标识性"作用，以区别于其他旅游目的地。而且，这些旅游资源还制约着旅游区的属性、特征、功能、利用方式以及发展方向等。因此，旅游区划应该突出这一种或两种类型的旅游资源，将其作为区域划分的主要依据。

（三）相似性原则

旅游资源成因的共同性、形态的类似性和发展方向的一致性构成了旅游区划相似性原则的核心内容。具体来说，旅游资源的相对一致性最大、差异性最小的应包含在同一区域之中，而不同区域之间旅游资源的一致性最弱，差异性最大。

（四）完整性原则

各个层次的旅游区都是相对独立的地理综合体，能独立承担一定的旅游职能。因此，旅游区划应保证每一等级的旅游区在地域上和职能上的完整性。

（五）梯度分级原则

从空间尺度来看，地理范围可以划分为各种尺度的区域。由于区域旅游资源相似性和差异性是相对的，所以分区系统应是有梯度的多级分区系统，从较高级到较低级，其内部的相似性越来越大，因此，旅游区划也是不同空间尺度的表现。

三、分区方案

依据上述原则，以地貌形态为主导因素、以自然旅游资源类型、数量和品质为指标，依据自然旅游资源分布状况，将河南自然旅游资源分为 5 个大区、12 个亚区和若干小区，具体分区方案见表 11-20 和河南省自然旅游资源分区图（附图 15）。

表 11-20　河南自然旅游资源分区方案

大　区	亚　区	区域范围
中部山丘资源独特区	嵩箕山地景观亚区	郑州市、许昌市
	邙山黄河景观亚区	
	黄河湿地生态亚区	
	许昌温泉花卉亚区	
北部山原资源差异区	太行山地资源富集亚区	安阳市、新乡市、焦作市、鹤壁市、济源市、濮阳市
	豫北平原资源贫乏亚区	
西部山地资源密集区	洛阳复合旅游资源亚区	洛阳市、南阳市、三门峡市、平顶山市
	南阳地质旅游资源独特亚区	
	平顶山山泉（温泉）资源密集亚区	
	三门峡黄河湿地资源主导亚区	
南部山水资源丰富区	山地丘陵资源密集亚区	信阳市、驻马店市
	淮河平原资源稀疏亚区	
东部平原资源贫乏区		开封市、商丘市、周口市、漯河市

四、分区概述

（一）中部山丘资源独特区

1. 大区概述

该区位于河南的中部地区，包括郑州市和许昌市行政区域。该区北依黄河和邙山黄土丘陵，西部为嵩山、箕山山地丘陵，东部是广阔的黄淮平原，是河南的政治经济文化中心和全国的交通枢纽之一。自然景观由"一陵、二山、三川"组成，"一陵"即郑州西北的邙山丘陵，"二山"是指嵩山和箕山，"三川"即颍河、双泊河、索须河。区内自然旅游资源主要集中在嵩山山脉及其周边的丘陵、山前平原区和黄河南岸的邙山丘陵区，是河南中部地区、特别是郑州市旅游产业发展南北两翼的资源支撑。自然旅游资源主要集中在嵩山，嵩山以其独特的地质地貌和历史文化享誉海内外，嵩山世界地质公园是本区自然旅游资源的代表。该区旅游资源具有显著的独特性。其一，地质旅游资源独特。嵩山的地质旅游资源具有世界级的品质，地层出露"五代同堂"、三大类岩石齐全、构造遗迹清晰可见，是一座天然的地质博物馆，世所罕见；其二，历史文化独特。登封"天地之中"历史建筑群，包括观星台、嵩岳寺塔、中岳庙、嵩阳书院、少林寺建筑群等 8 处 11 项优秀历史建筑，是中国时代跨度最长、建筑种类最多、文化内涵最丰富的古代建筑群；其三，名山地位独特。嵩山是我国五大名山之一，世称"中岳"，在我国历史上占有重要地位，自然与文化有机融合、相辅相成，独特的自然条件孕育了厚重的文化，厚重的历史文化使其成为扬名中外的名山，成为世界著名旅游景区，嵩山少林寺景区为国家 5 A 级旅游景区；其四，郑州邙山黄河游览区、郑州黄河湿地、许昌鄢陵温泉、花卉也都有一定的特色和知名度。

根据该区自然旅游资源地域分布特点可以分为 4 个亚区：嵩箕山地景观亚区、邙山黄河景观亚区、黄河湿地生态亚区、许昌温泉花卉亚区。

2. 亚区分述

（1）嵩箕山地景观亚区

嵩箕山地景观亚区包括嵩山和箕山及其周边区域。该区的自然旅游资源集中在嵩山地区，同时人文旅游资源也十分丰富。

嵩山山脉西起洛阳龙门东山，东到新密市白寨，东西长 100km，南北宽 20km，主脉在登封市境内，两侧涉及新密市、巩义市、荥阳市、新郑市和偃师市部分地区。嵩山被两条大断裂分为三段，分别是少室山、太室山、五指岭，最高峰在少室山，海拔 1 512m。嵩山有 72 峰，峰峰有名。嵩山地区出露地层齐全，太古界、元古界、古生界、中生界、新生界均有分布，岩浆活动强烈，构造变形复杂，前寒武纪的三次地壳运动遗迹清晰，火成岩、变质岩、沉积岩三大类型岩石均有，古生物化石丰富，因此被誉为"自然地质博物馆"。2003 年被评为国家地质公园，2004 年被评为世界地质公园。嵩山植物繁茂，保存良好，是河南最早建成的国家森林公园。2007 年，嵩山少林寺风景区被评为国家 5A 级景区。2011 年"天地之中少林寺历史建筑群"被世界遗产大会公布为"世界文化遗产"。

嵩山山体挺拔，山势高峻雄伟，山川景色壮丽，历史文化厚重，名胜古迹遍布，自古即受帝王"崇封"。《徐霞客游记》"是一部风景旅游资源考察评价的科学巨著，或者说是风景地理学的巨著"[①]。徐霞客于 1623 年 2 月 19 日（农历）抵达嵩山地区，用 7 天时间对嵩山进行了较为详尽的考察，其考察重点是太室山和少室山，游记中提到的景点有香炉山、天仙院、测景台（观星台）、中岳庙、卢岩寺、卢岩（崖）瀑布、白鹤观、真武庙、法王寺、嵩阳宫、万寿宫、会善寺、少林寺、少室山（南寨）、初祖庵、初祖洞等。在《游嵩山日记》中，徐霞客对嵩山的山形、峡谷、溪流、古柏、寺庙等进行了仔细的描写与分析，对山形、水势、峡谷、路径的记录尤其精细。如香炉山是"山形三尖如覆鼎，众山环之，秀色娟娟媚人"。天仙院的白松是"松大四人抱，一本三干，鼎耸霄汉，肤如凝脂，洁逾傅粉，蟠枝虬曲，绿鬣舞风，昂然玉立半空，洵是奇观也！"游记中对少室山和太室山进行了对比："两室相望如双眉，然少室嶙峋，而太室雄厉称尊，俨若负扆。自翠微以上，连崖横亘，列者如屏，展者如旗，故更觉岩岩"。《游嵩山日记》得以留存至今实是幸事，是嵩山的重要史料，具有重要的开发价值。

嵩山地区已经开发旅游景区有十多处。登封市境内的景区最多，主要有少林寺景区、峻极峰景区、三皇寨景区、卢崖瀑布景区、纸坊湖景区、五指岭景区、鞍坡山景区等。巩义市

---

① 谢凝高：《名山·风景·遗产——谢凝高文集》，中华书局，2011 年。

境内有浮戏山雪花洞景区、嵩阴风景区、青龙山慈云寺景区、五指山景区、长寿山景区。新密市境内有尖山景区、美玉桃园景区、神仙洞景区、伏羲山大峡谷景区、红石林景区。荥阳市境内有环翠峪景区，新郑市境内有始祖山景区。

登封"天地之中"历史建筑群，包括周公测景台和登封观星台、嵩岳寺塔、太室阙和中岳庙、少室阙、启母阙、嵩阳书院、会善寺、少林寺建筑群8处11项优秀历史建筑，历经汉、魏、唐、宋、元、明、清，绵延不绝，构成了一部中国中原地区上下2000年形象直观的建筑史，是中国时代跨度最长、建筑种类最多、文化内涵最丰富的古代建筑群，是中国先民独特宇宙观和审美观的真实体现。

嵩山地区旅游资源的最大特征是自然旅游资源和人文旅游资源并重，在河南首屈一指，完全具备世界文化和自然双遗产申报资格。目前，嵩山的人文旅游资源的开发要胜于自然旅游资源，特别是少林功夫、少林寺誉满全球。嵩山的自然旅游资源潜在的价值极大，需要进行整合，改变分散式开发的现状，大嵩山旅游区的概念应尽早确立并付诸实施。

（2）邙山黄河景观亚区

该亚区位于郑州西北黄河南岸，是以黄土丘陵景观与黄河大河景观资源为主的山水资源组合区，主要景观集中在荥阳市北部的广武山（通常被称为"邙山"或"邙岭"）。在河南地貌分区上，该区位于黄土丘陵台地区的东端，属于典型的黄土梁地貌特征。黄土梁的延伸方向与黄河横交或斜交，高地为"岭"、冲沟为"峪"。根据古籍记载，广武山原来的面积比现在大，主体位于现在黄河河道中心，由于山体土质疏松，黄河多年的侵蚀、冲刷，使大部分山体塌入河中，仅存南缘部分。因此，现在地貌形态是南坡平缓多冲沟，北侧则是高差百米的陡崖。桃花峪是黄河中游与下游的分界线，是我国重要的自然标志线。黄河发源于青藏高原巴颜喀拉山，历尽艰险穿越无数高山峡谷的束缚，自此进入广袤宽厚的华北平原，这样的空间转换能够带给人们无限的想象。

邙山黄河景区旅游资源的价值在于山与水的空间组合，如果将二者分割开来其旅游价值将大大降低，其地理位置和作为中华民族母亲河——黄河的神圣地位进一步提升了其旅游价值。邙山是万里黄河最后一道天然的屏障，虽然高度仅有200m左右，但是处于黄河冲积平原的顶点，对黄河的走向具有控制作用，这种控制作用又因为受到黄河的强力侵蚀冲刷更加显现，人们可以直观感受大自然的力量，所以具有一定的观赏性。同时因为黄河与邙山这种侵蚀与被侵蚀的关系，使其在空间上组合成为一体，人们借助邙山可以从不同的高度、以不同的视角近距离欣赏壮美的黄河。该区紧邻省会郑州，是距离市区最近的"山"，对于平原地区的城市来讲，200m高的土山也是极其珍贵的，因此在汽车进入家庭之前，骑自行车去邙山曾经是市民一项周末休闲项目，也促进了邙山旅游的开发和建设。当然，黄河在炎黄子孙的心目中具有特殊的地位，外地人到河南总有去看望母亲河的情愫。

该区已经开发的旅游景区有郑州黄河游览区（也叫黄河风景名胜区）、三皇山桃花峪景区、汉霸二王城景区等。邙山南坡背风向阳，十分适宜水果种植，本是河阴石榴的原产地，近年来大面积种植桃、苹果、梨、葡萄等，还引种了多种珍奇水果，不仅是水果产业基地，也具有开展农家乐、采摘等农业生态观光旅游的基础和条件。可惜的是，由于该区（主要指广武山）分属于不同的行政区管辖，难以实现统一的规划、开发和管理。在黄河风景名胜区周边就有陵园、高档住宅、高尔夫球场等，旅游资源的价值遭到较大的损害。

（3）黄河湿地生态亚区

该区位于邙山东侧、京广铁路桥至中牟县北部的黄河南岸，是我国中部湿地生物多样性分布的重要地区和具有代表性的河流湿地之一。这一带湿地的产生与地质构造、河流水文特征以及黄河治理工程有关。首先地质构造是基础，在地质构造上该区处于华北坳陷中部的济源—开封凹陷，就是说这一带在地质构造上属于沉降带，第三纪以来一直处于沉降状态，黄河河道正好处于这一沉降带的中部。其次，黄河进入该区以后河水流速降低、携带的大量泥沙在此不断堆积形成了地上悬河，河床宽浅、河道游荡、汊河较多，主流摆动幅度很大，属典型的游荡性河段。主河槽改变后废弃的河道与心滩（滩涂）成为湿地。第三，黄河大堤和黄河控导工程阻止和干扰了河道的自由摆动，在河道两侧形成了背河洼地，河水侧渗致使背河洼地的地下水位抬升形成湿地。

黄河下游河道湿地是洪水泥沙的副产品，是河道行洪的一部分，随河道变迁而变迁，其形成、发展和萎缩与黄河水沙条件、河道边界条件息息相关，具有不稳定性、原生性、生态环境的脆弱性、水生植物贫乏等特性，有相当一部分为季节性湿地，其水分主要由洪水和地下水补给。郑州黄河湿地分两种类型：第一种是位于黄河大堤内侧、由心滩（滩涂）和河心岛组成的滨河湿地，主要分布在惠济区的黄河滩区，这类湿地不够稳定，随着河道摆动、流量变化、干旱情况而消长。2012年以来，受上游黄河控导工程的影响，花园口的黄河主槽向北岸移动800～1 000m，南岸新增了大面积的滩涂湿地。第二种是大堤外侧背河洼地型的湿地，主要分布在中牟县北部。依托黄河湿地资源形成了惠济区黄河生态休闲旅游区和中牟雁鸣湖生态美食旅游区。

郑州黄河湿地主要是鸟类栖息地和候鸟的越冬地，在此生息的鸟类达数十万只，成千上万的白鹭和灰鹭白天到湿地觅食，晚上栖息于郑州市区高大的梧桐树上，构成了一幅人与自然和谐共生的画面。虽然鸟粪成灾给市民带来了不少的烦恼，但是这样和谐的生态环境仍然值得郑州骄傲和全力保护。湿地生态系统十分脆弱，处于游荡型河流段落更加不稳定。郑州黄河湿地又处于省会边缘和我国南北交通干道线上，受人类的干扰与影响很大。因此，如何保护这块珍贵的湿地资源是当务之急，加强对黄河湿地的监测和研究，为湿地的保护与合理利用奠定科学基础。

郑州市于2008年开始规划建设"郑州黄河国家湿地公园"并经国家林业局批准，公园占地面积2 390公顷，划分为6大功能区：科普宣教区、休闲娱乐区、滩地探索区、生态保育区、黄河农耕文化区和综合服务区。依托黄河和黄河湿地资源，已经开发的旅游景区有花园口景区、富景生态游乐世界、大河庄园、黄河迎宾馆、丰乐农庄、四季同达生态园等，成为市民休闲观光的好去处。湿地、海洋、森林并称为地球三大生态系统。作为内陆平原城市的郑州，在没有海洋与真正的森林生态系统的情况下，能够拥有一片黄河湿地弥足珍贵。

雁鸣湖生态美食旅游区位于中牟县北部黄河南岸背河洼地，区内现存有水域 330hm^2、湿地 350 hm^2、林地 660hm^2、草地 220 hm^2，周围还有中原地区最大黄河自然湿地，面积达 7 300 hm^2。旅游区于 2001 年开始开发建设，已经开发建设的景区有雁鸣湖景区、垂钓中心、黄河游览区、森林公园景区等。

（4）许昌温泉花卉亚区

该区位于鄢陵县，是地热资源和花卉种植产业紧密结合的独特旅游区，在河南乃至全国范围内都是首屈一指。

许昌市东部到鄢陵县一带的地热资源比较丰富，钻探资料显示地下 500～1100m 为主要热储层，在河南属于地热资源较为丰富和开发利用较好的地区。掩映在林海花园中的许昌花都温泉度假区将地热资源与当地花木产业有机结合，是河南首家园林式室外汤池度假区，在河南旅游业发展过程中具有典型性。

鄢陵具有悠久的花卉栽培历史，唐代就有出现了大型综合园林植物的栽培，宋、明、清最为兴盛，有花都、花县之称，姚家蜡梅、靳庄月季、西许梅花、王敬庄菊花、于寨桂花等品种久负盛名。目前，全县有 12 个乡镇、122 个花卉种植专业村，花卉种植面积达 4 万公顷，2 300 多个品种，从业人员近 20 万，2011 年销售额达 49 亿元，花木面积占全省的 37.7%，占全国的 5.5%，是全国最大的花木生产销售集散地。当地利用花木资源大力发展旅游业，陈化店镇被评为河南首批特色景观旅游名镇。

（二）北部山原资源差异区

1. 大区概述

该区位于黄河以北，包括安阳市、新乡市、焦作市、鹤壁市、濮阳市和济源市。总体地貌特征是"大山大河大平原"，即太行山、黄河和豫北平原，自然旅游资源的空间分布表现出巨大的差异，该区自然旅游资源的分布完全取决于地貌形态，西侧的太行山地面积不大，却集中了该区主要的自然景观资源，中部和东部广大平原的自然旅游资源十分贫乏，因此该区被命名为北部山原资源差异区，说明了该区自然旅游资源的分布特征。该区划分为 2 个亚区，太行山地资源富集亚区和豫北平原资源贫乏亚区。

2. 亚区分述

（1）太行山地资源富集亚区

太行山在河南境内南北长度约 250km，东西宽度 5～50km，这一狭长山地的面积不到太行山总面积的三分之一，却是太行山自然旅游资源最美、最集中的一段，也是河南自然旅游资源密度最大的地区。该区北起林州市浊漳河河谷，南到济源市黄河峡谷，西至省界与山西高原相接，东连广袤的华北平原。山体走向呈弧形向东南突出，辉县市峪河峡谷以北为北北东走向，峪河峡谷到沁河峡谷为北东—西南走向，沁河峡谷以西呈东西走向。总体来看，济源市和林州市境内的山体高大、宽阔，中间沁阳到辉县一带山体比较低矮、狭窄，众多河流横向切割，主要有安阳河、淇河、峪河、大沙河、丹河、沁河、蟒河、铁山河、东阳河，形成了众多峡谷从而蕴藏了丰富多彩的自然山水旅游资源。

根据南太行山的地貌形态，可以将该亚区分为 3 个小区：林州辉县丹崖地貌景观小区、焦作云台峰峡地貌景观小区和济源王屋崖台地貌景观小区。

1) 林州辉县丹崖地貌景观小区

该小区北起漳河峡谷，南至辉县峪河峡谷，包括安阳市、鹤壁市和新乡市的太行山区。该小区属于嶂石岩地貌类型（该地貌类型在河北省赞皇县嶂石岩风景区最为典型，故名嶂石岩地貌）。嶂石岩地貌为中国三大砂岩地貌之一，是地貌学按岩性分类确立的一种新型地貌类型。该小区主要造景地貌类型有长崖、方山、台柱、塔峰、残丘侵蚀正向地貌；裂隙谷、隘谷、嶂谷、围谷、"V"形谷负向地貌类型；"V"形谷谷底的洪积扇、洪积阶地、崩塌堆等堆积地貌；以及盘状宽谷、山麓剥蚀面、山地夷平面均衡地貌。"嶂石岩地貌"整体形象壮阔，其高度达数百米，长度连绵数百千米，雄伟壮阔，比较罕见。闻名遐迩的红旗渠即开凿在丹崖绝壁之上。嶂石岩地貌是太行雄风的典型代表，可与泰山、华山并列[1]。"绝壁丹崖"是其突出景观特征，因此将该区命名为"丹崖地貌景观小区"。

嶂石岩地貌突出了一个"壮"字，其基本特征有四点：一是丹崖长墙延续不断。陡峻的嶂石岩像一堵巨大红墙迎面而立，比高 500～700m，在河北、河南、山西（中条山）均有分布，长达数百千米，历史上即有"万丈红峻嶂石岩"之说，非常形象地描述了它的壮阔气势。二是阶梯状陡崖贯穿全境。在垂直横剖面上，它自上而下呈阶梯状三级大陡崖，各层陡壁高度都在 100m 以上，三层剥蚀平台时宽时窄（宽者称台，窄者称栈），顺山脉南北走向延续发育，更使陡壁增加了层次感和浑厚感。三是"Ω"形嶂谷相连成套。在平面上呈现蛇曲连续的嶂谷，有长有短，短则百十米，长达 1.5km 以上，而且形态多变，有指状、"Ω"状、掌状、羽状乃至立体层叠复合套谷等。各层都有发育，但以最低一层发育最多。四是棱角鲜明的块状造型。嶂石岩地貌以有棱有角的块状造型为基本单元，无论在哪一种地貌造型中，其细部都保留着棱角鲜明的基本特征[2]。

该小区旅游资源开发价值体现在多个方面：一是景观旅游价值。嶂石岩地貌有"壮阔"之气质，具有高亢、粗犷、奇险、含蓄、浑厚等特色，充分体现了太行山"北雄"之风韵。嶂石岩在垂直景观上可分为沟底、一栈、二栈、三栈和顶栈五个层次，构成完整的景观系统，主要风光集中在三层剥蚀面（即三栈）分割的悬崖绝壁部分，具有险中存稳的基本特色，进入嶂石岩，犹如近临山塞，步入瓮城，踏上高墙，面对寺、塔，既有奇险之感又觉十分安全稳当。嶂石岩地貌中多是三面环抱的半封闭性障谷，背靠高山，左右低山护卫，正面河流，犹如玉带，对面有案山，远处有朝山，完全是中国古代"枕山—环水—面屏"的理想风水宝地，因此太行山有大量的寺庙道观。嶂石岩地貌为游客提供了多层次、立体型的景观序列引

① 高亚峰等："太行山嶂石岩地貌和云台山地貌特征"，《城市地质》，2007 年第 4 期。

② 郭康："嶂石岩地貌之发现及其旅游开发价值"，《地理学报》，1992 年，第 5 期。

导线路，各栈的平缓小路引导游客从不同的高度和视角全方位观赏太行美景，游人只有不断攀登，才能搜寻到更多更美的风光，感受到景观美的深度和力度。厚度适中的石英砂岩、石灰板岩是当地特有建筑材料，用以建造住房、围墙、台阶、小路，其随山就势，错落有致，与嶂石岩地貌和谐统一，形成一种特有的"嶂石岩式民居"，构成了一幅天人合一的和谐景观，成为吸引游客的特有景致。由于地势高亢和山形突变而造成林木成层，季相多变，云雾、云海、冰柱、瀑布乃至佛光等自然现象，又为该区增添了勃勃生机。二是避暑休闲价值。华北平原夏季十分炎热，日最高气温常在30℃以上，而山区平均气温仅21～23℃，是一处极好的消夏避暑之地。三是体育健身价值。嶂石岩地貌为不同年龄、不同体质、不同兴趣之游客提供了不同的体育旅游条件。青壮年可通过陡峻险要之路直上顶栈，既可饱览沿途风光，又可锻炼身体，历练意志。中老年人可漫步于平坦的底栈小路上，仰望万丈红崖，感受清泉凉意。广大青少年喜欢参与性更多的野趣活动，多样的地貌类型提供了爬、钻、攀、登的绝好去处。平阔的山顶、宽阔峡谷是进行跳伞、滑翔等表演的极佳场所。四是科学研究价值。嶂石岩地貌是我国北方发育的一种特殊地貌类型，其发育典型、类型齐全、规模较大、分布集中，有较大的科学价值，其地质历史、古地理环境及其他有关自然景观的演化都具有科学研究价值，也是科普教育的好地方。

该小区景区分布十分密集，其中国家4A级旅游景区有林州红旗渠游览区、林州太行大峡谷景区、淇县云梦山风景名胜区、淇县古灵山景区、辉县万仙山风景区、八里沟景区、九莲山景区；国家3A级旅游景区有林虑山景区、林州黄华神苑景区、林州市天平山景区、鹤壁天然太极图旅游区、辉县百泉景区、回龙天界山景区。其他还有林州仙台山景区、安阳县珍珠泉景区、卫辉跑马岭景区、辉县齐王寨景区、白云寺景区、秋沟景区、关山地质公园、宝泉湖景区、郭亮滑雪场等。

2）焦作云台峰峡地貌景观小区

该小区呈东北—西南走向，东北自辉县峪河峡谷，西南至济源沁河谷地。其地貌主要特征"群峡间列、峰谷交错，分布有峡谷、长脊、长崖、崖台、瓮谷、围谷、深切嶂谷及峰丛、峰林等；同时，还有瀑布和溪潭，水体景点，以及古树、草甸等生态资源，构成丰富的地质景观。"①

云台山是太行山地区碳酸岩地貌的典型代表，与我国其他地区的碳酸岩地貌有着明显的区别，因此被命名为"云台地貌"。云台地貌发育在太行山中南段的寒武系—奥陶系地层中，以"之"形、线形、"U"形、环形和台阶状长崖以及瓮谷、围谷、悬沟、深切障谷为主要形式的一种特殊碳酸岩地貌形态。

---

① 高亚峰等："太行山嶂石岩地貌和云台山地貌特征"，《城市地质》，2007年第4期。

表 11-21　云台山地质公园景观类型

类　型	景　观
地貌景观	长脊、长崖、长墙、孤峰、峰丛、峰林、象形山石、峡谷、嶂谷、瓮谷、围谷、悬谷（沟）等
沉积遗迹	地层剖面、沉积构造、化石、钙华、泉华等
构造遗迹	构造剖面、断层、节理、裂隙、垮塌岩块堆积体等
特殊岩石与矿物	鲕粒灰岩、豆粒灰岩、核形石灰岩、藻礁（叠层）灰岩等
水体景观	瀑布、跌水、溪潭、泉、湖等
其他	古树、高山草甸、植被、特殊动植物等

该小区与林州辉县丹崖景观小区相比，山体较为破碎，峡谷密集、峰丛峡谷并行，山色更为秀美，形态各异的峡谷景观、多变的水体景观和秀美的峰林景观独具特色。其成因背景：太行山断块强烈的隆起，使山西高原与华北平原形成巨大的地势反差，众多河流自山西高原向华北平原流出过程中沿构造断裂带强烈下切，形成众多山高谷深、瀑水飞溅的峡谷群，如丹河峡谷、峰林峡谷、青龙峡谷、红石峡和葫芦峡等，构成了云台山地质公园独具特色的峡谷群。云台山地区特殊的地质构造和水文条件，使得该小区水体极为发育，流水在寒武系地层陡崖上形成各种叠瀑、线瀑、跌水等，地表水和雨水沿碳酸岩下渗，下部的页岩隔水层又使流水沿构造裂隙以泉水的形式流出，形成溪潭、飞泉。地表流水的侵蚀、溶蚀和地下水的溶蚀作用，在沿构造薄弱地带形成了最初的线状洼地，为地表水流的汇聚和流动创造了固定的下泻通道，加剧了水流的侵蚀强度和下切能力，形成深切河谷和峡谷。下部软弱岩层蚀空后，上部巨厚碳酸盐岩沿断裂面发生崩塌、滑塌和坠落，形成雄伟的瀑布、鱼脊岭、长墙、围谷、瓮谷等地貌景观。在山体的表层以面蚀作用为主，加上植物腐质酸的溶蚀作用，形成秀丽的峰林、峰丛地质岩溶景观。

焦作云台峰峡地貌景观小区集中了 3 家 5A 级景区。云台山是龙头景区，它集世界地质公园、国家重点风景区、国家 5A 级景区、国家森林公园、国家水利风景名胜区、国家猕猴自然保护区、国家文明风景区、国家文化产业示范基地等众多荣誉于一身，成为我国旅游资源开发最为成功的典范。区内的神农山景区、青天河景区也是国家 5A 级景区。其他景区还有净影景区、穆家寨景区，以及划归云台山景区的峰林峡景区、青龙峡景区，每个景区都各具特色。

3）济源王屋崖台地貌景观小区[①]

王屋崖台地貌景观小区在济源市境内，以王屋山风景区为核心，南至黄河天险及小浪底水库，东以沁河峡谷与焦作云台峰峡地貌景观小区相连。该小区地貌景观的主要特征是山势雄峙，崖台梯叠，因此将其命名为"王屋崖台地貌景观区"。

该小区地势西北高、东南低，大致分为北部中山区、中部低山区和南部丘陵台地区。中山区海拔 1 000m 以上，相对高差大于 600m，主峰有五斗山（1 772m）、灵山、天坛山、日

---

① 谢凝高：《名山·风景·遗产——谢凝高文集》，"王屋山国家风景名胜区风景资源综合考察研究"，中华书局，2011 年。

精峰、月华峰等，多为断块隆起，是区内地势最高、起伏最大、切割最深处，形成山高谷深、大起伏、大空间、大节奏的壮美景观；低山区海拔 500～1 000m，相对高差 300～600m，主要山峰有花果山、白代山等，是高峻的中山与丘陵的过渡转换地带；丘陵台地区海拔 200～600m，相对高差 50～200m，抬升活动较弱，地势较为平缓，有大量黄土堆积，是平原与低山的过渡带。这样的渐变、过渡的地貌形态便于人们攀登，是古代理想的祭天场所。"山有三重，其状如屋"就指其山势形状，也是王屋山名称的由来。王屋山介于华北平原与汾渭平原之间，是中华文明发祥地，山下"轵关陉"自古便是东西方交通要道，紧邻交通要道的地理位置极易引起古人的关注，因此王屋山自古便是中国的"名山"，在《禹贡》、《山海经》中均有记载。

　　该小区景观资源的特点是山势雄峙、拔地通天；崖台梯叠、险夷交织；断崖飞瀑、幽谷清泉；幽奥奇险、翠峰环台；道教名山、第一洞天。王屋山主峰高耸于低丘之上，相对高差达千米，山麓的阳台宫与天坛山水平距离 5.5km，高差达 1 024m，给人以雄峙通天、巍峨雄伟的视觉感受。从山麓到山顶多是陡崖—坪台—陡崖—坪台的台阶式地形结构，悬崖绝壁与坪台缓坡相互梯叠，登山者时而攀悬崖历险境、时而走坪台享坦途，险夷交织，富有强烈的节奏感。王屋山地区的年均降雨量达到 700～850mm，随着地势升高降雨量增多，山上植被茂密，幽谷清泉终年不枯，河流源短、流急，因地壳间歇性抬升形成众多的悬崖飞瀑。水文地质条件复杂，山体的孔隙水、裂隙水丰富，遇到隔水层便呈水平状溢出成泉，因此山上名泉众多，如"太乙泉"、"不老泉"、"洗参泉"、"王母泉"等，最为著名的当属"太乙泉（池）"，曾经被认为是古济水的源头而转载史册、名贯古今。王屋山上众多的泉水是人们生活的必要条件，这也是王屋山为道教名山的基础。王屋山绝佳风景在最北、最高的五斗山，这里台、峰、崖、壑，无不挂翠披绿，侧柏、古松、阔叶老树悬壁横生，姿态万千，呈现出幽奥奇险、翠峰环台的景观。王屋山的地理位置、地貌形态，加上高道名家的渲染、历代帝王的推崇，使其称为我国道教名山，为天下"第一洞天"。王屋山的道教文化博大精深，在我国道教历史上占有重要的地位。道教文化将王屋山的自然山水与人文精神有机融合，实现了天人合一的最高境界，在河南乃至全国的同类景区中也是为数不多的，这是王屋山最大价值所在。

　　该小区目前已经建成的国家 4A 级景区有王屋山风景区、黄河三峡景区、五龙口景区、黄河小浪底水利枢纽风景区；其他景区还有九里山景区、小沟背景区、济源温泉景区等。其中王屋山景区无疑是该区的代表和龙头景区。王屋山与黄河对岸的黛眉山于 2006 年被评为世界地质公园，是一座以典型地质剖面、地质地貌景观为主，以古生物化石、水体景观和地质工程景观为辅，以生态和人文景观相互辉映为特色的综合型世界地质公园。

　　（2）豫北平原资源贫乏亚区

　　豫北平原是黄淮海大平原的一部分，在地貌上该区属于黄河冲积扇的北翼，地势由西南向东北微倾斜。由于历史上黄河曾长期流经本区，并且决口和改道极其频繁，因而黄河迁徙遗留的古河道高地、古河道洼地、古河漫滩及古背河洼地等地貌形态十分普遍。一马平川的地貌特征和黄河多次改道干扰致使该亚区自然旅游资源十分贫乏。

该亚区包括濮阳市全境以及安阳市、鹤壁市、新乡市、焦作市的平原地区，区内的黄河、黄河湿地、黄河故道和孤丘上存在一些自然旅游资源。该区的自然旅游资源大致可以分为孤丘型、黄河故道型和（黄河）河流型三种类型。具有代表性的景区有浚县大伾山景区，属于孤丘型景区；新乡黄河故道森林公园景区，属于黄河故道型；濮阳毛楼黄河生态旅游区，属于（黄河）河流型。

大伾山景区（4A 级）位于浚县县城东南隅，由两个孤丘组成，东为大伾山、西为浮丘山，在地质构造上处于内黄凸起的中南部，在华北平原整体沉降过程中，大伾山犹如一座孤岛"耸立"于浩瀚平原之上，成为躲避黄河肆虐的高地，因此保留了许多的文化遗迹。从旅游资源的角度分析，海拔仅 135m 的大伾山，其自然景观资源的价值远远逊色于其厚重的人文旅游资源。在远古时期，黄河曾经沿着太行山东麓行水至大伾山脚下，历史上曾有数十位帝王莅临大伾山、无数文人墨客在此赋诗摩崖，极大地提高了这座小山的知名度和文化品位，因此成为豫北平原上的文化名山。

黄河故道是黄淮海平原上的特有景观，具有一定的旅游价值。黄河下游自河南武陟、荥阳以下，历史记载的大小迁徙近两千次，最北经由今河北省霸州市（旧称霸县）、天津海河入海，最南经由长江入海，因此在黄淮海平原存有大量的古河道，有的已经被埋入地下。地上的黄河故道有三种：荒芜的盐碱地、水草丰美的湿地和尚存的河道。荒芜的盐碱地经过改良和地下水位的降低多数已经变成良田。湿地型和河道型留存不多，却是广袤平原上稀缺的自然旅游资源。

新乡黄河故道森林公园景区是依托黄河故道湿地和万亩槐树林（原来是防风固沙林）开发建设的国家 4A 级旅游区，也是国家级湿地鸟类自然保护区，开发建设的景点有百花园、植物园、百果园、丛林野战场、槐林山庄等。封丘县青龙湖是 1761 年黄河决口时留下的黄河故道，南北长 3km，平均水深 2m，现存水面约 850km^2，是豫北地区最大的天然湖泊，周围蒲草丛生，具有较大的旅游开发价值。

濮阳市毛楼生态旅游区是豫北地区唯一利用黄河河流开发的旅游景区，位于范县辛庄乡境内，国家 3A 级景区、国家级水利风景。南临黄河，北依省级黄河森林公园。黄河在这里形成 90 度大转弯，观赏黄河得天独厚。景区已建成四大观赏区、八大景观，形成了具有黄河田园风光特色的生态旅游区。

（三）西部山地资源密集区

1. 大区概述

该区位于河南的西部，北起黄河峡谷，南抵汉江谷地，南北 300km，东西 250km，是河南面积最大的山地，包括洛阳市、南阳市、平顶山市、三门峡市。地貌形态大致可以概括为"五山八河三盆地"。"五山"指小秦岭、崤山、熊耳山、外方山和伏牛山；"八河"按自北向南依次为黄河、洛河、伊河、北汝河、沙河、白河、老灌河和丹江，河流侵蚀形成了八条大的河谷；"三盆地"为南阳盆地、洛阳盆地和三门峡盆地。

该区地质复杂，地貌多样，植被良好，河流众多，资源丰富，景区密集。丰富的自然旅游资源为旅游业的发展奠定了坚实的基础。由于该区的自然旅游资源在空间分布上较为均匀，旅游资源的开发、景区的建设与管理多以行政区为单位，所以依据行政区分为 4 个亚区：洛阳复合旅游资源亚区、南阳地质旅游资源独特亚区、平顶山山泉（温泉）资源密集亚区、三门峡黄河湿地资源主导亚区。

2. 亚区分述

（1）洛阳复合旅游资源亚区

洛阳复合旅游资源亚区南起伏牛山主脊，北抵黄河峡谷，西以崤山为界与三门峡市相邻，东隔嵩山、外方山与郑州市、平顶山市相望，中间是"伊洛绕熊耳"，"群山环抱，四水并流"，旅游资源十分丰富，无论是种类，还是数量、品位，在全省乃至全国独具优势，优美的自然风光与悠久的历史文化相映生辉，5A、4A 和 3A 级景区总数量位居全国各旅游城市之首。洛阳市自然旅游资源的总体特征是数量多、类型全、品位高、影响广，是一个不可多得的复合型旅游资源区。

该区自然旅游资源空间分布特征是"南山北水夹牡丹"。南部中山区密集分布着数十处不同特色的山岳型旅游景区，资源的数量与品质在河南均居于前列；北部有举世闻名的黄河小浪底水利枢纽风景区，是我国北方地区少有的山水景观；"洛阳牡丹甲天下"，从种植历史、文化内涵、精神象征、市场影响等方面，都独具特色。

洛阳是河南山脉分布最为密集的地区，伏牛山横亘在南部，崤山、熊耳山、外方山由北向南依次排列向东北延伸，四大山脉的主脊亦是地文景观集中分布点。地貌类型复杂多样，山地面积广大；地势西南高、东北低，高低悬殊；西南部以中山地貌为骨架，东北部以黄土台地为主体。从西南部伏牛山最高峰鸡角尖到东北部伊洛河平原依次为中山、低山、丘陵、冲积平原，海拔高度从 2 212.5m 降到 112.8m，高差达 2 000m 以上。

区内水系发达，分属黄河、淮河、长江三大流域，伏牛山、外方山是三大流域的分水岭。伊洛河及其众多支流属于黄河流域，是黄河中下游最大的支流。北汝河发源于伏牛山与外方山之间嵩县车村镇，最新测量成果显示这里是淮河的源头。伏牛山南坡的清河（老灌河）、白河属于长江流域。河流的源头地区山高谷深，孕育了丰富的自然景观，有奇峰、峡谷、瀑布、温泉、溶洞、峰林、森林、气候和珍稀动植物。为防洪与灌溉在区内修建了许多大、中、小各型水库，又丰富了水域风光景观。

该亚区是我国东西南北植物混生带，伏牛山主峰海拔超过 2 000m，是我国中部植物垂直分布的典型地区，独特、适中的地理环境孕育了丰富的植物资源，被誉为"活化石"的植物有红豆杉、连香、香果、银杏、杜仲，在国家和河南公布的各类保护植物名录中，洛阳有 66种，占河南的 72%。该区最有名气的生物景观是"洛阳牡丹"。牡丹花雍容华贵、国色天香、富丽堂皇，寓意吉祥富贵、繁荣昌盛，具有中华民族的文化气质而备受推崇。洛阳牡丹已经成为一种产业，包括花卉业和旅游业，"洛阳牡丹花会"已经上升为国家级节会，已被列为国家非物质文化遗产，牡丹与洛阳已经融合为一体，成为洛阳市的一张名片。

该亚区内风景名胜众多，国家5A级景区有嵩县白云山景区，4A级景区有黄河小浪底水利枢纽景区、栾川龙峪湾景区、栾川鸡冠洞景区、栾川重渡沟景区、新安县龙潭大峡谷景区、嵩县木札岭景区、嵩县天池山景区、洛宁县神灵寨景区、栾川县老君山景区、栾川养子沟景区、伏牛山滑雪度假乐园，3A级景区有宜阳花果山景区，2A级有栾川通天峡景区。白云山景区地处伏牛山主脉，集国家级森林公园、国家级自然保护区、国家5A级旅游景区、中国十佳休闲胜地等盛名于一身，主要景点有白云峰、玉皇顶、鸡角曼、九龙瀑、原始森林5大观光区，以及白云湖、高山森林氧吧、高山牡丹园、留侯祠、芦花谷5大休闲区。

该亚区旅游资源的复合性不仅表现在自然旅游资源数量多、类型全、品位高，具有高度的复合性特征，还表现在与人文旅游资源的融合方面。洛阳市是我国文明古都之一，"九朝古都"留下很多历史文化遗产，有中国四大石窟之一、国家5A级景区的洛阳龙门石窟，自古以来，龙门山色被列入洛阳八大景之冠。龙门石窟延续时间长，跨越朝代多，所处地理位置优越，自然景色优美，更是许多石窟难以比拟的。号称"中国第一古刹"的白马寺，建于东汉明帝永平十一年（公元68年），距今已有近2 000年的历史，是佛教传入中国后第一所官办寺院。关林为埋葬三国时蜀将关羽首级的地方，前为祠庙，后为墓冢，总面积百亩左右，古柏苍郁，殿宇堂皇，隆冢巨碑，气象幽然，为洛阳市著名的古建筑及游览胜地。

不管是自然旅游资源还是自然与人文旅游资源的结合，该亚区旅游资源的复合性特征在河南都是首屈一指，为洛阳市旅游业的发展奠定了坚实的基础。因此也是河南旅游业最具潜力的地区，随着高速公路网逐渐形成，其旅游资源优势将迅速转换成为旅游经济优势。

（2）南阳地质旅游资源独特亚区

该亚区位于南襄盆地的北部。复杂而特殊的地质环境，孕育了丰富、典型的地质旅游资源。在地质构造上，该亚区属中国中央山系、秦岭造山带东部的核心地段，是复合型大陆造山带的俯冲碰撞、汇聚拼接、隆升造山的关键部位和地质遗迹保存最为系统、完整的区域，系统地概括了中国中央造山系大地构造演化过程的全貌，具有显著的地质特征和国际地学对比意义。

南阳市地理环境十分优越，"群山环抱、百川汇流"，自古就是风水宝地，也蕴藏了丰富的旅游资源。该区北有秦岭、伏牛山脉，阻隔了北方冷空气与风沙侵袭，拥有温和的气候。西南有秦岭、大巴山的护卫，隔离了南方的炎热与潮湿。东有桐柏山地与黄淮平原相接，南有汉水环绕，呈现出江南水乡景色。东北的方城缺口沟通了与中原腹地的联系，因此有人认为南阳具有最佳的"建都"环境。区内降雨丰沛、植被良好、水系发达，自西而东依次有丹江、老灌河、湍河、白河、唐河如扇形向南汇集，最终汇入汉江。地貌类型多样，平原、岗地、丘陵、低山、中山由中间向周边展布，大致可分为北部构造山地区、东北低山丘陵区、东部桐柏侵蚀剥蚀低山丘陵区、西部喀斯特低山丘陵区、盆地边缘岗状倾斜平原区、中南部平缓平原区 6 个地貌类型区。在中山、低山区孕育了丰富的山水景观和生物景观资源，自然旅游资源主要集中分布在北部构造山地区和东部低山丘陵区。

该亚区以恐龙蛋化石为代表的地质旅游资源具有世界级品质和影响力，在河南具有独特性。中国南阳伏牛山世界地质公园由西峡恐龙蛋化石群国家级自然保护区、宝天曼国家地质公园、宝天曼国家森林公园和世界生物圈保护区、伏牛山国家地质公园、南阳独山玉矿山公园等整合而成，面积达 1 340km²，是河南面积最大，类型最多、世界影响最大的地质公园，地质遗迹景观类型丰富，尤其是西峡恐龙蛋化石群，其数量、种类、面积均为"世界之最"。该亚区地质旅游资源特色突出，故名南阳地质旅游资源独特亚区。

伏牛山世界地质公园地质遗迹资源丰富，包括地质剖面、古生物化石和遗迹保存地、岩溶地貌、花岗岩地貌、峡谷地貌、构造地貌、湖泊湿地、泉、瀑布与瀑布群、灾害遗迹和采矿遗址 11 个类型。其中最典型的特色景观是西峡盆地、内乡夏馆盆地、淅川盆地，其中淅川盆地红色地层中富含恐龙蛋化石，其恐龙蛋化石分布之广、数量之多、保存之完美、类型之多样，堪称世界奇迹，是世界上罕见的古生物地质遗迹奇观和自然历史宝库中的珍品。

二郎坪岩块与夏馆断裂、秦岭岩块与西官庄的断裂，对于研究中国中央造山系地壳运动的轨迹、内陆造山运动以及罗迪尼亚超大陆裂解等全球性的重大事件提供了重要依据。二郎坪的早古生代裂陷海槽沉积建造、黄花墁的陆内花岗岩、五垛山的碰撞型花岗岩等具有典型地质剖面和构造形迹，对进一步研究古板块构造运动形式，具有重要的科研价值。犄角尖的花岗岩峰丛地貌、七星潭的花岗岩摞石群地貌，以及天心洞、云华蝙蝠洞、宝天洞等构造岩洞地貌等，都是具有重大科研价值和观赏价值的奇特地质景观。老鹳河、淇河、九龙瀑、龙潭沟、五道幢等瀑布景观、峡谷地貌景观，以及宝天曼、老界岭的高山准平原景观和森林生态景观，对于研究伏牛山乃至中央造山系新构造运动的规律和生态环境的变迁，均具有特殊的意义。[1]

该亚区 4A 级景区有西峡老鹳河漂流景区、西峡恐龙遗迹园景区、宝天曼峡谷漂流景区、西峡县伏牛山老界岭景区；3A 级景区有西峡龙潭沟景区、桐柏淮源风景区、南阳云华蝙蝠洞景区、淅川坐禅谷景区、西峡石门湖景区、西峡五道幢景区、南召五垛山景区、南召白河第一漂景区、西峡老君洞生态养生旅游景区、唐河石柱山森林公园景区；2A 级景区有方城望花湖风景区、淅川八仙洞景区、方城大寺森林公园、西峡荷花洞景区等，其他景区还有内乡宝天曼生态旅游区、内乡七星潭景区、淅川丹江景区、西峡老界岭滑雪场、南阳独山森林公园等。

（3）平顶山山泉（温泉）资源密集亚区

该亚区位于豫西山地东部，扼守豫西山地与黄淮平原的交通咽喉。西北以外方山为界与洛阳市相接，西南隔伏牛山东端余脉与南阳市相望，北端接郑州市，南端连驻马店市，东部与许昌市、漯河市为邻。该区的地貌呈现为"三山裹两河"的基本特征，"三山"指西南伏

---

① 资料来源：中国南阳伏牛山地质公园网。

牛山、北部嵩箕山、西北部外方山；"两河"包括沙河和汝河及其冲积平原。该亚区自然旅游资源主要分布在西部山区，以山岳型景观和温泉资源最为突出，因此命名为"山泉资源密集亚区"。

　　该亚区的旅游资源十分丰富，特别是温泉资源在河南首屈一指，是该亚区最为显著的特征和优势。断裂构造是温泉发育的基础。车村——鲁山断裂带上形成了"百里温泉带"，共有 5 个出露点，分别为上汤、中汤、下汤、温汤和碱汤。同时在汝州温泉街断裂带也有温泉出露。鲁山、汝州两县 6 大温泉群，以涌水量大、水质优、水温高、矿物质丰富、开发历史悠久而闻名。鲁山百里温泉带在历史上就有"鲁阳神泉"之称，汝州温泉也有"灵泉"之美誉。其温泉的补充水源来自于大气降水，所以只要利用合理就不会枯竭。

　　该亚区背靠豫西山地，面向黄淮平原，伏牛山和外方山呈"人"字形耸立在西部，两山交接处是山岳型景区集中分布区。尧山主峰玉皇顶海拔 2 153.1m，是该区的最高峰。山岳型景观资源数量多、品质好，多集中分布在鲁山县西部。尧山风景区是本区的龙头景区，是伏牛山核心景区之一，花岗岩峰林、飞泉流瀑、原始次生林最为集中。

　　区内河流众多，均属淮河水系，流域面积在 $100km^2$ 以上的河流就有 25 条，主要河流有沙河、汝河、澧河等，各类水库多达 170 座，其中大型水库 5 座，水域风光资源十分丰富。该亚区也处于我国南北地理分界线，生物多样性突出，山区面积广大，森林覆盖率高，动植物资源丰富，自然环境优美，地理位置优越，该亚区处于豫西山地旅游资源密集区的东大门，区位条件十分优越，这是其他三个亚区不能比拟的，因此也是河南最具发展潜力的地区。

　　目前，该亚区有 8 家 A 级自然旅游景区。鲁山尧山景区为 5A 级，舞钢石漫滩国家森林公园景区和鲁山县画眉谷景区为 4A 级，鲁山昭平湖景区、汝州怪坡景区、鲁山好运谷景区、尧山大峡谷漂流景区和鲁山龙潭峡景区是 3A 级。其他还有鲁山玉京温泉景区、皇姑御温泉景区、汝州温泉景区、鲁山十八垛景区、鲁山六羊山景区、汝州大红寨景区、汝州四寨山景区、鲁山天龙池滑雪场等。

　　（4）三门峡黄河湿地资源主导亚区

　　该亚区位于河南最西部，扼守豫晋陕之要冲，自古就是交通要道和兵家必争之地。黄河与秦岭山系是三门峡自然旅游资源的两大依托。黄河由该区的西北入境，三门峡大坝改变了黄河原有的自然属性，大量的泥沙淤积在库区，形成了大面积的湿地，这里成为黄河流域九大湿地片区之一，2003 年 6 月国务院批准建立了河南黄河湿地国家级自然保护区，湿地旅游资源已成为三门峡旅游的主导资源。秦岭山系自此进入河南并逐渐分为小秦岭、崤山、熊耳山、外方山和伏牛山五条支脉，五条支脉在此汇集成为"山结"，犹如中原地区的"帕米尔"，也是河南的最高点。面积广大的山地孕育了丰富的山岳型景观资源和森林景观资源。从自然旅游资源的稀缺性来讲，三门峡的湿地景观资源要比其山岳型景观资源具有更大的吸引力和影响力，因此将该区命名为"黄河湿地资源主导亚区"。

　　该亚区地质构造复杂，褶皱断裂发育，褶皱断块山和山间盆地相间，总的地貌形态可概括为"一峡四山五河谷"。"一峡"即豫晋黄河大峡谷，峡谷上建有黄河流域首座水利枢纽工程；"四山"即南部有伏牛山、熊耳山相会，东部有嵩山绵延，西部有小秦岭耸立，山体多为褶皱断块构造山，是山岳型景观资源富集区；区内河流众多，大的河谷有 5 条，北部有黄河河谷和弘农涧河谷，南部有洛河河谷、老灌河谷地和淇河谷地，是水域风光类资源的富集区。

三门峡黄河湿地是河南面积最大的湿地，尤其是三门峡库区湿地。此处湿地是自然与人为双重因素共同作用下形成的，非纯自然条件下形成的湿地。湿地本身就是十分脆弱的生态系统，非自然形成的湿地更加脆弱。该湿地包括河流湿地、滩地、水塘、湖泊湿地等，湿地面积与范围受水库水位影响较大，因此对三门峡黄河湿地的旅游开发利用必须更加谨慎。

该亚区 4A 级景区有卢氏县豫西大峡谷景区、灵宝函谷关景区、天鹅湖国家城市湿地公园景区；3A 级自然景区有甘山国家森林公园，黄河三门峡大坝景区；2A 级景区有灵宝市鼎湖湾景区。其他自然景区还有灵宝汉山景区、灵宝龙湖景区、灵宝娘娘山景区、陕县雪花谷漂流景区、陕县回春河景区、渑池县仰韶大峡谷景区、渑池吕祖山景区、渑池石峰峪景区、渑池韶峰景区、三门峡温泉景区、卢氏县双龙湾景区、卢氏县九龙山景区、卢氏县玉皇山国家森林公园、卢氏汤河温泉景区、卢氏九龙洞景区、卢氏县洛河竹筏漂流景区等。

（四）南部山水资源丰富区

1. 大区概述

该区位于河南南部，包括信阳市和驻马店市。该区的地貌形态格局概括为"一河两山、淮纳百川"，西部和南部分别有为桐柏山地和大别山脉拱卫，中部有淮河逶迤，源于两大山地的众多河流，呈"羽状"汇聚淮河入海。该区为河南少有的富水区，山川秀丽，植被良好，山岳型景区和水域风光资源丰富，是河南山水旅游资源最丰富的地区。

该区的地貌形态决定了自然旅游资源的分布。西部的桐柏山和南部的大别山集中分布有丰富的山水景观资源，而中东部的淮河平原自然旅游资源比较稀少，据此将该区分为山地丘陵资源密集亚区和淮河平原资源稀疏亚区。

2. 亚区分述

（1）山地丘陵资源密集亚区

该亚区集中分布在大别山北坡和桐柏山地丘陵区，自然旅游资源的总体特征是山岳型景观与水域风光共生，生物景观丰富多样，自然风光秀丽，具有江南水乡风韵，山水景观和生物景观资源在河南具有独特性。

该亚区属于亚热带气候，气温高、降雨量大，水热条件良好，适宜多种生物生长，森林覆盖率达到 30% 以上，是河南"物华天宝"之地。由于降水丰沛，是河南少有的富水区，河流众多。淮河干流发源于桐柏山区，其主要支流有浉河、白鹭河、竹竿河、潢河、史灌河等，区内大中小型水库近千座，是河南水库数量最多的区域。山体以侵蚀剥蚀低山丘陵为主，岩石风化程度深，河流谷地发育，为山水景观资源的发育提供了良好的自然条件。

依据地势可将该亚区分为南部低山区和北部丘陵区，二者的分界线是桐柏—董家河（浉河区）—柳林（平桥区）—苏河（新县）—沙窝（新县）—苏仙石（商城）。此线以南为桐柏—大别山的主脊线，多为低于1 000m的低山区，局部有中山型主峰，岭谷相间、河流谷地与大小盆地发育，由于风化侵蚀强烈，山体较为低缓，地文景观以秀丽见长。该线以北以丘陵为主，局部有孤岛式的低山。

该亚区已经开发的自然旅游景区众多，其中4A级景区有信阳南湾湖景区、信阳鸡公山景区、罗山灵山风景区（自然人文兼具）、遂平嵖岈山景区；3A级景区有商城县汤泉池景区、新县香山湖景区、新县金兰山森林公园、商城县黄柏山国家森林公园、商城县金刚台国家地质公园、固始县九华山景区、固始县华阳湖景区、确山县金顶山景区、沁阳铜山景区。2A级景区有固始安山森林公园。此外，还有平桥天目山国家级自然保护区、平桥北湖国家级水利风景区、新县连康山国家级自然保护区、商城鲇鱼山水库国家级水利风景区、罗山董寨国家级自然保护区等26处景区。上述自然景区的数量说明了该亚区自然旅游资源的丰富，在河南是首屈一指，并且是独具特色。

（2）淮河平原资源稀疏亚区

该亚区位于信阳市北东部、驻马店市东部，在大的地貌格局中属于黄淮海冲积平原的南翼，由淮北低缓平原和大别山北麓波状平原组成。淮河以北地势低洼易涝，淮河南岸为山前冲积平原，呈带状岗洼相间。两岸河流、沟渠、堰塘密布，呈现出一幅江南水乡的美丽画卷。河南的最低点就在该亚区固始县的三河尖。淮河及其支流是构成该亚区自然旅游资源的主要载体，自然旅游资源包括平原水库、湿地、景观河段等，区内唯一的2A级景区是淮滨县东西湖景区。潢川黄湖农场由于曾经是团中央的"五七干校"也具有一定的知名度。区内具有较大开发潜力的自然旅游资源主要是湿地景观资源，包括驻马店宿鸭湖省级湿地自然保护区、淮滨省级湿地自然保护区、固始淮河湿地保护区等。

（五）东部平原资源贫乏区

该区位于河南的东部，北依黄河，西望豫西山地，南连淮河平原，地势平坦，人口密集，是河南粮食主产区，也是河南自然旅游资源最为贫乏的地区。含开封市、商丘市、周口市和漯河市。区内除了商丘东部有小面积孤山残丘外，其余均属于黄河冲积平原的南翼。历史上黄河多次改道南侵，对该区的地貌形态和河流走向有较大的影响，湿地资源也相对丰富。

该区总的地势是西北高、东南低，黄河南大堤也是黄河与淮河的分水岭，这种现象在世界上十分罕见。区内河流发达、河网交织，基本走向西北—东南向，其中沙河、颍河、贾鲁河发源于豫西山地，有较大面积的河源，但是上游建设的水库已经改变了河流的自然属性。东部的涡河、惠济河、浍河、大沙河、沱河等均发源于黄河南岸平原地区，水源不稳，多是季节性河流。1855年黄河在铜瓦厢决口改道后，在商丘东北部遗留的黄河故道，西起民权、东至省界（虞城），全长134km，总面积达1 520km²，大面积的湿地和水面是当地宝贵的湿地资源，具有较大的旅游开发价值。

　　本区中最有影响的自然旅游资源是开封菊花。开封菊花以其栽培历史悠久、品种繁多而闻名天下，与洛阳牡丹共同形成了河南春秋两季花卉旅游盛会，在全国有较大的影响力。

　　该区具有旅游开发潜力的自然旅游资源有 4 个方面：一是黄河故道，主要在商丘市北部；二是古湖沼遗迹，豫东平原在历史上曾经有众多的湖泊沼泽，因自然环境的变迁逐步萎缩、消失，极个别地区还有残留；三是人工开挖形成的水面，淮阳县的龙湖就是为了构筑防洪大堤、保护千年古城，挖地取土而形成的人工湖；四是现代景观河段。

　　目前区内 4A 级自然景区有永城芒砀山景区，3A 级有漯河开源森林公园、漯河市沙澧河风景区、商丘黄河故道森林公园、睢县北湖景区。漯河沙河湿地公园和淮阳龙湖湿地公园为国家级湿地公园。

　　虽然该区自然旅游资源贫乏，但其人文旅游资源十分丰富，二者形成了鲜明的反差。在人文旅游资源方面，开封是该区的代表。开封是"中国八大古都"之一、中国历史文化名城、中国优秀旅游城市、中国书法名城、中国菊花名城和中原经济区核心城市。开封历史悠久，文化底蕴厚重，文物遗存丰富，其名胜古迹、人文景观以宋代特色为主，元、明、清、民（初期）特色齐备，布局严谨，古朴典雅，史有"一苏二杭三汴州"之说。现有清明上河园（国家 5A 级旅游景区），以及龙亭公园、大相国寺、包公祠、开封府、铁塔公园、中国翰园、焦裕禄纪念园 7 家国家 4A 级旅游景区。

参考文献

亚德里恩·布尔（Adrian Bull）［英］著，龙江智译：《旅游经济学》（第二版），东北财经大学出版社，2004年。

谢凝高：《名山·风景·遗产——谢凝高文集》，中华书局，2011 年。

第十二章 综合自然分区

第一节 分区的依据与方法

一、分区的目的与依据

分区的目的是为了深刻揭示自然条件的本质及各自然要素之间的内在联系，因地制宜地发挥各自然地区自然资源的最大潜力和整体功能，为国民经济服务。

综合自然区划的对象是自然地理综合体，主要根据一定地域自然地理综合体的相似性和差异性逐级进行区域划分。而地表自然地理综合体的相似性和差异性是地域分异规律综合作用的结果，所以地域分异规律是自然分区的理论基础。

二、分区的原则

（一）发生统一性原则

任何区域单元都是在地域分异因素（地带性和非地带性）共同作用下的历史发展产物，是一个自然历史综合体，都有自己的年龄、发生和发展历史，而发展历史过程的共同性则使其具有发生统一性特征，因此必须以历史的态度来对待区域单元的划分。

（二）相对一致性原则

在划分区域系统时，必须注意区域单元内部特征的一致性，划出最大一致性的自然区。最大一致性是比较而言的，如果把最大一致性看作是绝对的，综合自然区划就无法进行了。对不同等级系统来说各自的一致性是不同的。自然带（高级单位）的一致性体现于热量基础的大致相同；地区（次一级单位）的一致性体现在热量基础大致相同下的干湿情况也大致相同。

（三）空间连续性原则

又称"区域共轭性原则"，是指自然区划所划分出来的必须是具有个体性的、区域上完整的自然区域。空间连续性原则，作为自然区划的原则之一，要求所划分的区域作为个体保持空间连续性，不可分离也不可重复。

任何一个区域系统永远是个体，不能存在彼此分离部分。如山间盆地和它附近的山地极不相似，但根据区域共轭性原则必须把两者合并到一个区域单元中。同理，若自然界中存在两个自然特征类似但彼此隔离的区域，也不能把它们划到一个区域单元中。

（四）综合性分析与主导因素相结合的原则

这是自然区划中应用最成功的原则。它能反映出自然地理区域分异的规律性。任何区域单元都是区域内多种自然地理要素组成的自然综合体，这些要素不是独立存在的，而是相互制约、相互联系的。如果一种要素发生变化，必然导致与它相联系的其他要素发生变化，以致影响到自然综合体的特征或性质的变化。综合性原则就是要分析这些组成要素的特征、性质和各自在自然综合体中的作用、地位及其变化规律，同时更要分析它们之间的相互关系及其对自然综合体的制约程度。

在综合分析的基础上，会发现各要素所起的作用是不同的，可以找到一个或两个起主导作用的因素，主导因素对区域特征的形成和不同区域的分异有重要影响。所以，在综合分析各要素基础上，强调主导因素的作用，即综合分析与主导因素相结合的原则。

三、分区的指标

河南综合自然分区所依据的各项指标，在同全国自然区划有关指标基本保持一致的前提下，主要是从本省的气候、地貌和农业生产需要的实际情况出发确定的。

（一）热量指标

1. 温热：全年日平均气温稳定通过 10℃ 期间的积温在 4 750℃ 以上，全年日最低气温≤5℃的天数不超过 120d，平均全年无霜期 225d。

2. 温暖：全年日平均气温稳定通过 10℃ 期间的积温在 4 700℃ 以上，全年日最低气温≤5℃的天数不超过 130 d，平均全年无霜期 215d。

3. 温和：全年日平均气温稳定通过 10℃ 期间的积温在 4 600℃ 左右，全年日最低气温≤5℃的天数不超过 140 d，平均全年无霜期 210 d。

4. 温凉：全年日平均气温稳定通过 10℃ 期间的积温在 4 500℃ 以下，全年日最低气温≤5℃的天数达 150 d，平均全年无霜期 205 d（其中卢氏县和林州市的大部地方 195 d）。

（二）水分指标

1. 湿润：年湿润系数（K 值）1.1～2.0，平均年降水量 800～1 300mm，年降水日数 110～120 d，生长季旱期日数＜50 d，平均年径流深 300～600mm。

2. 半湿润：年湿润系数（K 值）1.1＞K≥0.7，平均年降水量 700～800mm，年降水日数 90～110 d，生长季旱期日数 50～150 d，平均年径流深 150～300mm。

3. 半干旱：年湿润系数（K 值）0.7＞K≥0.3，平均年降水量 500～600mm，年降水日数 80～90 d，生长季旱期日数＞150 d，平均年径流深 50～150mm。

（三）地貌指标

1. 中山：海拔 1 000m 以上。
2. 低中山：海拔 800～1 000m。
3. 低山：海拔 500～800m，相对高度大于 200m。
4. 丘陵：海拔 300～500m，相对高度小于 200m。
5. 岗地：海拔 200～300m，相对高度小于 50m。
6. 平原：海拔 200m 以下。

四、分区的等级系统

从全省范围来看，地域间自然地理的明显差异性，首先表现在南、北的热量和水分差异，以及相应的土壤类型与生物过程的纬度地带性差异。在同一地带内，东、西又呈现出地质构造和地势起伏的显著不同，以及土壤亚类与植被亚型分布状况的非纬度地带性差异。在同一构造地貌单元内，还存在着由于中、小地貌组合形式（如豫西山地）或地表沉积物性质（如豫东平原）的不同而引起自然地理的区域分异。总之，河南境内自然地理综合体的类型多种多样，地域单位是多级的镶嵌体系。

根据上述的地域分异规律，按其地域间的自然差异性及其差异的程度（以不同的指标表示），全省自上而下分两级进行综合自然分区。

第一级分区单位称为"自然地带"。从南到北，全省分为两个自然地带，即北亚热带与暖温带。划分这两个自然地带的主要依据是自然景观与农业生产潜力的显著差异性。两个地带的分界线，大致沿伏牛山脉南坡（南阳盆地北边缘），经方城缺口转向东南，在信阳附近向东沿淮河干流延伸至安徽省境。按照这条界线划分两个地带，基本上能够综合反映河南自然条件明显的纬度地带性差异。

第二级分区单位称为"自然地区"。在自然地带内，依据气候、水文的带内差异性，结合地貌的三大基本类型（石质山地丘陵、黄土丘陵和沉积平原），在全省范围内共划分 12 个自然地区，其中北亚热带分为 4 个自然地区，暖温带分为 8 个自然地区。因为较大范围内自然条件的地域差异性是纬度地带性因素与非纬度地带性因素共同作用的结果，所以该区划的自然地区综合反映了自然条件的纬度地带性与非纬度地带性差异。

自然地区实际是自然地带内的"带段性"地域单位。这种带段性的地域分异，主要是由于构造地貌和距海洋的不同，而引起了热量和水分状况的差异，形成了相应的土壤和植被，呈现出不同的地域特征。

五、等级系统命名与分区方案

全石琳等（1985）在《河南省综合自然区划》中采用三级分类，并把东部平原亚热带与暖温带的分界划在淮河以南约 10（罗山县城北）至 35 千米（固始县城南 15 千米）的位置。本书作者采用二级分类，第一级区划单位命名"自然地带"，主要标明所在的热量带名称，并括注相应的土类和植被型名称；第二级区划单位命名"自然地区"，主要标明所在的构造地貌单元名称与所属的热量水分等级类型。

本书作者认为我国东部北亚热带与暖温带的分界线应以淮河干流为界，因此把此线移至淮河干流，这样，就把大别山北侧温热湿润区与淮北平原温暖温和湿润半湿润区的分界线移至淮河干流。

河南综合自然分区方案见表 12-1 和河南省综合自然区划图（附图 16）。

表 12-1　河南自然分区方案

自然地带	自然地区
Ⅰ　北亚热带落叶阔叶与常绿针叶阔叶混交林黄棕壤地带	Ⅰ A 桐柏—大别山温热湿润区
	Ⅰ B 大别山北侧温热湿润区
	Ⅰ C 南阳盆地温热半湿润区
	Ⅰ D 伏牛山南侧温暖湿润区
Ⅱ　暖温带半旱生落叶阔叶林褐土地带	Ⅱ A 秦岭东段温和温凉湿润半湿润区
	Ⅱ B 伏牛山脉东端温暖半湿润区
	Ⅱ C 嵩山周围温和半湿润半干旱区
	Ⅱ D 洛阳西部山陵温和半干旱区
	Ⅱ E 太行山温凉半干旱区
	Ⅱ F 太行山前平原温和半干旱区
	Ⅱ G 淮北平原温暖温和湿润半湿润区
	Ⅱ H 黄河冲积扇温和半湿润半干旱区

第二节　自然地区地域特征描述

为全面了解各地自然条件的差异，现对各自然地区的地域特征进行描述。

一、北亚热带落叶阔叶与常绿针叶阔叶混交林黄棕壤地带（Ⅰ）

（一）自然地带自然条件综述

该地带位于河南南部，东西横跨南阳、驻马店和信阳三个市域，约占全省总面积的 30%。该地带的热量和水分相对较为充沛，农业收成的稳定性较大，作物一年两熟，自然植被种类繁多，是河南主要的稻、麦产地，也是茶、竹、油桐、马尾松和杉木林的良好生境所在地带。

该地带内的山地丘陵面积广大，气温随地势的增高而递减，山顶和山麓气温相差 3℃左右。山麓平原、河流阶地和广阔的盆地是该地带的主要农业耕作地域。从全年气温状况来看，全年日均温≥10℃的活动积温在4 800℃以上，喜凉喜温作物均可种植，不同生态型的作物可以一年两熟，这表明该地带确实具有发展多种喜温作物、扩大复种面积所必需的热量条件。

该地带各地年降水量均在 800mm 以上，南部桐柏—大别山地丘陵区年平均降水量在1 000mm 以上。一般说来，地带内绝大部分地方的年降水量可以满足当地稻、麦等作物对田间水分的需求量。

该地带代表性的自然植被为亚热带落叶阔叶与常绿针叶阔叶混交林，主要分布于桐柏—大别山地和伏牛山脉南坡。植被的组成成分比较复杂，具有南北过渡性的特点。南方的代表性树种主要有马尾松、杉木、油茶、乌桕和枫香等；北方的代表性树种主要有栓皮栎和麻栎等。

该地带的自然土壤是在亚热带落叶阔叶与常绿针叶阔叶混交林自然植被条件下发育形成的，成土作用以黏化过程为主。由于气候比较温湿，土壤黏化强度较大，而且有富铝化过程特征的发生。土体中的物质淋溶较强，淀积层常有铁锰胶膜及结核出现，腐殖层下呈黄棕色。代表性的自然土类是黄棕壤，同时在长期农业耕作条件下，水稻土类亦有较广泛的分布。

（二）自然地区自然条件特征

1. 桐柏—大别山温热湿润区（ⅠA）

该自然地区位于河南北亚热带的南部，包括信阳市域南部、桐柏、确山、泌阳的大部，南延伸至湖北省境内。该区的地貌以剥蚀侵蚀低中山和丘陵为主，具有典型的北亚热带土壤与植被。地表径流量较大，地下水以裂隙水为主，不易开发利用。区内的黄棕壤低山海拔 900m 左右，突起的山峰高达 1 700m；自然植被种类较多，植物资源丰富，植被的垂直地带性明显；虽然耕地面积狭小，但宜林地面积广大，适于发展多种经济林和用材林。黄棕壤丘陵海拔 500m 左右，陵间多宽谷，自流灌溉条件较好，适于水、旱作物轮作。

2. 大别山北侧温热湿润区（ⅠB）

该自然地区位于河南北亚热带的北部，南起山地丘陵边缘，北到淮河南岸。该区地貌主要为洪积（亚黏土夹砾石层）侵蚀垄岗和冲积洪积倾斜波状平原。垄岗顶面起伏和缓，经支流沟谷切割又形成许多横向岗岭，因而岗地形态极为复杂，有平岗、垄岗、丘岗及坡岗等。平原是中、上更新世时期，来自南部山地的众多河流的洪积作用所形成的山前倾斜平原，经后期地壳间歇性抬升，并经流水的侵蚀剥蚀作用，形成被宽阔的河谷平原分割且规模较大的带状岗地平原形态，它由西南至东北或自南而北倾斜延伸。浉河以东的岗地平原带状延伸较为显著，宽 5～30km，长 30～85km 不等，海拔大部分在 45～100m。该区≥10℃的活动积温4 800℃左右，年降水量≥1 100mm，年径流深 500m 左右。丘陵上部主要为黄棕壤土类中的黄褐土以及马尾松和栎树林分布；丘陵间的冲、畈、川地已辟为农田（以水稻为主，水、旱作物轮作），为黄棕壤性水稻土分布区。该区水源条件好，宜耕地面积相对较大。

3. 南阳盆地温热半湿润区（ＩＣ）

该自然地区位于河南北亚热带的西部南侧，南阳市域东半部。地势自北向南倾斜，由海拔 200m 递降为 100m 左右，地形为一向南敞开的扇形构造盆地，具有山前洪积冲积缓起伏微倾斜平原的地貌特征。热量和水分条件较好，土地资源的潜力较大，是全省粮食作物和经济作物重要产区之一。

该区的东部和西部边缘，有缓起伏的洪积侵蚀岗地连绵分布，岗地的排水条件较好，但高亢易旱，亚黏土层中的孔隙潜水埋深变化大，涌水量小，农用灌溉意义不大，所以适宜有机旱作。岗地间河川平地土质较好，土壤肥力较高；冲积层中的孔隙潜水埋藏较浅，涌水量较大，矿化度较低，适作农业灌溉用水，土地的生产潜力较大。该区的中部，地势比较低平，河床浅凹，河滩地广阔，呈微起伏湖积冲积平原地貌特征，水利灌溉条件较好，适于种植多种粮食作物和经济作物。河间洼地砂姜黑土分布广泛，土质黏重，从而形成局部的"上浸地"，对农业耕作有一定障碍。

4. 伏牛山南侧温暖湿润区（ＩＤ）

该自然地区位于河南北亚热带的西部北侧，南阳市域西北部。地势西北高、东南低，低山（海拔 600～1 000m）丘陵（海拔 200～600m）面积广大，山陵间小型构造盆地较多，河流的水量较大，自西北向东南纵贯深切地表，形成狭长的谷地和河岸阶地。山地和河谷盆地之间的气温差异较大，形成不同的自然植被垂直带谱。地下水类型多样，其含水岩系复杂。农林牧副渔综合发展的自然潜力较大。

该区的西北部，为棕壤所分布的侵蚀低山和中低山地，泉水出露比较广泛，宜林地面积广大，松树和栎树生长良好，也适于营造亚热带与暖温带的多种经济林和用材林；宜耕地面积相对狭小，山间谷地适于种植多种旱作物，水利条件较好的地段可栽培水稻。该区的东部，地貌多为剥蚀侵蚀缓坡低山丘陵，土壤为典型的黄棕壤和黄褐土分布的地域，有多种类型出露的泉水可供利用。南部呈现低山丘陵、切割谷地与小型构造盆地的复合地貌，河流水量较丰沛，并有泉水出露。山地的森林植被以栎林为主，并有其他一些针、阔叶树种混生的杂木林，具有经济价值的油桐、漆树、花椒、乌桕等树种和竹林分布广泛，用材树种的侧柏、榆、楸、杨、楝生长良好，局部山间谷地和盆地可以种植柑橘；丘陵坡地和盆地适种各种旱作物，泉水出露的陵间谷地、盆地边缘和河流沿岸，具有栽培水稻的良好条件。

二、暖温带半旱生落叶阔叶林褐土地带（Ⅱ）

（一）自然地带自然条件综述

该地带在省境内南北纵跨纬度 4°59′，东西横跨经度 6°19′，约占全省总面积的 70%。该地带同其南面相邻的北亚热带地带相比较，虽然同类地域（如山地或平原）的气候季节变化大致相似，但是热量和水分状况及其相应的自然景观有显著差异，反映在农作物结构方面亦不相同。

一般说来，该地带比北亚热带的日照充分，大部分地区的年日照时数在 2 000h 以上，日照百分率在 50%以上。豫北平原是全省日照最充分的地区，安阳和濮阳的年日照时数分别达到 2 200 h 和 2 300 h（全省最高值），年日照百分率均达 59%（全省最高值），该地区充足的日照，为棉花的栽培提供了有利条件。

该地带气温的地域差异明显，由南到北、自东部平原至西部山地，气温依次递减 2℃左右。西部山区，自山麓至山顶气温递减 6~3℃。地带内大部地方的年平均气温 14℃左右，1月均温–1℃左右，7 月均温 27℃左右。地带内由于地势高度的差异和山脉走向对冷暖气流的影响，各地各级界温的持续日数不同。一般说来，平原地区全年日均温≥0℃的"温暖期"在300d 以上，日均温≥5℃的植物"生长期"约 250d 以上，日均温≥10℃的作物"生长活跃期"在 210d 以上；而山地丘陵区全年日均温≥0℃的"温暖期"约 290d 左右，日均温≥5℃的植物"生长期"约 250d 左右，日均温≥10℃的作物"生长活跃期"约 200d 左右。日均温≥10℃的活动积温（平均值）东部平原在 4 500℃以上，西部山区在 4 500℃以下。

该地带的大部地区平均年降水量皆在 600~800mm，降水主要集中夏季（占年降水量的60~70%），冬季降水量很少（不足年降水量的 10%）；而春季降水又少于秋季降水。由于冬、春季节的降水量少，加之风力较强，尤其是春季的气温上升迅速，蒸发旺盛，因此春旱现象便成为农业生产的重要障碍。夏季虽然降水较多，但变率较大，且多为暴雨，故易形成旱涝不均现象。

该地带具有代表性的地带性土壤主要是褐土，其次为棕壤，主要分布在西部山地丘陵；东部平原的土壤主要是潮土，其次是砂姜黑土、风沙土等。

该地带内由于各地的热量、水分、地貌和土地的农业利用程度不同，其半旱生的落叶阔叶林自然植被则有南北过渡性特色和东西地域间的明显差异。西南部山地丘陵区，典型的自然植被为暖温带季风半旱生落叶阔叶林，现在多为次生林。东半部平原区绝大部分土地已开垦为农田，主要在村庄附近、路旁田边和河渠沿岸栽培各种半旱生落叶阔叶树木。

综上所述，该地带由于地域辽阔，地貌类型及其组合比较复杂（东半部为平原地貌类型、西半部为石质山地、丘陵、盆地和黄土地貌类型），因而从南到北和由东到西在热量、水分和其他自然条件方面也有差异，然而反映在综合自然特征的对比关系方面，却都属于暖温带内具有同一自然景观型（半旱生落叶阔叶林植被与褐土景观型）的地域。地带内各地尽管农作物种类不同，但是耕作制度却有共同之点，基本属于"以旱作为主. 一年两熟或两年三熟"的农业地带。该地带的广大平原和河川盆地区农业耕作历史悠久，土地资源条件较好，以耕作业为主，盛产小麦、棉花、花生、高粱和红薯等，特产烟叶和芝麻，水稻的栽培面积亦不断扩大；影响农业稳产高产的主要自然障碍是冬春干旱和夏秋易涝，其次是局部地区的风沙和盐碱危害。西半部的山地丘陵区以林为主，农、林、牧多业并存，盛产小麦、玉米、棉花、谷子和红薯等，主要用材林有麻栎、侧柏、油松等树种，经济林有核桃、板栗、桃、梨、杏、柿、枣、苹果和葡萄等，另有大面积的柞蚕坡和多种药用植物。

（二）自然地区自然条件特征

1. 秦岭东段温和温凉湿润半湿润区（ⅡA）

该自然地区位于伏牛山主脊及其北坡，主要包括栾川、卢氏、灵宝、嵩县、鲁山、洛宁等县市。地貌以山地为主，是全省地势最高、山地面积最大的区。山地由秦岭东延的伏牛山、外方山、熊耳山、崤山和小秦岭等主要山脉组成。由陕西延伸至灵宝境内的小秦岭，山势高峻，其主峰老鸦岔海拔 2 413.8m，是全省的最高山峰。伏牛山主脉环绕南阳盆地北部边缘，呈弧形伸延；崤山、熊耳山和外方山三条山脉均呈西南—东北走向，大致平行排列。该区西部山势较高，多 1 000m 以上的中山，主要山峰海拔多达 2 000m 以上；东部山势渐低，多为海拔 1 000m 左右的低中山和低山。山脉之间有开敞的构造盆地穿插，河流贯穿其中。由西南向东北注入黄河的宏农河、洛河和伊河，分别流经小秦岭、崤山、熊耳山和外方山之间的构造盆地；发源于该区山地向东南注入淮河的颍河、汝河、沙河、洪河等河流，分别流经外方山东侧和伏牛山东端的一系列盆地。区内的各种自然条件均受山地地形的制约，其热量水分状况和土壤植被类型随山脉走向和地势高低的变化而有较大的差异，垂直带谱明显。该区山地森林面积广大，植物资源种类繁多，河谷盆地土壤肥沃。

该区南部和中部的伏牛山、熊耳山山地，气候因受地势和山脉走向的影响，气温的垂直地带性差异显著，年降水量的地域间差异（660～950mm）亦较悬殊。山坡地的土壤，大部分是山地棕壤，局部为山地褐土，山间盆地多为黄褐土。山地植物生长茂盛，野生药用植物种类繁多，林产品丰富；森林植被以栎类等北方落叶阔叶树为主，自然植被大致可分为 2～4 个垂直带。

该区西北部的小秦岭和崤山山地，气候温凉半湿润，土壤主要为山地褐土和碳酸盐褐土，自然植物繁茂，多为油松林和栎树所组成的森林植被；东北部山地丘陵的自然植物逐渐稀疏，多为耐旱的落叶乔木和旱生灌木丛。垂直带明显的石质山地，开发利用不充分；黄土覆盖的低山丘陵坡地，大都开垦为梯田，种植以旱为主。

该区东部的外方山山地，气候温和湿润，土壤为山地棕壤、褐土，落叶阔叶次生林分布广泛，山间盆地大部分已开辟为农田。

2. 伏牛山脉东端温暖半湿润区（ⅡB）

该自然地区位于伏牛山脉东端，包括叶县西部，方城县大部，舞钢市、泌阳县和确山县北部。该区山地属于伏牛山余脉，地貌主要为单斜构造的低山和侵蚀剥蚀缓坡残丘，成为南阳盆地的东北部边缘；山陵间的谷地和山麓洪积扇比较开阔，河岸阶地发育明显。气候温和半湿润，≥10℃的活动积温 4 650℃左右，年降水量 800mm 左右，年径流深 300mm 左右。土壤主要为黄褐土。

3. 嵩山周围温和半湿润半干旱区（ⅡC）

该区位于河南中部，嵩山周围。区内除了嵩山突起（主峰海拔 1 440m）以外，大部分为剥蚀侵蚀低山丘陵与断陷构造盆地复合地貌。该区的北部，地表普遍有原生或次生黄土层覆盖，经流水切割，形成多种形态的黄土地貌。双洎河和颍河发源于该区的中部山地，北汝河自西向东流经该区的南部。西部和南部低山丘陵的地下水为古变质杂岩裂隙潜水和构造承压水，断裂带有矿化温泉出露。该区的气候，温和半湿润（东南部）半干旱（西北部）。石质低山丘陵地的土壤主要为褐土和红黏土。

4. 洛阳西部山陵温和半干旱区（ⅡD）

该区位于洛阳以西，秦岭东段温和温凉湿润半湿润区以北，西至省界。地形除了西北部石质山地的海拔高度在 1 000m 左右以外，大部分地域的海拔高度介于 200～750m 之间，而且普遍有厚度不同（20～160m）的黄土堆积和覆盖，在流水侵蚀作用下，分割和发育成不同形态的黄土地貌。区内的河流较多，均属于黄河水系，其中流域面积最大的为伊洛河。黄土分布区的自然植被覆盖度小，沟谷特别发育，水土流失现象比较普遍。该区的热量和降水相对较少，干旱是发展农业生产的较大障碍之一。区内广大面积的黄土阶地、黄土塬和河谷盆地，其地势较平坦，土层深厚，土壤肥沃，日照亦较充分，有利于耕作业的发展。该区土地整治的主要任务是采取有效措施防止水土流失，控制沟谷发展，蓄水防洪、开发地下水源，发展农田灌溉。

5. 太行山温凉半干旱区（ⅡE）

该自然地区位于河南西北部，向西、向北延伸至山西省和河北省境内。该区的地貌主要是由断块低中山、陡坡低山、缓坡丘陵和构造盆地组合而成。山地气温相对较低，山势陡峭，沟谷狭窄，石厚土薄，不适于农业耕作；丘陵低缓、土层较厚，盆地开阔、土壤肥沃，有利于农业耕作，但地表水容易漏失，河流经常干涸，水源不足，同时，水土流失现象亦较普遍。发展林业生产、兴修水利工程、开发利用地下水源等，是改变该区自然面貌和繁荣山区经济的重要途径。

6. 太行山前平原温和半干旱区（ⅡF）

该区位于河南太行山与东部平原之间，地貌为山前洪积冲积倾斜平原，地势相对高亢（海拔 100m 左右），缓慢向东和东南倾斜（一般坡降 1 / 500），地表排水良好。地表沉积物以黄土类亚砂土为主，亚砂土和亚黏土互层，并夹有厚薄不同的砂姜砾石层。该区温和半干旱，≥10℃的活动积温约 4 500℃（东侧）至 4 700℃（南侧），年降水量 600～700mm，年径流深 100～150mm。区内土壤东北部以褐土为主，西南部以潮土为主。该区虽然热量和降水相对较少，但是日照比较充分，地貌、土壤和地表排水条件较好，地下水源也较丰沛，各种作物的产量较高。

区内东北部和西南部自然条件差异明显，东北部地形较陡，西南部较缓，所以土地的农业利用也不完全相同，东北部以旱作为主，西南部以灌溉农业为主。

7. 淮北平原温暖温和湿润半湿润区（ⅡG）

该区位于河南黄淮平原的南端，淮河以北，沙颍河以南，包括许昌、漯河、驻马店等市。该区的地貌形态为广阔的平原，海拔 40～100m，地势由西北向东南倾斜，河流均属淮河水系。气候的过渡性特征非常明显，自南向北，热量递减，从西北到东南，降水量递增，由东南部的温暖湿润气候过渡到西北部温和半湿润气候。

该区的南半部，地势相对较低，地表凸凹不平，排水不畅，易于滞水内涝；土壤淋溶作用和潜育化现象明显，大部分为砂姜黑土和黄褐土，最南端的淮河北岸有水稻土。热量和水分比较充沛，土地资源潜力较大，是我省小麦、水稻、芝麻等粮油作物的重要栽培区。

该区的北半部，地势相对高亢，地表排水条件较好，灌溉亦较便利，土壤多为肥沃的潮土，低洼处分布有砂姜黑土。地貌、土壤、热量和水分等农业自然条件均较优越，土地利用亦较充分，为全省重要的粮食生产核心区。

8. 黄河冲积扇温和半湿润半干旱区（ⅡH）

该区位于黄河古冲积扇形平原的基部，一般坡降 1／5 000～1／8 000，大部地方海拔 50～100m。黄河横穿该区的中部，河道一般宽约 6～7km，最宽处达 20km，其中主槽宽 1～3km，其余为广阔的滩地。河床高出附近地面 3～10m。历史时期，黄河曾在郑州以东多次改道和决口泛滥，不但形成巨大的扇形冲积平原，而且塑造成多种形态的微地貌形态（故河道堆积沙地、槽状和碟形洼地、条带状残岗等）。黄河故道堆积的粉细沙，经长期的风力作用形成起伏的沙丘沙垄和风蚀洼地，使平原的地貌形态更加复杂化。复杂多样的地貌形态，不仅阻碍地表排水，而且也影响土地的农业利用。

该区的热量和降水由南向北渐次递减，大致以黄河为界，以南属于温和半湿润地区，以北属于温和半干旱地区。黄河以北是黄河大冲积扇的北翼，地势由西南向东北倾斜，地面平均坡度 1/4000 左右，是历史上黄河决口泛滥和改道最频繁的地区之一。其西北侧为故背河洼地，东南侧是故黄河滩地，属较为完整的黄河故道带。年均气温 14.0℃，年均降水量为 600～650mm，地貌类型主要有扇形洼地、低平地、古黄河高滩地等，高程降至 45m，地下水大部分属中等富水区。由于地下水资源超量开采，部分地方形成漏斗区，旱涝、盐碱、风沙，水源不足是主要限制因素。

黄河以南，沙颍河以北，系豫东黄河冲积平原的南翼，年均气温 14～15℃，年均降水量为 650～800mm；多年平均日照时数 2 000～2 100 h，干旱指数为 1.5 左右，由于历史上黄河曾夺淮入海，泛滥流经本区，造成地貌类型比较复杂，主要有黄河故道、黄泛沙丘沙垄以及黄河浸润地等，地势比较平坦。水文地质条件差异较大，西部为强富水区，东部为中等富水区，地下水位较浅。

土壤以潮土为主，风沙土主要分布在黄河故道，另外还有盐碱地零星分布，最南部有砂姜黑土分布。该区黄河故道历史上曾经是沙丘、沙垄分布普遍，每年的冬春季节，遇到大风，就会出现黄沙满天飞的景象；盐碱地也曾经在豫东和豫东北大范围分布，干旱季节，白茫茫一片。经过几十年的土地整治，兴修水利，植树造林，发展农田灌溉，昔日的沙丘沙垄和盐碱地变成了良田。目前影响该区农业稳产高产的自然灾害，仍然是干旱、局部的风沙危害。因此应贯彻"以灌溉为主、灌排结合"的原则，统筹规划，建立科学的灌溉制度，健全排水系统，以求达到抗御干旱、排除内涝和防止土壤盐渍化的目的。

参考文献

全石琳、司锡明、冯兴祥：《河南综合自然区划》，河南科技出版社，1985年。

附　　图

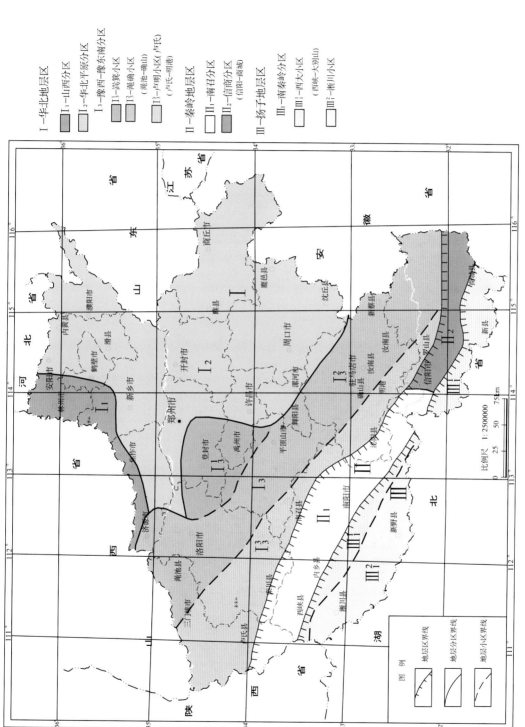

附图1 河南省综合地层分区图

I—华北地层区
  I₁—山西分区
  I₂—华北平原分区
  I₃—豫丙—豫东南分区
    I₃¹—嵩箕小区
    I₃²—渑确小区（渑池—确山）
    I₃³—卢阴小区（卢氏）（卢氏—明港）

II—秦岭地层区
  II₁—南召分区
  II₂—信商分区（信阳—商城）

III—扬子地层区
  III₁—秦岭分区
    III₁¹—西大小区（西峡—大别山）
    III₁²—淅川小区

图例
地层区界线
地层分区界线
地层小区界线

比例尺 1:2500000
0 25 50 75km

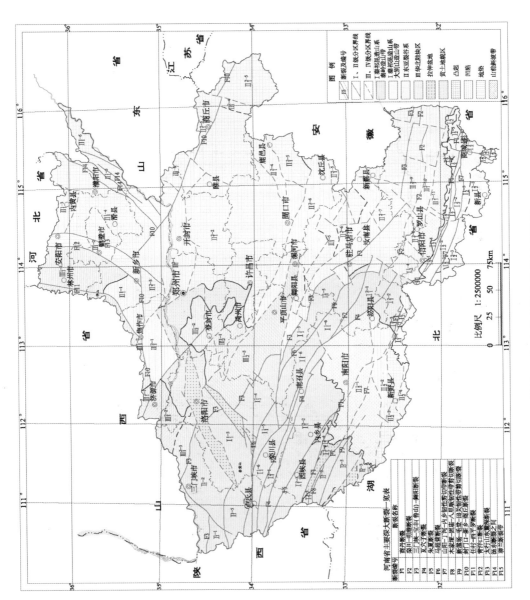

附图 2 河南省大地构造单元分区图

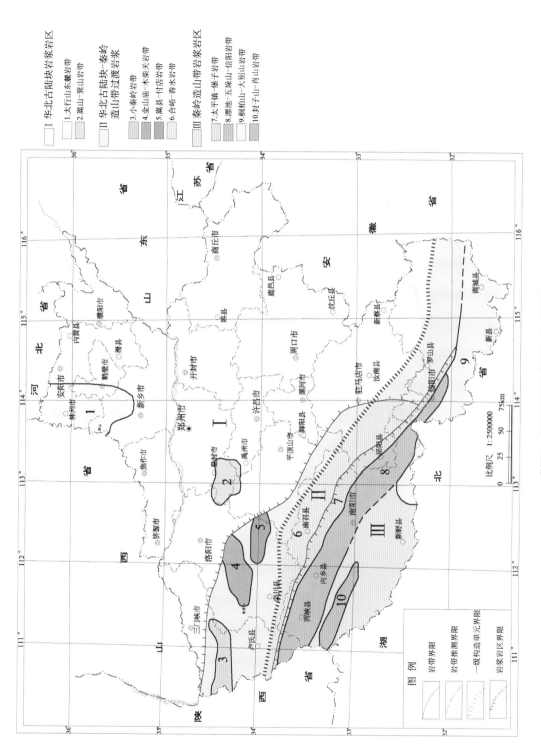

图例

岩带界限

岩带推测界限

一级构造单元界限

岩浆岩区界限

图例

I 华北古陆块岩浆岩区
1. 太行山东麓岩带
2. 嵩山－箕山岩带
II 华北古陆块－秦岭造山带过渡岩浆
3. 小秦岭岩带
4. 金山庙－木柴关岩带
5. 嵩县－付店岩带
6. 合峪－春水岩带
III 秦岭造山带岩浆岩区
7. 太平镇－堡子岩带
8. 漂池－五朵山－信阳岩带
9. 桐柏山－大别山岩带
10. 封子山－肖山岩带

比例尺 1:2500000

0 25 50 75km

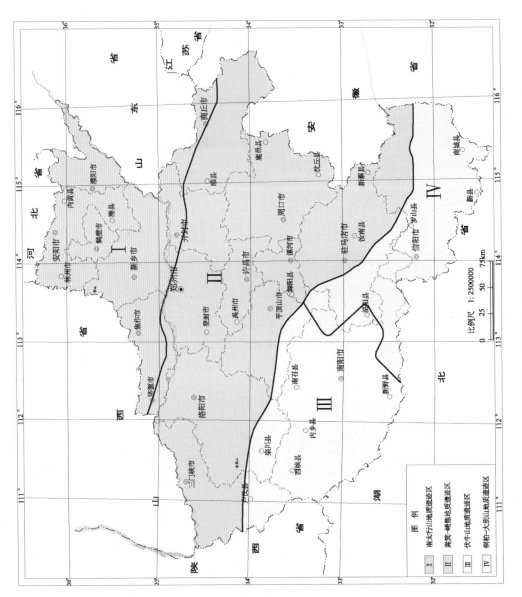

附图 4　河南省地质遗迹资源分区图

图例

Ⅰ　南太行山地质遗迹遗迹区

Ⅱ　嵩箕—崤熊地质遗迹遗迹区

Ⅲ　伏牛山地质遗迹遗迹区

Ⅳ　桐柏—大别山地质遗迹遗迹区

比例尺　1:2500000

0　25　50　75km

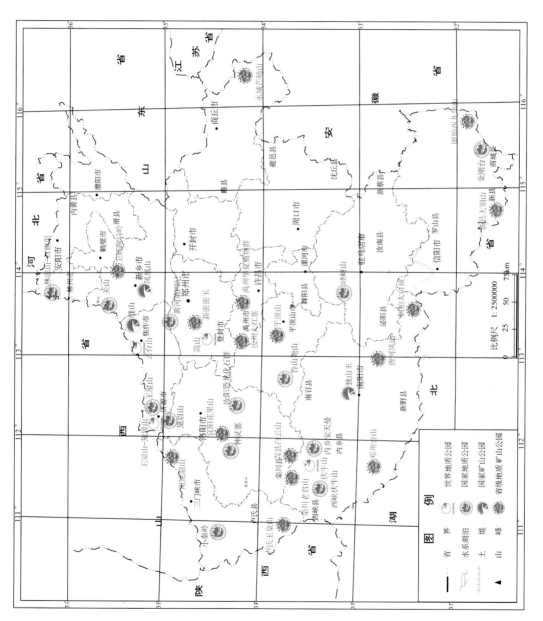

附图 5　河南省地质矿山公园分布图（截止 2013 年年底）

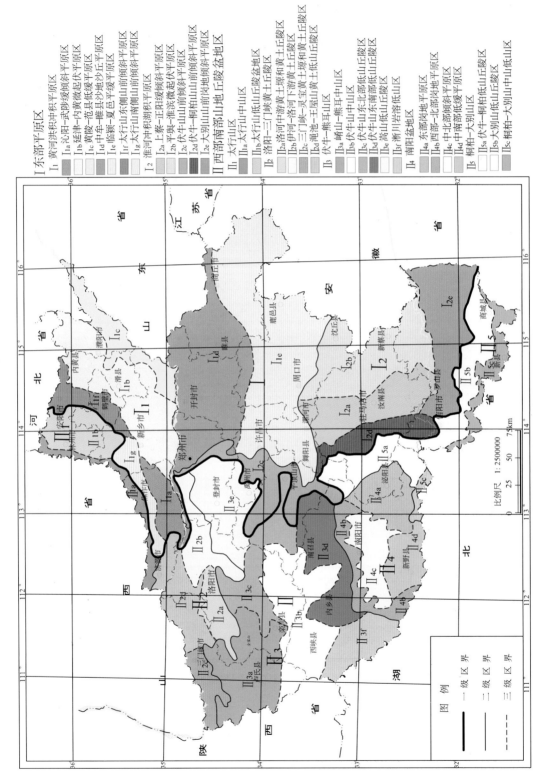

附图 6 河南省地貌分区图

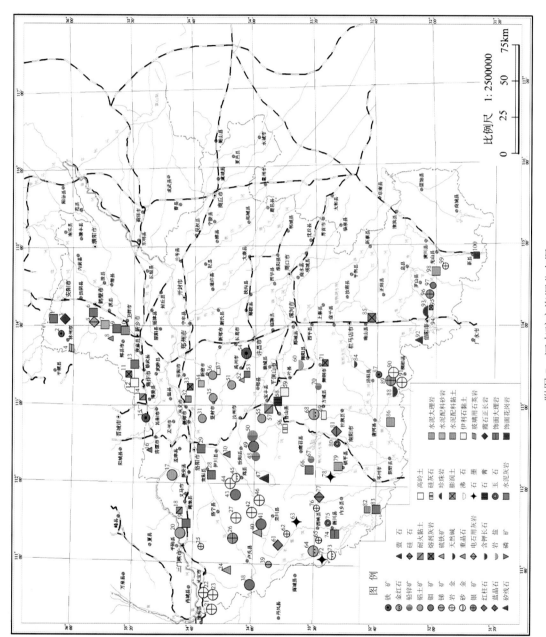

附图 7　河南矿产资源分布图

河南矿产地代码编号

编号	矿产地	编号	矿产地
1	安阳李珍水泥灰岩	51	禹州方山铝土矿
2	林州杨家庄铁矿	52	禹州佛山硫铁矿
3	安阳九龙山玻璃正长岩	53	禹州角子山水泥灰岩
4	林州轿顶山玻璃用石英岩	54	禹州角子山水泥灰岩
5	鹤壁潘家荒电石用灰岩	55	许昌武庄铁矿
6	鹤壁鹿楼水泥灰岩	56	宝丰边庄铝土矿
7	淇县天桥岭水泥配料砂岩	57	鲁山东洞硅灰石
8	卫辉大汉山重晶石	58	鲁山梁洼耐火黏土
9	卫辉豆义沟水泥灰岩	59	平顶山叶营伊利石黏土
10	卫辉大司马水泥配料黏土	60	平顶山盐田
11	焦作冯营熔剂灰岩	61	西峡杨沟红柱石
12	焦作市王窑岭黏土矿	62	西峡高庄金矿
13	焦作回头山水泥灰岩	63	西峡横岭石墨
14	修武回头山水泥灰岩	64	西峡横岭石墨
15	焦作西张庄耐火黏土	65	西峡八庙金红石
16	沁阳行口铁矿	66	西峡蒲塘金矿
17	济源玉皇寨磷矿	67	南召青山水泥灰岩
18	新安马行沟铝土矿	68	南召五间房金矿
19	陕县磨云山水泥灰岩	69	方城罗山硅灰石
20	陕县支建铝土矿	70	方城尚洞铅锌矿
21	灵宝东闯金矿	71	舞阳黄庄熔剂灰岩
22	灵宝大湖金矿	72	淅川小陡岭石墨
23	灵宝杨寨岭金矿	73	淅川寺湾砂金
24	灵宝杨寨金矿	74	淅川简凹饰面大理岩
25	灵宝银家沟硫铁矿	75	淅川小陡岭石墨
26	陕县半宽金矿	76	淅川火石寨砚石
27	洛宁铁炉坪银矿	77	内乡许窑沟金矿
28	洛宁上宫金矿	78	内乡七里坪砂线石
29	洛阳敖子岭水泥灰岩	79	镇平山王庄水泥灰岩
30	伊川石梯磷矿	80	南阳独山玉
31	偃师夹沟铝土矿	81	南阳隐山蓝晶石
32	巩义石道河水泥配料黏土	82	邓州小乔水泥黏土
33	荥阳张青岗熔剂灰岩	83	泌阳杏山庄水泥灰岩
34	新密大隗水泥配料砂岩	84	邓州杏山水泥灰岩
35	新密大石门水泥配料砂岩	85	泌阳乔家庄含钾岩石
36	登封大冶铝土矿	86	确山独山熔剂灰岩
37	新密杨台铝土矿	87	唐河黄龙山水泥大理岩
38	新密坡景山硅石	88	泌阳条山铁矿
39	卢氏夜长坪钼矿	89	桐柏破山银矿
40	栾川骆驼山硫铁矿	90	桐柏银洞坡金矿
41	栾川三道庄钼矿	91	桐柏老湾金矿
42	栾川北岭金矿	92	信阳尖山萤石
43	嵩县黄门沟钼矿	93	信阳刘家冲珍珠岩
44	嵩县雷门沟钼矿	94	信阳上天梯沸石
45	嵩县祁雨沟金矿	95	信阳上天梯沸石
46	嵩县高都川砂金	96	罗山杨家湾膨润土
47	嵩县蔡沟金矿	97	罗山皇城山银矿
48	嵩县陈楼萤石	98	罗山涩港钼矿
49	汝阳东沟钼矿	99	光山云山寨水泥大理岩
50	汝阳王坪西沟铅钼矿	100	新县箐箕山饰面花岗岩

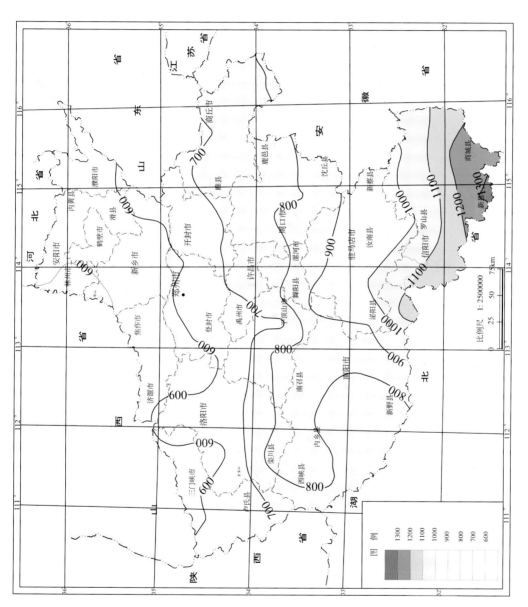

附图 8　河南省年平均降水量分布图

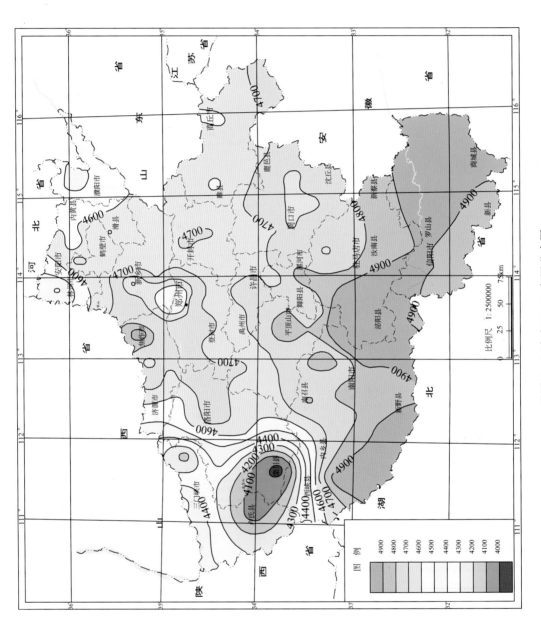

附图 9　河南省≥10° 积温分布图

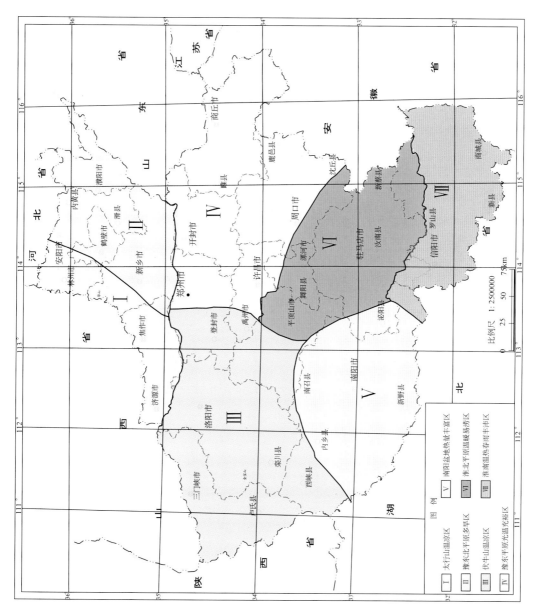

附图 10　河南省气候分区图

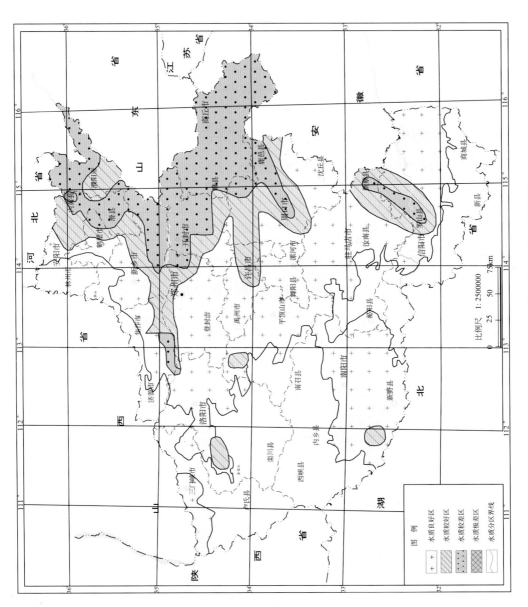

附图 11　河南省中深层地下水水质综合评价图

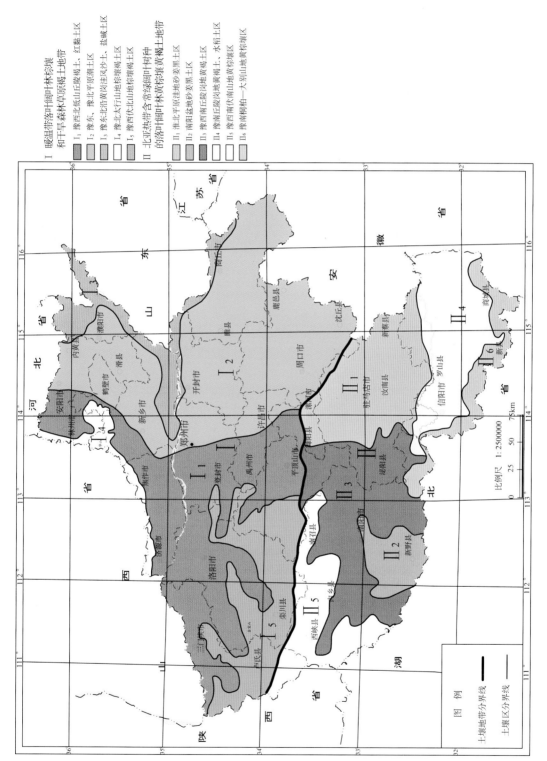

附图 12　河南省土壤分区图

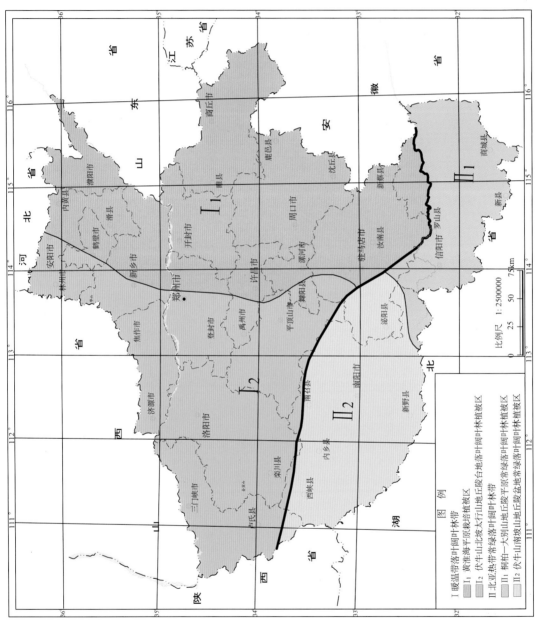

附图 13　河南省植被分区图

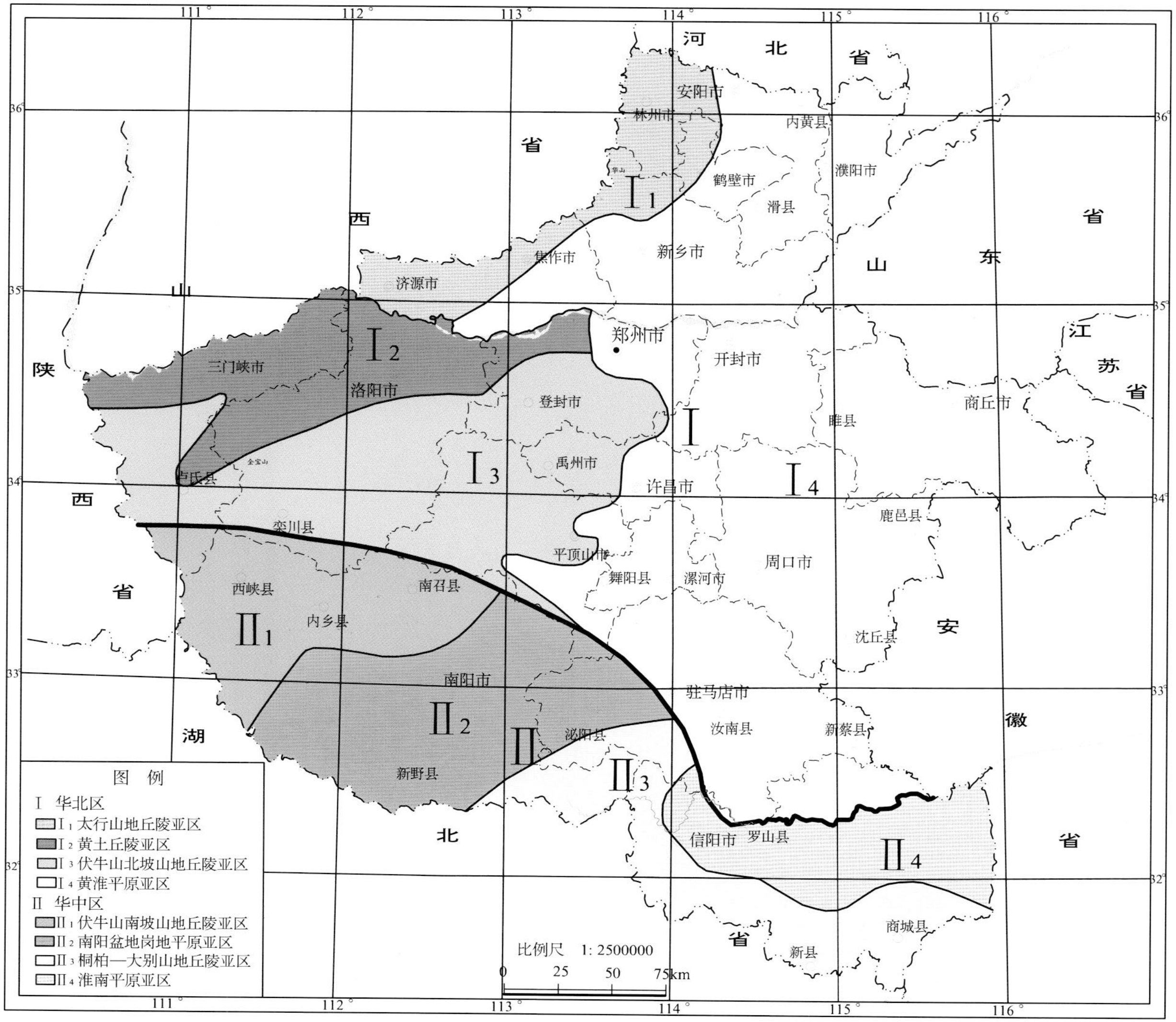
河北省
山西省
山东省
江苏省
陕西省
湖北省
安徽省
安阳市
林州市
内黄县
濮阳市
鹤壁市
滑县
新乡市
焦作市
济源市
郑州市
开封市
商丘市
三门峡市
洛阳市
登封市
禹州市
睢县
卢氏县
许昌市
鹿邑县
栾川县
平顶山市
周口市
舞阳县
漯河市
西峡县
南召县
内乡县
沈丘县
南阳市
驻马店市
汝南县
新蔡县
泌阳县
新野县
信阳市
罗山县
商城县
新县
Ⅰ
Ⅰ1
Ⅰ2
Ⅰ3
Ⅰ4
Ⅱ
Ⅱ1
Ⅱ2
Ⅱ3
Ⅱ4
图例
Ⅰ 华北区
Ⅰ1 太行山地丘陵亚区
Ⅰ2 黄土丘陵亚区
Ⅰ3 伏牛山北坡山地丘陵亚区
Ⅰ4 黄淮平原亚区
Ⅱ 华中区
Ⅱ1 伏牛山南坡山地丘陵亚区
Ⅱ2 南阳盆地岗地平原亚区
Ⅱ3 桐柏—大别山地丘陵亚区
Ⅱ4 淮南平原亚区
比例尺 1: 2500000
0 25 50 75km
111°
112°
113°
114°
115°
116°
32°
33°
34°
35°
36°

附图 14 河南省动物分区图

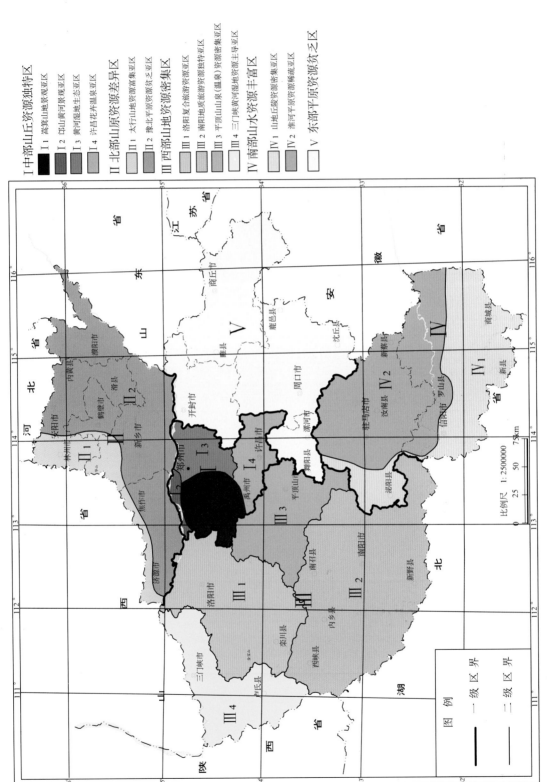

附图 15　河南省自然旅游资源分区图

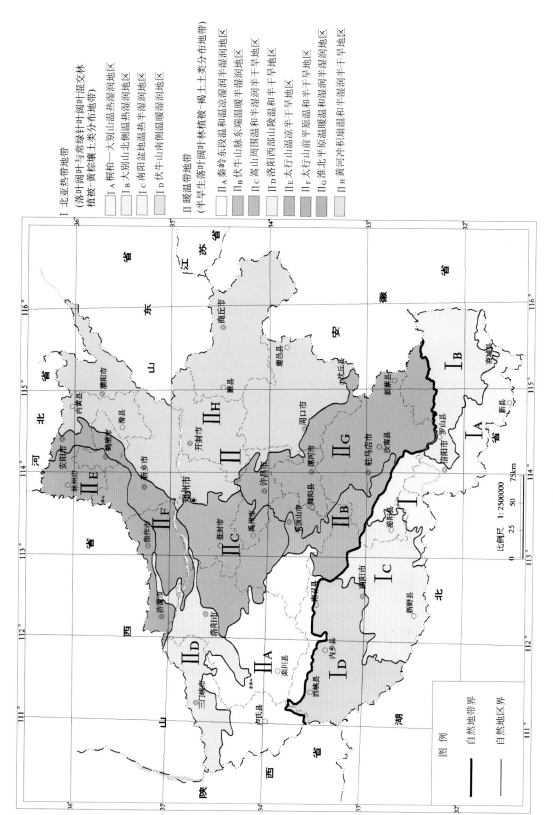

图例

—— 自然地带界

—— 自然地区界

I 北亚热带地带
(落叶阔叶与常绿针叶阔叶混交林
植被-黄棕壤土类分布地带)

　I A 桐柏-大别山北侧山温热湿润地区

　I B 大别山北侧温热湿润地区

　I C 南阳盆地温热半湿润地区

　I D 伏牛山南侧温暖湿润地区

II 暖温带地带
(半旱生落叶阔叶林植被-褐土土类分布地带)

　II A 秦岭东段温和温凉温半湿润地区

　II B 伏牛山脉东端温暖半湿润地区

　II C 嵩山周围温和半湿润和半旱地区

　II D 洛阳西部山岭温凉和半旱地区

　II E 太行山温凉半旱地区

　II F 太行山前平原温和半旱地区

　II G 淮北平原温暖温和湿润和半湿润地区

　II H 黄河冲积房温暖温和湿润和半湿润半旱地区

附图 16　河南省综合自然区划图